The Photoshop CS4 Book For Digital Photograph Processing

Photoshop CS4

数码照片后期处理专业技法

创锐设计 编著

第2版

科学出版社

内 容 简 介

本书主要介绍如何使用功能强大的专业图像处理软件 Photoshop 进行照片编修，以及各种常见照片问题的解决之道。本书是作者多年来拍摄和后期处理经验的总结，从实用角度出发，将数码照片的专业处理方法按其效果细分为照片的修复、修饰、抠图、合成制作和特效制作等几大类，每一大类又包含若干技术细分项，其涉及的知识面广、技术难度较大。本书是上一版畅销图书的升级之作，不仅将软件版本提高到 CS4 版，更在保留上一版图书精华的基础上重新编辑整理并替换了近 60%的实例，以确保读者能制作出更精美的效果、学到更实用的技法。

本书共分 6 篇 12 章及 1 个附录，共计 108 个大实例。写作时按照从易到难、从局部到整体的形式编排，几乎囊括了处理数码照片的全部技法。每个实例都运用了 Photoshop 中不同的工具和功能进行制作，辅以通俗易懂的描述语言，使读者能轻松掌握照片的处理方法。同时在每个实例后面都设置了"关键技法"，对制作该实例的重点和难点进行了归纳总结，便于读者查找和参考。

本书配 1DVD 多媒体光盘，内容包括书中所有实例用到的素材文件和制作完成的最终效果 PSD 文件，还包含播放时间长达 8 小时 30 分钟的 108 个实例的操作视频教学录像。书中对应光盘目录详细写明了所制作实例的素材文件、最终文件和视频教程的存放路径，方便读者查找和使用。

本书适合喜爱数码摄影和平面处理的初、中级读者作为自学参考书，也可作为一般照相馆从事照片处理或数码冲印从业者的辅助工具书，还可供从事平面处理和网页制作的人员使用，是一本实用的数码照片处理宝典。

图书在版编目（CIP）数据

Photoshop CS4 数码照片后期处理专业技法/创锐设计编著. 2 版.—北京：科学出版社，2009

ISBN 978-7-03-026056-7

I. P… II. 创… III. 图形软件，Photoshop CS4 IV. TP391.41

中国版本图书馆 CIP 数据核字（2009）第 211930 号

责任编辑：杨倩 刘洁 / 责任校对：杨慧芳
责任印刷：新世纪书局 / 封面设计：锋尚影艺

科学出版社 出版
北京东黄城根北街 16 号
邮政编码：100717
http://www.sciencep.com

中国科学出版集团新世纪书局策划
北京市彩和坊印刷有限公司印刷
中国科学出版集团新世纪书局发行 各地新华书店经销

*

2010 年 4 月 第 一 版 开本：210×285
2010 年 4 月第一次印刷 印张：28.5
印数：1—4 000 字数：693 000

定价：90.00 元（含 1DVD 价格）

（如有印装质量问题，我社负责调换）

前言 Preface

随着人们物质生活水平的不断提高，数码相机也越来越普及，摄影正在成为记录方式最便捷、展示效果最直观的时尚行为模式。但是受拍摄者的技术水平、数码相机的品质高低以及一系列自然因素的影响，拍摄出来的照片或多或少都会存在一些问题。重新补拍未必可行、直接放弃更为可惜，这时最有效的弥补方法就是对照片进行后期处理，修片技术好的话甚至能使照片“脱胎换骨”。正如我们所知，**Photoshop**是一款专业的图像处理软件，它提供了最专业、最全面的影像编修功能，通过简单操作即可拯救拍摄效果不好的照片。本书就是依托**Photoshop CS4**软件，专为初、中级读者编写的数码照片后期处理专业技法的实例型教程。本书的第一版就是口碑甚佳的畅销书，此次推出的第二版不仅升级了软件版本，更重新编辑、安排了知识点并更新了将近**60%**的实例效果，以确保读者能制作出更精美的效果、学到更实用的技法。

本书是编者结合多年的拍摄和后期处理经验，以实际应用为主导思想创作的实例型教程，全面揭示了**Photoshop CS4**的强大功能以及精湛专业的图像修饰处理技术。根据数码照片常见问题及其对应编修方法进行分类，本书分为**6**篇**12**章共**108**个实例，在书末还以附录形式介绍了**Adobe Lightroom** 的使用方法。

基础篇（第1～2章）首先介绍了数码相机的基础知识，包括如何选择相机、对于一些特定的场景如何拍摄、怎样从相机中导出照片以及基本的照片管理。接着讲解**Photoshop CS4**软件，不仅介绍了它与照片处理之间的联系及应掌握的基本操作（如以不同格式导入/导出数码照片，对窗口进行管理、打印等操作），还运用特点分析和步骤演示的方式制作相关实例，将理论与实践相结合，为后面的学习打好基础。

接下来，编者按照常见的数码照片处理类型，将实例教程分为以调整有缺陷照片为主题的修复篇、修饰篇；有着承上启下作用、应用范围广泛的抠图篇；以美化照片制作出浪漫和朦胧效果为主题的合成篇和特效篇。这样细分安排不仅能方便读者查找所需内容，还能实现循序渐进、逐步提高的学习效果。

修复篇（第3～5章）包含**20**个实例。第**3**章介绍**Adobe Camera Raw**软件的基本用法及其调整、编修**Raw**格式照片的方法。第**4**章的主题是对破旧照片进行修复，填补照片上的缺角、修复照片破损痕迹。第**5**章的主题是处理有缺陷的照片，对存在色彩偏差的照片进行修复，处理常见的曝光不正确、偏色和光线不正常等问题，以恢复照片的原本色彩。

修饰篇（第6～7章）包含**35**个实例。第**6**章的主题是人物照片处理，详细介绍了人像处理中常用的工具，讲解了人物五官精修和身体塑形，以及制作彩妆效果的方法。由于人物修饰是照片处理中的重点，涉及的技巧很多，因此本章着墨颇多。第**7**章的主题是照片色调的调整，运用图层混合模式、色阶、色相、通道和各种色彩处理命令来完成颜色的调整、变换，或制作出富含创意的多色调图像效果。

前言 Preface

抠图篇（第8～9章）包含16个实例。第8章介绍使用套索、魔棒或蒙版等工具快速抠图的方法，第9章则着重介绍更为精细的抠图方法，例如，如何使用钢笔工具、蒙版或通道抠出复杂的图像，以及抠出图像后如何添加背景组成新的效果等。

合成篇（第10～11章）包含22个实例。第10章写实主义照片的合成，制作一系列生活中常运用的照片效果，比如相框、信签和风景变换等。第11章则介绍如何制作出华丽的超现实艺术效果合成图像，该章的实例都极富想象力。

特效篇（第12章）包含10个实例。本章结合前面几章所学的知识，并将其运用到现实生活中来，制作出富有个性和艺术效果的图像。

附录部分则补充介绍了另一款摄影爱好者常用的专业照片处理软件Adobe Lightroom，除了13项精要的功能说明外，还通过5个实例介绍了如何使用Lightroom解决照片中的色差、暗角、细节丢失等一系列问题。

本书归纳总结了数码照片处理较为全面的专业技法，每一章都介绍一个不同的技术主题，围绕这一主题又分成多个细节处理小实例，在制作每个实例的过程中又运用了不同的方法，力求全面；另外，本书还极富特色的在每个实例后面根据该实例的制作目的和关键技术，通过“关键技法”环节加以总结。这样的安排使读者既能对学习的重点和难点一目了然，又能学到尽量多的软件知识，以便日后在应用上能发挥创造性，得心应手。

本书配套的1张DVD多媒体光盘内容丰富，具有极高的学习价值和使用价值，不仅完整收录了书中全部素材图像和制作完成后的最终效果PSD文件，还包含了演示时间长达8小时30分钟的108个实例的操作视频教学录像。光盘的具体使用方法请参阅后面的“多媒体光盘使用说明”。

本书由创锐设计组织编写，参与书中资料收集、稿件编写、实例制作和整稿处理的有孟尧、王鹏、张歆、胡宇峰、李俊、陈先来、杜方冬、葛延青、吴珊、任丽、姜新玲、邵荣平、黄斌、杨延飞、周可、周珺、岳元媛、程璐、宋旸、刘欣、吴立宏、庞成、赵岷、马林燕、杨卉、陈明和姚红等人。

如果读者在使用本书时遇到问题，可以通过电子邮件与我们取得联系，邮箱地址为：1149360507@qq.com。此外，也可加本书服务专用QQ:1149360507与我们取得联系。由于作者水平有限，疏漏之处在所难免，恳请广大读者批评指正。

编著者

2010年2月

多媒体光盘使用说明

多媒体教学光盘的内容

本书配套的多媒体教学光盘内容包括素材文件、最终文件和视频教程，素材文件为书中操作实例的原始文件，最终文件为制作完成后的最终效果PSD文件，视频教程为实例操作步骤的配音视频演示录像，播放时间长达8小时30分钟。课程设置对应书中各章节的内容安排，读者可以先阅读图书再浏览光盘，也可以直接通过光盘学习用Photoshop CS4处理照片和图像的方法。

光盘使用方法

❶将本书的配套光盘放入光驱后会自动运行多媒体程序，并进入光盘的主界面，如图1所示。如果光盘没有自动运行，只需在“我的电脑”中双击DVD光驱的盘符进入配套光盘，然后双击start.exe文件即可。

图1 光盘主界面

❷光盘主界面上方的导航菜单中包括“多媒体视频教学”、“浏览光盘”和“使用说明”等项目，如图1所示。单击“多媒体视频教学”按钮，可显示“目录浏览区”和“视频播放区”，如图2所示。“目录浏览区”是书中所有视频教程的目录，“视频播放区”是播放视频文件的窗口。在“目录浏览区”的左侧有以章序号顺序排列的按钮，单击按钮，将在下方显示以节标题和实例名称命名的该章所有视频文件的链接。单击链接，对应的视频文件将在“视频播放区”中播放。

图2 显示视频信息

How to use the DVD

❸单击“视频播放区”中控制条上的按钮可以控制视频的播放，如暂停、快进；双击播放画面可以全屏幕播放视频，如图3所示；再次双击全屏幕播放的视频可以回到如图2所示的播放模式。

图3 全屏幕播放的视频教程

注意：在视频教程目录中，当将鼠标移到链接时，有个别标题的链接名称以红色文字显示，表示单击这些链接会通过浏览器对视频进行播放。播放完毕后，可通过单击浏览器工具条上的“后退”按钮，返回到光盘播放主界面中。

❹通过单击导航菜单（见图4）中不同的项目按钮，可浏览光盘中的其他内容。

首页 | 多媒体视频教学 | 浏览光盘 | 使用说明 | 征稿启事 | 好书推荐

图4 导航菜单

- 单击“浏览光盘”按钮，进入光盘根目录，双击“源文件”文件夹，可看到以章序号命名的文件夹，如图5所示，双击所需章号，即可查看该章所有实例的PSD最终效果文件。查看实例素材的方法与此相似，只需进入“素材”文件夹。
- 单击“使用说明”按钮，可以查看使用光盘的设备要求及使用方法。
- 单击“征稿启事”按钮，有合作意向的作者可与我社取得联系。

图5 查看实例文件

基础篇 Chapter 01 数码相机的基础知识 1

基础篇 Chapter 02 Photoshop CS4 的基本操作 17

修复篇 Chapter 03 Adobe Camera Raw 51

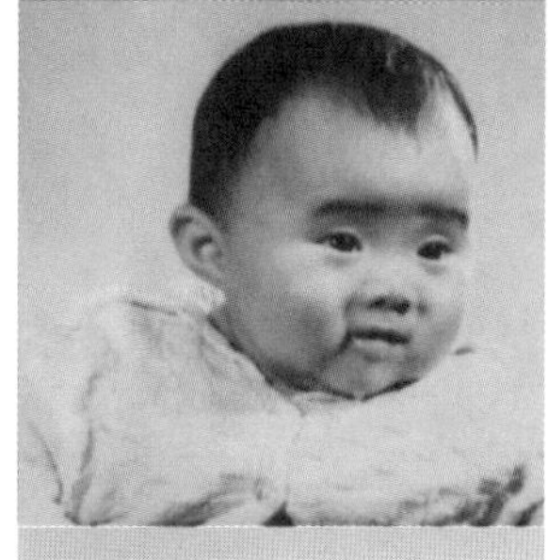

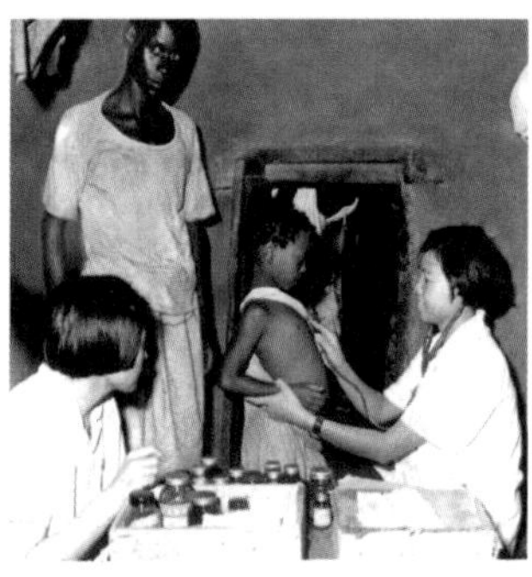

修饰篇 Chapter 06 人物形象的完美修饰 123

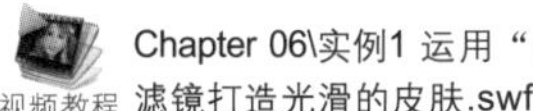

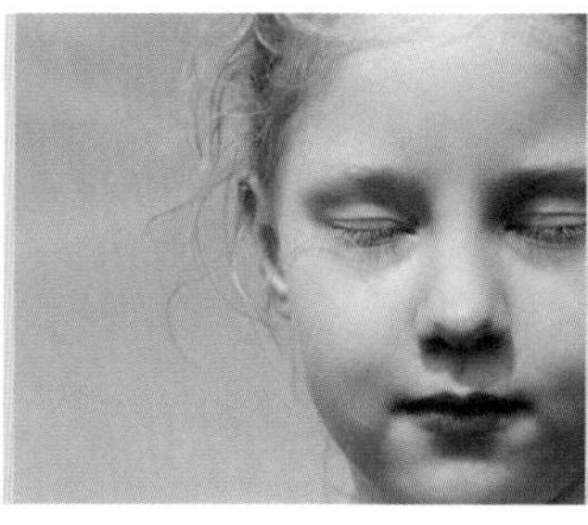

Example 07

视频教程 Chapter 06\实例7 运用“红眼工具”去除人物眼球中的反光.swf

Example 08

视频教程 Chapter 06\实例8 运用“仿制图章工具”去掉烦人的黑眼圈.swf

Example 09

视频教程 Chapter 06\实例9 运用“仿制图章工具”去除图像中的干扰物.swf

Example 10

视频教程 Chapter 06\实例10 运用“替换颜色”命令变换服饰色彩.swf

Example 11

视频教程 Chapter 06\实例11 运用“钢笔工具”将单眼皮变为双眼皮.swf

Example 12

视频教程 Chapter 06\实例12 运用选区将人物牙齿补齐.swf

Example 13

视频教程 Chapter 06\实例13 运用“液化”滤镜为人物打造完美身材.swf

Example 14

视频教程 Chapter 06\实例14 运用“色相/饱和度”命令美白人物肌肤.swf

Example 15

视频教程 Chapter 06\实例15 运用“扭曲”滤镜为人物烫发.swf

Example 16

视频教程 Chapter 06\实例16 运用“液化”滤镜将眼睛增大和为人物瘦脸.swf

Example 17

视频教程 Chapter 06\实例17 运用“高斯模糊”滤镜模拟景深.swf

Example 18

视频教程 Chapter 06\实例18 通过创建新的调整图层为黑白照片上色.swf

Example 19

视频教程 Chapter 06\实例19 运用“图层样式”制作个性纹身.swf

Example 20

视频教程 Chapter 06\实例20 运用“添加杂色”滤镜制作闪亮唇彩及眼影.swf

Example 21

视频教程 Chapter 06\实例21 运用“模糊”滤镜制作虚化人物图像.swf

Example 22

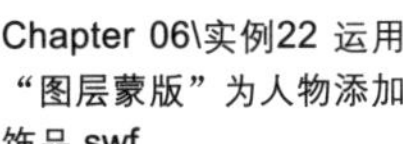

视频教程 Chapter 06\实例22 运用“图层蒙版”为人物添加饰品.swf

Example 23

视频教程 Chapter 06\实例23 运用“加深工具”美化眉毛.swf

Example 24

视频教程 Chapter 06\实例24 运用“画笔工具”添加卷翘眼睫毛.swf

Example 25

视频教程 Chapter 06\实例25 运用变形工具为人物隆鼻.swf

抠图篇 Chapter 09 精细抠图 247

合成篇 Chapter 10 写实主义照片合成 275

特效篇 Chapter 12 艺术化照片特效制作 363

Chapter

01 数码摄影的基础知识

数码相机已经渐渐成为人们日常生活中不可缺少的电子产品，通过它，人们可以记录生活中的点点滴滴，留下美好的回忆。本章将为数码爱好者详细地讲述数码相机的基础知识，使读者对数码相机有一个基本了解，通过介绍数码摄影的相关知识、数码摄影的构图方式、经典的拍摄技巧等了解数码摄影的基础知识，通过数码照片的浏览、查看和管理等了解数码照片的基本操作，为之后章节学习数码照片的处理打好基础。

1.1 认识数码相机

数码相机，是一种利用电子传感器将光学影像转换成电子数据的照相机。与普通照相机在胶卷上靠溴化银的化学变化来记录图像的原理不同，数码相机的传感器是一种光感应式的电荷耦合（CCD）或互补金属氧化物半导体（CMOS）。在图像传输到计算机以前，通常会先存储在数码存储设备中（通常是闪存），软磁盘与可重复擦写光盘（CD-RW）已很少用于数码相机设备。

1.1.1 什么是数码相机

数码相机也叫数字式相机（Digital Camera，DC），是集光学、机械、电子一体化的产品，集成了影像信息的转换、存储和传输等部件，具有数字化存取模式、与计算机交互处理和实时拍摄等特点。

1.1.2 数码相机的性能指标

数码相机与传统的照相机相比，有着无法比拟的优势，虽然购买数码相机的一次性投资较多，但是日后的使用成本却非常低，应用范围也相当广，因此数码相机受到许多个人用户的喜爱。在挑选数码相机时，应当遵循几个指标，例如，分别从数码相机的像素、最高分辨率、镜头和变焦情况、液晶取景器和曝光模式等方面来衡量相机，下面将对这些性能指标进行具体分析。

1. 数码相机的像素

像素指的是数码相机的分辨率，它是由相机里光电传感器上的光敏元件数目所决定的，一个光敏元件对应一个像素。因此像素数越多，意味着光敏元件越多，也意味着拍摄出来的相片越细腻。目前市场上主流的数码相机一般都以百万像素为单位，范围从200万像素到800万像素，甚至专业数码相机能够达到2 200万像素，足以满足在计算机上欣赏或者通过彩色打印机进行打印等多方面的需求。

2. 数码相机的最高分辨率

数码相机的画面质量是使用最高分辨率这个概念表现的。最高分辨率要用像素表现，每台数码相机所能拍摄的最高像素照片的分辨率称为最高分辨率，用长边像素×短边像素表示。照片分辨率越高，照片的面积越大，图像包含的数据也就越多，能够表现的细节也就越丰富，同时文件体积也越大。

3. 数码相机的镜头

数码相机镜头的好坏直接影响到拍摄成像的质量。通常情况下，消费类数码相机镜头和机身是连接在一起的，无法更换。但是数码单反相机的机身和镜头是可拆装的，用户在使用数码单反相机时，可以根据自己的拍摄需要，随时更换适合的镜头。由于现在入门级别的数码单反相机价格越来越便宜，所以现在使用数码单反相机的人群也越来越多。不过在使用数码单反相机的时候一定要注意，单反相机的镜头价格一般都不菲。

4. 数码相机的变焦

数码相机的变焦分为光学变焦和数码变焦两种。光学变焦是指相机通过改变光学镜头中镜片组的相对位置来达到变换其焦距的一种方式。而数码变焦则是指相机通过截取其感光元件上影像的一部分，然后进行放大以获得变焦的方式。几乎所有数码相机的变焦方式都是以光学变焦为先导，待光学变焦达到其最大值时，才以数码变焦为辅助变焦的方式，继续增加变焦的倍率。

5. 数码相机的液晶取景器

数码相机与传统相机最大的一个区别就是它拥有一个可以及时浏览图片的屏幕，称之为数码相机的显示屏，一般为液晶结构，通常称为液晶取景器（Liquid Crystal Display，LCD）。在使用数码相机进行拍摄时，LCD可以帮助用户及时对拍摄情况进行查看，对于不同型号的数码相机，LCD屏幕的大小也有不同，虽然数码相机的品牌众多，但是只有少数几家公司在出产LCD屏幕，现在主要做显示屏的厂家有索尼、夏普、卡西欧、三星，还有多数低端的相机都是台湾AUO友达的。

6. 数码相机的曝光模式

数码相机的曝光模式基本上包括下列几种：程序、自动、光圈优先、快门优先、手动等。除此以外，还有一些数码相机设有与其软件相匹配的特殊功能。程序曝光与自动曝光基本相同，是指相机在拍摄时，按照机身内预置的程序来进行曝光。例如人物、近景、远景等，可以根据需要选择，为拍照提供便利。

1.1.3 如何选择适合自己的数码相机

随着不同消费层次数码相机的推出，数码相机的选购将是摄影用户一个比较关注的问题。如何选择适合自己的数码相机，作为初学者就需要首先了解数码相机的几个分类，从不同的分类了解不同数码相机的特点，从而根据自身的需要进行数码相机的选购。总体来说可以将数码相机分为两个大类，分别是消费类相机和专业类相机。

1. 消费类相机——卡片机

消费级数码相机也就是一般家用型相机，通常不能更换镜头，其中如左下图所示的卡片机的用户人群有很多。卡片机在业界内没有明确的概念，小巧的外形、相对较轻的机身以及超薄时尚的设计是衡量此类数码相机的主要标准，其中索尼T系列、奥林巴斯AZ1和卡西欧Z系列等都应划分于这一领域。

卡片机的优点是时尚的外观、大屏幕液晶屏、小巧纤薄的机身，操作便捷，而缺点是手动功能相对薄弱、超大的液晶显示屏耗电量较大、镜头性能较差。

2. 消费类相机——长焦相机

长焦数码相机也是消费类相机中的一大主力，如右下图所示，指的是具有较大光学变焦倍数的机型，而光学变焦倍数越大，能拍摄的景物远近范围就越大。一般的长焦数码相机功能比较丰富，自动模式与手动模式都比较齐全，在某种程度上来说类似于单反。但是因为本质结构的不同，所以成像质量比单反相机要差一些，而且镜头也不能更换，不过这对于一般的摄影爱好者是一种物美价廉的选择。

代表机型有美能达Z系列、松下FX系列、富士S系列、柯达DX系列等。

3. 专业类相机——单反相机

单反相机就是指单镜头反光数码相机，即digital（数码）、single（单独）、lens（镜头）、reflex（反光）的英文缩写DSLR。市场中的代表机型常见于尼康、佳能、宾得、索尼等，这类相机一般体积较大，比较重，如右图所示。

数码单反相机的一个显著特点就是可以交换不同规格的镜头，这是单反相机天生的优点，是消费类数码相机不能比拟的。而且数码单反相机的成像质量要优于消费类相机。目前入门级的数码单反相机的品种也比较多，对摄影有长期爱好的人可以选择购买。

1.2 数码摄影的相关知识

在了解数码摄影技术之前需要先认识数码拍摄的基础知识，了解数码摄影的相关专业术语以及拍摄前的准备工作，掌握正确的拍摄姿势及认识进行数码拍摄时需要注意的事项。

1.2.1 数码摄影的相关术语

在使用数码相机进行拍摄之前，需要先了解数码相机相关的基本概念，包括光圈和光圈优先、快门和快门优先、景深以及曝光值的概念等。

1. 光圈

光圈是镜头中间的一组金属叶片，在镜头内安置成可以调节的一个圆形或接近圆形的限制入射光束的小孔，它有两种基本的用途：一是帮助获得正确投影；二是缩小或放大光圈，以调节镜头通光量的多少，来控制感光材料的曝光量。光圈大小会对通光量、景深、清晰度、镜头眩光和反差等造成影响，其单位通常用小写的f表示。

2. 光圈优先

光圈优先就是手动定义光圈的大小，相机会根据这个光圈值确定快门的速度。由于光圈的大小直接影响着景深，因此在平常的拍摄中此模式使用最为广泛。在拍摄人像时，一般采用大光圈长焦距而达到虚化背景获取较浅景深的作用，这样可以突出主体。同时较大的光圈，也能得到较快的快门值，从而提高手持拍摄的稳定性。

3. 快门

快门是镜头前阻挡光线进来的装置，一般而言快门的时间范围越大越好。秒数低适合拍摄运动中的物体，有的相机快门最快能达到1/16 000s，可轻松抓住急速移动的目标。不过要拍摄夜晚的车水马龙效果，快门时间就要拉长，常见的照片中丝绢般的水流效果也要用慢速快门才能实现。

4. 快门优先

快门优先是在手动定义快门的情况下通过相机测光而获取光圈值。快门优先多用于拍摄运动的物体，特别是在体育运动拍摄中最常用。在拍摄运动物体时拍摄出来的主体是模糊的，这多半就是因为快门的速度不够快。在这种情况下可以使用快门优先模式，确定一个大概的快门值，然后进行拍摄。

5. ISO值（感光度值）

ISO值是标明感光材料对光线敏感程度的单位，基本上与传统摄影胶片所标注的ISO值相同。数码相机的ISO值是可调的，因此数码相机在拍摄时就比传统相机更加灵活机动，可应对不同明暗程度的拍摄环境。但ISO值越大，拍摄出的影像的图像噪声（图像中的较均匀的白点）及颗粒感也越大，清晰度也越差。

6. 白平衡

白平衡是指在不同色温的光线条件下，调节色彩设置以使颜色尽量不失真，使颜色还原正常。这种调节通常以白色为基准，故称为白平衡。在数码相机中，此功能是用来矫正拍摄影像的偏色性的。

7. 测光方式

数码相机的测光方式一般有多幅面测光、中央重点测光、点测光等几种。多幅面测光是指相机将整个画面分割成若干个小区域，检测各部分的明暗。中央重点测光的不同之处是相机对画面中心大约5%～12%的面积所加权的比例较大，而中心以外的面积的加权较少，而且将画面分割的区域较少。点测光是指相机只对整个画面中心大约2%～8%的面积进行测光，而对中心以外的部分不予测光。

8. 曝光补偿及闪光灯补偿

数码相机一般均提供曝光补偿功能，调节范围在±2.0EV左右。曝光补偿量均用+3、+2、+1、

0、-1、-2、-3等表示，“+”表示在测光所定曝光量的基础上增加曝光，“-”表示减少曝光，相应的数字为补偿曝光的级数（EV值）。应该尽量在拍摄前用相机自带的测光表进行测光，在大多数情况下，按相机提供的数据拍摄便可获得基本正确的曝光。

9. 文件格式

数码相机在存储其所拍摄的照片时有多种不同的影像文件格式，不同的文件格式对数码影像的压缩率是不同的，常见的影像文件格式有RAW、TIFF、JPEG等。RAW是一种无损的文件格式，它是没有经过饱和度、锐度、对比度处理或白平衡调节的原始文件，而且该格式不是非常通用。TIFF格式也是一种对图像无损的文件格式，优点是图像的质量不受损失。JPEG格式是一种有损的压缩文件格式。

10. 景深

景深是指能在感光材料上形成清晰影像的景物深度的简称。也就是由距相机最近的清晰点至最远的清晰点间的距离范围，它是随镜头对焦点的变化而变化的。 景深是由镜头焦距、光圈大小、调焦距离这三个因素决定的，三者之间存在如下的对应关系： 镜头焦距越大，景深越小；焦距越小，景深越大。光圈越大（f值小），景深越小；光圈越小（f值大），景深越大。调焦距离越近，景深越小；调焦距离越远，景深越大。

1.2.2 拍摄前的相关准备

在了解了有关于数码摄影的相关术语之后，在进行数码拍摄之前，还需要做好拍摄的准备工作，正确地处理好拍摄前的各项事宜将能够有效地预防拍摄中出现问题。

1. 备齐备用电池

在外出拍摄之前，必须检查电池的电量，带足备用电池。在使用电池的时候还应注意电池成组使用，成组更换；切勿反置；备用电池要用塑料袋包装，以防短路。

2. 检查存储卡

在检查数码相机基本配件时，首先需要查看存储卡是否已经安装至相机内部，之后应该打开相机查看存储芯片是否能启动正常，若发现问题需要立即送往维修中心检修。在检查存储卡是否能正常启用之后，需要查看存储卡的剩余容量，将存储卡中的照片导出至计算机保存之后将其删除，以保证有更多的剩余空间进行新照片的拍摄。

3. 擦拭相机镜头

在拍摄前，为保证照片能够呈现出更为清晰的画面，避免由于镜头上的污渍等影响画面的成像，就需要提前对相机镜头进行清洁。

4. 随身携带三脚架

考虑到环境因素，在光线较暗或是拍摄条件不佳的地方进行拍摄时，需要通过三脚架协助拍摄，职业的摄影师通常会选择重型的三脚架，不论是稳定性、使用率还是使用寿命都相对较好，若是业余的摄影爱好者，可以考虑选择轻便易携带的三脚架。

1.2.3 数码拍摄的姿势

在进行照片拍摄时，为了取得不同的效果，很多时候需要采用不同的拍摄角度，而摄影的角度与摄影者的拍摄姿势有着密切的关系，下面通过多种不同的取景角度了解在不同取景拍摄时应该采用何种姿势才能拍摄出成功的照片。

1. 中机位——平视取景

镜头与被拍摄物体高度一致，如果被拍摄物体较低，拍摄者就需要跪、蹲、趴着。如果被拍摄物体较高，拍摄者也需要站在较高的位置拍摄，可以借助梯子或者地形来拍摄。这样拍摄出的照片符合人们通常的视觉习惯，不会因为景物的高低产生视觉差别。

2. 低机位——仰拍取景

镜头由下向上取景，根据景物的不同，通常镜头机位位于被拍物体的底部。这样能将被拍物体表现得很高大。拍摄者需要采用跪、蹲、趴等姿势，如果相机有翻转屏取景，那么就比较方便，在一些不便于跪、蹲、趴的地方，翻转屏用途就很大。

3. 高机位——俯拍取景

镜头位于被拍摄景物上方，由上向下取景，这样最能表现被拍摄物体的宽广和总体情况，比如拍摄花海。拍摄者需要站在高处，如果相机有翻转屏可以将相机举过头顶用翻转屏实时取景。

1.2.4 数码拍摄的注意事项

初次使用数码相机会常出现数码相机拍摄出来的图片暗淡、欠缺活力、噪点多、景深浅（与传统相机相比，数码相机拍摄的照片景深应该较大）、偏色等情况，下面简述数码相机在拍摄时必须注意的问题，以及相关的注意事项。

1. 浏览说明书

很多用户不喜欢厚而烦琐的产品说明书，一般购买数码相机后都喜欢自行摸索。当然，在摸索过程中会出现一些惊喜，但这会花费不少时间，而且也不能以最短的时间系统了解产品的特性；如果看过说明书后再操作还可以避免一些错误操作。因此在初接触新品时，应先浏览说明书，熟悉数码相机的基本菜单与功能。

2. 合理选用图像格式

数码照片的质量与像素有关，像素越多图像质量会越好，因为数码相机存储空间有限，因此要因地制宜，合理选用分辨率。常见的存储格式有JPG、TIFF、PNG和RAW等格式。

3. 构图与思考

有一定拍摄经验的消费者都清楚准确构图的重要性。要善于运用二维的眼光观察，因为拍摄是利用二维空间来进行表达，它通过透视关系来表现空间感，不同于人眼从两个不同角度来观察事物。现在的数码相机绝大部分都有LCD取景屏，而且其视野率均在90%以上，可以清楚地观察到空间感和距离感是否足够，可做出及时的调整。

4. 不要沉迷于自动模式

数码相机一般都提供自动、室内、室外、手动四种模式，初学者都信赖自动模式，可往往拍出的图片偏色，只要细心注意LCD取景屏是可以看出的，因此还是尽可能使用手动白平衡为好。另外，有些数码相机也具备了自动包围式白平衡的功能，以便记录准确的色彩信息，同时也包括了光圈、快门的控制信息。

1.3 构图产生美

摄影构图是摄影者艺术创作的体现，通过不同的构图表达摄影者的意图和想法，所以说，构图决定着构思的实现，决定着作品的成败。因此，研究摄影构图的实质，就在于帮助人们从周围丰富多彩的世界中选择出典型的生活素材，并赋予它以鲜明的造型形式，创作出具有深刻思想内容与完美形式的摄影艺术作品。

1.3.1 摄影构图的三大要素

摄影创作是一种最少固定最多例外，最少常规最多变化的精神劳动。当一个摄影者的头脑被一个真实的情感意象所吸引、占有，又有能力把它保留在那里并用视觉形象表现出来时，他就会创造出一个好的构图。摄影创作离不开构图，就像写文章离不开布局和章法一样，它是作品能否获得成功的重要因素之一，创作与构图的关系就是那样密切。

1. 主体的表达

主体是摄影者所要表达思想的灵魂，是照片需要表达的主题思想，如左下图中的向日葵是该图像中的主体。“意在摄先”是说在摄之前必须立意，意也就是主题。最能够表现主题的内容就是主体，主体可以是人、也可以是物，同时也可以同时是人和物的集合体，或是多个人和物的某个局部。

2. 陪体的体现

陪体是指画面上与主体构成一定的情节，帮助表达主体的特征和内涵的对象。组织到画面上来的对象有的是处于陪体地位，它们与主体组成情节，对深化主体内涵、帮助说明主体的特征起着重要作用，画面上由于有陪体，视觉语言会准确生动得多，如右下图所示。

3. 环境的烘托

在许多摄影艺术作品里，常常可以从画面上看到有些对象是作为环境的组成部分对主体、情节起着烘托的作用，以加强主题思想的表现力。作为环境组成部分的对象如果处于主体前面，称为前景；处于主体后面的，称为背景，如右图所示的树叶。

1.3.2 常见构图方式

摄影构图，实际上就是形式美在摄影画面中具体结构的呈现方式，下面介绍几种常见的摄影构图方式。

1. 黄金分割法

“黄金分割”是一种由古希腊人发明的几何学公式，遵循这一规则的构图形式被认为是“和谐”的，对许多画家、艺术家来说，“黄金分割”是他们在创作中必须深入领会的一种指导方针，摄影当然也不例外。通常在摄影作品中，将主体放置在黄金分割点上，会使整体画面显得平衡协调，如左下图所示。

2. 三分法构图

三分法构图是指把画面横分三份，每一份中心都可放置主体形态，这种构图适宜多形态平行焦点的主体，也可表现大空间、小对象，也可反向选择。这种画面构图表现鲜明，构图简练，可用于近景等不同景观，如右下图所示。

3. S型构图

S型构图动感效果强，既动且稳。可通用于各种幅面的画面，可根据题材的对象来选择。表现题材，远景俯拍效果最佳，如山川、河流、地域等自然的起伏变化，也可表现众多的人体、动物、物体的曲线排列变化以及各种自然、人工所形成的形态。S型构图在一般情况下，都是从画面的左下角向右上角延伸，如左下图所示。

4. 三角形构图

三角形构图，是指在画面中所表达的主体放在三角形中或影像本身形成三角形的姿态，此构图是视觉感应方式，如有形态形成的三角形也有阴影形成的三角形，如果是自然形成的线形结构，这时可以把主体安排在三角形斜边中心位置上，并有所突破。三角形构图，产生稳定感，倒置则不稳定，可用于不同景物如近景人物、特写等摄影，如右下图所示。

5. A字形构图

A字形构图是指在画面中，以A字形的形式来安排画面的结构。A字形构图具有极强的稳定感，具有向上的冲击力和强劲的视觉引导力，可表现高大自然物体及自身所存在的这种形态，如左下图所示。如果把表现对象放在A字顶端汇合处，此时是强制式的视觉引导，不想注意这个点都不行。在A字形构图中不同倾斜角度的变化，可产生画面不同的动感效果，而且形式新颖、主体指向鲜明。

6. V字形构图

V字形构图是最富有变化的一种构图方法，其主要变化是在方向上的安排或倒放，横放，但不管怎么放其交合点必须是向心的。V字形的双用，能使单用的性质发生根本的改变。单用时画面不稳定的因素极大，双用时不但具有了向心力，稳定感也得到了满足。正V字形构图一般用在前景中，作为前景的框式结构来突出主体，如右下图所示。

7. C字形构图

C字形构图既有曲线美的特点又能产生变异的视觉焦点，画面简洁明了。然而在安排主体对象时，必须安排在C字形的缺口处，使人的视觉随着弧线推移到主体对象。C字形构图可在方向上任意调整，一般情况下，多在工业题材、建筑题材上使用，如左下图所示。

8. O字形构图

O字形构图也就是圆形构图，是把主体安排在圆心中形成视觉中心。圆形构图可分外圆构图与内圆构图：外圆是自然形态的实体结构，内圆是空心结构（如管道、钢管等）；外圆是在实心圆物体形态上的构图，主要是利用主体安排在圆形中的变异效果来体现表现形式的。内圆构图视点可安排在画面的正中心形成的构图结构，也可偏离在中心的方位，如右下图所示。

9. 棋盘式构图

棋盘式构图运用重复的手法，营造画面中的韵律感和协调感，自然界中的花海和水面波光都可以采用棋盘式构图来拍摄其重复的图形。若拍摄者在统一的图案中加入一个重点的主体素材，则规则的美感也更加突出，并使主体形象更为鲜明，如右图所示。

1.4 拍摄经典技巧解析

在了解了1.3节摄影的多种构图方式后，下面将具体介绍有关于摄影的其他技巧，其中包括拍摄角度和高度对摄影的影响，光源对于数码拍摄的影响等。

1.4.1 不同的角度和高度对拍摄的影响

在进行数码拍摄时，主题不是靠单一的摄影构图就能够完美地呈现的，拍摄时的高度和角度同样是数码摄影不可忽视的重要因素，不同的拍摄角度和高度都有特殊的含义，下面分别对水平拍摄、俯拍和仰拍进行介绍。

1. 水平拍摄

水平拍摄是相机与被摄物体大致在一个水平线上，如右图所示。这种角度接近人眼的习惯印象，水平拍摄的特点是透视效果好，一般不易产生变形，拍摄的时候顺手、方便，不需要任何附加设备。水平拍摄所得到的画面透视关系、结构形式、景物大小对比均和人眼相似，跟人以亲切感，所以在日常的拍摄中，多以水平角度进行拍摄。

2. 俯拍

俯拍即拍照时相机的位置高于物体，从上向下拍摄，如左下图所示。其特点是视野辽阔，能见的场面大，景物全，可以纵观全局。这种方法多用于拍摄大场面，比如粮食大面积丰收、草原及成群的牲畜、交通枢纽，水面等。如果俯角较大，虽没有广阔的场面，拍摄特殊题材时也有其独特效果。

3. 仰拍

仰拍是从下向上拍摄，相机低于被摄物体，拍出的照片地平线低。仰角拍摄的特点是，可使景物拍得宏伟、高大。如拍建筑物，有直插云霄之感；拍高台跳水，以蓝天作为背景，显出运动员有凌云之势、腾空飞翔之感。低机位拍摄，还可舍弃杂乱的背景，使画面简洁，主体突出，如右下图所示。

1.4.2 光源对拍摄的影响

光源对于摄影的影响是非常大的，摄影是通过光来表现的，正确处理好光与影的关系来构成影像和影调，这是摄影创造的关键内容。常见的光源是自然光线，而不同自然光源投射的位置不同，产生的影像和影调则会相应地发生改变，按照光线照射方向进行分类可以分为顺光、侧光、逆光和顶光。

1. 顺光

在顺光的照射下，被射物体正面受光，所有的投影都落在被射物体的后面。因此，顺光的质感不强，而且是一维的。顺光是沿拍摄方向直接射向被射体的，这样曝光而产生的照片缺少凹凸不平的阴影，没有纵深感，如下页左图所示。

2. 侧光

侧光是记录风景的氛围和展示其威严的最佳光线。它通常出现在黎明或黄昏时分。当太阳从一侧照射到被射物体时形成。这样，被射物体一面受光，另一面则处于阴影下，就像绘画里的明暗法，使得照片同时具有质感和纵深感。而对于人物肖像摄影，侧光的拍摄更能够表现脸部轮廓，明暗关系得到更深一层的提升，如下页右图所示。

3. 逆光

再没有比逆光的柔和光线更能激发浪漫感觉的。在风景照里，逆光经常用来强调海浪、烟雾和尘雾中的高光点。在肖像照中，逆光在人体头发、肩膀周围形成一个光环，使人体和背景分离，从而隐去了不理想的脸部表情。人们特别喜爱逆光以至于它们在电影镜头和静物作品里成了一种标准，以此来引发遐想，产生温馨或安宁的感觉，如左下图所示。尽管人们频繁地使用逆光，但是，它的艺术效果从未消褪过。

4. 顶光

顶光从上而下，对于人像拍摄来说，如果顶光作为主光源会让人像产生局部阴影，比如眼窝变得深陷，鼻子周围也有奇怪的阴影。但是如果用顶光作为辅助光源，就能形成特殊效果，如右下图所示。而且顶光对于拍摄一些风景照片很有用，比如常见的“天光”就是利用顶光拍摄。

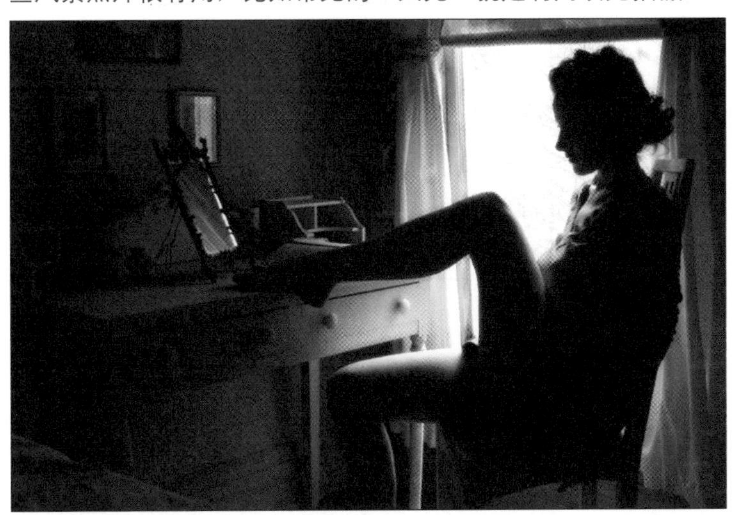

1.5　数码照片的获取和管理

通常从已有的相机或者存储卡中将照片导入到计算机来获取数码照片，主要的方法是通过“文件”菜单中相关的命令，在获取照片之后，应用Windows图片和传真查看器可进一步对获取的照片进行管理。

1.5.1　从数码相机中获得照片

本小节将讲述从数码相机中，将已经拍摄好的图像导入到计算机中，主要应用的方法是添加向导，将相机中所存储的照片复制到指定的文件夹中，其具体操作步骤如下所示。

1 将数码相机的USB接口和电脑的接口进行连接，将会自动弹出如下图所示的对话框（不同型号的相机出现的对话框名称不同）。

2 在步骤1所示的对话框中，选择“Microsoft扫描仪和照相机向导”选项，如下图所示，设置完成后单击“确定”按钮。

3 打开如下图所示的“扫描仪和照相机向导”对话框，单击“下一步”按钮。

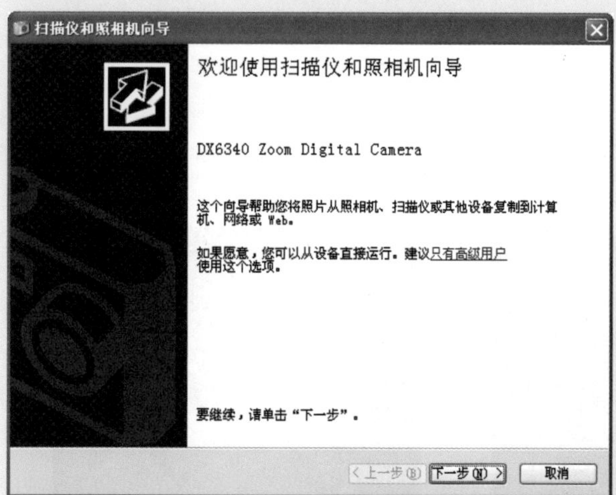

4 进入“选择要复制的照片”界面，根据个人需要选择需要导出的照片，如下图所示，再单击“下一步”按钮。

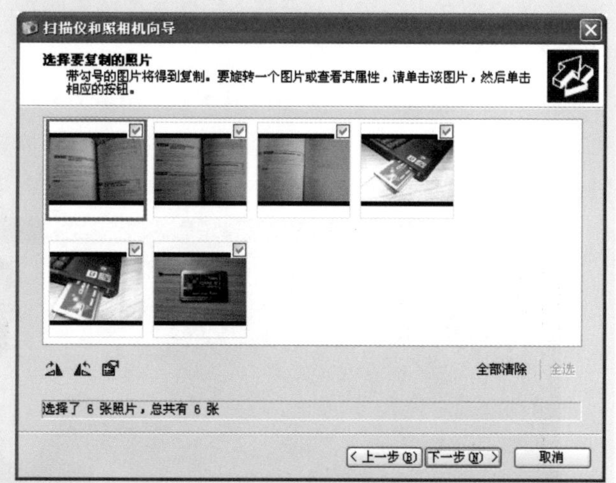

5 进入“照片名和目标”界面，为需要导出的照片设置文件夹名称，单击“浏览”按钮，可以对保存照片的路径进行设置，如下图所示，设置后单击“下一步”按钮。

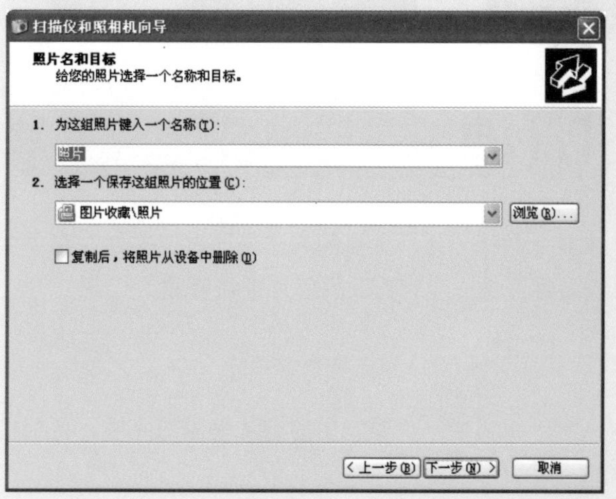

6 根据步骤5中对文件夹名称和位置进行的设置，系统将自动将数码相机中的照片导出，如下图所示，当进度条移动至最右侧时，即完成照片的导出，再单击“下一步”按钮。

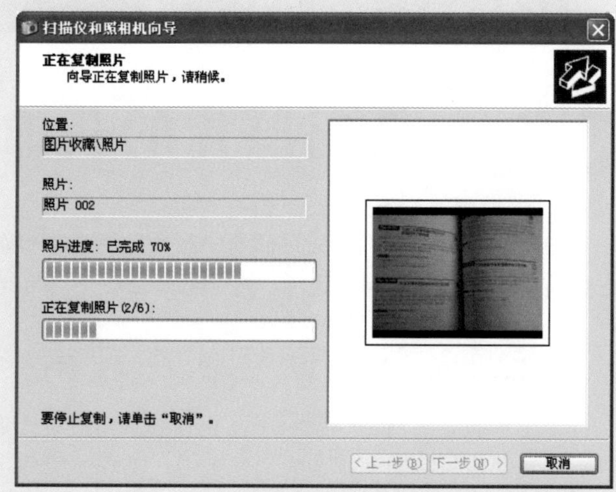

7 进入“其他选项”界面，选择第3个单选按钮不将照片发布到网站或联机订购照片，再单击“下一步”按钮，如下图所示。

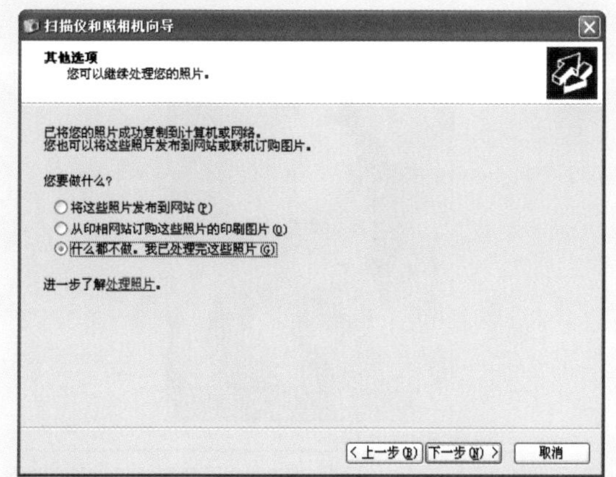

8 返回到扫描仪和照相机向导主界面，可以查看成功复制的照片数量，如下图所示，最后单击“完成”按钮即可完成照片的导出。

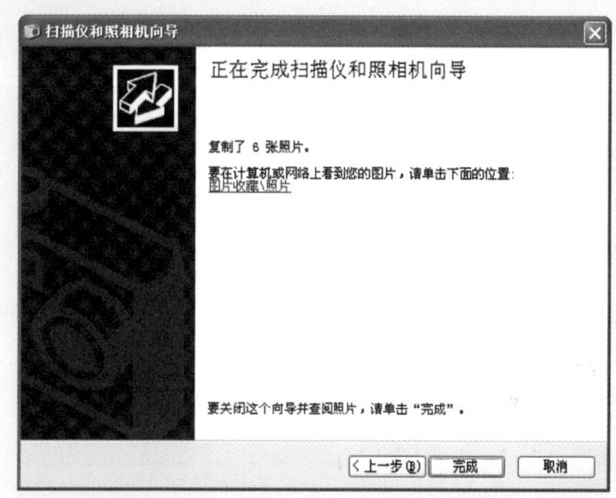

9 打开“我的电脑”窗口，在之前设置的导出照片的文件夹中可以浏览通过扫描仪和照相机向导导出的多张照片的缩略图，如右图所示，此时即已成功进行了照片的导出。

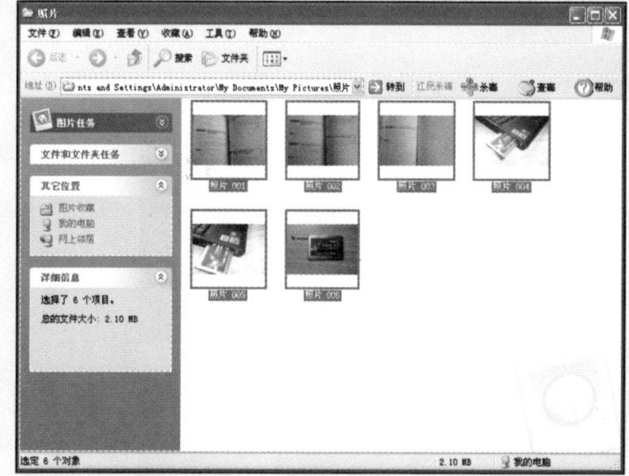

通过电脑浏览数码照片，一般应用的是Windows图片和传真查看器以及ACDSee浏览器，应用这两个软件可以完成对图像的查看、旋转、放大、删除、复制等简单的操作，而且操作方法也很简便，两者都是通过对话框中的按钮以及相关的菜单命令，来完成图像的浏览以及分类等操作。

1.5.2 Windows图片和传真查看器

Windows图片和传真查看器是系统自带的图像浏览器，应用该软件可以完成基本的图像查看的操作，它与ACDSee浏览器所不同的是，后者比前者多了很多菜单命令，可以快捷地对图像进行操作。下面介绍查看和删除图像的方法。

1 打开所要查看图像的文件夹，并选取所要打开的图像，使用鼠标右击该图像，在弹出的快捷菜单中选择“打开方式>Windows图片和传真查看器”菜单选项，如下图所示。

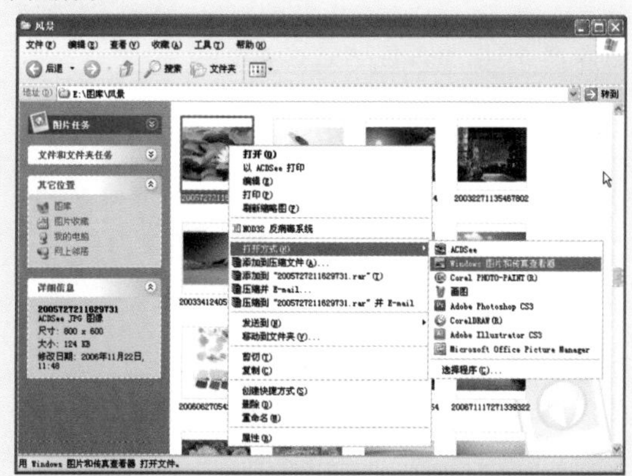

2 执行步骤1操作后，即可打开 “Windows图片和传真查看器”对话框，选择的图像文件在该对话框中进行显示，如下图所示。

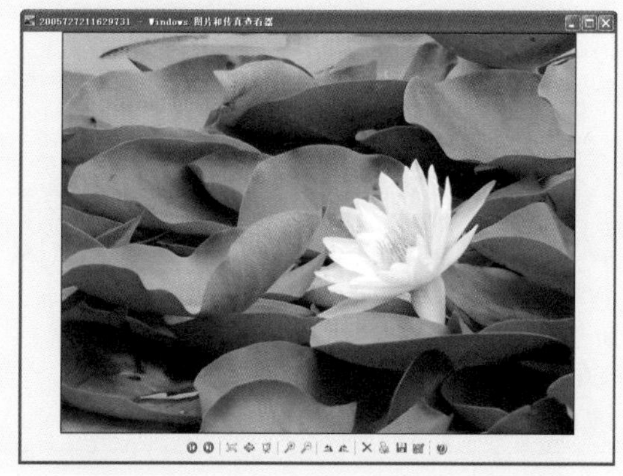

3 在“Windows图片和传真查看器”对话框中，单击“放大”按钮，使用该工具在图像中单击，即可放大查看图像，如下图所示。

4 单击该对话框底部的“逆时针旋转”按钮，即可将打开的图像进行旋转，旋转后的图像效果如下图所示。

5 在“Windows图片和传真查看器”对话框中单击底部的“删除”按钮，在弹出的“确认文件删除”对话框中单击“是”按钮，如下图所示。

6 删除步骤5中的图像后，单击“Windows图片和传真查看器”对话框中的“关闭”按钮，即可返回到最初的图像窗口中，如下图所示。

1.5.3 利用ACDSee查看与管理照片

ACDSee软件也是一个非常实用的照片查看和管理软件，可以对文件进行分类查看，下面具体介绍使用ACDSee进行照片重命名的具体操作。

1 与1.5.2小节所讲述的使用Windows图片和传真查看器查看图像的方法类似，首先打开要查看图像所在的文件夹，右击需要打开的图像文件，在弹出的快捷菜单中选择“打开方式>ACDSee”菜单选项，如下图所示。

2 在打开的ACDSee窗口中即可将所选取的图像打开，如下图所示。不同的浏览方式显示出的图像效果不同。

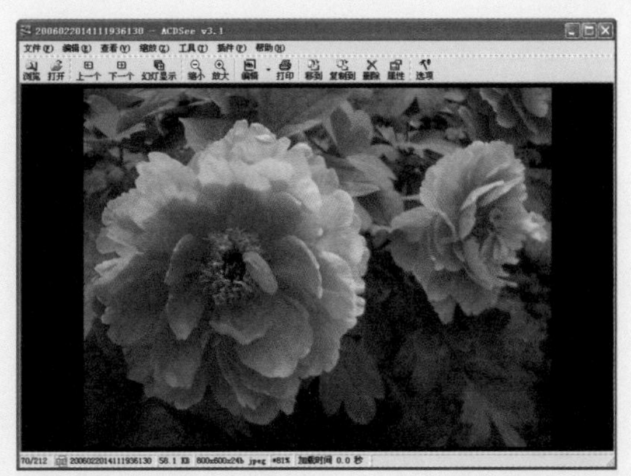

3 在窗口中单击“放大”按钮，使用该工具在图像中单击，将图像放大进行查看，放大后的图像效果如下图所示。

4 单击“下一个”按钮，即可查看下一张图像，然后执行“编辑>重命名”菜单命令，如下图所示。

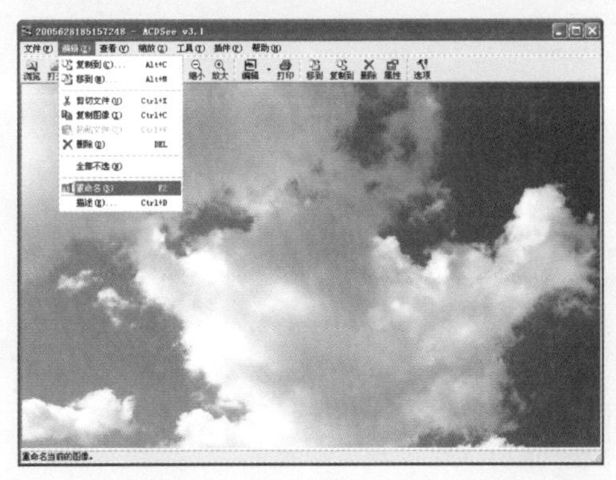

5 打开“重命名文件”对话框，在该对话框中的“文件名”文本框中输入“1”，如下图所示，设置完成后单击“确定”按钮。

6 在ACDSee标题栏中，查看对图像进行文件名修改后的效果，如下图所示。

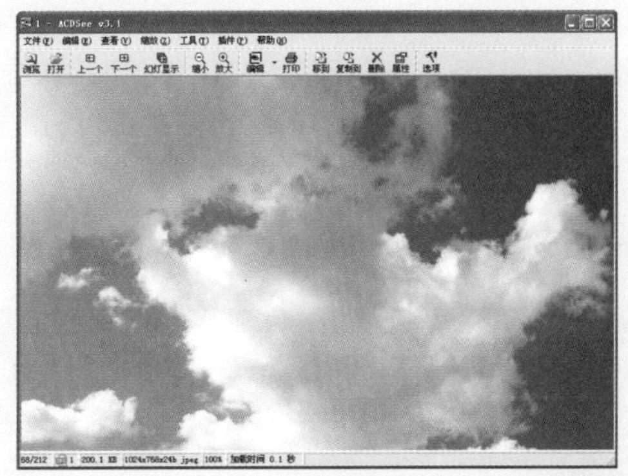

1.6 数码照片的后期处理

导入到电脑中的数码照片如何进行后期处理是本节将要讲述的内容，本节使用XnView软件来对照片进行调整，主要包括批量更改照片的名称和批量转换照片的格式，方便对照片进行管理。

1.6.1 批量更改照片的名称

本小节以XnView软件为例来讲述如何操作，该软件可以将照片的图片名称批量更改，方法主要是通过快捷菜单来实现，主要操作步骤如下所示。

1 双击桌面的图标，即可打开如下图所示的XnView窗口，并在该窗口中选择所要编辑的路径，如下图所示。

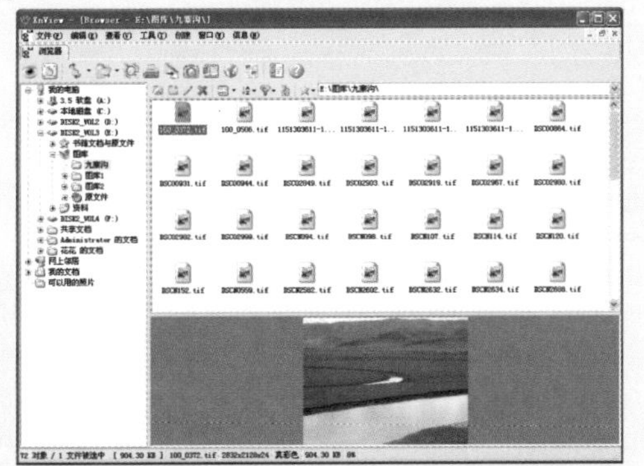

2 按Ctrl+A快捷键即可将该窗口中所有的图像选取，选取的图像呈蓝色显示，如下图所示。

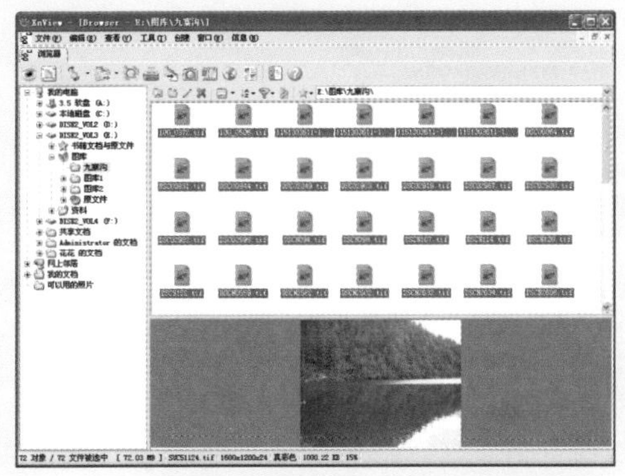

3 单击鼠标右键在弹出的菜单中选择“批量重命名”命令，打开如下图所示的“顺序重命名”对话框。

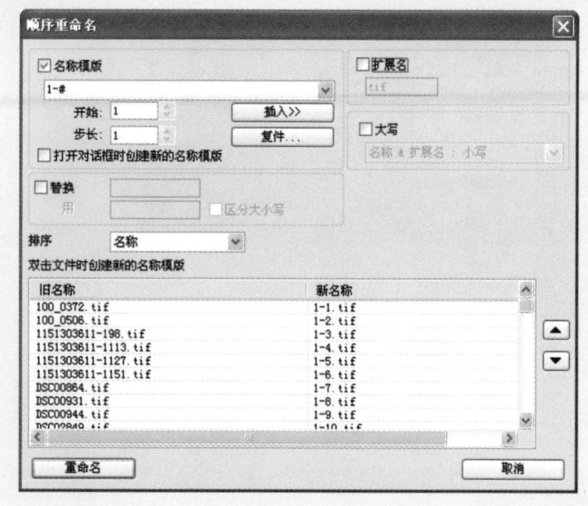

4 在步骤3所示的对话框中设置图像的名称，然后单击“重命名”按钮，更改名称后的效果如下图所示。

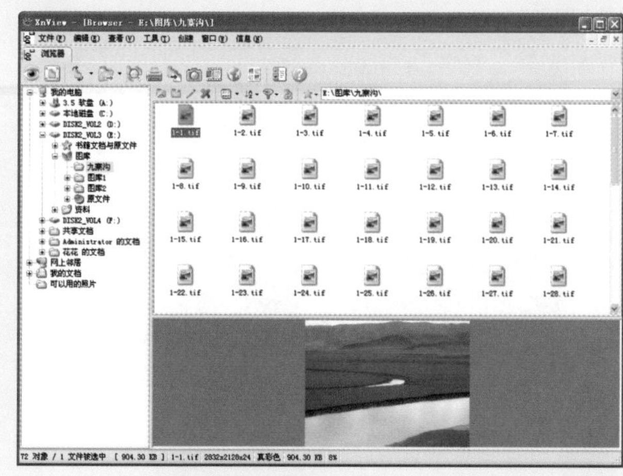

1.6.2 批量转换照片的格式

继续使用1.6.1小节所讲述的软件，使用该软件可为图像文件更改格式，只需统一使用“顺序重命名”对话框对文件的格式进行调整，具体操作步骤如下所示。

1 打开XnView窗口，并按Ctrl+A快捷键将所有图像选取，如下图所示。

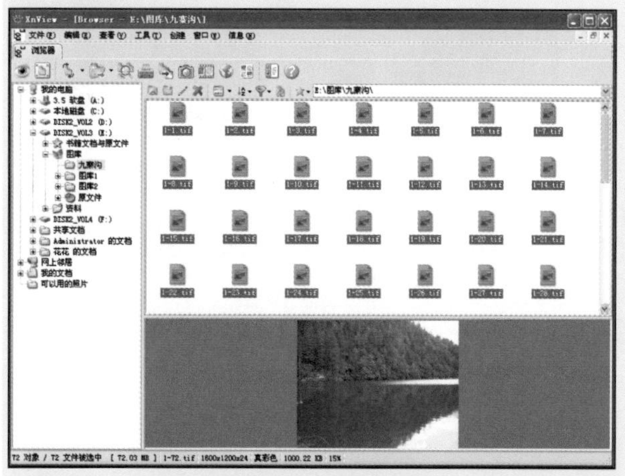

2 右击鼠标，弹出如下图所示的快捷菜单，并选择“批量重命名”菜单命令。

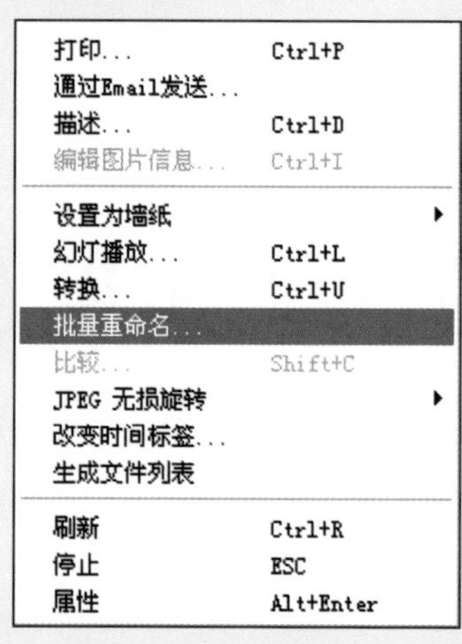

3 使用鼠标在弹出的“顺序重命名”对话框中勾选 ☑扩展名 复选框，并在其下方的文本框中输入“jpg”，如下图所示。

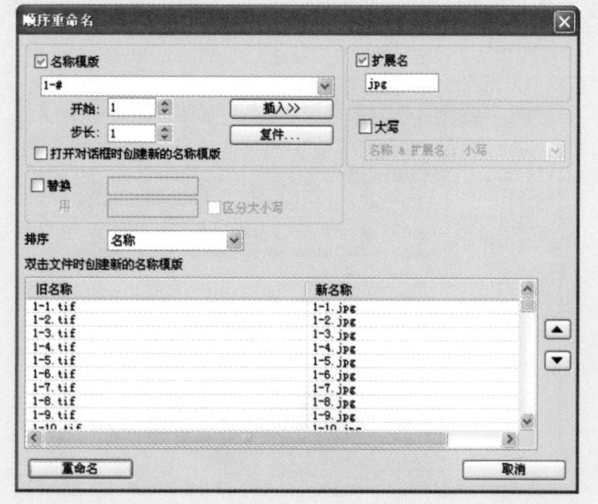

4 在步骤3所示的对话框中单击“重命名”按钮，即可更改所有选取的图像的扩展名，如下图所示。

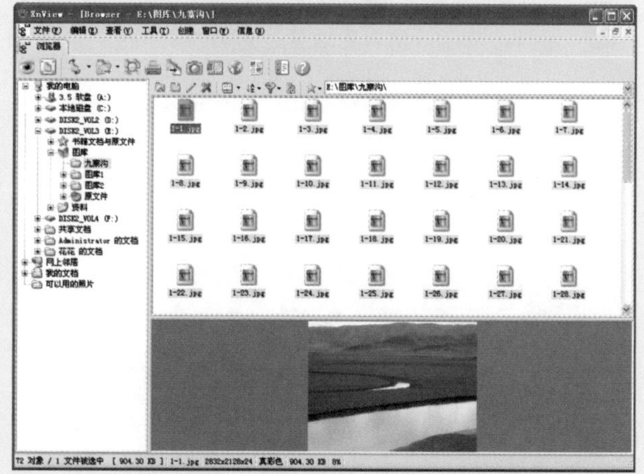

Chapter

02 Photoshop CS4 的基本操作

在学习使用Photoshop CS4 处理照片之前首先对Photoshop CS4 的工作界面进行了解，包括对工作界面的认识、如何在工具箱中选取工具、菜单栏、面板等，再介绍与Photoshop和数码照片相关的术语，最后讲述图像的基础处理方法，帮助读者对使用Photoshop CS4 进行照片处理有初步的认识。

2.1 Photoshop CS4的工作界面介绍

Photoshop CS4在界面上相对于Photoshop CS3有了全新的改变，整体以灰色显示，界面更加简洁，还新增了用户自定义工作区的操作，在界面的操作上更体现了人性化的一面，它的组成模块也不再像以前版本那样单一，界面中包括应用程序栏、菜单栏、工具选项栏、工具箱、工作区、状态栏和浮动面板等内容，下面将分别对界面中的各个部分进行介绍。

2.1.1 Photoshop CS4窗口组成模块

执行Windows系统的“开始>所有程序>Adobe>Photoshop CS4”菜单命令，或者双击桌面上的Photoshop CS4应用程序图标，都可以启动Photoshop CS4 应用程序，打开的Photoshop CS4工作界面如下图所示，可以看出其工作界面主要由应用程序栏、菜单栏、工具选项栏、工具箱、图像窗口、状态栏及浮动面板组成，在后面会对各个组成模块的作用分别进行介绍。

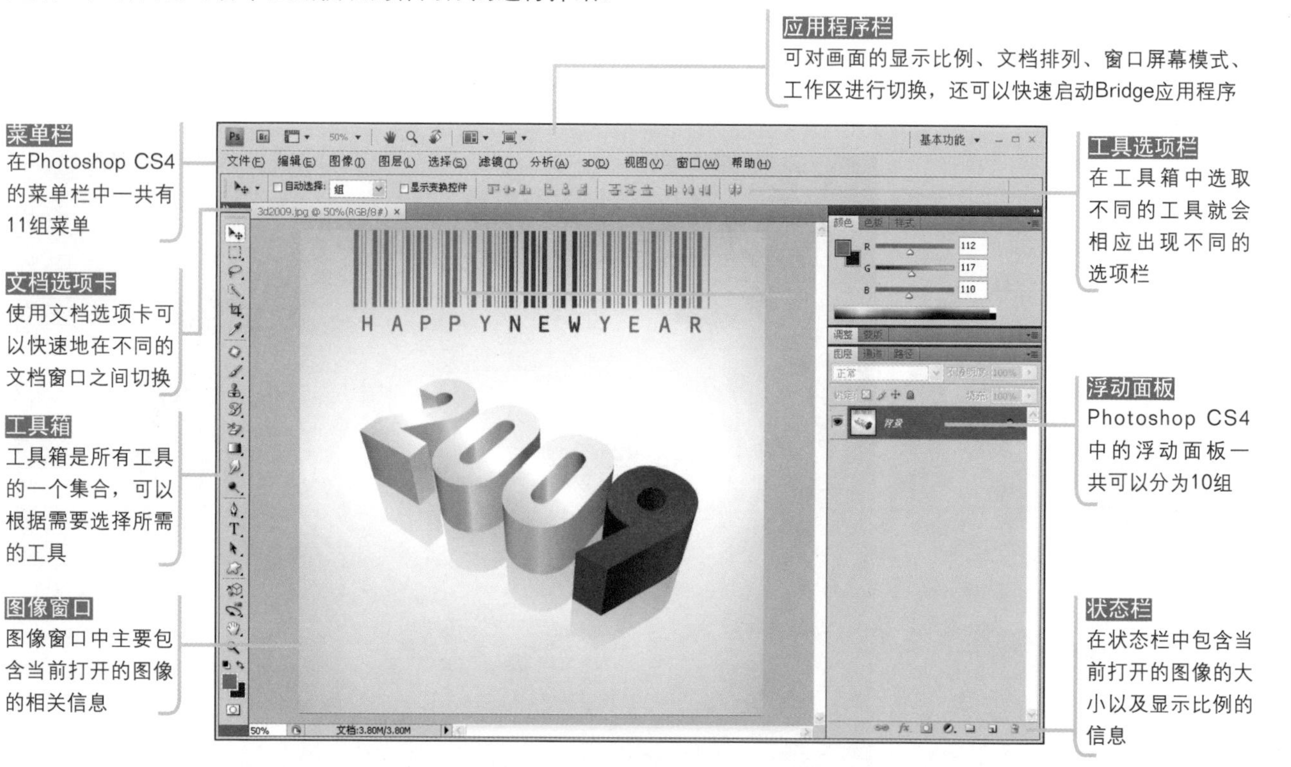

应用程序栏
可对画面的显示比例、文档排列、窗口屏幕模式、工作区进行切换，还可以快速启动Bridge应用程序

菜单栏
在Photoshop CS4的菜单栏中一共有11组菜单

文档选项卡
使用文档选项卡可以快速地在不同的文档窗口之间切换

工具箱
工具箱是所有工具的一个集合，可以根据需要选择所需的工具

图像窗口
图像窗口中主要包含当前打开的图像的相关信息

工具选项栏
在工具箱中选取不同的工具就会相应出现不同的选项栏

浮动面板
Photoshop CS4中的浮动面板一共可以分为10组

状态栏
在状态栏中包含当前打开的图像的大小以及显示比例的信息

2.1.2 应用程序栏

应用程序栏在Photoshop CS4 界面的最上方，在应用程序栏中可启动Adobe Bridge对图像进行查看，显示或隐藏参考线、网格、标尺，还可以设置打开的图像的并列显示方式和旋转画面等功能，应用程序栏如下图所示。

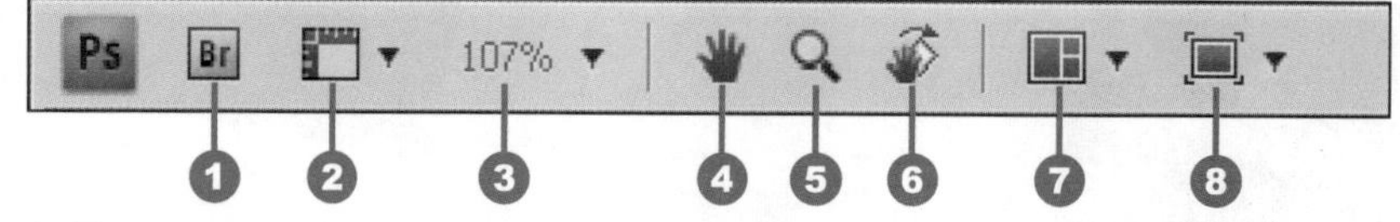

❶ “启动Bridge”按钮：单击此按钮可以启动Adobe Bridge应用程序。
❷ “查看额外内容”下拉列表框：单击“查看额外内容”下三角按钮可显示或隐藏参考线、网格、标尺。
❸ “缩放级别”下拉列表框 107%：单击“缩放级别”下三角按钮，可设置画面显示比例。
❹ “抓手工具”按钮：使用“抓手工具”可以随意拖曳画面中的图像。
❺ “缩放工具”按钮：使用“缩放工具”可以放大或缩小图像整体或局部。
❻ “旋转视图工具”按钮：使用“旋转视图工具”可以旋转画面的显示角度。
❼ “排列文档”按钮：在“排列文档”工具选取器面板中可以选取针对当前文档个数的排列方式。
❽ “屏幕模式”按钮：单击“屏幕模式”按钮可以切换窗口的显示方式。

2.1.3 工作区切换器

工作区就是展现在用户面前的所有模块，这些模块的位置和大小都是可以改变的。切换工作区是Photoshop CS4中最具人性化的操作，通过切换器用户可以针对工作环境的不同来选择不同的工作区模式，也可以根据自己的操作习惯来创建工作界面。

1. 切换工作区

Photoshop CS4中共预设了12种工作区，可以在相互间进行切换。切换工作区有三种方式，分别是：从应用程序栏中切换、从菜单命令中切换及通过快捷键切换。

1 若要在应用程序栏中切换工作区，则直接单击界面上方的“工作区切换器”按钮基本功能，在打开的工作区列表中进行选择，如下图所示。

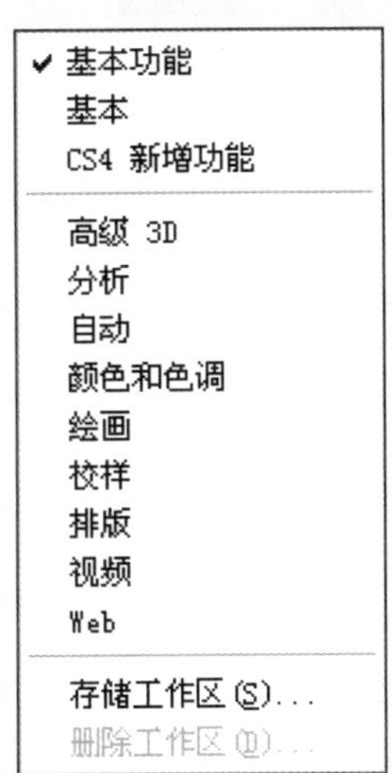

2 若要从菜单命令切换工作区，则执行“窗口>工作区”菜单命令，再在打开的级联菜单中选择一种工作区，如下图所示。

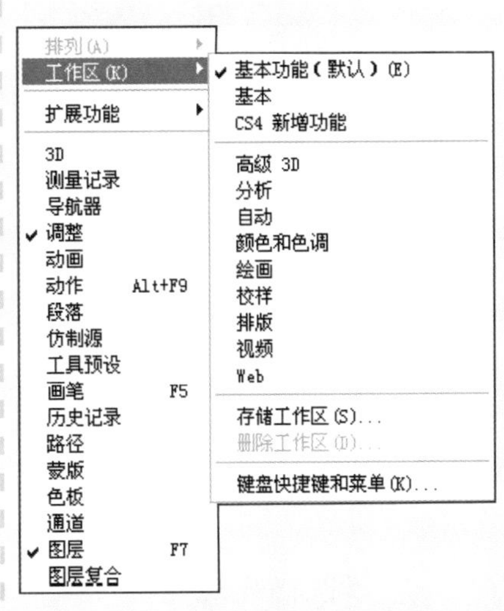

3 若要使用快捷键切换工作区，则执行“编辑>键盘快捷键”菜单命令，在“键盘快捷键”对话框中为工作区指定一个快捷键，如下图所示。

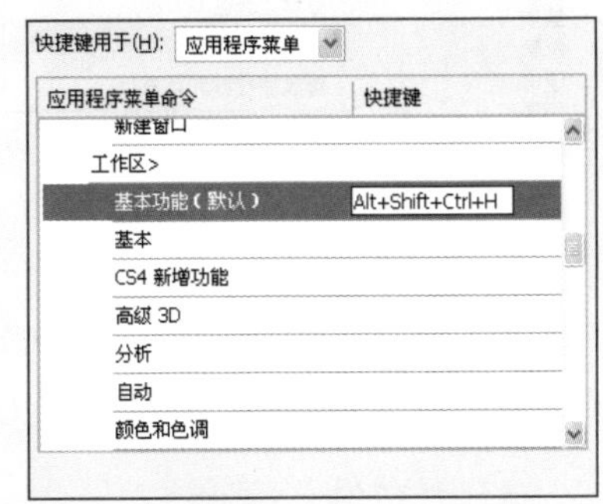

2. 存储工作区

在Photoshop CS4中，用户还可以根据自己的喜好自定义工作区界面，可以创建多个自定义工作区。

1 打开Photoshop CS4应用程序，将3D面板、“图层”面板、“画笔”面板拖曳至图像窗口中，然后分别调整其大小和位置如下图所示。

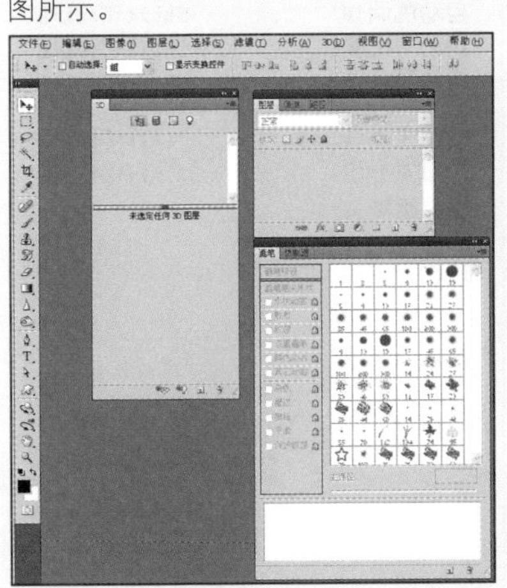

2 执行“窗口>工作区>存储工作区”菜单命令，即可打开“存储工作区”对话框，设置工作区名称为“自己的工作区”，然后单击“存储”按钮，如下图所示。

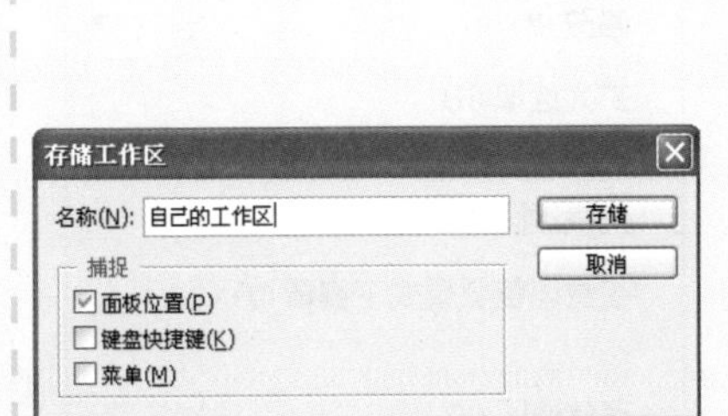

3 执行“窗口>工作区”菜单命令，在打开的子菜单中可以看到在步骤2中创建的工作区名称“自己的工作区”，如下图所示。

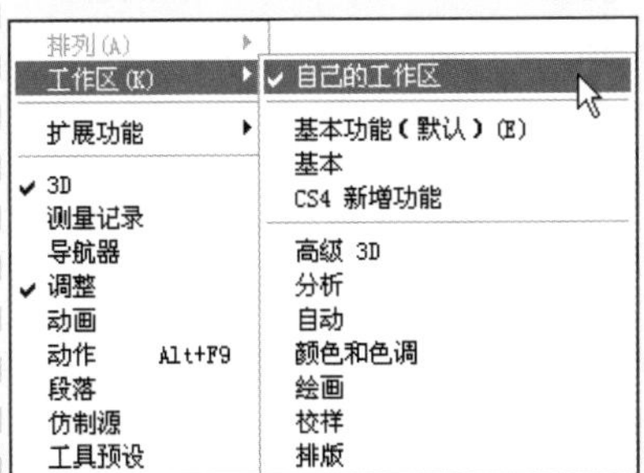

3. 删除工作区

删除工作区是指删除自定义的工作区界面，删除后在“工作区”子菜单中将不再显示，但不能删除当前的工作区。

1 删除如下图所示的“自己的工作区”，首先切换至其他工作区下，执行“窗口>工作区>删除工作区”菜单命令。

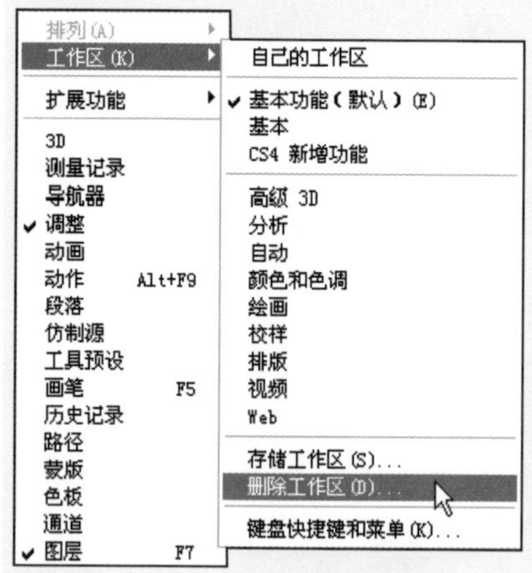

2 打开“删除工作区”对话框，在“工作区”下拉列表框中选择“自己的工作区”选项，然后单击“删除”按钮，此时系统弹出“删除工作区”对话框，提示用户是否确定删除，单击“是”按钮，如下图所示。

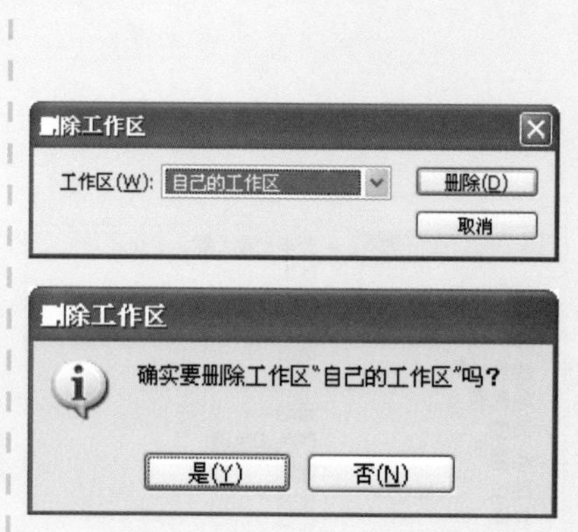

3 关闭“删除工作区”对话框后，再执行“窗口>工作区”菜单命令，在“工作区”子菜单中已不存在“自己的工作区”一项，这表明该工作区已经被删除，如下图所示。

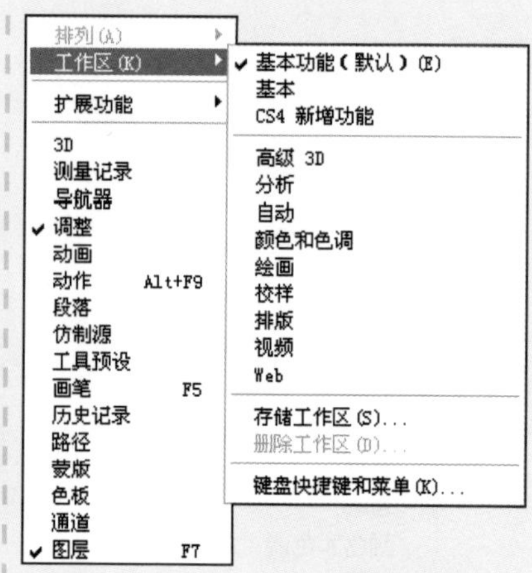

2.1.4 菜单栏

在Photoshop CS4菜单栏中有11组菜单，它们分别为：文件、选择、图像、编辑、图层、窗口、滤镜、视图、3D、分析和帮助，各组菜单以及作用如下所示。

1. “文件”菜单

“文件”菜单包括新建文件、打开文件、关闭文件等操作，在操作命令的后面有相应的快捷键，按快捷键也可以执行操作，如下图所示。

新建(N)...	Ctrl+N
打开(O)...	Ctrl+O
在 Bridge 中浏览(B)...	Alt+Ctrl+O
打开为...	Alt+Shift+Ctrl+O
打开为智能对象...	
最近打开文件(T)	▸
共享我的屏幕...	
Device Central...	
关闭(C)	Ctrl+W
关闭全部	Alt+Ctrl+W
关闭并转到 Bridge...	Shift+Ctrl+W
存储(S)	Ctrl+S
存储为(A)...	Shift+Ctrl+S
签入...	
存储为 Web 和设备所用格式(D)...	Alt+Shift+Ctrl+S
恢复(V)	F12
置入(L)...	
导入(M)	▸
导出(E)	▸
自动(U)	▸
脚本(R)	▸
文件简介(F)...	Alt+Shift+Ctrl+I
页面设置(G)...	Shift+Ctrl+P
打印(P)...	Ctrl+P
打印一份(Y)	Alt+Shift+Ctrl+P
退出(X)	Ctrl+Q

2. “选择”菜单

“选择”菜单主要包括对选区的操作等，有全部选取图像、修改选区、变换选区、载入选区等功能，也可以通过按快捷键进行操作，如下图所示。

全部(A)	Ctrl+A
取消选择(D)	Ctrl+D
重新选择(E)	Shift+Ctrl+D
反向(I)	Shift+Ctrl+I
所有图层(L)	Alt+Ctrl+A
取消选择图层(S)	
相似图层(Y)	
色彩范围(C)...	
调整边缘(F)...	Alt+Ctrl+R
修改(M)	▸
扩大选取(G)	
选取相似(R)	
变换选区(T)	
在快速蒙版模式下编辑(Q)	
载入选区(O)...	
存储选区(V)...	

3. “图像”菜单

“图像”菜单主要包括对图像的调整等命令，可更改图像模式、图像亮度/对比度，以及调整画布大小、应用和计算图像，通过执行这些命令对图像产生影响，如下图所示。

模式(M)	▸
调整(A)	▸
自动色调(N)	Shift+Ctrl+L
自动对比度(U)	Alt+Shift+Ctrl+L
自动颜色(O)	Shift+Ctrl+B
图像大小(I)...	Alt+Ctrl+I
画布大小(S)...	Alt+Ctrl+C
图像旋转(G)	▸
裁剪(P)	
裁切(R)...	
显示全部(V)	
复制(D)...	
应用图像(Y)...	
计算(C)...	
变量(B)	▸
应用数据组(L)...	
陷印(T)...	

4. “编辑”菜单

通过此菜单中的命令可对照片进行变形等操作。在Photoshop CS4的“编辑”菜单中还新增了“内容识别比例”命令，如下图所示。

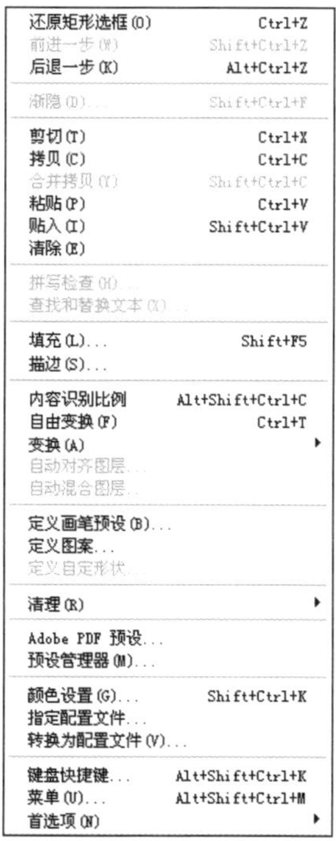

5. “图层”菜单

在“图层”菜单中可对图层进行编辑和变换、复制图层、新建图层、合并图层等操作，如下图所示。

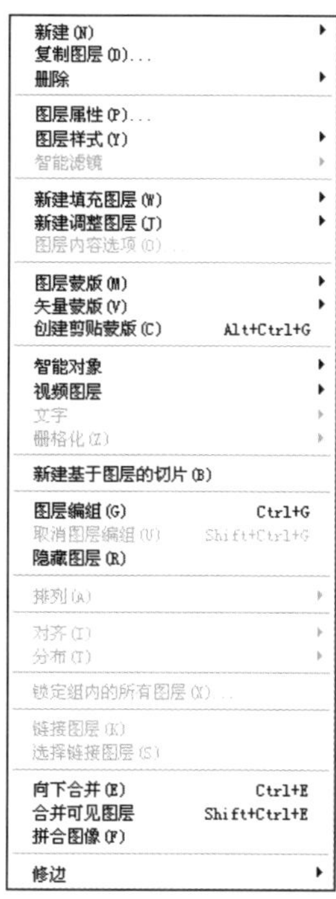

6. “窗口”菜单

通过“窗口”菜单可对程序窗口中的面板进行显示或隐藏，如果在菜单命令前面显示了✔标识，则表示显示了相应面板，如下图所示。

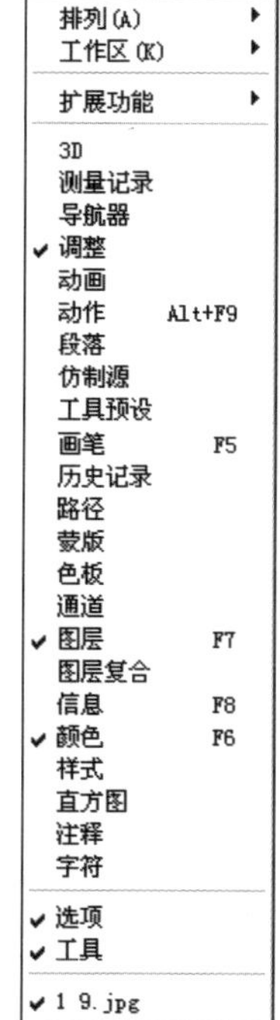

7. “滤镜”菜单

“滤镜”菜单中提供了许多对数码照片处理的特效，对比Photoshop CS3版本，在Photoshop CS4版本中取消了“抽出”命令，如下图所示。

上次滤镜操作(F) Ctrl+F
转换为智能滤镜
滤镜库(G)...
液化(L)...
消失点(V)...
风格化
画笔描边
模糊
扭曲
锐化
视频
素描
纹理
像素化
渲染
艺术效果
杂色
其它
Digimarc
浏览联机滤镜...

8. “视图”菜单

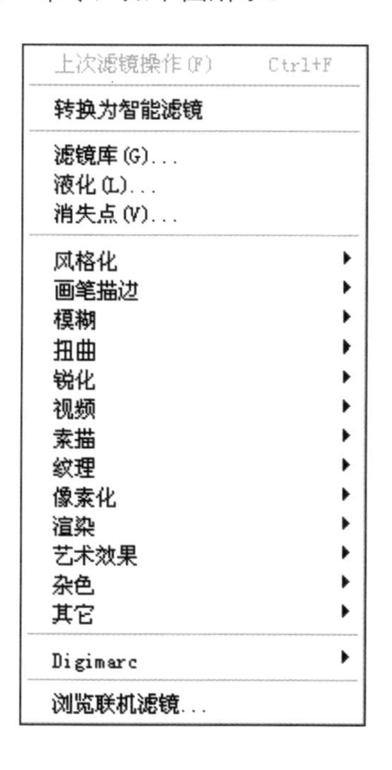

“视图”菜单中包括对标尺、参考线等操作，还可以对图像的打印等进行设置，执行该菜单中的命令可以更好地绘制图像，如下图所示。

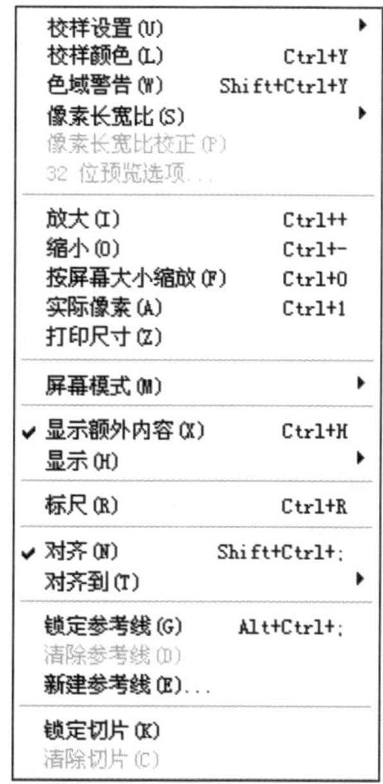

9. 3D菜单

3D功能是Photoshop CS4中新增加的，可以通过该菜单中命令对3D模型进行蒙皮、设置3D模型灯光、创建UV等，如下图所示。

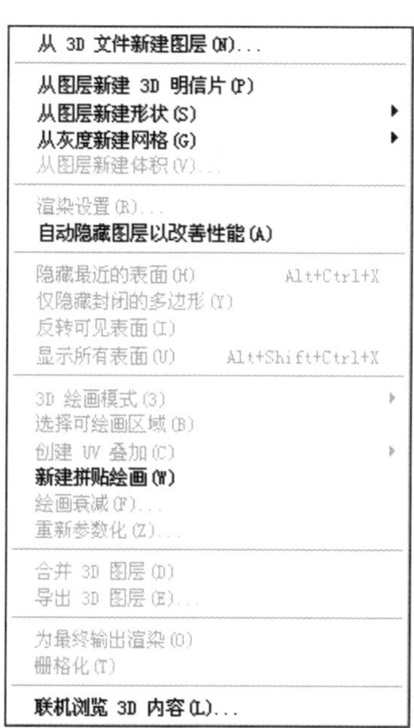

10. “分析”菜单

“分析”菜单中包括对测量比例的的设置、标尺工具以及对测量数据的分析等，如下图所示。

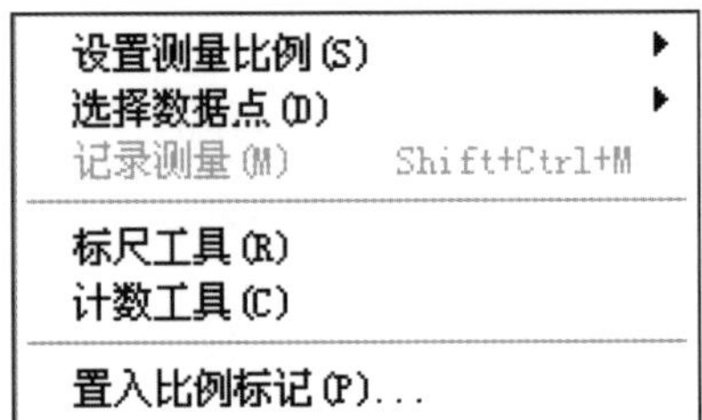

11. “帮助”菜单

“帮助”菜单中包含了多种Photoshop CS4的辅助信息，其中以分类的形式介绍了多种图像处理方法，如下图所示。

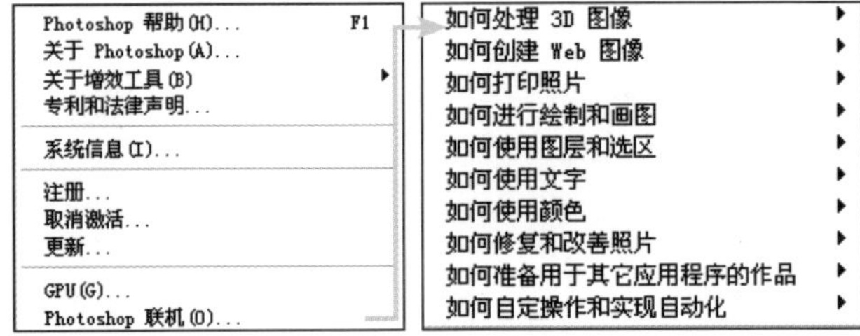

2.1.5 工具箱与工具选项栏

Photoshop的工具箱位于程序窗口的左侧，新版本的Photoshop CS4在工具箱上有了更大的改进，新增了3D工具。如果要展开或收缩工具箱只需单击工具箱上的按钮即可实现，如下图所示为展开的双列工具箱。

在工具箱中共含有22组工具、背景/前景色按钮及快速蒙版与正常模式的切换按钮，下面对工具箱中的各项工具的作用进行介绍。

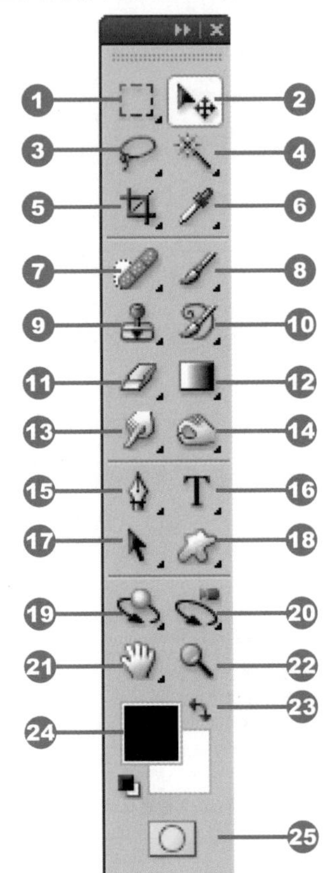

❶ 矩形选框工具：使用其中的工具可以在图中创建规则的选区。
❷ 移动工具：，使用该工具可以将图像或者选区进行移动或者复制。
❸ 套索工具：使用该工具在图中拖动可以创建不规则的选区。
❹ 魔棒工具：使用该工具在图中单击即可将相近颜色的区域选取。
❺ 裁剪工具：使用该工具可将图像不需要的部分裁剪掉。
❻ 吸管工具：该工具用于吸取画面中任意一个位置的颜色、坐标信息。
❼ 污点修复画笔工具：该工具组主要用来修饰图像，将有缺陷的图像进行美化。
❽ 画笔工具：使用该工具在图中可以使用设置的画笔效果和线条绘制图像。
❾ 仿制图章工具：该工具的主要作用是复制所取样的图像。
❿ 历史记录艺术画笔工具：使用该工具可以将图像返回到最原始的状态。
⓫ 橡皮擦工具：使用该工具可以将图像中不需要的区域擦除。
⓬ 渐变工具：使用该工具可以将图像填充上所设置的渐变颜色。
⓭ 涂抹工具：使用该工具可以将周围的图像融合到一起，形成特殊的图像效果。
⓮ 加深工具：使用该工具可以将图像局部的颜色加深。
⓯ 钢笔工具：使用该工具可以在图像中自由绘制出各种路径。
⓰ 横排文字工具：使用该工具可以在图像中输入所需的文字。
⓱ 路径选择工具：使用该工具可以将所绘制的路径全部选取。
⓲ 自定形状工具：使用该工具可以在图像中绘制出多种形态的路径。
⓳ 3D旋转工具：使用该工具可以对画面中的3D对象进行旋转，以便查看不同角度下效果。
⓴ 3D环绕工具：使用该工具可以拖曳相机沿 x 或 y 方向环绕移动。
㉑ 抓手工具：使用该工具在图像中拖动可以查看所指定的区域。
㉒ 缩放工具：使用该工具可以在图中单击对图像进行放大以便查看。
㉓ 交换前景色和背景色：单击此按钮可以将前景色和背景色交换。
㉔ 前景色和背景色：此处可以设置前景色和背景色，单击此处可以在弹出的“拾色器（前景色）”或“拾色器（背景色）”对话框中设置颜色。
㉕ 以快速蒙版模式编辑：单击此处可以进入快速蒙版模式。

下面以“矩形选框工具”为例对工具的选项栏进行介绍。

单击工具箱中的“矩形选框工具”按钮，然后可在图像窗口上方看到其工具选项栏，如下图所示，选项栏中各项功能的含义如下图所示。

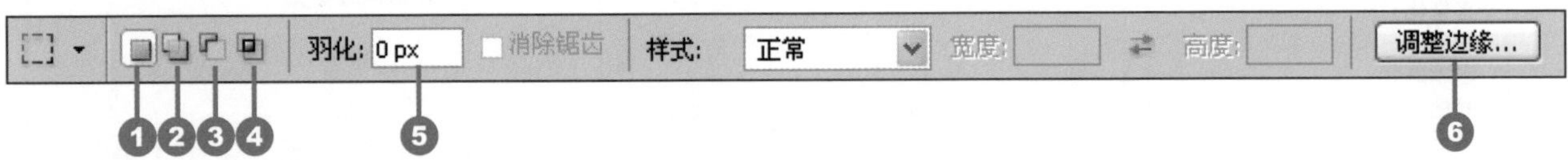

❶ “新选区”按钮：单击此按钮，然后在图中拖曳即可创建一个选区。
❷ “添加到选区”按钮：单击此按钮后，使用“矩形选框工具”可以在图中连续创建多个矩形选区。
❸ “从选区减去”按钮：单击此按钮后，所创建的选区将会从前面所创建的选区中减去，得到两个选区相减后的选区。

❹ **“与选区交叉”按钮◻：** 单击此按钮后，所创建的新选区将会与前面所创建的选区相交，得到两个选区相交后的选区。
❺ **“羽化”文本框：** 在此处可以输入选区羽化的数值，输入的数值不能超过所创建选区的边框，否则选区边将不可见。
❻ **“调整边缘”按钮：** 单击此按钮将会弹出“调整边缘”对话框，在该对话框中可以快速对创建的选区进行调整。

2.1.6　文档选项卡与状态栏

在Photoshop CS4中为打开的所有图像都分配了一个选项卡，以选项卡的形式展现图像窗口。在选项卡上显示的是图像的名称和当前选择的图层，以及图像的颜色模式等信息，选取不同的选项卡可以对打开的图像进行切换，在图像窗口下面的状态栏上显示图像的基本信息。打开的图像窗口如下图所示，下面对图像窗口各个部分的作用进行讲述。

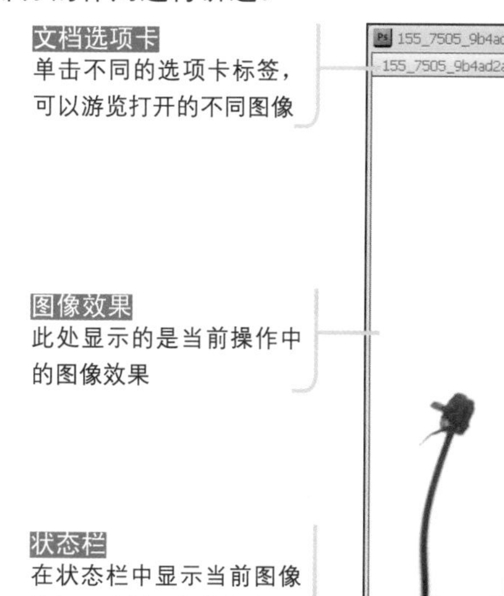

2.1.7　常用面板

Photoshop CS4中有10个面板是在对照片处理中使用较为频繁的，分别为“导航器”面板组、“颜色”面板组、“图层”面板组、“历史记录”面板组、“工具预设”面板、“字符”面板组、“图层复合”面板组、“画笔”面板组、“调整”面板和“蒙版”面板，各个面板/面板组的作用如下所示。

1. “导航器”面板组

该面板组主要包含“导航器”面板、“直方图”面板和“信息”面板，如左下图所示。在“导航器”面板中可以看到当前操作图像的缩略图，可以使用鼠标在其中拖曳，即可查看指定的区域；“直方图”面板中主要包含的是图像的颜色信息，以曲线走向的形式显示出来；而“信息”面板所显示的是鼠标在图像中滑过时的颜色和坐标信息等。

2. “颜色”面板组

该面板组主要包含“颜色”面板、“色板”面板和“样式”面板，如右下图所示。在“颜色”面板中可以对前景色和背景色进行设置，还可以调整颜色的色彩模式；“色板”面板提供了很多设置好的颜色，使用鼠标单击其中任意一个方块，就可以将此处的颜色应用到前景色或背景色；“样式”面板中包含许多自带的样式，在绘制出图形后单击样式，即可将该样式运用到图形上。

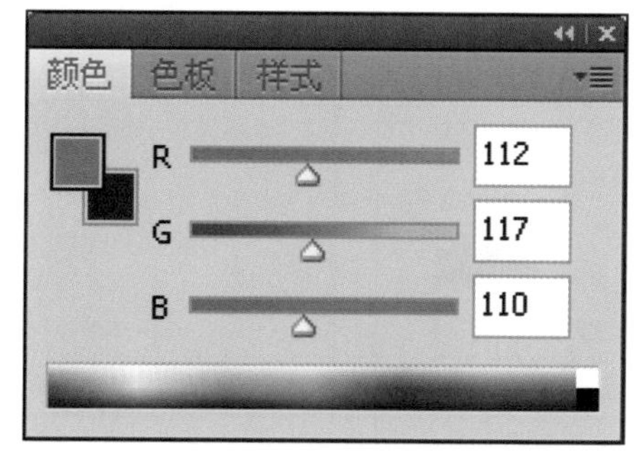

3. “图层”面板组

该面板组主要包括“图层”面板、“通道”面板和“路径”面板。“图层”面板的作用是对各个图层进行管理和操作，如创建新的图层或者删除图层等；“通道”面板中包含的是各个通道的信息，可以使用该面板对各个通道进行复制或者删除等操作；“路径”面板主要是对所绘制的路径进行管理和操作。如左下图所示。

4. “历史记录”面板组

该面板组主要包括“历史记录”面板以及“动作”面板。“历史记录”面板主要是对前面的图像操作进行记录，通过该面板可以将任意一步的操作删除，也可以返回到最初的图像效果；“动作”面板主要是对图像操作的记录，可以查看某个动作所用到的步骤，了解图像的制作过程，如中下图所示。

5. “工具预设”面板

“工具预设”面板主要包含的是对当前所选取的工具所包含的设置，但是只有部分工具有工具预设，如下图所示为“画笔工具”的“工具预设”面板，在该面板中列举了三种设置完成的画笔形状以及颜色等。如右下图所示。

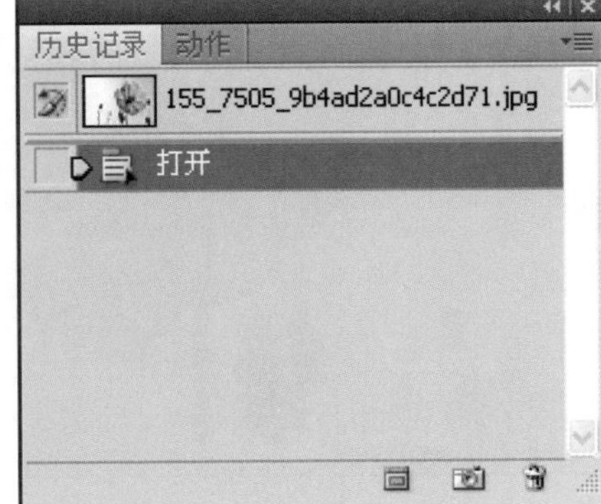

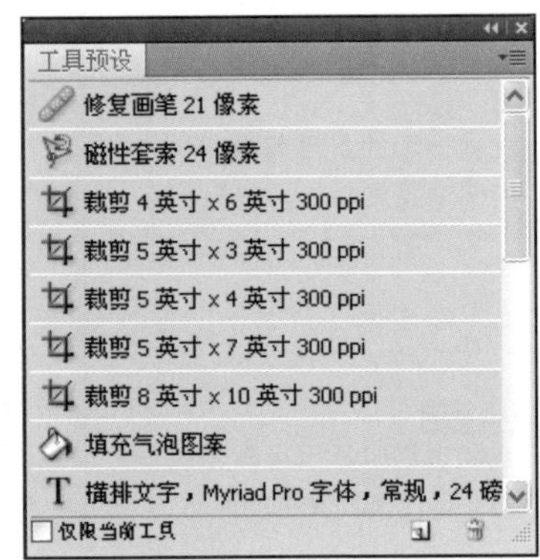

6. “字符”面板组

该面板组中主要包括 “字符”面板以及“段落”面板。“字符”面板的作用是对输入的文字的字体和颜色等进行调整；而“段落”面板主要对所输入的段落文字的缩进等进行调整。如左下图所示。

7. “图层复合”面板组

“图层复合”面板主要用于记录当前操作的状态，单击各个状态前的按钮，可查看该状态下的图像变化效果，单击面板底部的操作按钮，可以创建新的图层复合、删除和复制图层以及播放图像效果。如中下图所示。

8. “画笔”面板组

该面板组主要包括“画笔”面板和“仿制源”面板。“画笔”面板主要是对画笔的形状和颜色等进行设置，通过该面板可以选择所需的画笔形状；“仿制源”面板用于对图像进行复制，可对要复制的图像的透明度等进行设置。如右下图所示。

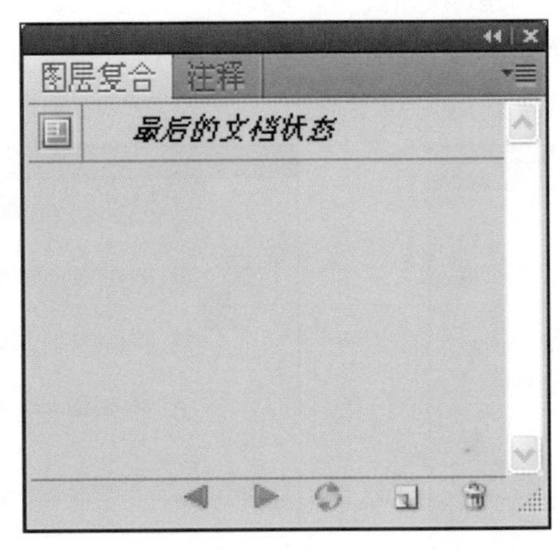

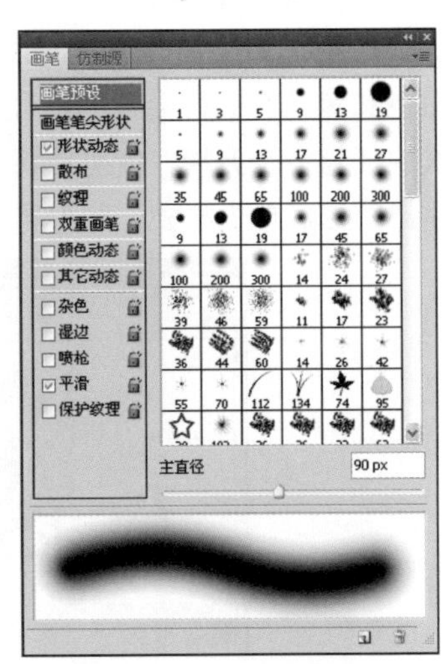

9. “调整”面板

在如左下图所示的“调整”面板中可以找到用于调整颜色和色调的工具。单击“工具”图标以选择调整并自动创建调整图层，使用“调整”面板中的控件和选项进行的调整会创建非破坏性调整图层。

10. “蒙版”面板

“蒙版”面板提供用于调整蒙版的附加控件。可以像处理选区一样，更改蒙版的不透明度、 显示蒙版内容、反相蒙版或调整蒙版边界。如右下图所示。

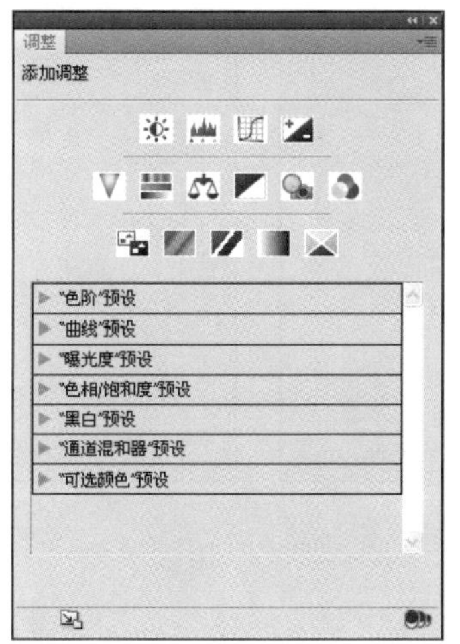

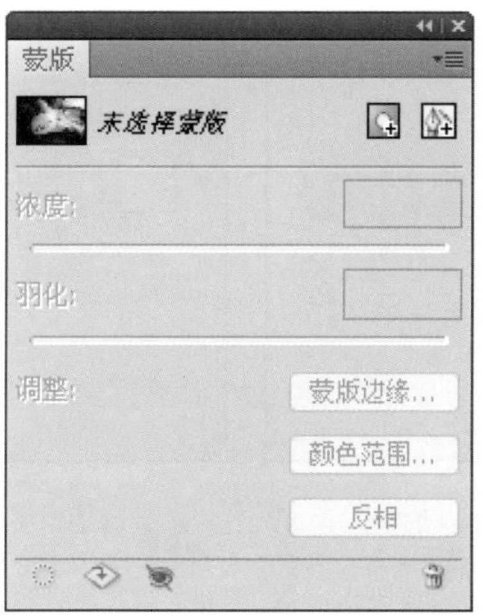

2.2 Photoshop CS4 中重要术语的含义

在Photoshop CS4 中常会遇到很多重要的术语以及相关的基本操作，应了解这些术语的含义，以便在使用Photoshop CS4处理照片时快速地找到相应的工具或者命令，对图像进行调整，主要包括的术语有图层、通道、蒙版和路径等。

2.2.1 图层

图层是Photoshop CS4 中的核心技术，在任何图像处理中都必须用到图层。除了“背景”图层之外，其它图层都支持图层蒙版、混合模式、透明度、填充更改效果和高级混合选项，在本书中将使用这些功能来完成照片的处理工作。

1. “图层”面板

执行“窗口>图层”菜单命令，可打开“图层”面板，在面板中可对图层的混合模式、不透明度、填充进行设置，还可对图层进行新建、删除等操作，面板中各种功能的含义如下图所示。

2. 创建新图层

在Photoshop CS4中创建新图层有两种方法，第一种是应用“图层”面板创建；第二种是通过“图层”菜单创建，其具体操作步骤如下所示。

1 执行“窗口>图层”菜单命令，即可打开如下图所示的“图层”面板。

2 单击面板底部的“创建新图层”按钮，如下图所示。

3 执行步骤2的操作后，即可创建出“图层1”图层，“图层”面板如下图所示。

4 单击“图层”面板右上方的“扩展”按钮，将会打开如下图所示的面板菜单，并选择“新建图层”命令。

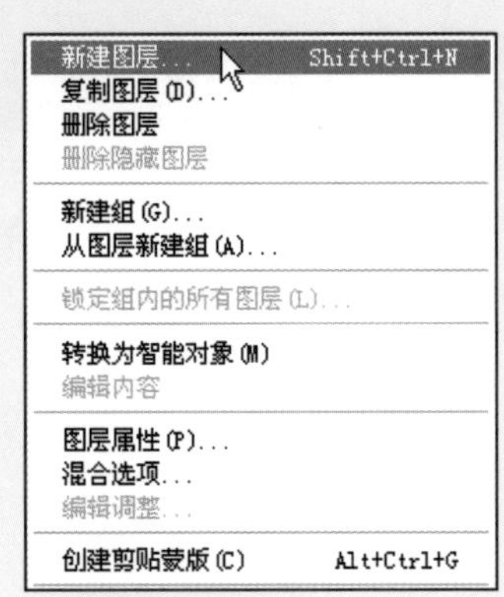

5 执行步骤4的操作后，系统将会弹出如下图所示的“新建图层”对话框，设置所要创建图层的名称以及颜色等。

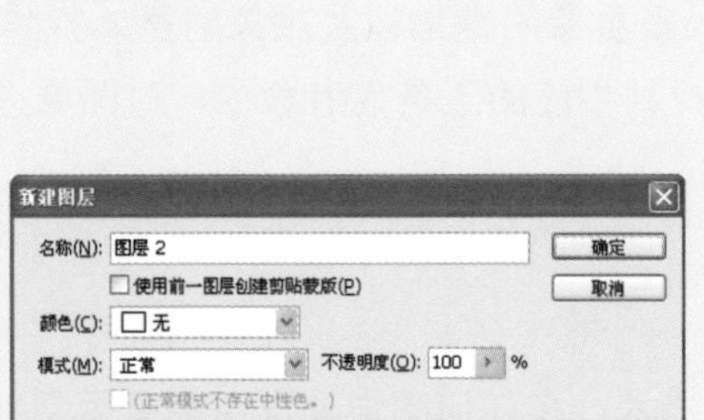

6 在步骤5所示的对话框中设置完参数后，即可在“图层”面板中看到创建的新图层，如下图所示。

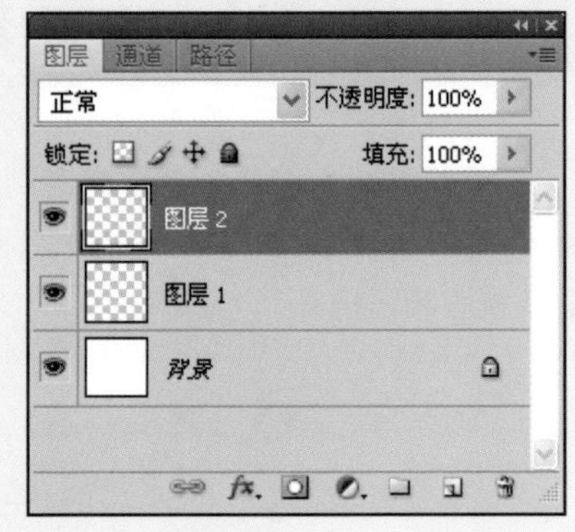

3. 复制图层

复制图层可以通过“图层”面板与“图层”面板菜单进行，选取要复制的图层，将其拖曳到“图层”面板底部的“创建新图层”按钮上复制即可；或者在“图层”面板菜单中选择“复制图层”命令，也可以复制出一个新图层。

1 打开“图层”面板，如下图所示，该面板中只有一个图层。

2 选取“背景”图层将其拖曳到面板底部的“创建新图层”按钮上，如下图所示。

3 执行步骤2的操作后释放鼠标，即可复制出一个新的背景图层，如下图所示的“背景副本”图层。

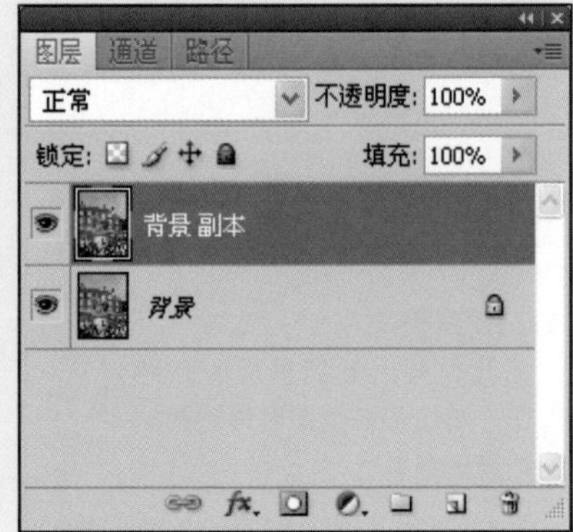

4 单击“图层”面板右上方的“扩展”按钮，弹出如下图所示的“图层”面板菜单，选择“复制图层”菜单命令。

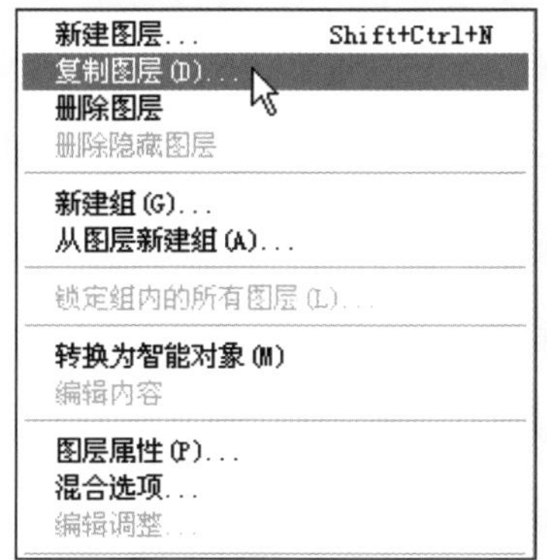

5 执行完步骤4的操作后会弹出如下图所示的“复制图层”对话框，并设置图层的名称。

6 在步骤5所示的对话框中设置好参数后，复制出的新图层如下图所示。

4. 删除图层

如果想要删除某一图层可以执行以下任意一种方法：一是使用“图层”面板中的“删除图层”按钮；二是使用“图层”面板菜单中的命令。

1 打开“图层”面板，选取“背景副本2”图层，如下图所示。

2 将步骤1中所选取的图层，拖曳到面板底部的“删除图层”按钮上，如下图所示。

3 执行步骤2的操作后，即可将“背景副本2”图层删除，得到如下图所示的效果。

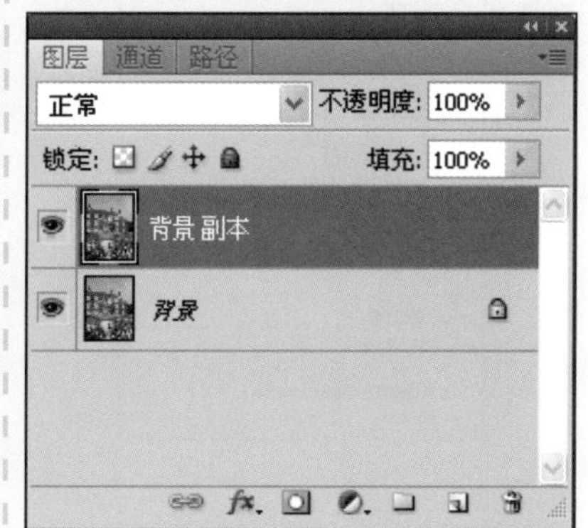

4 还可以应用“图层”面板菜单来删除图层。选取要删除的图层，然后单击面板上的“扩展”按钮，即可打开如下图所示的面板菜单。

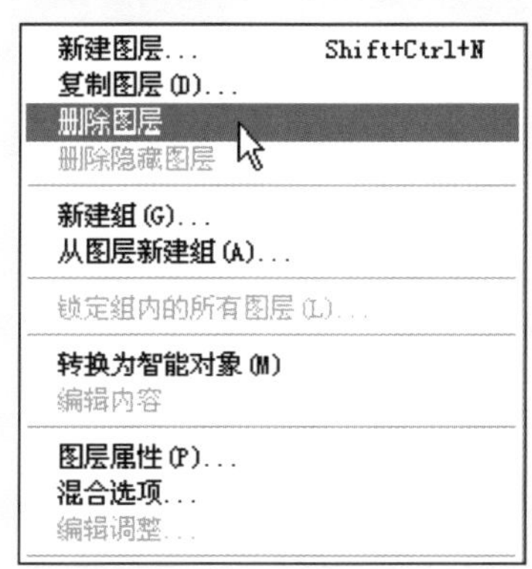

5 执行面板菜单中的“删除图层”命令后将弹出如下图所示的提示对话框，单击“是”按钮。

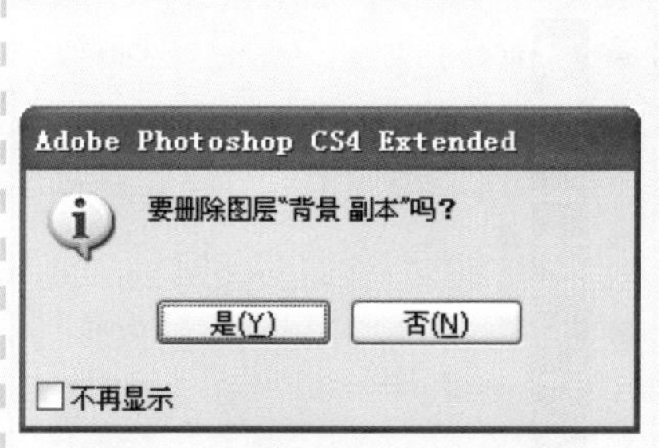

6 通过前面的操作即可将所选取的“背景副本”图层删除，最后只留下“背景”图层，如下图所示。

5. 调整图层的缩略图大小

在Photoshop CS4 中可以根据需要任意调整缩略图的大小，主要通过“图层面板选项”对话框来调整。

1 执行“窗口>图层”菜单命令，即可打开“图层”面板，如下图所示。

2 单击“图层”面板上的“扩展”按钮，在打开的面板菜单中选择“面板选项”命令，如下图所示。

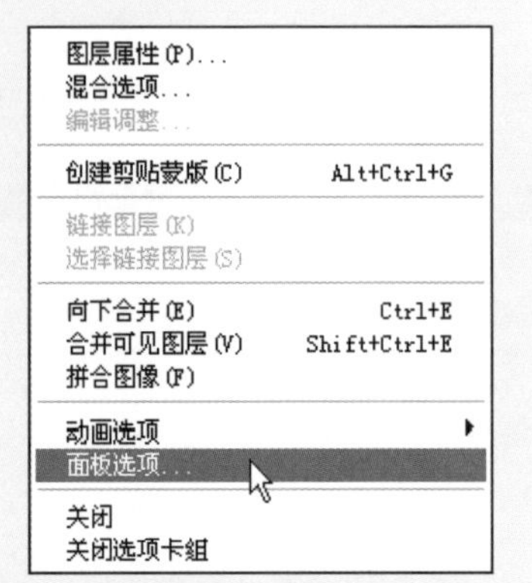

3 执行操作后将会弹出如下图所示的“图层面板选项”对话框。

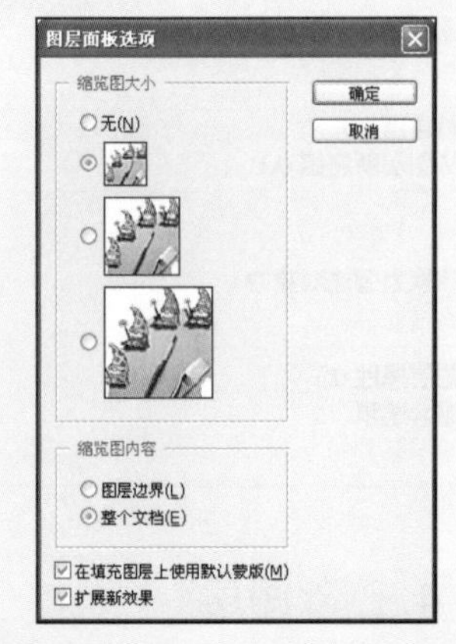

4 在对话框中使用鼠标选择中间缩略图前面的单选按钮，最后单击“确定”按钮，如下图所示。

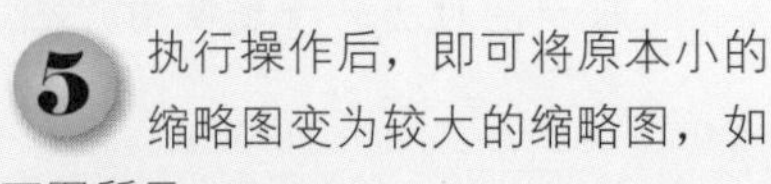

5 执行操作后，即可将原本小的缩略图变为较大的缩略图，如下图所示。

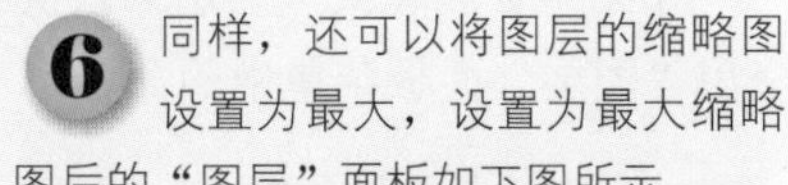

6 同样，还可以将图层的缩略图设置为最大，设置为最大缩略图后的“图层”面板如下图所示。

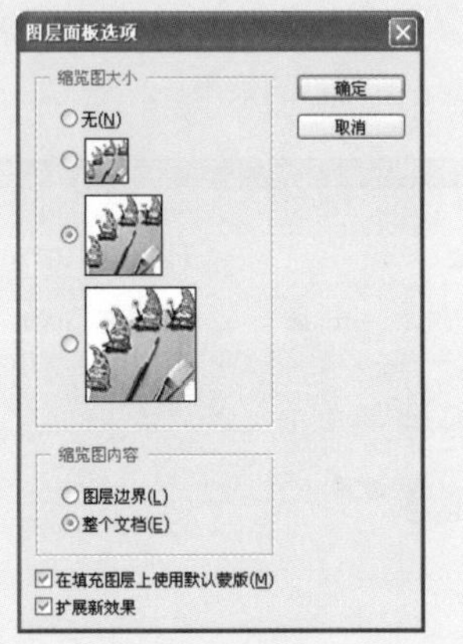

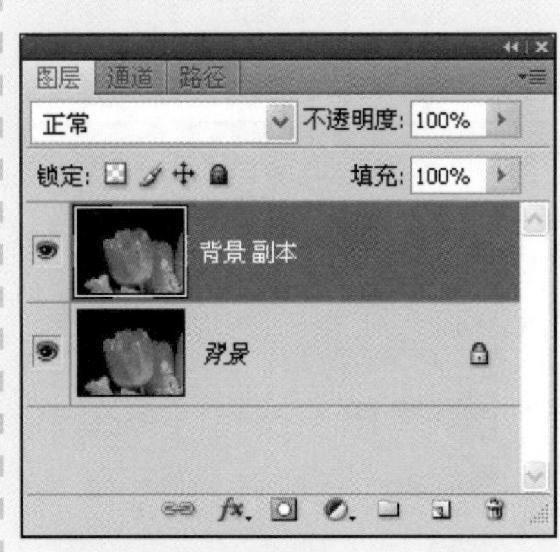

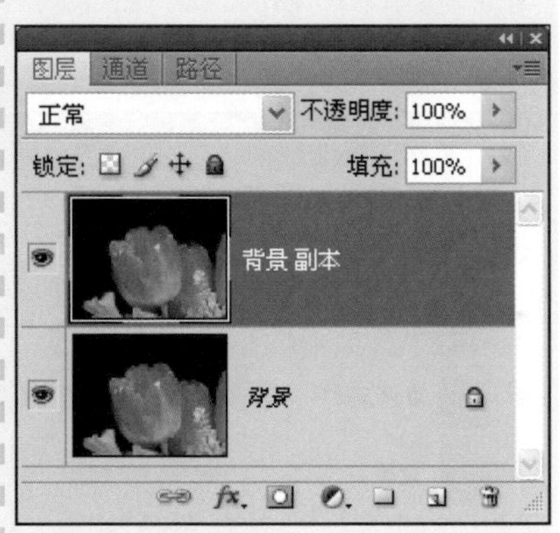

2.2.2 通道

通道作为图像的组成部分，是与图像的颜色模式密不可分的。图像的颜色模式不同决定了通道的数目不同，在“通道”面板中可以直观地看到。在通道中，记录了图像的大部分信息，这些信息始终与操作密切相关。

1. “通道”面板

执行“窗口>通道”菜单命令打开“通道”面板，在该面板中可以创建、删除、复制通道，面板中各功能含义如下图所示。

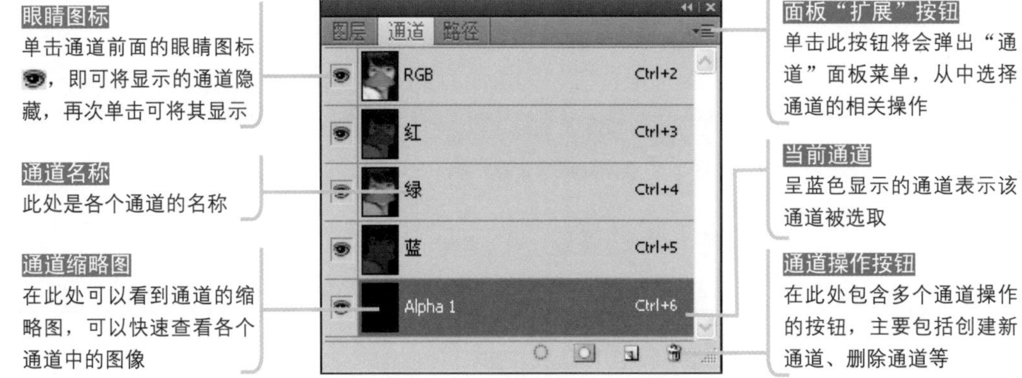

2. 新建通道

通过“通道”面板可以快速创建新的通道，不仅可以创建专色通道，还可以创建Alpha通道。创建通道可通过单击面板中的“创建新通道”按钮完成，或者通过面板菜单来完成，其具体操作步骤如下所示。

1 执行“窗口>通道”菜单命令，即可打开“通道”面板，如下图所示。

2 单击该面板底部的“创建新通道”按钮，如下图所示。

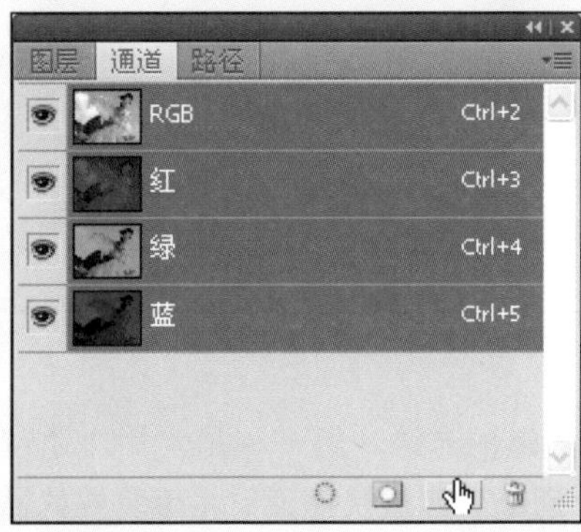

3 经过操作后即可创建一个新的通道，系统将其自动命名为Alpha1，如下图所示。

4 通过面板菜单创建通道，需单击面板右上方的“扩展”按钮，在打开的面板菜单中选择“新建通道”命令，如下图所示。

5 经过操作，将会打开如下图所示的“新建通道”对话框，在对话框中输入通道名称。

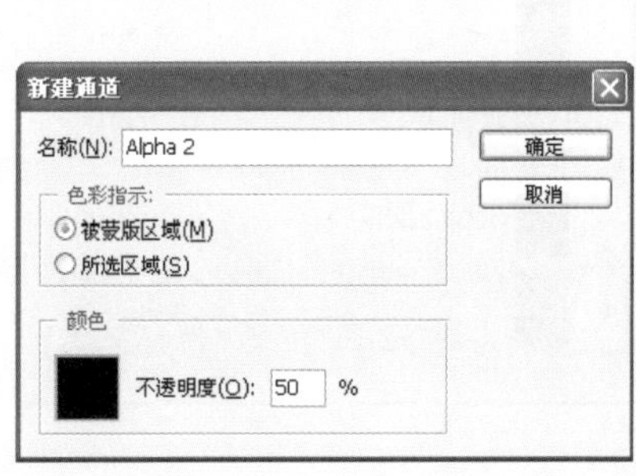

6 在“通道”面板中创建了新通道，如下图所示。

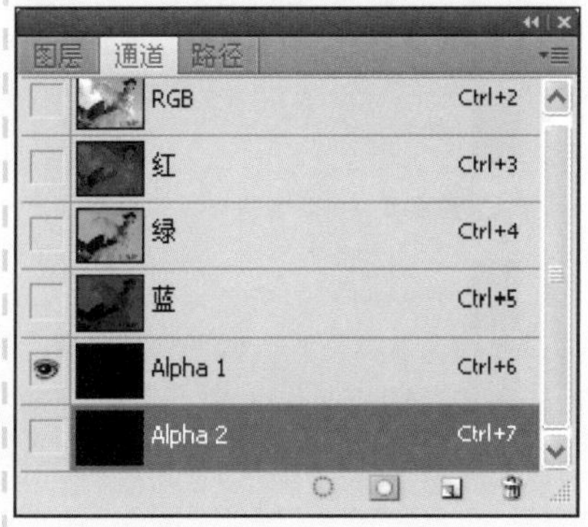

3. 复制通道

复制通道的方法与前面所讲述的复制图层的方法类似，选取所要复制的通道，然后将该通道拖曳至“通道”面板中的“创建新通道”按钮上进行复制即可，其具体操作步骤如下所示。

1 单击“蓝”通道，即可将该通道选取，如下图所示。

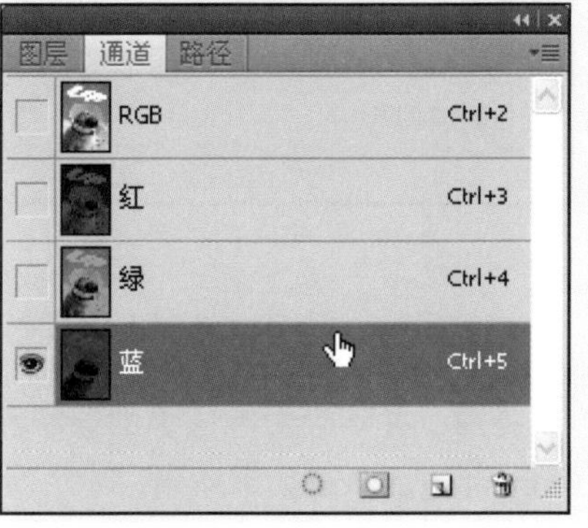

2 将选取的通道拖曳到面板底部的“创建新通道”按钮上，如下图所示。

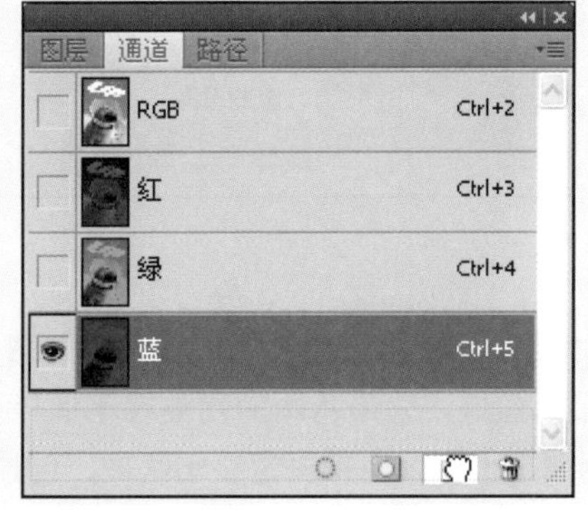

3 经过操作，即可将“蓝”通道进行复制，复制出“蓝副本”通道如下图所示。

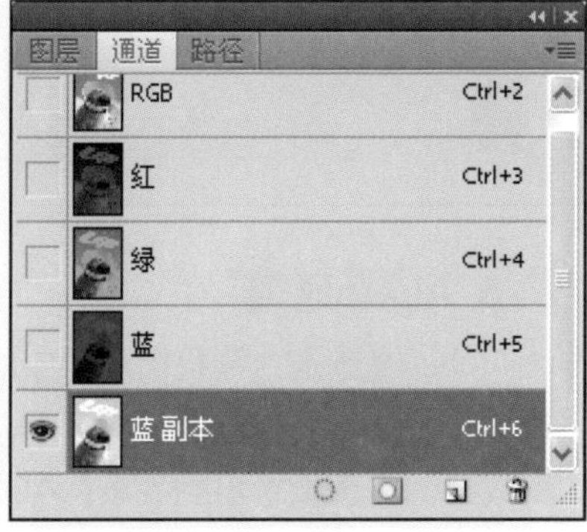

4 复制Alpha通道的方法与复制"蓝"通道操作相同，使用鼠标将Alpha1通道选取，如下图所示。

5 将选取的通道拖曳至面板底部的"创建新通道"按钮上，如下图所示。

6 执行操作后即可复制出新的Alpha通道，"通道"面板如下图所示。

4. 删除通道

在Photoshop CS4 中有两种删除通道的方法，第一种是使用"通道"面板中的"删除通道"按钮，将不需要的通道删除；第二种是运用"通道"面板快捷菜单将不需要的通道删除，下面介绍具体操作步骤。

1 执行"窗口>通道"菜单命令，打开如下图所示的"通道"面板。

2 选取所要删除的通道，然后将其拖曳至面板底部的"删除通道"按钮上，如下图所示。

3 执行操作后，即可将选取的通道删除，删除通道后的"通道"面板如下图所示。

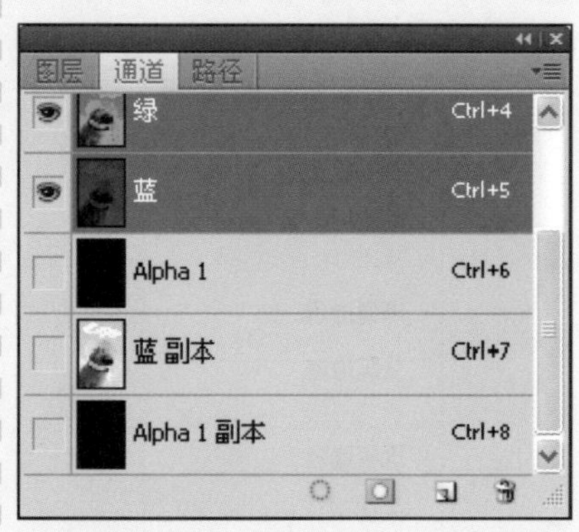

4 若使用"通道"面板快捷菜单删除通道，则先选取所要删除的通道，如下图所示。

5 单击鼠标右键，在弹出的快捷菜单中选择"删除通道"命令将所选取的通道删除，如下图所示。

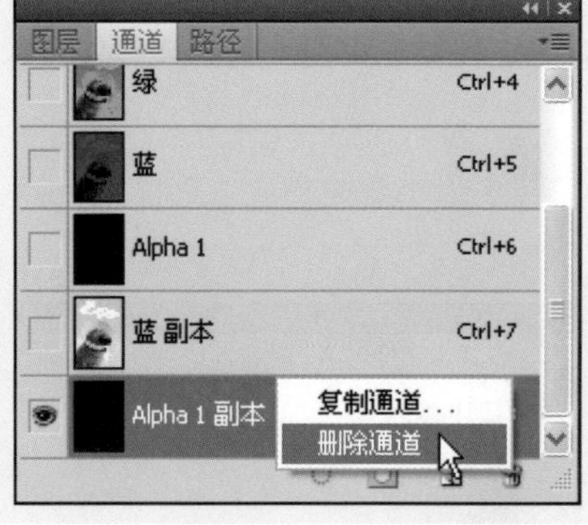

6 使用相同的方法可以将其余需要删除的通道都删除，得到如下图所示的"通道"面板。

5. Alpha通道

Alpha 通道是计算机图形学中的术语，它特指透明信息，但通常的意思是"非彩色"通道。在 Photoshop 中制作出的各种特殊效果都离不开Alpha通道，它最基本的用处在于保存选取范围，并不会影响图像的显示和印刷效果。当图像输出到视频，Alpha通道也可以用来决定显示区域，创建Alpha通道的步骤如下所示。

1 打开随书光盘\素材\02\06.jpg文件，如下图所示。

2 选取“矩形选框工具”，并使用该工具在图中拖曳，创建的选区如下图所示。

3 打开“通道”面板，并单击底部的“将选区存储为通道”按钮，新建一通道“Alpha1”，如下图所示。

6. 设置通道缩略图大小

设置通道缩略图的方法与前面所讲述的设置图层缩略图的方法相似，主要是通过在“通道面板选项”对话框中选择合适的缩略图来完成更改，其具体操作步骤如下所示。

1 执行“窗口>通道”菜单命令，即可打开“通道”面板，如下图所示。

2 单击面板上的“扩展”按钮，打开如下图所示的“通道”面板菜单，并选择“面板选项”命令。

3 执行操作后将会打开如下图所示的“通道面板选项”对话框。

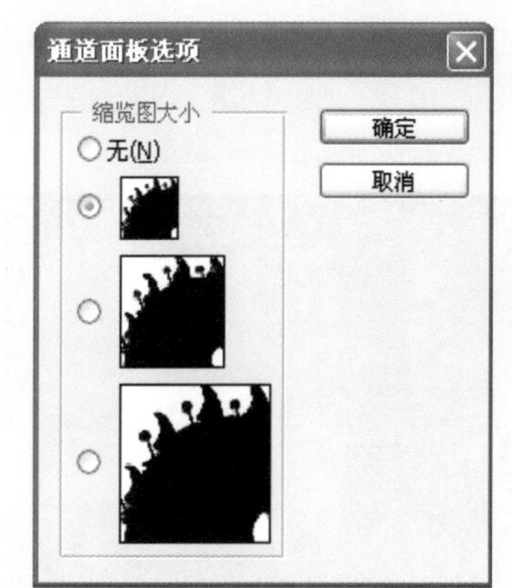

4 在对话框中进行设置，使用鼠标选择较大的缩略图前的单选按钮，如下图所示。

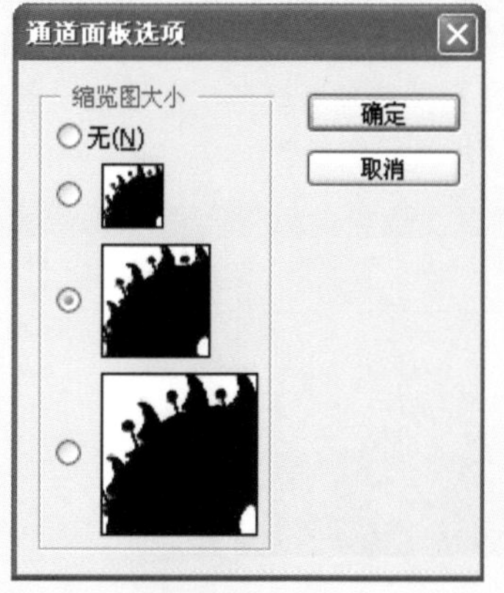

5 得到的“通道”面板缩略图效果如下图所示。

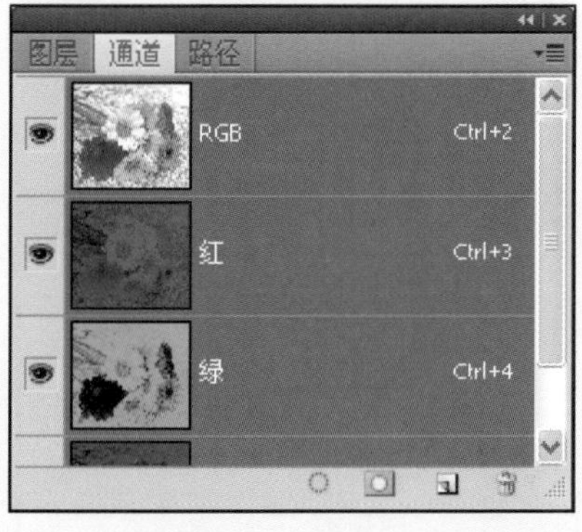

6 如果在“通道面板选项”对话框中选择最大的缩略图，此时的“通道”面板如下图所示。

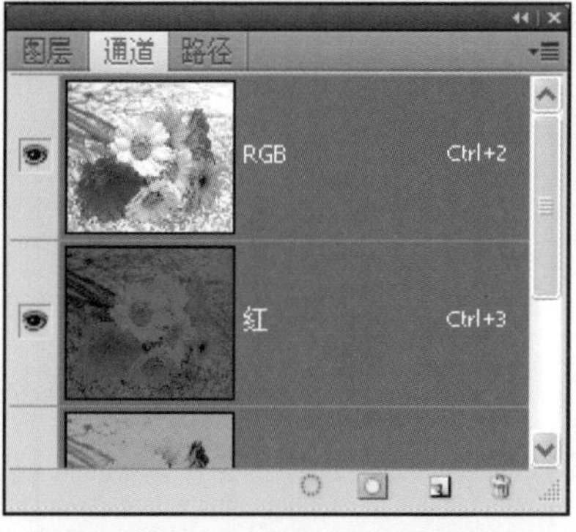

2.2.3 蒙版

图层蒙版可以理解为在当前图层上面覆盖一层玻璃片，这种玻璃片有透明的和黑色不透明两种，前者显示全部，后者隐藏部分。用各种绘图工具在蒙版上涂色，涂黑色的地方，蒙版变为不透明，看不见当前图层的图像；涂白色则使涂色部分变为透明，可看到当前图层上的图像；涂灰色则使蒙版变为半透明，透明的程度由涂色的灰度深浅决定。

1. 快速蒙版

快速蒙版是图像编辑时的一种状态，单击工具箱中的“以快速蒙版模式编辑”按钮即可，进入快速蒙版编辑模式后，可以使用“画笔工具”等在图中绘制，退出时将会得到被涂抹区域的选区。

1 打开随书光盘\素材\02\07.jpg文件，然后单击工具箱中的“以快速蒙版模式编辑”按钮，如下图所示。

2 单击工具箱中的“画笔工具”按钮，使用该工具在人物的脸部涂抹，如下图所示。

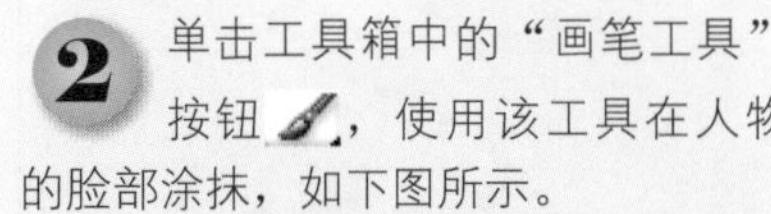

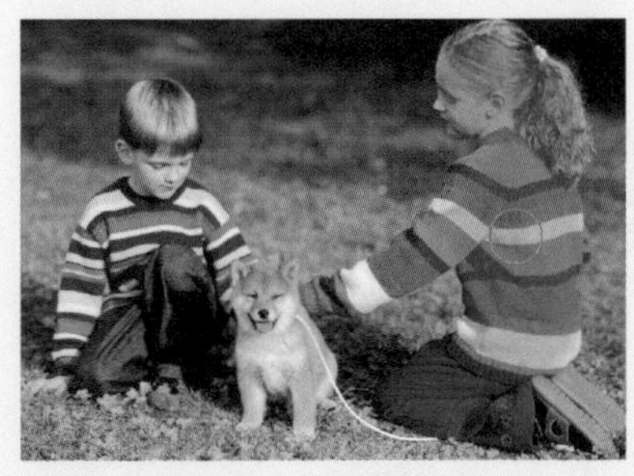

3 使用“画笔工具”在其他人物的身体部分上涂抹，直至涂抹完成，如下图所示。

4 单击工具箱中的“以标准模式编辑”按钮，退出快速蒙版，得到如下图所示的选区。

5 按Ctrl+J快捷键即可将所选取的图像创建为一个新的图层，如下图所示。

6 隐藏“背景”图层，即可看到使用快速蒙版所创建的新的图层效果，如下图所示。

2. 设置蒙版颜色和区域

在Photoshop CS4 中快速蒙版颜色的默认颜色为红色，但是可以根据需要对其进行设置，打开“快速蒙版选项”对话框，在该对话框中不仅可以对颜色进行设置，也可以对不透明度等进行设置。

1 打开随书光盘\素材\02\08.jpg文件，如下图所示。

2 使用鼠标双击工具箱中的“以快速蒙版模式编辑”按钮，弹出如下图所示的“快速蒙版选项”对话框。

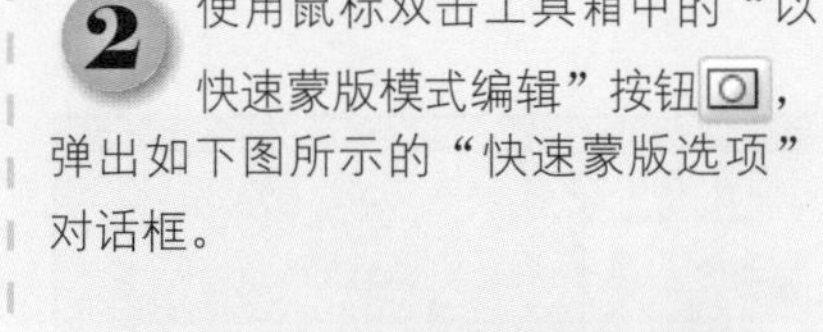

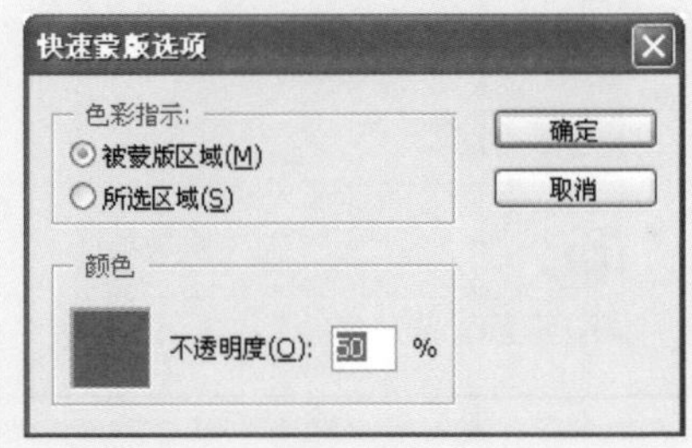

3 在步骤2所示的对话框中单击颜色色标，打开如下图所示的“选择快速蒙版颜色”对话框，参照图上所示设置颜色。

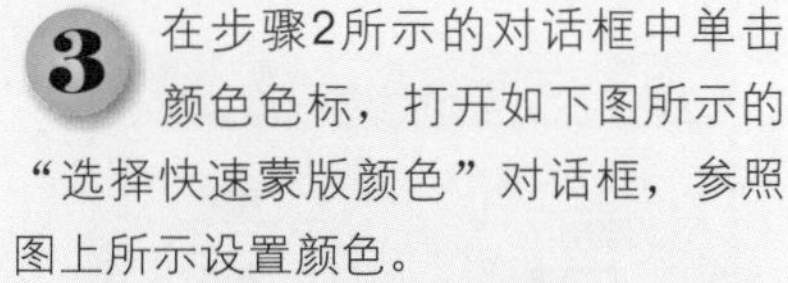

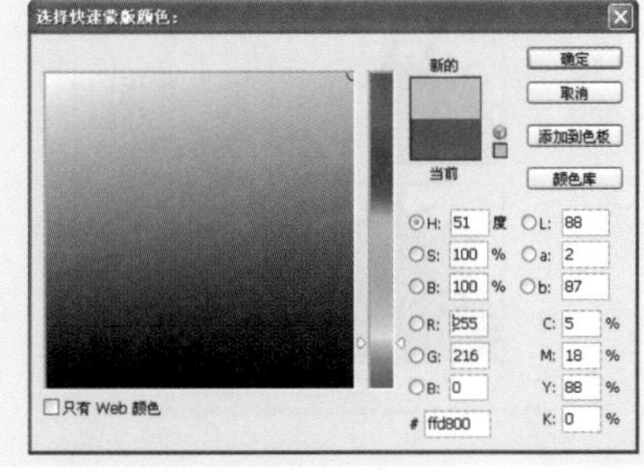

4 设置完颜色后，返回到“快速蒙版选项”对话框中，颜色块变为所设置的颜色，如下图所示。

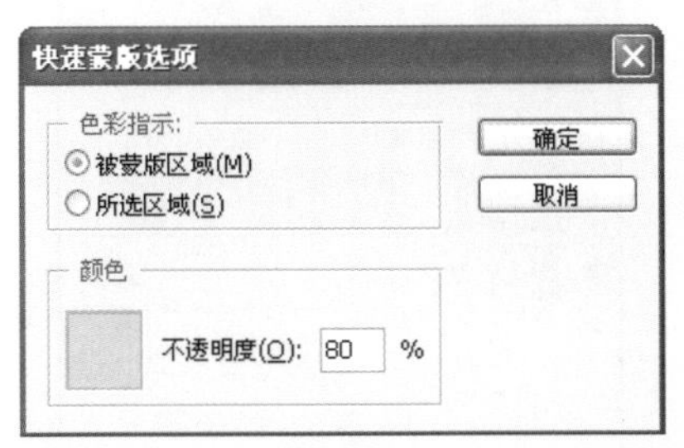

5 使用“画笔工具”在人物的脸部等区域上单击，图像效果如下图所示。

6 单击工具箱中的“以标准模式编辑”按钮，即可得到如下图所示的背景选区。

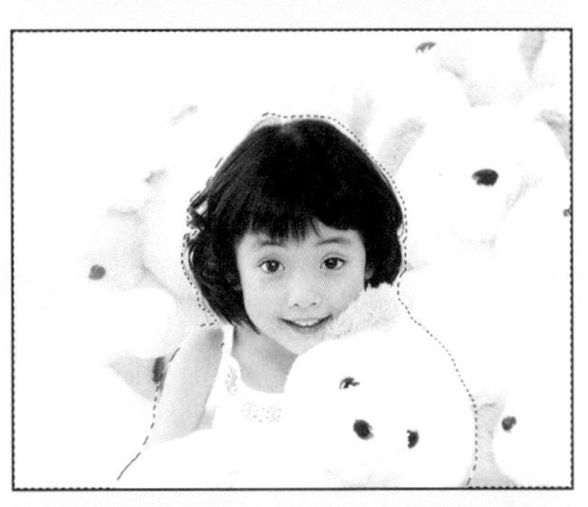

7 同样地也可以另外设置自己所喜欢的颜色，打开“选择快速蒙版颜色”对话框，设置合适的颜色，如下图所示。

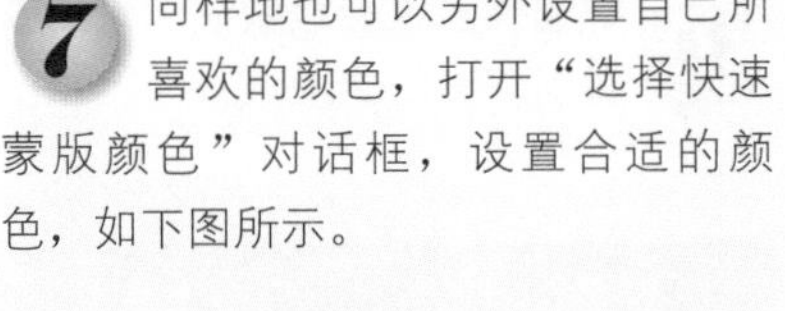

8 在“快速蒙版选项”对话框中将“不透明度”设置为40%，最后单击“确定”按钮，如下图所示。

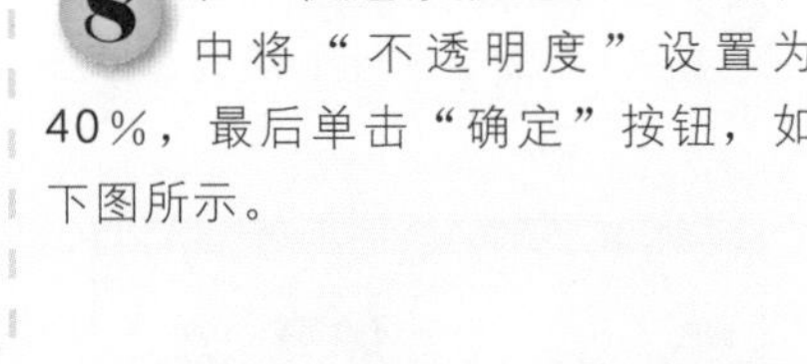

9 使用“画笔工具”在人物的脸部以及身体部分单击，在此处绘制所设置的颜色，如下图所示。

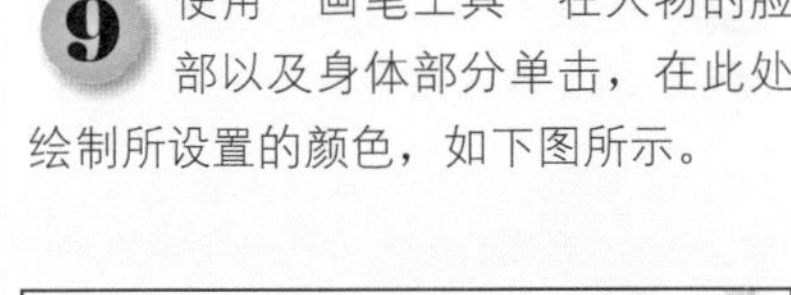

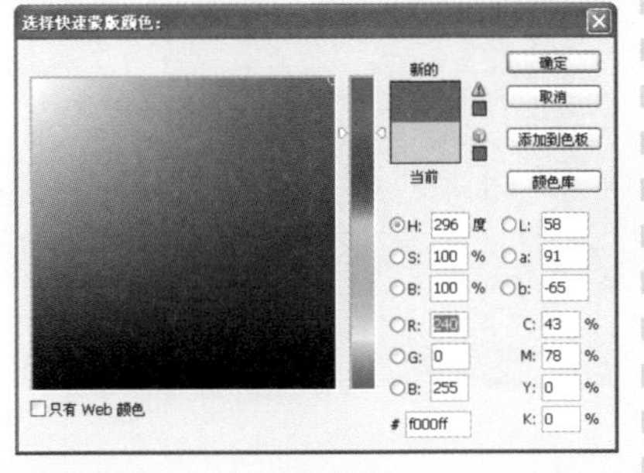

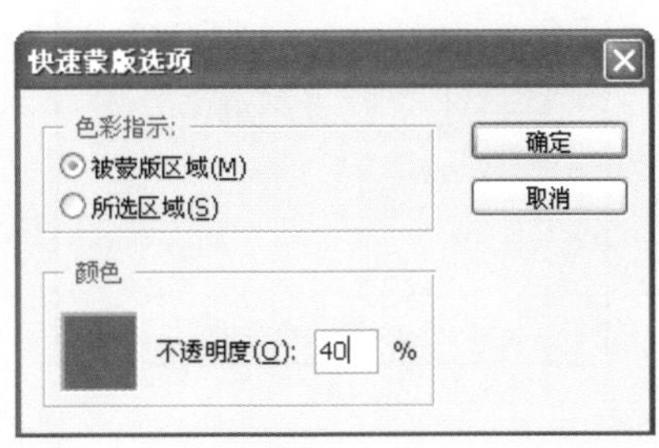

3. 图层蒙版

图层蒙版和快速蒙版不同，它是与图层结合使用的，通过创建图层蒙版可以制作较特殊的图像效果，可以通过“渐变工具”以及“画笔工具”等对所创建的图层蒙版进行调整，将原图像效果减淡。

1 打开随书光盘\素材\02\09.jpg文件，如下图所示。

2 打开“图层”面板，并单击面板底部的“创建新图层”按钮，创建一个新的图层，如下图所示。

3 单击“前景色”色标，弹出如下图所示的“拾色器（前景色）”对话框，参照图上所示设置颜色。

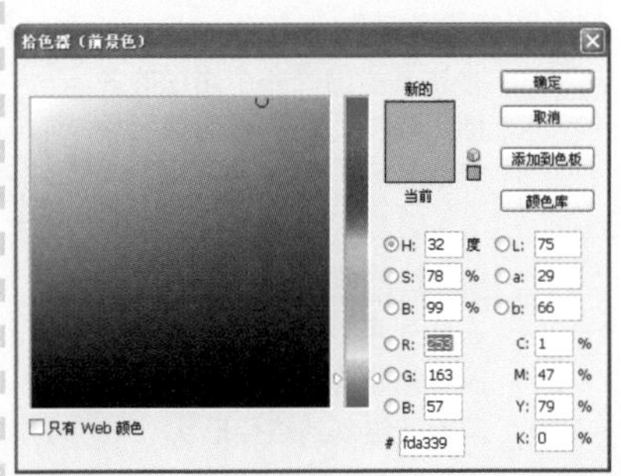

4 设置完成后单击“确定”按钮，然后按Alt+Delete快捷键为“图层1”填充上所设置的前景色，如下图所示。

5 执行操作后，即可将图层填充上所设置的颜色，填充后的“图层”面板如下图所示。

6 单击面板底部的“添加图层蒙版”按钮，为“图层1”添加上蒙版后的“图层”面板如下图所示。

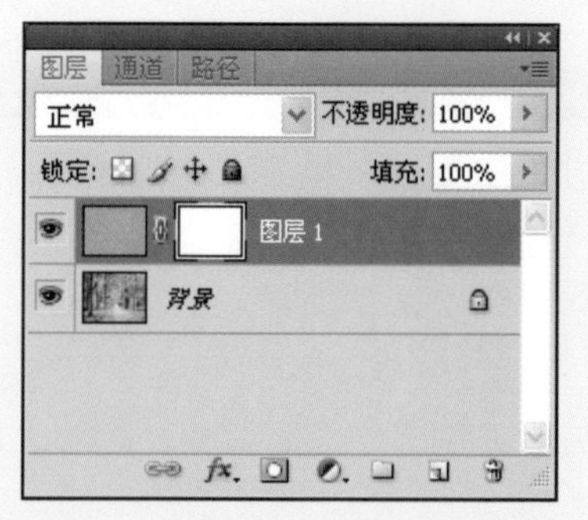

7 选取“渐变工具”，使用该工具在图中从上向下拖曳，图像效果如下图所示。

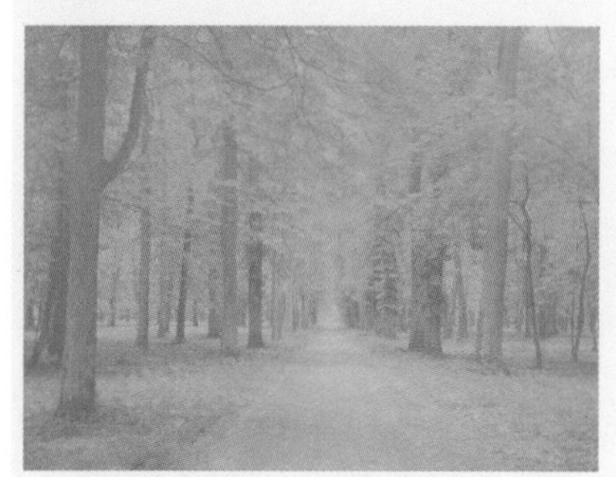

8 在“图层”面板中，调整“图层1”图层的混合模式为“颜色”，如下图所示。

9 调整图层混合模式后的最终效果如下图所示。

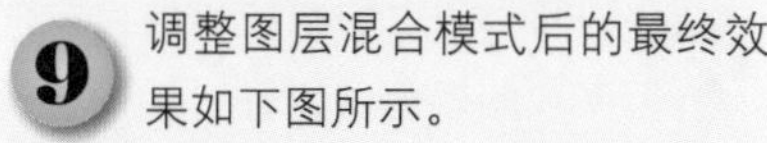

2.2.4 路径

路径是使用贝赛尔曲线所形成的一段闭合或者开放的曲线段，它由一个或多个直线段或曲线段组成。在路径上有多个锚点，通过拖曳路径的锚点可以改变路径的形状，可以通过拖曳方向线末尾锚点的方向点来控制曲线。

1. “路径”面板

执行“窗口>路径”菜单命令打开“路径”面板，在该面板中可以创建、删除、复制路径，以及进行路径到选区之间的转换操作，面板中各项功能的含义如下图所示。

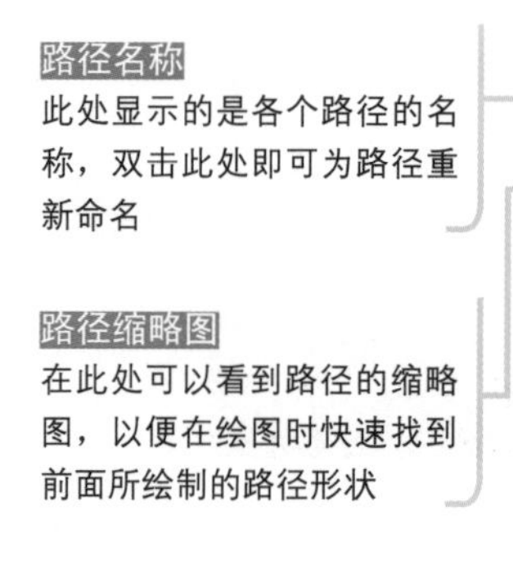

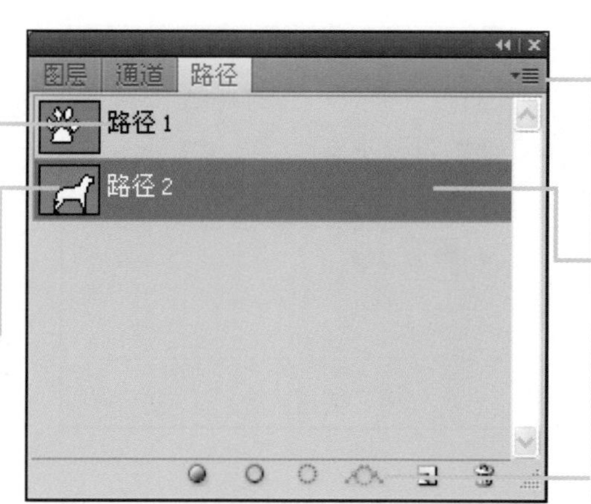

面板“扩展”按钮
单击此按钮将会打开“路径”面板菜单，从中选择路径的相关操作

当前路径
呈蓝色显示的路径表示当前正在操作的路径

路径操作按钮
在此处包含多个路径操作按钮，主要有画笔描边路径、将路径作为选区载入等

2. 创建和复制路径

创建新的路径和复制路径的方法与前面所讲述的创建新图层和复制图层的方法相同，主要方法有两种：一是通过“路径”面板中的按钮来实现路径的创建以及复制；二是通过“路径”面板菜单来完成路径的创建和复制。

1 执行“窗口>路径”菜单命令，即可打开“路径”面板，并单击面板底部的“创建新路径”按钮，如下图所示。

2 经过操作，即可创建一个新的路径，此时的“路径”面板效果如下图所示。

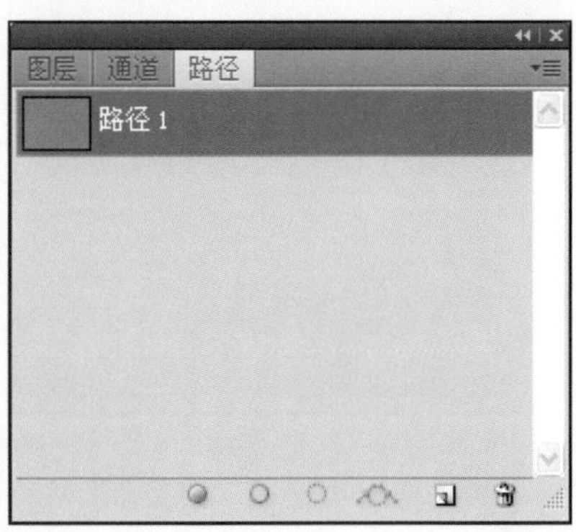

3 单击“路径”面板右上方的“扩展”按钮，将会打开如下图所示的“路径”面板菜单，然后选择“新建路径”命令。

4 经过操作，即可弹出如下图所示的“新建路径”对话框，在该对话框中设置创建新路径的名称即可。

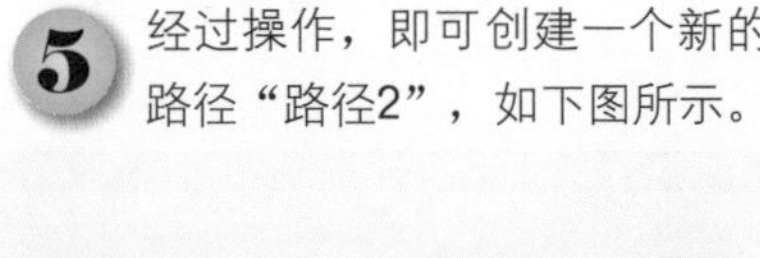

5 经过操作，即可创建一个新的路径“路径2”，如下图所示。

6 选取“路径2”，并将其拖曳至面板底部的“创建新路径”按钮上复制，如下图所示。

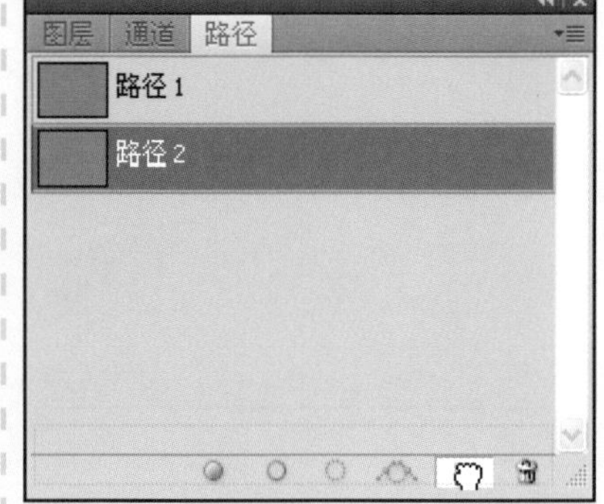

7 执行操作后，即可复制出一个新的“路径2副本”路径，如下图所示。

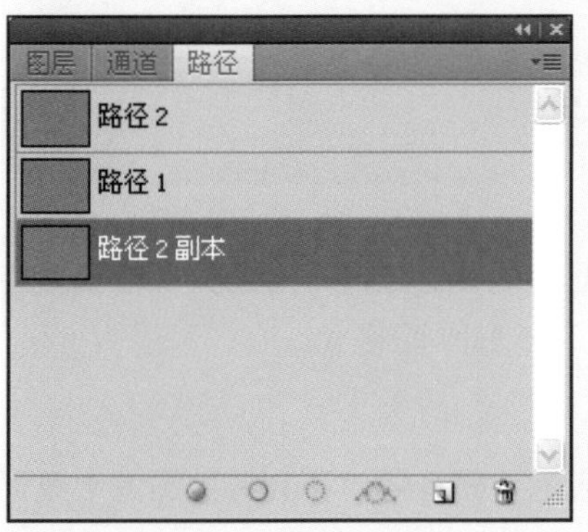

8 单击面板上的“扩展”按钮，在打开的面板菜单中选择“复制路径”命令，如下图所示。

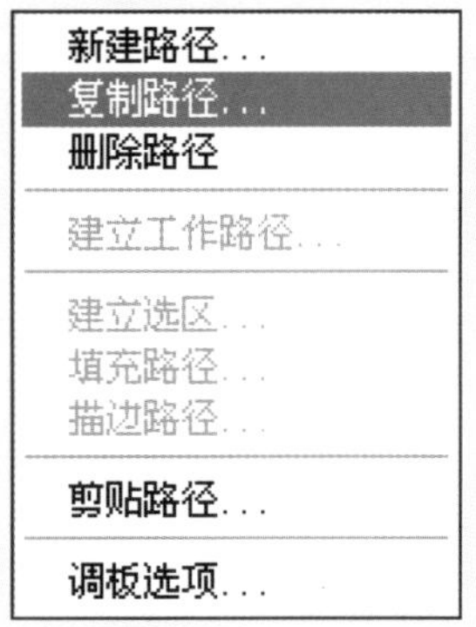

9 执行操作后可以将选取的“路径2副本”路径复制，复制的新路径系统自动命名为“路径2副本2”，如下图所示。

3. 删除路径

选取所要删除的路径，将其拖曳到面板底部的“删除路径”按钮上即可将其删除，也可以通过“路径”面板菜单来删除路径，具体操作步骤如下所示。

1 单击面板上的“扩展”按钮，打开如下图所示的面板菜单，并选择“删除路径”命令。

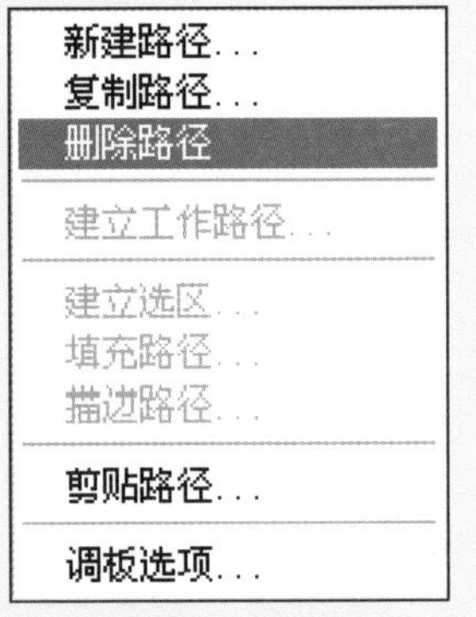

2 执行操作后，即可将前面所复制的“路径2副本2”路径删除，如下图所示。

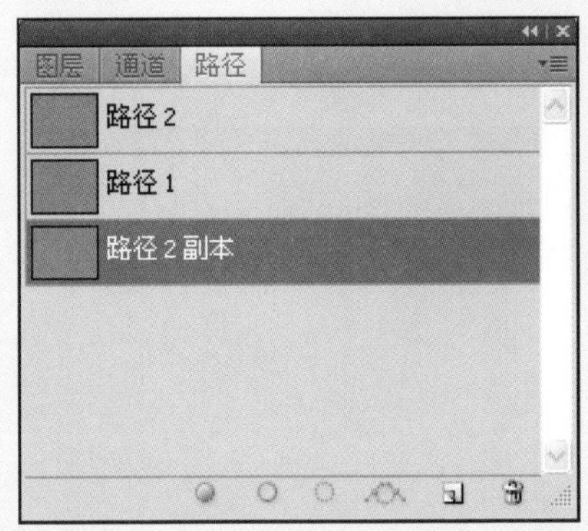

3 选取所要删除的路径，将其拖曳到面板底部的“删除路径”按钮上，如下图所示。

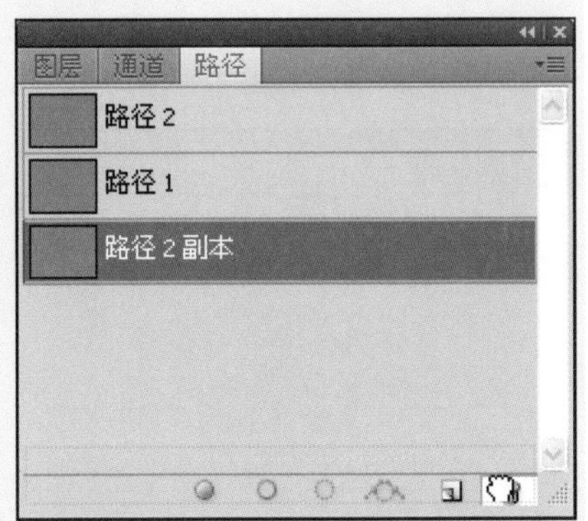

4 执行操作后即可将“路径2副本”路径删除，删除后的“路径”面板如下图所示。

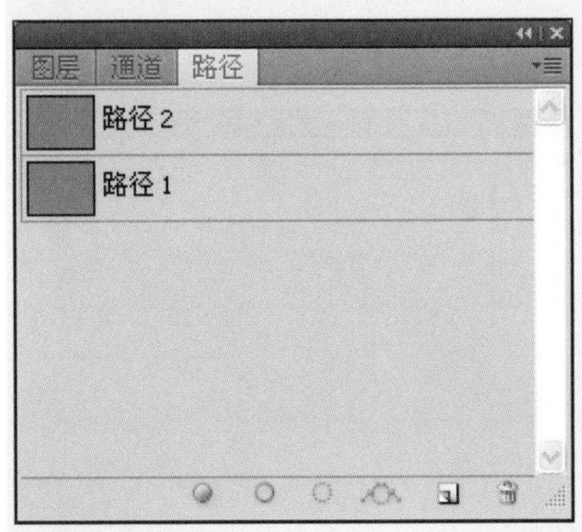

5 同样地再选取“路径1”将其拖曳至面板底部的“删除路径”按钮上，删除后的“路径”面板如下图所示。

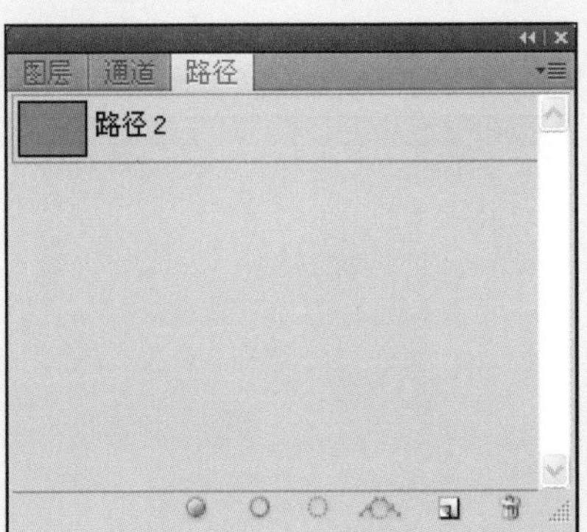

6 使用相同的方法，将“路径2”也删除，删除后的“路径”面板如下图所示。

TIP **提 示**

在删除路径时，可以直接按键盘中的Delete键将其删除。

2.3 Photoshop CS4文件格式

在Photoshop中，提供了多种图像文件的存储格式，用户可以根据不同的需要，选择不同的文件格式保存图像。图像的常用文件格式包括PSD、RAW、BMP、JPEG、GIF、TGA、TIFF和PNG格式。

1. PSD

PSD格式是Photoshop固有的格式，使用该格式能更好地保存图层、通道、路径等，不会导致图像中数据的丢失，但是支持此格式的软件相对较少。

2. RAW

RAW文件是指未经过处理而能够直接从CCD或CMOS上得到信息的格式。RAW文件没有白平衡设置，以真实的数据展现在用户眼前，用户可以任意调整色温和白平衡，并且不会造成图像质量损失。

3. BMP

BMP（Windows Bitmap）格式是微软开发的Microsoft Pain的固有格式，且大多数软件均支持此种格式。BMP格式采用的是RLE无损压缩，对图像质量不会产生影响。

4. JPEG

JPEG（Joint Photographic Experts Group，联合图形专家组）是常用的图像格式，大多数图形图像处理软件都支持这种格式。JPEG格式的图像广泛被应用于网页的制作。

5. GIF

GIF格式是将图像输入到网页中时最常用的格式。GIF采用LZW压缩，限定在256色以内。

6. TGA

TGA（Targa）格式是计算机上应用最为广泛的一种图像文件格式，它支持32位色彩。

7. TIFF

TIFF格式的文件未经过压缩，它所保存的图像文件格式比JPEG图像更清晰，但由于它未被压缩所以所占的空间更大，在拍摄时要注意存储卡的容量。

8. PNG

若将图像存储为PNG格式时，图像将不会丢失任何颜色信息，并且PNG格式支持透明和真彩色。

2.4 与图像相关的基本概念

Photoshop CS4中需要掌握一些与图像相关的基本概念，主要指的是图像的像素和分辨率，像素和分辨率与图像之间都有密不可分的关系。当然，在拍摄数码照片时对外界景物的各种采样要求也是必不可少的，在本节将对它们之间的相互关系和图像效果进行介绍。

2.4.1 采样的概念

所谓采样，就是指采集模拟信号的样本。采样是将时间上、幅值上都连续的模拟信号，在采样脉冲的作用下，转换成时间上离散的信号。

图像的采样，简单说，是将外界景物作为一种模拟的信号通过一种转换器将它转换为数字信号，然后将这信号传送到终端。显示终端需要重建R、G和B 信号，再按相加混色原理，重现彩色图像。数字电视系统依然按扫描方式传送一行行、一场场电视图像信息，顶场和底场构成一帧图像，运动图像则由一帧帧图像序列组成。实际上，扫描过程就是对运动图像序列在空间上和时间上的取样过程。通常这些信号格式被称为4:2:2信号格式，或4:2:0信号模式。

2.4.2 像素

像素是位图的最小单位，也是屏幕显示的最小单位。在Windows中设置屏幕大小的单位就是像素。每个像素都被分配了一个色值，在Photoshop CS4 中，除了透明的部分都有像素，白色也有其相应的颜色值，像素越大的图像，效果越清晰。如下页图所示为不同像素时同一幅图像的效果。

1. 高度为50像素时的效果

2. 高度为100像素时的效果

3. 高度为500像素时的效果

2.4.3 分辨率

分辨率指的是单位长度内排列的像素的数目，分辨率常用的单位是像素/英寸（ppi），分辨率是一个表示平面图像精细程度的概念，通常是以横向和纵向点的数量来衡量的，表示成“水平点数×垂直点数”的形式。在一个固定的平面内，分辨率越高，意味着可使用的点数越多，图像越细致。如下图所示为不同分辨率下同一幅图像的效果。

1. 分辨率为5ppi时的效果

2. 分辨率为20ppi时的效果

3. 分辨率为72ppi时的效果

2.5 直方图

在摄影师们选择好拍摄景物后，都会在摄像机中借助直方图来分析、判断、修正曝光参数，当调整好拍摄的最佳效果后，再进行拍摄，直到获得满意的影调照片。这说明使用直方图调节数码照片是一个必不可少的步骤，它是正确判断照片影调是否正常的好帮手。在Photoshop CS4中查看直方图的方法很简单，执行“窗口>直方图”菜单命令即可打开“直方图”面板，如下图所示。

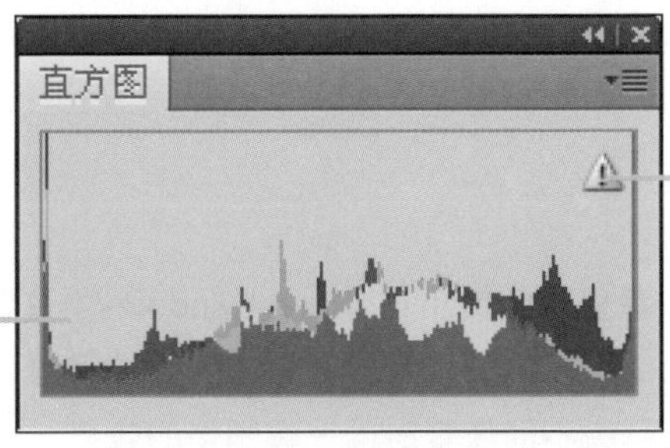

在直方图中显示了图像上的像素分布情况，若图像像素主要集中在直方图的右侧，则表示该数码照片的曝光过度；若像素集中在图像的左侧，则说明该数码照片曝光不足；若像素集中于图像的中央，则说明该数码照片对比度较低。

直方图又称质量分布图，是一种几何型图表，它是根据从生产过程中收集来的质量数据分布情况，画成以组距为底边、以频数为高度的一系列连接起来的直方型矩形图。在Photoshop CS4中，“色阶”命令是按照直方图来科学、准确地调整照片的，学会使用“色阶”命令可以对图像的影调进行控制。打开“色阶”对话框的方法是，执行“图像>调整>色阶”菜单命令，即可打开“色阶”对话框，如下图所示。

预设

在“预设”下拉列表中，根据不同的设置需要，提供了多种不同的预设

通道

通过选择不同的通道，可调整不同通道下的颜色影调

直方图

在“色阶”对话框中显示了当前图像的直方图，用户可以根据直方图展示的效果来对图像进行调整

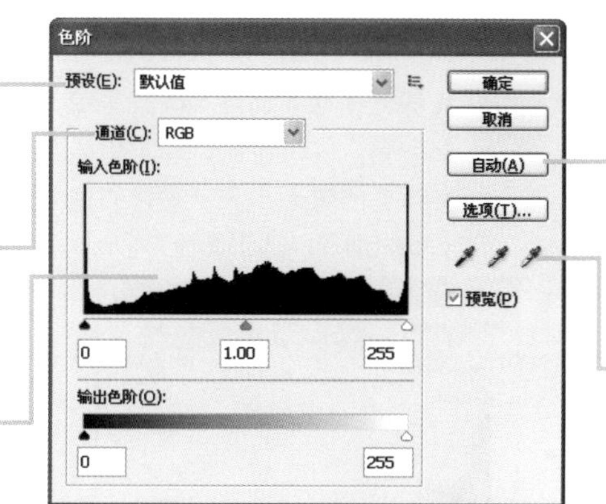

“自动”按钮

打开“色阶”对话框后，如果想使用“色阶”命令中的自动调节影调功能，可以单击“自动”按钮

平衡取样工具

在“色阶”对话框中存在三个取样工具，分别是“在图像中取样以设置黑场”按钮、“在图像中取样以设置灰场”按钮、“在图像中取样以设置白场”按钮，通过不同的设置会自动对图像进行调整

1. 从直方图查看照片的影调

在照片拍摄过程中，可能会受到天气等因素影响使得照片的影调产生灰蒙蒙的感觉，使用Photoshop CS4中的“色阶”命令可以对其进行修复。

1 打开随书光盘\素材\02\14.jpg文件，如下图所示，可以看到整个照片显得暗淡。

2 按Ctrl+L快捷键打开“色阶”对话框，可以看出直方图的右侧区域有很大一部分没有像素，如下图所示。

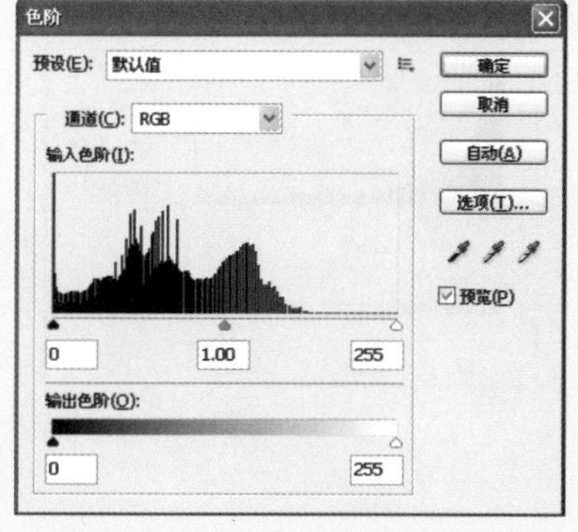

3 为了将灰蒙蒙的图像变得更加清楚，使用鼠标拖曳直方图下方的向上三角形按钮，或者在文本框中输入数值，如下图所示。

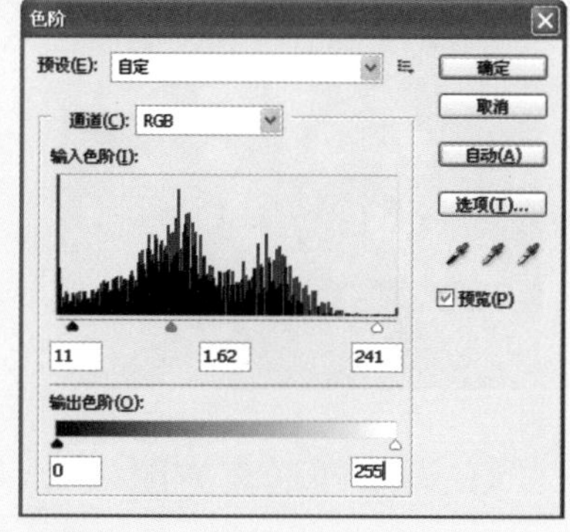

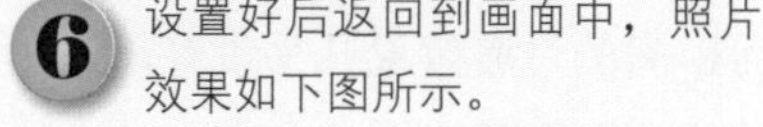

4 单击“色阶”对话框中的“在图像中取样以设置白场”按钮，使用“吸管工具”在画面中的较亮部位单击，将吸取的颜色作为照片整体的最高亮度，并根据此亮度对照片整体进行均化，效果如下图所示。

5 单击“色阶”对话框中的“在图像中取样以设置黑场”按钮，使用“吸管工具”在画面中的较暗部位单击，将吸取的颜色作为照片整体的最低的亮度，照片会自动根据用户所吸取的颜色进行调整，如下图所示。

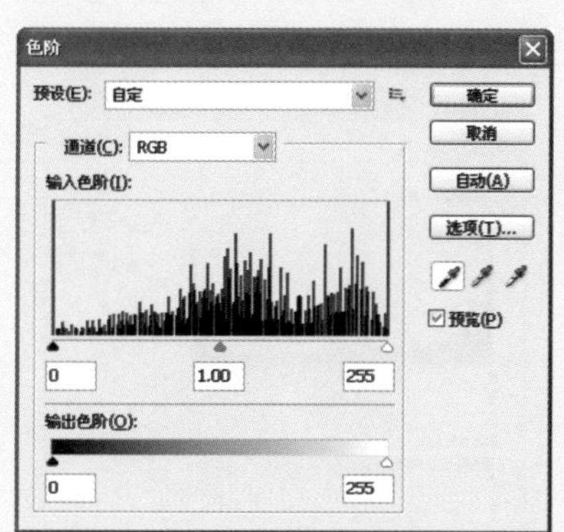

6 设置好后返回到画面中，照片效果如下图所示。

2. 从直方图判断照片的正确曝光

需要指出的是，并不是直方图中波峰居中且比较均匀的图像才是曝光合适的，判断一张图像的曝光是否准确，关键还是看它是否准确地体现出拍摄者的意图。如果当前直方图显示暗部信息过多，说明图像曝光不足，拍摄者就可以适当地增加曝光，使直方图中的曲线整体向右平移，从而得到正确的曝光，并可根据随时变化的直方图，确定是否已经调整到合适的曝光参数。

1 打开随书光盘\素材\02\15.jpg文件，如下图所示。

2 执行“图像>调整>色阶”菜单命令，在“色阶”对话框中直方图为典型的曝光不足状态，在暗处存在较多的细节，如下图所示。

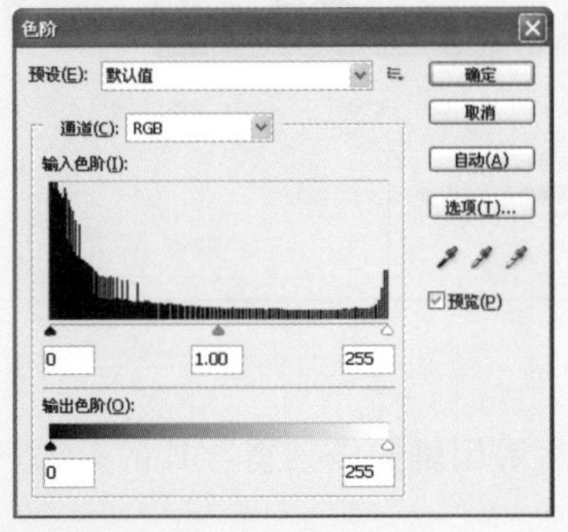

3 使用鼠标向左拖曳直方图下部中间的三角形按钮，提高图像的亮度，如下图所示。

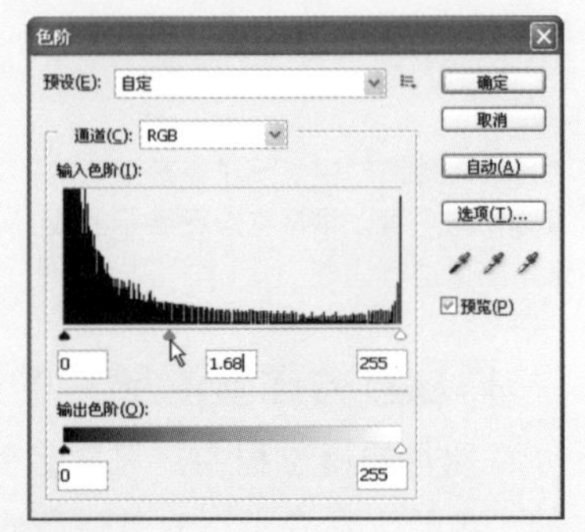

4 将“色阶”对话框移动至画面的一边，查看调整的照片效果，如下图所示。

5 使用鼠标向左拖曳直方图下的右侧三角形按钮，将值设置到210的位置，如下图所示。

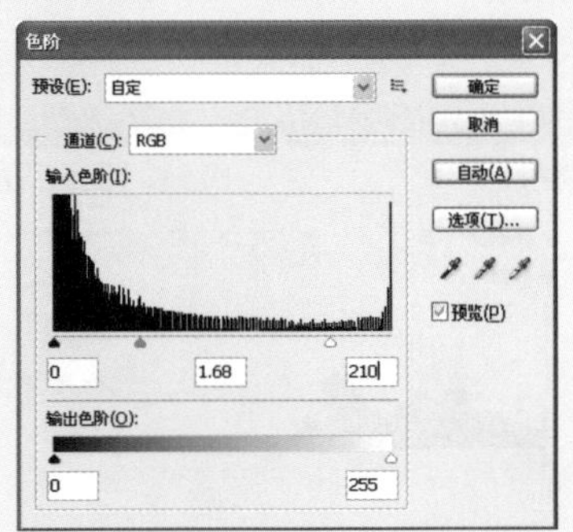

6 调整好的图像效果如下图所示。

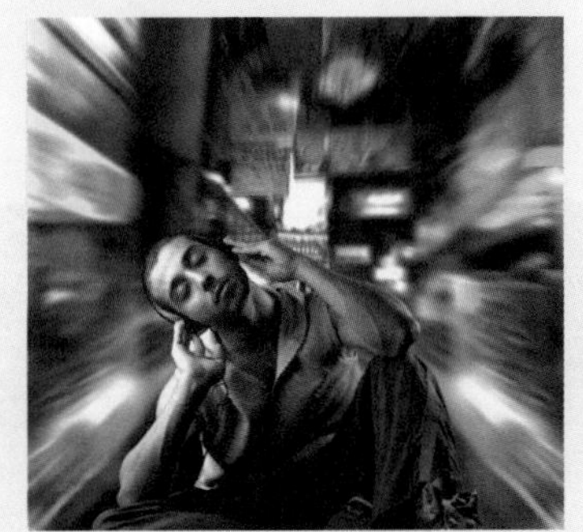

3. 调整凹形直方图

凹形直方图一般发生在照片上景物之间存在着巨大的反差情况下，比如风景照片中天空与地面反差很大，而中间的过渡效果几乎没有，这时直方图就会形成一个凹形，说明了天空的像素集中在直方图的右侧，而地面的像素则在直方图的左侧。

1 打开随书光盘\素材\02\16.jpg文件，如下图所示。

2 从照片中可以看出天空和山的反差比较大，按Ctrl+L快捷键打开“色阶”对话框，查看图像直方图，如下图所示。

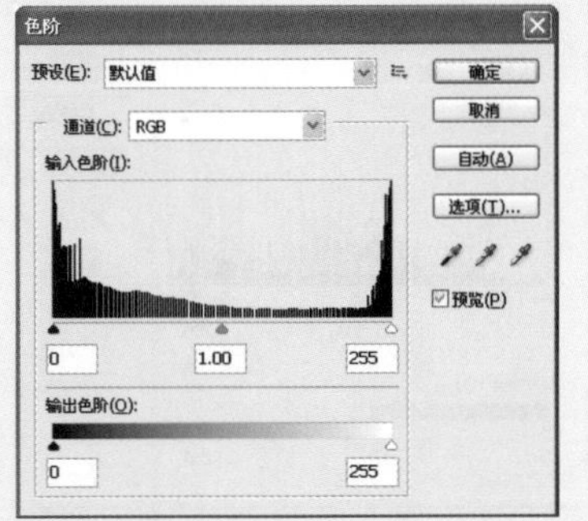

3 使用鼠标向左拖曳直方图下部中间的三角形按钮，提高图像的亮度，如下图所示。

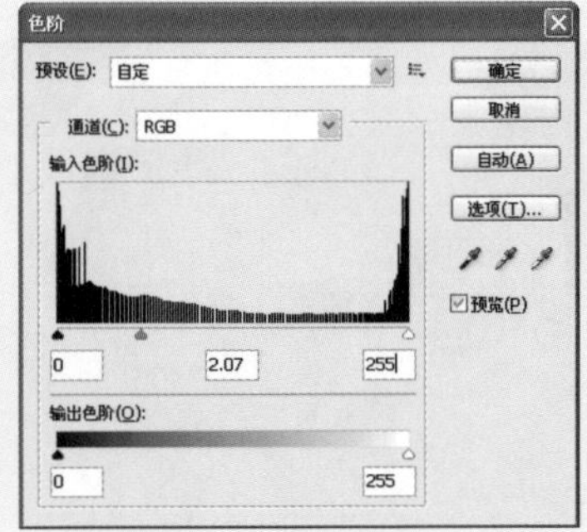

4 通过操作，查看画面中调整的照片效果，如下图所示。

5 同样地，使用鼠标向左拖曳直方图下方右侧三角形按钮，如下图所示。

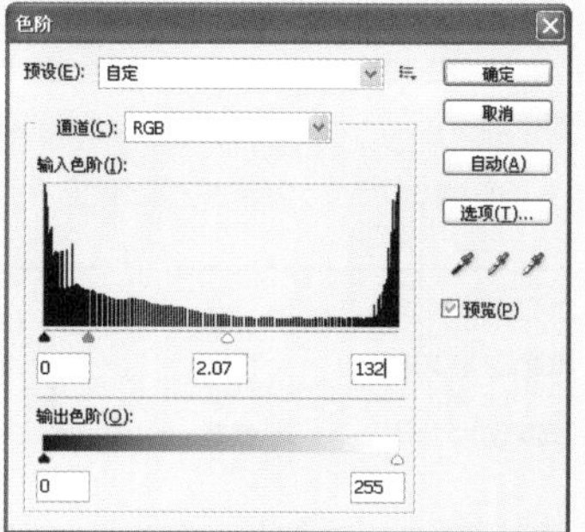

6 设置好色阶后，查看画面中的图像效果，如下图所示。

2.6 图像的基础处理方法

本节将使用简便的方法对图像进行基础处理，主要包括更改图像大小和分辨率、调整画布大小、旋转画布以及新增的“内容识别比例”命令。

2.6.1 更改图像大小和分辨率

在Photoshop CS4 中可以随意更改图像的大小及分辨率，以便缩小图像所占用的空间，使图像的运行速度变快。

1. 更改图像大小

图像大小的更改主要通过“图像大小”对话框来实现，在该对话框中可以对图像的高度及宽度进行设置。

1 打开随书光盘\素材\02\17.jpg文件，执行“图像>图像大小”菜单命令，如下图所示。

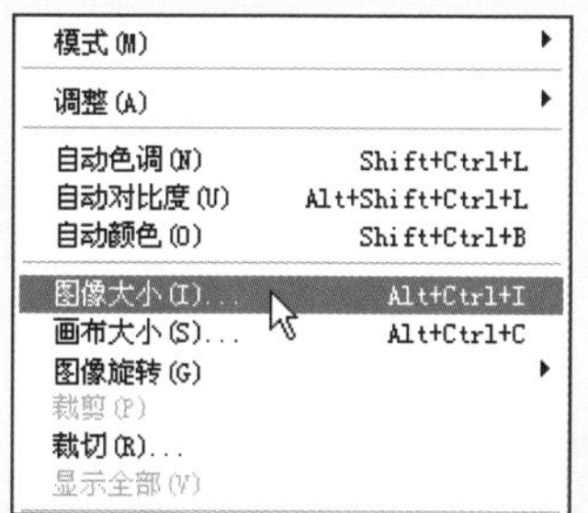

2 执行操作后，系统将会弹出如下图所示的“图像大小”对话框。

像素大小:2.25M
宽度(W): 1024 像素
高度(H): 768 像素
文档大小:
宽度(D): 36.12 厘米
高度(G): 27.09 厘米
分辨率(R): 72 像素/英寸

3 在对话框中将“宽度”设置为800像素，其“高度”也会随之改变，如下图所示。

像素大小:1.37M(之前为2.25M)
宽度(W): 800 像素
高度(H): 600 像素
文档大小:
宽度(D): 28.22 厘米
高度(G): 21.17 厘米
分辨率(R): 72 像素/英寸

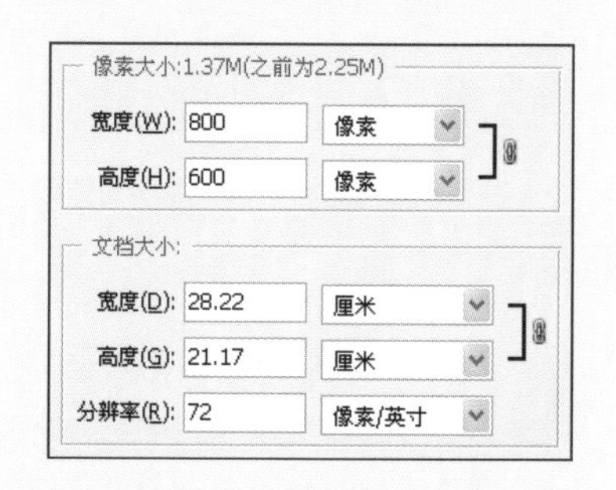

4 设置完成后单击“确定”按钮，调整后的图像效果如下图所示。

5 打开“图像大小”对话框，将“宽度”设置为300像素，如下图所示。

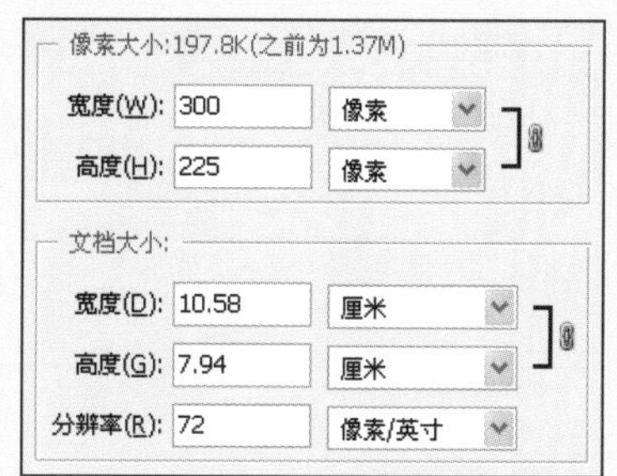

6 调整后的图像效果如下图所示。

2. 更改图像分辨率

在前面已经讲述了应用“图像大小”对话框中的“宽度”和“高度”来更改图像的方法，下面讲述另外一种通过对“分辨率”的设置来更改图像大小的方法。

1 打开随书光盘\素材\02\18.jpg文件，执行“图像>图像大小”菜单命令，如下图所示。

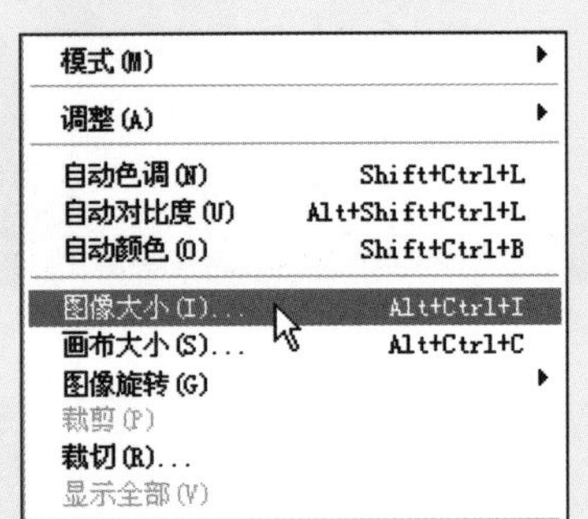

2 系统将会弹出如下图所示的“图像大小”对话框，从中可看出图像的“分辨率”为72像素/英寸。

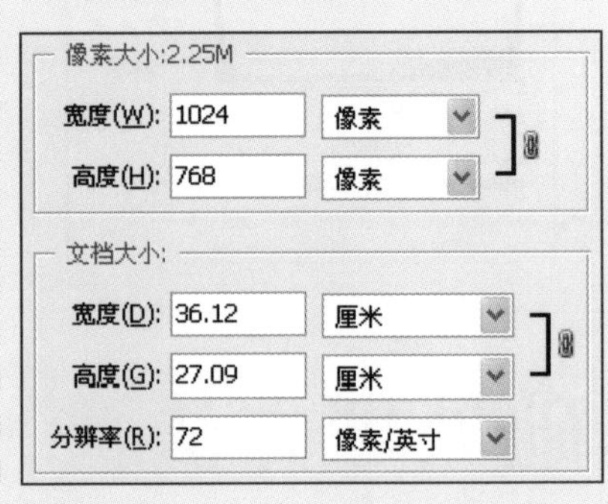

3 下面对“分辨率”进行更改，将图像的“分辨率”设置为150像素/英寸，如下图所示。

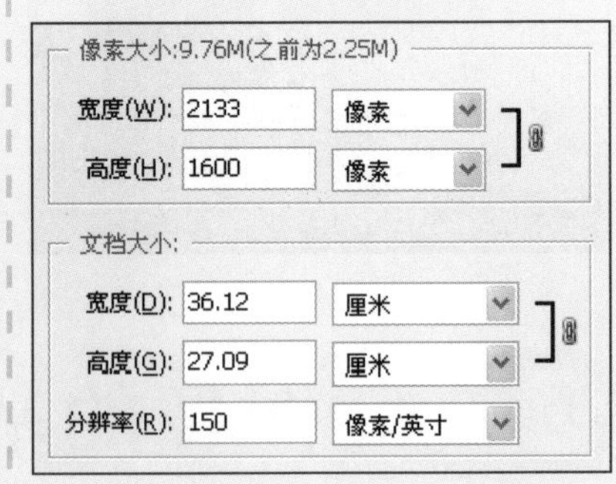

4 设置完成后，图像效果如下图所示。

5 同样地在“图像大小”对话框中设置参数，将其“分辨率”设置为300像素/英寸，如下图所示。

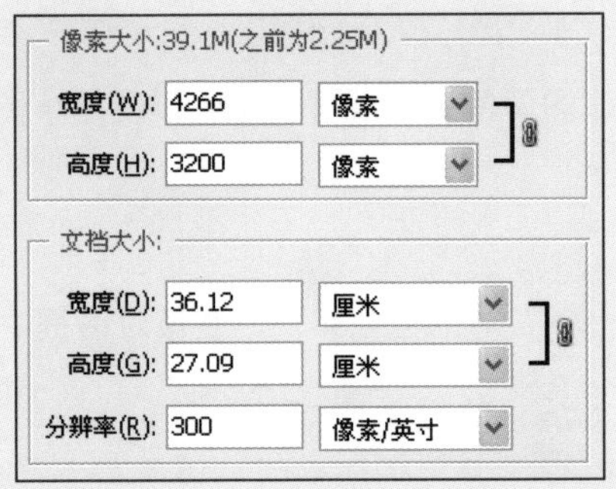

6 设置“分辨率”后的图像效果如下图所示。

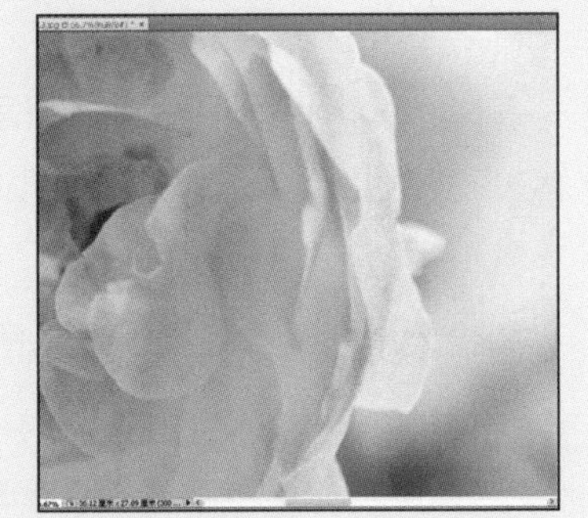

2.6.2 调整画布大小

在Photoshop CS4 中不仅可以调整图像大小，对画布的大小也可以调整，方法类似，具体操作步骤如下所示。

1 打开随书光盘\素材\02\19.jpg文件，然后执行“图像>画布大小”菜单命令，如下图所示。

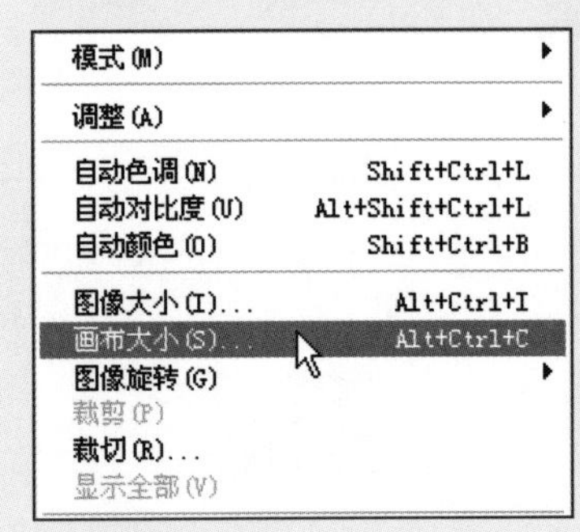

2 执行操作后，即可打开如下图所示的“画布大小”对话框，将“宽度”设置为1厘米。

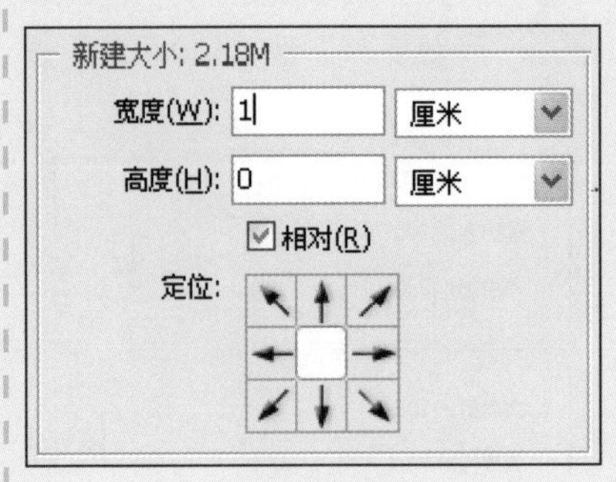

3 通过操作，扩展的画布以背景色填充，如下图所示。

4 打开“画布大小”对话框，将“高度”也设置为1厘米，设置后的图像效果如下图所示。

5 打开“画布大小”对话框，在该对话框中将“宽度”设置为3厘米，如下图所示。

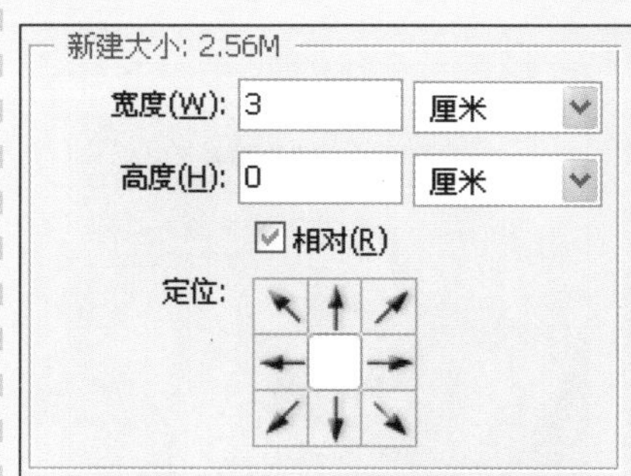

6 执行完操作后，画布效果如下图所示。

7 打开“画布大小”对话框，将“高度”设置为3厘米，如下图所示。

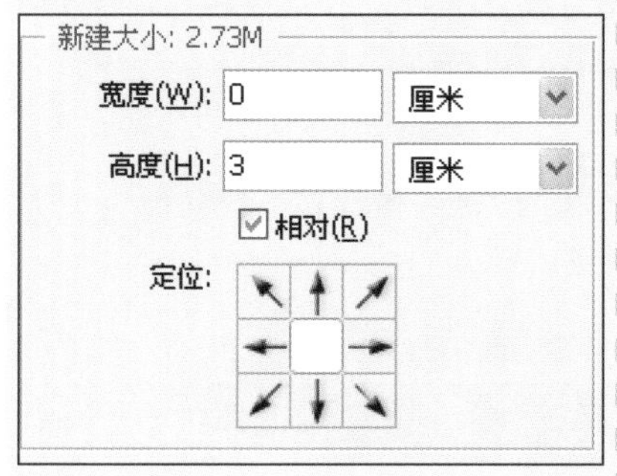

8 设置完成后的画布效果如下图所示。

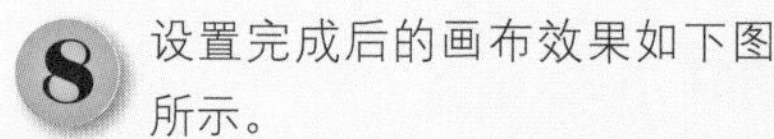

9 同理可以根据需要任意设置画布的大小，图像的最终效果如下图所示。

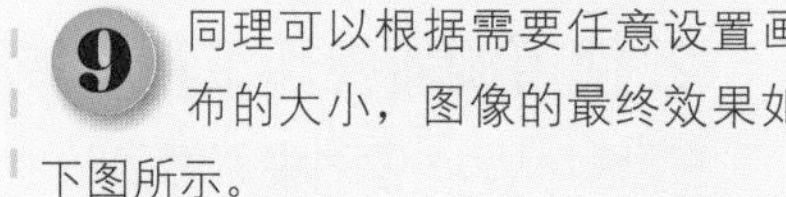

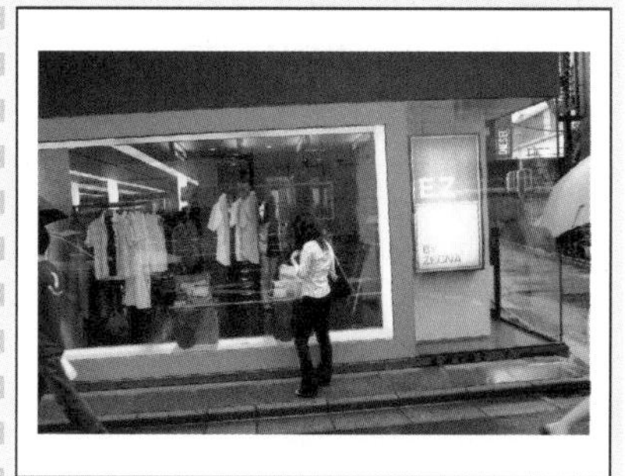

2.6.3　旋转画布

在Photoshop CS4中除了可以更改图像及画布大小外，还可以根据需要对画布进行任意的旋转，制作出旋转的图像效果，系统自带有顺时针/逆时针旋转、垂直翻转、水平翻转等命令，可以任意选择。

1. 使用菜单命令旋转

通过执行“图像>图像旋转”菜单命令，在打开的子菜单中选择旋转的命令即可，具体操作步骤如下所示。

1 打开随书光盘\素材\02\20.jpg文件，然后执行“图像>图像旋转>180度”菜单命令，如下图所示。

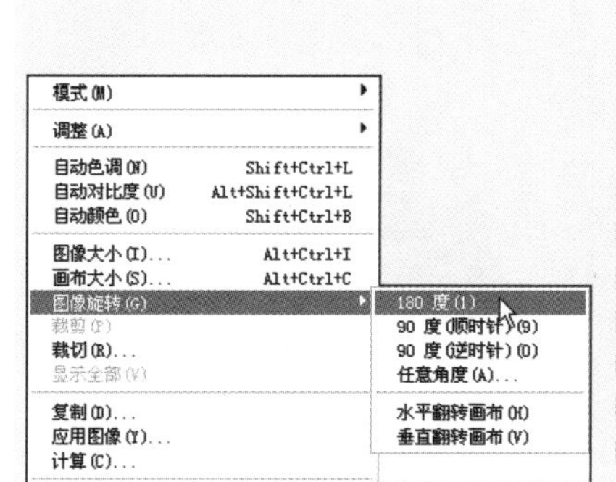

2 执行操作后，即可将图像进行翻转，得到如下图所示的效果。

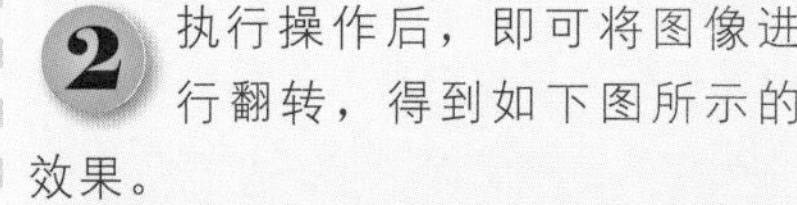

3 执行“图像>图像旋转>90度（顺时针）”菜单命令，旋转后的图像效果如下图所示。

4 按Ctrl+Z快捷键返回到图像的最原始状态，并执行“图像>图像旋转>水平旋转画布”菜单命令，如下图所示。

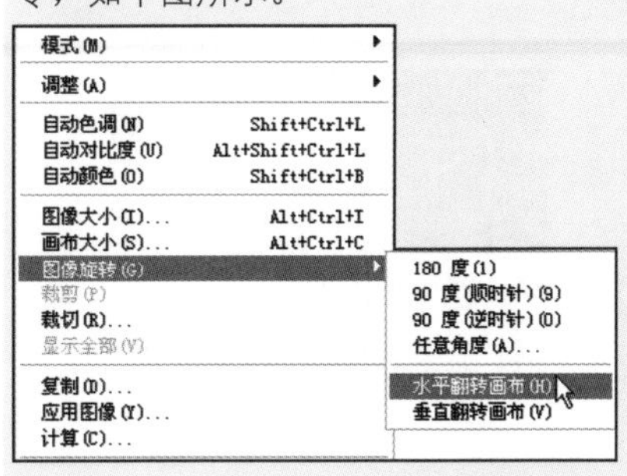

5 执行操作后，即可将图像向水平翻转，图像效果如下图所示。

6 执行“图像>图像旋转>垂直翻转画布”菜单命令后的图像效果如下图所示。

2. 使用旋转视图工具旋转画布

在Photoshop CS4中新增了一个专门用于旋转画布的工具，单击应用程序栏中“旋转视图工具”按钮，使用鼠标左右拖曳即可旋转画布，如果要旋转当前Photoshop CS4打开的所有图像文件，可以勾选“旋转所有窗口”复选框。

1 打开随书光盘\素材\02\21.jpg文件，画面效果如下图所示。

2 单击应用程序栏上的“旋转视图工具”按钮，然后使用鼠标在画布上向左拖曳，画面会向左旋转，效果如下图所示。

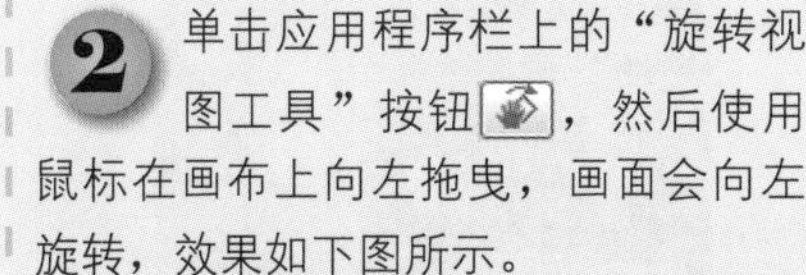

3 使用鼠标在画布上向右拖曳将图像翻转，翻转效果如下图所示。

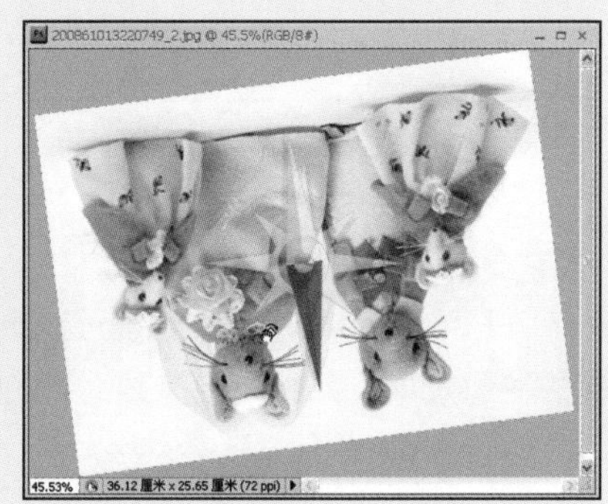

4 除了通过拖曳旋转指示器旋转画布外，还可以在选项栏中进行设置，使用鼠标拖曳圆形控件，可以控制画布旋转的角度，如下图所示。

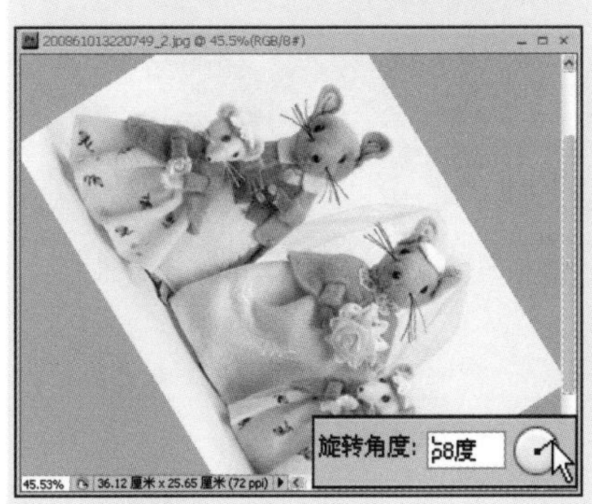

5 在“旋转角度”文本框中同样可以设定画布旋转的角度，使用鼠标在文本框中插入光标，输入数值83，然后按Enter键确定，画布效果如下图所示。

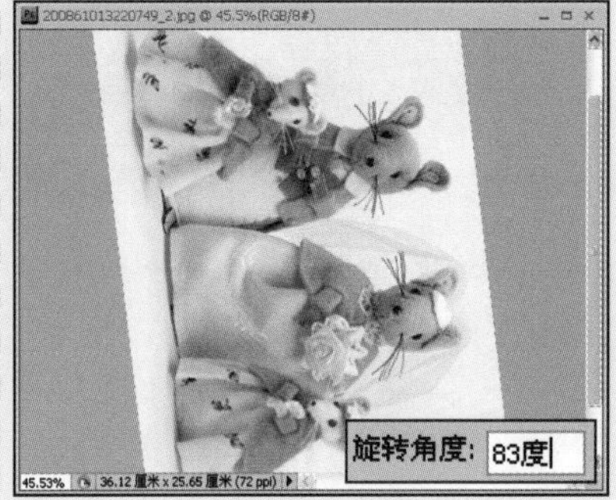

6 通过不同视角查看照片后，如果想恢复到照片原始的显示角度，可以单击选项栏上的“复位视图”按钮，画面会恢复到正常的显示状态，如下图所示。

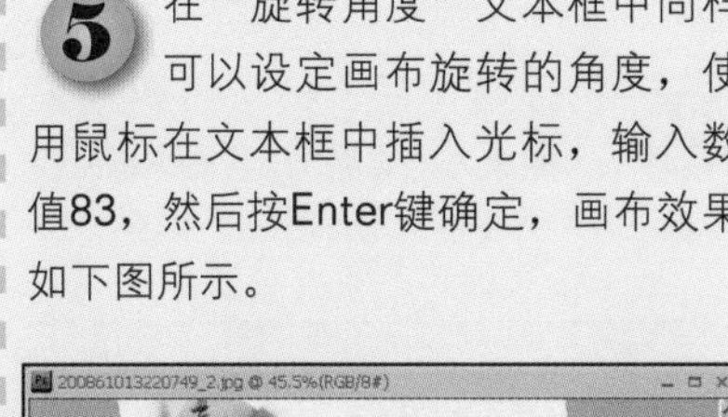

2.6.4　内容识别比例

在Photoshop CS4中，新增加了“内容识别比例”功能，它的变换原理是根据用户所选区域进行缩放，在缩放的同时还可以设置指定的保护区域，使保护区域不受影响。

1 打开随书光盘\素材\02\22.jpg文件，画面效果如下图所示。

2 使用工具箱中的“快速选择工具”在画面中的天空图像上单击，将天空图像载入选区。如下图所示。

3 打开“通道”面板，按Ctrl+Shift+I快捷键反选选区，再单击“将选区存储为通道”按钮，即可从选区生成通道。如下图所示。

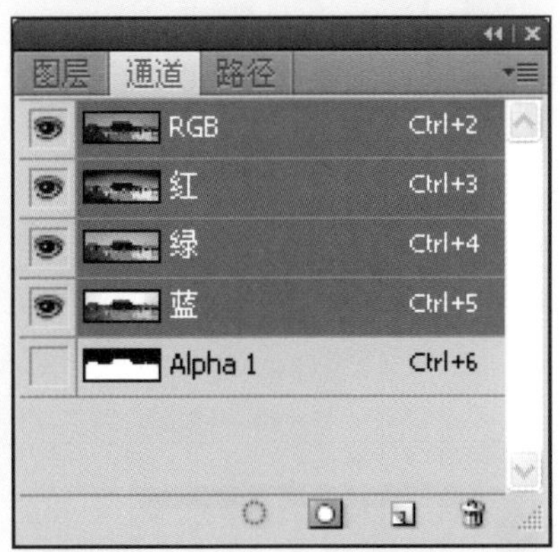

4 确保步骤2中的选区为显示状态，执行“编辑>内容识别比例”菜单命令，如下图所示。

还原(O)	Ctrl+Z
前进一步(W)	Shift+Ctrl+Z
后退一步(K)	Alt+Ctrl+Z
渐隐(D)...	Shift+Ctrl+F
剪切(T)	Ctrl+X
拷贝(C)	Ctrl+C
合并拷贝(Y)	Shift+Ctrl+C
粘贴(P)	Ctrl+V
贴入(I)	Shift+Ctrl+V
清除(E)	
拼写检查(H)...	
查找和替换文本(X)...	
填充(L)...	Shift+F5
描边(S)...	
内容识别比例	Alt+Shift+Ctrl+C
自由变换(F)	Ctrl+T
变换	▸
自动对齐图层...	
自动混合图层...	

5 已知在步骤3中设置了保护通道为Alpha 1，所以在选项栏中设置“保护”为Alpha 1，设置内容识别比例边框，按Enter键确认，系统会自动根据各地区和保护通道进行智能缩放，如下图所示。

6 最后使用“裁剪工具”将图像进行裁剪，下图中的上幅为使用“内容识别比例”命令缩放图像的效果，下幅为用“裁剪工具”缩放图像的效果。

2.6.5　更改屏幕模式

Photoshop CS4 中包含三种屏幕显示模式，分别是标准屏幕模式、带有菜单栏的全屏模式及全屏模式，在绘制图像时可以根据需要选择最方便的屏幕显示模式。

1 打开随书光盘\素材\02\23.jpg文件，如下图所示，此时为Photoshop CS4 的默认显示模式。

2 如果要切换屏幕显示模式，可以单击应用程序栏中的“屏幕模式”按钮，然后在打开的菜单中选择“全屏模式”命令，如下图所示。

✓ 标准屏幕模式
带有菜单栏的全屏模式
全屏模式

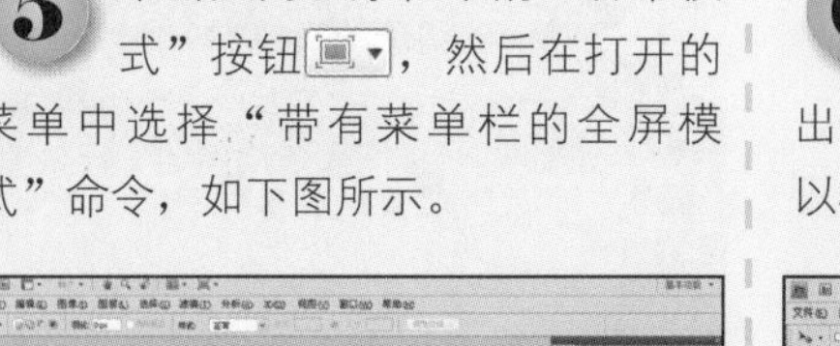

3 经过操作，即可将图像以最大化显示，如下图所示，图像窗口与程序窗口将会一起显示。

4 进入全屏模式后，除了图像以外什么也不会显示，按Tab键可以显示菜单栏和面板，如下图所示。

5 单击应用程序栏中的“屏幕模式”按钮，然后在打开的菜单中选择“带有菜单栏的全屏模式”命令，如下图所示。

6 在该模式下进行屏幕模式切换，可以按F快捷键；如果要退出全屏模式可以按Esc键退出，退出后以标准屏幕模式显示。如下图所示。

2.6.6 多个文件同时处理模式

在Photoshop CS4中，被打开的图像是以选项卡的形式存在的，用户可以快捷地在选项卡之间进行切换。除此之外，Photoshop CS4还增加了对选项卡窗口进行排列的功能，排列的形式有很多种，用户可以根据实际情况进行选择。

1 打开随书光盘\素材\02\24.jpg、25.jpg、26.jpg、27.jpg文件，如下图所示。

2 单击应用程序栏上的“排列文档”按钮，会打开文档排列方式选取器，在步骤1中打开了四幅图像，所以在选取器中单击“四联”按钮，如下图所示。

3 将打开的多个文件设置为“四联”排列方式后，画面效果如下图所示，画面中会以打开的图像顺序排列图像。

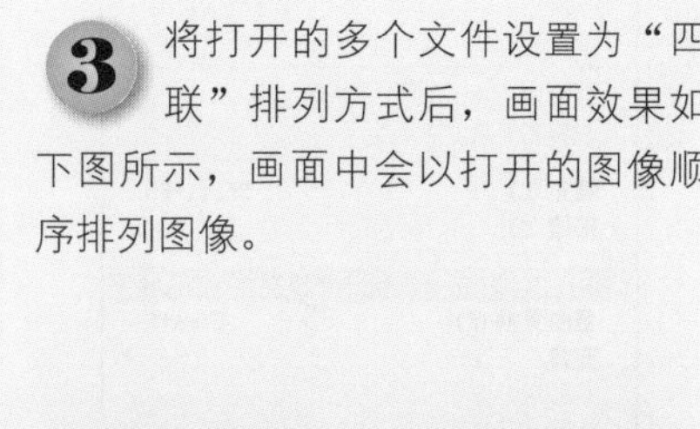

4 单击应用程序栏上的“排列文档”按钮，在打开的文档排列方式选取器中单击“四联”按钮，排列后的画面效果如下图所示。

5 单击应用程序栏上的“排列文档”按钮，在打开的文档排列方式选取器中单击“四联”按钮，排列后的画面效果如下图所示。

6 单击应用程序栏上的“排列文档”按钮，在打开的文档排列方式选取器中单击“四联”按钮，窗口会以竖列的形式排列。如下图所示。

2.7 图像处理操作的撤销和返回

在应用Photoshop CS4 处理照片时会涉及成千上万的操作，如果想要回溯到某步操作可以通过两种方法达到。本节将使用“编辑”菜单命令以及“历史记录”面板来讲述如何对已有的操作进行撤销或者返回。

2.7.1 利用“编辑”菜单命令撤销操作

在“编辑”菜单中有很多可以撤销操作的命令，如还原、前进一步和后退一步等，只要选择相应的命令，即可将图像的操作撤销，具体操作步骤如下所示。

1 打开随书光盘\素材\02\28.jpg文件，如下图所示。

2 执行“滤镜>艺术效果>木刻”菜单命令，弹出如下图所示的“木刻”对话框，并参照图上所示设置参数。

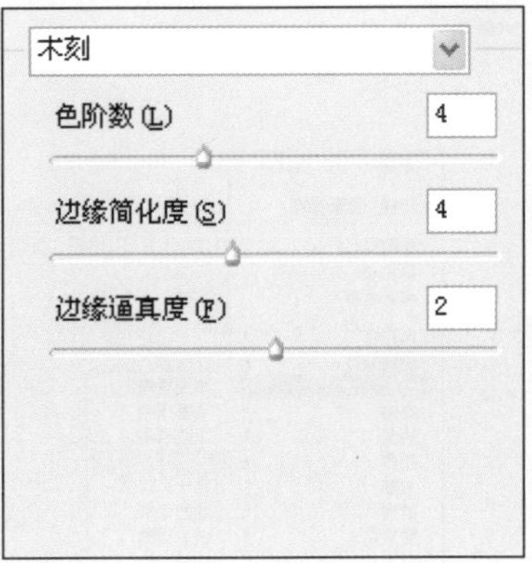

3 应用滤镜后的图像效果如下图所示。

4 执行“编辑>还原木刻”菜单命令，如下图所示。

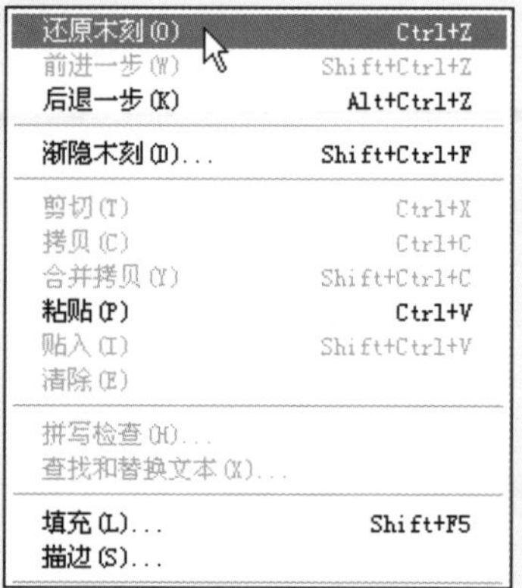

5 经过操作，即可返回到图像的最初状态。如下图所示。

6 执行“编辑>渐隐木刻”菜单命令，如下图所示。

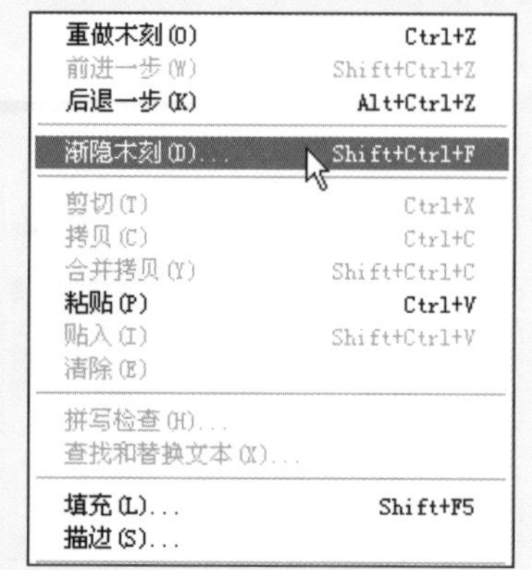

7 经过操作，将会弹出如下图所示的“渐隐”对话框。

8 在对话框中设置不同的数值，图像效果也将不同，如下图所示。

9 如果在对话框中将“不透明度”设置为0%，图像即可返回到最初的效果，如下图所示。

2.7.2 利用“历史记录”面板撤销任意操作

“历史记录”面板的主要作用是对图像的操作进行记录，还可以任意将其中所记录的步骤删除，通过这一特点，可以应用“历史记录”面板对图像进行还原，即将图像返回到最初的图像效果。

1 打开随书光盘\素材\02\29.jpg文件，如下图所示。

2 执行“滤镜>模糊>高斯模糊”菜单命令，如下图所示。

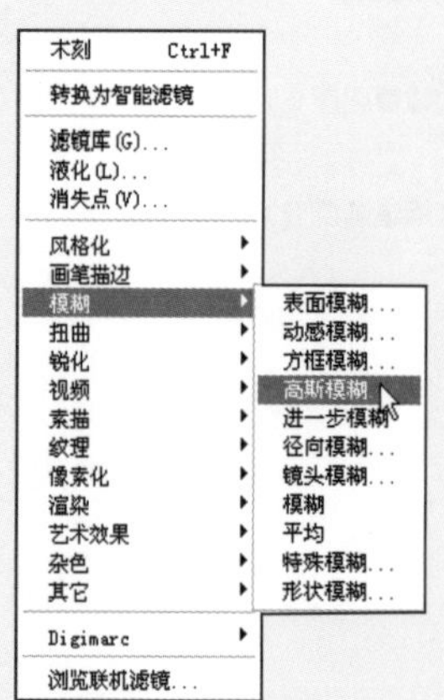

3 系统将会弹出如下图所示的“高斯模糊”对话框，在该对话框中将“半径”设置为5.5像素。

4 应用滤镜后的图像效果如下图所示。接下来通过“历史记录”面板还原脸部和身体到清晰状态。

5 执行“窗口>历史记录”菜单命令，即可打开如下图所示的“历史记录”面板。

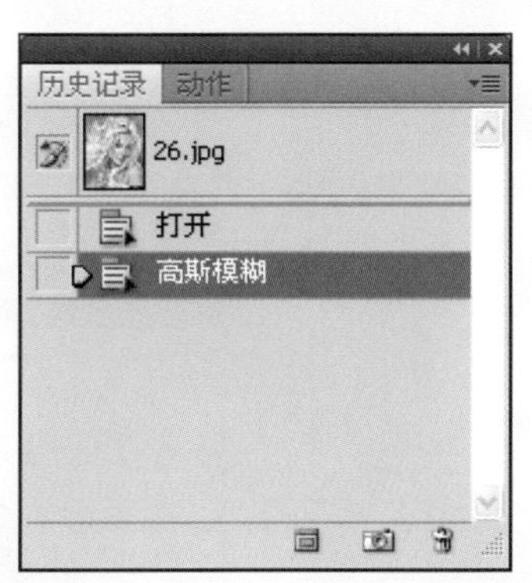

6 单击工具箱中的“历史记录画笔工具”按钮，使用该工具在“打开”操作前单击，如下图所示。

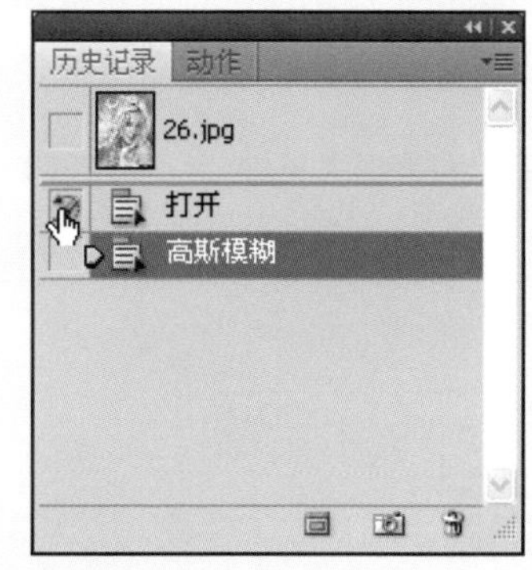

7 使用“历史记录画笔工具”在图中人物的脸部单击，将此处的图像还原到未被模糊的时候，如下图所示。

8 返回到“历史记录”面板，在该面板中即可看到使用“历史记录画笔工具”的记录，如下图所示。

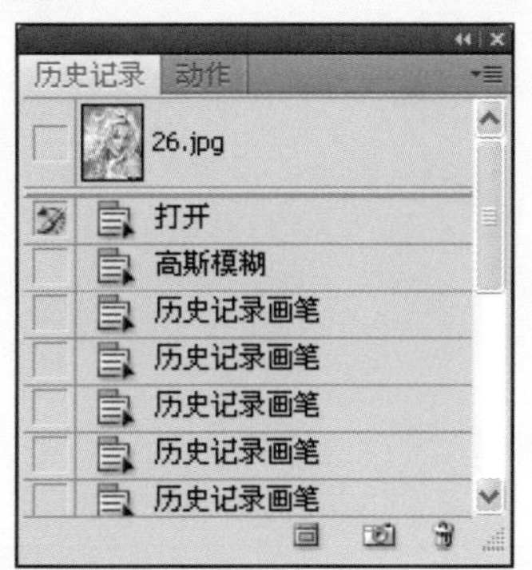

9 使用“历史记录画笔工具”在人物的身体部分单击，将此处的图像还原，图像的最终效果如下图所示。

2.8 照片打印的设置

无论是在桌面打印机上打印照片还是将照片发送到印前设备，了解有关打印的基础知识都会使打印作业更顺利，并有助于确保图像达到预期的效果。

对于多数 Photoshop 用户而言，打印文件要将图像发送到喷墨打印机。Photoshop 可以将图像发送到多种设备，以便直接在纸上打印图像或将图像转换为胶片上的正片或负片图像。在后一种情况中，可使用胶片创建主印版，以便通过机械印刷机印刷。如果有针对特定打印机、油墨和纸张组合的自定颜色配置文件，与让打印机管理颜色相比，让 Photoshop 管理颜色可能会得到更好的效果，通常照片都是运用专业的照片打印机进行打印的。

照片打印机有以下几个特点。

1. 超微墨滴

墨滴体积的大小是照片打印机的关键技术指标，直接影响着最终的打印品质。照片打印机一般都具备不超过3微微升（PL）的超微墨滴打印技术，这样才能保证细致的打印效果和明显的层次感。市面上某些高端产品的最小墨滴更是达到了惊人的1微微升。一般来讲，3微微升墨滴技术的打印效果已经不会让人感到颗粒感。

2. 多色墨

墨水颜色数量对彩色照片打印质量是有影响的，普通打印机的3色墨盒虽然可以满足一般彩色文本打印要求，但是打印照片的时候在色彩过渡和鲜艳程度方面就要逊色很多，不如采用6色墨盒的打印机。6色墨盒比4色墨盒多出了浅蓝和淡红色，在色彩表现上更加细腻。惠普的Photosmart 7960则是全球第一款拥有8色墨盒技术的照片打印机，比6色墨盒增加了深灰、浅灰两色墨盒，使照片输出效果更为出色。之后，爱普生和佳能也相继推出了自己的8色墨盒照片打印机。

3. 数码直打

用户可以不通过计算机直接在打印机上打印存储卡甚至数码相机上的照片。当然具备数码直打技术的数码打印机在销售价格上要高出很多，不过在身边没有计算机的时候，这种打印机要方便许多。

1 打开随书光盘\素材\02\30.jpg文件，然后执行“文件>打印”菜单命令，如下图所示。

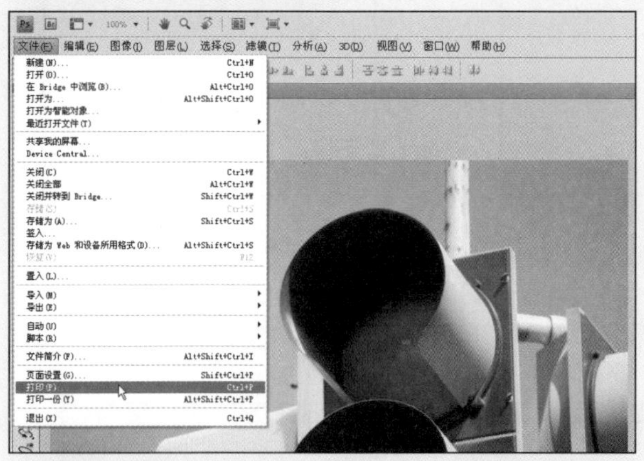

2 经过操作，将会弹出如下图所示的“打印”对话框。

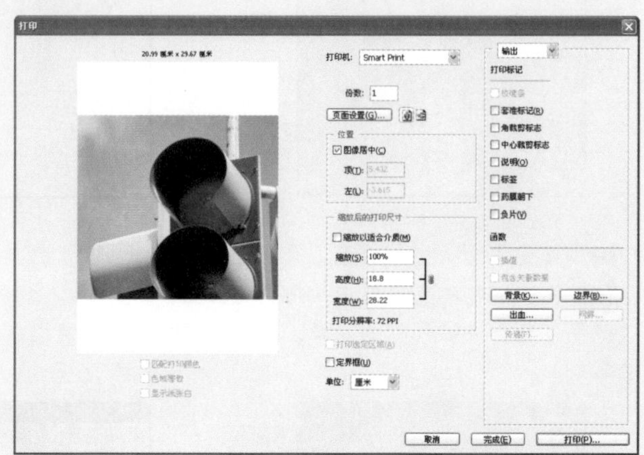

3 在打开的对话框中的“颜色处理”下拉列表框中选择“Photoshop管理颜色”选项，如下图所示。

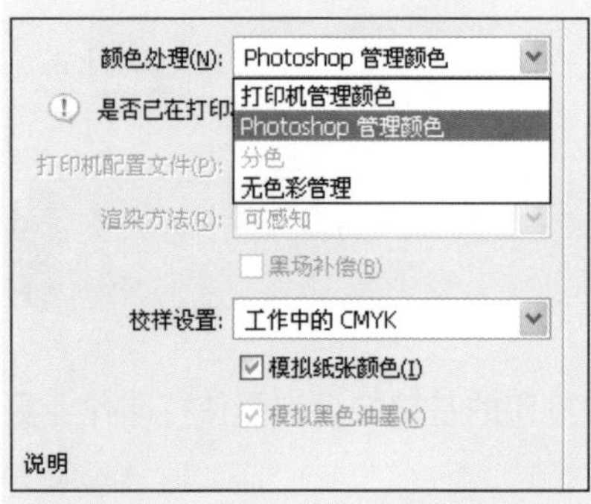

4 调整纸张的方向，单击对话框中的“横向打印纸张”按钮，即可调整纸张方向，调整后的图像如下图所示。

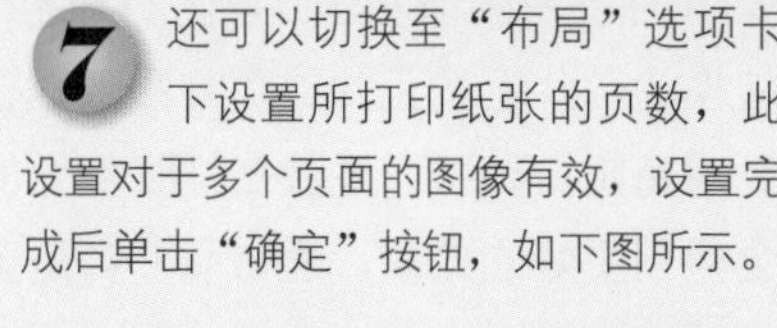

5 在“打印”对话框中单击“页面设置”按钮 页面设置(G)... ，弹出如下图所示的文档属性对话框（安装的打印机不同，对话框名称也将不同），在该对话框中可以设置页面的布局等。

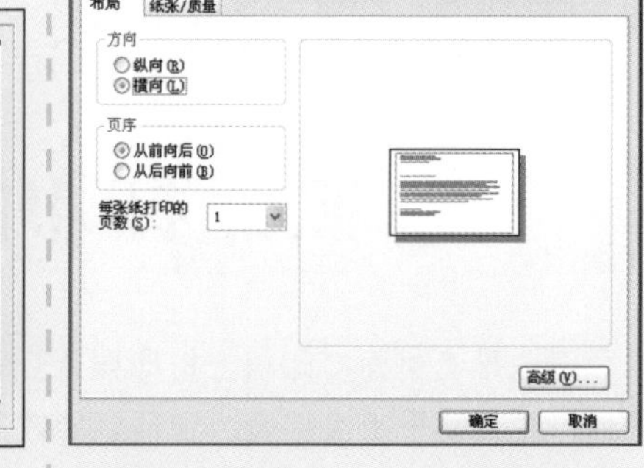

6 单击“纸张/质量”标签，切换至该选项卡下，在“纸张来源”下拉列表框中选择所需的类型，如下图所示。

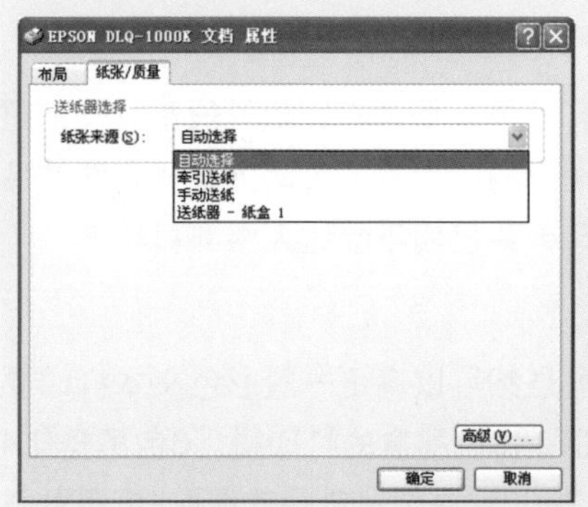

7 还可以切换至“布局”选项卡下设置所打印纸张的页数，此设置对于多个页面的图像有效，设置完成后单击“确定”按钮，如下图所示。

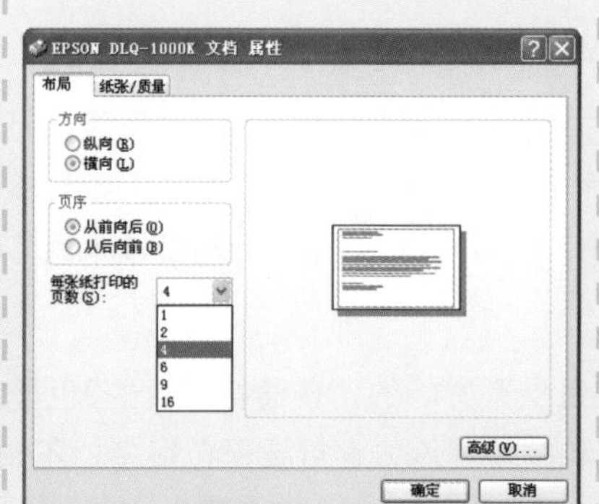

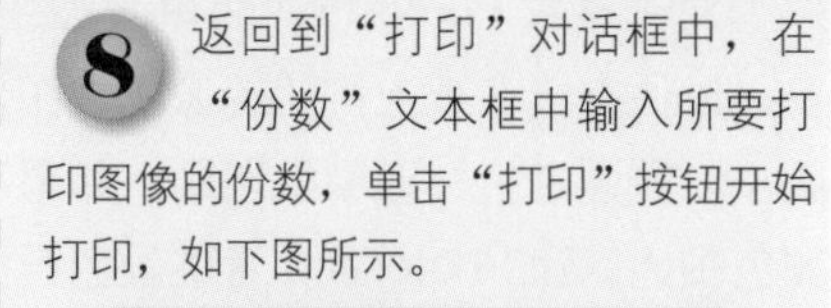

8 返回到“打印”对话框中，在“份数”文本框中输入所要打印图像的份数，单击“打印”按钮开始打印，如下图所示。

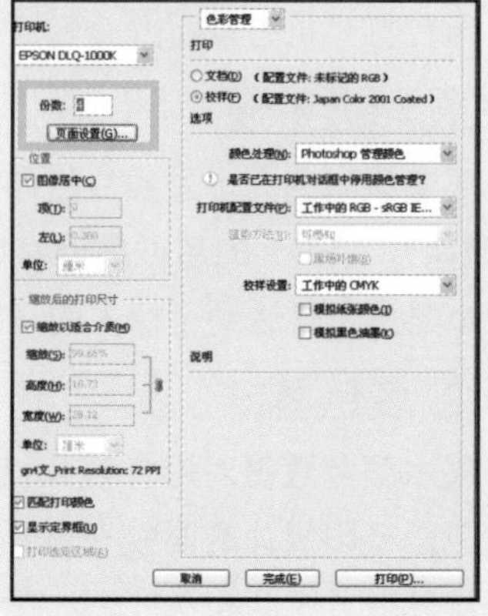

Chapter 03

Adobe Camera Raw

对于摄影爱好者来说，Adobe Camera Raw并不是一个陌生的词汇，它是Photoshop中专用于处理照片的应用程序。当拍摄的数码照片出现曝光过度或者色彩偏差、镜头光晕不正常等一系列问题时，就可以使用Camera Raw中提供的一些便捷操作进行快速处理，使用它甚至可以将模糊的图像变得清晰，从而输出高质量的图像。

相关软件技法介绍

使用Camera Raw处理照片的技法主要包括：用数码相机Raw文件格式生成最佳质量的图像；利用 Raw格式所记忆的信息准确地对一些系数进行编辑，高效地优化图像；能够对诸如白平衡、色调曲线、色彩空间、对比度和饱和度、曝光、红眼之类的图像进行精确的控制。

3.1 了解Adobe Camera Raw

Camera Raw 软件可以看作Adobe Photoshop的一个插件，它常常编辑利用数码相机拍摄生成的Raw格式文件。利用Camera Raw中提供的工具和控件可以准确地对照片的色调、饱和度、清晰度等进行调整。

3.1.1 常见的Raw格式编辑程序

Raw格式属于CCD的原始数据的一种，可以看作数码相片的底片，Raw格式比较完整地保留了CCD的原始数据。所谓原始数据，是指尚未经过曝光补偿、色彩平衡、GAMMA调校等处理的自然拍摄生成的文件。常用的打开Raw格式的程序有如下几种。

1. Adobe Camera Raw

使用Adobe公司提供的Camera Raw打开Raw格式文件，不仅可对图像进行查看还可以对图像的色彩、锐化、裁剪等进行编辑，如左下图所示。

2. ACDSee

在ACDSee中包含大量的图像编辑工具，可用于创建、编辑、润色数码图像。同样可以使用红眼消除、裁剪、锐化、模糊、相片修复等工具来增强或校正图像，如右下图所示。

3. ExifPro

这是一款用于显示、操作和浏览图像的工具，可对图像进行复制、更改大小、裁剪、调整等操作，如左下图所示。

4. RAW Image Viewer

RAW Image Viewer是微软公司专门为编辑Raw格式文件设置的一款软件，它显示照片的镜头、光圈、快门、ISO等信息，如右下图所示。

3.1.2 Camera Raw对话框的结构

Camera Raw 对话框由五部分组成，分别是标题栏、工具选项栏、图像切换栏、图像反馈区、图像调整选项卡，如下图所示。对话框的中心区域显示了在调整选项卡中设置后的效果，如果要同时对多个文件应用相同的效果，可以在图像切换栏中选中多个图像后单击“同步”按钮。

标题栏
标题栏中显示当前使用的版本号和所打开图像的格式
工具选项栏
Camera Raw提供了14个用于处理图像的工具，可快捷地对图像进行处理
图像切换栏
在图像切换栏中单击不同的图像缩略图可以显示不同的图像
存储图像
单击该按钮可弹出“存储选项”对话框，可在其中更改图像格式等
直方图
在Camera Raw的直方图中可以很好地观查到图像的明暗分布情况
图像调整选项卡
通过单击选项标签切换到不同的选项卡，可对图像的不同属性进行调整
操作按钮
根据不同的情况，显示了对应的打开或关闭等操作

Key Points

关键技法

打开Camera Raw对话框的常用方式是，单击Photoshop CS4应用程序栏上的“启动Adobe Bridge”按钮，打开Adobe Bridge应用程序，选中一个图像文件后执行“文件>在Camera Raw中打开”菜单命令，或者按Ctrl+R快捷键即可在Camera Raw中打开图像。

3.2 纠正白平衡

所谓白平衡，就是在不同的光线条件下，调整好红、绿、蓝三原色的比例，使其混合后成为白色，在透过镜片拍摄外界景物时，根据三种色光的组合而产生效果，用于确定拍摄后照片的色温与色调。在Camera Raw的“基本”选项卡中就可以对照片的白平衡进行纠正处理，如下图所示。

白平衡
从下拉列表框中可以选择多种不同的白平衡方式
基本
白平衡：原照设置
色温 0
色调 0
色温
将外界的热量以光的形式表现出来，从而产生不同的颜色
色调
从图像外观可以判断出主体色调

3.2.1 自动校正白平衡

在Camera Raw中可以根据图像的整体效果自动对白平衡参数进行设置，单击“基本”选项卡中的“白平衡”下拉按钮，在打开的下拉列表框中选择“自动”选项，即可为图像应用上自动白平衡。

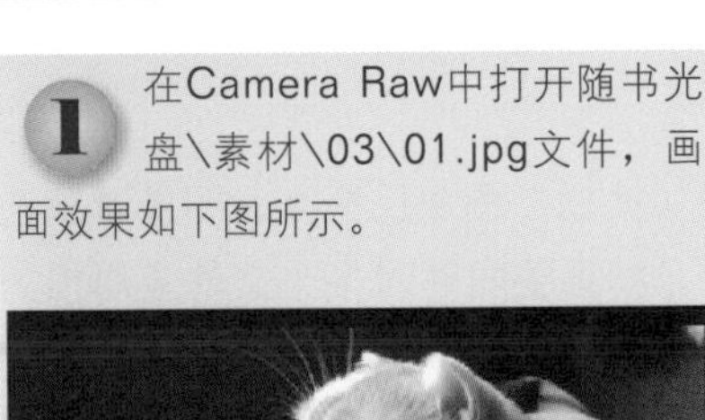

1 在Camera Raw中打开随书光盘\素材\03\01.jpg文件，画面效果如下图所示。

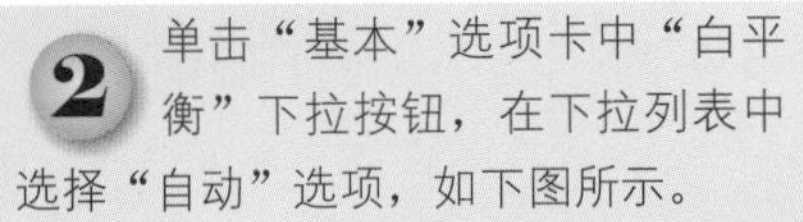

2 单击“基本”选项卡中“白平衡”下拉按钮，在下拉列表中选择“自动”选项，如下图所示。

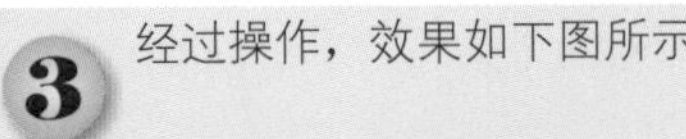

3 经过操作，效果如下图所示。

3.2.2 多种光源下的白平衡调整

对于RAW 和DNG格式的图像文件，白平衡还包括日光、阴天、阴影、白炽灯、荧光灯、闪光灯等不同场景的白平衡设置。打开随书光盘\素材\03\02.dng文件，应用不同白平衡设置后的效果如下面几幅图所示。

1. 日光

2. 阴天

3. 阴影

4. 白炽灯

5. 荧光灯

6. 闪光灯

3.2.3 自定义设置色温和色调

在Camera Raw中可以自行对白平衡进行设置，调节色温可以修正图像的冷暖，调节色调可以修正图像的主体影调。除了可以由控件来进行修正外，还可以使用“白平衡工具”进行调整。

1 在Camera Raw中打开随书光盘\素材\03\03.jpg文件，画面效果如下图所示。

2 设置白平衡为“自定”选项后，程序会自动对其进行计算，图像效果如下图所示。

3 设置自定白平衡后的图像效果如下图所示。

3.3 基础色调调整

由于拍摄场景的限制，拍摄的数码照片常会出现曝光问题，可能由曝光过度也可能由曝光不足所引起。如果出现了此类情况，照片会因为过度曝光而看不清楚细节，或者是因曝光不足而带来模糊，此时就可以通过Camera Raw的“基本”选项卡中的色调控件，对图像的曝光度、恢复度、填充亮光、黑色、亮度和对比度等进行调整，可根据照片的不同需求调出不同的图像效果。

3.3.1 进行曝光处理

曝光度是用于调整图像的整体亮度的，当曝光度过曝时图像就会变得很亮，如果曝光度不足图像又会变暗，使用Camera Raw中提供的“曝光”选项，可以对图像的曝光进行控制，也可以自动为其设置曝光度。

1 在Camera Raw中打开随书光盘\素材\03\04.jpg文件，画面效果如下图所示。

2 查看打开的图像，发现图像的整体曝光不足，导致了部分图像含糊不清，于是设置曝光度为2，如下图所示。

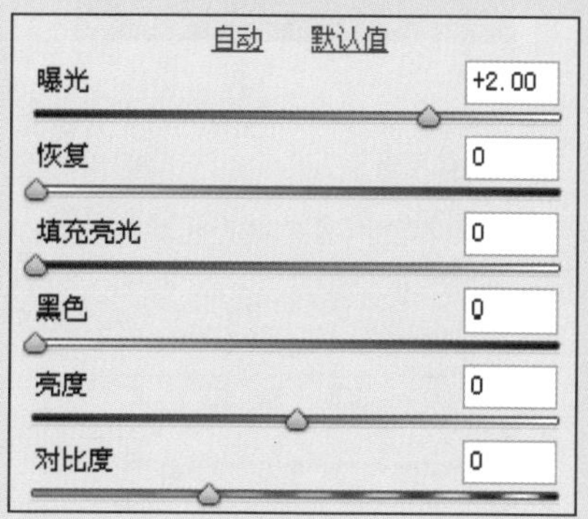

3 将图像的曝光度设置为2后，图像效果如下图所示。

3.3.2 设置同一景致的多张不同曝光照片

若要对同一幅照片运用不同的曝光效果，只需要在“曝光”选项中设置不同的参数即可。这样做的优点是，设置不同的曝光效果对图像进行查看，以挑选出最合适的曝光图像效果。

1 在Camera Raw中打开随书光盘\素材\03\05.jpg文件，画面效果如下图所示。

2 切换到“基本”选项卡下，在“曝光”选项中输入0.5，设置好的曝光效果如下图所示。

3 在“曝光”后的文本框中输入1.15，设置好的曝光效果如下图所示。

3.3.3 对暗部细节的补充

照片曝光过度的情况是经常遇到的，尤其是在炽热的阳光下拍摄。通过镜头反射出的光线更为强烈，这导致了附近的景物产生光晕或色差，这对调整较暗部分的图像来说是一个严重的问题；或者在照片本身整体较暗的情况下，其细节位置肯定是黑乎乎的。使用Camera Raw中的“曝光”与“恢复”选项可以适当提高照片亮度，隐现照片暗部，让照片更完美。

1 在Camera Raw中打开随书光盘\素材\03\06.jpg文件，画面效果如下图所示。

2 按住Alt键的同时向上滚动鼠标滑轮，将图像放大显示，效果如下图所示。

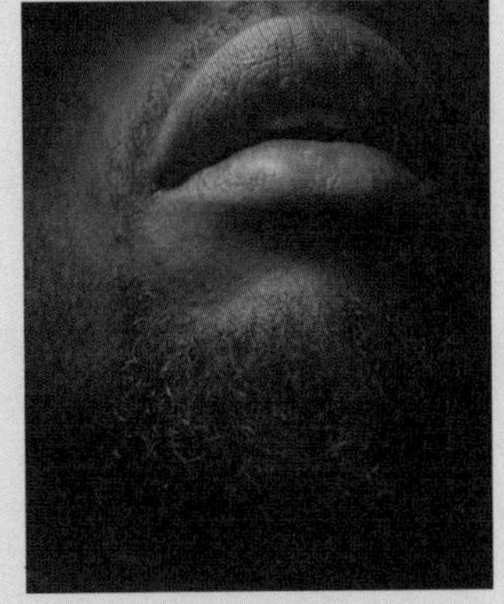

3 在“基本”选项卡中，设置“曝光”选项值为1.85，如下图所示。

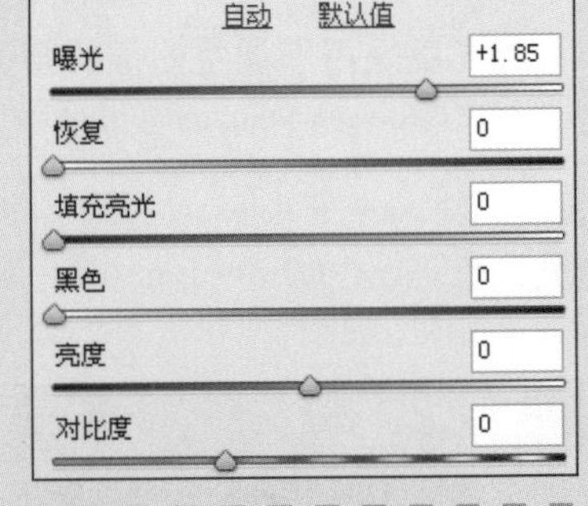

4 为图像提高曝光度后，图像整体变亮使得原本较接近黑色的地方也显现出来，效果如下图所示。

5 为了在提高亮度的情况下将暗部的图像显现出来，还要保持图像的整体暗度，适当设置“恢复”参数，如下图所示。

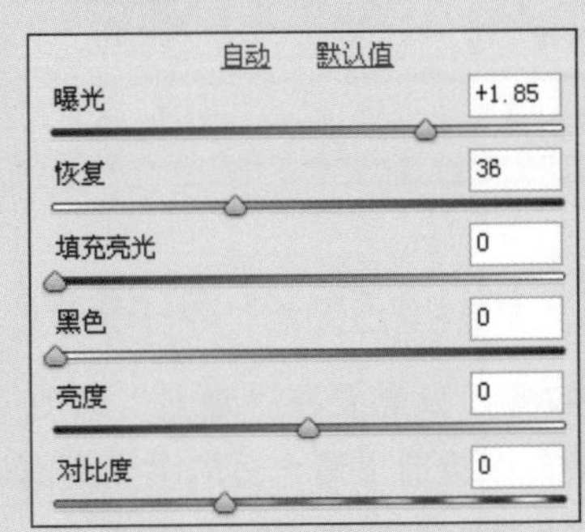

6 调整后的图像效果如下图所示，图像的暗部细节就被隐现出来了。

3.3.4　填充亮光

如果曝光不足，其照片上的景物就会变得混浊不清，导致暗部细节不清，可以使用Camera Raw中提供的“恢复”与“填充亮光”选项进行协调。

1 在Camera Raw中打开随书光盘\素材\03\07.jpg文件，画面效果如下图所示。

2 使用鼠标向右拖曳“曝光”滑块，将其值设置为0.25，如下图所示。

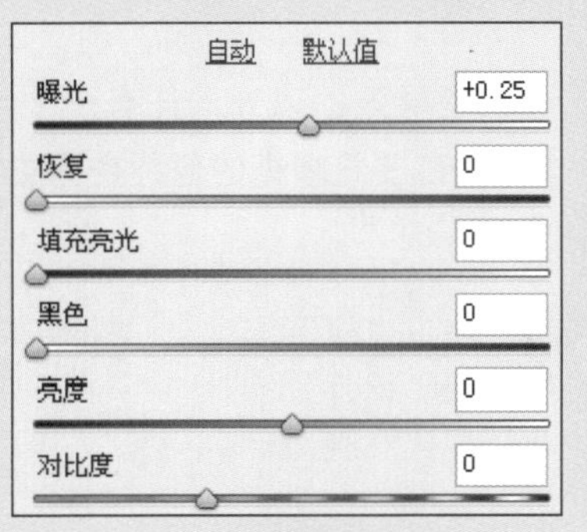

3 为图像增加曝光后，图像整体稍微变亮，黑色的背景也隐约地显现了出来，如下图所示。

4 按住Alt键的同时向上滚动鼠标滑轮，将图像放大显示，效果如下图所示。

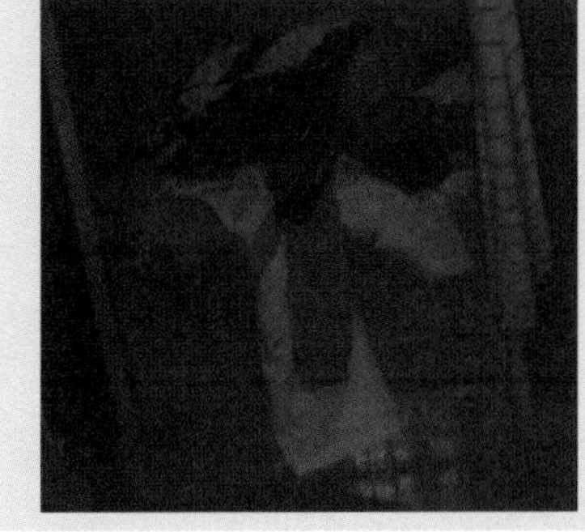

5 在“基本”选项卡中，设置“填充亮光”值为35，如下图所示。

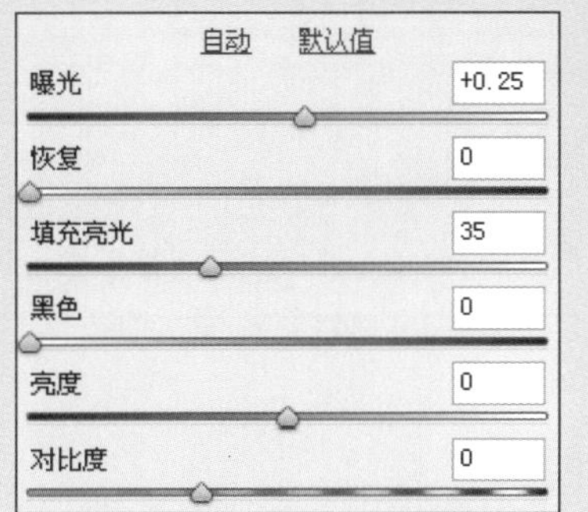

6 提高了“填充亮光”值后，图像中较暗区域也被提亮了，效果如下图所示。

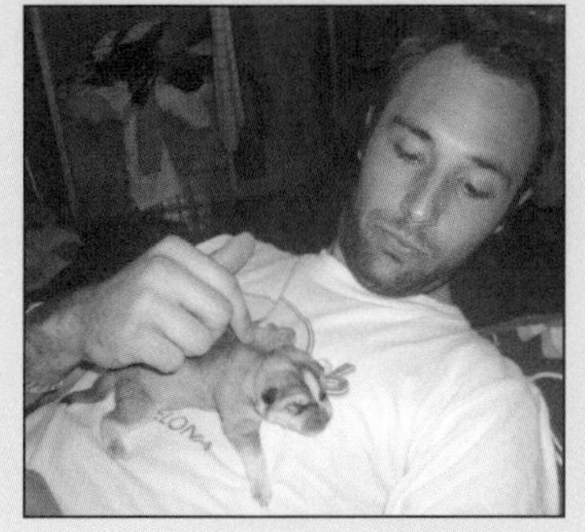

3.3.5　通过黑色设置层次感

使用“基本”选项卡的“黑色”选项可以扩散或收缩图像的黑色区域，从而使图像的对比度看起来更高，更具有层次感。具体操作方法如下所示。

1 在Camera Raw中打开随书光盘\素材\03\08.jpg文件，画面效果如下图所示。

2 在“基本”选项卡中，设置“黑色”选项参数为10，效果如下图所示。

3 如果将“黑色”选项设置为22，效果如下图所示。

3.4 锐化以及降噪处理

“锐化”和“减少杂色”是处理图像的重要的概念。“锐化”主要用于将模糊的图像变得更加清晰；而“减少杂色”可以减少照片表面的杂点，使照片上较亮的杂点变淡，让其变得更加平滑。

3.4.1 设置锐化清晰照片

产生模糊，除了是因为在拍摄时产生误差导致的以外，还有一个重要的因素——分辨率。如果分辨率太低，将拍摄出来的照片放大时就会产生模糊。若要将模糊的照片变得更加清晰，可通过设置“锐化”选项区中各项参数来实现，让图像进行数码补偿。

1 在Camera Raw中打开随书光盘\素材\03\09.jpg文件，画面效果如下图所示。

2 单击“细节”选项标签切换至“细节”选项卡，参照下图设置“锐化”选项区中参数，如下图所示。

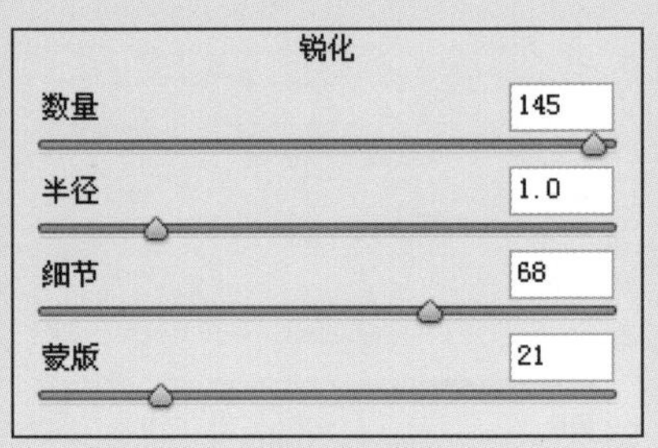

3 调整好“锐化”的各项参数后，在图像预览窗口中可查看到效果，如下图所示。

3.4.2 减少照片的噪点

使用“减少杂色”功能可以消除照片上的杂点，它主要针对灰色杂点和单色杂点。拖曳“明亮度”滑块可以控制图像上的灰度杂点；拖曳“颜色”滑块可以控制图像上的单色杂点。具体使用方法如下所示。

1 在Camera Raw中打开随书光盘\素材\03\10.jpg文件，画面效果如下图所示。

2 单击“细节”选项标签，再参照下图在“减少杂色”选项区中设置参数。

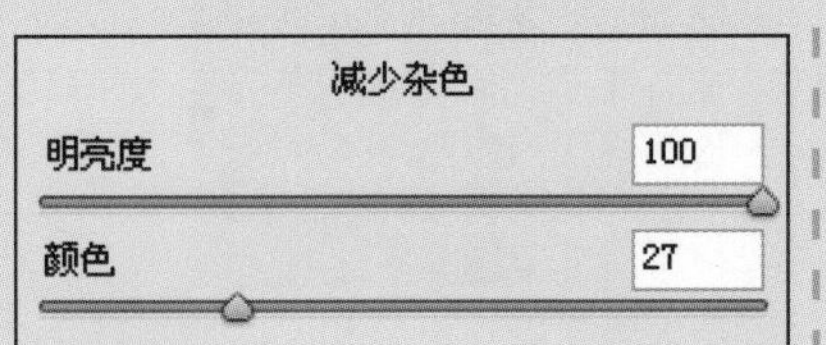

3 设置好“减少杂色”参数后，图像效果如下图所示。

3.5 镜头校正

在Camera Raw中镜头校正功能主要用于校正图像中的色差和晕影等。对于色差补偿还可以修补由光线所引起的颜色边缘。单击“镜头校正”选项标签，将切换至如下图所示的“镜头校正”选项卡。

色差
调节“色差”选项区中的控件可以对拍摄的不正常镜头效果所产生的边缘进行修复

镜头晕影
通过设置“镜头晕影”选项区中的“数量”参数，可以使角落里的图像变暗或变亮；“中点”控件则用于控制扩散的范围

裁剪后晕影
设置“裁剪后晕影”选项区中参数，可以将对图像的操作完整性应用于裁剪后的图像

镜头校正

色差
修复红/青边 0
修复蓝/黄边 0
去边 关

镜头晕影
数量 +3
中点 50

裁剪后晕影
数量 +20
中点 50
圆度 0
羽化 50

1 在Camera Raw中打开随书光盘\素材\03\11.jpg文件，画面效果如下图所示。

2 单击工具箱中的“缩放工具”按钮，使用该工具在画面中拖曳即可放大图像显示，如下图所示。

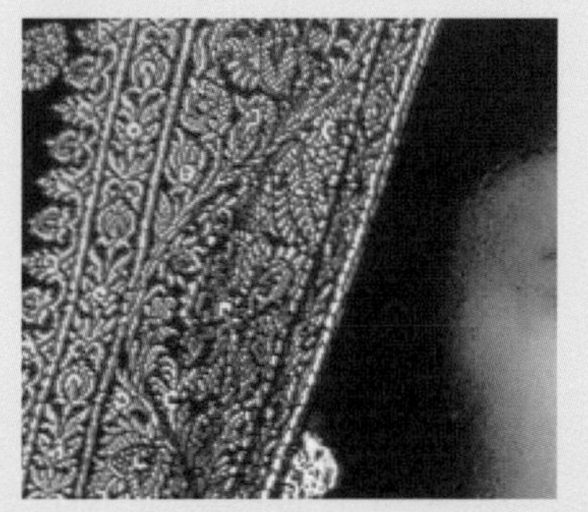

3 单击“镜头校正”选项标签，在“去边”下拉列表框中选择“高光边缘”选项，然后参照下图所示设置参数。

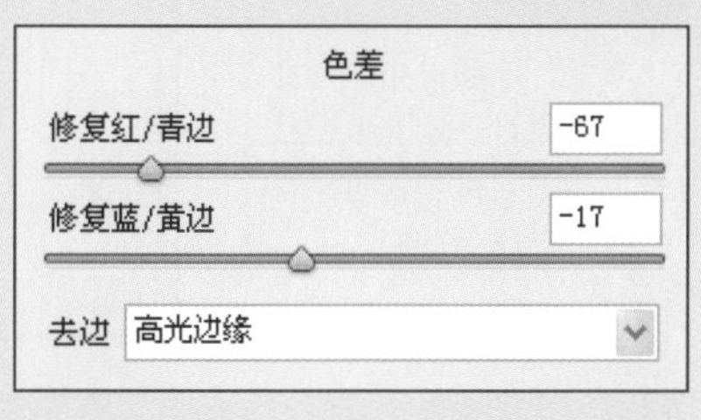

4 降低“修复红/青边”选项值可以减少出现在边缘上的由镜头光照效果产生的红/青边缘。如下图所示。

5 在“镜头校正”选项卡中设置“裁剪后晕影”选项区中参数，如下图所示。

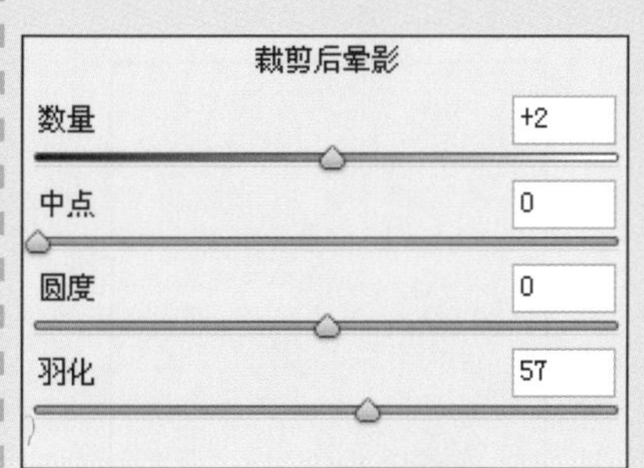

6 调整后的图像效果如下图所示，图像中的主体变得更为明亮。

7 单击工具箱中的“裁剪工具”按钮，参照下图所示在图像上拖曳鼠标创建裁剪框，设置完成后按Enter键即可。

8 单击“色调曲线”标签，再单击“色调曲线”选项卡中“点”标签，然后参照下图所示设置曲线外形。

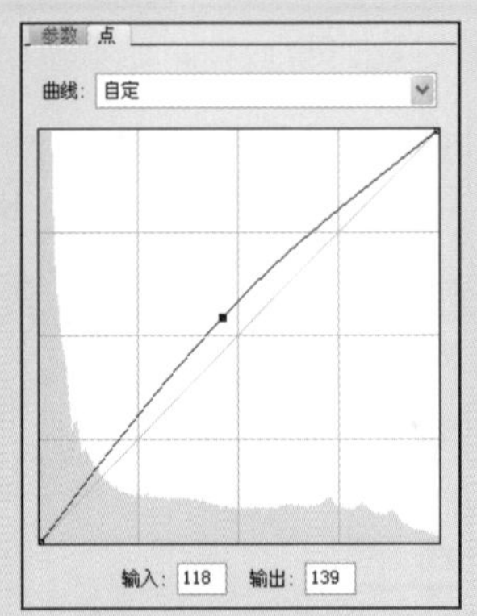

9 为图像调整好曲线后，效果如下图所示，图像的整体亮度提高了。

3.6 通过曲线控制色调

“色调曲线”是调整图像中最常用到的，通过曲线可以精确地调节图像的各个位置上的颜色对比度、亮度、暗度，也可以对图像进行整体的对比调节。在Photoshop中还可以在不同的通道下进行设置，从而改变单一通道下的颜色对比。单击“色调曲线”标签，即可切换至如下图所示的选项卡，在“色调曲线”选项卡中内嵌了两种调节曲线的方式，它们分别位于不同的选项卡中。

参数
在“参数”选项卡中调整曲线是不能通过手动拖曳曲线进行控制的，必须通过下面4个控制选项进行调节

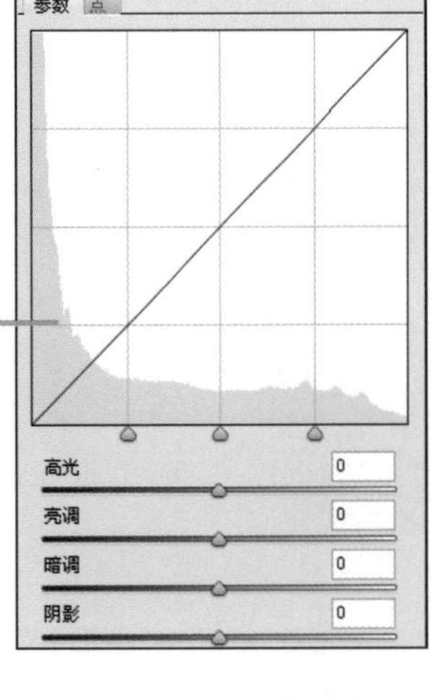

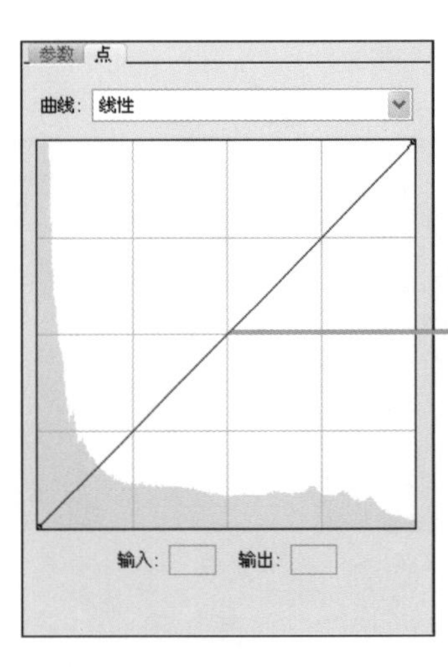

点
在“点”选项卡中，可以与Photoshop中的曲线控制方式一样直接使用鼠标进行拖曳

1. 提升整体亮度

将控制点拖曳到曲线的中心上方可以提升图像的整体亮光。

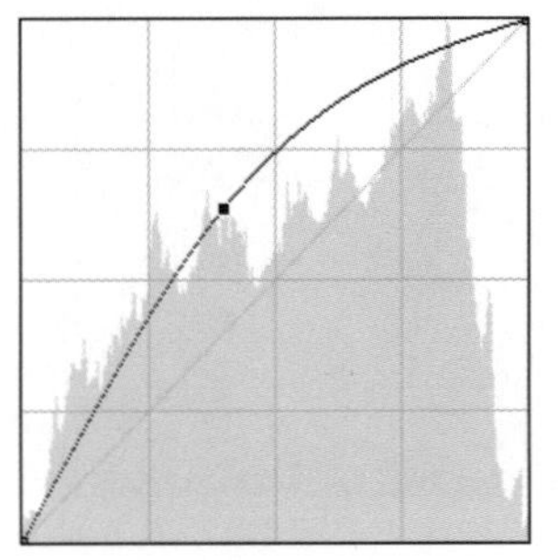

2. 降低整体亮度

将控制点拖曳至曲线下方可以使图像整体变暗。

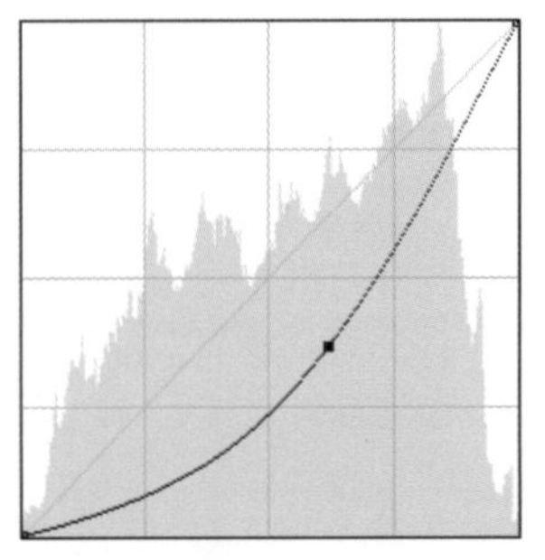

3. 去除高光

将曲线拖曳至如下图所示形状，可去除高光以中灰色显示。

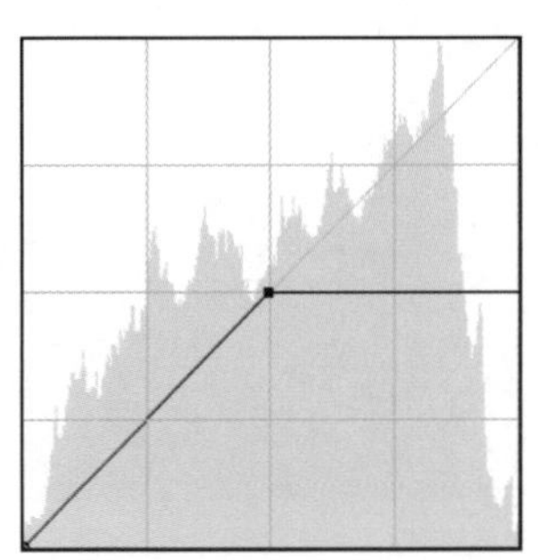

4. 降低对比度

将上部控制点拖曳至水平线之下可以降低高光，拖曳控制点至水平线之上可提升阴影，从而降低图像对比度。

5. 增加对比度

将图像的高光与暗部分别拖曳至两端，增加对比度与降低对比度的方法相反。

6. 提高阴影亮度

将高光和阴影控制点拖曳至水平线上方，即可使阴影部分的图像变亮。

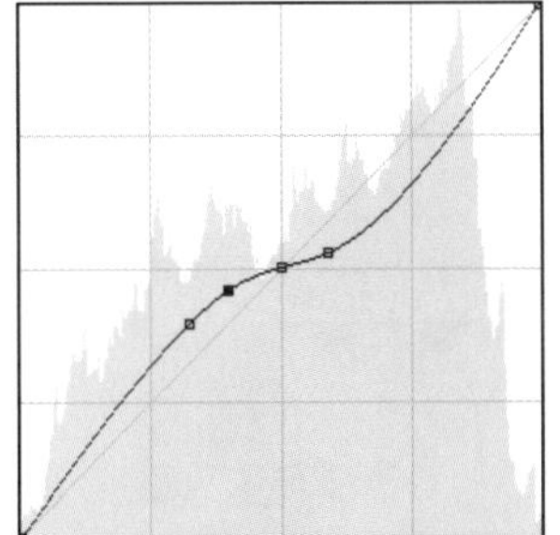

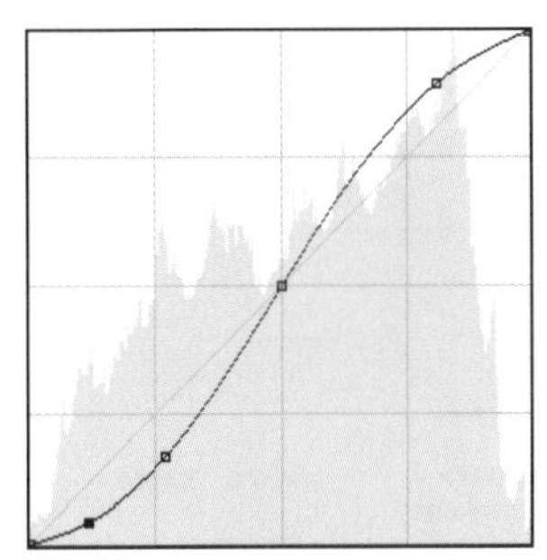

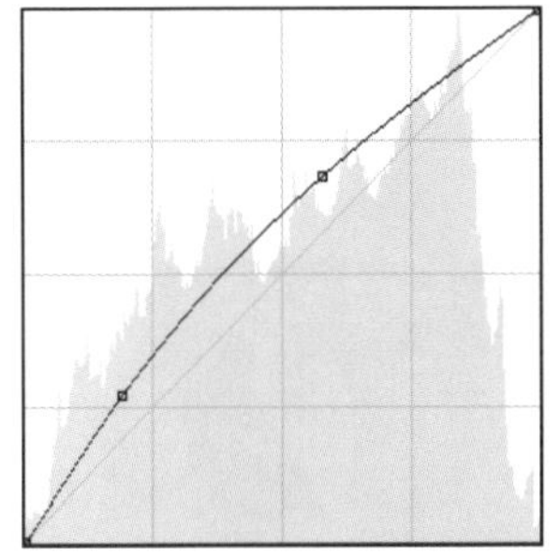

1 在Camera Raw中打开随书光盘\素材\03\12.jpg文件，如下图所示。

2 单击“色调曲线”标签，在“点”选项卡中调整曲线形状，如下图所示。

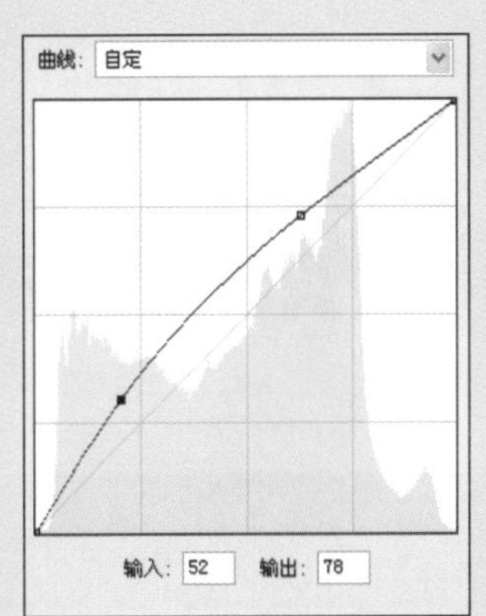

3 调整后的照片色彩变得更加明亮。如下图所示。

3.7 输出为其他格式文件

在本节中主要讲述如何转换图像的格式。在不同的场合下对图像的需求是不同的，尤其是对图像的体积而言，不同的图像格式所能负载的大小也是不一样的。比如，在网络上的图像一般情况下会尽量降低其体积，以便快速地对其上传或下载。使用Camera Raw提供的“存储选项”对话框，可以将图像转换为四种格式。

单击Camera Raw对话框左下角的“存储图像”按钮，即可打开如下图所示的“存储选项”对话框。

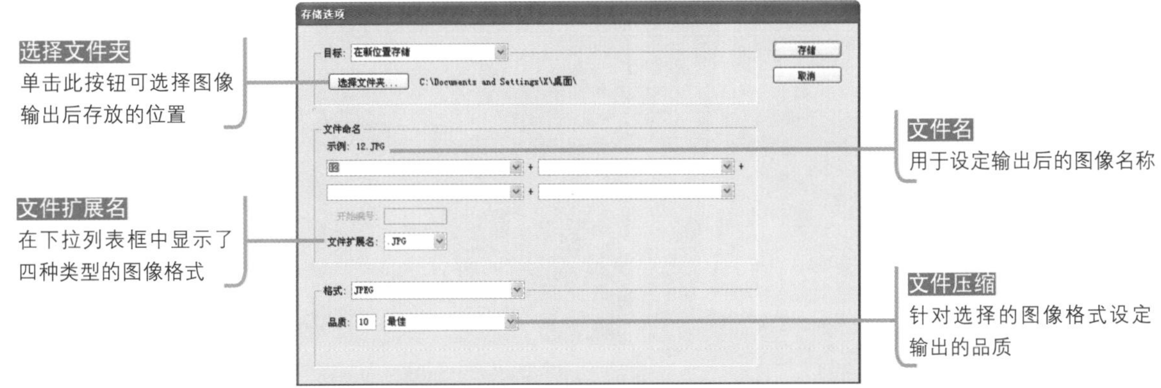

1 在Adobe Bridge中打开随书光盘\素材\03\13.jpg文件，画面效果如下图所示，已知图像为JPG格式。

2 在Camera Raw中打开随书光盘\素材\03\13.jpg文件，然后单击“存储图像”按钮，选择扩展名为.DNG，设置其他参数，再单击“确定”按钮，如下图所示。

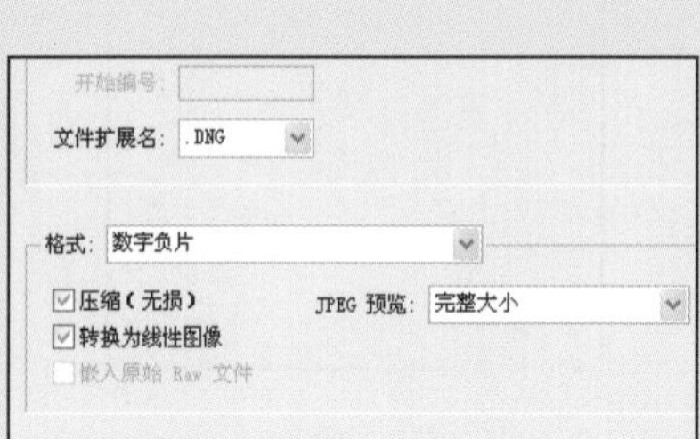

3 返回到Adobe Bridge中，在胶片显示模式下观看输出的图像，图像下显示了文件的名称和扩展名，扩展名为DNG格式，如下图所示。

Example 01 运用白平衡恢复自然色彩的照片

光盘文件

原始文件：随书光盘\素材\03\14.jpg

最终文件：随书光盘\源文件\03\实例1 运用白平衡恢复自然色彩的照片.jpg

在我们生活的地球上有着四季，每个季节里的色温都是不一样的，随着每一天不断地变化着。除此之外还有人工所制造出的光源，色温也不一样。使用数码相机拍摄外界景物时，相机会自动根据外界的色温变化随时调整。在Camera Raw中白平衡则模拟了这一切外界的色温，正确地调整白平衡可以将照片恢复成更加自然的效果。原图像和调整后图像的对比效果如下图所示。

01 在Camera Raw中打开随书光盘\素材\03\14.jpg文件，如下图所示。

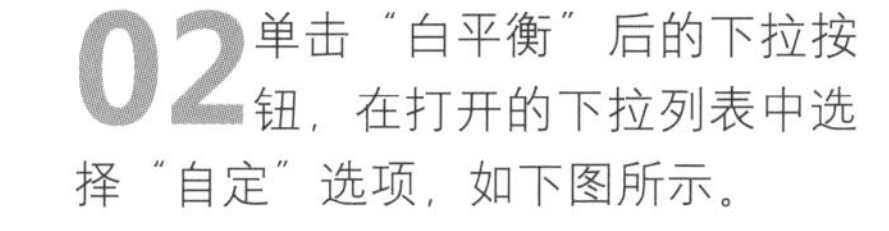

02 单击"白平衡"后的下拉按钮，在打开的下拉列表中选择"自定"选项，如下图所示。

03 拖动"白平衡"下的"色温"滑块，设置"色温"值为-38，如下图所示。

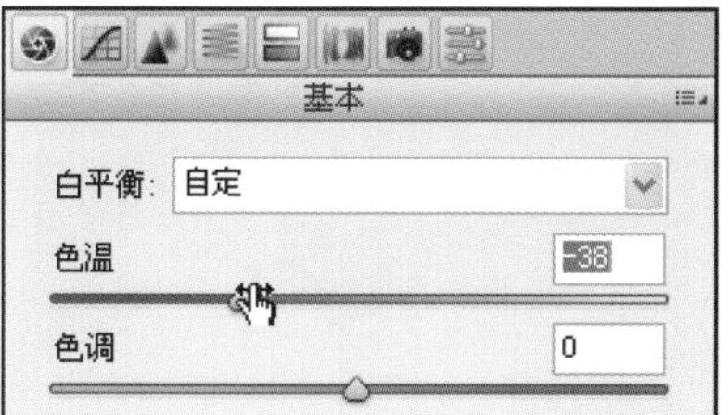

04 提高"色温"后的照片，颜色变暖了，亮度也提高了。如下图所示。

05 将"色调"的值减少到-30，如下图所示。

06 调整好"白平衡"选项参数后，照片变为如下图所示效果。

Example 02 通过曲线功能制作冷色调效果

光盘文件

原始文件：随书光盘\素材\03\15.jpg

最终文件：随书光盘\源文件\03\实例2 通过曲线功能制作冷色调效果.jpg

在Camera Raw中要制作冷色调，先应用曲线为图像打造颜色对比强烈的效果，再根据图像整体效果调整色相和色温，然后应用"曝光"和"填充亮光"、"黑色"选项调整好细节部分。制作前后对比效果如下图所示。

01 在Camera Raw中打开随书光盘\素材\03\15.jpg文件，如下图所示。

02 单击“色调曲线”标签，然后单击“点”标签，在“点”选项卡中参照下图所示设置曲线。

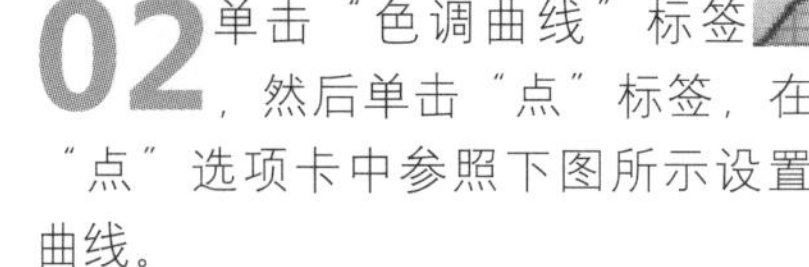

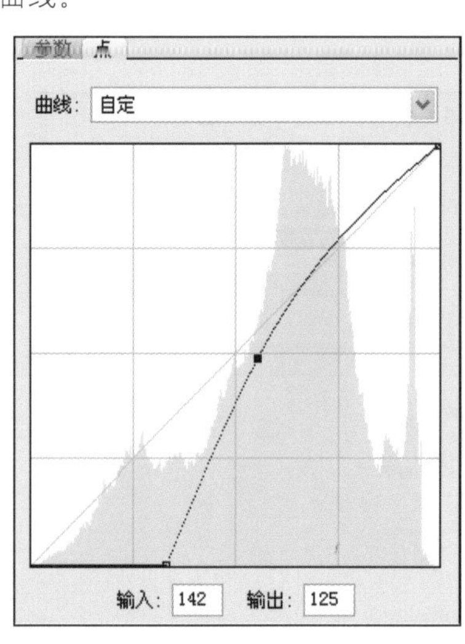

03 在为图像设置好曲线后，图像效果如下图所示。

04 单击“基本”选项标签，切换至“基本”选项卡下，参照下图所示设置白平衡的各项参数。

基本
白平衡：自定
色温 -47
色调 -38

05 为图像设置好白平衡后，效果如下图所示。

06 为图像增加0.5的曝光，提高图像中黑色部分的亮度，如下图所示。

自动 默认值
曝光 +0.50
恢复 0
填充亮光 0
黑色 0
亮度 0
对比度 0

07 为图像增加曝光后的效果如下图所示。

08 为了将曝光后的图像的亮部还原，设置“填充亮光”值为12、“黑色”值为15，如下图所示。

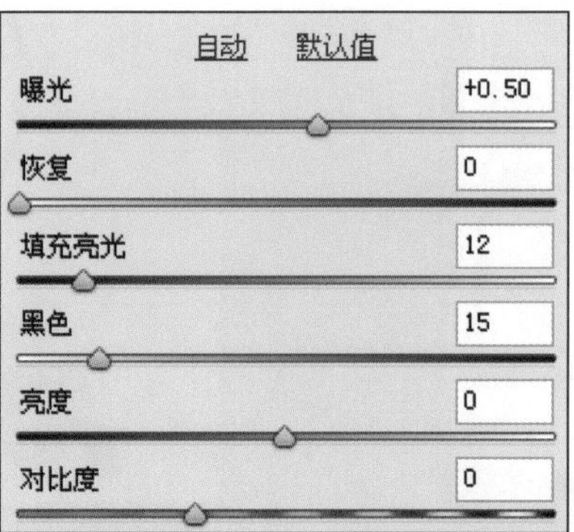

09 调整“填充亮光”和“黑色”值后的效果如下图所示。

10 为图像调整“透明”值，设置参数值为-19，将图像模糊，效果如下图所示。

11 将“细节饱和度”值设置为-15，如下图所示。

透明	-19
细节饱和度	-15
饱和度	0

12 设置好后的图像效果如下图所示。

Example 03 采用校准功能微调色彩

光盘文件

原始文件：随书光盘\素材\03\16.jpg

最终文件：随书光盘\源文件\03\实例3 采用校准功能微调色彩.jpg

除了在Photoshop 中可以对图像进行颜色校准外，在Camera Raw中同样可以校准颜色。在“相机校准”选项卡中可以校准图像上的阴影、红色通道下的色相和饱和度、绿色通道下的色相和饱和度，以及蓝色通道下的色相和饱和度，通过调整不同通道下色相和饱和度，可以改变某种特定的颜色而不改变其他色调。原图像和调整后图像对比效果如下图所示。

01 在Camera Raw中打开随书光盘\素材\03\16.jpg文件，如下图所示。

02 单击“相机校准”标签，然后参照下图所示设置“红原色”选项区中参数。

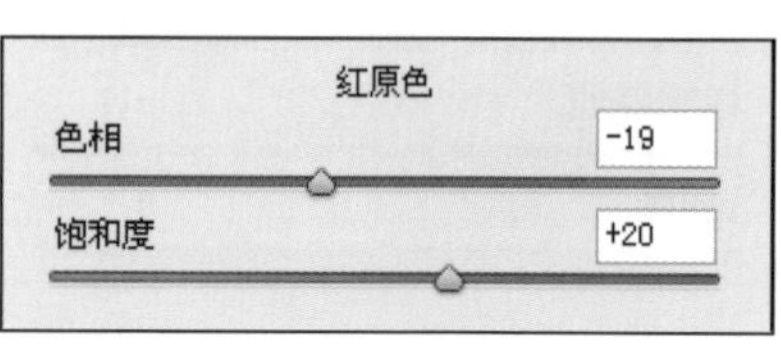

03 设置好“红原色”参数后的图像效果如下图所示。

04 放大图像显示，定位到如下图所示位置观察，绿色树叶有些偏黄。

05 于是在“绿原色”选项区中校正设置参数，如下图所示。

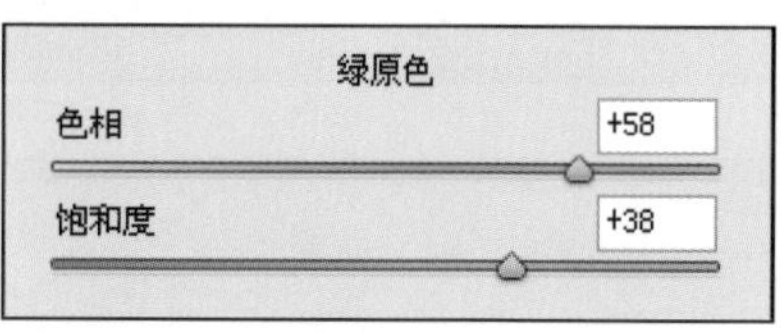

06 通过步骤5的设置，调整后的图像效果如下图所示。

07 再在“蓝原色”选项区中设置“色相”值为41、“饱和度”值为-23，如下图所示。

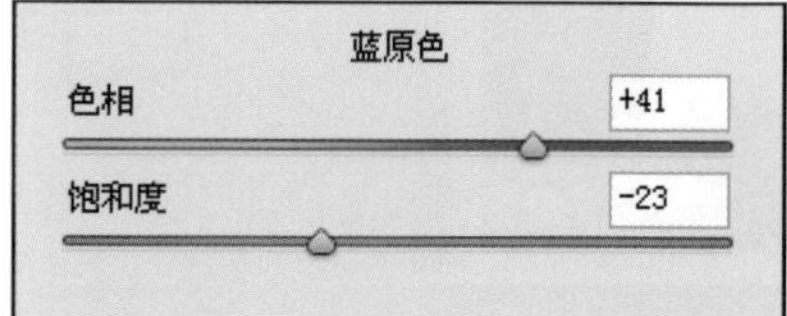

08 经过操作，图像的效果如下图所示。

09 在“基本”选项卡中，设置“细节饱和度”值为37，图像效果如下图所示。

Example 04 运用亮度、对比度修正较暗的图像效果

光盘文件

原始文件：随书光盘\素材\03\17.jpg

最终文件：随书光盘\源文件\03\实例4 运用亮度、对比度修正较暗的图像效果.jpg

在日常生活中，拍摄的照片难免不会出现光线暗淡的效果，这可能是因为拍摄者所站的角度问题，也可能是天气问题，导致光线无法渗透拍摄场景，产生了灰暗效果。本实例主要采用一张背光照片进行处理，在Camera Raw中提高照片亮度可以使用“亮度”选项进行设置，还可以结合“对比度”调整图像的层次结构。调整前后的图像对比效果如下图所示。

01 在Camera Raw中打开随书光盘\素材\03\17.jpg文件，如下图所示。

02 切换至“基本”选项卡下，参照左下图所示设置“亮度”值为44。图像的亮度提高了，效果如右下图所示。

03 提高图像的亮度后，为了让图像的原本层次重现，再如左下图所示，设置“对比度”值，调整对比度后的图像效果如右下图所示。

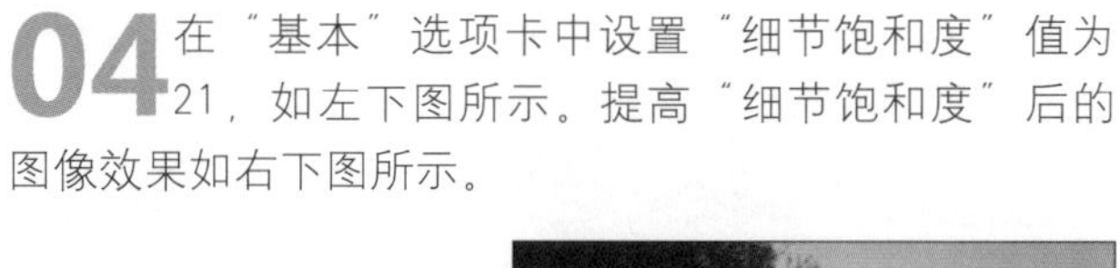

04 在“基本”选项卡中设置“细节饱和度”值为21，如左下图所示。提高“细节饱和度”后的图像效果如右下图所示。

05 设置“白平衡”为“自定”，然后设置“色温”和“色调”参数，如左下图所示。调整白平衡后的图像效果如右下图所示，图像色彩变得更加自然。

06 单击“相机校准”标签，然后参照左下图所示设置“红原色”参数。调整“红原色”参数后的图像效果如右下图所示。

07 单击“色调曲线”标签，切换至“点”选项卡下，参照下图所示设置曲线的形状。

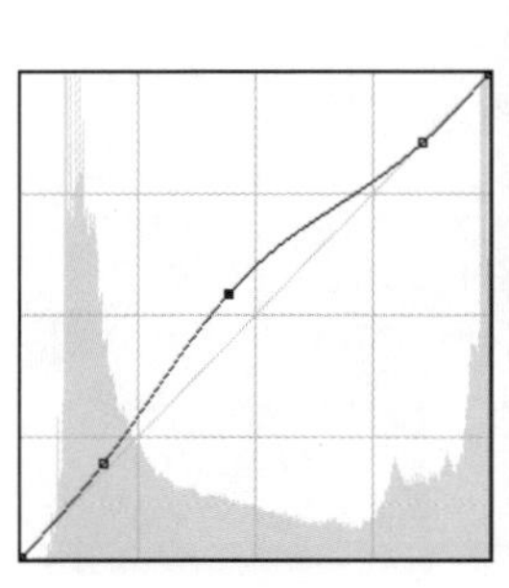

Key Points

关键技法

通常在设置了“曝光度”、“黑色”和“亮度”值之后，使用“对比度”属性来调整中间调的对比度，重现图像原本的层次。

Example 05 调整为颜色单一的照片效果

光盘文件

原始文件：随书光盘\素材\03\18.jpg

最终文件：随书光盘\源文件\03\实例5 调整为颜色单一的照片效果.jpg

当色彩绚丽的照片被制作成颜色单一的效果后，单一颜色的照片会展现出别具风味的视觉效果。在本实例中，将介绍如何在Camera Raw中将彩色的照片制作为单一颜色的照片。首先，可以通过多种方法把图像转换为灰度效果，然后通过色调分离进行调节。制作前后的图像对比效果如下图所示。

01 在Camera Raw中打开随书光盘\素材\03\18.jpg文件，如下图所示。

02 单击“HSL/灰度”标签，切换至“HSL/灰度”选项卡下，勾选“转换为灰度”复选框，如下图所示。

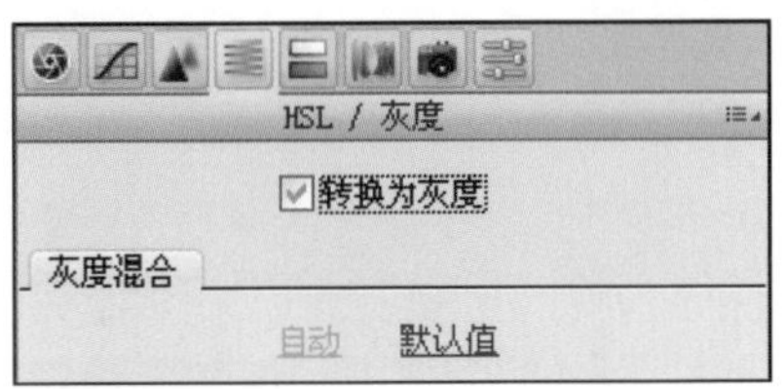

03 当勾选“转换为灰度”复选框后，再单击“默认值”链接，图像效果如下图所示。

04 单击“分离色调”标签，切换至“分离色调”选项卡下，将“饱和度”值设置为30，如下图所示。

05 为图像设置了“高光”选项区中“饱和度”参数后，图像效果如下图所示。

06 将“高光”选项区中的“色相”值设置为249，如下图所示。

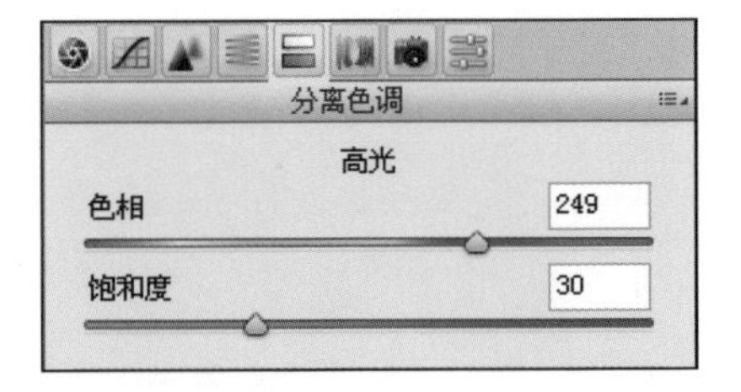

07 为图像添加上色相后的效果如下图所示。

08 在“分离色调”选项卡中继续设置其他参数，如下图所示。

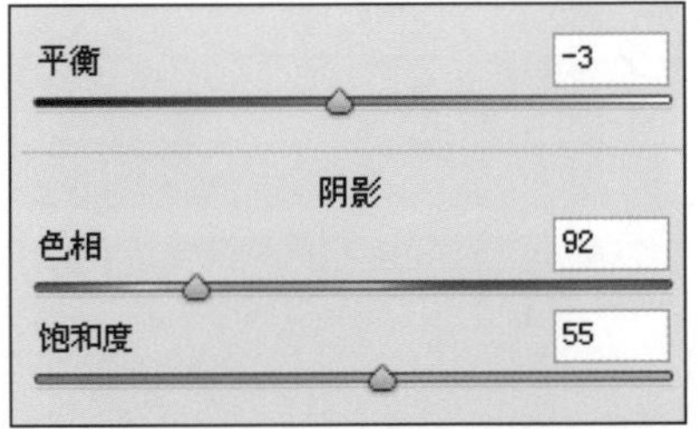

09 为图像设置“阴影”选项区中的参数后，图像的颜色变得更浓，效果如下图所示。

Example 06 纠正彩边和虚光照片

光盘文件

原始文件：随书光盘\素材\03\19.jpg

最终文件：随书光盘\源文件\03\实例6 纠正彩边和虚光照片.jpg

在对景物拍摄时，如果位于主体对象之后的背景上有着较强的光源，拍摄出来的照片就可能出现红或蓝色的彩色边缘，以及渗透在主体对象上的光源，这被叫做虚光。利用Camera Raw中的“镜头校正”功能可以去除边缘上的不正常颜色，对于虚光可以使用“调整画笔工具”进行处理，使用该工具可只对涂抹过的区域调整曝光、明暗及饱和程度等。调整前后的对比效果如下图所示。

01 在Camera Raw中打开随书光盘\素材\03\19.jpg文件，如下图所示。

02 单击工具箱中的“缩放工具”按钮，参照下图所示位置和范围拖曳鼠标。

03 释放鼠标后，即可放大被框选的区域，如下图所示，在图像中丝带隐约地伴有红色边缘。

04 单击“镜头校正”标签，根据下图所示调整“色差”选项区中的参数。

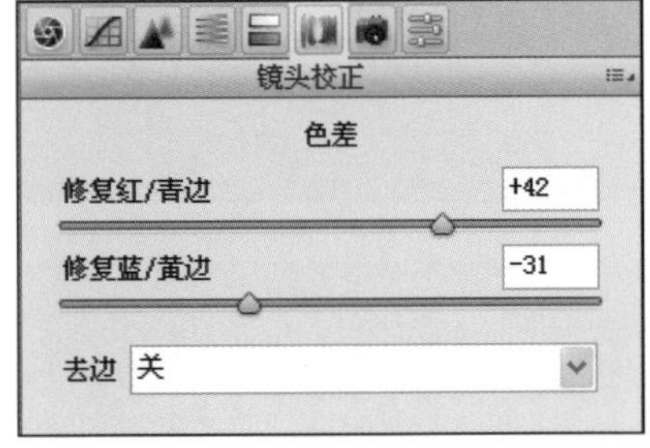

05 纠正好边缘上的彩边后，图像效果如下图所示。

06 按住空格键使用鼠标拖曳图像，将图像拖曳至如下图所示位置，可以看到在人物左侧脸颊出现了虚光。

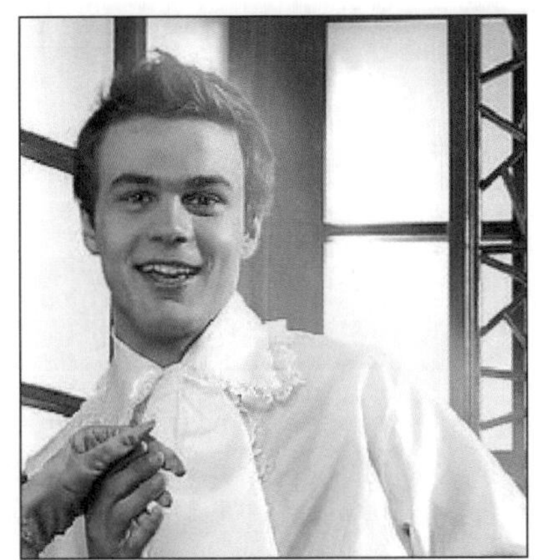

07 单击工具箱中的“调整画笔工具”按钮，参照下图所示设置“调整画笔”的各项参数。

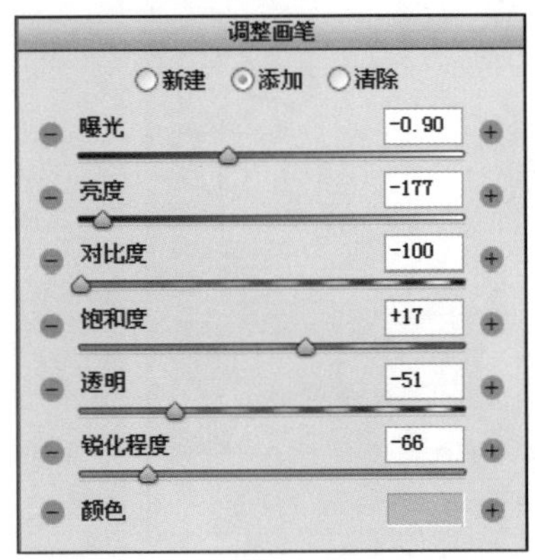

08 单击“颜色”拾色器图标，打开“拾色器”对话框，设置“色相”值为28、“饱和度”值为44，如下图所示。

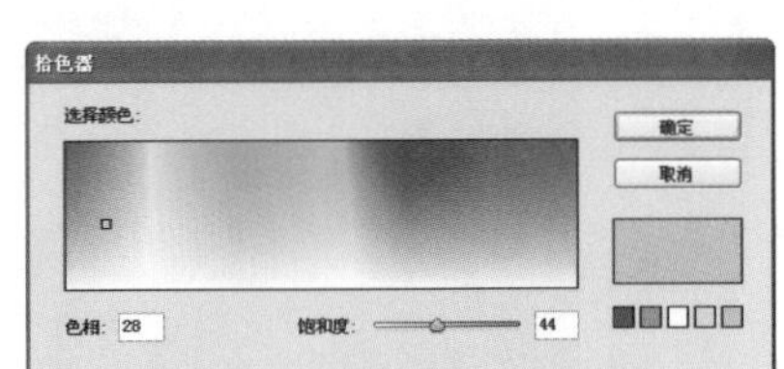

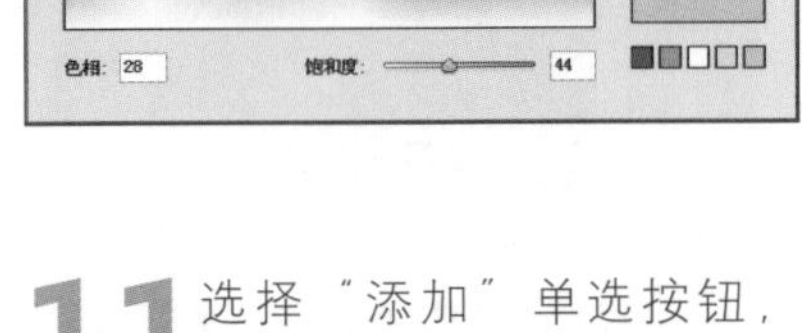

09 使用“调整画笔工具”在人物背后的门窗上涂抹，将鼠标移至画笔源点上可显示出画笔涂抹过的区域，如下图所示。

10 将鼠标移至画笔源点外，将隐藏被涂抹过的蒙版区域，调整后的效果如下图所示，门窗的木桩上的虚光被消除了。

11 选择“添加”单选按钮，在图像的窗格上单击，然后参照下图所示设置“调整画笔”参数。

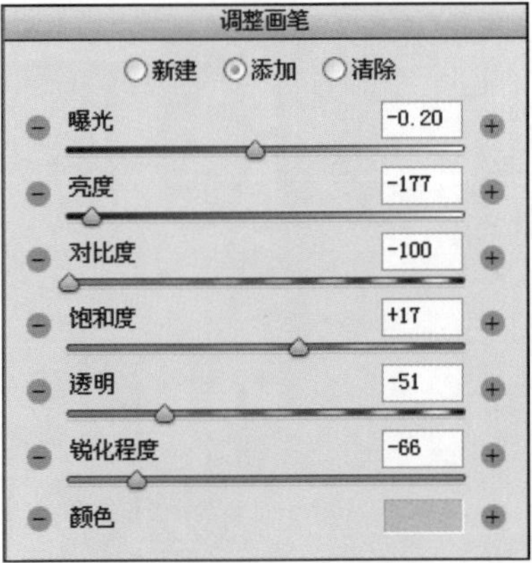

12 使用“调整画笔工具”在较大的窗格上涂抹，去除窗格的虚光，效果如下图所示。

13 在对较小的窗格进行调整时，可适当调整画笔的大小，设置画笔“大小”值为2、“羽化”值为53、“流动”值为26、“密度”值为80，如下图所示。

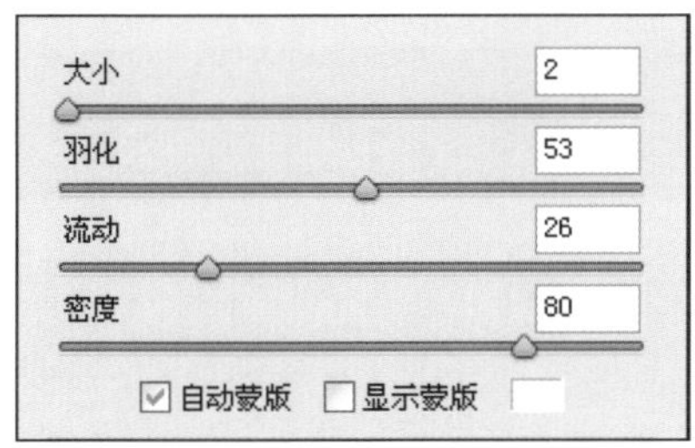

14 使用设置好的画笔，在较小的窗格上涂抹，对于稍大的窗格可以通过调节画笔大小进行涂抹，涂抹后的效果如下图所示。

15 要查看第二个画笔源的作用范围，可使用鼠标单击第二个画笔源，即可以白色覆盖涂抹过的区域，效果如下图所示。

16 下面消除人物头部的虚光，选择“新建”单选按钮，放大显示图像，在人物的头部和左侧面部都有不太强烈的虚光，如下图所示。

17 使用“调整画笔工具”在人物的头发上单击并涂抹，从而降低头发的亮度和曝光度，调整好后再稍微涂抹人物的面部，效果如下图所示。

18 单击“选择缩放级别”下拉按钮，在打开的下拉列表框中选择“符合视图大小”选项，调整好的图像效果如下图所示。

Key Points

关键技法

对图像应用“调整画笔工具”进行处理，如果被涂抹的区域不正确，可以擦除涂抹的区域。在Camera Raw中“调整画笔工具”涂抹过的区域以蒙版的形式显示，擦除蒙版没有专门的工具，但可以按住Alt键的同时在图像上涂抹，即可擦除蒙版。如果要调节擦除时的画笔大小，可以在按住Alt键的同时拖曳画笔的“大小”控件进行设置。

Example 07 运用HSL/灰度制作高质量黑白照片

光盘文件

原始文件：随书光盘\素材\03\20.DNG

最终文件：随书光盘\源文件\03\实例7 运用HSL/灰度制作高质量黑白照片.DNG

黑白照片可看作一幅双色调图像，它由白色和黑色组成。在Camera Raw中制作黑白照片效果可以使用多种方式，比如，将图像饱和度设置为最低可以创建黑白效果；将图像转换为灰度效果也能得到黑白效果。如果要得到更高品质的黑白效果还必须借助其他功能进行处理。制作前后图像的对比效果如下图所示。

01 在Camera Raw中打开随书光盘\素材\03\20.DNG文件，如下图所示。

02 单击"HSL/灰度"标签，在如下图所示的选项卡中勾选"转换为灰度"复选框。

HSL / 灰度

转换为灰度

灰度混合

自动 默认值

红色	-10
橙色	-19
黄色	-23
绿色	-27
浅绿色	-18
蓝色	+9
紫色	+15
洋红	+3

03 通过步骤2的操作，彩色图像会丢掉所有的色彩，显示为黑白效果，如下图所示。

04 在“HSL/灰度”选项卡中单击“默认值”文字链接，然后参照下图所示设置各项参数。

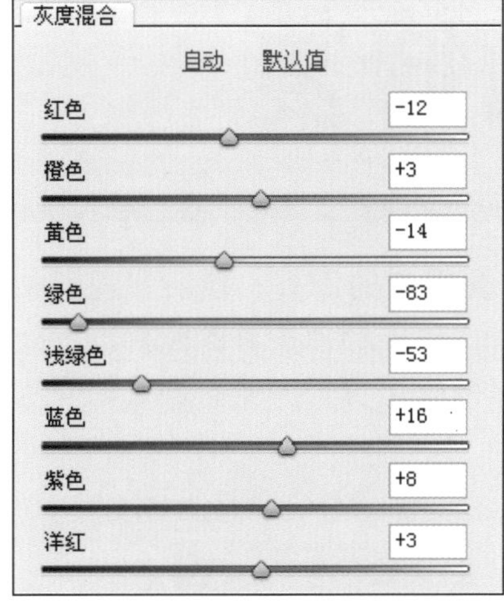

05 调整后的图像如下图所示，图像变得更加明亮。

06 单击“抓手工具”按钮，然后单击“色调曲线”标签，在选项卡中切换到“参数”选项卡，并参照下图所示设置参数。

07 调整好曲线后的图像效果如下图所示，图像的整体明暗对比变得更加强烈。

08 再切换至内嵌的“点”选项卡下，参照下图所示设置强对比度曲线的形状。

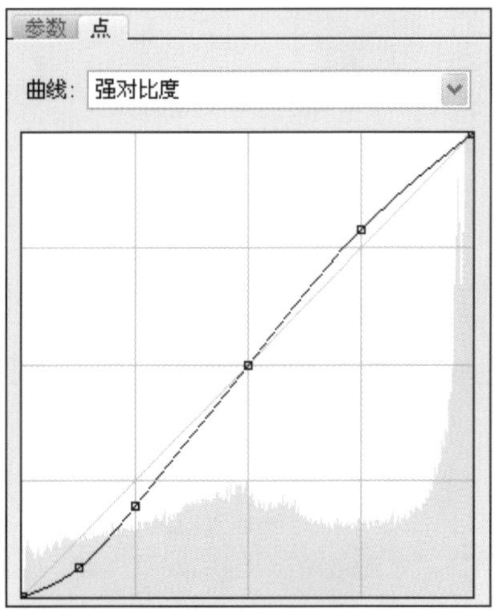

09 为图像增加了曲线强对比度效果后，最终效果如下图所示。

读书笔记

Chapter

04 破旧照片的修复

本章主要介绍如何对破旧照片进行修复，以及修复破旧照片主要用到的工具、技巧和规则。一般修复破旧照片包括校正老照片颜色、修复有缺角和有痕迹的照片、对于颜色失真的照片进行补偿，以及突出照片的色彩。学习完本章所介绍的相关知识后，读者可以模仿着对一些有瑕疵的照片进行修补，使这些昔日的照片重见光彩。

相关软件技法介绍

对于有缺角、痕迹、颜色有偏差的破旧照片常用的一些技法包括：使用“移动工具”和“修补工具”对图像进行修补，以及通过创建新的填充或调整图层调整照片色调。

4.1 位置的变换——移动工具

使用“移动工具”可以将选区或图像移动到画面中的任一位置。如果要获取“移动工具”当前的坐标和颜色等信息，可以打开“信息”面板，在面板中跟踪显示了鼠标所在位置的详细信息。还可以使用“移动工具”在图像内对齐选区和图层并分布图层。

1. 移动图像

移动图像就是将所选图像拖曳到指定的位置上，操作方法是选中图像所在图层，再选取“移动工具” 在画面中拖曳图像至目标位置。

1 打开随书光盘\素材\04\01.jpg文件，画面效果如下图所示。

2 将背景色设置为白色，新建一个以背景色为底的空白文件，按Ctrl+A快捷键全选图像，然后使用“移动工具”进行拖曳。如下图所示。

3 如果新建的空白文件是以黑色为底，那么使用“移动工具”移动选区后的空白区域将显示为黑色，如下图所示。

Key Points

关键技法

当存在着多个图层时，可以按住Alt+Ctrl键的同时使用“移动工具”在画面中的图像对象上单击，即可快速选中图像所在图层。

2. 移动并复制图像

在PhotoshopCS4 中运用“移动工具”不仅可以移动图像，还可以复制图像。如果需要移动和复制局部图像，可以使用选区工具选取局部图像后，使用“移动工具”直接拖曳选区即可。

1 打开随书光盘\素材\04\01.jpg文件，并按Ctrl+A快捷键将图像选取，如下图所示。

2 按住Alt键拖曳所选取的区域，即可将所选取的区域复制，如下图所示。

3 使用相同的方法，可以连续复制出多个图像，如下图所示。

4.2 瑕疵无所遁形——修补工具

使用“修补工具”可以利用图像的局部或图案来修复选中的区域，可将取样像素的纹理、光照和阴影与源像素进行匹配，同时使用“修补工具”来仿制图像的隔离区域，“修补工具”可处理8位/通道或16位/通道的图像。

1 打开随书光盘\素材\04\02.jpg文件，如下图所示。

2 选取“修补工具”，在所要修复的地方创建选区，如下图所示。

3 将选区拖曳到周围没有瑕疵的区域上，即可将树枝图像覆盖，如下图所示。

4.3 可编辑的色彩——填充图层

填充图层的表现形式是在图层上填充上某一颜色或者图案，对填充颜色或图案的图层可以当作普通图层来操作。创建新的填充图层可以通过单击“图层”面板底部的“创建新的填充或调整图层”按钮来实现，位于菜单的第一组菜单选项便是用于创建填充图层的命令，如下图所示。

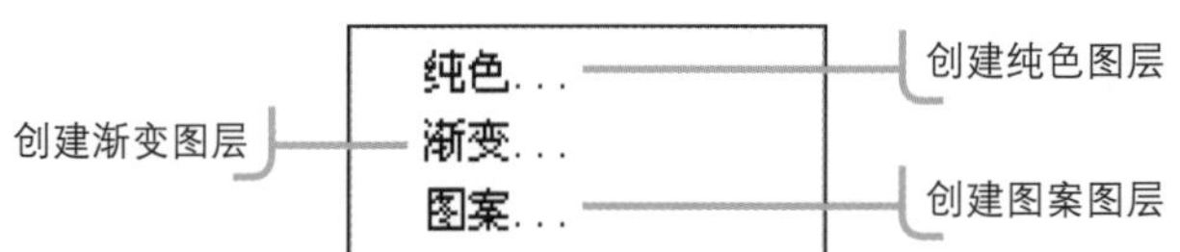

1. 创建纯色图层

创建纯色图层指的是为图像覆盖上单一的颜色。通常情况下，纯色填充图层只是为照片添加上某种色相，所以可以根据调整图层的混合模式，来调节纯色图层叠加在照片上的多种效果。

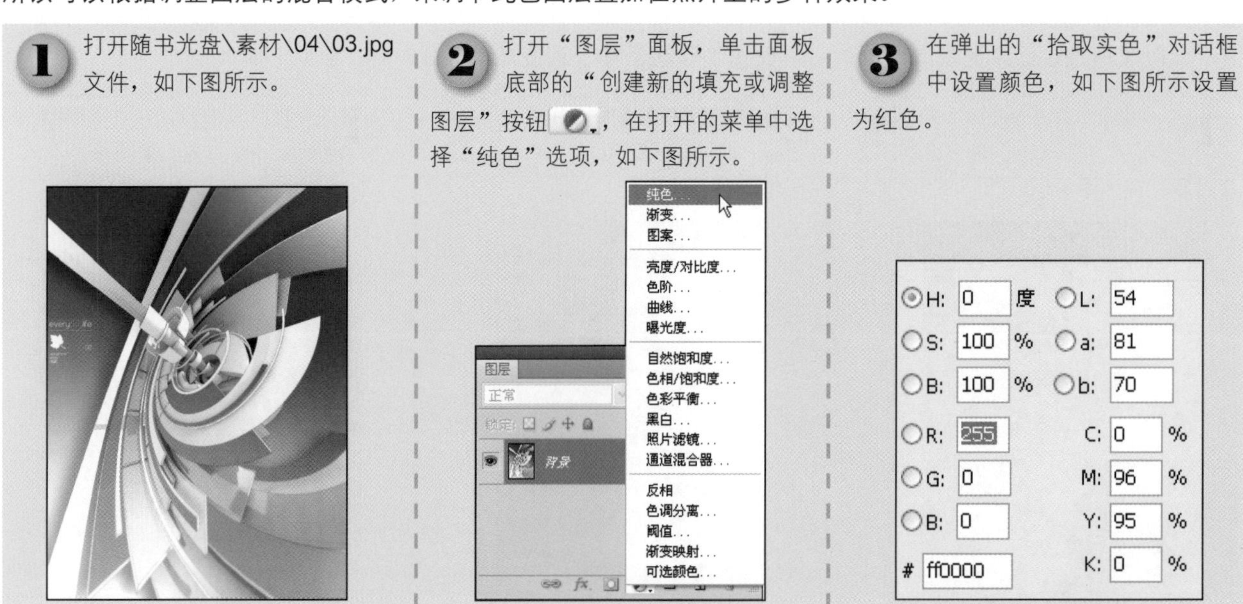

1 打开随书光盘\素材\04\03.jpg文件，如下图所示。

2 打开“图层”面板，单击面板底部的“创建新的填充或调整图层”按钮，在打开的菜单中选择“纯色”选项，如下图所示。

3 在弹出的“拾取实色”对话框中设置颜色，如下图所示设置为红色。

4 将新建的图层的混合模式设置为“正片叠底”，图像效果如下图所示。

5 如果在“拾取实色”对话框中将颜色设置为黄色，图像效果如下图所示。

6 如果将颜色设置为蓝色，调整后的图像效果如下图所示。

2. 创建渐变图层

创建渐变图层与创建纯色图层的方法相同，单击面板底部“创建新的填充或调整图层”按钮，在打开的菜单中选择“渐变”命令，然后在打开的对话框中选择所需的渐变效果，即可创建新的渐变图层。

1 打开随书光盘\素材\04\04.jpg文件，如下图所示。

2 新建一个“渐变填充”图层，并在下图所示的对话框中选择合适的颜色。

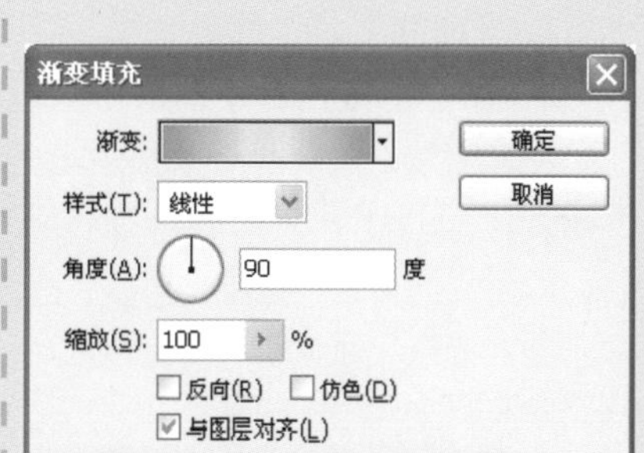

3 将所创建的新图层的混合模式设置为“正片叠底”，设置后的图像效果如下图所示。

3. 创建图案图层

在Photoshop CS4 中还可以创建图案图层，可以选择系统所提供的图案，还可以根据需要自定义图案，并且对创建的新图层设置不同的混合模式，所得到的最终效果也不相同。

1 打开随书光盘\素材\04\05.jpg文件，如下图所示。

2 新建一个“图案填充”图层，单击下三角按钮可在图案选取器中选择图案，如下图所示。

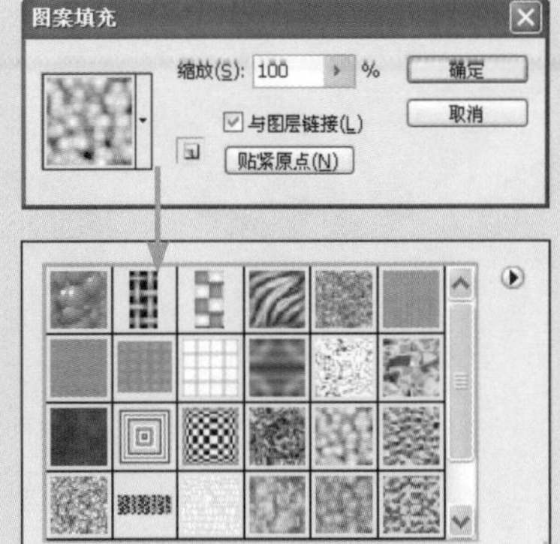

3 将所添加的图层的混合模式设置为“线性光”，设置后的图像效果如下图所示。

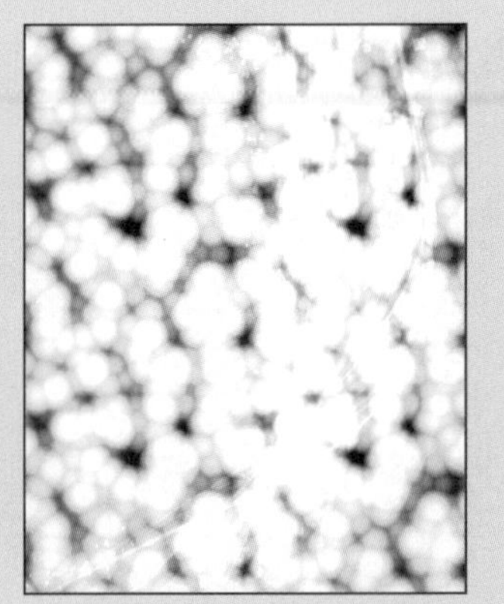

4.4 色彩的编辑——调整图层

在4.3节中讲述了如何创建新的填充图层，而本节将讲述如何创建新的调整图层，如何对已有的图像效果进行变换。调整图层主要包括对图像的亮度的调整、图像色调的变换，以及图像创造性的改变等方面，创建调整图层的菜单如下图所示。

色阶...
曲线...
色彩平衡...
亮度/对比度...

创建调整图像亮度的图层
其中可以选择“色阶”、“曲线”、“色彩平衡”等命令

黑白...
色相/饱和度...
可选颜色...
通道混合器...
渐变映射...
照片滤镜...
曝光度...

创建调整图像色调的图层
其中可以选择“黑白”、“色相/饱和度”、“可选颜色”等命令

反相
阈值...
色调分离...

创建变换图像的图层
其中可以选择“反相”、“阈值”和“色调分离”等命令

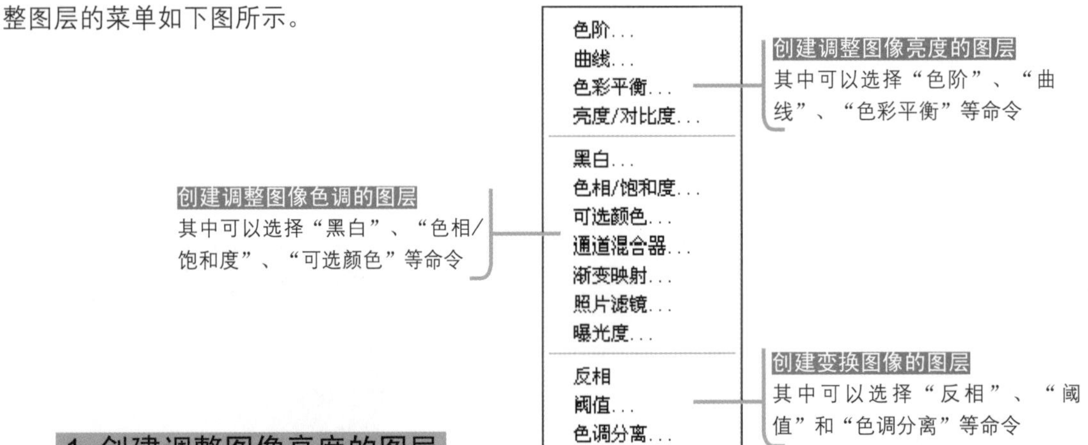

1. 创建调整图像亮度的图层

在第1组菜单命令中主要包括“色阶”、“曲线”、“色彩平衡”、“亮度/对比度”等调整图层命令，通过这些命令可以对图像的亮度进行调整，如下所示为应用其中的命令对图像进行调整的过程。

1 打开随书光盘\素材\04\06.jpg文件，如下图所示。

2 单击“图层”面板底部的“创建新的填充或调整图层”按钮，在打开的菜单中选择“色阶”选项，在“调整”面板里调整蓝通道，调整效果如下图所示。

3 选择“红”通道，参照下图所示对图像的色调进行调整，调整后的图像效果如下图所示。

2. 创建调整图像色调的图层

创建调整色调的图层，主要包括将图像变为黑白的图像效果，也可以应用“色相/饱和度”等命令对图像原本的色调进行变换。

1 打开随书光盘\素材\04\07.jpg文件，如下图所示。

2 创建一个新的“黑白”调整图层，图像效果自动变换为下图所示效果。

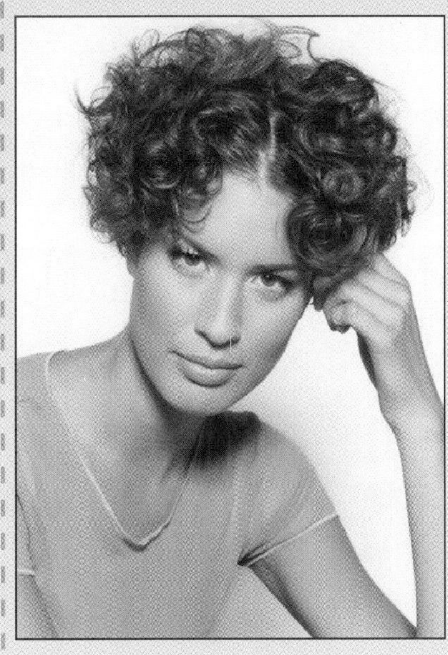

3 创建“色相/饱和度”调整图层，设置“红”通道的“色相”为35、“青色”通道的“色相”为30，调整后的图像如下图所示。

3. 创建变换图像的图层

创建变换图像的图层主要包括“阈值”、“反相”以及“色调分离”等命令，创建此类图层的目的是对原图像进行本质上的改变，应用突出的效果来展现图像。

1 打开随书光盘\素材\04\08.jpg文件，如下图所示。

2 创建新的阈值调整图层，设置“色阶”为163，将图像调整为黑白的图像效果，如下图所示。

3 如果在菜单中选择“色调分离”命令，则表示以色块的形式组合图像，如下图所示。

Example 01 修复并平衡旧照片色彩

光盘文件

原始文件：随书光盘\素材\04\09.jpg

最终文件：随书光盘\源文件\04\实例1 修复并平衡旧照片色彩.psd

打开昔日存放照片的破旧小木盒时，随着年月的侵蚀照片难免会泛黄，也许还有些小小的霉花。如何将泛黄的照片颜色还原，本实例将会帮助读者解决这一难题，在修复照片时首先将图像转换为黑白的图像，然后运用“仿制图章工具”对背景中的杂点图像进行修复，就可以将泛黄的照片还原。修复前后的图像对比效果如下图所示。

01 打开随书光盘\素材\04\09.jpg文件，如下图所示。

02 打开“图层”面板，单击“创建新图层”按钮，复制出一个新的“背景副本”图层，如下图所示。

03 执行“图像>调整>黑白”菜单命令，将原有的照片转换为灰度图像效果，如下图所示。

04 执行“图像>调整>渐变映射”菜单命令，弹出下图所示的“渐变映射”对话框，在该对话框中选择由黑色到白色的渐变。

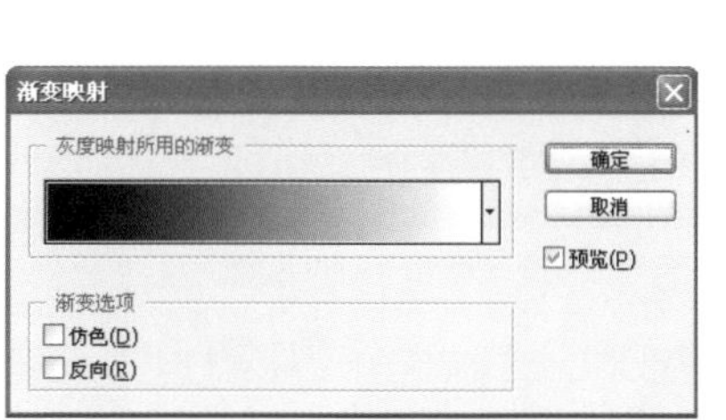

05 经过操作，调整后的图像效果如下图所示，照片中的明暗层次得到了提升。

06 执行“图像>调整>亮度/对比度”菜单命令，弹出如下图所示的“亮度/对比度”对话框，并参照图上所示设置参数。

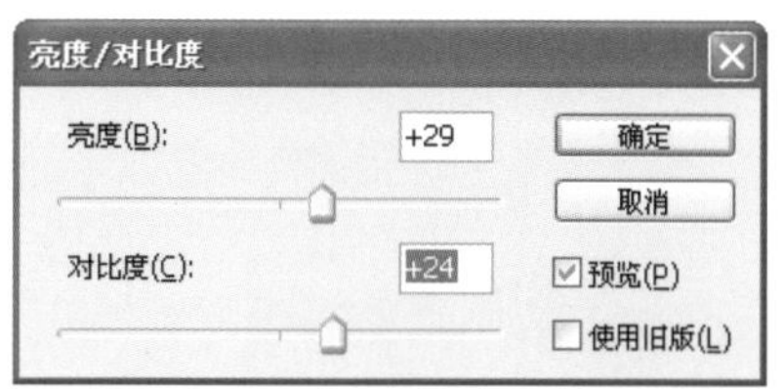

07 经过操作，调整后的图像效果如下图所示，可以看到操作后增强了照片的对比效果，减轻了画面中的灰暗感。

08 选取“仿制图章工具”对右侧的背景图像进行调整，使右侧背景图像颜色更为均匀，如下图所示。

09 同样地应用“仿制图章工具”为人物左侧的背景进行修复，去除背景图像上的颗粒感，使背景色彩均匀，图像效果如下图所示。

Key Points

关键技法

想要将偏黄的图像纠正颜色，要执行“图像>调整>黑白”菜单命令。

Example 02 去除照片中碍眼的污渍

光盘文件

原始文件：随书光盘\素材\04\10.jpg

最终文件：随书光盘\源文件\04\实例2 去除照片中碍眼的污渍.psd

年岁久远的老照片上有很多污渍，如何将图片中的污渍去除，是本实例讲述的重点所在。首先对图像调整的是色调，将偏黄的图像变为正常的黑白照片，然后对背景中的污渍进行修补，本实例调整后的最终效果与原图像的对比效果如下图所示。

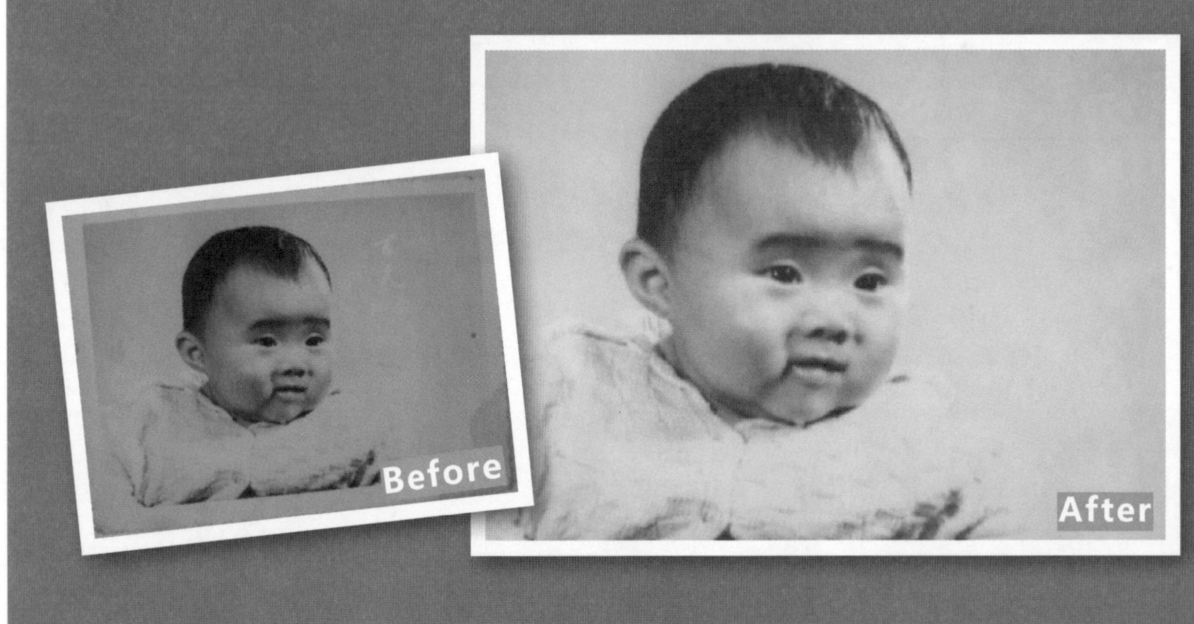

01 打开随书光盘\素材\04\10.jpg文件，如下图所示。

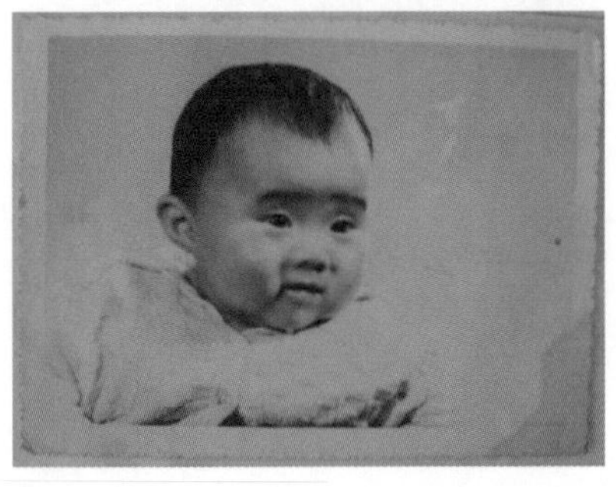

02 选取“裁剪工具”，在图中拖曳鼠标绘制裁剪框，如下图所示。

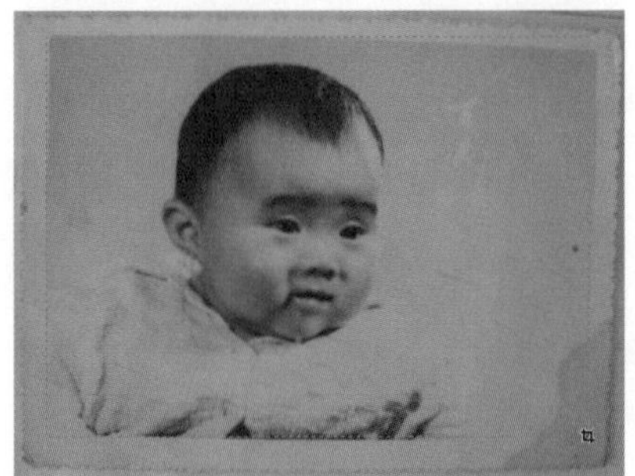

03 释放鼠标后即可看到所要裁剪后的图像呈灰色显示，如下图所示。

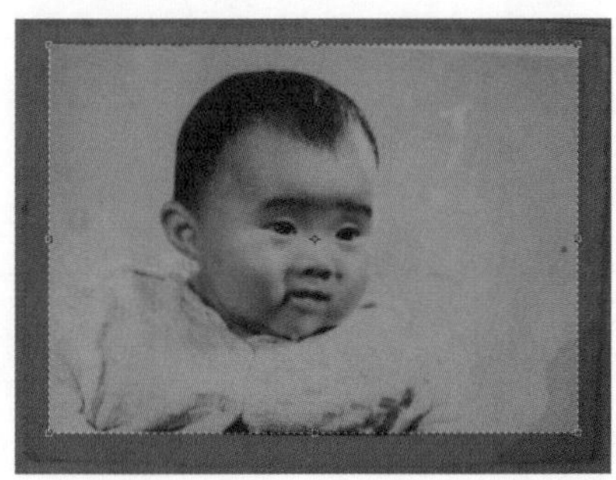

04 将图像调整至适当的位置和角度后，按Enter键应用变换，裁剪后的图像如下图所示。

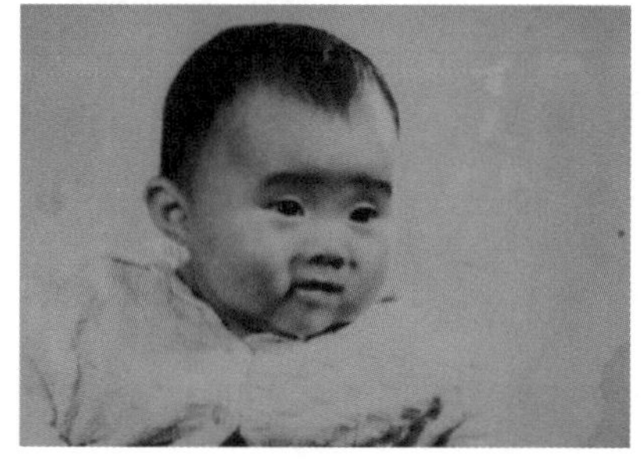

05 执行"图像>调整>去色"菜单命令，如下图所示。

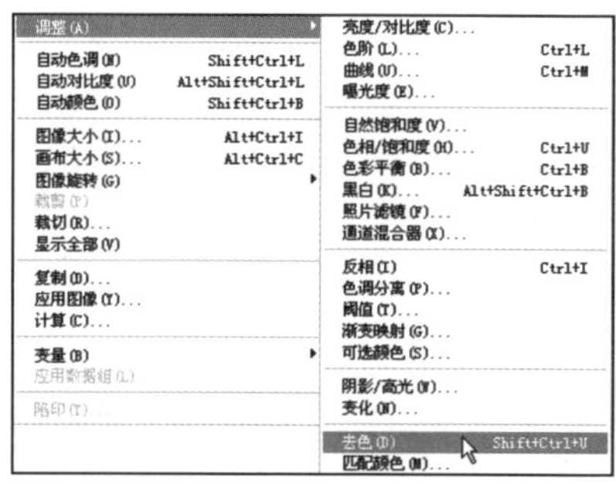

06 执行操作后，即可将图像变为黑白的图像，如下图所示。

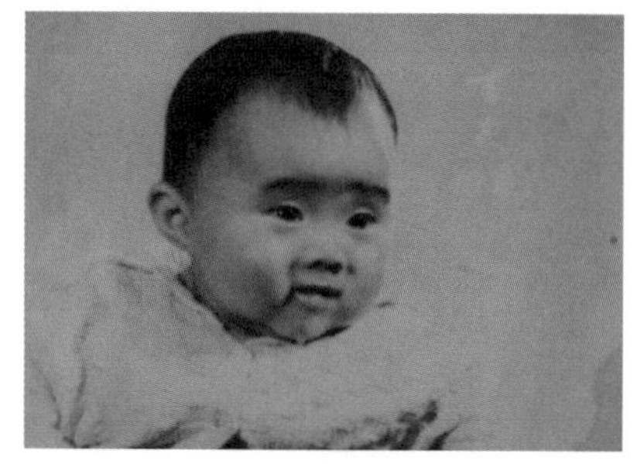

07 按Ctrl+L快捷键打开下图所示的"色阶"对话框，并参照图上所示设置参数。

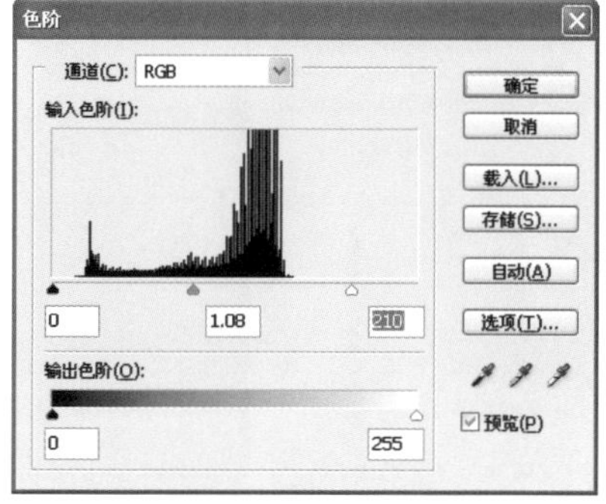

08 设置完成后，调整后的图像效果如下图所示。

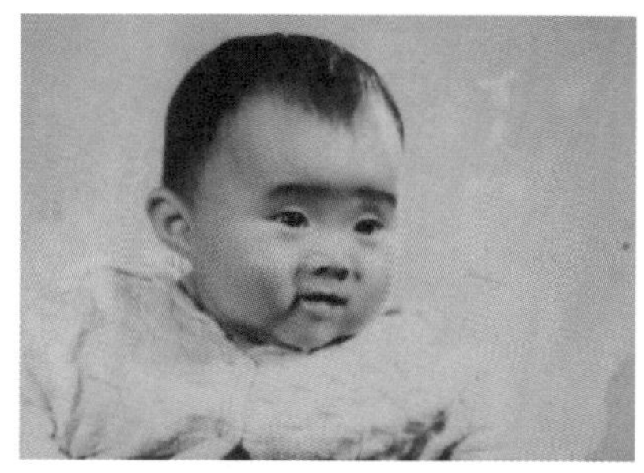

09 单击工具箱中的"仿制图章工具"按钮，按住Alt键在图中取样，然后在污渍图像上单击，如下图所示。

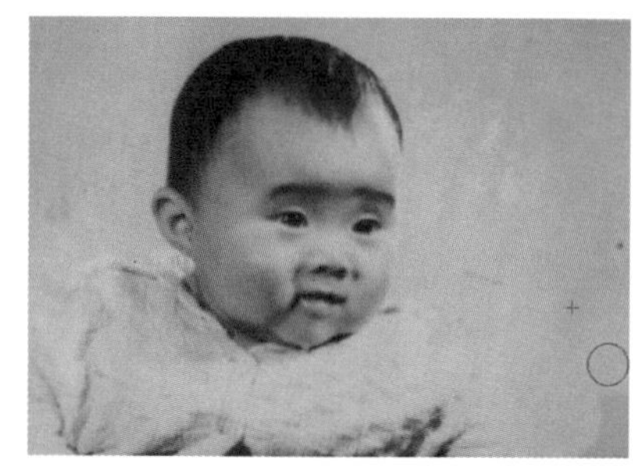

10 多次使用"仿制图章工具"在人物的背景中将多余的污渍图像去除，如下图所示。

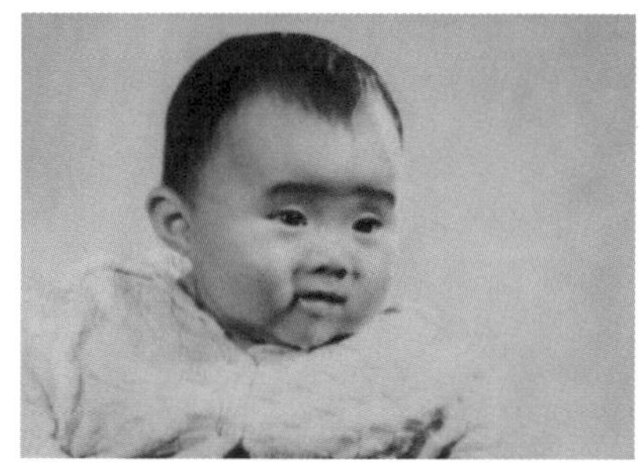

11 执行"图像>调整>亮度/对比度"菜单命令，打开下图所示的"亮度/对比度"对话框，并按照图上所示进行设置。

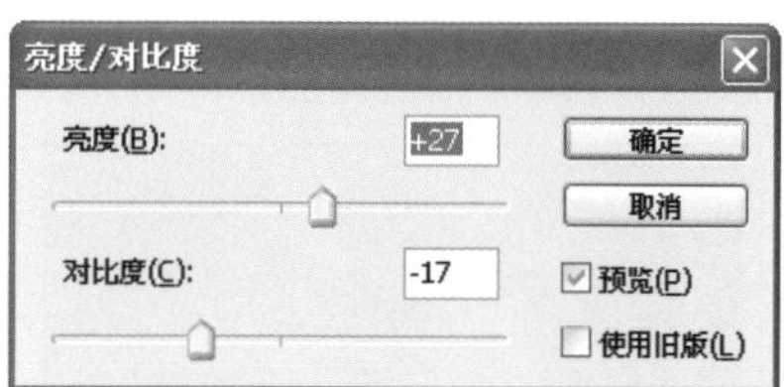

12 设置完成后，调整后的图像效果如下图所示。

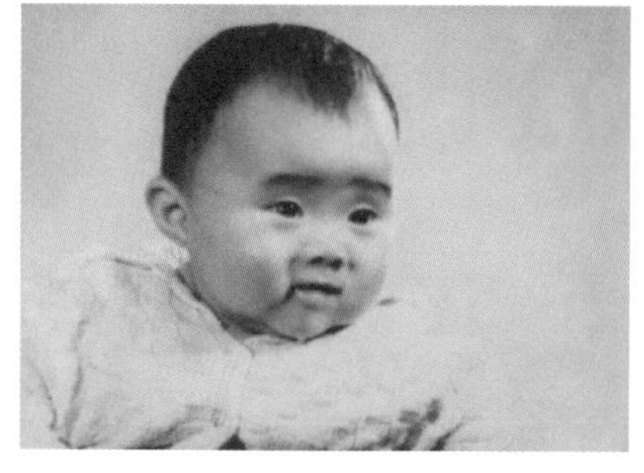

Key Points

关键技法

要将黑白照片的颜色还原，首先要应用"去色"命令，然后对其进行编辑。

Example 03 修复有破损的照片

光盘文件

原始文件：随书光盘\素材\04\11.jpg

最终文件：随书光盘\源文件\04\实例3 修复有破损的照片.psd

本实例针对有缺角和划痕的照片进行修复，主要是运用“仿制图章工具”对照片中所缺少的区域和太亮的区域进行修复，还运用了创建新的调整图层的方式对人物图像着色，让照片重新找回原始颜色。原图像与最终效果的对比如下图所示。

01 打开随书光盘\素材\04\11.jpg文件，如下图所示。

02 单击工具箱中的“裁剪工具”按钮，使用该工具在图中拖曳，如下图所示。

03 释放鼠标后对裁剪框进行调整，要裁剪掉的图像呈灰色显示。如下图所示。

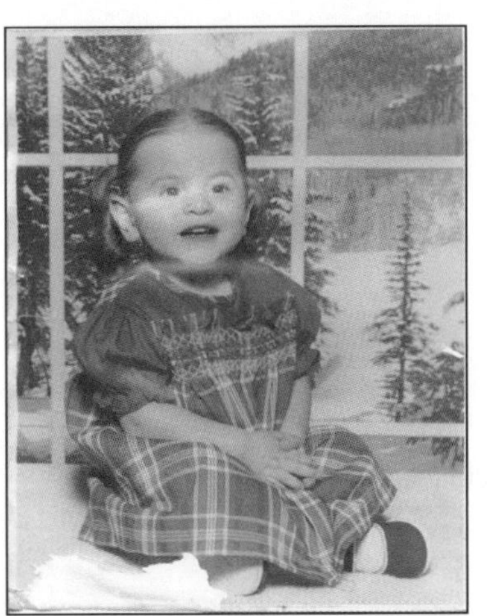

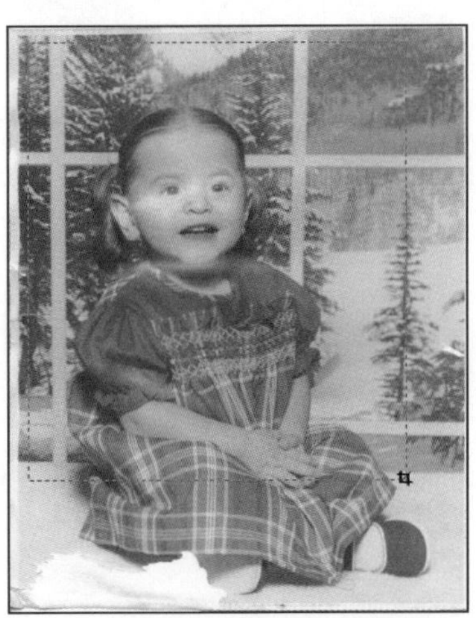

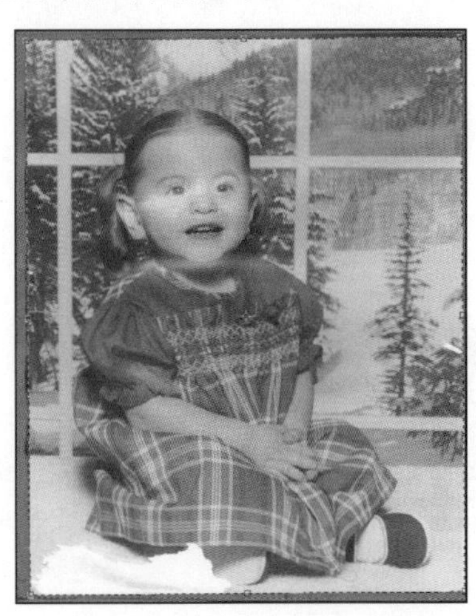

04 单击工具选项栏中的按钮✔应用裁剪，调整后的图像效果如下图所示。

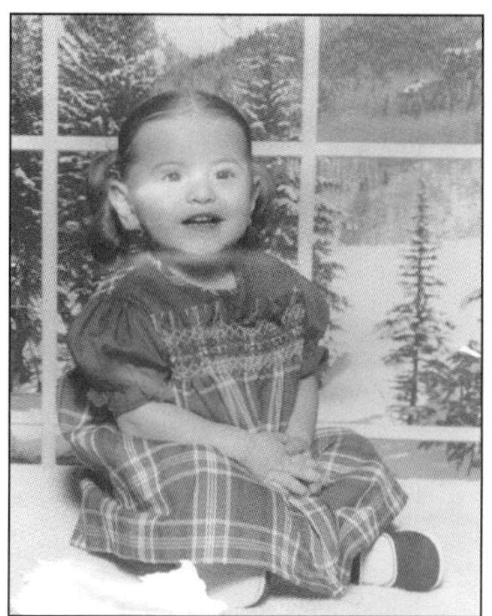

05 选取“仿制图章工具”，并按住Alt键在图中取样，如下图所示。

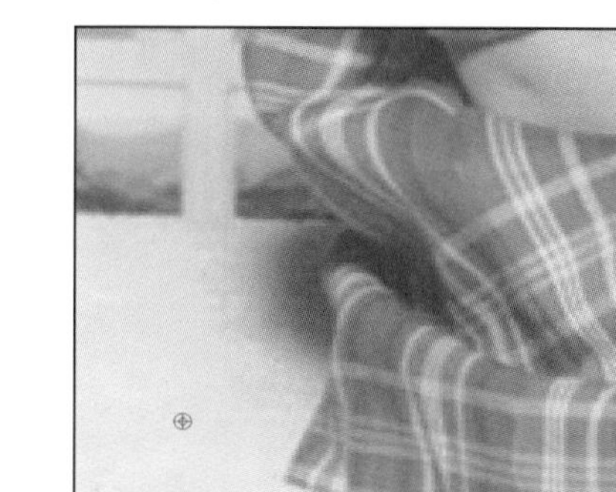

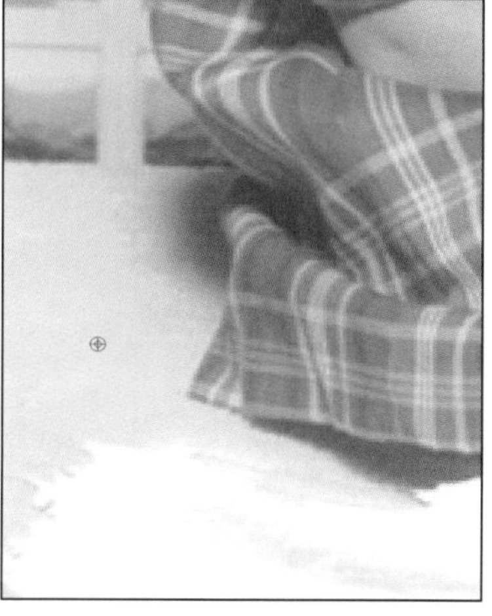

06 在破损的图像上单击鼠标，将取样的图像应用到所要修复的图像上，如下图所示。

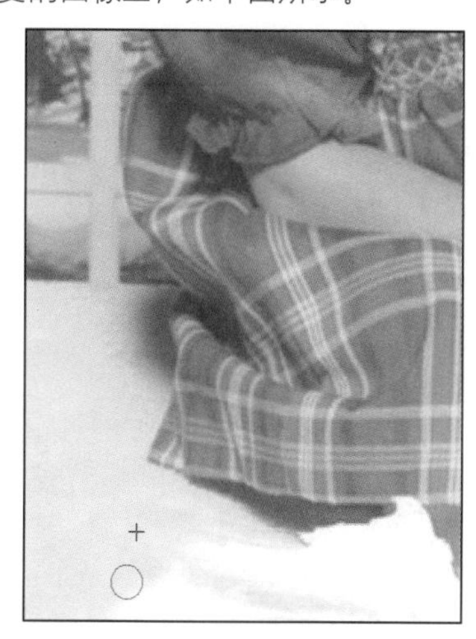

07 不断盖印图层并拖曳鼠标，直至将人物裙子边下投影处的破损修补完成，如下图所示。

08 应用相同的方法将图像中缺少的白色区域修补完成，如下图所示。

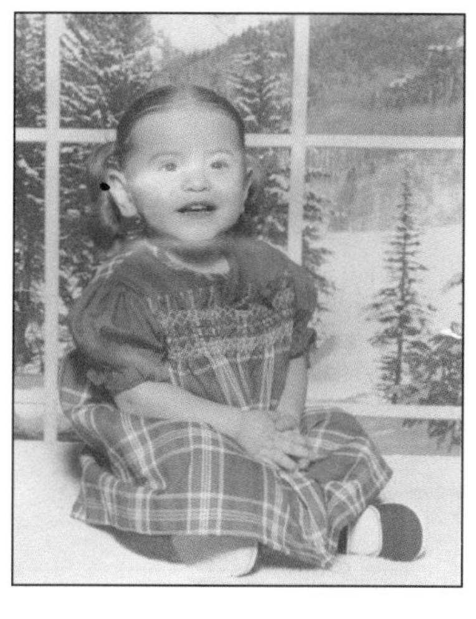

09 下面对人物脸部的亮光区域进行修复，同样地在脸部取样后，使用鼠标在图中拖曳。如下图所示。

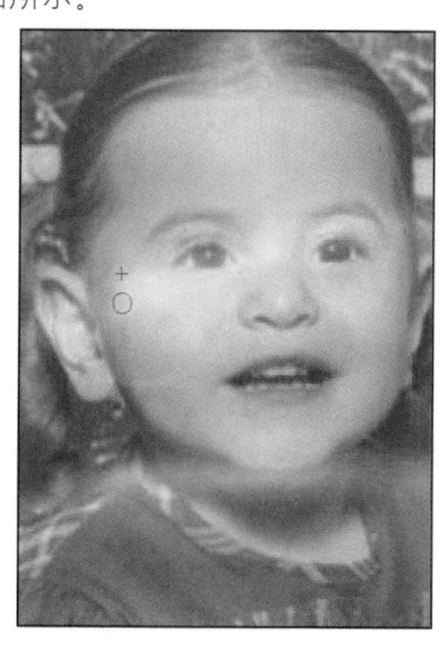

10 连续使用鼠标在要修复的图像上拖曳，可以将眼睛周围的亮光区域去除，图像效果如下图所示。

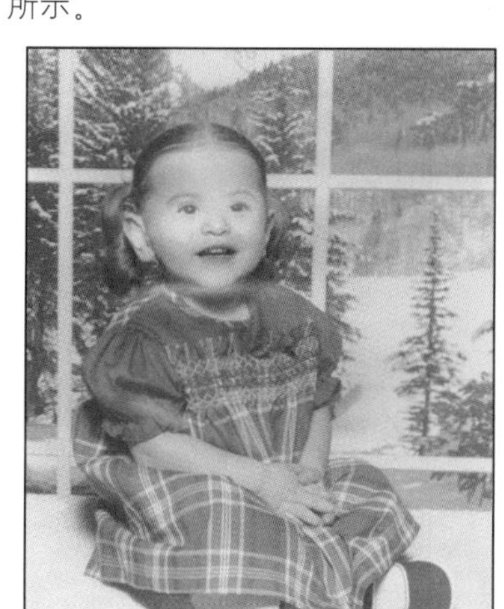

11 应用修复眼睛周围亮部区域的方法，将人物脖子上的区域也修复完成，如下图所示。

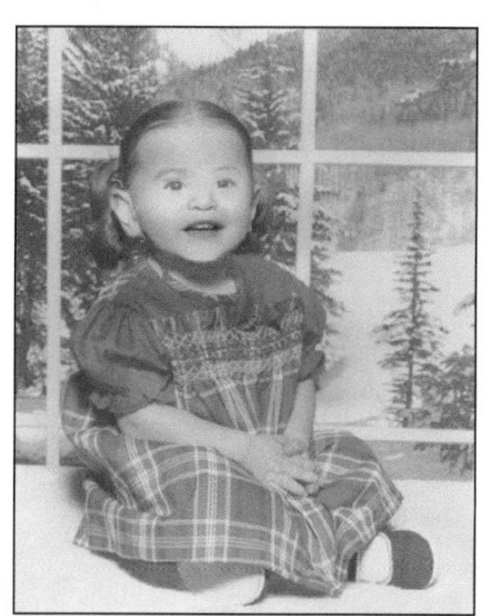

12 执行“图像>调整>黑白”菜单命令，弹出如下图所示的“黑白”对话框，并按照图上所示设置参数。

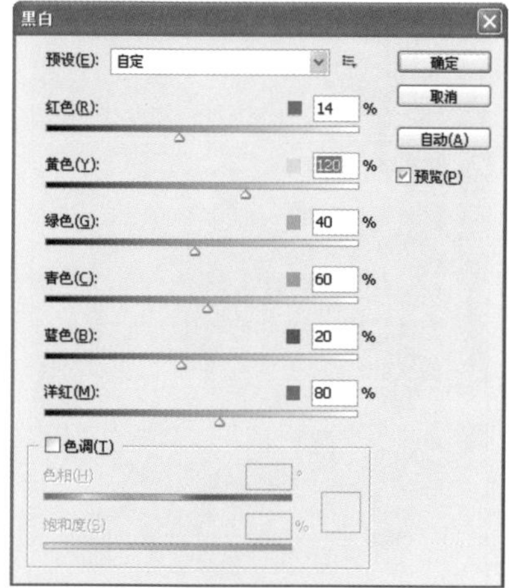

13 调整后的图像效果如下图所示。

14 单击“创建新的填充或调整图层”按钮并打开菜单，选择“色相/饱和度”命令，如下图所示。

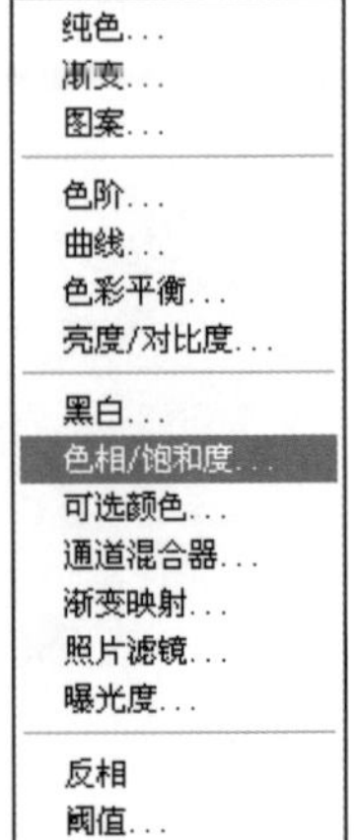

15 系统将会打开如下图所示的“调整”面板，参照图上所示设置“色相/饱和度”参数。

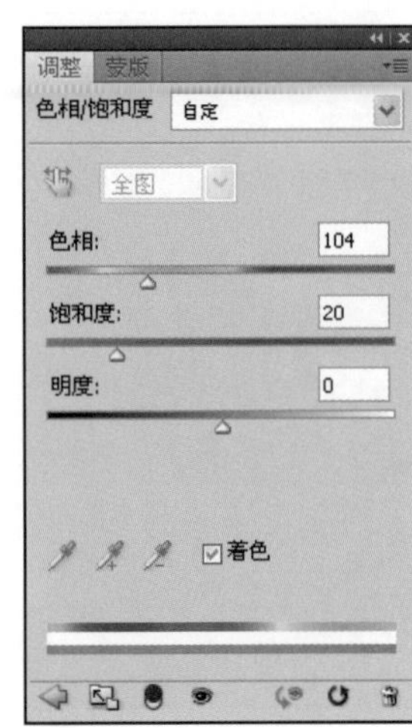

16 调整后画面中的图像效果如下图所示。

17 打开“图层”面板，使用鼠标单击“色相/饱和度1”图层的蒙版缩略图，如下图所示。

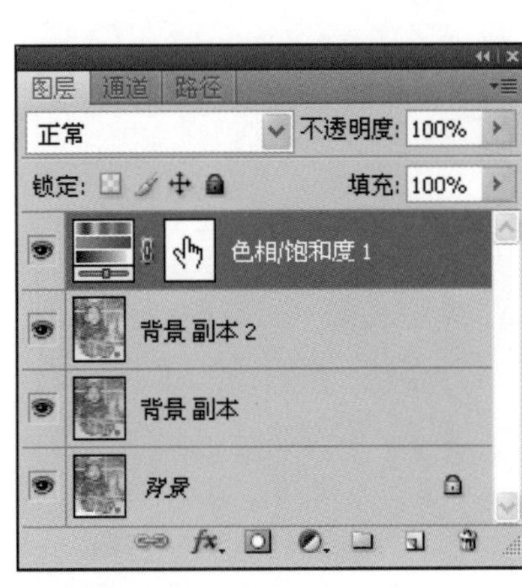

18 应用“画笔工具”在人物图像上涂抹，将整个人物颜色还原，如下图所示。

19 多次使用“画笔工具”在人物身体上涂抹，将人物图像颜色还原，如下图所示。

20 打开“图层”面板，单击“色相/饱和度1”图层前面的“指示图层可见性”按钮，将该图层隐藏，如下图所示。

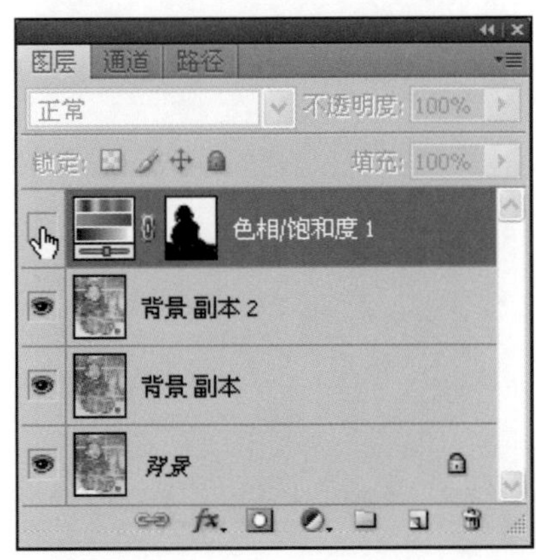

21 打开步骤14所示的菜单，并选择“色相/饱和度”命令，创建出“色相/饱和度2”图层，打开如下图所示的面板，并设置相关参数。

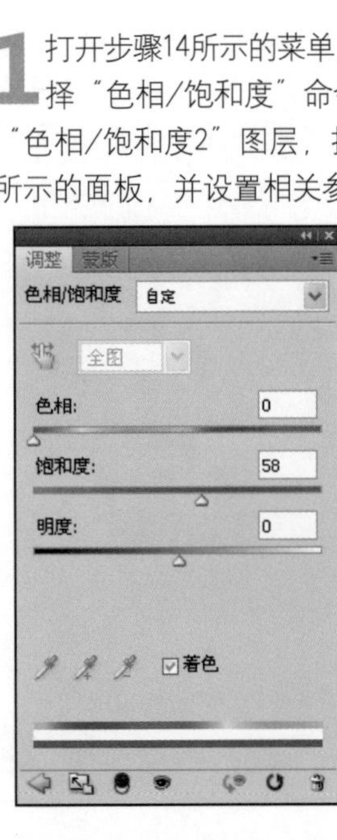

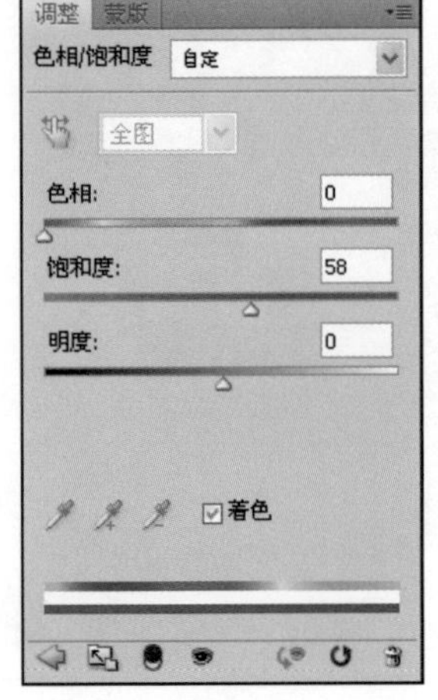

22 设置完成后，调整后的图像效果如下图所示。

23 与步骤17～步骤19抹去颜色的方法相同，应用“画笔工具”将背景图像头部和手臂颜色还原，图像效果如下图所示。

24 将“色相/饱和度2”图层的“不透明度”设置为80%，设置后的图像效果如下图所示。

25 在“色相/饱和度”2调整图层上创建一个“曲线”调整图层，打开如下图所示的“调整”面板，在“通道”下拉列表框中选择“红”选项，再设置曲线的走向。

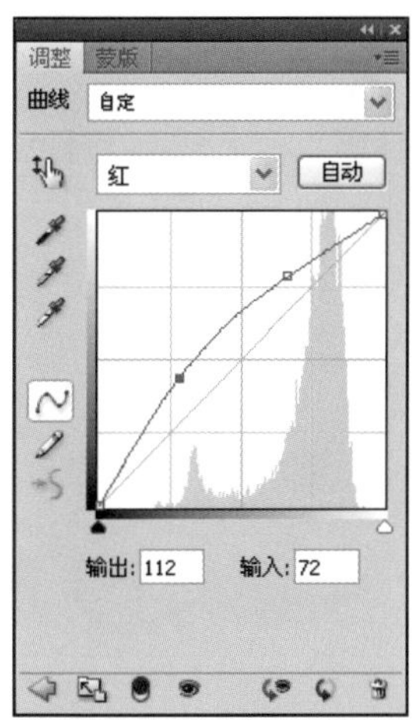

26 再在“通道”下拉列表框中选择“蓝”选项，设置“曲线”的走向，如下图所示。

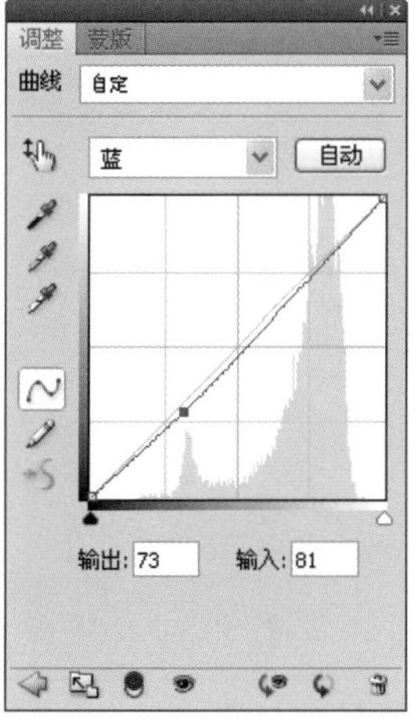

27 经过操作，调整后的图像效果如下图所示。

28 选取步骤25中所创建图层的图层蒙版，应用“画笔工具”在人物背景图像中单击，将此处图像还原，如下图所示。

29 应用“画笔工具”在人物身体部分上单击，只留下脸部和手部的图像，如下图所示。

30 将其余隐藏的图像显示，图像效果如下图所示。

31 隐藏其余所创建的新图层，创建“色相/饱和度3”调整图层，如下图所示，并参照图上所示设置参数。

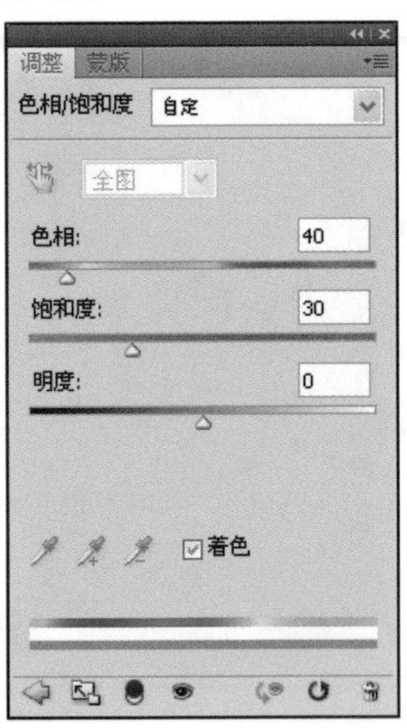

32 执行完操作后，隐藏其他调整图层，图像效果如下图所示。

33 同样地应用“画笔工具”将其余的图像颜色擦除，只留下头发的颜色，如下图所示。

34 将其余隐藏的图层都显示出来，图像效果如下图所示。

35 按照前面所讲述的方法，创建出“色相／饱和度4”图层，打开如下图所示的“调整”面板，并设置“色相/饱和度”参数。

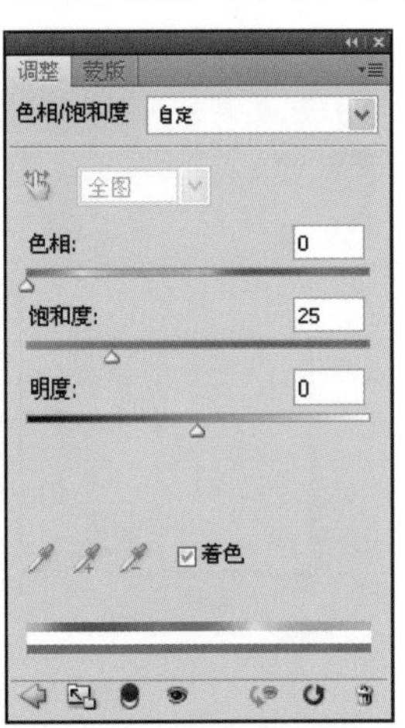

36 通过操作，调整后的图像如下图所示。

37 应用“画笔工具”将其余颜色抹去，添加皮肤的红润程度，图像效果如下图所示。

38 使用“钢笔工具”在如下图所示的位置创建一个选区，并将前景色设置为红色，为选区填充上红色。

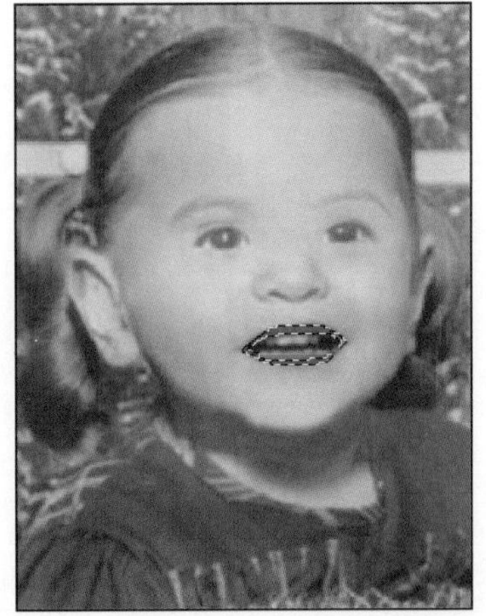

39 将步骤38中绘制图像所在的图层的“不透明度”设置为+50%，“混合模式”设置为“颜色”，设置后的图像效果如下图所示。

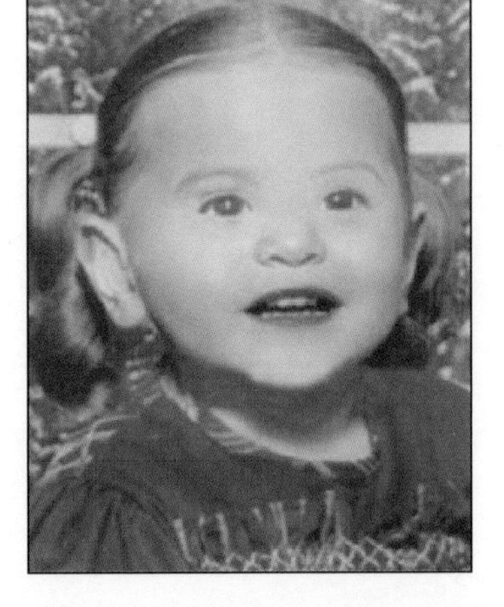

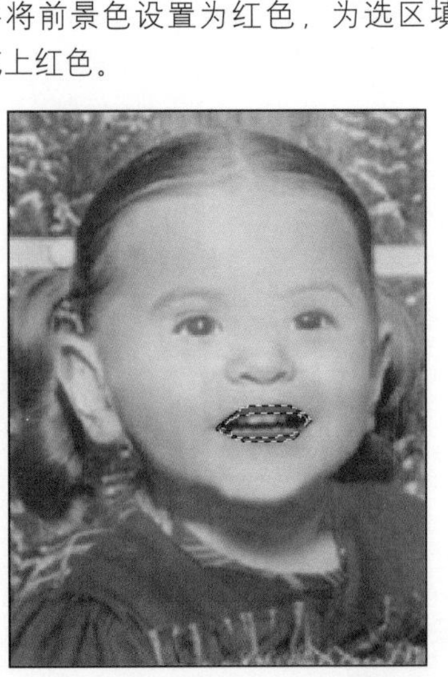

40 将前景色设置为黑色，并使用"画笔工具"在眼珠上绘制，为眼珠添加上较深的颜色，添加后效果如下图所示。

41 将前景色设置为白色，并运用"画笔工具"在瞳孔处单击，绘制出明亮的瞳孔，如下图所示。

42 调整完成后的最后效果如下图所示。

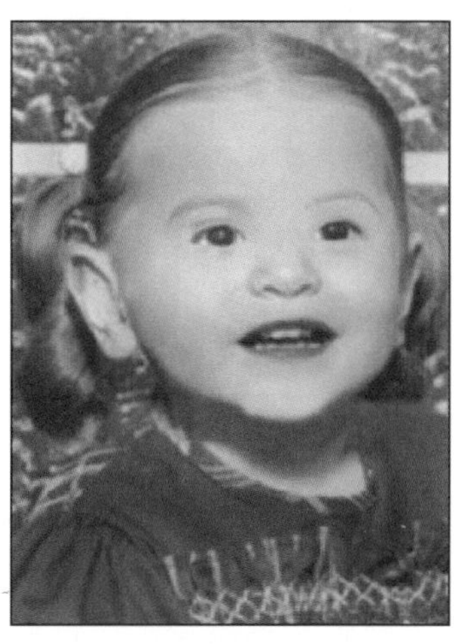

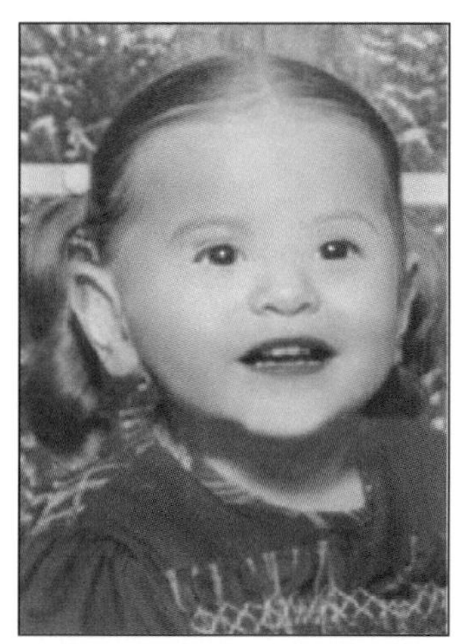

Key Points

关键技法

应用创建新图层的方法为图像上色，要将各个图像区域的颜色都保留为一个新的图层。

Example 04 修复有笔迹的老照片

光盘文件

原始文件：随书光盘\素材\04\12.jpg

最终文件：随书光盘\源文件\04\实例4 修复有笔迹的老照片.psd

本实例主要针对有笔迹的老照片进行修复，在观察照片后首先是对照片的偏色进行调整，然后应用"修复画笔工具"，对有笔迹的地方进行修复，然后应用创建调整图层的方法将人物的颜色调整，制作出最后的图像效果。修复前后图像的对比效果如下图所示。

01 打开随书光盘\素材\04\12.jpg文件，如下图所示。

02 选取“裁剪工具”在图像中拖曳，将被裁剪掉的图像呈灰色显示，如下图所示。

03 按Enter键应用裁剪，裁剪后的图像如下图所示。

04 打开“图层”面板，并复制出一个新的“背景副本”图层，如下图所示。

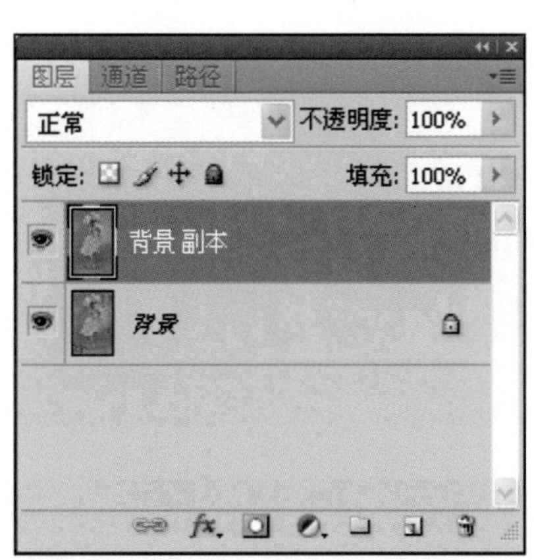

05 单击工具箱中的“修复画笔工具”按钮，并按住Alt键单击画面取样，如下图所示。

06 使用鼠标向要修复的图像上涂抹，将步骤5中所取样的图像应用到所要修复的图像上，如下图所示。

07 多次使用鼠标向要修复的区域上涂抹，将笔迹图像擦除，如下图所示。

08 连续在图中涂抹，直至将背景中的笔迹图像全部抹去，如下图所示。

09 在邮票周围的图像上取样，使用鼠标在邮票上涂抹，如下图所示。

10 多次运用“修复画笔工具”将要去除的邮票图像掩盖，调整后的图像效果如下图所示。

11 在“背景副本”图层上新建一个“亮度/对比度”调整图层，根据下图所示设置参数。

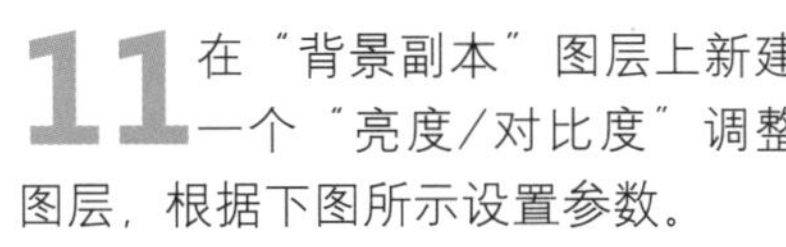

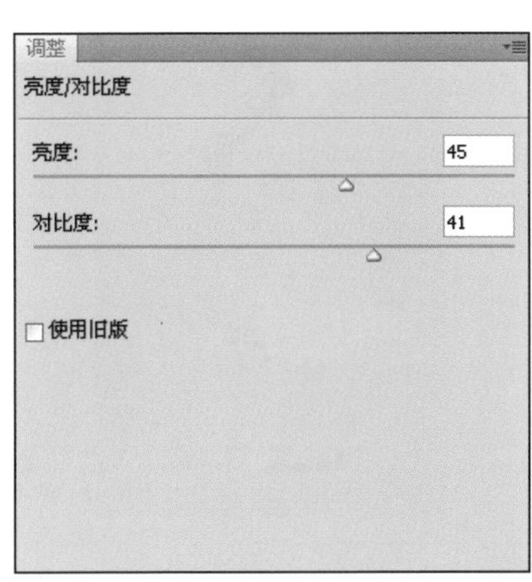

12 在“亮度/对比度”调整图层上创建一个“色阶”调整图层，如下图所示。

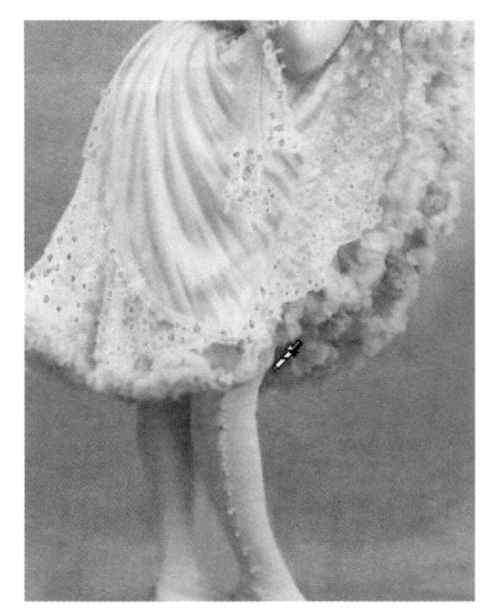

13 单击“在图像中取样以设置白场”按钮，在人物的肩膀位置单击，如下图所示。

14 经过操作，在“调整”面板中，设置“输入色阶”值为19、1.49、255，如下图所示。

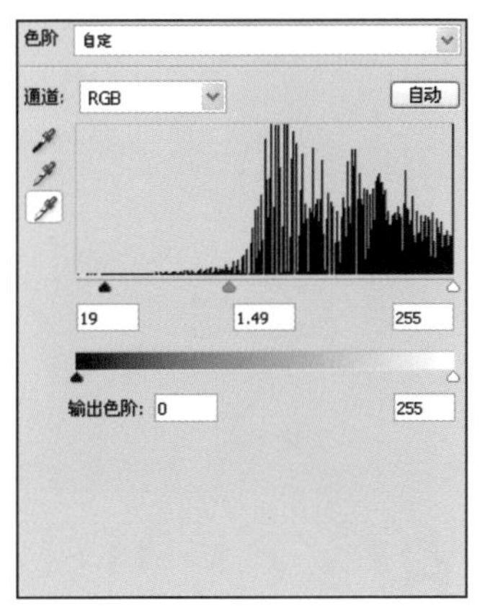

15 在画面中查看根据步骤14调整图像色阶后的画面效果，如下图所示。

16 在“色阶1”调整图层上新建一个“色相/饱和度”调整图层，设置“饱和度”值为+20，如下图所示。

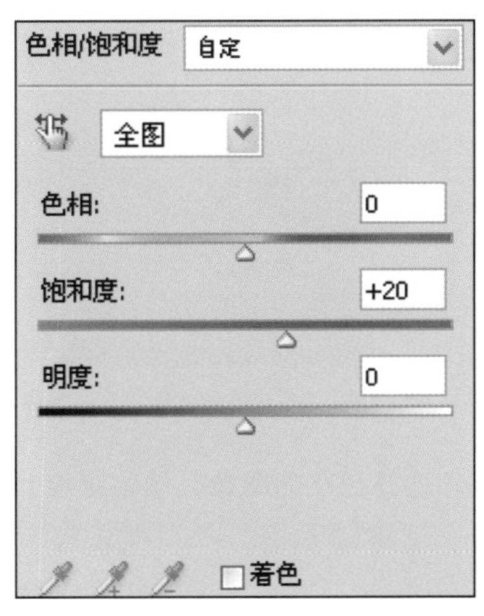

17 增加画面饱和度后的效果如下图所示。

18 在“图层”面板中，再创建一个“色彩平衡”调整图层，为“中间调”设置颜色值为−7、−8、+1，如下图所示。

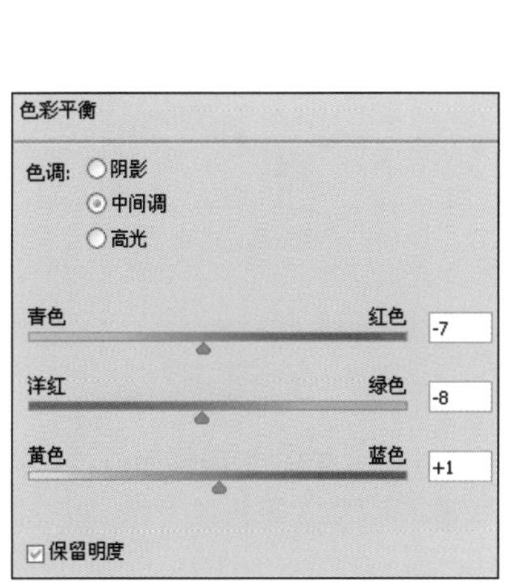

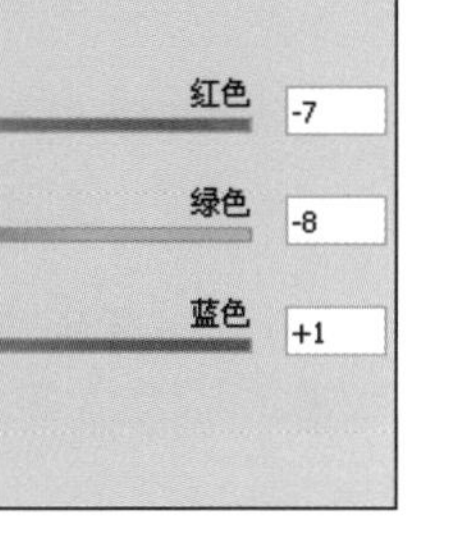

19 在“色彩平衡”选项区中选中“高光”单选按钮，设置颜色值为-6、+4、+7，如下图所示。

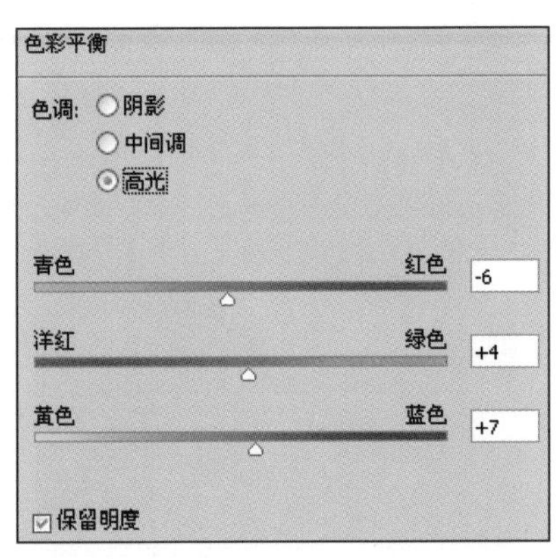

20 经过步骤18～步骤19的操作添加“色彩平衡”调整图层后，画面效果如下图所示。

21 在“图层”面板中，复制“背景副本”图层得到“背景副本2”图层，如下图所示。

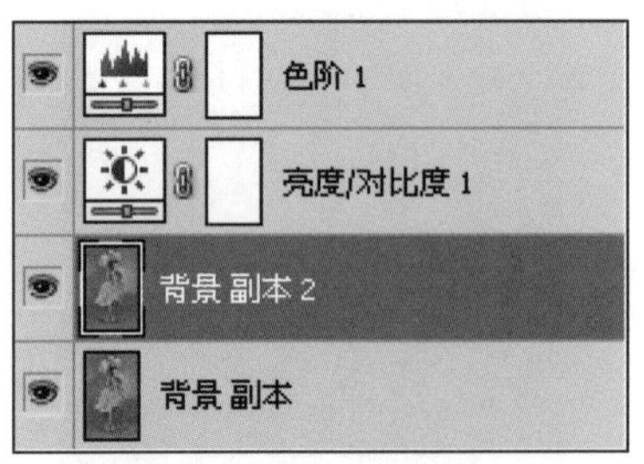

22 按Ctrl+M快捷键打开“曲线”对话框，根据下图所示调整曲线，设置完成后单击“确定”按钮。

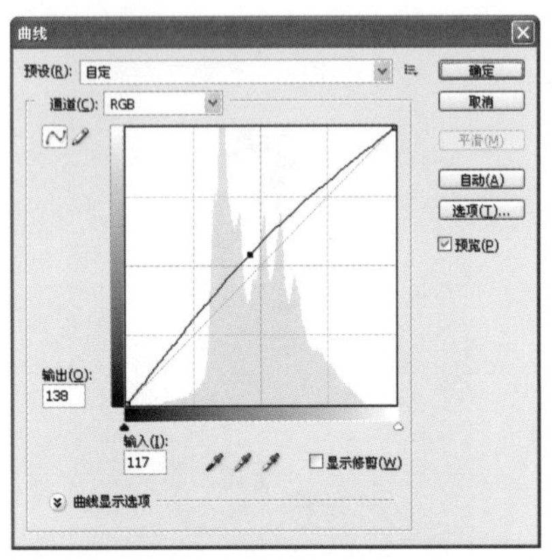

23 调整曲线后的画面效果如下图所示。

24 为“背景副本2”图层添加一个图层蒙版，选择工具箱中的“画笔工具”，设置前景色为黑色，在画面中涂抹人物位置，如下图所示，将对人物进行的色彩变化遮盖。

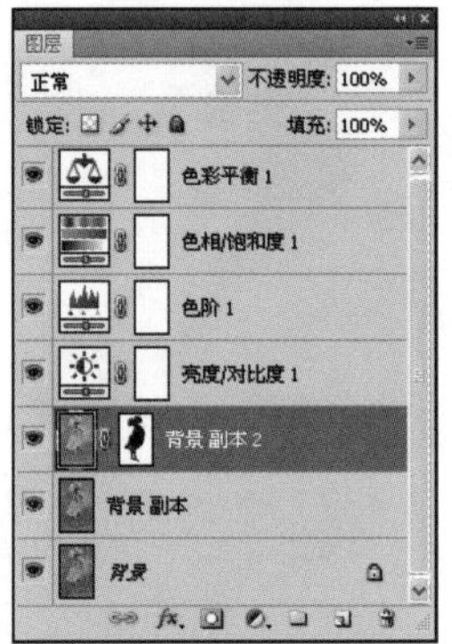

25 根据步骤24中对图层蒙版的涂抹，保留人物的图像效果如下图所示。

26 执行“图像>调整>色彩平衡”菜单命令，在打开的“色彩平衡”对话框中，设置“中间调”的值如下图所示，设置完成后单击“确定”按钮。

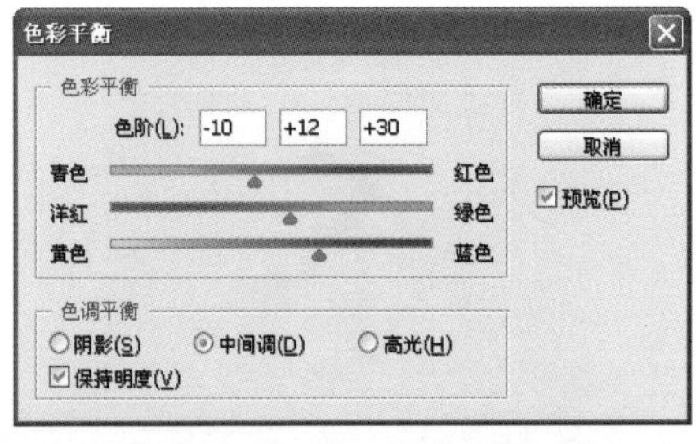

27 调整色彩平衡后的画面效果如下图所示。

Key Points

关键技法

在应用所创建的“色阶”图层对图像进行调整时要分为各个通道，这样纠正的图像，颜色更接近原本的色彩。

Example 05 还原旧照片原本的色彩

光盘文件

原始文件：随书光盘\素材\04\13.jpg

最终文件：随书光盘\源文件\04\实例5 还原旧照片原本的色彩.psd

本实例讲述的是应用创建新图层的方式将图像的颜色还原，主要包括背景图像、人物图像，不但调整了图像的亮度/对比度，还对图像色调的饱和度进行了调整，并将有斑点的区域应用变换选区的方式进行调整，使图像更平衡。修复前后图像的对比效果如下图所示。

01 打开随书光盘\素材\04\13.jpg文件，如下图所示。

02 单击“图层”面板底部的“创建新的填充或调整图层”按钮，打开如下图所示的菜单，并选择“色阶”命令。

纯色...
渐变...
图案...
色阶...
曲线...
色彩平衡...
亮度/对比度...
黑白...
色相/饱和度...
可选颜色...
通道混合器...
渐变映射...
照片滤镜...
曝光度...

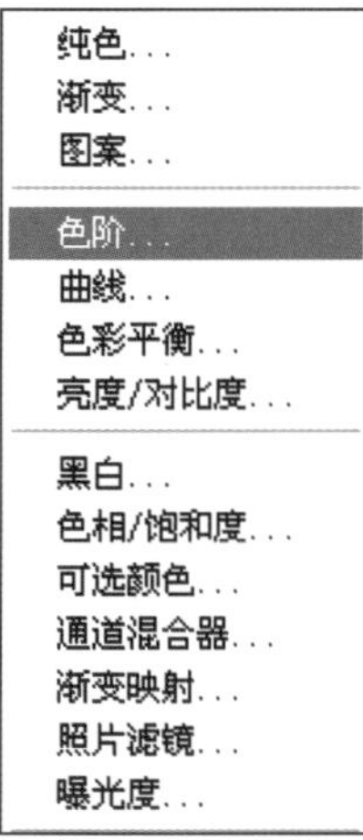

03 此时会打开“调整”面板，如下图所示，并参照图上所示设置“色阶”参数。

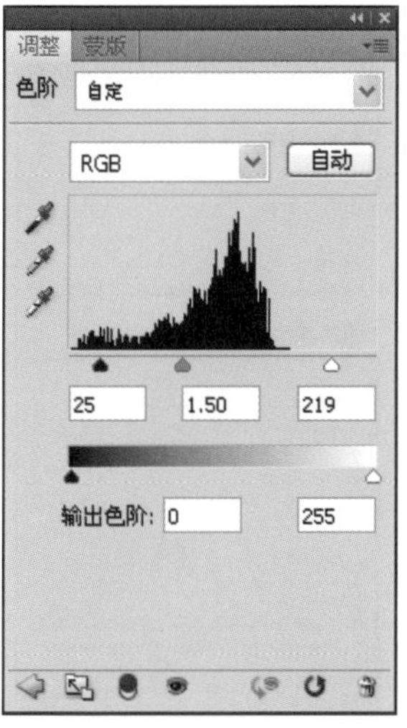

04 设置好色阶后的图像效果如下图所示。

05 单击“图层”面板底部的“创建新的填充或调整图层”按钮，在打开的菜单中选择“亮度/对比度”命令，并按照图上所示设置参数。如下图所示。

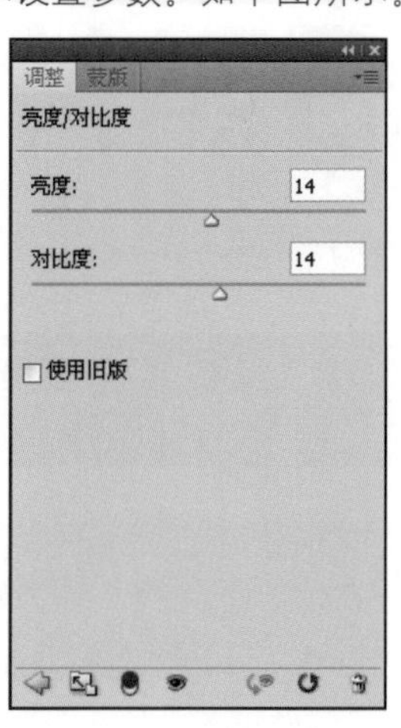

06 通过设置，调整后的图像效果如下图所示。

07 打开“图层”面板，并单击“创建新图层”按钮，复制出“背景 副本”图层，如下图所示。

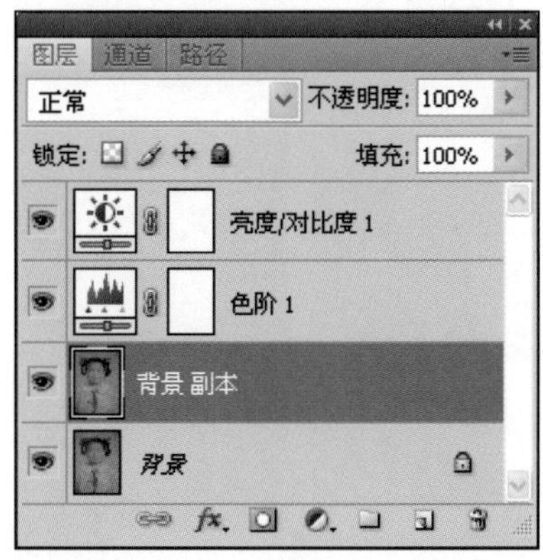

08 选取“仿制图章工具”在人物的额头上修复，如下图所示。

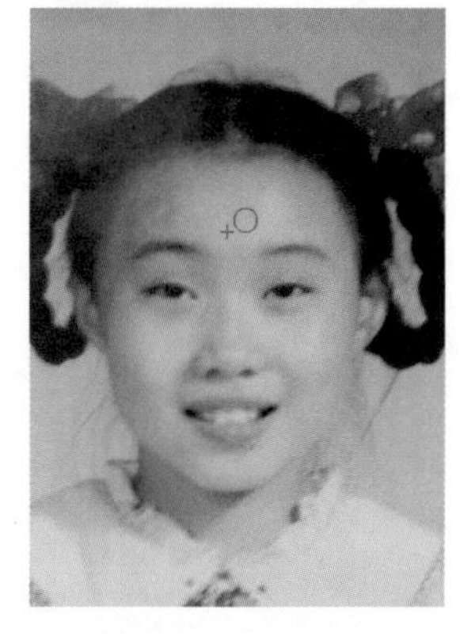

09 多次运用“仿制图章工具”对人物的脸部修复，将脸部上杂乱的图形去除，修复后的图像效果如下图所示。

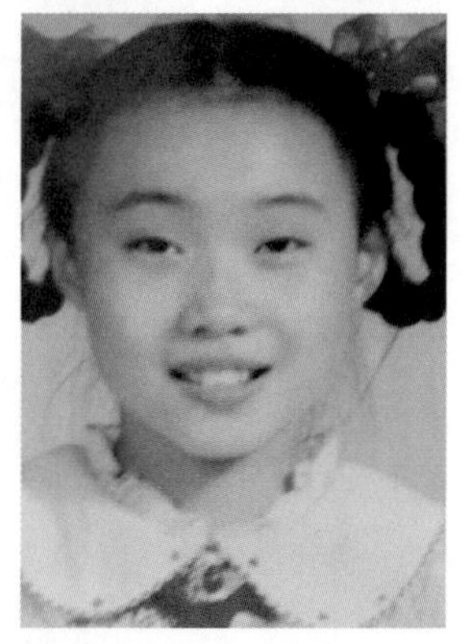

10 创建出“色相/饱和度1”图层，在“调整”面板的“编辑”下拉列表框中选择“红色”选项，调整“饱和度”和“明度”的值分别为+27和−10，如下图所示。

调整 蒙版
色相/饱和度 自定
红色
色相: 0
饱和度: +27
明度: -10
着色
315°/345° 15°\45°

11 继续在“颜色”下拉列表框中选择“黄色”选项，根据下图所示设置参数。

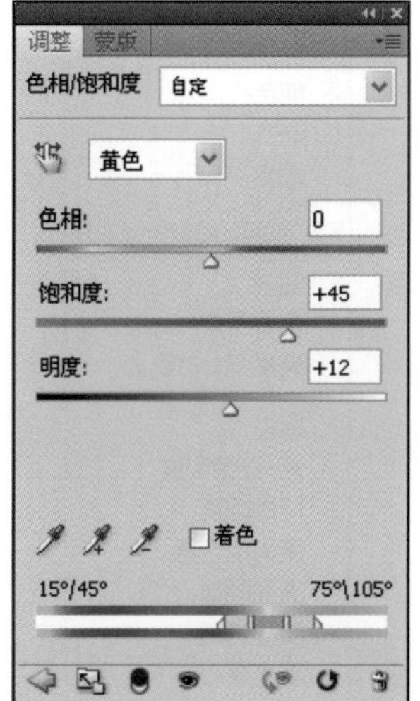

12 继续在“编辑”下拉列表框中选择“青色”选项，将“饱和度”设置为+25，如下图所示。

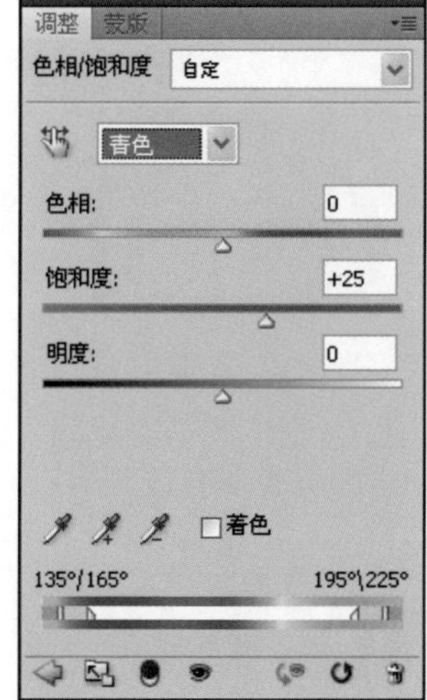

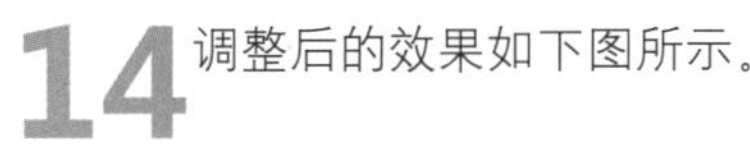

13 在“编辑”下拉列表框中选择“洋红”选项，将其“饱和度”设置为+33，如下图所示。

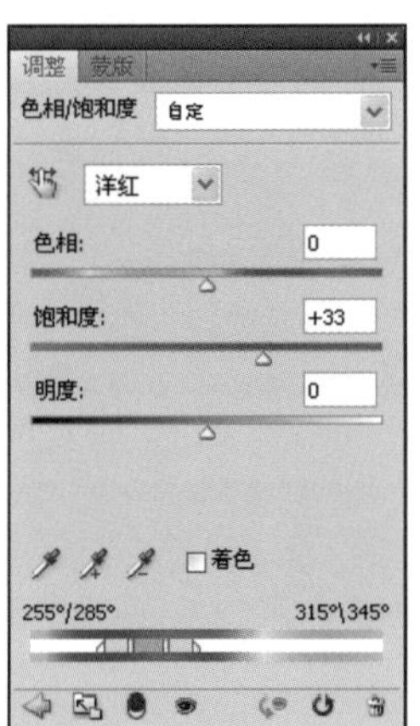

14 调整后的效果如下图所示。

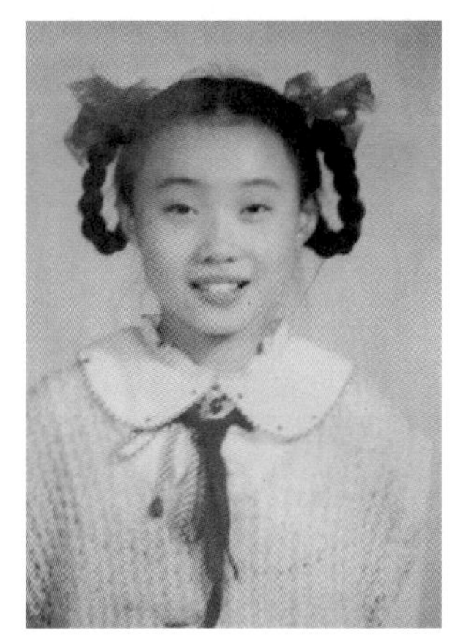

15 选取“矩形选框工具”，使用该工具在图中选取如下图所示的区域。

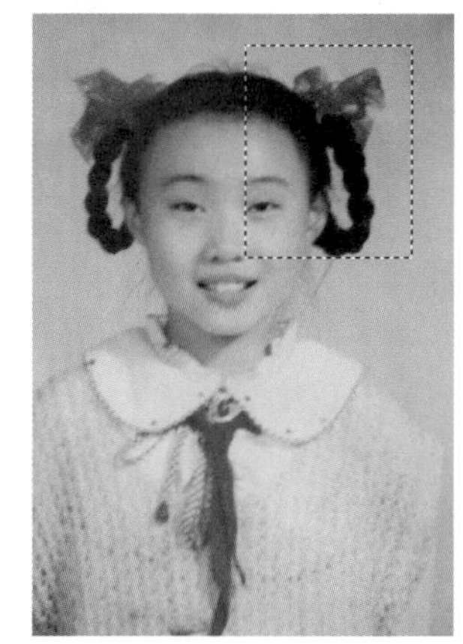

16 选取“背景副本”图层，并按Ctrl+J快捷键为所选取的区域创建为一个新的图层，并执行“编辑>变换>水平翻转”菜单命令，翻转后的图像效果如下图所示。

17 选取变换后的图像，将图像向左移动，放置到下图所示的位置上。

18 打开“图层”面板，并单击面板底部的“添加图层蒙版”按钮，如下图所示。

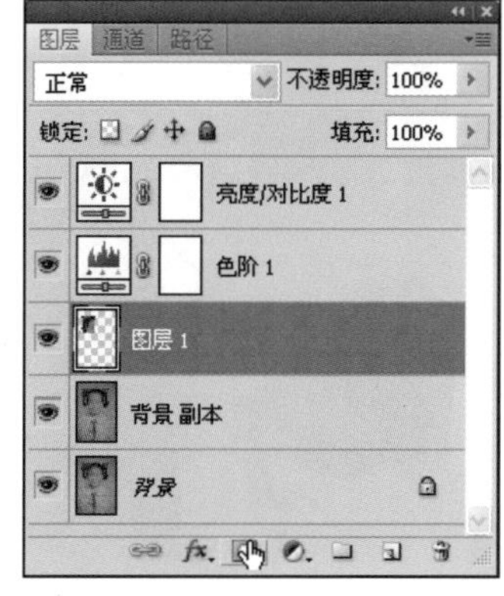

19 执行操作后，即可为“图层1”添加上图层蒙版，如下图所示。

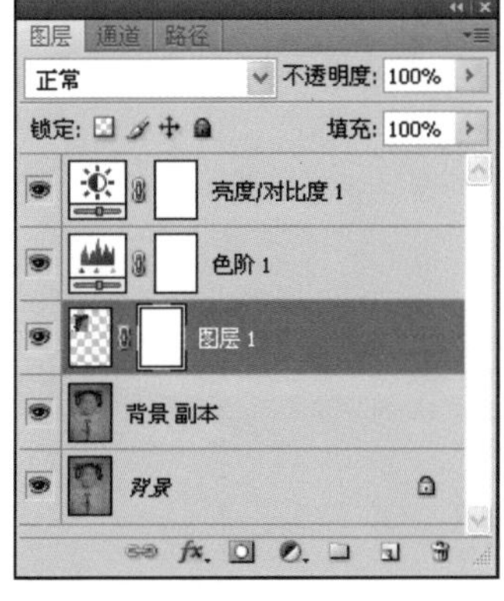

20 单击工具箱中的“画笔工具”按钮，并应用该工具将多余的图像擦除，如下图所示。

21 多次使用“画笔工具”对左边的图像进行调整，制作完成的最后效果如下图所示。

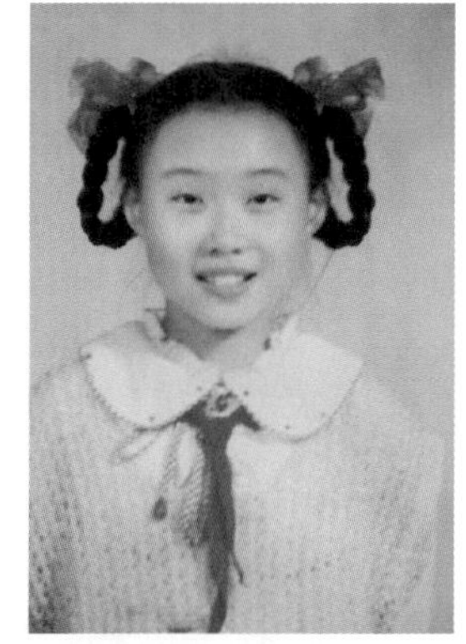

Key Points

关键技法

选取脸部右侧的图像后，要应用“水平翻转”命令对其进行变换，不能任意移动图像，否则所制作的图像不对称。

Example 06 修复老照片中不合理的反光

光盘文件

原始文件：随书光盘\素材\04\14.jpg

最终文件：随书光盘\源文件\04\实例6 修复老照片中不合理的反光.psd

在使用相机拍摄内外对比强烈的景物时，就容易产生反光效果。所谓反光效果，就是在照片上出现不自然的光线，光线往往呈白色显示。尤其是使用性能低下的相机，出现反光概率是相当大的。本实例的原始图像是一幅早期拍摄的照片，在照片的左侧出现了不合理的反光，此反光导致了人物手臂泛白。在去除反光之前，对图像的品质和色调先做了一些处理。修复前后的对比效果如下图所示。

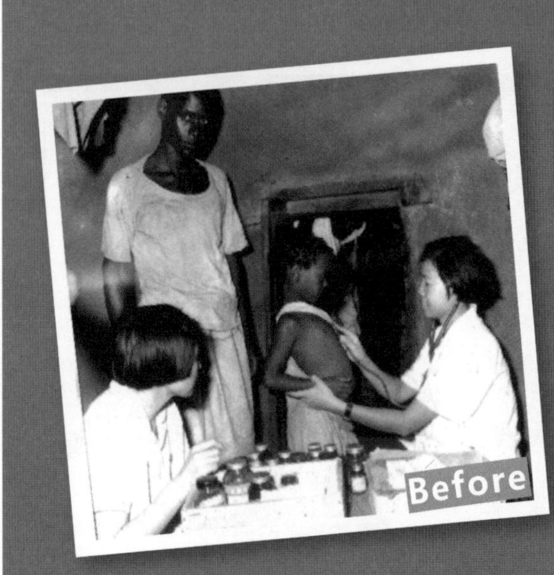

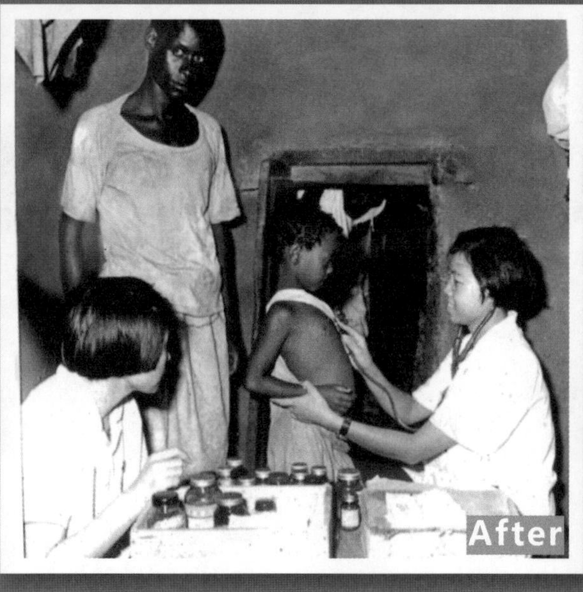

01 打开随书光盘\素材\04\14.jpg文件，如下图所示。

02 打开“图层”面板，拖曳“背景”图层至“创建新图层”按钮上，创建出“背景副本”图层，如下图所示。

03 观察照片，由于年代久远在细节上有些许模糊，所以执行“滤镜>其它>高反差保留”菜单命令，如下图所示。

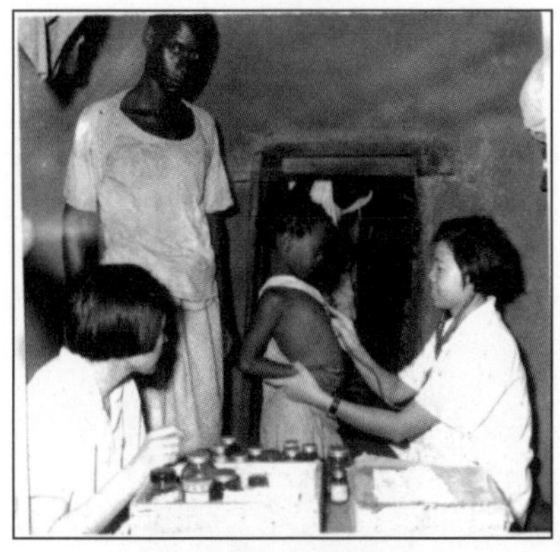

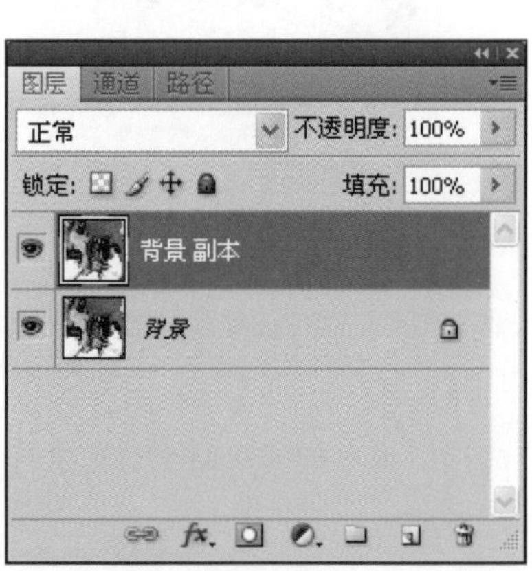

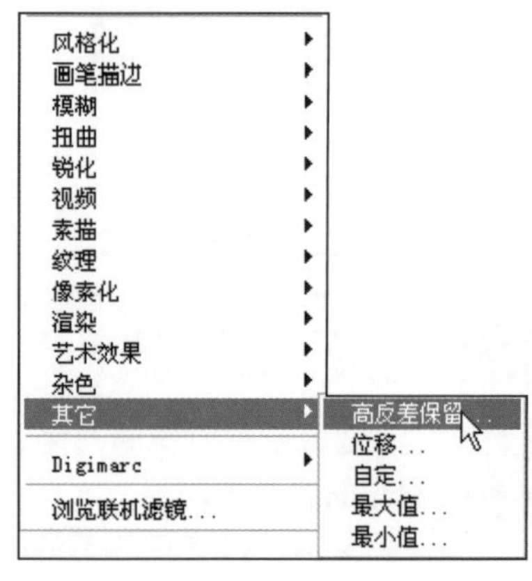

04 执行操作后，即可打开“高反差保留”对话框，设置“半径”为3像素，如下图所示，然后单击“确定”按钮。

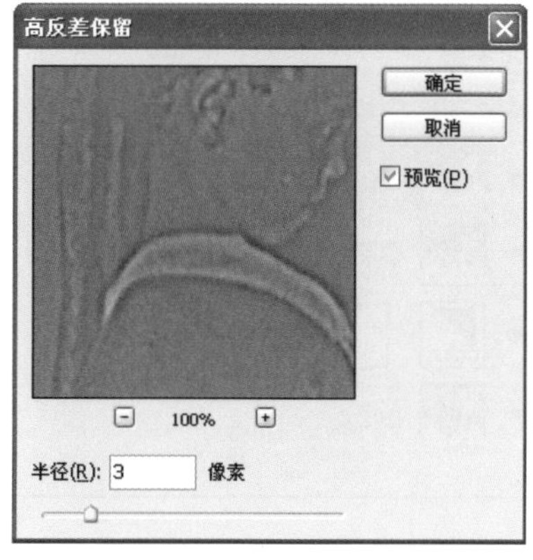

05 关闭“高反差保留”对话框后，在画面中隐约显示了照片中图像的边缘，如下图所示。

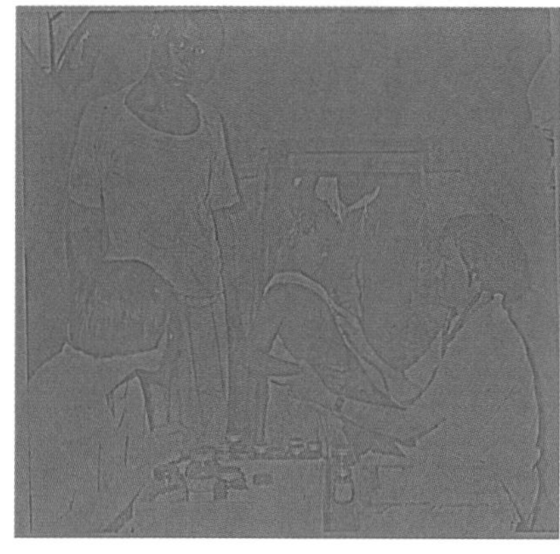

06 选中“背景副本”图层，设置图层混合模式为“叠加”，如下图所示。

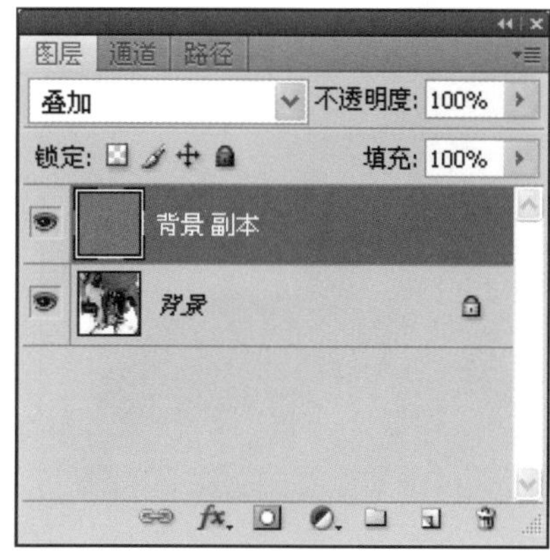

07 应用“高反差保留”滤镜后图像的细节被显示出来，整体变得更加清晰了，如下图所示。

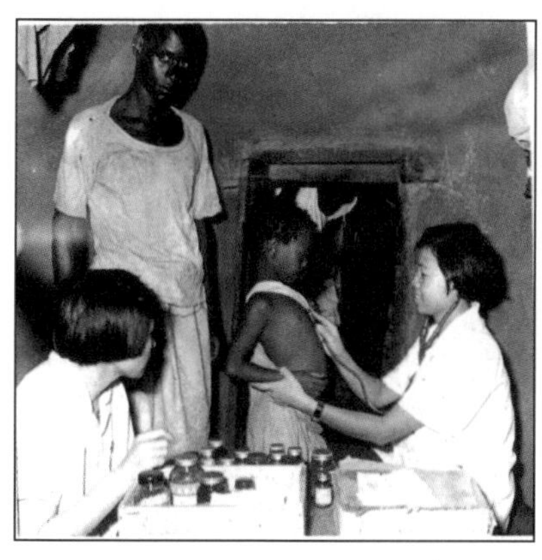

08 按Alt+Ctrl+Shift+E快捷键，盖印可见的图层得到“图层1”，如下图所示。

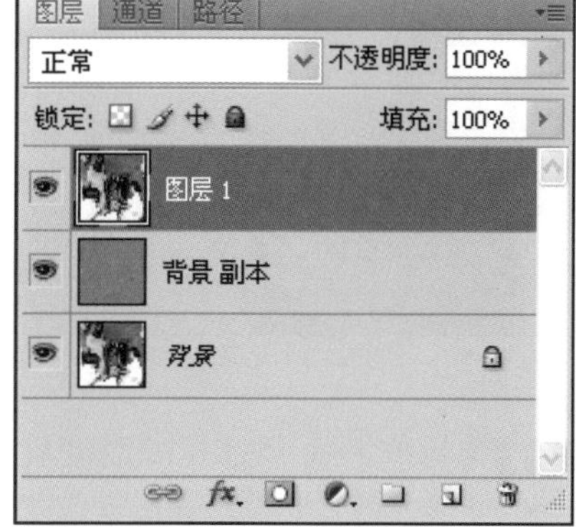

09 单击“图层”面板底部的“创建新的填充或调整图层”按钮，然后选择“黑白”选项。如下图所示。

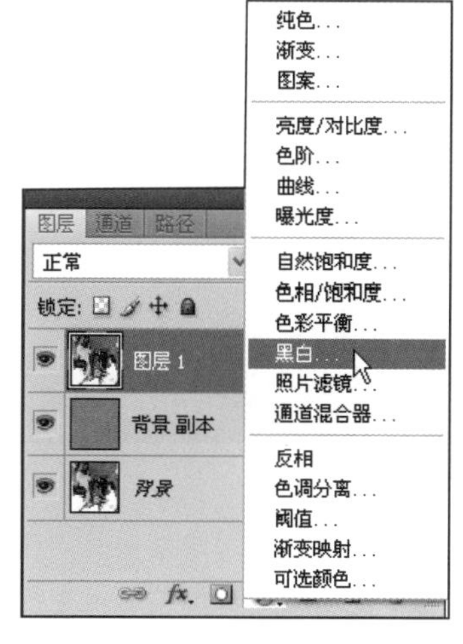

10 打开“调整”面板，在面板中参照下图所示设置参数。

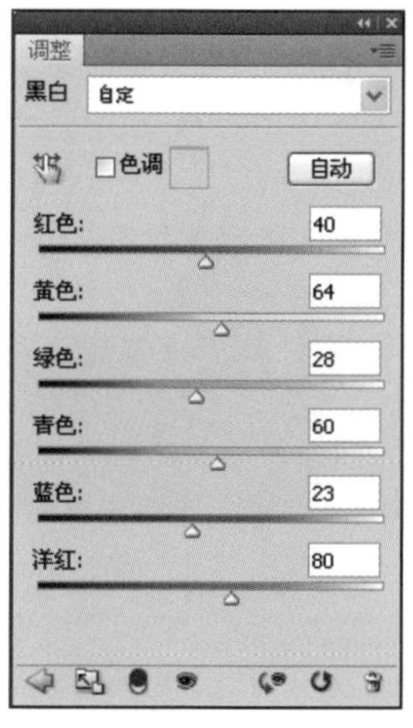

11 设置好参数后按Alt+Ctrl+Shift+E快捷键盖印可见的图层，得到“图层2”图层，如下图所示。

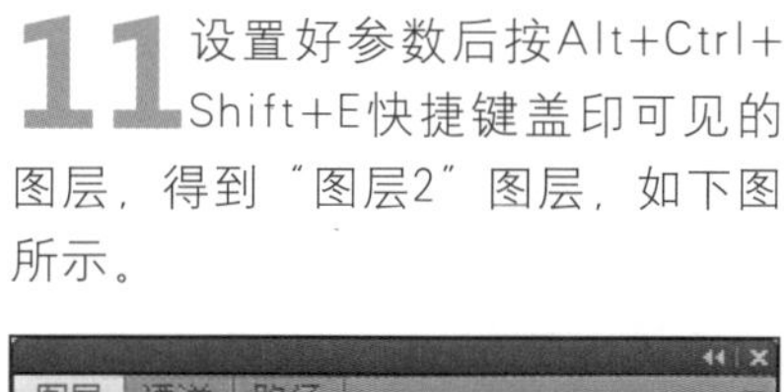

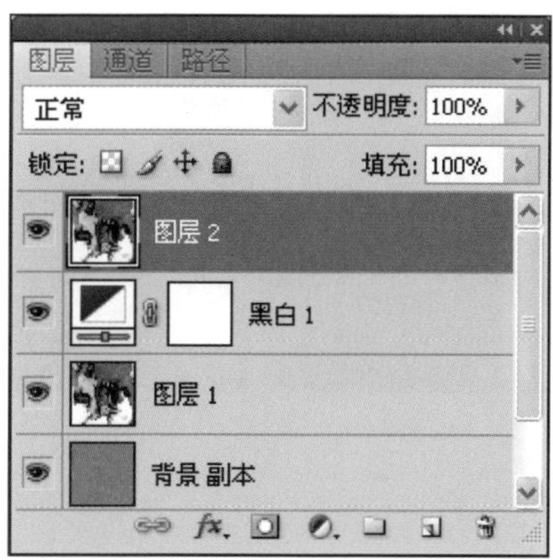

12 单击“加深工具”按钮，设置“范围”为中间调，“曝光”为30，然后使用该工具在背景反光处涂抹，如下图所示。

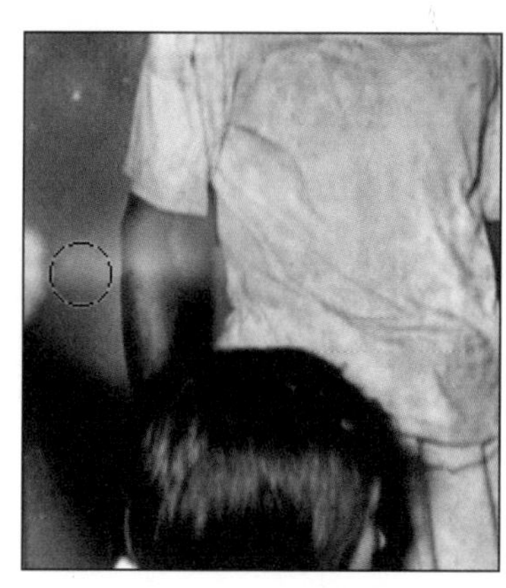

13 涂抹好的图像效果如下图所示。

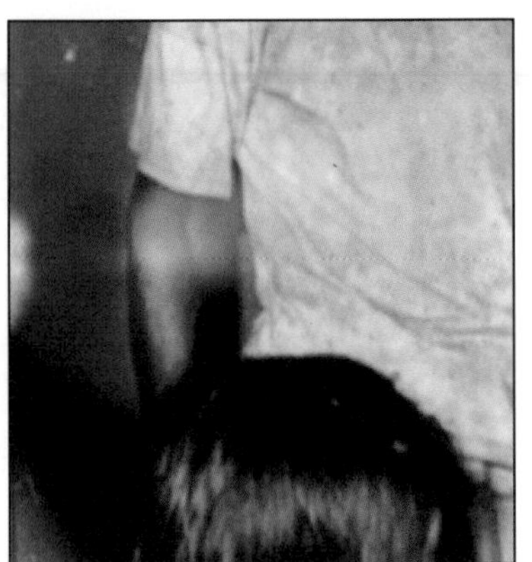

14 设置“曝光”值为5，然后在背景墙壁上涂抹，设置颜色均衡的墙壁，如下图所示。

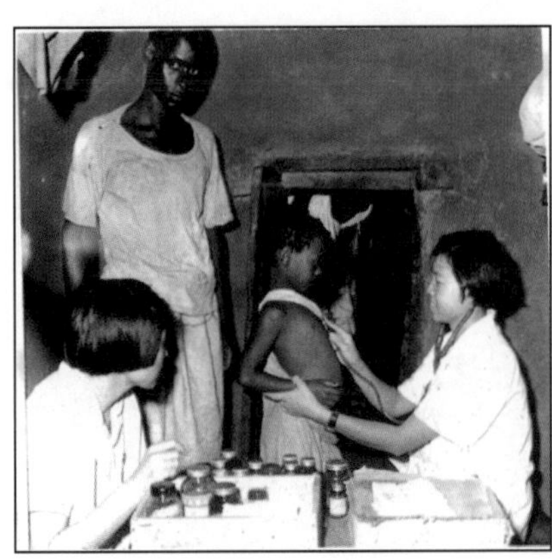

15 打开“图层”面板，复制“图层2”图层，得到“图层2副本”图层，如下图所示。

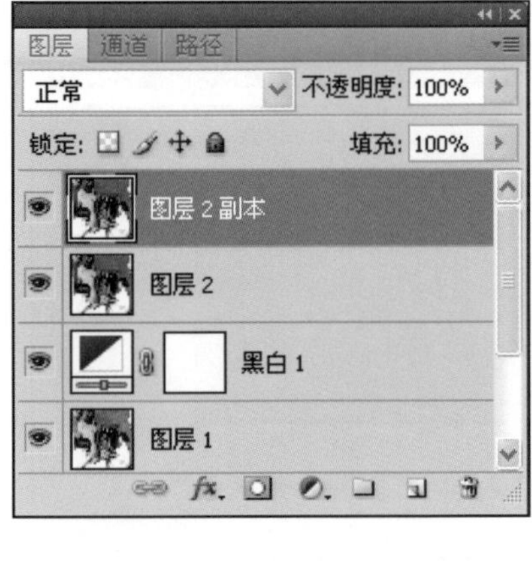

16 单击工具箱中的“修补工具”按钮，使用该工具在照片上的白色斑点上勾勒，如下图所示。

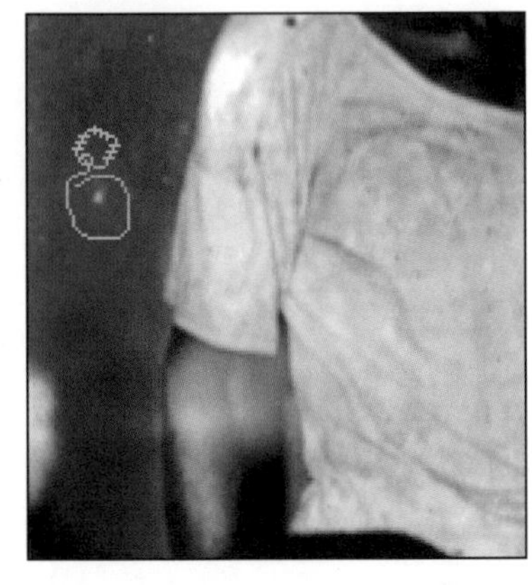

17 勾勒好白色斑点后，使用鼠标拖曳选区至没有斑点的位置上，如下图所示，释放鼠标左键后即可修复图像。

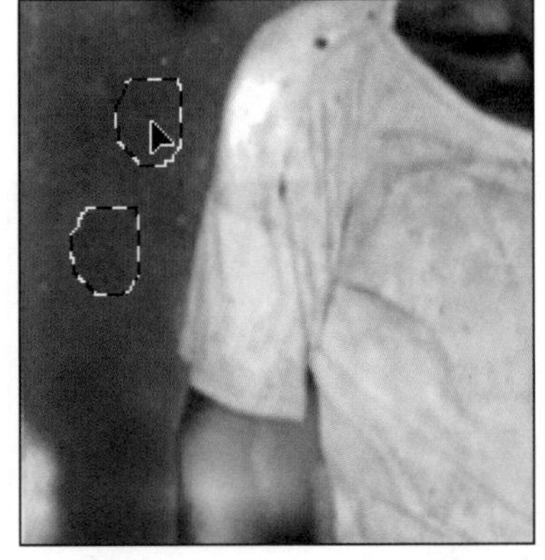

18 使用同样的方法对背景上的其他斑点进行修复，如下图所示。

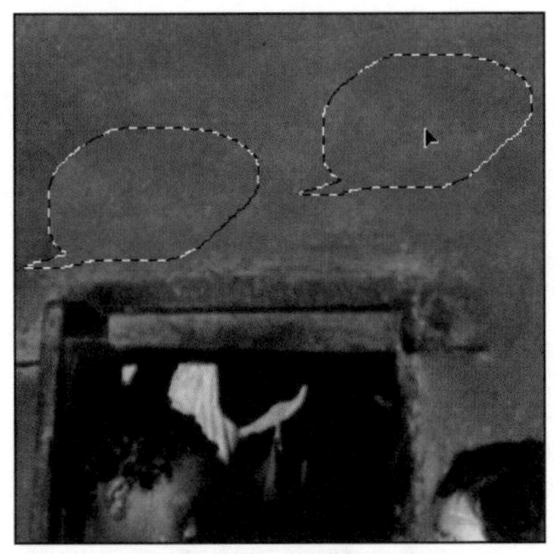

19 绘制如下图所示选区，然后使用相近背景的颜色在选区中涂抹，如下图所示。

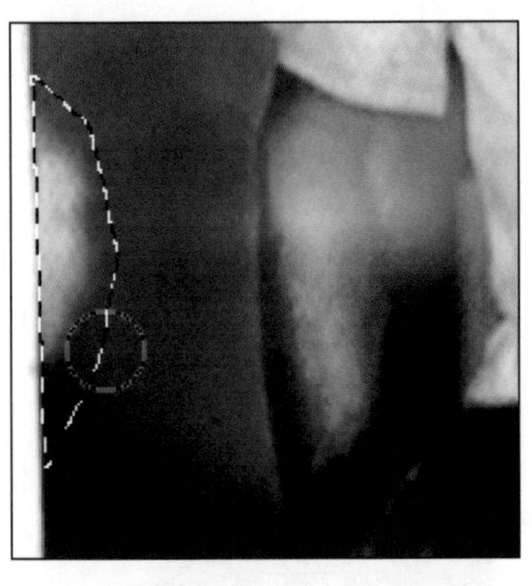

20 涂抹好后，按Ctrl+D快捷键取消选区，涂抹后的图像效果如下图所示。

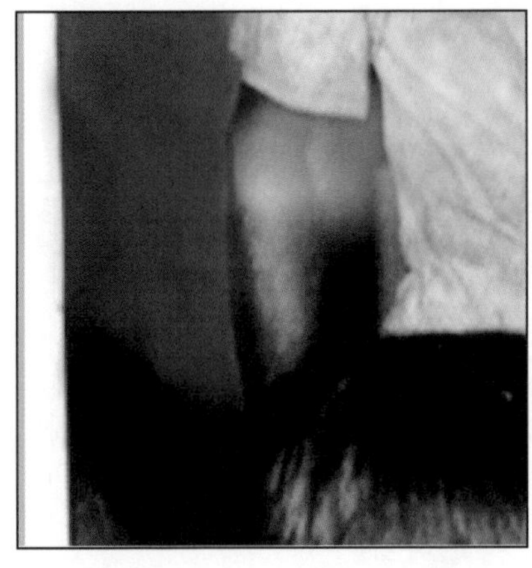

21 使用“加深工具”在人物的手臂上进行涂抹，将手臂上的光晕消除。如下图所示。

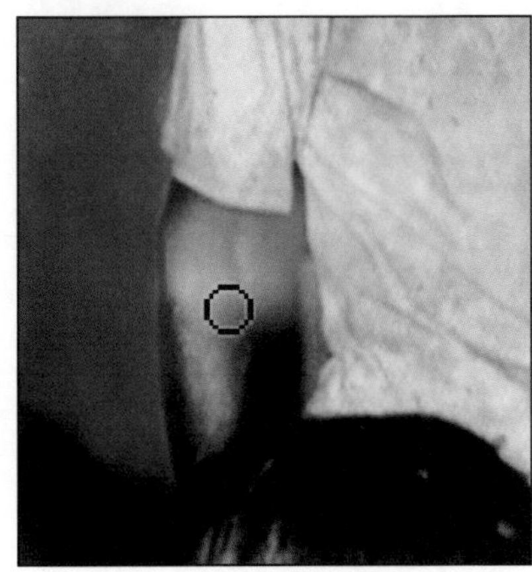

22 多次调整不同的“曝光”值后在手臂上涂抹，涂抹好的效果如下图所示，手臂上的光晕完全消失了。

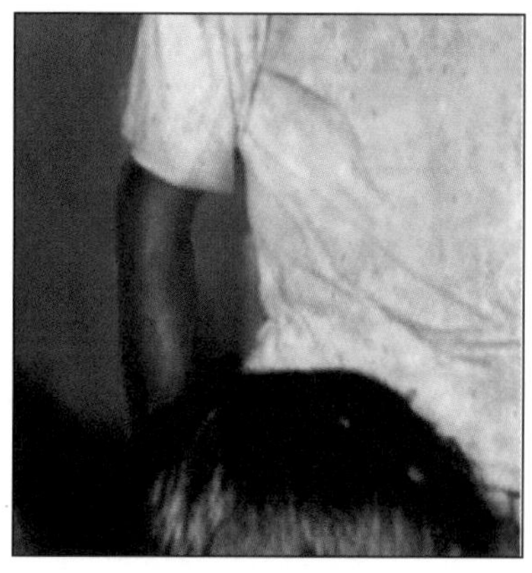

23 消除背景斑点和异常光晕后的图像效果如下图所示。

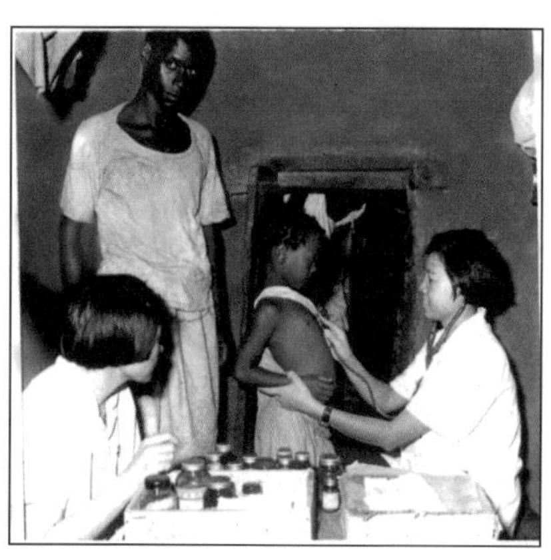

24 按Ctrl+J快捷键，复制“图层2副本”图层，然后将复制得到的图层的混合模式设置为“滤色”，将“不透明度”设置为50，如下图所示。

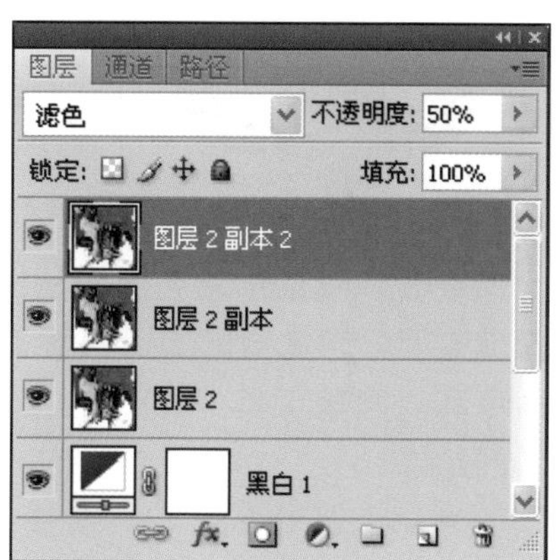

25 为图层设置混合模式和不透明度后，图像效果如下图所示，图像整体被提亮了，但出现了局部过亮的情况。

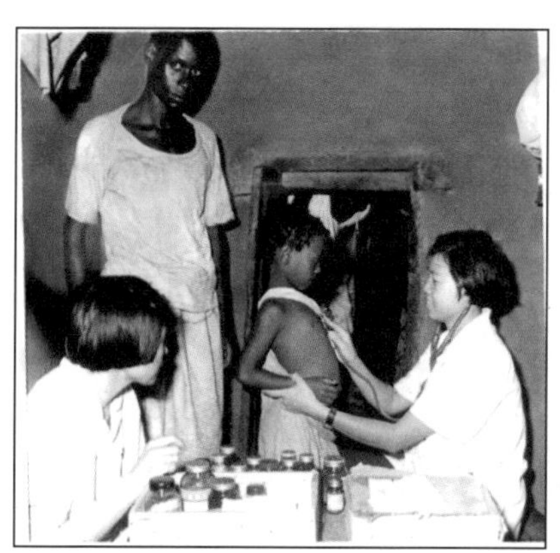

26 单击面板底部的“添加图层蒙版”按钮，使用黑色的“画笔工具”在图像过亮的位置上涂抹，如下图所示。

27 涂抹好后，照片中过亮部分得到了控制，调整后的最终效果如下图所示。

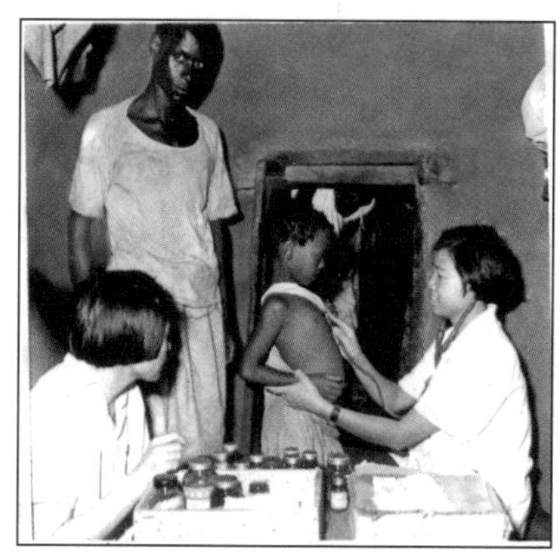

Chapter

05 缺陷照片的处理

在日常生活中常会遇到拍摄的照片出现色调较暗或者照片倾斜、曝光等问题，为了解决这些问题就需要学习本章的知识来解答。在本章中主要应用“阴影/高光”、“曝光度”、“亮度/对比度”命令和“裁剪工具”、“照亮边缘”滤镜、“仿制图章工具”等调整图像的曝光度、色调及修正倾斜问题等。

相关软件技法介绍

在对与色调相关的缺陷照片进行处理时会用到多个命令或多种工具，例如，应用“阴影/高光”、“亮度/对比度”等命令对图像进行调节，应用“曝光度”命令控制图像的曝光情况，使用“仿制图章工具”修补照片和使用“裁剪工具”裁剪图像。

5.1 光与暗的处理——“阴影/高光”命令

如果图像的色调主要分布在直方图的左侧或者右侧，说明该照片是非常暗或者非常亮的。在Photoshop CS4中专门提供了一项用于处理照片的阴影和高光效果的命令，即“阴影/高光”命令。

“阴影/高光”命令的工作方法是创建阴影和高光蒙版来隔开不同的色调区域，然后单独解决有问题的色调，使用该命令可获得很好的效果。执行“图像>调整>阴影/高光”菜单命令，打开“阴影/高光”对话框，勾选“显示其他选项”复选框后就会显示对话框中的扩展选项。如下图所示。

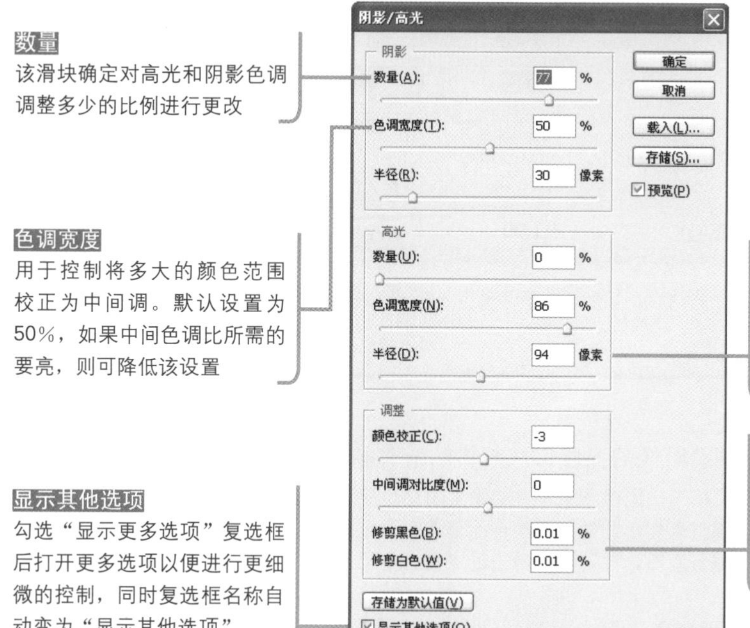

半径

设置Photoshop在较暗像素四周多大的范围内取样，从而确定校正中的局部色调限制。较低的设置会导致色调污点

“修剪黑色”、“修剪白色”选项

其作用是在进行“阴影/高光”编辑后可再做类似于“色阶”编辑一样的工作，以便在一次编辑中完成两次编辑的工作

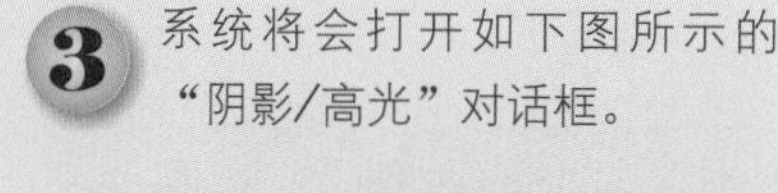

1. 打开随书光盘\素材\05\01.jpg文件，如下图所示。

2. 执行“图像>调整>阴影/高光”菜单命令，如下图所示。

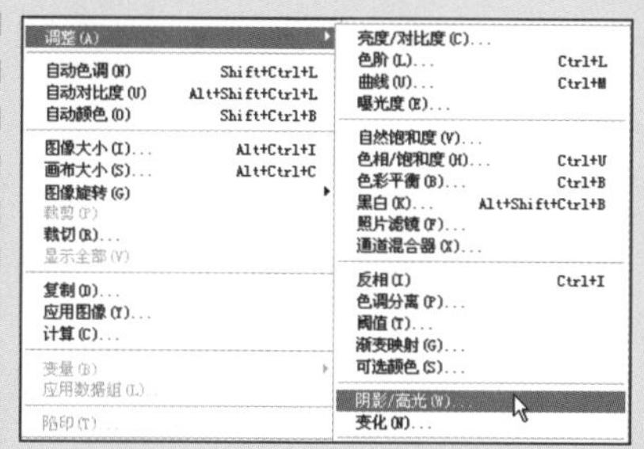

3. 系统将会打开如下图所示的“阴影/高光”对话框。

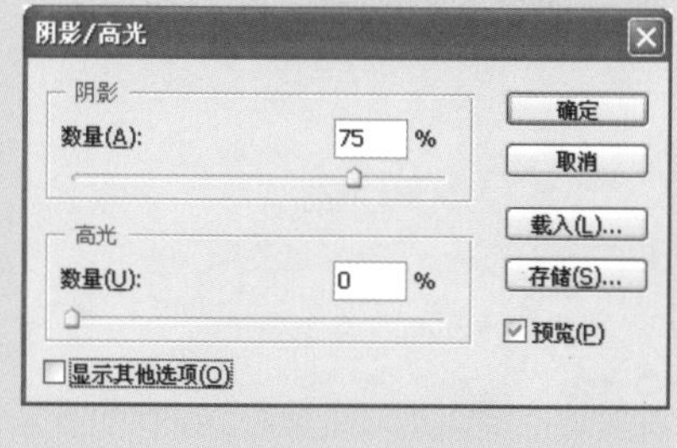

4. 在步骤3所示的对话框中，勾选“显示更多选项”复选框，并在“阴影”选项区中参照下图所示设置参数。

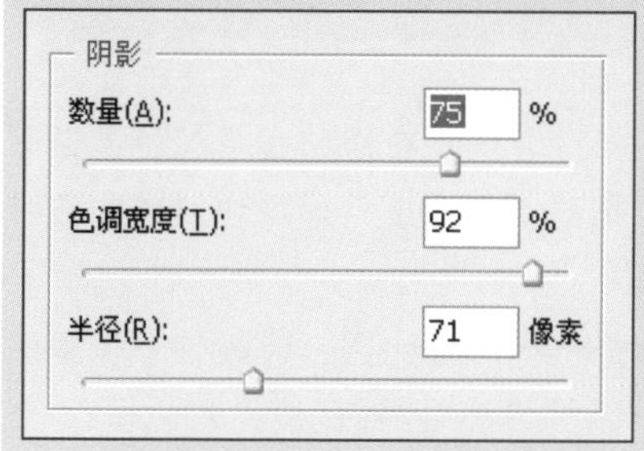

5. 同样地在“高光”选项区中参照下图所示设置参数。

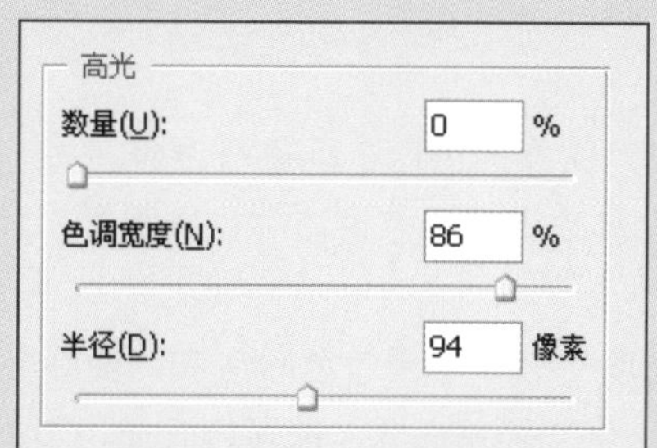

6. 调整后的图像效果如下图所示。

5.2 光线处理的要素——“曝光度”命令

“曝光度”是指通过胶片拍摄时受光线的强弱和时间长短所影响的一个重要术语，曝光时间越长曝光量越大。如果曝光不足照片会显得很暗；如果曝光过度照片会太亮，只有均匀的曝光才不会产生太亮或太暗的问题。在Photoshop CS4中可以应用“曝光度”命令来进行调节，执行“图像>调整>曝光度”菜单命令，即可打开如下图所示的“曝光度”对话框。

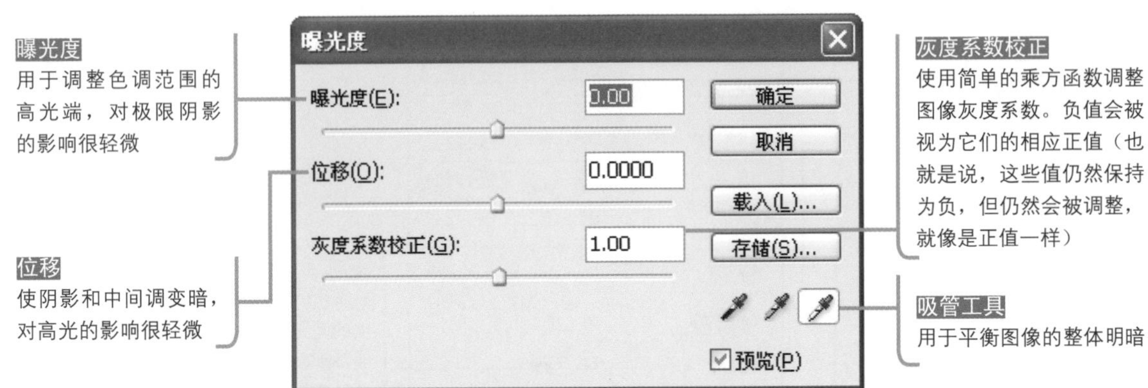

“曝光度”对话框中的吸管工具将调整图像的亮度值（与影响所有颜色通道的“色阶”吸管工具不同）。

- “设置黑场”吸管工具：将设置“位移”，同时将所单击的像素改变为零。
- “设置白场”吸管工具：将设置“曝光度”，同时将所单击的点改变为白色。
- “设置灰场”吸管工具：将设置“曝光度”，同时将所单击的点变为中度灰色。

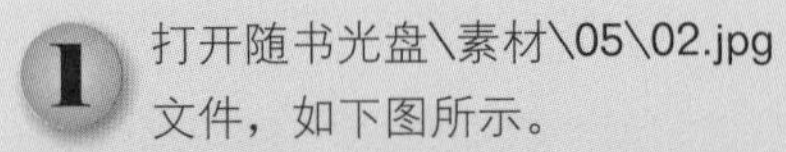

1 打开随书光盘\素材\05\02.jpg文件，如下图所示。

2 执行“图像>调整>曝光度”菜单命令，将打开如下图所示的对话框，并参照图上所示设置参数。

3 在步骤2所示的对话框中设置完参数后，调整后的图像效果如下图所示。

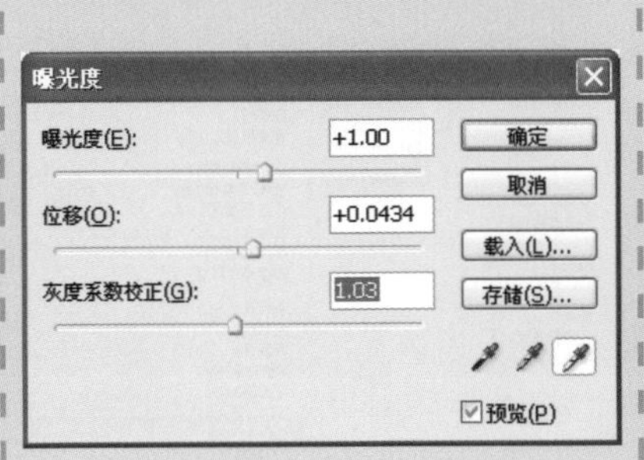

5.3 画面的明艳要素——“亮度/对比度”命令

使用“亮度/对比度”命令，可以对图像的色调范围进行调整。将“亮度”滑块向右移动会增加色调值并扩展图像高光，而将“亮度”滑块向左移动会减少色调值并扩展阴影。同理拖动“对比度”滑块也可扩展或收缩图像中色调值的总体范围。

在正常模式中，使用“亮度/对比度”命令与用“色阶”和“曲线”调整一样，按比例（非线性）调整图像像素。执行“图像>调整>亮度/对比度”菜单命令，即可打开如下页图所示的“亮度/对比度”对话框。

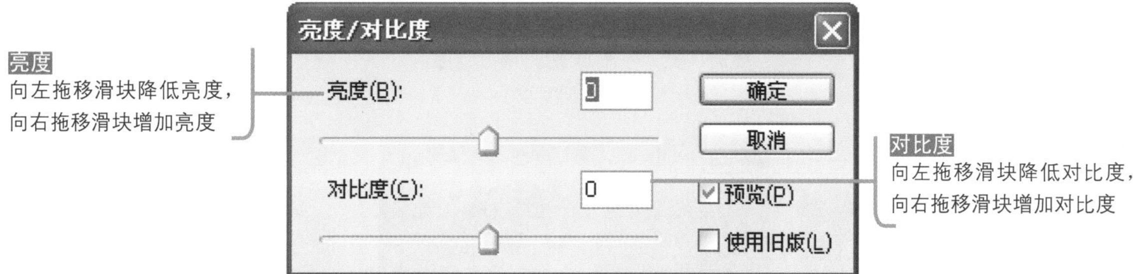

在该对话框的每个文本框中的数值都反应了当前的亮度或对比度，“亮度”值范围可以为-150 ～+150，而“对比度”值范围可以为-50～ +100。

TIP

提 示

编辑图像时如果用早期版本的Photoshop创建“亮度/对比度”调整图层时，会自动勾选“使用旧版”复选框。

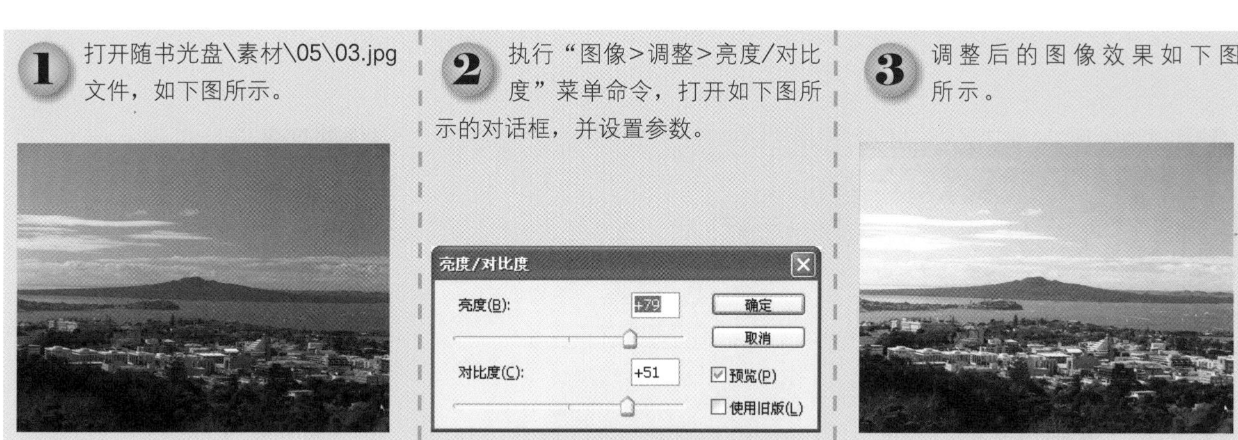

5.4 只保留精彩——裁剪图像

裁剪是指裁去图像中不需要的画面，只保留需要的画面，从而完好地呈现照片的主题。在Photoshop CS4中可以使用“裁剪工具”和“裁剪”命令裁剪图像，也可以使用“裁剪并修齐”以及“裁切”命令来裁切像素。

单击工具箱中的“裁剪工具”按钮，可以看到其工具选项栏，如下图所示。在其工具选项栏中可以设置重新取样选项，要裁剪图像而不重新取样，其选项栏中的“分辨率”文本框是空白的，还可以单击“清除”按钮以快速清除所有文本框。如果要重新取样，则在工具选项栏中输入高度、宽度和分辨率的值。

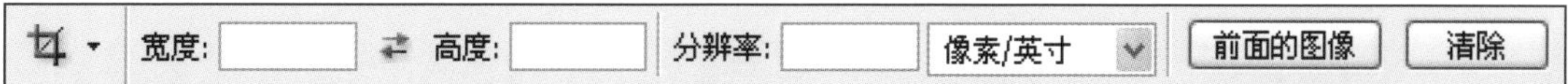

如果输入了高度和宽度尺寸并且想要快速交换值，此时要单击选项栏中的“高度和宽度互换”按钮。

在Photoshop CS4 中提供了很多“裁剪工具”的工具预设选项，只需单击选项栏中的下三角按钮，在打开的工具预设中选择相应的命令即可，还可以根据需要自定义工具预设。

在完成裁剪后，提交裁剪方案时只需要按Enter键或者单击选项栏中的“提交当前裁剪操作”按钮即可，如果需要重新设置裁剪区域则单击“取消当前裁剪操作”按钮。

1 打开随书光盘\素材\05\04.jpg文件，如下图所示。

2 在“裁剪工具”的选项栏中将宽度和高度都设置为1厘米，然后在图中拖动，如下图所示。

3 单击选项栏中的按钮✓应用裁剪，裁剪后的图像呈正方形，如下图所示。

5.5 细节决定品质——“照亮边缘”滤镜

“照亮边缘”滤镜的主要作用是将图像以白色边缘显示，而在其中加入像氖气一样的光亮，可以通过“滤镜库”将此滤镜与其他滤镜一起累积使用。执行“滤镜>风格化>照亮边缘”菜单命令，将会弹出如下图所示的“照亮边缘”对话框。

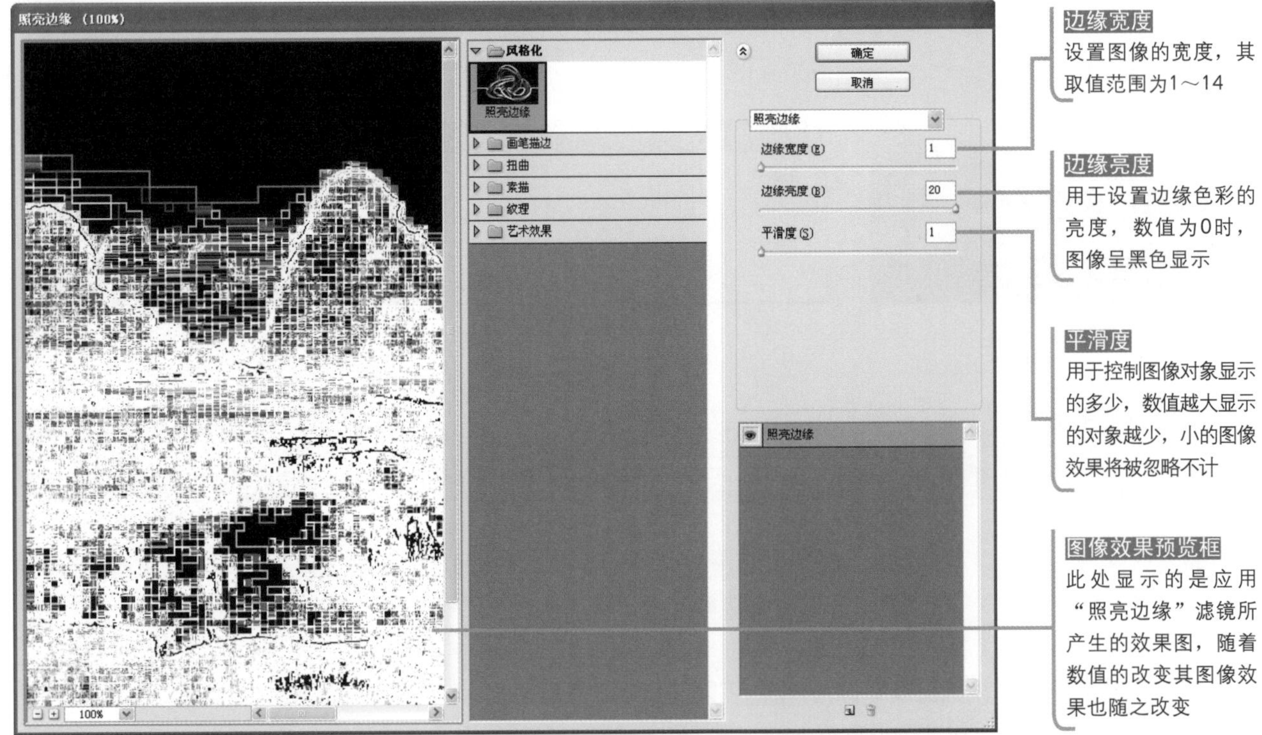

5.6 神奇的遮盖——仿制图章工具

“仿制图章工具”主要的作用是将所取样的图像应用到指定的图像区域中，所以常会用于复制图像或者对图像效果进行修复。选取“仿制图章工具”，按住Alt键的同时在所要复制的图像处单击进行取样，然后将用鼠标移向另一处并涂抹，即可将取样的图像复制到鼠标涂抹过的地方。

1 打开随书光盘\素材\05\05.jpg文件，如下图所示。

2 单击工具箱中的“仿制图章工具”按钮，按住Alt键并单击苹果的中间取样，如下图所示。

3 使用鼠标在苹果右边位置上单击，即可将步骤2中取样的图形进行复制。如下图所示。

4 使用鼠标在图中继续涂抹，即可将整个苹果图像进行复制，复制的图像效果如下图所示。

5 同样地在苹果左边单击，确定好复制点后在画面中涂抹，即可对图像进行复制，如下图所示。

6 使用鼠标在画面中仔细地涂抹控制好图像的边缘，图像的最终效果如下图所示。

Example 01 应用“曝光度”命令调整曝光过度的照片

光盘文件

原始文件：随书光盘\素材\05\06.jpg

最终文件：随书光盘\源文件\05\实例1 应用“曝光度”命令调整曝光过度的照片.psd

使用“曝光度”命令可以模拟自然光的图像效果，使调整后的图形更自然。本实例主要将原本曝光过度的照片进行调整。为了对其降低曝光效果，在照片后期处理中首先是通过“曝光度”命令降低照片曝光，然后提高照片的亮度，对于较亮的部分则应用蒙版加以修复。调整图像前后的对比效果如下图所示。

Before

After

01 打开随书光盘\素材\05\06.jpg文件，如下图所示。

02 打开“图层”面板，按Ctrl+J快捷键复制“背景”图层，即可得到“图层1”，如下图所示。

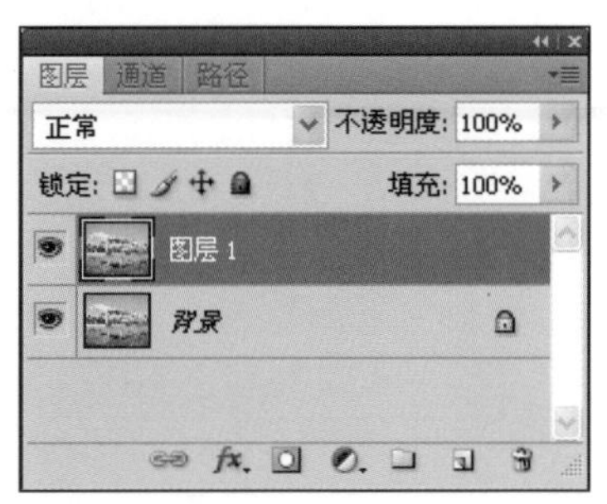

03 执行“图像>调整>曝光度”菜单命令，如下图所示。

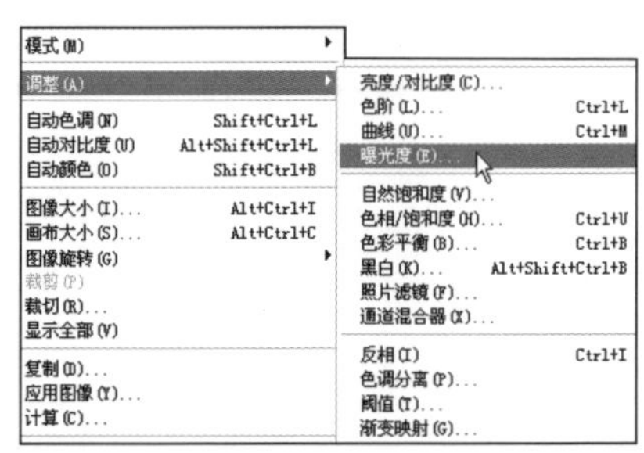

04 打开“曝光度”对话框，参照下图所示设置参数，设置完成后单击“确定”按钮。

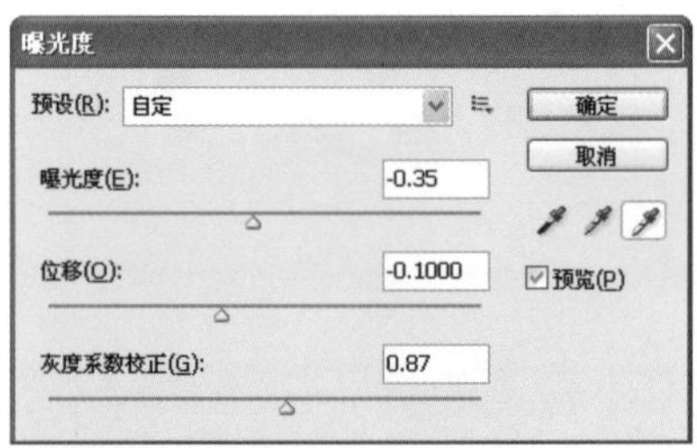

05 通过步骤4的曝光度设置，将图像整体颜色调暗，效果如下图所示。

06 复制“图层1”得到“图层1副本”图层，将该副本图层的混合模式更改为“滤色”，将不透明度设置为20%，如下图所示。

07 为副本图层设置好混合模式和不透明度后，画面中的图像效果如下图所示。

08 按Alt+Ctrl+Shift+E快捷键，盖印可见的图层，即得到“图层2”，如下图所示。

09 单击“图层”面板底部的“创建新的填充或调整图层”按钮，在打开的菜单中选择“曲线”命令，如下图所示。

10 经过操作，在“调整”面板中显示了曲线设置，参照下图所示设置曲线的形状。

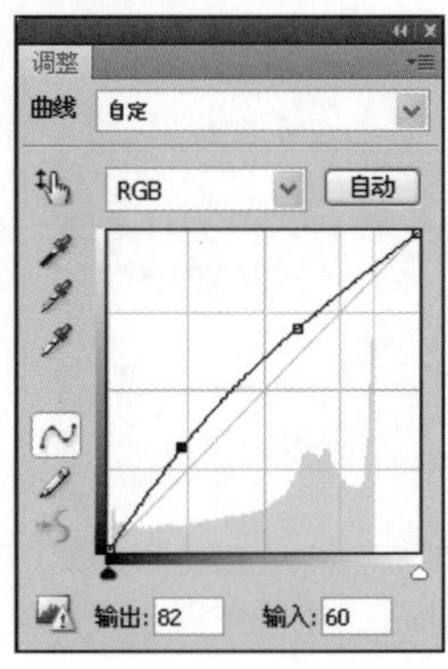

11 设置好曲线形状后，单击工具箱中的“画笔工具”按钮，然后设置前景色为黑色，在画面较亮部分涂抹。如下图所示。

12 调整不同透明度的黑色画笔在画面中涂抹，涂抹后的效果如下图所示。

13 按Alt+Ctrl+Shift+E快捷键，盖印可见的图层，即可得到“图层3”图层，如下图所示。

14 执行“图像>调整>阴影/高光”菜单命令，并参照下图所示设置参数。

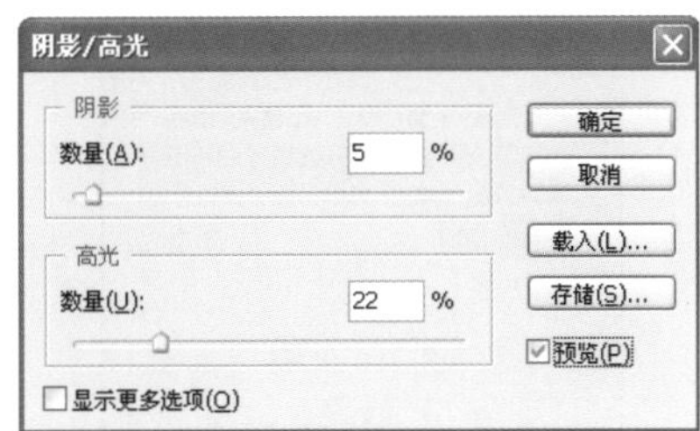

15 设置完成后的图像效果如下图所示。

Key Points

关键技法

使用“曝光度”命令调整图像时，不能将“曝光度”值调整得过大，否则会产生曝光过度的效果，其余数值调整时也应注意数值勿过大。

Example 02 应用“阴影/高光”命令设置暗调拍摄效果

光盘文件

原始文件：随书光盘\素材\05\07.jpg

最终文件：随书光盘\源文件\05\实例2 应用“阴影/高光”命令设置暗调拍摄效果.psd

本实例讲述如何将普通照片转换为用暗调拍摄的照片效果。在处理照片时先应用“阴影/高光”命令来提升照片的层次关系，然后使用“加深工具”和“减淡工具”分别为照片制作暗部和亮部。最后应用“亮度/对比度”命令将暗部的图像显示出来。原图像和设置后图像的对比效果如下图所示。

01 打开随书光盘\素材\05\07.jpg文件，如下图所示。

02 打开“图层”面板，按Ctrl+J快捷键复制“背景”图层，即可得到“图层1”，如下图所示。

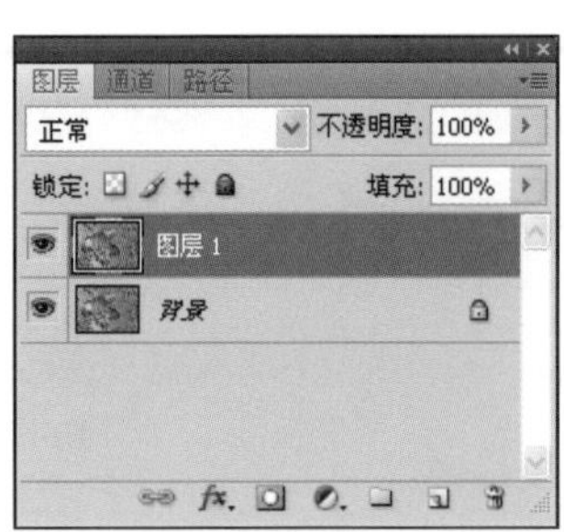

03 执行“图像>调整>阴影/高光”菜单命令，打开“阴影/高光”对话框，参照下图设置参数。

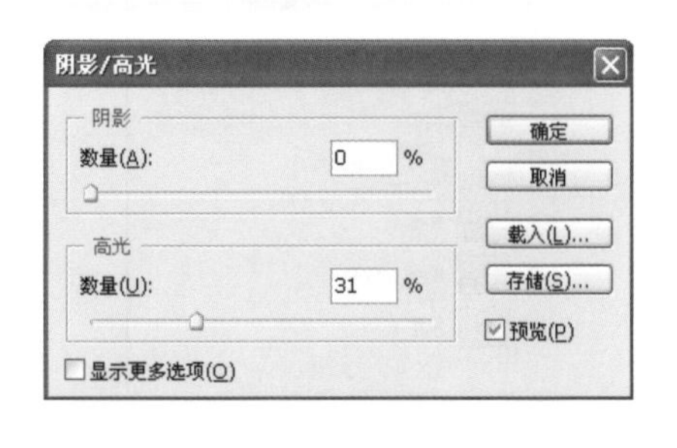

04 经过操作，增加了背景的细节图像，画面中的图像效果如下图所示。

05 打开“图层”面板，按Ctrl+J快捷键复制“图层1”图层，得到“图层1副本”图层，如下图所示。

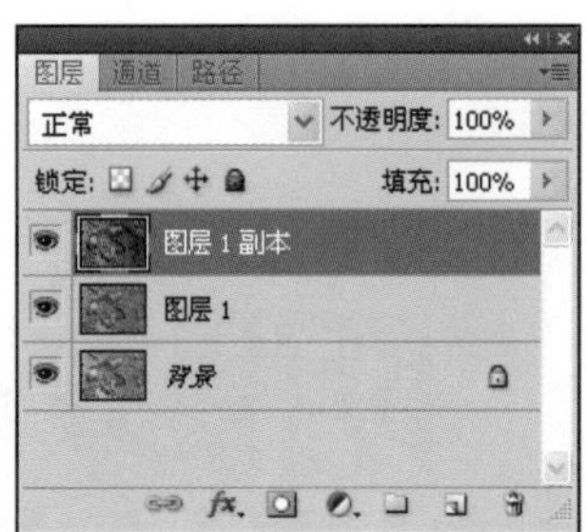

06 单击工具箱中的“加深工具”按钮，使用该工具在画面中涂抹，设置较深的颜色，如下图所示。

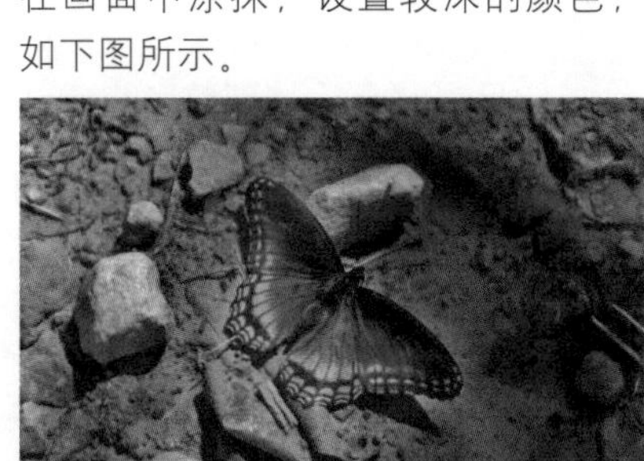

07 设置“加深工具”的范围为“中间调”和“阴影”，多次在画面中左侧位置加深涂抹，使图像中的石块看上去更具立体感，如下图所示。

08 拖曳“图层1副本”图层至“创建新图层”按钮上，即可复制，得到“图层1副本2”图层，如下图所示。

09 单击工具箱中的“减淡工具”按钮，设置范围为“高光”，然后使用该工具在画面中涂抹，凸现图像的主体。如下图所示。

10 按Ctrl+J快捷键复制图层，然后执行“图像>调整>亮度/对比度”菜单命令，如下图所示。

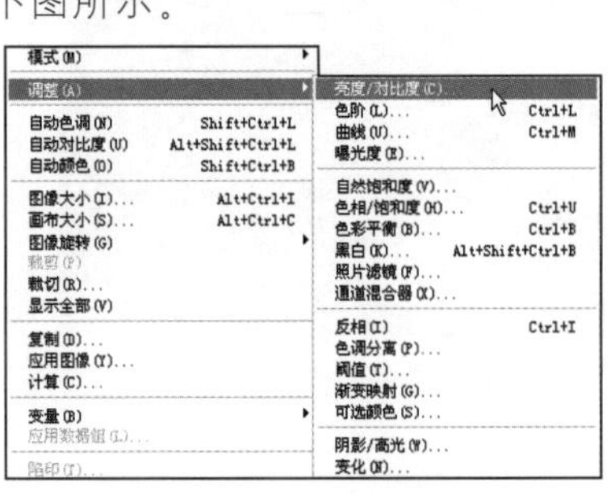

11 执行命令后将打开“亮度/对比度”对话框，设置“亮度”值为0、“对比度”值为28，如下图所示。

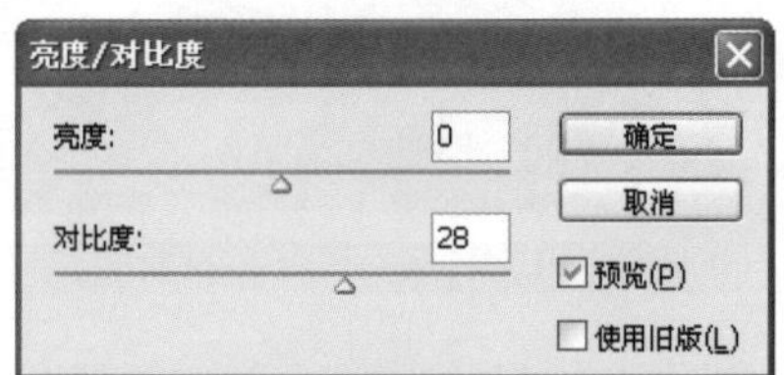

12 图像设置好的暗调拍摄效果如下图所示。

Key Points

关键技法

在应用“阴影/高光”命令对图像调整时，可以将参数设置为系统默认值，在调整其余图像时也可以应用所设置的数值快速进行调整。

Example 03 应用“亮度/对比度”命令调整色调偏暗的照片

光盘文件

原始文件：随书光盘\素材\05\08.jpg

最终文件：随书光盘\源文件\05\实例3 应用“亮度/对比度”命令调整色调偏暗的照片.psd

使用“亮度/对比度”命令主要是对图像的基本色调进行简单的调节，可以对图像的色调以及明暗同时调节。本实例主要就是应用“亮度/对比度”命令对风景图像进行调整，通过对其“亮度”值和“对比度”值的调整，将图像变亮，颜色也调整得更饱和。原图像和调整后图像的对比效果如下图所示。

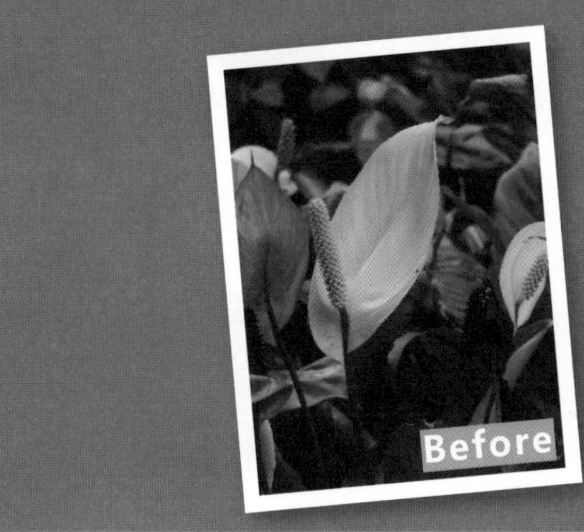

01 打开随书光盘\素材\05\08.jpg文件，如下图所示。

02 复制出“背景副本”图层，或者按Ctrl+J快捷键复制得到“图层1”图层。执行“图像>调整>亮度/对比度”菜单命令，如下图所示。

03 弹出如下图所示的“亮度/对比度”对话框，将“亮度”值设置为118。

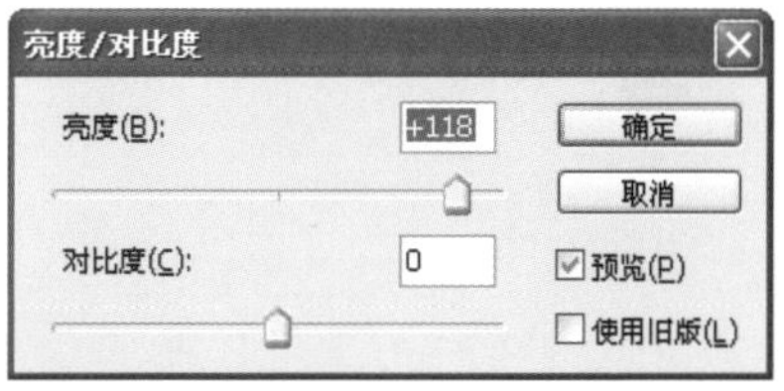

04 在对话框中设置参数，将“对比度”值设置为45，如下图所示。

05 调整后的图像效果如下图所示。

06 执行“图像>调整>色相/饱和度”菜单命令，弹出如下图所示的“色相/饱和度”对话框，将“饱和度”值设置为9。

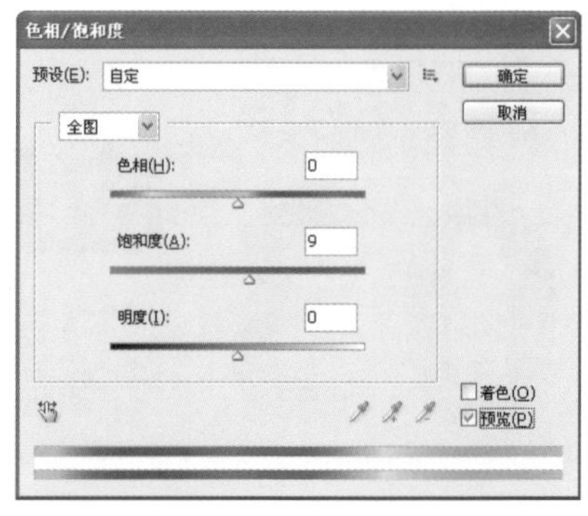

07 通过步骤6中“色相/饱和度”命令的调整，得到的图像效果如下图所示。

08 执行“图像>调整>曲线”菜单命令，将会弹出如下图所示的“曲线”对话框，并参照图上所示设置曲线形状。

09 通过操作，调整后的图像效果如下图所示。

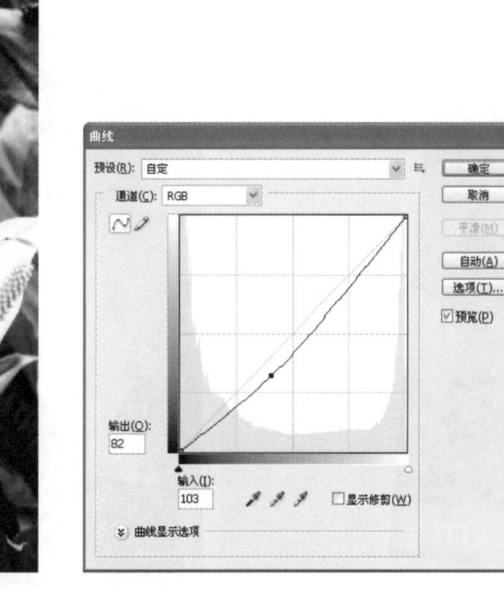

10 选取“背景”图层，并对其进行复制，将复制出的“背景副本2”图层放置到最上方，如下图所示。

11 调整图层顺序后的图像效果如下图所示。

12 单击面板底部的“添加图层蒙版”按钮，为图层添加上蒙版，如下图所示，单击蒙版缩略图。

13 应用“画笔工具”在背景图像中单击，留出花朵图像，如下图所示。

14 使用“画笔工具”在背景图像中单击，将其余的图像颜色显示出来，如下图所示。

15 打开“图层”面板，将“背景副本2”图层的“不透明度”设置为30%，如下图所示。

16 设置完成图层不透明度后的图像效果如下图所示。

17 选取“背景副本”图层，将该图层的不透明度设置为80%，如下图所示。

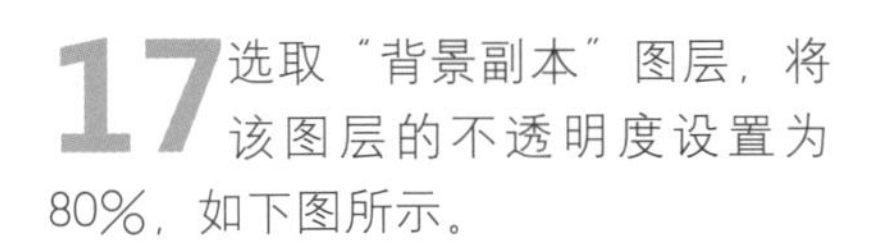

18 设置完成图层不透明度后的图像效果如下图所示。

Key Points

关键技法

在“亮度/对比度”对话框中，不要勾选“使用旧版”复选框，因为这样会导致修剪或丢失高光或阴影区域中的图像细节，不适合高端输出图像效果。

Example 04 应用“裁剪工具”调整倾斜的照片

光盘文件

原始文件：随书光盘\素材\05\09.jpg

最终文件：随书光盘\源文件\05\实例4 应用“裁剪工具”调整倾斜的照片.psd

本实例使用的是“裁剪工具”对倾斜的照片进行调整，在5.4节中已经讲述了“裁剪工具”的基本使用方法，但是在本实例的操作过程中会将设置的裁剪框进行旋转，主要是使用鼠标放置到裁剪框上，在出现旋转按钮时旋转图像，对原本倾斜的图像进行纠正。调整图像前后的效果对比如下图所示。

01 打开随书光盘\素材\05\09.jpg文件，如下图所示。

02 单击工具箱中的“裁剪工具”按钮，然后使用该工具在画面中拖曳，绘制裁剪框。如下图所示。

03 绘制后将鼠标移到裁剪框的四个顶角边，当鼠标指针变为形状时，即可进行旋转。如下图所示。

04 旋转裁剪框，并将裁剪框放大，如下图所示。

05 确定好裁剪框位置和大小，如下图所示。单击工具选项栏上的“提交当前裁剪操作”按钮✓。

06 确定裁剪后，系统将根据裁剪框对图像进行裁剪。如下图所示。

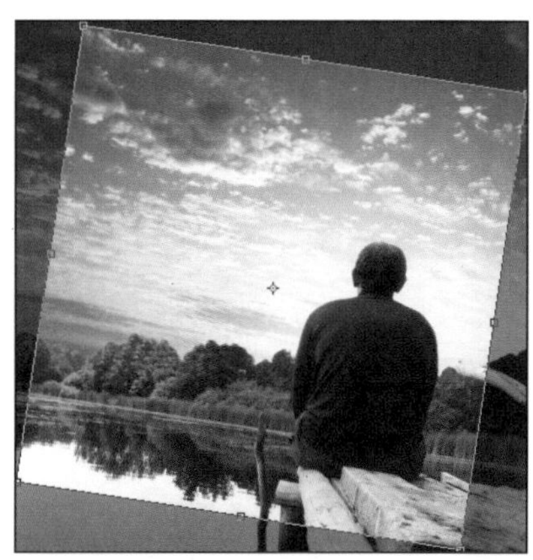

Key Points

关键技法

使用“裁剪工具”对图像进行裁剪时，其裁剪框不要超过图像范围，否则裁剪后的图像的边缘将以背景色填充。

Example 05 应用“照亮边缘”滤镜使模糊的照片变清晰

光盘文件

原始文件：随书光盘\素材\05\10.jpg

最终文件：随书光盘\源文件\05\实例5 应用“照亮边缘”滤镜使模糊的照片变清晰.psd

如何将一张模糊的照片变清晰就是本实例所要解决的问题，主要应用的是“照亮边缘”滤镜，因为“照亮边缘”滤镜可以将图像的边缘根据需要进行设置，然后应用“绘画涂抹”滤镜将重新设置的图像边缘进行调整，即可将原本模糊的图像变清晰，对比效果如下图所示。

01 打开随书光盘\素材\05\10.jpg文件，如下图所示。

02 打开"图层"面板，拖曳"背景"图层至"创建新图层"按钮上，即可复制得到"背景副本"图层，如下图所示。

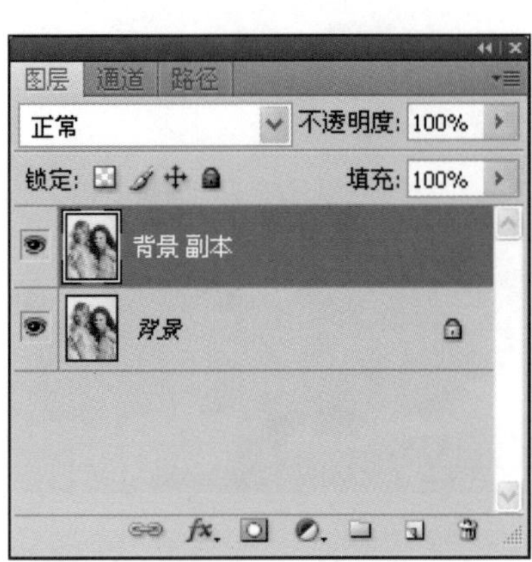

03 选中"背景副本"图层，执行"滤镜>其它>高反差保留"菜单命令，如下图所示。

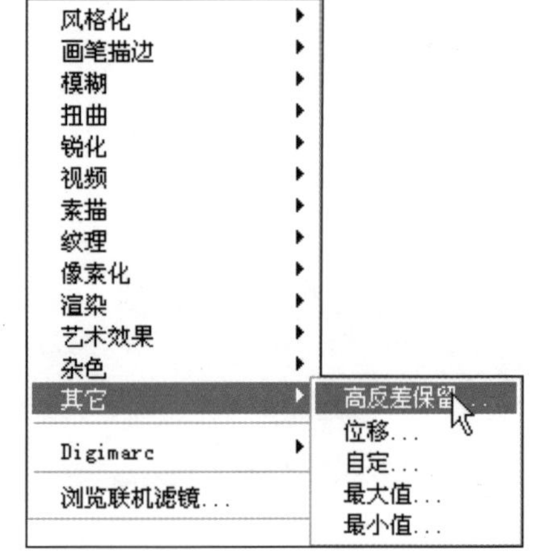

04 打开"高反差保留"对话框，设置"半径"值为2像素，然后单击"确定"按钮，如下图所示。

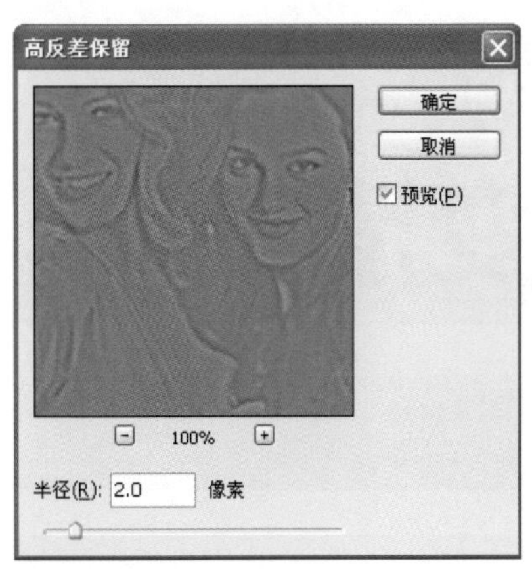

05 通过应用"高反差保留"滤镜，得到的效果如下图所示。

06 执行"滤镜>锐化>智能锐化"菜单命令，如下图所示。

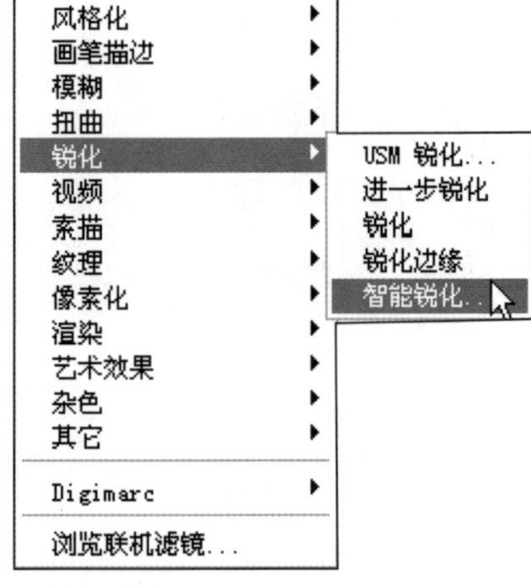

07 打开"智能锐化"对话框，参照下图所示设置参数，并勾选"更加准确"复选框。

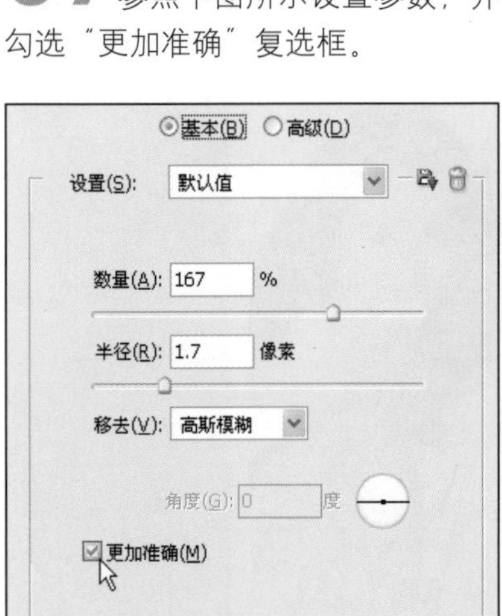

08 设置好后，在滤镜对话框左侧的预览框中显示了当前图像的状态，如下图所示。

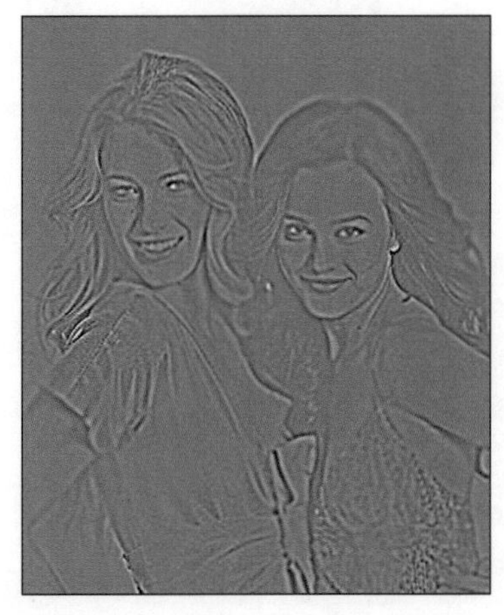

09 选择"高级"单选按钮，并设置"阴影"选项卡下的参数，如下图所示。

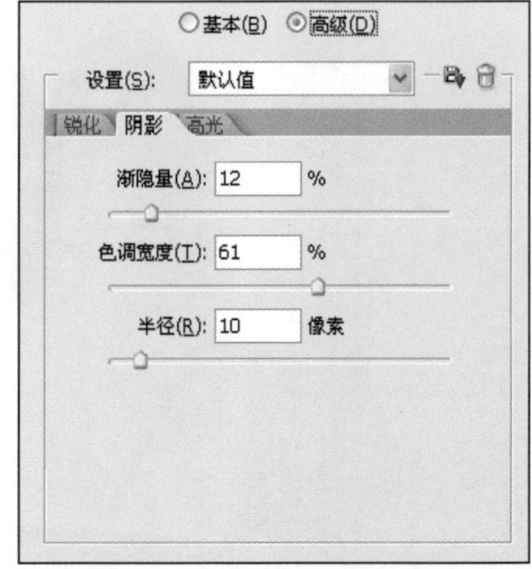

10 切换至“高光”选项卡下，参照下图所示设置参数。

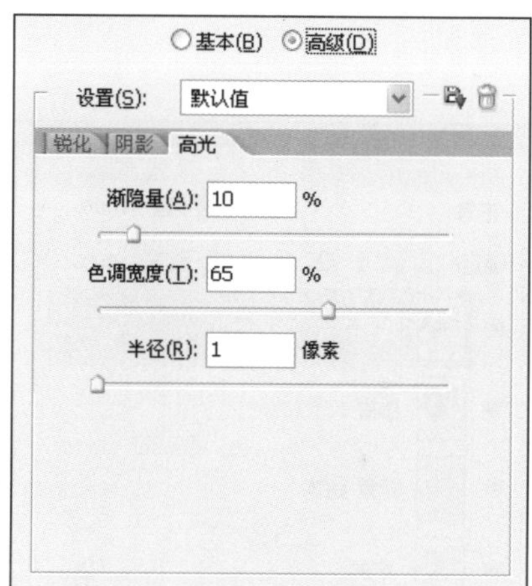

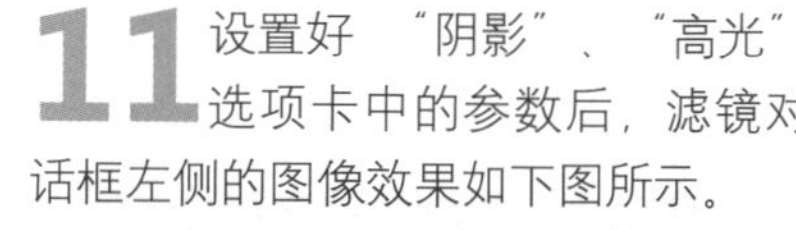

11 设置好“阴影”、“高光”选项卡中的参数后，滤镜对话框左侧的图像效果如下图所示。

12 在“图层”面板中设置“背景副本”图层的混合模式为“叠加”，如下图所示。

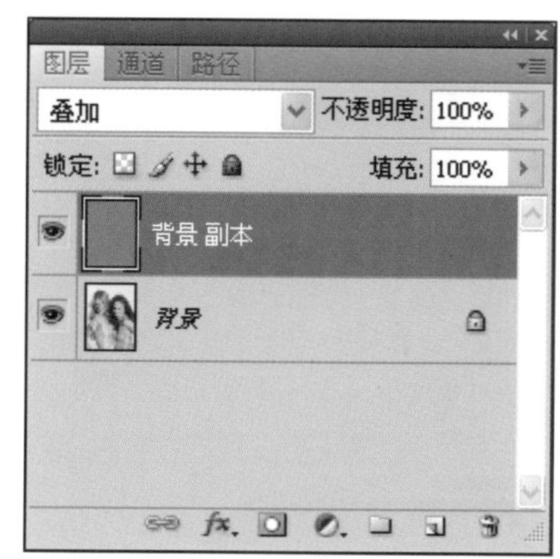

13 设置好图层混合模式后，画面中的图像效果如下图所示。

14 按Alt+Ctrl+Shift+E快捷键，盖印可见的图层，得到“图层1”图层，如下图所示。

15 打开“通道”面板，查看每个通道，然后复制细节明显的“蓝”通道得到“蓝 副本”通道，如下图所示。

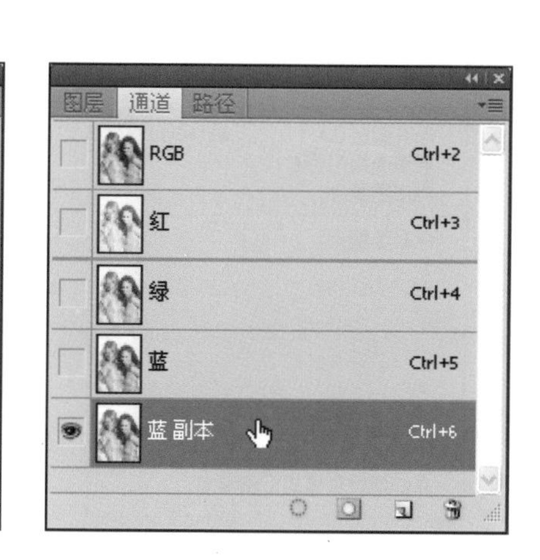

16 执行“滤镜>风格化>照亮边缘”菜单命令，如下图所示。

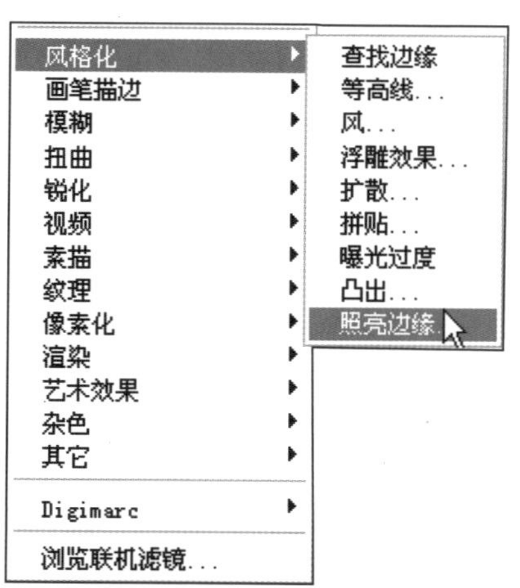

17 执行操作后，将会打开如下图所示的“照亮边缘”对话框，参照下图所示设置参数。

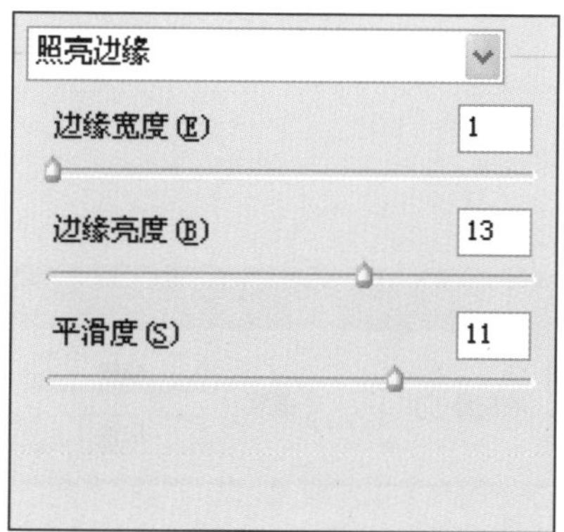

18 应用“照亮边缘”滤镜后的图像效果如下图所示。

19 执行“图像>调整>色阶”菜单命令，将会打开如下图所示的“色阶”对话框。参照图上所示设置参数。

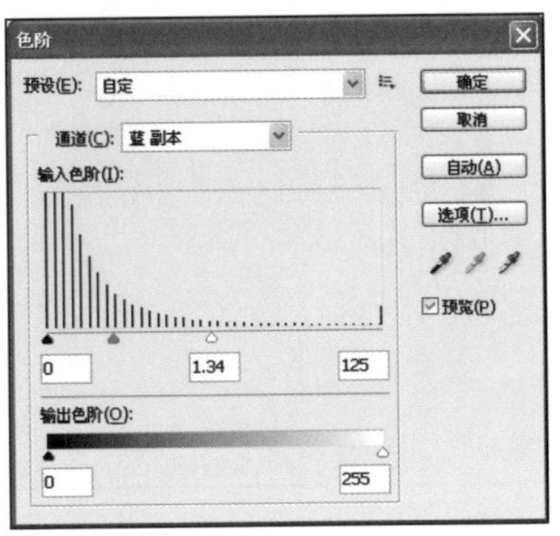

20 应用“色阶”命令后的图像效果如下图所示。

21 复制“图层1”图层，得到“图层1副本”图层，如下图所示。

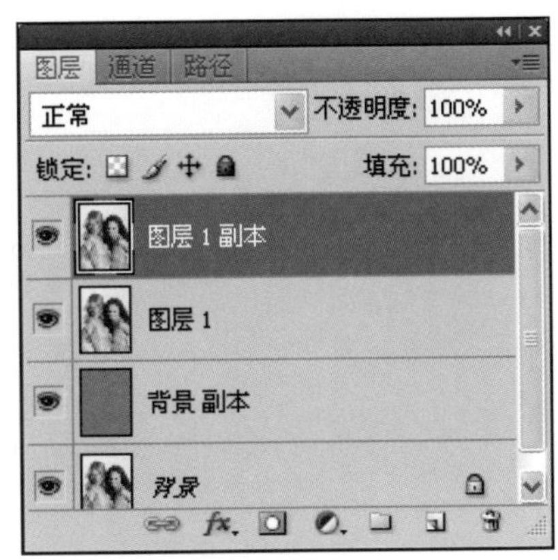

22 选中“图层1副本”图层，执行“选择>载入选区”菜单命令，如下图所示。

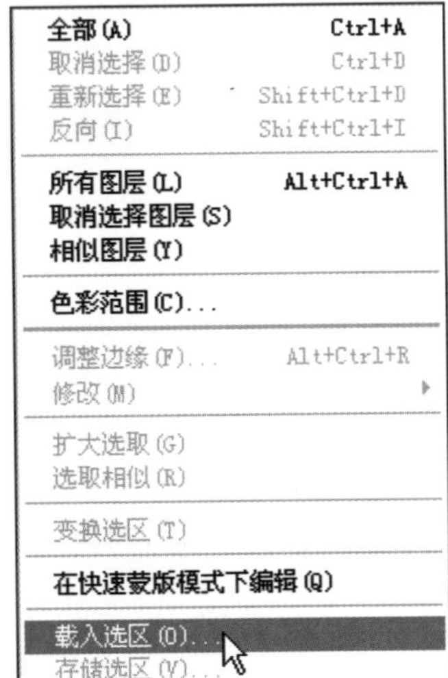

23 打开“载入选区”对话框，参照下图所示设置各项参数。

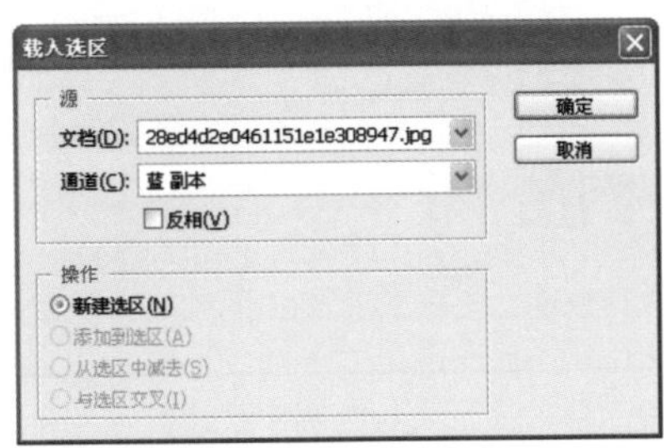

24 经过操作，画面中的图像效果如下图所示，将“照亮边缘”滤镜设置的区域转换为了选区。

25 执行“选择>修改>收缩”菜单命令，如下图所示。

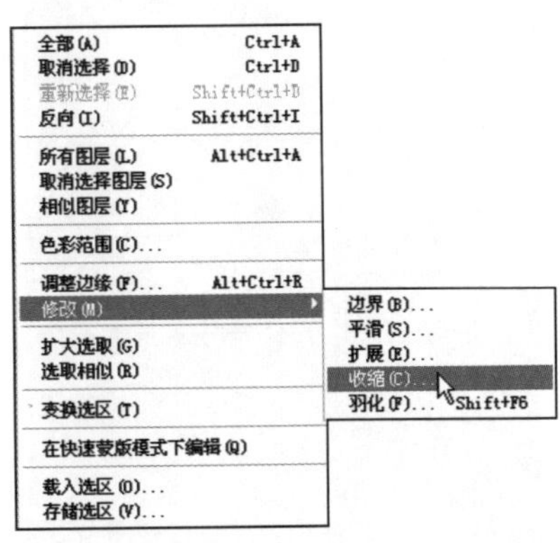

26 打开“收缩选区”对话框，设置“收缩量”为1像素，如下图所示。

27 执行“滤镜>艺术效果>绘画涂抹”菜单命令，设置“画笔大小”为1像素，“锐化程度”为4像素，如下图所示。

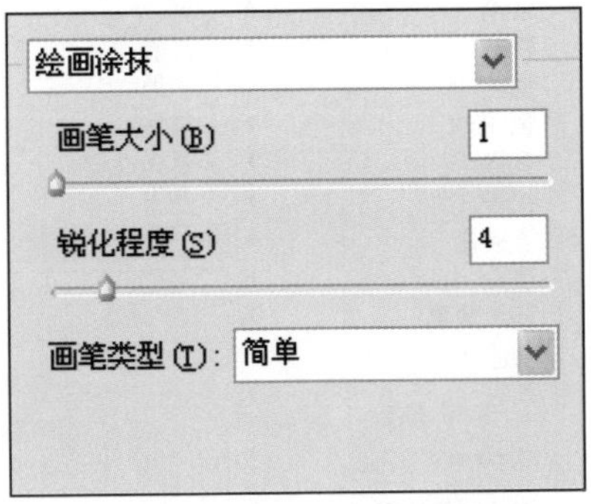

28 通过应用“绘画涂抹”滤镜，画面中的图像效果如下图所示。

29 单击工具箱上的“锐化工具”按钮，使用“锐化工具”在画面中涂抹，锐化头发细节。如下图所示。

30 锐化好细节后，画面中的图像效果如下图所示。

Key Points

关键技法

使用“照亮边缘”滤镜对通道进行调整时，可以根据需要设置“边缘宽度”，设置的宽度越大，得到的选区也会越大，调整图像的范围也越大。

Example 06 应用“仿制图章工具”去除照片上的日期

光盘文件

原始文件：随书光盘\素材\05\11.jpg

最终文件：随书光盘\源文件\05\实例6 应用“仿制图章工具”去除照片上的日期.psd

“仿制图章工具”的主要作用是对周围的图像取样后，将其应用到指定的图像上。本实例就是应用该工具的这一特性将照片中的日期去掉，在使用该工具对图像进行修复时，也可以根据需要指定所要取样的原图像，操作很简便，通常该工具被用来修复图像以及复制图像等。修复图像前后的对比效果如下图所示。

01 打开随书光盘\素材\05\11.jpg文件，打开的图像如下图所示。

02 单击工具箱中的“仿制图章工具”按钮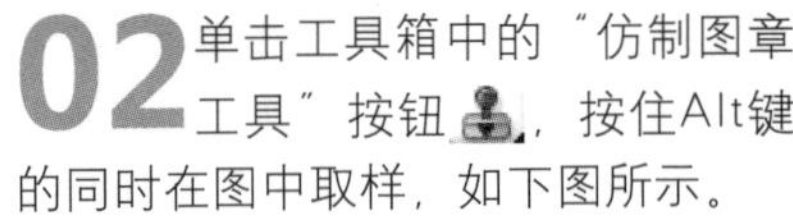，按住Alt键的同时在图中取样，如下图所示。

03 使用鼠标将取样的图像应用到数字2上涂抹，即可填充上取样的图像，如下图所示。

04 在图像中继续取样，将周围的图像应用到数字0上，如下图所示。

05 用相同的方法，将数字0也进行掩盖，如下图所示。

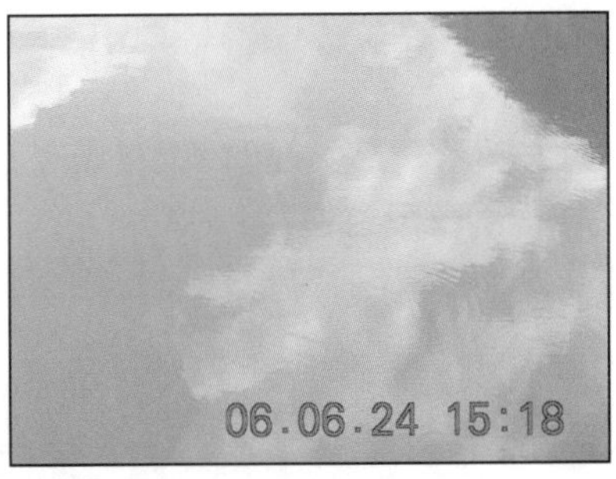

06 下面使用“仿制图章工具”在数字6的周围取样，如下图所示。

07 应用步骤6中所取样的图案，将数字6掩盖，图像效果如下图所示。

08 下面对数字2和4进行调整，同样地使用“仿制图章工具”在周围取样，并使用鼠标向数字4上拖动，如下图所示。

09 使用相同的方法，将数字2也进行掩盖，图像效果如下图所示。

10 对数字1和5进行调整，在周围合适的地方取样，再使用鼠标向数字上拖动，如下图所示。

11 下面对冒号进行修复。同样地在周围取样后，用鼠标拖动，将图像掩盖，如下图所示。

12 将剩余的文字都使用相同的方法进行掩盖，图像的最终效果如下图所示。

Key Points

关键技法

使用“仿制图章工具”修复图像，在取样时应该选择离要修复的图像最近的区域，这样修复的图像才最逼真。

Example 07 应用“涂抹工具”对杂乱背景进行处理

光盘文件

原始文件：随书光盘\素材\05\12.jpg

最终文件：随书光盘\源文件\05\实例7 应用“涂抹工具”对杂乱背景进行处理.psd

在一幅历史悠久的照片和图画上，必定会因为空气氧化的原因出现些许的裂纹，处理类似情况图像时可以使用“涂抹工具”。“涂抹工具”可以在图像中模拟出使用手指在图中涂抹后的痕迹，在其工具选项栏中可以设置“强度”值，不同的“强度”值下所涂抹的图像效果也不相同。修复背景前后的对比效果如下图所示。

01 打开随书光盘\素材\05\12.jpg文件，打开的图像如下图所示。

02 放大图像显示，可以发现在背景上有许多裂纹，如下图所示。

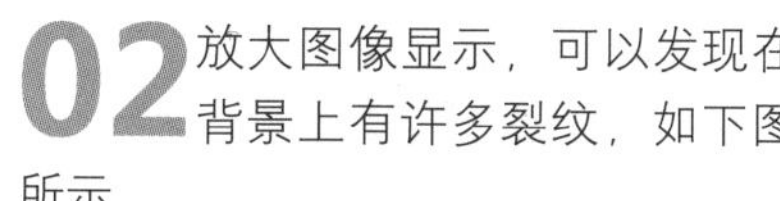

03 复制“背景”图层，得到“背景副本”图层，如下图所示。

04 单击工具箱上的"涂抹工具"按钮，设置画笔大小为40，"强度"为5，然后在裂纹上涂抹。如下图所示。

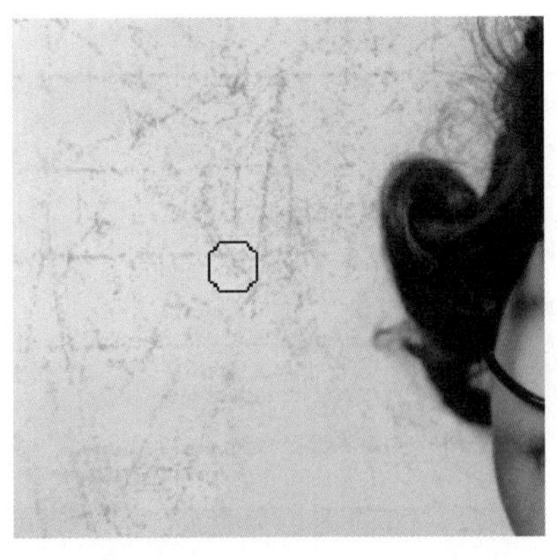

05 多次在裂纹上涂抹后，画面中的图像效果如下图所示。

06 使用同样的方法对图像的左上角进行涂抹，消除背景上的裂纹，擦除后的图像如下图所示。

07 拖曳图像至如下图所示的位置，在此位置上也有大量的裂纹出现。

08 设置"强度"值为20，使用"涂抹工具"在画面上涂抹，涂抹好的效果如下图所示。

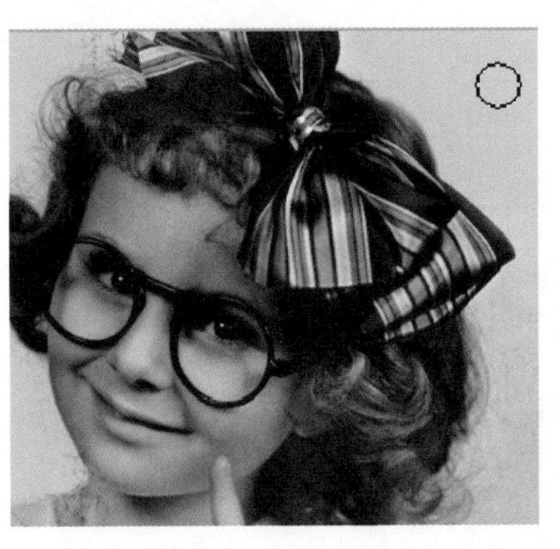

09 多次在图像中有裂纹的地方涂抹，将裂纹全部擦除，效果如下图所示。

10 按Alt+Ctrl+Shift+E快捷键，盖印可见的图层，得到"图层1"图层，如下图所示。

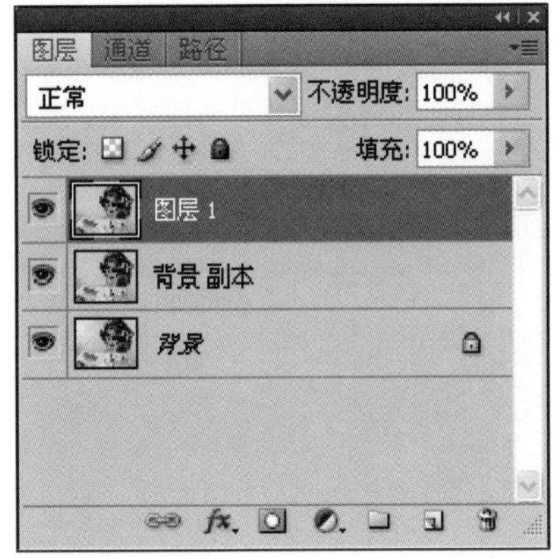

11 为了让图像看上去更光滑，执行"滤镜 >杂色>蒙尘与划痕"菜单命令，如下图所示。参照图上设置参数。

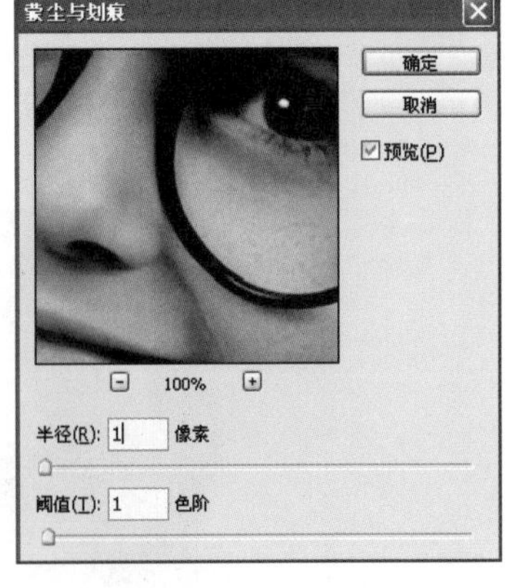

12 最终调整后的图像效果如下图所示。

Chapter

06 人物形象的完美修饰

"完美"永远都是人们较为关注的话题，尤其对女性而言，天使的脸庞和魔鬼的身材是做梦都在追求的。除了天生丽质的女性外，其他人难免不对自己的外貌和身材感到困惑，所以随着社会的发展，不断地出现了隆鼻、隆眼、隆胸，甚至从头到脚的改变，这一切都是在追寻完美。但整容会给身心健康带来伤害，现在有了Photoshop CS4这一强大的软件后，我们就可以不用做手术就能塑造出美丽的外形了。在本章中介绍了多个实例来对人物形象进行修饰，力求得到更好的图像效果。通过对本章的学习，读者可以掌握多种对人物形象进行修饰的方法。

相关软件技法介绍

在本章中讲述了很多与人物形象修饰相关的方法，通过这些方法可以对人物进行全面的改变。运用"修复画笔工具"可以修复脸部的瑕疵，将人物皮肤变光滑；使用"污点修复画笔工具"可以将图像中多余的图像抹去；使用"画笔工具"可以为人物画上好看的妆容；使用"历史记录画笔工具"可以快速返回到前面的任意一步操作；使用"蒙尘与划痕"滤镜可以使人物的皮肤变细致；使用"红眼工具"可以消除红眼；执行"阈值"命令可以提高照片层次。

6.1 用周围像素覆盖——修复画笔工具

“修复画笔工具”可借助瑕疵周围的图像将照片上的瑕疵消除。使用“修复画笔工具”可以利用图像或图案中的样本像素来绘画，但是“修复画笔工具”还可将样本像素的纹理、光照、透明度和阴影与所修复的像素进行匹配，从而使修复后的像素不留痕迹地融入图像的其余部分。

1 打开随书光盘\素材\06\01.jpg文件，如下图所示。

2 单击工具箱中的“修复画笔工具”按钮，按住Alt键取样，如下图所示。

3 使用鼠标在人物周围的皮肤上涂抹，修复后的图像如下图所示。

TIP

提 示

如果要从一幅图像中取样并应用到另一幅图像，则这两幅图像的颜色模式必须相同，除非其中一幅图像处于灰度模式。

6.2 比遮瑕霜还好用——污点修复画笔工具

“污点修复画笔工具”和“修复画笔工具”的不同点是前者不需要取样，就可以对图像进行修饰。选取“污点修复画笔工具”，在要去除或者掩盖的图像上拖动鼠标，即可将此处的图像填充上周围的颜色，如下所示。

1 打开随书光盘\素材\06\02.jpg文件，如下图所示。

2 单击工具箱中的“污点修复画笔工具”按钮，使用该工具在人物的面部单击，如下图所示。

3 多次单击后，人物面部的瑕疵被消除，图像的效果如下图所示。

6.3 运用绘画来修饰——画笔工具

“画笔工具”是Photoshop CS4中常用的工具之一，经常运用该工具在图中绘制出各种图形，并可以在“画笔”面板中选择多种多样的画笔形状，也可以根据需要自定义画笔形状，对画笔的颜色及动态等都可以进行设置，使用“画笔工具”可以绘制出丰富多彩的效果。

1 打开随书光盘\素材\06\03.jpg文件，如下图所示。

2 选择“画笔工具”，单击选项栏中的“切换画笔调板”按钮，打开如下图所示的“画笔”面板，并在该面板中选择星形图形。

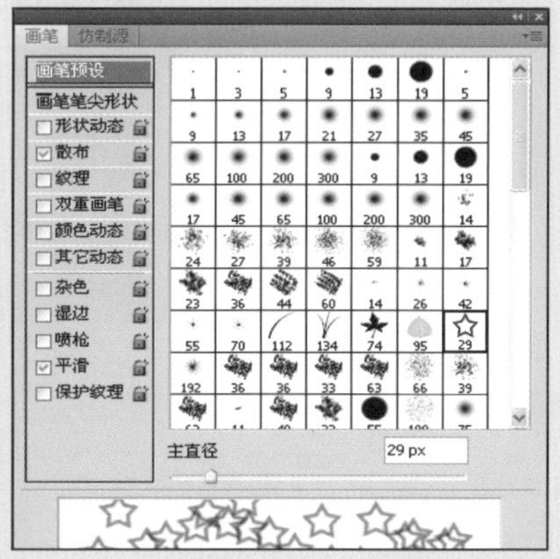

3 单击“前景色”图标，弹出如下图所示的“拾色器（前景色）”对话框，将颜色设置为R:1、G:195、B:195，最后单击“确定”按钮。

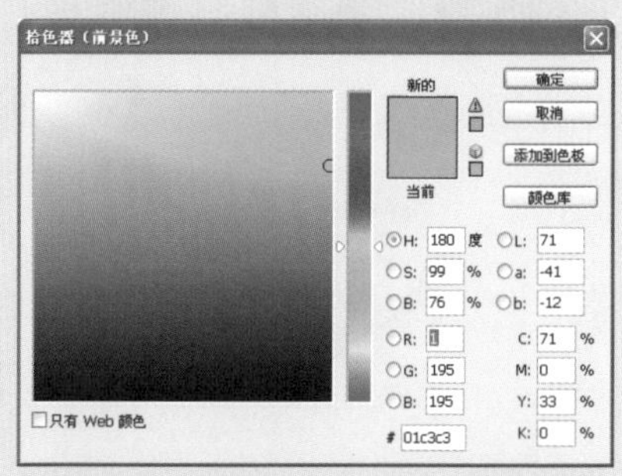

4 使用“画笔工具”在图中合适的位置上单击，即可绘制出星形图形，如下图所示。

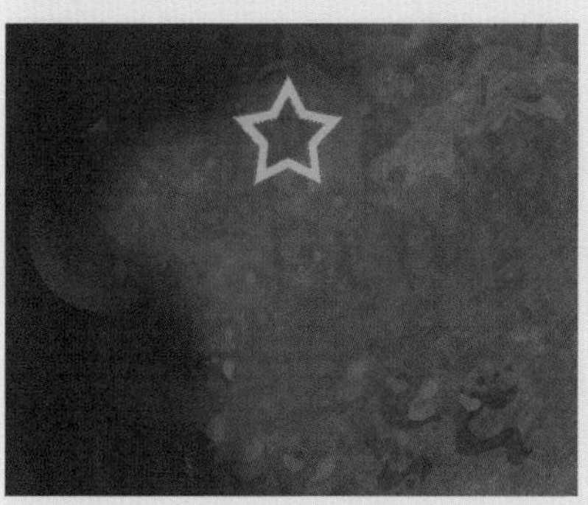

5 多次使用“画笔工具”在图中其余的位置上单击，绘制出的星形图形如下图所示。

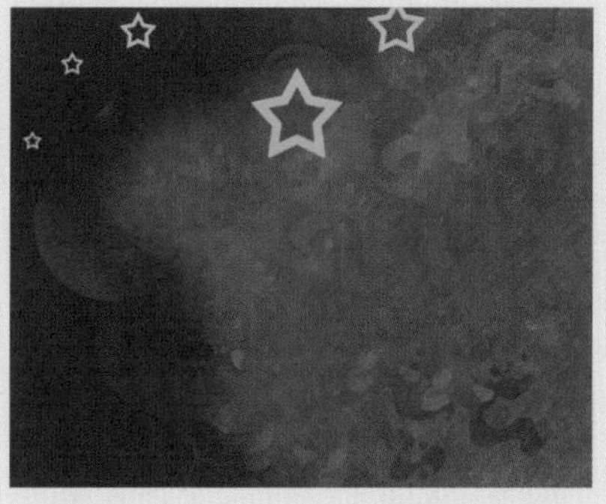

6 单击“前景色”图标，弹出如下图所示的“拾色器（前景色）”对话框，并参照图上所示设置颜色，最后单击“确定”按钮。

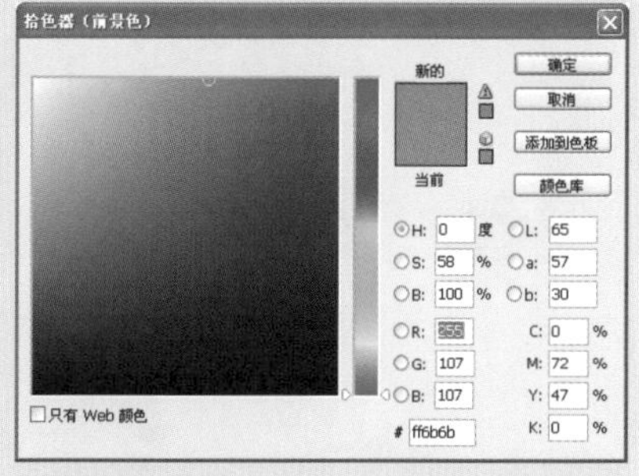

7 使用“画笔工具”继续在图中单击，在图中绘制出星形，如下图所示。

8 使用同样的方法设置其他颜色，使用“画笔工具”在其余地方单击，绘制图形如下图所示。

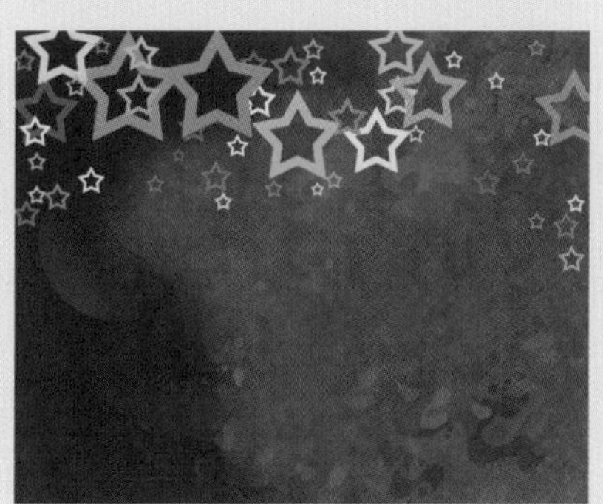

9 再使用前面所设置的颜色，使用“画笔工具”绘制出多个图形，最终效果如下图所示。

6.4 色彩的润饰——历史记录画笔工具

“历史记录画笔工具”可以对调整后的图像进行还原，打开“历史记录”面板，将进行调整前的图像记录为源，运用“历史记录画笔工具”就可以将调整后的图像进行还原，其具体操作步骤如下所示。

1 打开随书光盘\素材\06\04.jpg文件，如下图所示。

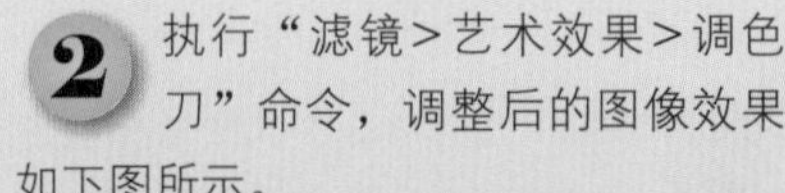

2 执行“滤镜>艺术效果>调色刀”命令，调整后的图像效果如下图所示。

3 打开“历史记录”面板，单击“打开”动作前面的按钮，如下图所示。

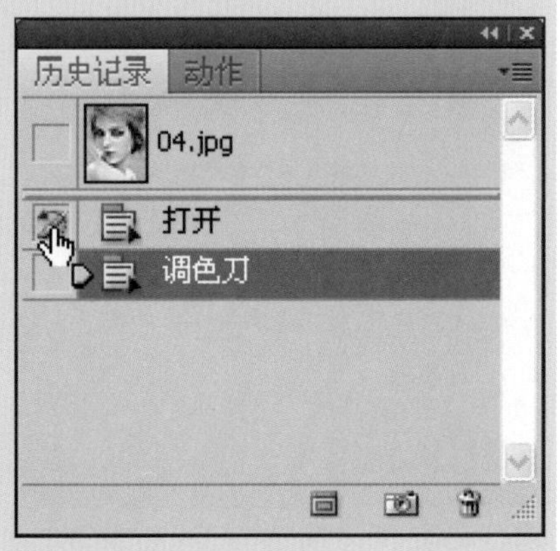

4 选取“历史记录画笔工具”，运用该工具在人物左眼处的图像上单击，将此处图像还原，如下图所示。

5 多次运用“历史记录画笔工具”在人物五官位置涂抹，将此处的图像还原，如下图所示。

6 继续在人物脸部涂抹，将人物脸部全部还原，设置后的图像效果如下图所示。

6.5 还原肌肤的保证——“蒙尘与划痕”滤镜

“蒙尘与划痕”滤镜可以在所选取的区域中添加一定数量的杂点，将原来的图像变光滑，在处理人物图像的皮肤时会经常用到此滤镜。

设置“蒙尘与划痕”对话框中的“半径”值，在其中搜索不同像素的区域大小。增加半径将使图像模糊。通过输入值来逐渐增大阈值，或者通过将滑块拖动到消除瑕疵的可能的最高值来逐渐增大阈值。

1 打开随书光盘\素材\06\05.jpg文件，如下图所示。

2 单击工具箱中的“以快速蒙版模式编辑”按钮，再单击工具箱中的“画笔工具”按钮，使用画笔在人物的皮肤上涂抹，如下图所示。

3 多次用“画笔工具”在除去五官的皮肤上涂抹，涂抹好后单击工具箱中的“以标准模式编辑”按钮，退出后被涂抹过的区域被载入了选区，再反选选区，如下图所示。

4 打开“图层”面板，按Ctrl+J快捷键复制选区中的背景图像至新的图层中，得到“图层1”，如下图所示。

5 选中“图层1”，执行“滤镜>杂色>蒙尘与划痕”命令，弹出“蒙尘与划痕”对话框，设置“半径”为6像素、“阈值”为9色阶，如下图所示。

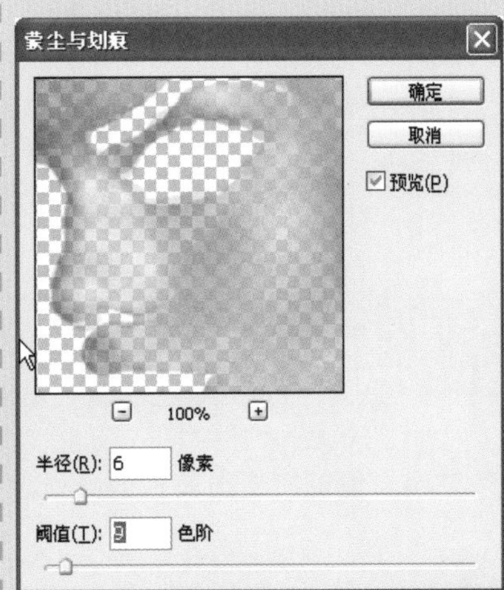

6 在“蒙尘与划痕”对话框中设置好“半径”与“阈值”后，画面中的图像效果如下图所示。

6.6 璀璨精华——“添加杂色”滤镜

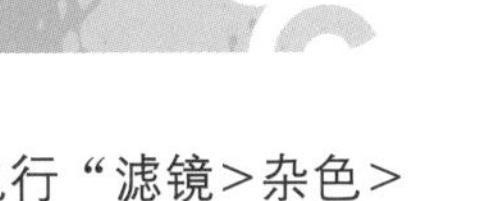

“添加杂色”滤镜主要是为所绘制的图像添加单色或彩色的杂点，使图像更具质感，执行“滤镜>杂色>添加杂色”命令，即可弹出“添加杂色”对话框，在该对话框中可以对所添加的杂色的数量和分布情况等进行调整，如下页图所示。

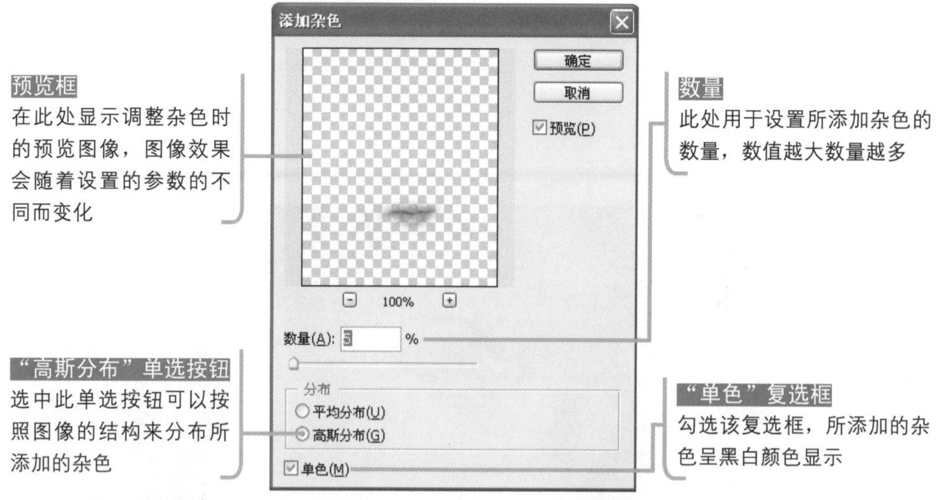

1 打开随书光盘\素材\06\06.jpg文件，如下图所示，使用"钢笔工具"创建嘴唇路径，并将嘴唇图像复制在一个新的图层中。

2 为嘴唇图像所在的图层添加杂色"滤镜，将"数量"设置为15，如下图所示，设置好后单击"确定"按钮。

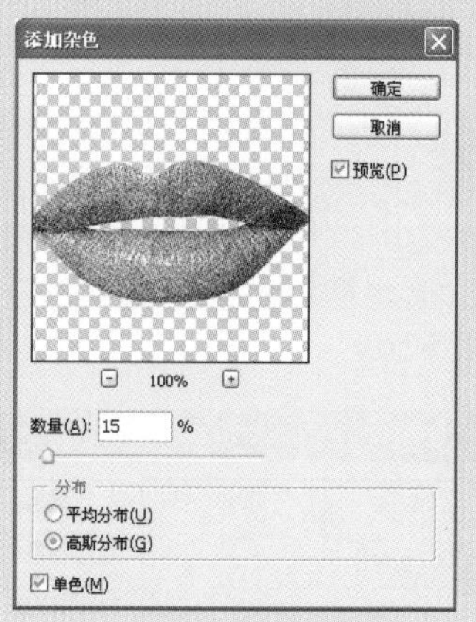

3 将该图层的混合模式设置为"正片叠底"模式，调整后的图像效果如下图所示。

6.7 想怎么瘦就怎么瘦——"液化"滤镜

使用Photoshop CS4提供的"液化"滤镜，能够打造出美妙的身材，具体操作步骤如下所示。

1 打开随书光盘\素材\06\07.jpg文件，如下图所示。

2 执行"滤镜>液化"命令，如下图所示。

添加杂色 Ctrl+F
转换为智能滤镜
滤镜库(G)...
液化(L)...
消失点(V)...
风格化
画笔描边
模糊
扭曲
锐化
视频
素描
纹理
像素化
渲染
艺术效果
杂色
其它

3 经过操作弹出"液化"对话框，参照下图所示设置参数。

工具选项
画笔大小: 54
画笔密度: 50
画笔压力: 100
画笔速率: 80
湍流抖动: 50
重建模式: 恢复
光笔压力
重建选项
模式: 恢复
重建(R) 恢复全部(A)
蒙版选项
无 全部蒙住 全部反相

4 先对人物的右手臂进行调整，使用“向前变形工具”将手臂往内拖动，如下图所示。

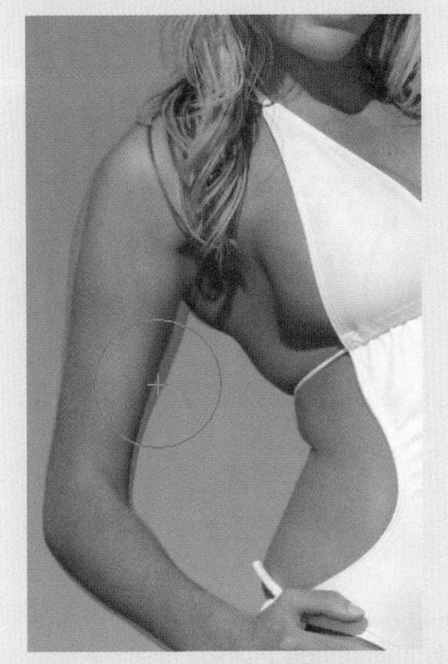

5 调整好后，画面中的图像效果如下图所示。

6 弹出“液化”对话框，将人物腰部右侧部分往身体内部拖动，并调整好形状，如下图所示。

7 调整好腰部右侧后，画面中的图像效果如下图所示。

8 使用同样的方法将人物的腰部左侧部分进行调整，如下图所示。

9 为人物塑形后的效果如下图所示。

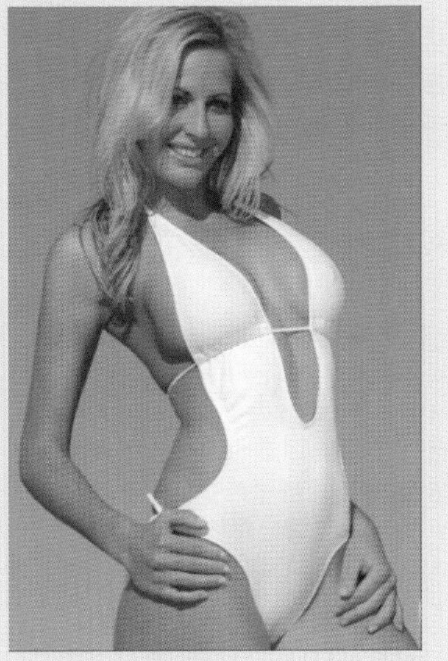

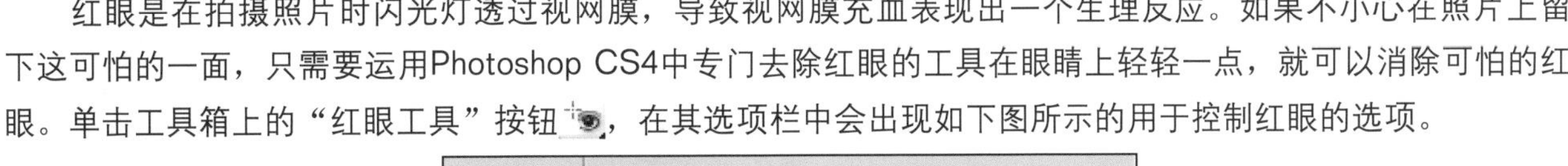

6.8 丢掉可怕的红眼——红眼工具

红眼是在拍摄照片时闪光灯透过视网膜，导致视网膜充血表现出一个生理反应。如果不小心在照片上留下这可怕的一面，只需要运用Photoshop CS4中专门去除红眼的工具在眼睛上轻轻一点，就可以消除可怕的红眼。单击工具箱上的“红眼工具”按钮，在其选项栏中会出现如下图所示的用于控制红眼的选项。

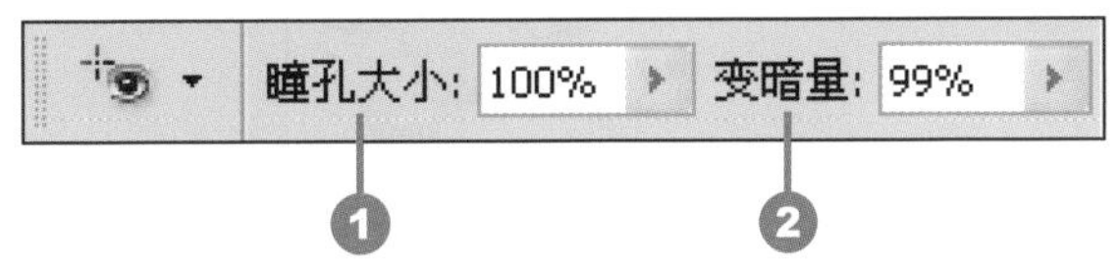

❶ 瞳孔大小：可以根据照片上红眼的大小对此选项进行调节，值越大，所涉及的范围就越大。

❷ 变暗量：用于调节修复红眼的深度。

1 打开随书光盘\素材\06\08.jpg文件，如下图所示。

2 放大显示图像后，单击工具箱中的“红眼工具”按钮，使用该工具在人物的瞳孔上拖动，如下图所示。

3 释放鼠标后即可消除红眼，用户可以多次执行上步操作，打造完美的眼睛，如下图所示。

6.9 艺术层次的画面——“阈值”命令

了解阈值必须懂得什么是临界区，临界区表示的是一个范围，在这个范围内的两个不同的值之间都存在一定的距离，这也称为差值。而阈值则正好是取决于这两个像素之间的差值。在Photoshop CS4中使用“阈值”命令则表示在一个指定范围内，通过计算后将照片中的像素值转换成在这个范围内的像素值，并用转换后的像素表示出来。

将图像转换为阈值图像的方法很简单，执行“图像>调整>阈值”命令，即可弹出如下图所示的“阈值”对话框。

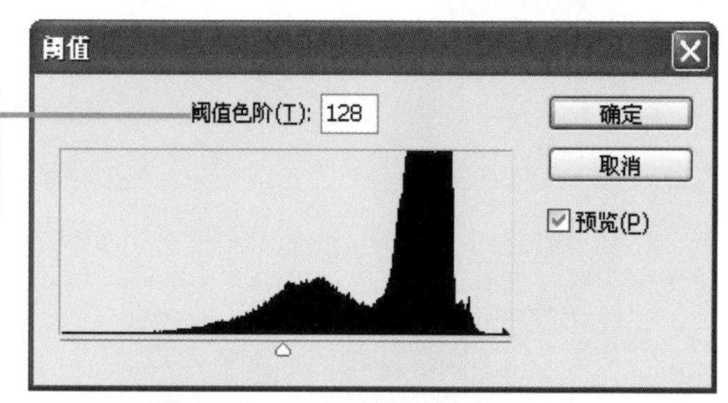

阈值色阶
在文本框中显示的是当前设置的阈值。可以直接在文本框中输入值，它的值域为0～255，当色阶值为0时表示图像以白色显示；当色阶值为255时表示为黑色

1 打开随书光盘\素材\06\09.jpg文件，如下图所示。

2 执行“图像>调整>阈值”菜单命令，打开“阈值”对话框，设置阈值色阶为105，图像效果如下图所示。

3 在“阈值色阶”文本框中输入数值169，图像效果如下图所示。

Example 01 运用“杂色”滤镜打造光滑的皮肤

光盘文件

原始文件：随书光盘\素材\06\10.jpg

最终文件：随书光盘\源文件\06\实例1 运用“杂色”滤镜打造光滑的皮肤.psd

本实例主要运用“杂色”滤镜组中的“蒙尘与划痕”滤镜对人物脸部进行调整。“蒙尘与划痕”滤镜的主要作用是将整个图像区域变为一个色调的图像，将细部的图像忽略不计，运用这一特效可以将人物脸部的斑点等不平的地方变得光滑。原图像与制作后的最终效果如下图所示。

01 打开随书光盘\素材\06\10.jpg文件，打开的图像如下图所示。

02 单击工具箱中的“以快速蒙版模式编辑”按钮，再单击工具箱中的“画笔工具”按钮，使用“画笔工具”在人物脸部进行绘制，如下图所示。

03 多次使用“画笔工具”在脸部绘制，直至将整个人物的脸部图形选取，但不选取人物的眼睛、嘴等部位，如下图所示。

04 单击工具箱中的“以标准模式编辑”按钮，退出快速蒙版，从下图中可以看出未被画笔绘制的区域被选取。

05 执行“选择>反向”命令，如下图所示，或者按Shift+Ctrl+I组合键反选选区。

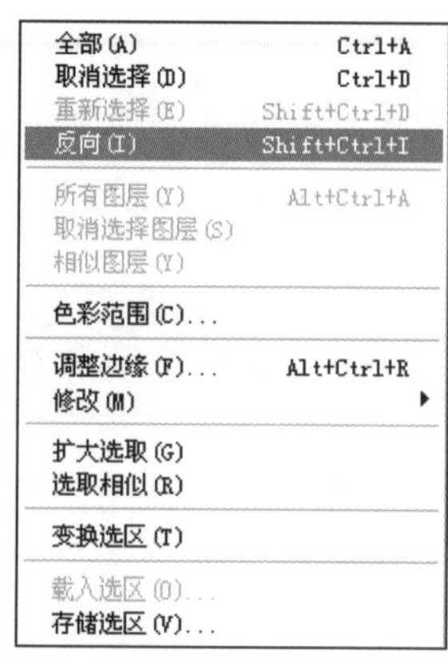

06 执行操作后，即可将人物的脸部图像选取，选取的区域如下图所示。

07 执行“图层>新建>通过拷贝的图层”命令，将步骤6中选取的区域创建为一个新的图层，系统自动将新建的图层命名为“图层1”，如下图所示。

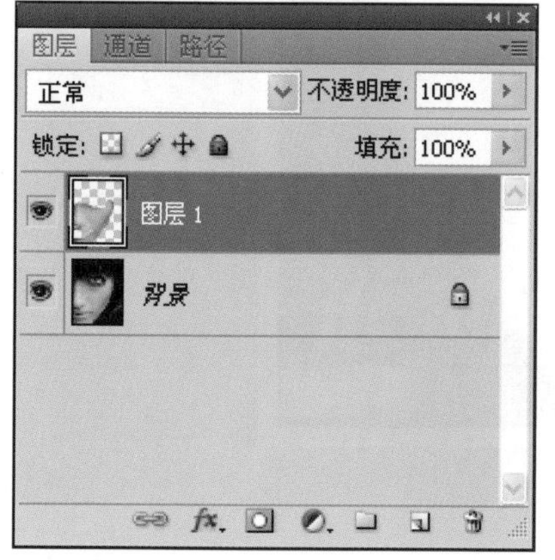

08 执行操作后即可将选取的图像创建为新的图层，隐藏“背景”图层就可以看到新生成的图层中所包含的图像，如下图所示。

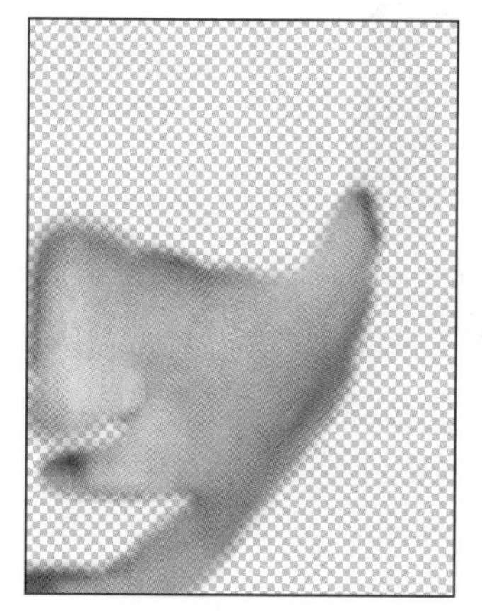

09 下面对脸部图像进行调整，执行“滤镜>杂色>蒙尘与划痕”命令，如下图所示。

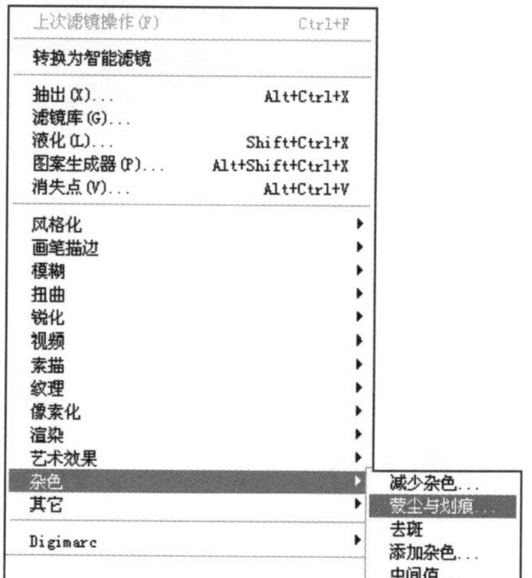

10 此时系统将会弹出如下图所示的“蒙尘与划痕”对话框，在该对话框中将“半径”值设置为6像素。

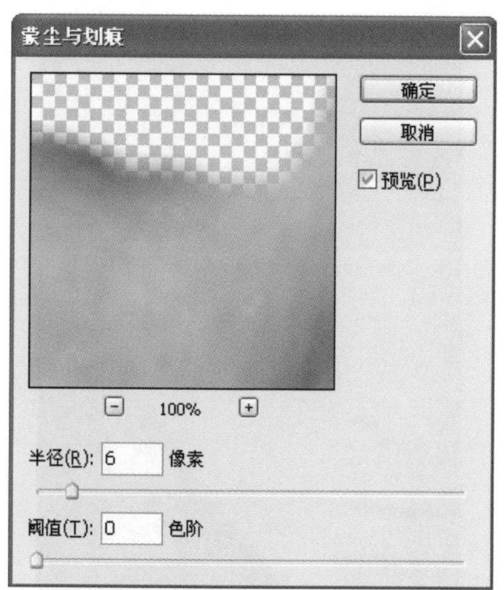

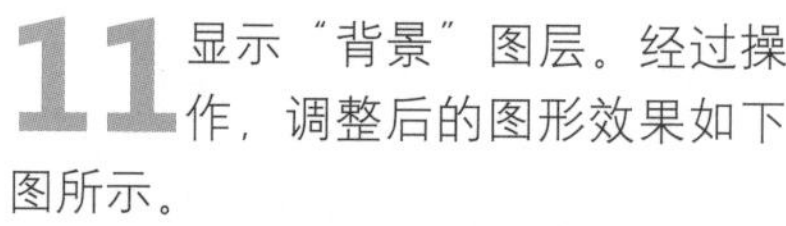

11 显示“背景”图层。经过操作，调整后的图形效果如下图所示。

Key Points

关键技法

• 在使用“杂色”滤镜对图像进行调整时，“半径”的数值不能太大，否则所制作的图像就会完全模糊，缺乏真实性。

Example 02 运用“变化”命令调整人物的唇膏与眼睛

光盘文件

原始文件：随书光盘\素材\06\11.jpg

最终文件：随书光盘\源文件\06\实例2 运用“变化”命令调整人物的唇膏与眼睛.psd

“变化”命令通过显示替代物的缩览图，使用户可以调整图像的色彩平衡、对比度和饱和度。在对话框中列举了7种图像，每一个图像都代表一个主色，通过对各个颜色的调整，最终得到颜色饱满的图像效果。完成制作的最终效果如下图所示。

01 打开随书光盘\素材\06\11.jpg文件，打开的图像如下图所示。

02 打开“图层”面板，选取“背景”图层，将其拖动到底部的“创建新图层”按钮上，如下图所示。

03 执行操作后即可创建一个新的图层，系统会自动将其命名为“背景副本”，如下图所示。

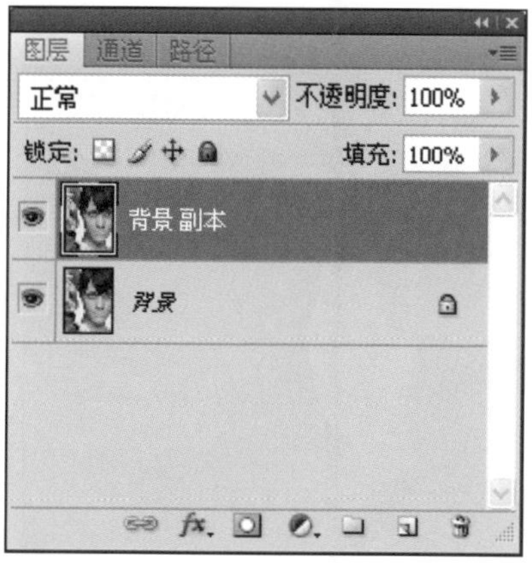

图层	通道	路径
正常	不透明度:	100%
锁定:	填充:	100%
背景 副本		
背景		

04 单击“以快速蒙版模式编辑”按钮并选取“画笔工具”，使用该工具填满人物嘴唇部分，设置唇形如下图所示。

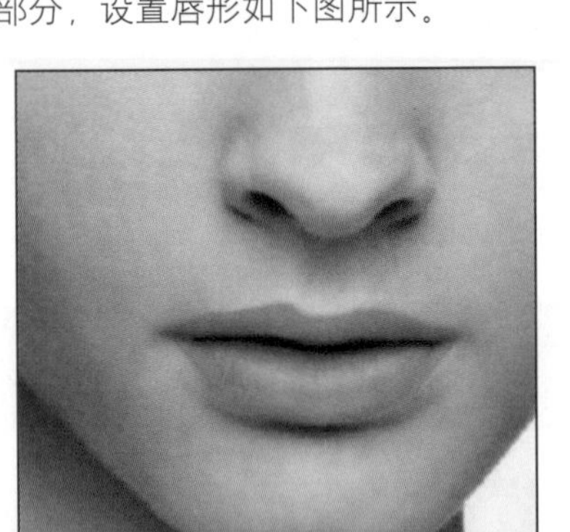

05 单击工具箱中的“以标准模式编辑”按钮，选取嘴唇以外的选区，按Shift+Ctrl+I组合键反向选取图像，如下图所示。

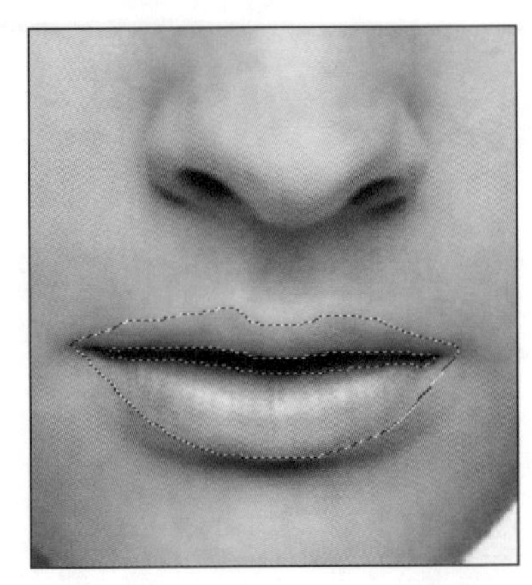

06 执行“选择>修改>羽化”命令，系统会弹出如下图所示的“羽化选区”对话框，将“羽化半径”值设置为3像素。

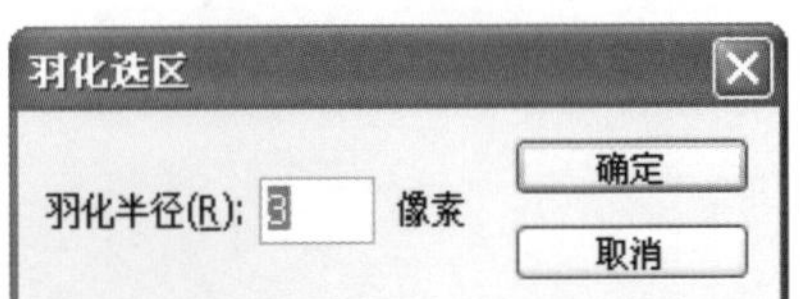

07 执行“图层>新建>通过拷贝的图层”命令，即可将所选取的区域创建为一个新的图层，隐藏“背景”和“背景 副本”图层后，效果如下图所示。

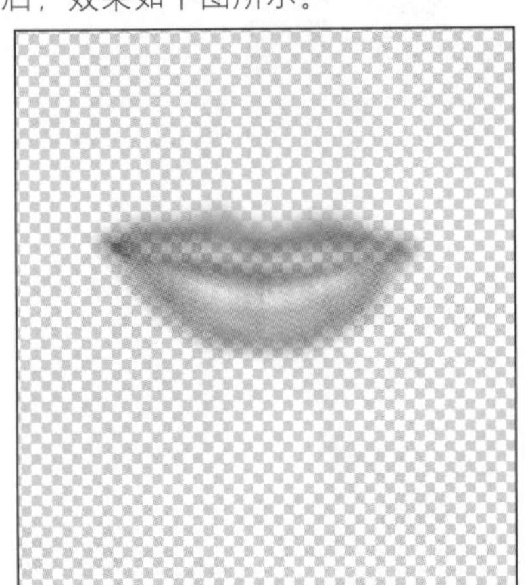

08 再执行“图像>调整>变化”命令，系统将会弹出如下图所示的“变化”对话框，在该对话框中根据需要调整人物嘴唇的颜色。通过单击“加深红色”和“加深洋红”图标对人物唇色进行设置。

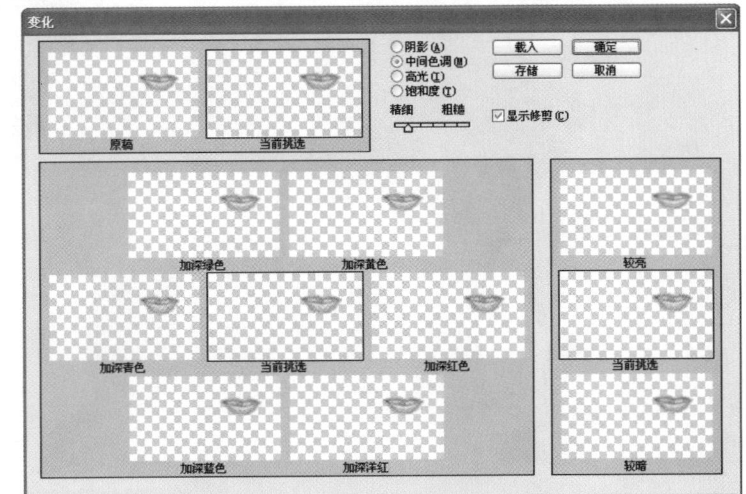

09 经过以上操作，调整后的图像效果如下图所示。

10 打开“图层”面板，并选择“背景副本”图层，如下图所示。

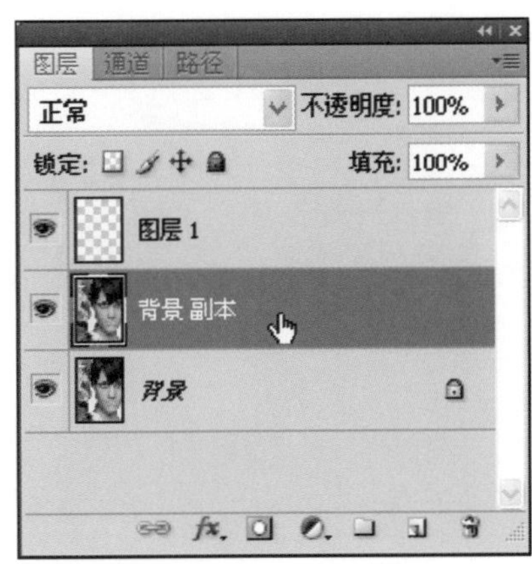

11 进入快速蒙版模式编辑图像，再使用“画笔工具”选取眼睛图像，如下图所示。

12 返回到标准编辑模式再反选选区，即可将眼睛图像选取，如下图所示。

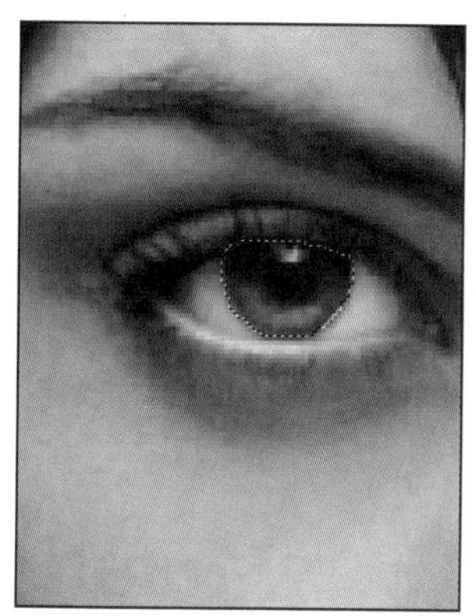

13 使用同样的方法将所选取的眼睛图像建立为一个新的图层，隐藏其余的图层，即可看到眼睛图像，如下图所示。

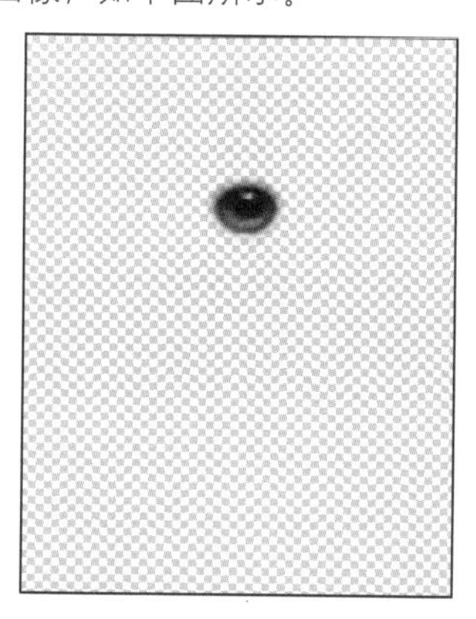

14 再执行"图像>调整>变化"命令，弹出"变化"对话框，在对话框中多次单击"加深蓝色"图标，将眼珠颜色变换，如下图所示。

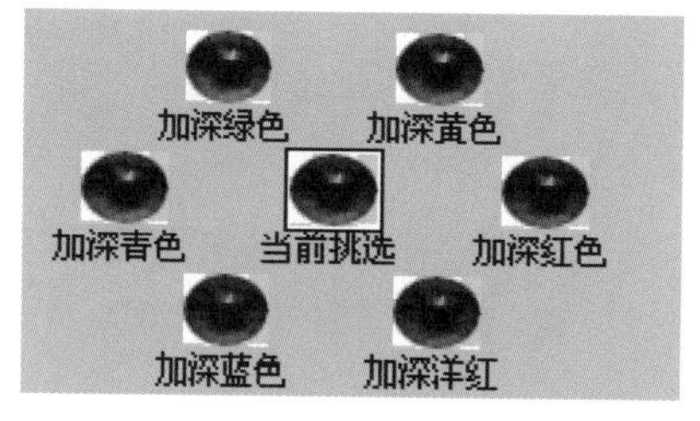

15 设置完成后，图像效果如下图所示。

16 将眼睛图像所在图层的混合模式设置为"颜色"，设置后的图像效果如下图所示。

17 打开"图层"面板，然后创建一个新的图层"图层3"，如下图所示。

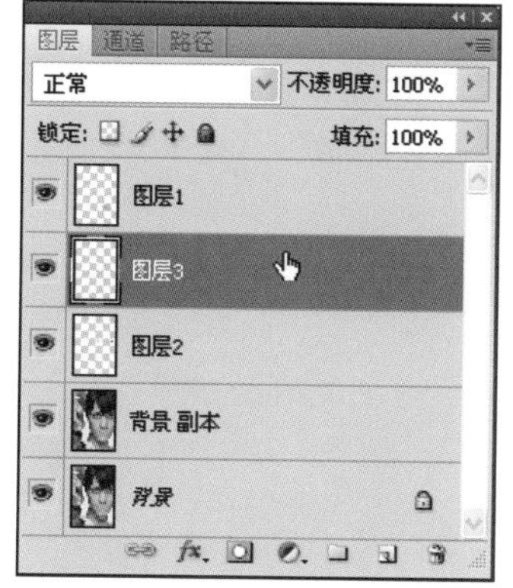

18 单击前景色图标，弹出"拾色器（前景色）"对话框，并将前景色设置为白色，如下图所示。

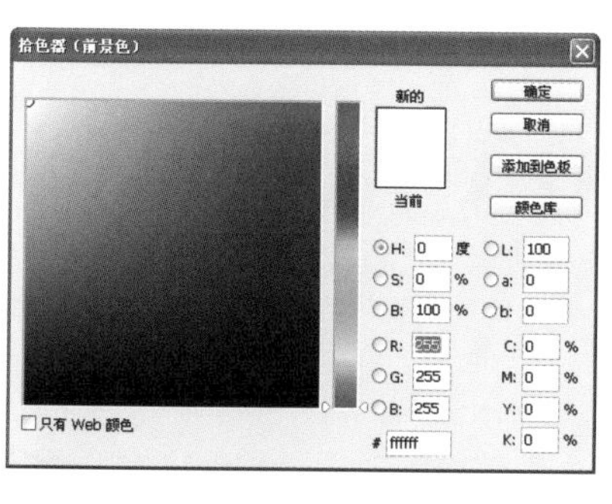

19 使用"画笔工具"绘制出眼珠中的高光区域，如下图所示。

20 调整完成后的眼睛图像效果如下图所示。

Key Points

关键技法

在使用"变化"命令调整图像时，如果对所调整的图像效果不满意，可以单击"变化"对话框中左上角的原始图像来还原修改。

Example 03 运用“修复画笔工具”去除人物斑点

光盘文件

原始文件：随书光盘\素材\06\12.jpg

最终文件：随书光盘\源文件\06\实例3 运用“修复画笔工具”去除人物斑点.psd

“修复画笔工具”是Photoshop CS4所提供的较为常用的修复人物脸部的工具，运用该工具修复的皮肤会变得光滑、细腻。本实例中将会运用该工具的这一特性，修复一个小女孩脸上的斑点区域，使图像更具美感，修复前后的图像对比效果如下图所示。

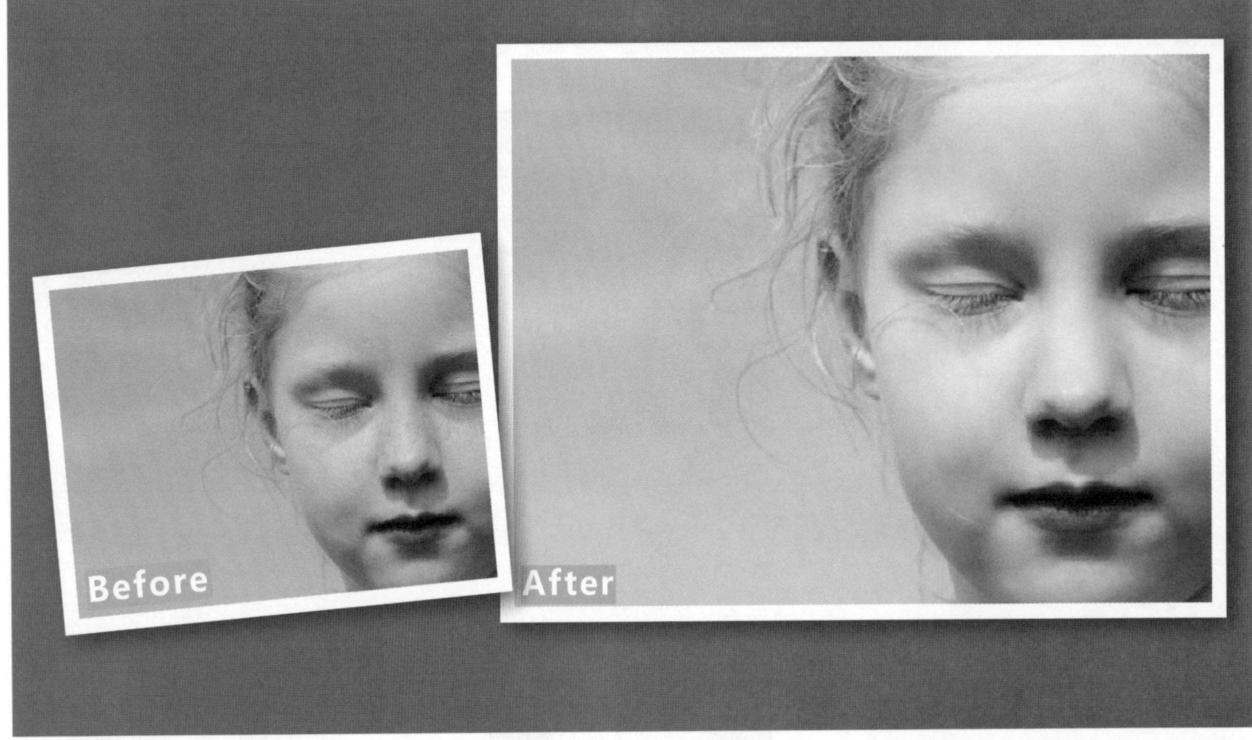

01 打开随书光盘\素材\06\12.jpg文件，打开的图像如下图所示。

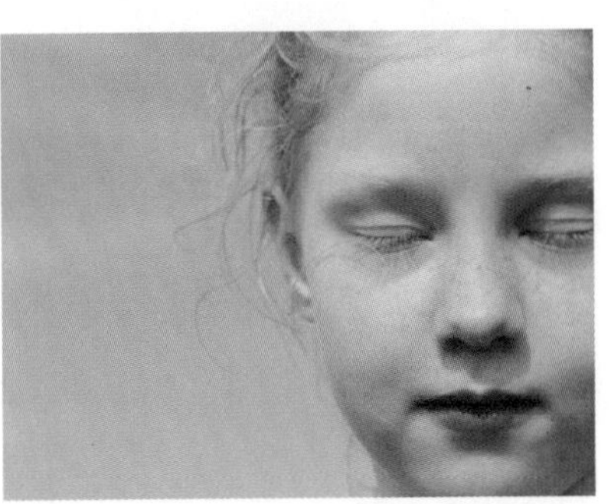

02 打开“图层”面板，选取“背景”图层，将其拖动到面板底部的“创建新图层”按钮上进行复制，复制的图层如下图所示。

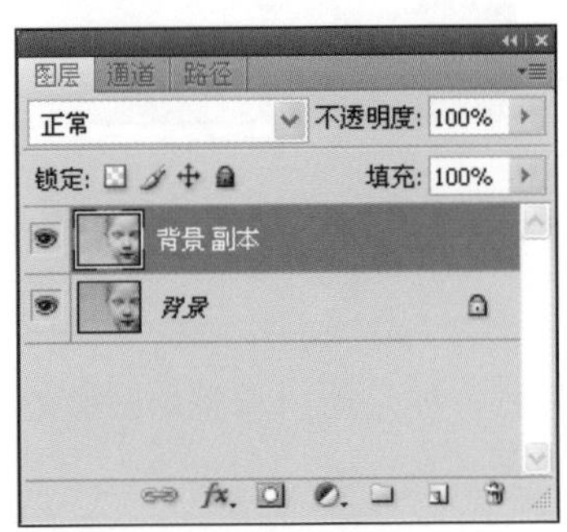

03 单击工具箱中的“修复画笔工具”按钮，并按住Alt键单击人物额头光滑的地方进行取样，如下图所示。

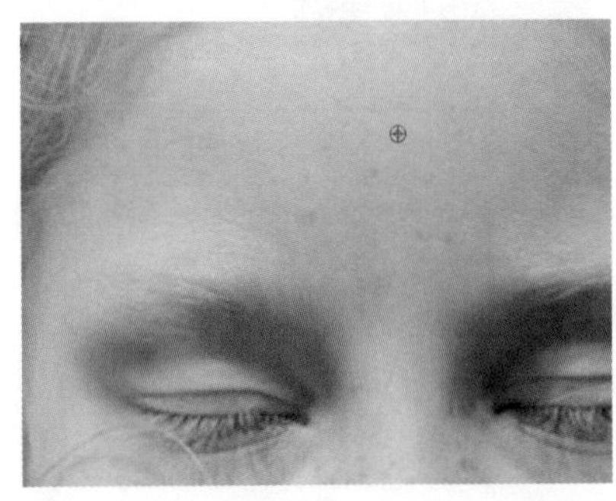

04 使用鼠标进行拖动，即可将取样周围的图像应用到周围要修复的皮肤上，如下图所示。

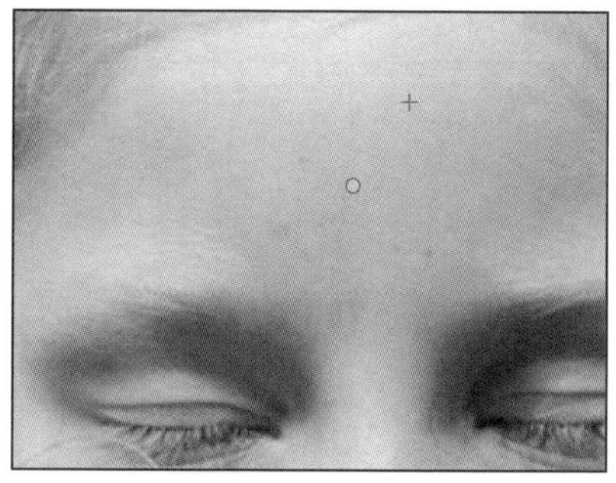

05 使用取样后的“修复画笔工具”在图像中拖动，将人物额头较多斑点的地方修复光滑，效果如下图所示。

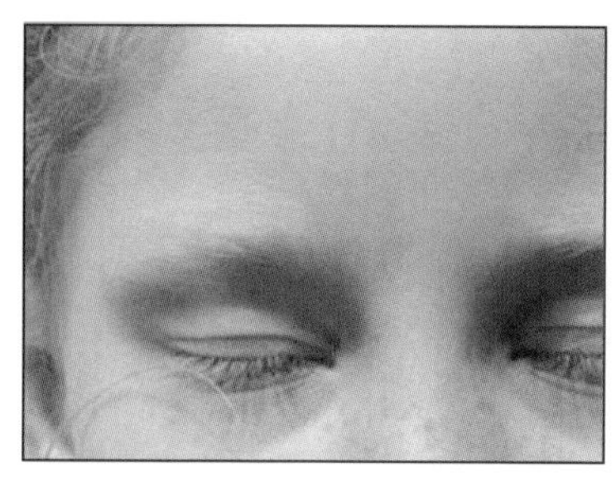

06 按住Alt键在图中进行取样，使用鼠标在要修复的皮肤周围进行拖动，将额头其余部分修复光滑，图像效果如下图所示。

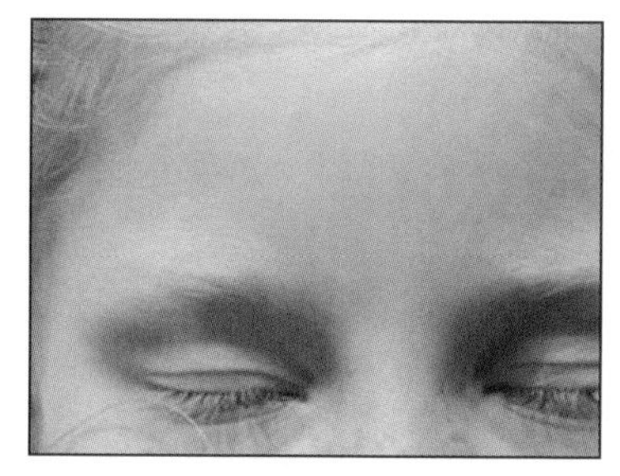

07 下面对人物脸部进行修饰。同样地选取“修复画笔工具”，按住Alt键在脸部光滑的皮肤上进行取样，如下图所示。

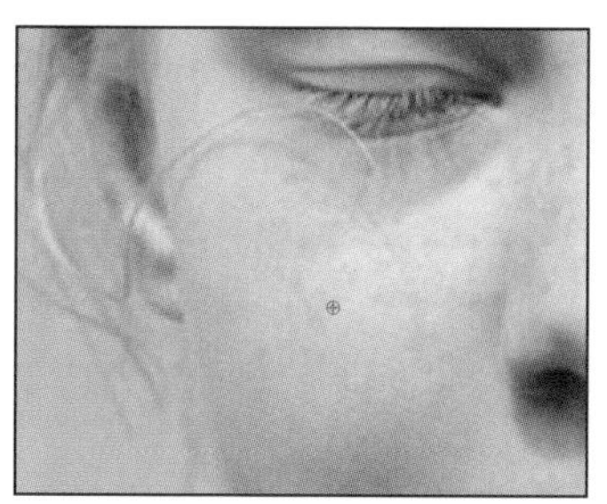

08 使用鼠标在要修复的皮肤上拖动，将人物脸部较多的斑点去除，图像效果如下图所示。

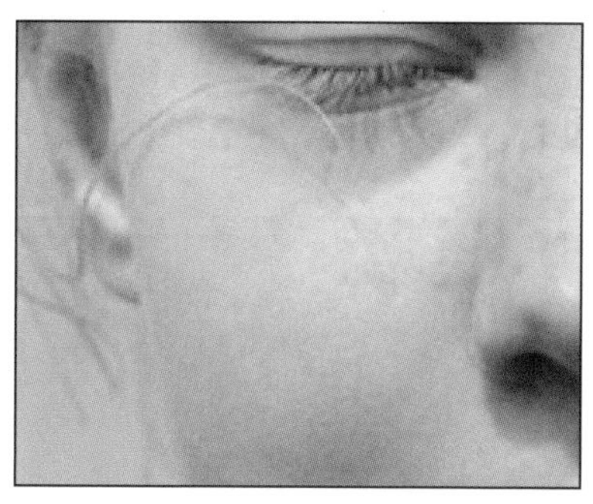

09 与步骤8中所讲述的取样方法相同，继续在脸部光滑的区域取样，然后将周围的皮肤修饰光滑，如下图所示。

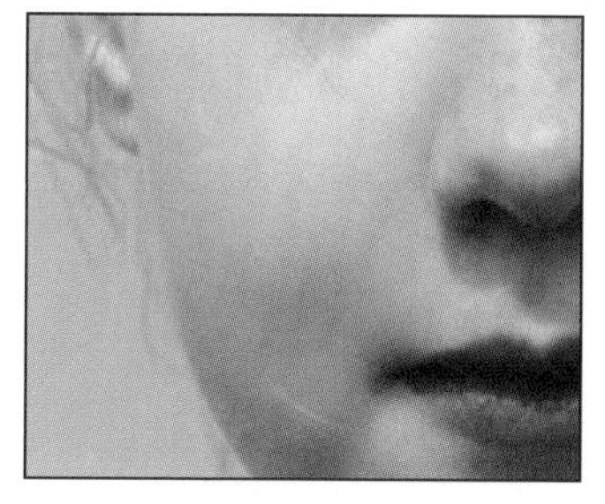

10 打开“图层”面板，将“背景副本”图层拖动到底部的“创建新图层”按钮上，如下图所示。

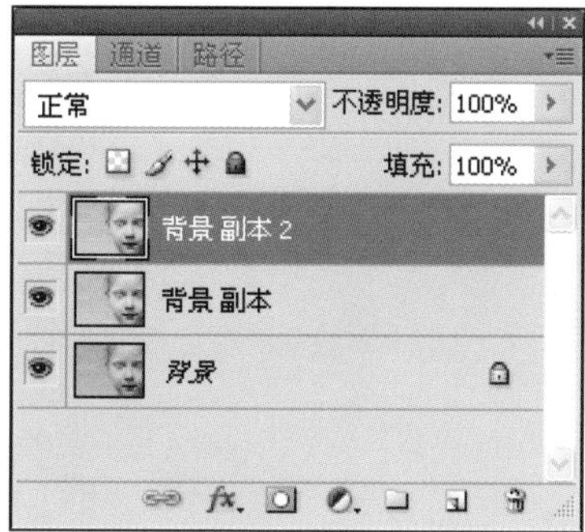

11 修复完成右侧脸颊图像和额头图像的效果如下图所示，从图中可以看出人物的左脸颊和鼻子上还有斑点。

12 放大图像，直到可以看清鼻子，选取“修复画笔工具”并按住Alt键取样，如下图所示。

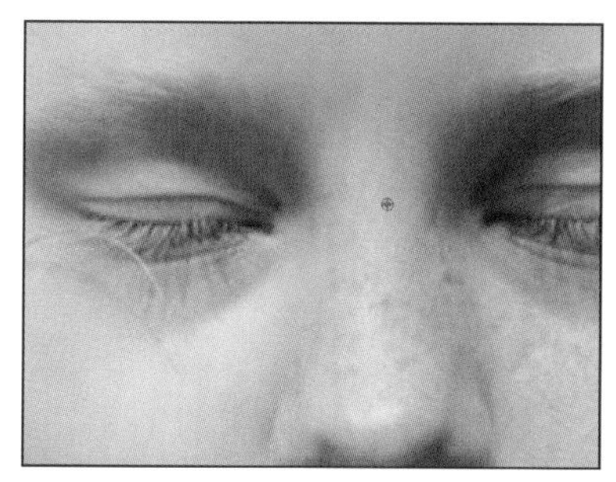

13 将鼠标指向要修复的地方进行拖动，即可将鼻子上的斑点去除，如下图所示。

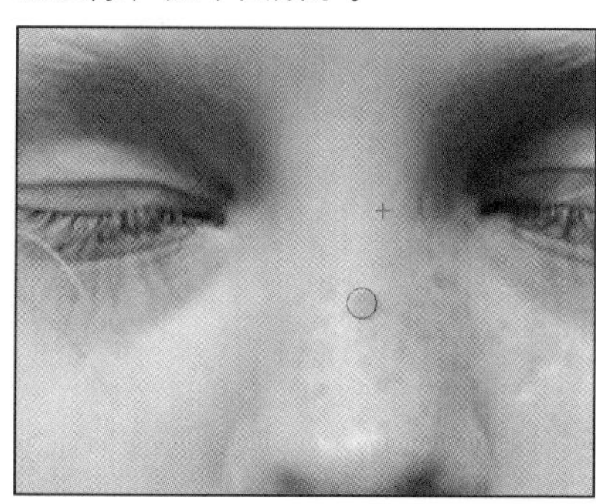

14 使用同样的方法将鼻子上所有的斑点修饰完成，图像效果如下图所示。

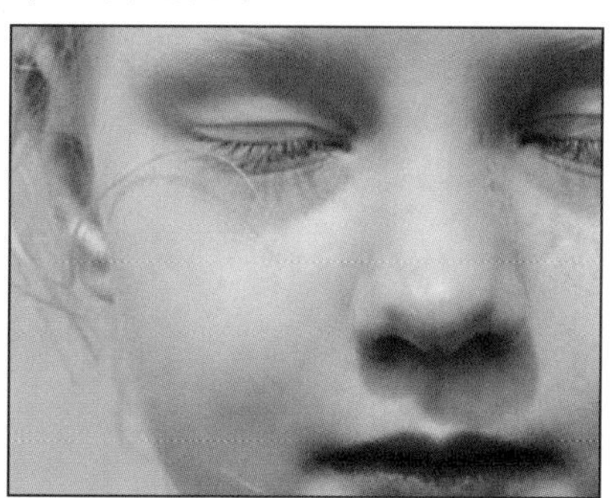

15 接下来修饰人物左脸。同样地选取“修复画笔工具”，并按住Alt键在光滑的皮肤周围取样，如下图所示。

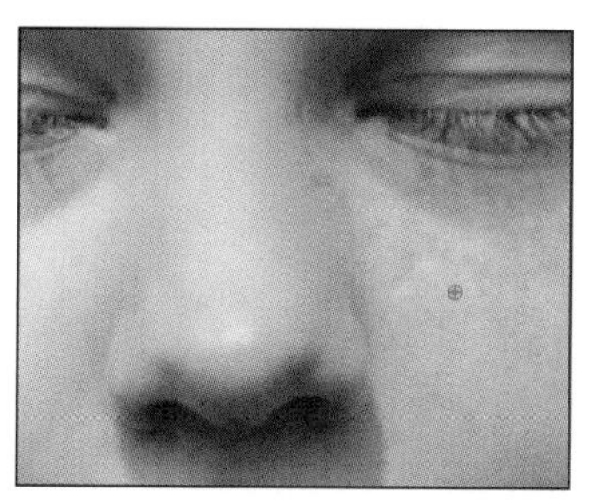

16 在有较多斑点的皮肤上拖动鼠标，即可将取样周围的皮肤应用到要修饰的皮肤上，如下图所示。

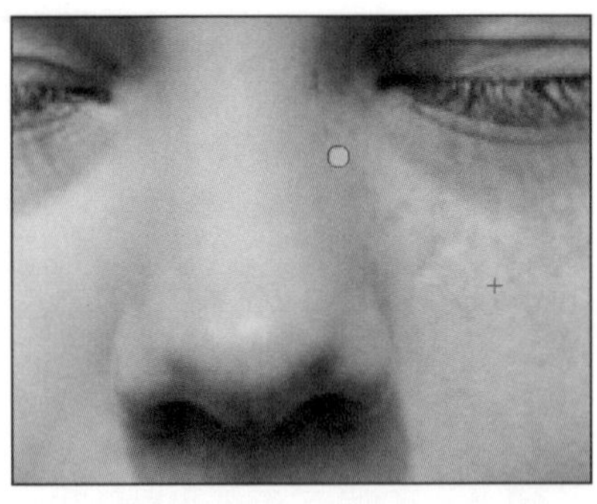

17 使用鼠标在鼻翼右边进行拖动，将其中较大的斑点修饰完成，图像效果如下图所示。

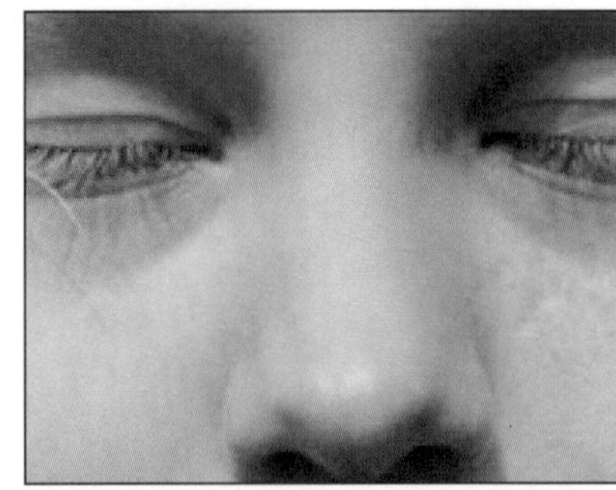

18 鼻翼修饰完后，在人物左侧脸部取样，对人物的右脸图像进行修饰，修饰后的效果如下图所示。

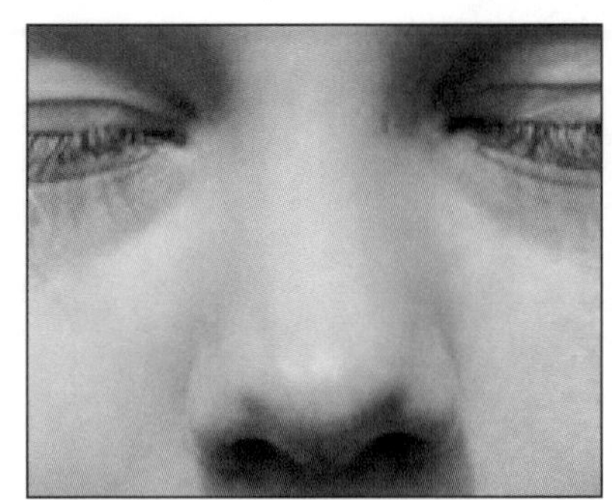

19 下面对人物的下巴等部位进行修饰。同样地先进行取样，然后对周围的皮肤进行修饰，调整完成后的图像如下图所示。

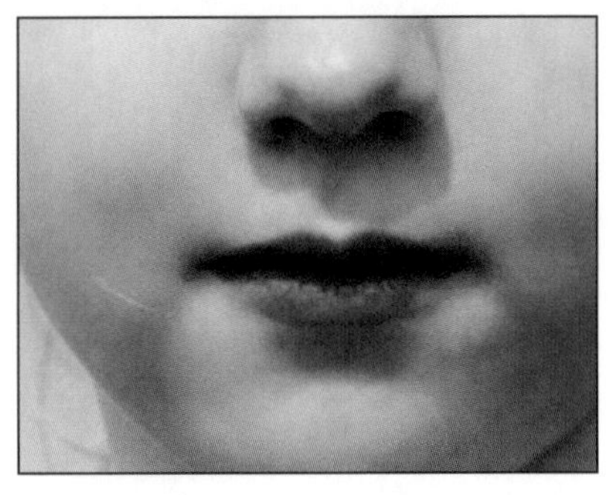

20 此时人物脸部的斑点修饰完成，但从图中可以看出图像色彩较暗，需要进一步调整，效果如下图所示。

21 执行“图像>调整>亮度/对比度”命令，如下图所示。

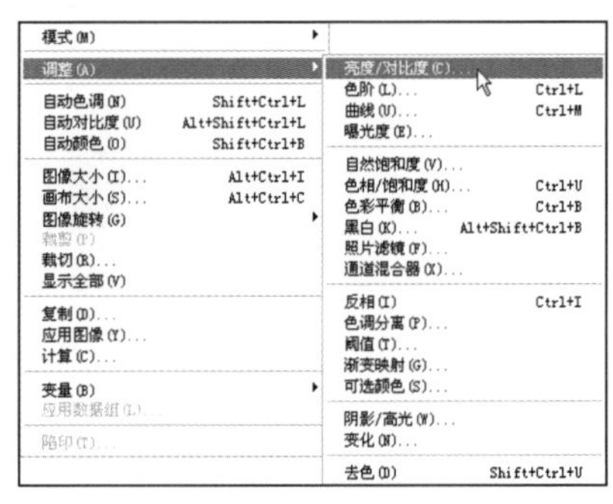

22 执行操作后，将会弹出如下图所示的“亮度/对比度”对话框，在该对话框中将“亮度”值设置为+12，将“对比度”值设置为+8，最后单击“确定”按钮。

亮度/对比度
亮度(B): +12 确定
取消
对比度(C): +8 预览(P)
使用旧版(L)

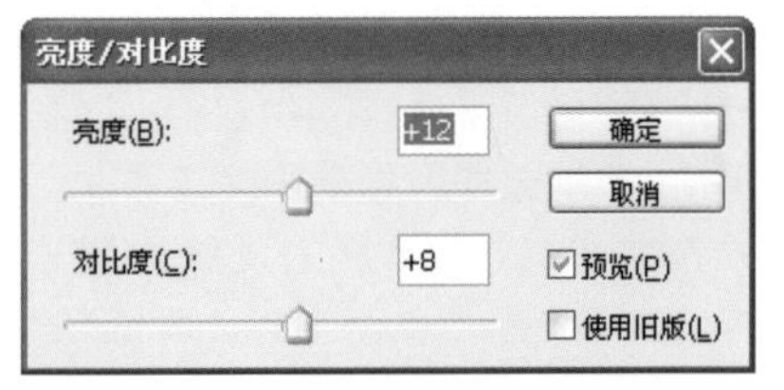

23 选取“背景副本2”图层，然后执行“图层>向下合并”命令，合并后的图层如下图所示。

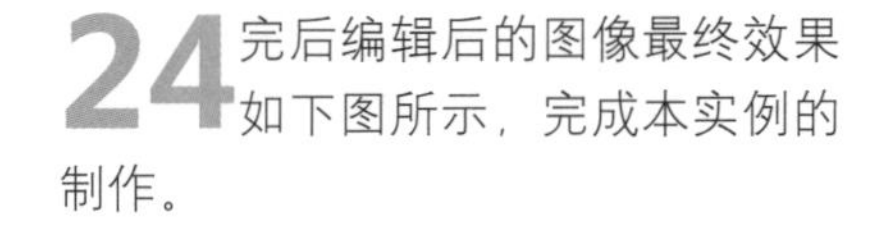

24 完后编辑后的图像最终效果如下图所示，完成本实例的制作。

Key Points

关键技法

运用“修复画笔工具”对人物脸部进行修复时，最好将所要修复图像周围较完整的图像作为源，这样所修复的图像更能融合到原来的图像中。

Example 04 运用通道美白人物牙齿

光盘文件

原始文件：随书光盘\素材\06\13.jpg

最终文件：随书光盘\源文件\06\实例4 运用通道美白人物牙齿.psd

牙齿泛黄会给人一种不好的印象，如何运用Photoshop将人物的牙齿变白？本实例将会具体讲述其操作步骤，运用各个通道中所包含的颜色信息不同，对牙齿选区进行调整，完成制作的最终效果如下图所示。

01 打开随书光盘\素材\06\13.jpg文件，打开的图像如下图所示。

02 打开“图层”面板，单击“通道”标签，即可打开“通道”面板，如下图所示。

03 使用鼠标选取“绿”通道，并将该通道拖动到“通道”面板底部的“创建新通道”按钮上，如下图所示。

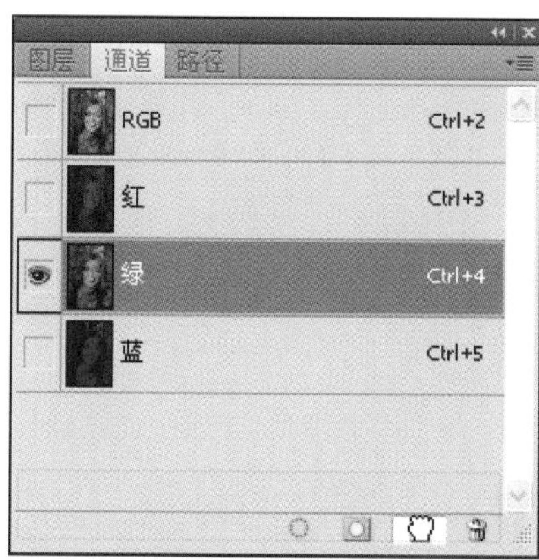

Improvement

提高：查看通道中的图像

下面将介绍查看通道中图像的方法。

01 执行“窗口>通道”命令，打开“通道”面板，然后单击某个通道，即可查看该通道的图像，如下图所示。单击红色通道，即可查看红色通道的图像。

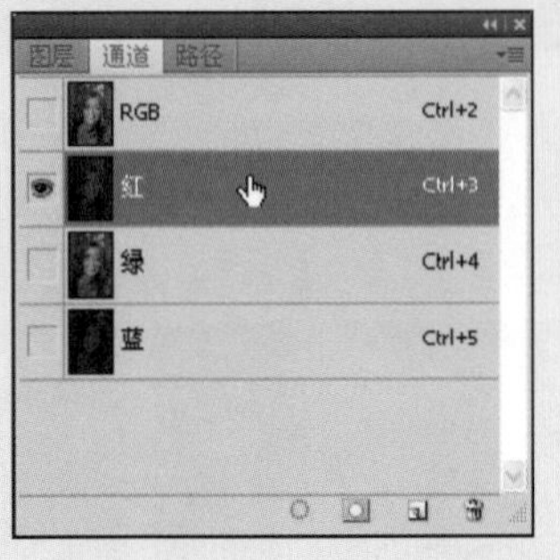

02 单击绿色通道，就可以查看绿色通道的图像，在图像窗口中将会显示该通道的图像效果，如下图所示。

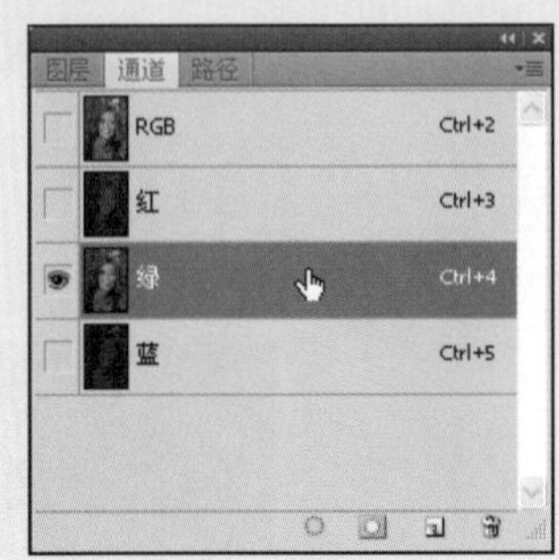

03 查看红色通道与绿色通道的图像对比效果，从下图中可以看出绿色通道更适合本实例。

红色与绿色通道的图像对比效果

04 执行操作后，即可将绿色通道复制，复制的通道系统会自动将其命名为“绿副本”，如下图所示。

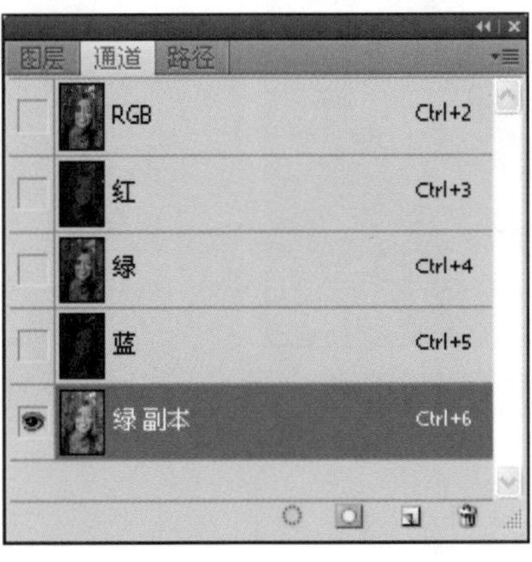

05 单击工具箱中的“套索工具”按钮，使用该工具选取人物牙齿的大致轮廓，如下图所示。

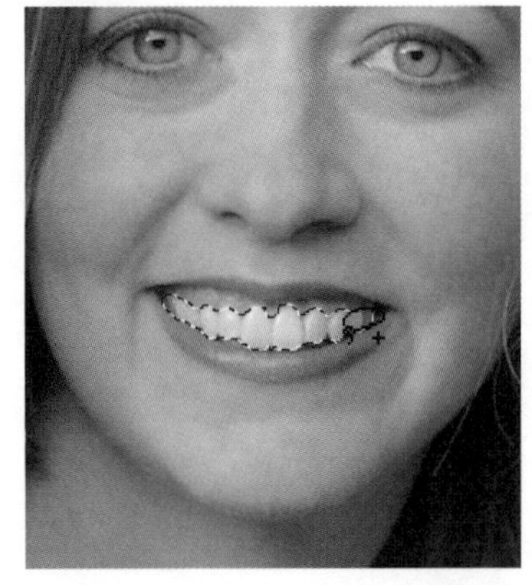

06 执行“选择>反向”命令，如下图所示。

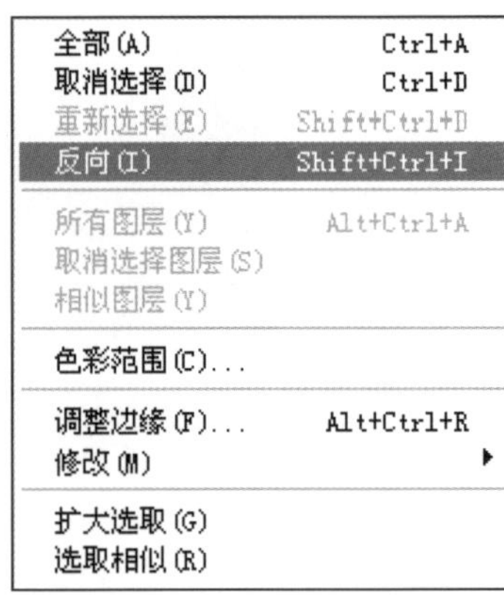

07 按Delete键将反向选取的图像删除，删除后的图像效果如下图所示。

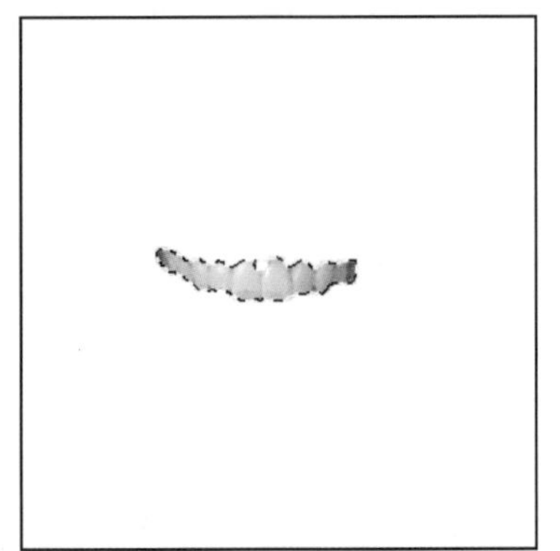

08 按Ctrl+I组合键将图像反相，除牙齿外的其余图像变为黑色，如下图所示。

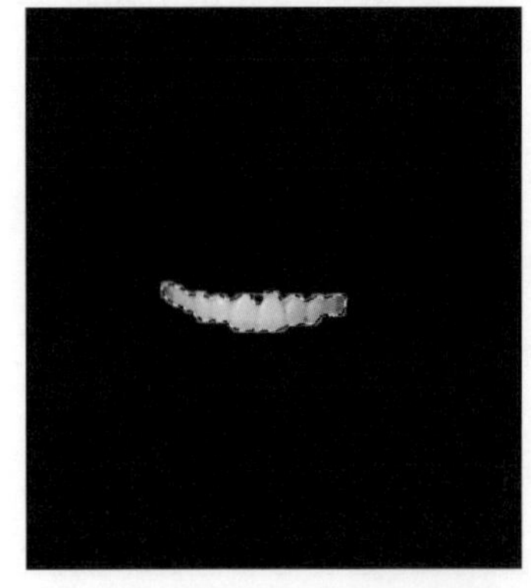

09 执行“图像>调整>色阶”命令，将会弹出如下图所示的“色阶”对话框。

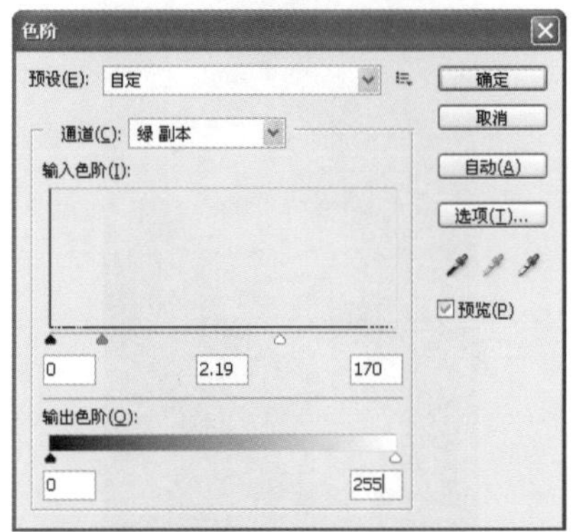

10 经过以上操作，调整后的图像效果如下图所示。

11 打开"图层"面板，使用前面所讲述的复制图层的方法，复制出一个新的图层，如下图所示。

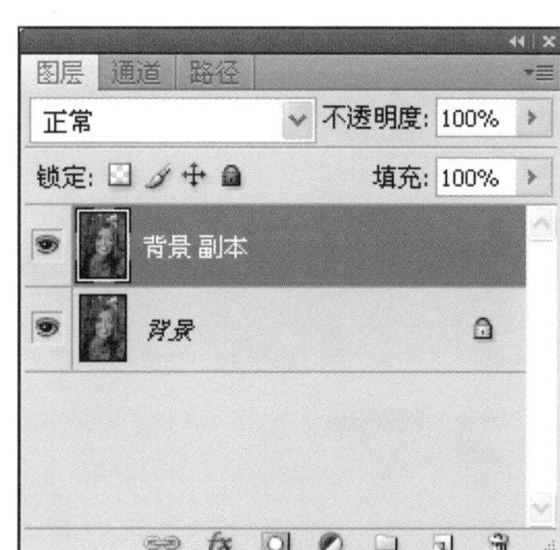

12 切换到"通道"面板，使用鼠标选取"绿副本"通道，并按住Ctrl键单击通道缩略图，将该通道选区载入，如下图所示。

13 返回到图像窗口中，从图中可以看出人物的牙齿被选取，如下图所示。

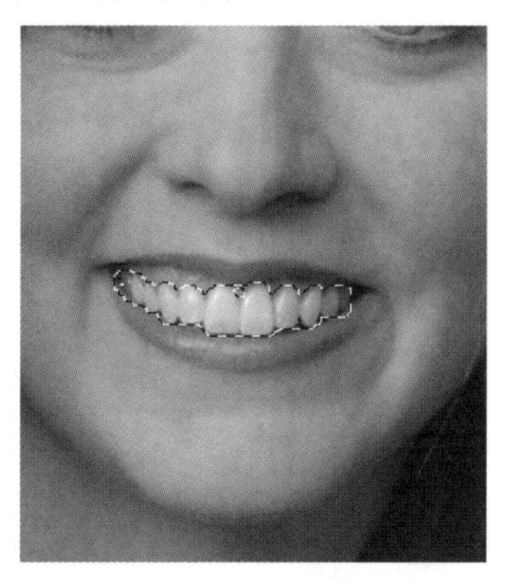

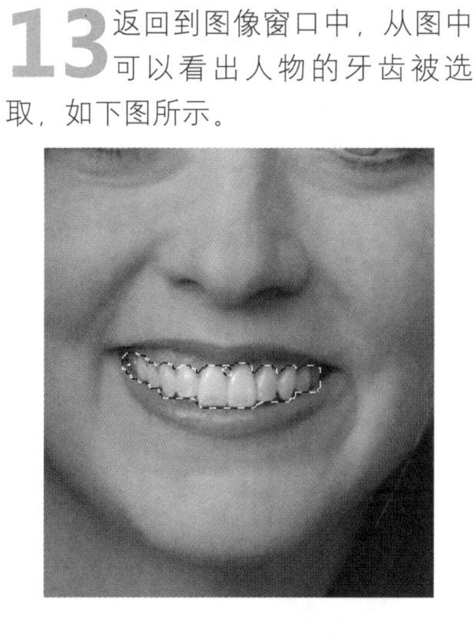

14 执行"图像>调整>色彩平衡"命令，弹出"色彩平衡"对话框，并在该对话框中选中"中间调"单选按钮，将"蓝色"设置为+80，如下图所示。

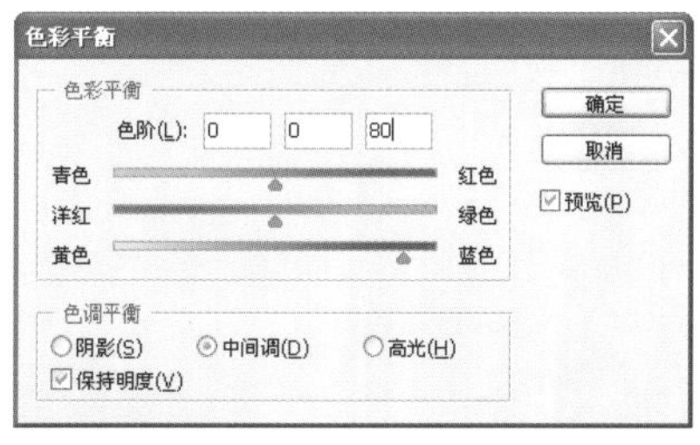

15 在该对话框中设置高光参数，选中"高光"单选按钮，并将"青色"设置为−6，将"绿色"设置为+14，将"蓝色"设置为+8，如下图所示。

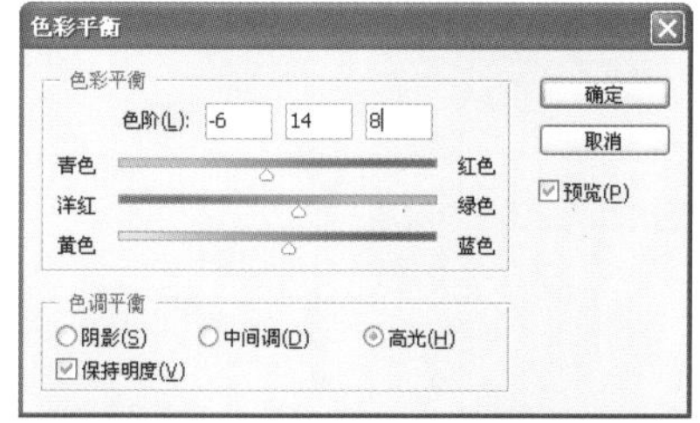

16 为图像调整好色彩平衡后，图像效果如下图所示。

17 执行"图像>调整>色阶"命令，系统将会弹出如下图所示的"色阶"对话框，并参照下图设置参数。

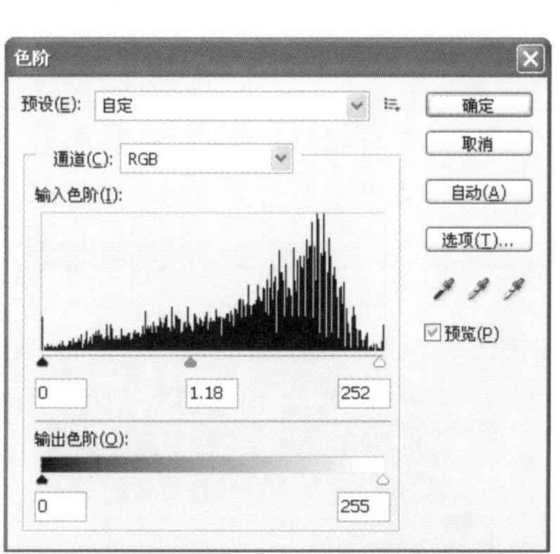

18 设置完成后，图像效果如下图所示。

Key Points

关键技法

应用通道选取人物牙齿图形时，要注意观察各个通道中所包含的图像效果，选择最合适的通道进行复制。

Example 05 运用“画笔工具”添加精美彩妆

光盘文件

原始文件：随书光盘\素材\06\14.jpg

最终文件：随书光盘\源文件\06\实例5 运用“画笔工具”添加精美彩妆.psd

用户可以运用“画笔工具”绘制出想要的形状，也可以为指定的区域添加上颜色。在本实例中运用“画笔工具”为人物的眼睛添加上眼影，为嘴唇添加上唇膏，使原本素颜的图像具有活力和生气。完成制作的最终效果如下图所示。

01 打开随书光盘\素材\06\14.jpg文件，打开的图像如下图所示。

02 打开“图层”面板，单击面板底部的“创建新图层”按钮，创建的图层如下图所示。

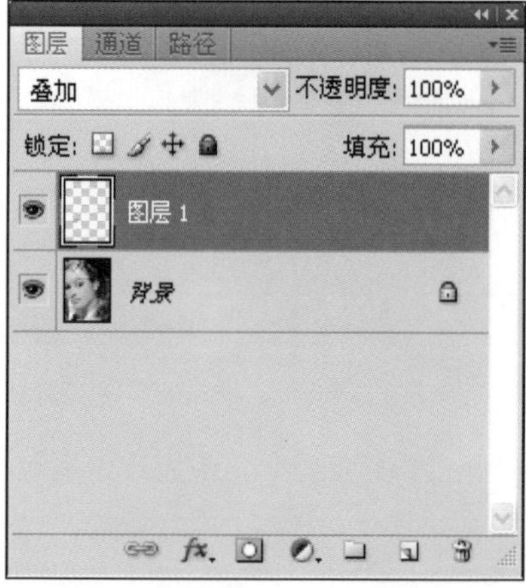

03 单击工具箱中的“画笔工具”按钮，设置前景色为R:227、G:89、B:82，运用该工具绘制出嘴唇，如下图所示。

04 将图层1的混合模式设置为“叠加”，设置完成后的图像效果如下图所示。

05 创建一个新的“图层2”，然后将前景色设置为R:254，G:33，B:205，并使用“画笔工具”在图中绘制，如下图所示。

06 将创建的“图层2”的混合模式设置为“颜色”，将不透明度设置为60%，设置后的图像效果如下图所示。

07 创建一个新的图层（图层3），使用“画笔工具”在右眼上绘制，如下图所示。

08 将步骤7绘制的图像所在图层的混合模式设置为“颜色”，将不透明度设置为60%，设置后的图像效果如下图所示。

09 创建一个新的图层（图层4），将前景色设置为黄色，并使用“画笔工具”在人物的左眼上绘制，如下图所示。

10 选取步骤9中所绘制图像所在的图层，将该图层的混合模式设置为“颜色”，将不透明度设置为70%，同理，创建出“图层5”，用相同的颜色和画笔绘制出右眼对称位置的眼影，将“图层5”的混合模式设置为“颜色”、不透明度为50%，图像效果如下图所示。

11 创建新图层（图层6），将前景色设置为白色，并使用“画笔工具”（画笔主直径为9px的柔角画笔、不透明度为80%）在嘴唇上单击，绘制出亮光区域，设置后的效果如下图所示。

12 创建新图层（图层7），使用“画笔工具”（前景色为R:243、G:167、B:143，较大的柔角画笔，不透明度为50%）在人物脸颊位置涂抹，再通过添加图层蒙版，设置脸颊位置的自然感，效果如下图所示。

Key Points

关键技法

运用“画笔工具”在对图像进行调整时，可以按 [键或] 键，快速地对画笔的大小进行调整。

Example 06 运用“画笔工具”为人物染发

光盘文件

原始文件：随书光盘\素材\06\15.jpg

最终文件：随书光盘\源文件\06\实例6 运用“画笔工具”为人物染发.psd

头发是我们与生俱来的，它的色泽、光亮反映出自身的健康状态，所以为了让自己更健康，应该学会从头发开始保养。在本实例中，使用Photoshop CS4提供的“画笔工具”，通过使用不同的颜色在头发上涂抹，为头发增加一些色彩，再调整图层混合模式将颜色和头发融合在一起，让头发上的颜色更加自然。完成制作的最终效果如下图所示。

01 打开随书光盘\素材\06\15.jpg文件，打开的图像如下图所示。

02 打开“图层”面板，单击面板底部的“创建新图层”按钮，即可创建出“图层1”，如下图所示。

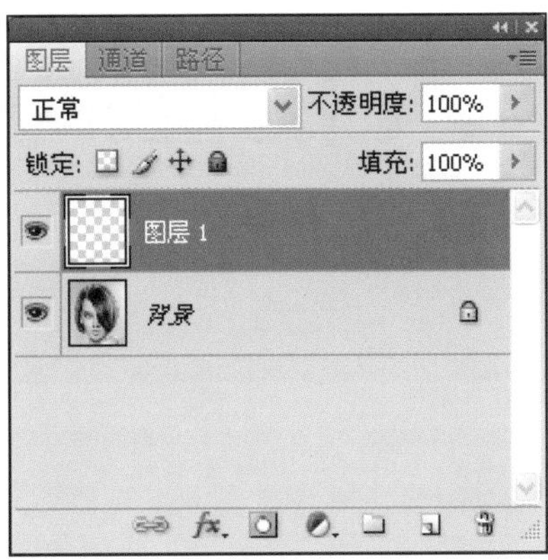

03 单击工具箱中的“以快速蒙版模式编辑”按钮，然后使用“画笔工具”在人物的头发上涂抹，如下图所示。

04 涂抹好后单击工具箱中的“以标准模式编辑”按钮，即可将涂抹后的区域转换为选区，反选选区，然后为选区设置“羽化半径”为5像素，如下图所示。

05 单击工具箱中的“前景色”图标，设置前景色为R:255，G:0，B:144，然后使用“画笔工具”在如下图所示的位置上涂抹。

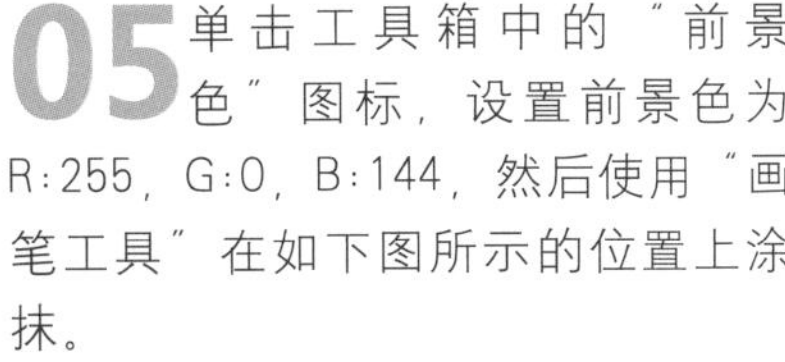

06 打开“图层”面板，将“图层1”的混合模式设置为“柔光”，然后在面板中新建一个图层，得到“图层2”图层，如下图所示。

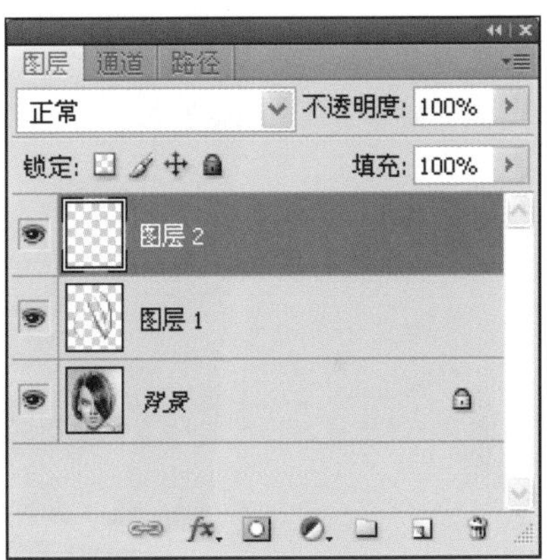

07 单击工具箱中前景色图标，设置前景色为R:255，G:204，B:0，使用“画笔工具”在人物的头顶上涂抹，利用“橡皮擦工具”可以擦除多余的部分，如下图所示。

08 设置“图层2”的混合模式为“柔光”。在“图层”面板中新建一个图层，得到“图层3”图层，并设置“图层3”的混合模式为“柔光”，如下图所示。

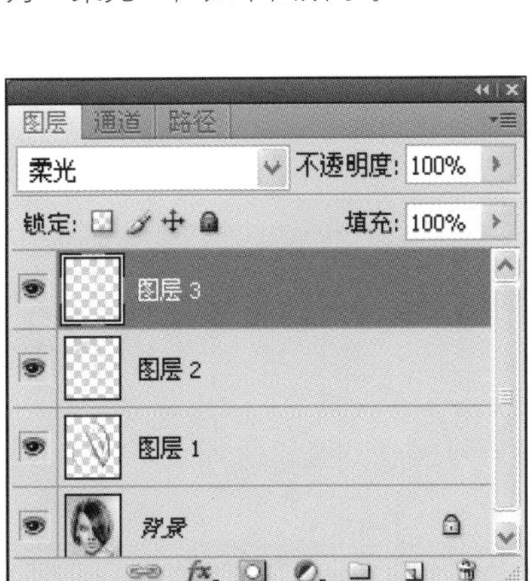

09 单击工具箱中前景色图标，设置前景色为R:176，G:143，B:88，然后使用“画笔工具”在头发边缘涂抹，效果如下图所示。

Example 07 运用“红眼工具”去除人物眼球中的反光

光盘文件

原始文件：随书光盘\素材\06\16.jpg

最终文件：随书光盘\源文件\06\实例7 运用“红眼工具”去除人物眼球中的反光.psd

由于光线进入人物眼睛产生反射光，在拍摄的照片中，人物可能会出现吓人的红眼。本实例通过Photoshop中的“红眼工具”为人物照片去除红眼效果，在对“红眼工具”进行设置时，只需要调整合适的“瞳孔大小”和“变暗量”参数，即可快速去除人物红眼。原图像和最终图像的对比效果如下图所示。

01 打开随书光盘\素材\06\16.jpg文件，打开的图像如下图所示。

02 单击工具箱中的“缩放工具”按钮，使用该工具在画面中拖动，放大图像显示，如下图所示。

03 单击工具箱中的“红眼工具”按钮，在选项栏中设置各项参数，然后参照下图所示拖动鼠标进行绘制。

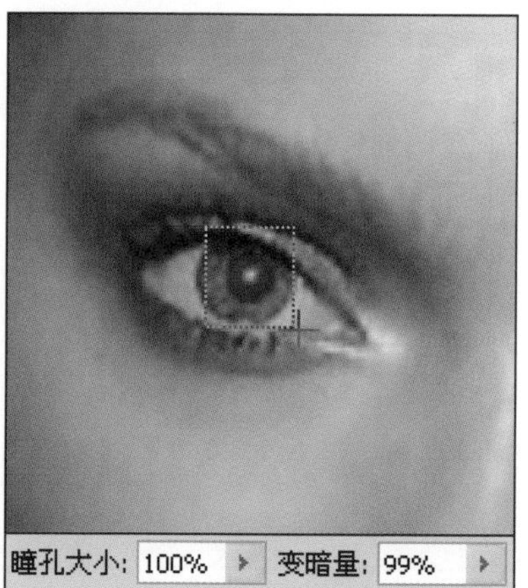

04 确定好边框大小后，释放鼠标即可对红眼应用上相应的设置，人物右眼中的红眼就消除了，如下图所示。

05 使用相同的操作在人物的左眼进行绘制，如下图所示。

06 释放鼠标后，人物左眼上的红眼就被消除了，效果如下图所示。

07 打开"图层"面板，单击面板底部的"创建新图层"按钮，即可创建出"图层1"图层，如下图所示。

08 单击工具箱中的"椭圆选框工具"按钮，使用该工具在人物右眼的瞳孔上拖动鼠标绘制选区，如下图所示。

09 选取右眼瞳孔后，单击选项栏中的"添加到选区"按钮，再在左眼瞳孔上绘制选区，如下图所示。

10 单击工具箱中的"前景色"图标，在弹出的对话框中设置颜色为R:52，G:90，B:92，然后在"图层1"上为选区填充前景色，效果如下图所示。

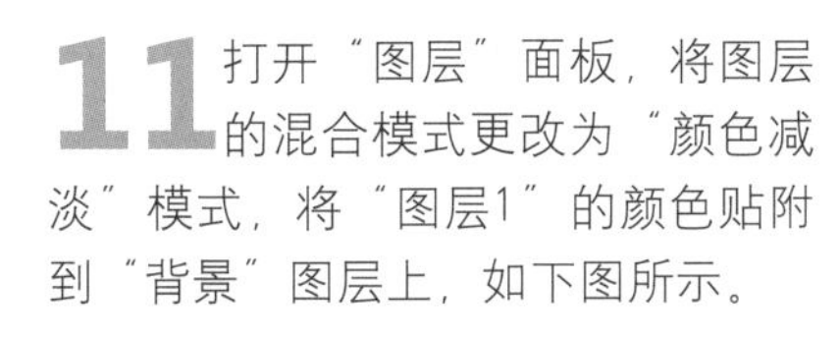

11 打开"图层"面板，将图层的混合模式更改为"颜色减淡"模式，将"图层1"的颜色贴附到"背景"图层上，如下图所示。

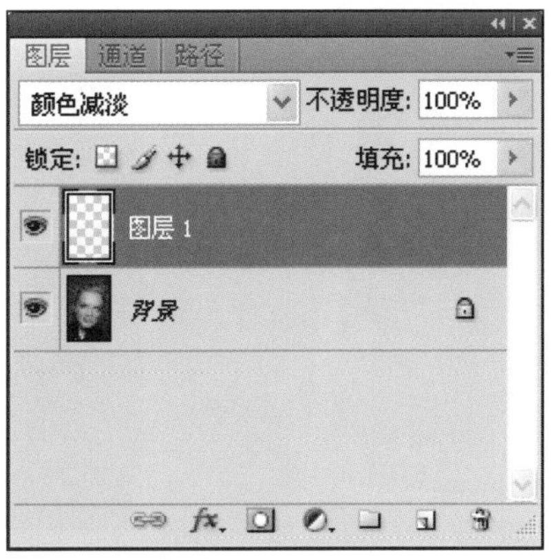

12 由于使用"红眼工具"去除红眼后可能会使人物的眼睛没有光亮的效果，所以可对人物的眼睛添加些亮光，最后的效果如下图所示。

Improvement

提高：图层不透明度

图层的不透明度可以控制图层中所包含图像的颜色的深浅，当图层不透明度为50%时，图像呈半透明状态，不透明度为0%时呈完全透明状态。

在Photoshop CS4中可以通过调整图层的不透明度来得到另外一种不同的图像效果。打开“图层”面板，从左下图中看出图像包含有两个图层，将“图层1”的不透明度设置为60%，如中下图所示，设置后的“图层1”中图像变淡，最终效果如右下图所示。

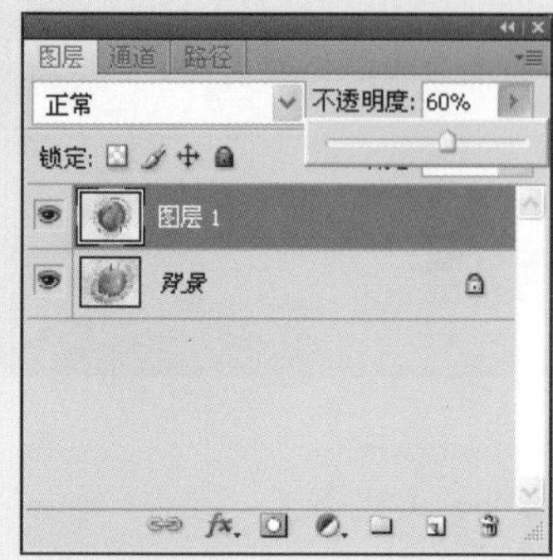

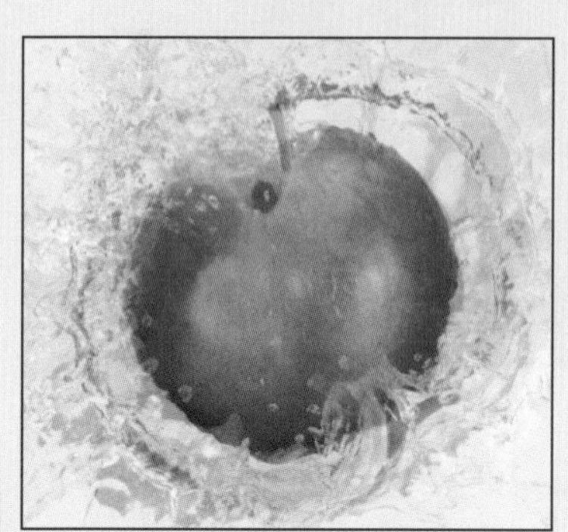

Example 08 运用“仿制图章工具”去掉烦人的黑眼圈

光盘文件

原始文件：随书光盘\素材\06\17.jpg

最终文件：随书光盘\源文件\06\实例8 运用“仿制图章工具”去掉烦人的黑眼圈.psd

“仿制图章工具”可以将取样的区域应用到鼠标拖动到的地方。在本实例中应用该工具的特性，可以将人物的眼袋以及脸部过亮的区域去除，在与眼睛颜色相近的区域取样，然后将所取样的区域应用到眼袋上。为了使人物图像更自然，可以将眼袋图像所在图层的透明度降低，使调整后的图像与原图像更好地融合在一起，最终效果如下图所示。

01 打开随书光盘\素材\06\17.jpg文件，打开的图像如下图所示。

02 打开“图层”面板，运用“创建新图层”按钮，复制出“背景副本”图层，如下图所示。

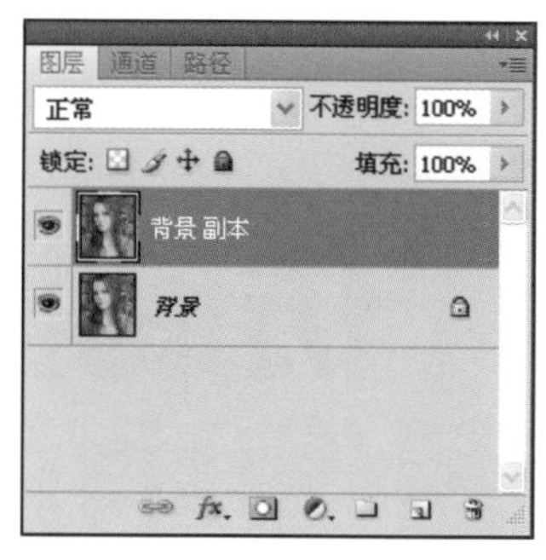

03 单击工具箱中的“仿制图章工具”按钮，按住Alt键并在左脸光滑皮肤处单击取样，如下图所示。

04 释放Alt键，使用鼠标在人物的左眼眼袋部分进行拖动，如下图所示。

05 多次使用鼠标在眼袋图像上进行拖动，将前面取样的图像应用到眼袋部位，如下图所示。

06 下面对人物脸部的油光也使用同样的方法进行修饰，如下图所示。

07 下面修复人物的右眼。同样地选取“仿制图章工具”，按住Alt键在脸部单击，如下图所示。

08 使用鼠标在人物的脸部拖动，将取样的图像应用到眼袋图像上，如下图所示。

09 使用鼠标在人物眼袋上拖动，将眼袋去除，如下图所示。

10 修复完成后的人物效果如下图所示。

11 选取“背景副本”图层，将该图层的“不透明度”设置为60%，如下图所示。

12 设置图层不透明度后的图像效果如下图所示。

Key Points

关键技法

运用“仿制图章工具”修复图像时，要不断地变换取样图像，所修复的图像效果与原图像效果的颜色才会更接近。

Example 09 运用“仿制图章工具”去除图像中的干扰物

光盘文件

原始文件：随书光盘\素材\06\18.jpg

最终文件：随书光盘\源文件\06\实例9 运用“仿制图章工具”去除图像中的干扰物.psd

在照片中出现的干扰物会打乱人们的视线，所以要经过处理使视线重新回到照片中的人物图像上。在本实例中可以看出人物后面的椅子图像会吸引人们的视线，本实例中运用“仿制图章工具”将椅子图像进行去除，制作完成后的最终效果与原图像对比如下图所示。

01 打开随书光盘\素材\06\18.jpg文件，打开的图像如下图所示。

02 打开“图层”面板，复制出“背景副本”图层，如下图所示。

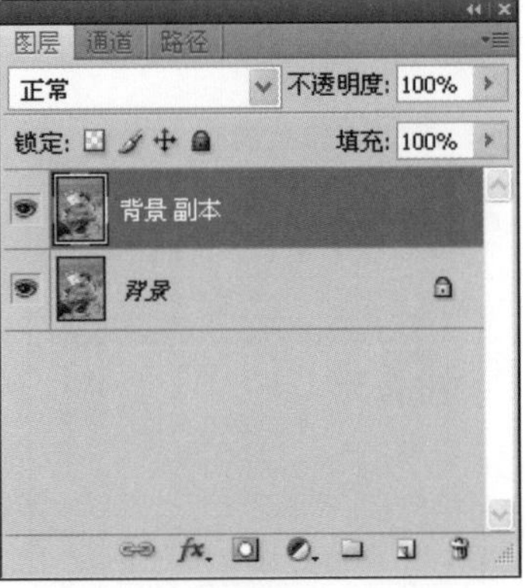

03 单击工具箱中的“仿制图章工具”按钮，按住Alt键并使用该工具在图中沙滩处取样，如下图所示。

04 拖动鼠标将取样周围的图像应用到其余地方，如下图所示。

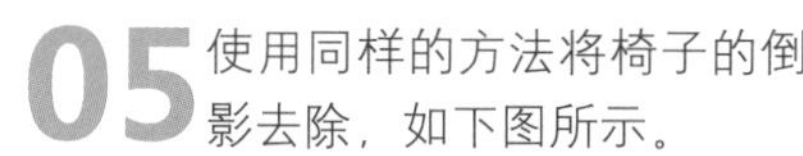

05 使用同样的方法将椅子的倒影去除，如下图所示。

06 对地面进行调整，将其变为平整，如下图所示。

07 在底部椅子的周围进行取样，并将其阴影去除，如下图所示。

08 在人物衣袖边缘上取样，将手肘下边的椅子轮廓去除，图像效果如下图所示。

09 按住Alt键在草地上进行取样，并使用鼠标在后面的椅子上进行拖动，将草地上的椅子轮廓去除，图像效果如下图所示。

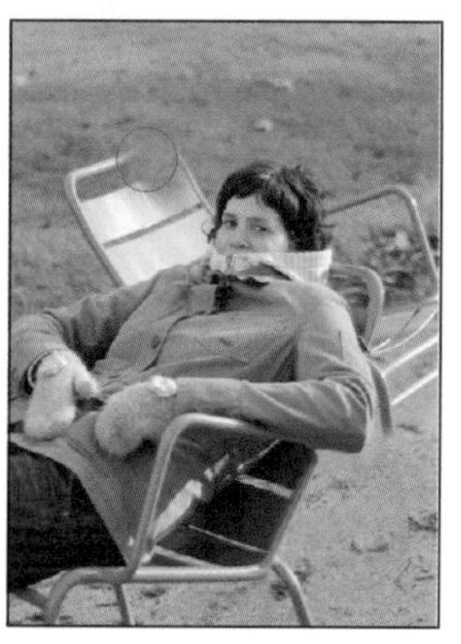

10 使用鼠标在椅子周围进行拖动，直至将椅子图像进行掩盖，如下图所示。

11 对椅子的坐垫进行调整，在周围进行取样，然后使用鼠标在要去除的图像上拖动，如下图所示。

12 运用“仿制图章工具”在椅子边缘上取样，然后将后面的椅子轮廓去除，图像效果如下图所示。

Key Points

关键技法

运用“仿制图章工具”调整图像边缘时，要将画笔调整为较小的形状，并在其选项栏中将“流量”和“不透明度”设置为较小的数值。

Example 10 运用“替换颜色”命令变换服饰色彩

光盘文件

原始文件：随书光盘\素材\06\19.jpg

最终文件：随书光盘\源文件\06\实例10 运用“替换颜色”命令变换服饰色彩.psd

通过“替换颜色”命令可以将图像中同色系或者颜色相近的颜色通过调整变成另外一种颜色，在“替换颜色”对话框中选择要替换的颜色，并对替换后的颜色进行调整，直至得到满意的图像效果，最终效果如下图所示。

01 打开随书光盘\素材\06\19.jpg文件，打开的图像如下图所示。

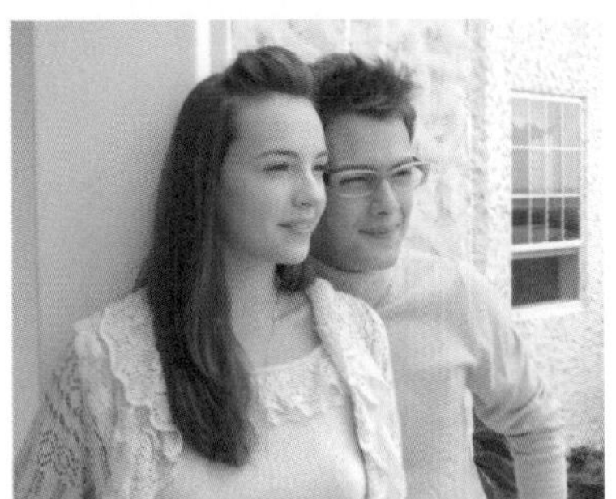

02 执行“图像>调整>替换颜色”命令，如下图所示。

模式(M)
调整(A)
复制(D)...
应用图像(Y)...
计算(C)...
图像大小(I)... Alt+Ctrl+I
画布大小(S)... Alt+Ctrl+C
像素长宽比(X)
旋转画布(E)
裁剪(P)
裁切(R)...
显示全部(V)
变量(B)
应用数据组(L)...
陷印(T)...

色阶(L)... Ctrl+L
自动色阶(A) Shift+Ctrl+L
自动对比度(U) Alt+Shift+Ctrl+L
自动颜色(O) Shift+Ctrl+B
曲线(V)... Ctrl+M
色彩平衡(B)... Ctrl+B
亮度/对比度(C)...
黑白(K)... Alt+Shift+Ctrl+B
色相/饱和度(H)... Ctrl+U
去色(D) Shift+Ctrl+U
匹配颜色(M)...
替换颜色(R)...
可选颜色(S)...
通道混合器(X)...
渐变映射(G)...
照片滤镜(F)...
阴影/高光(W)...
曝光度(E)...

03 使用“吸管工具”吸取所要替换颜色的部位，如下图所示的男人的衣服处。

04 在“替换颜色”对话框中将会显示出步骤3中所吸取的颜色，如下图所示。

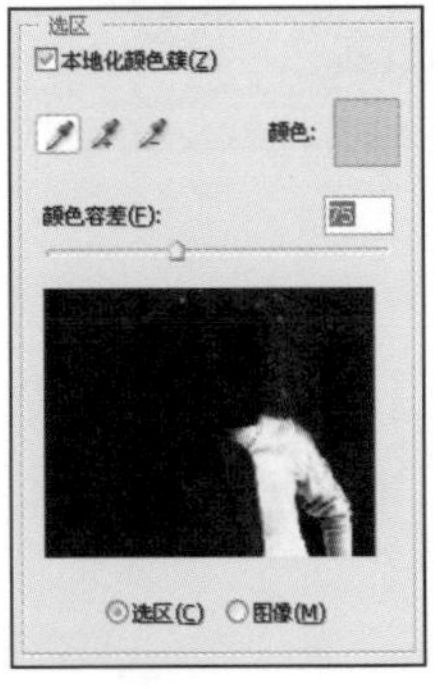

05 单击“替换”选项区中的颜色色标，弹出“选取目标颜色”对话框，将颜色设置为R:232，G:216，B:210，如下图所示。

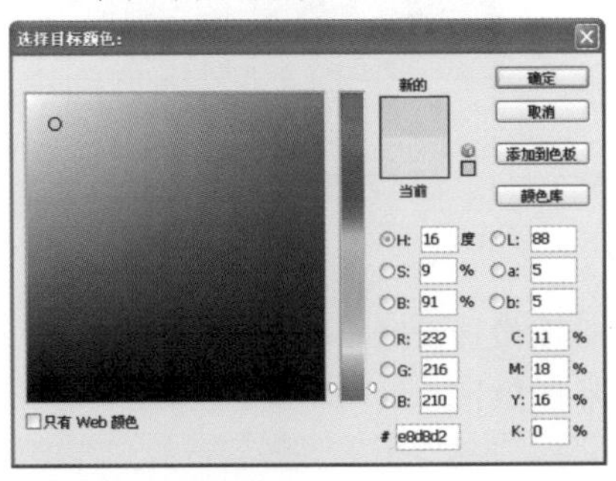

06 调整好替换颜色后，图像效果如下图所示。

Key Points

关键技法

运用“替换颜色”命令对图像进行调整时，可以单击对话框中的“添加到取样”按钮，扩大所要替换颜色的区域。

Example 11 运用“钢笔工具”将单眼皮变为双眼皮

光盘文件

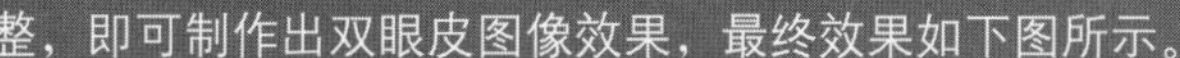

原始文件：随书光盘\素材\06\20.jpg

最终文件：随书光盘\源文件\06\实例11 运用“钢笔工具”将单眼皮变为双眼皮.psd

使用“钢笔工具”可以在图中任意地绘制路径，并将所绘制的路径转换为选区后对其进行调整。本实例运用“钢笔工具”绘制图像的准确性，在眼皮上绘制出一条路径，将其转换为选区后，运用“加深工具”对选区进行调整，即可制作出双眼皮图像效果，最终效果如下图所示。

01 打开随书光盘\素材\06\20.jpg文件，打开的图像如下图所示。

02 打开“路径”面板，单击面板底部的“创建新路径”按钮，创建一个新的路径，如下图所示。

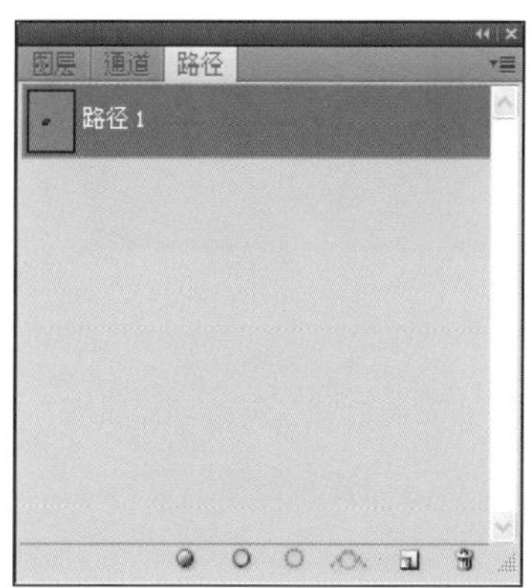

03 执行“滤镜>液化”命令，并运用“膨胀工具”，在人物眼睛上单击，将眼睛图像增大，如下图所示。

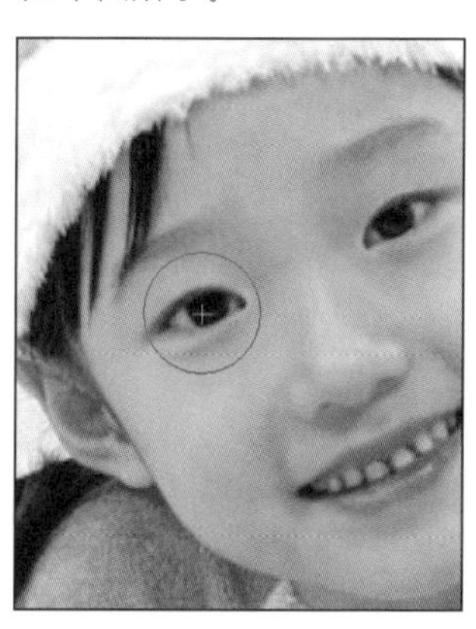

04 同样地放大人物的左眼。调整后的图像效果如下图所示。

05 使用"钢笔工具"沿着眼睛轮廓绘制一条路径，如下图所示。

06 单击"路径"面板底部的"将路径作为选区载入"按钮，将路径转换为选区，如下图所示。

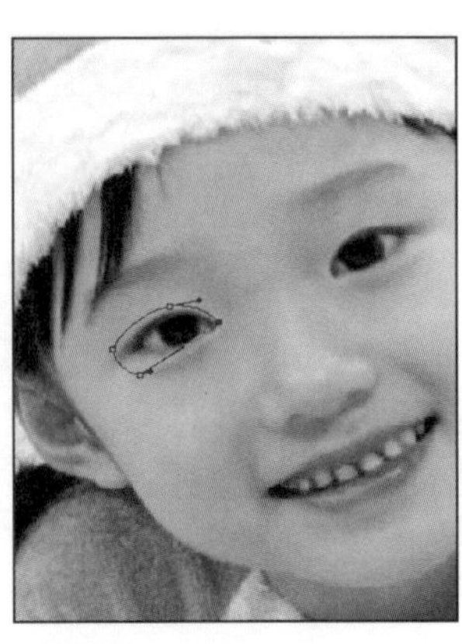

07 选取"加深工具"沿着选区边缘单击，将边缘图像加深，如下图所示。

08 调整完成后的眼睛图像如下图所示。

09 打开"路径"面板，创建一个新的路径，如下图所示。

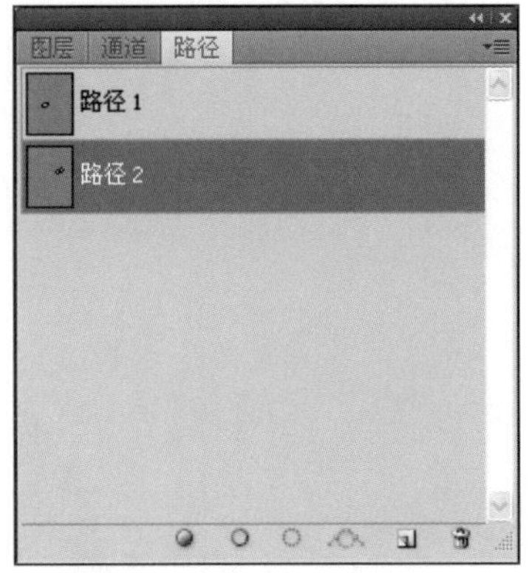

10 运用"钢笔工具"在左眼处绘制出如下图所示的路径。

11 按Ctrl+Enter组合键将步骤10中所绘制的路径转换为选区，并运用"加深工具"将选区边缘的图像颜色加深，如下图所示。

12 调整完成后的图像效果如下图所示。

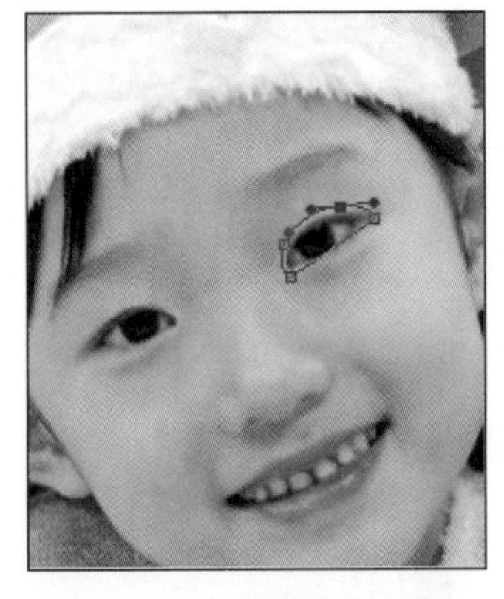

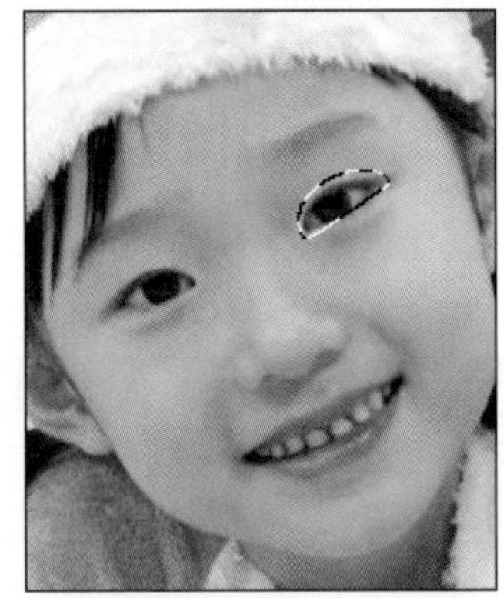

Key Points

关键技法

使用"钢笔工具"时，如果按住Ctrl键即可将该工具转换为"直接选择工具"，并对路径进行调整。

Example 12 运用选区将人物牙齿补齐

光盘文件

原始文件：随书光盘\素材\06\21.jpg

最终文件：随书光盘\源文件\06\实例12 运用选区将人物牙齿补齐.psd

在本实例中主要讲述运用选区的变换操作等，将人物缺少的牙齿修补整齐。首先选取右边位置上的牙齿，将其创建为一个新的图层后，变换到合适的位置上，完成牙齿的修补。但是人物中间位置的牙齿有点倾斜，所以要将其进行修正，选择这部分区域的牙齿，并将所选取的区域进行自由变换后仿制到合适的位置上，完成整个修补牙齿的过程，最终效果如下图所示。

01 打开随书光盘\素材\06\21.jpg文件，打开的图像如下图所示。

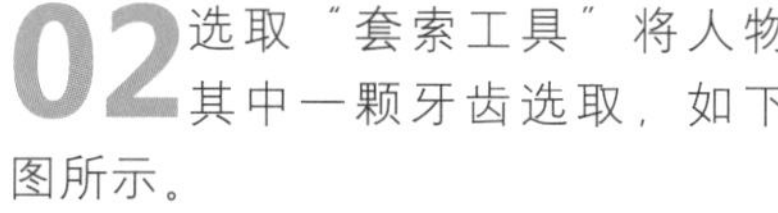

02 选取“套索工具”将人物其中一颗牙齿选取，如下图所示。

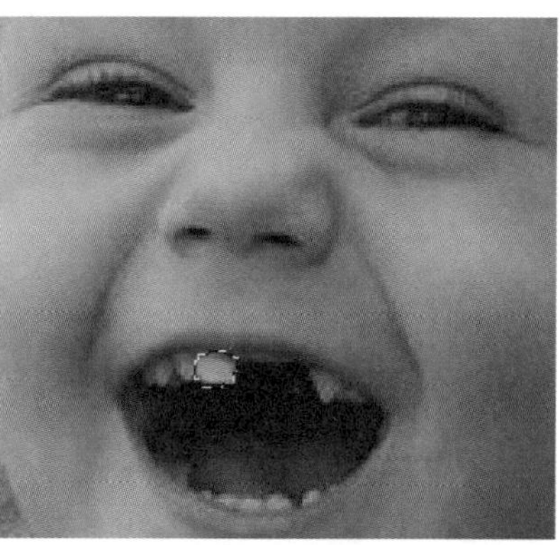

03 按Ctrl+J组合键将所选取的牙齿图像创建为“图层1”图层，如下图所示。

04 使用“移动工具”将复制的牙齿图像拖动到缺少牙齿的地方，如下图所示。

05 释放鼠标后，按Ctrl+T组合键再右击，从弹出的菜单中选择“水平翻转”命令，对牙齿图像进行变换，如下图所示。

06 将图像调整至适当的位置后，单击选项栏中的✓按钮，应用变换后的图像如下图所示。

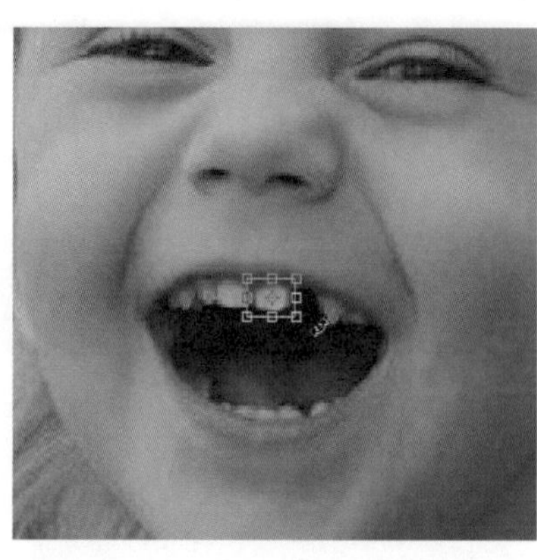

07 打开“图层”面板，使用鼠标将“背景”图层选取，如下图所示。

08 同样地再使用“套索工具”将门牙旁边的牙齿选取，如下图所示。

09 按Ctrl+J组合键将所选取的区域创建为“图层2”图层，如下图所示。

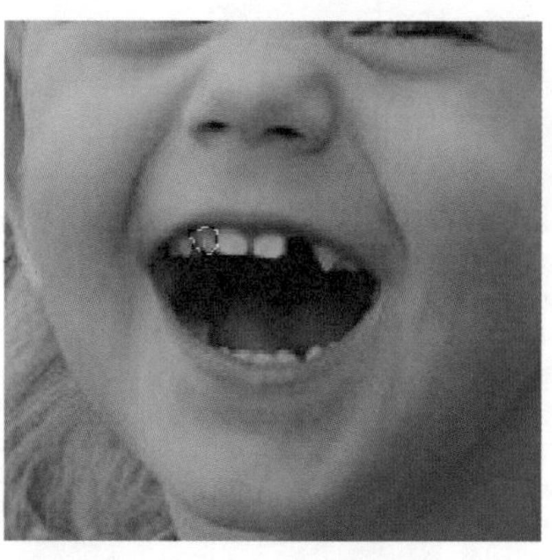

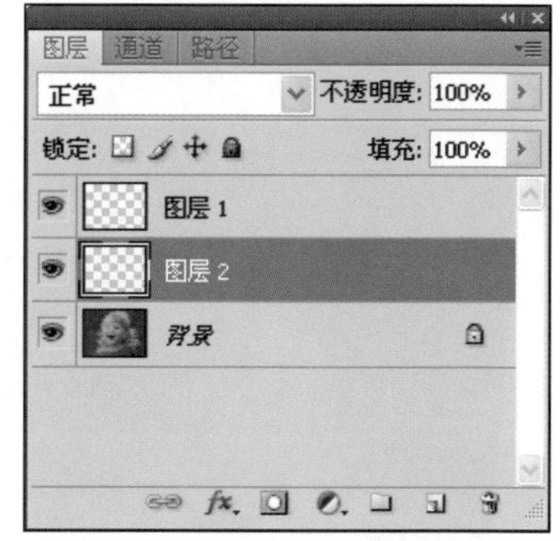

10 按Ctrl+T组合键将牙齿图像旋转到适当位置后，按Enter键应用变换，如下图所示。

11 按Ctrl+T组合键对复制的牙齿进行自由变换，将图像变大，如下图所示。

12 通过调整将人物缺少的牙齿修补整齐，图像的最终效果如下图所示。

Key Points

关键技法

要对所创建的选区进行等比例变换，必须同时按住Shift键和Alt键再拖动选区。

Example 13 运用“液化”滤镜为人物打造完美身材

光盘文件

原始文件：随书光盘\素材\06\22.jpg

最终文件：随书光盘\源文件\06\实例13 运用“液化”滤镜为人物打造完美身材.psd

使用“液化”滤镜可以对图像进行任意的变形等操作，在本实例中主要运用其中的“向前变形工具”对人物的腰部、手部以及颈部等部位向前调整，从而制作出收缩后的图像效果，达到人物瘦身的目的，使用此滤镜也是调整人物身材最常用的方法，最终效果如下图所示。

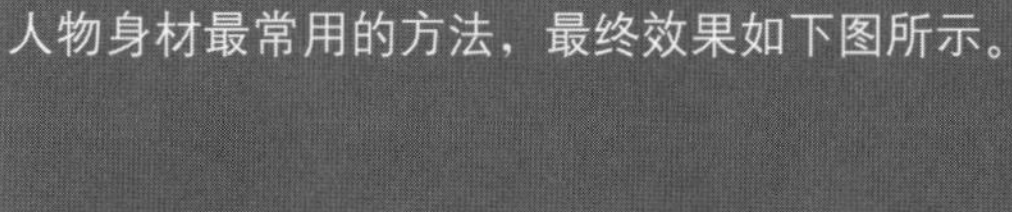

01 打开随书光盘\素材\06\22.jpg文件，打开的图像如下图所示。

02 执行“滤镜>液化”命令，如下图所示。

上次滤镜操作(F)	Ctrl+F
转换为智能滤镜	
抽出(X)...	Alt+Ctrl+X
滤镜库(G)...	
液化(L)...	Shift+Ctrl+X
图案生成器(P)...	Alt+Shift+Ctrl+X
消失点(V)...	Alt+Ctrl+V
风格化	▸
画笔描边	▸
模糊	▸
扭曲	▸
锐化	▸
视频	▸
素描	▸
纹理	▸
像素化	▸
渲染	▸
艺术效果	▸
杂色	▸
其它	▸
Digimarc	▸

03 执行操作后，即可弹出“液化”对话框。下图所示为该对话框中的“工具选项”选项区，通常在此选项区中设置参数。

工具选项

画笔大小：	400
画笔密度：	50
画笔压力：	100
画笔速率：	80
湍流抖动：	50
重建模式：	恢复

☐ 光笔压力

04 单击弹出对话框中的“向前变形工具”按钮，使用该工具将人物的手臂向内拖动，如下图所示。

05 继续对人物的手臂进行调整，使用鼠标向前拖动，如下图所示，将手臂变细。

06 下面对人物的肩膀进行调整，同样地使用鼠标向下进行拖动，将其变低，如下图所示。

07 调整完手臂后，再对手臂的内侧进行调整，使用鼠标向左边进行拖动，如下图所示。

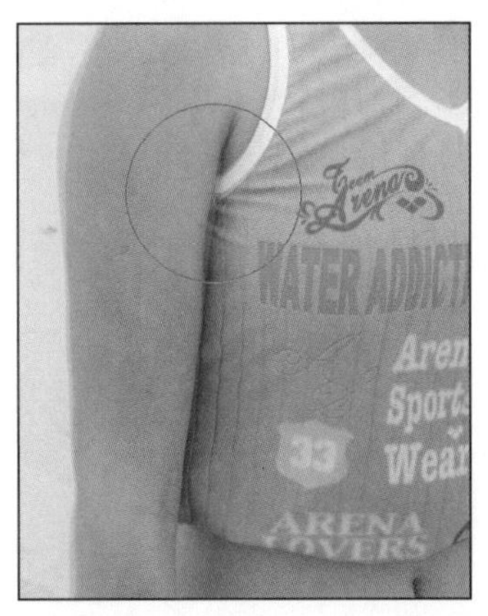

08 调整完成的手臂效果如下图所示，从图中看出手臂明显变细。

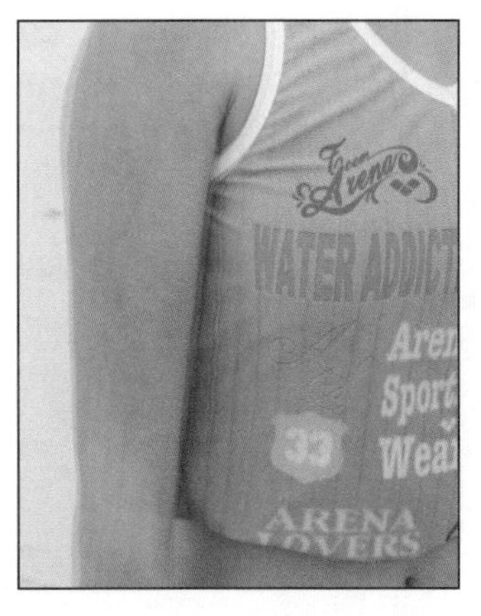

09 对人物的颈部进行调整，使整个图像效果更协调统一，如下图所示。

10 对人物的腰部进行调整，使用“向前变形工具”向内部进行拖动，如下图所示。

11 下面对人物的衣服进行调整，使用鼠标由右向左进行拖动，如下图所示。

12 调整后的图像效果如下图所示。

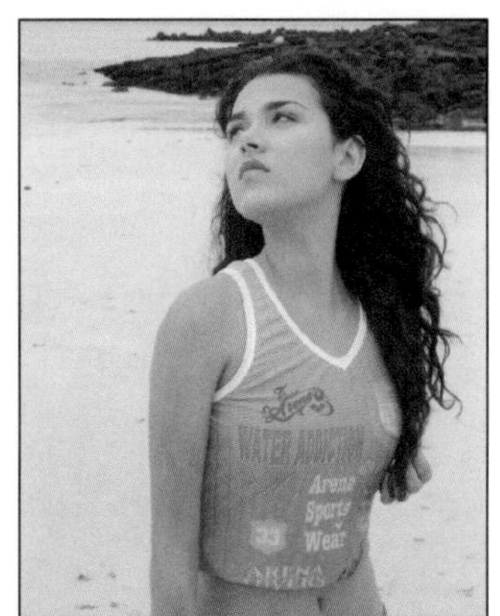

Key Points

关键技法

运用“液化”滤镜对人物身体部分进行调整，要使用所选取的工具在人体内部进行拖动，即可将图像向内进行收缩，从而达到瘦身的目的。

Example 14 运用“色相/饱和度”命令美白人物肌肤

光盘文件

原始文件：随书光盘\素材\06\23.jpg

最终文件：随书光盘\源文件\06\实例14 运用“色相/饱和度”命令美白人物肌肤.psd

“色相/饱和度”命令通过调整图像的色彩以及各个色彩的饱和度，使原来的图像更明亮，达到色彩饱和的目的。在本实例中运用“色相/饱和度”命令将原本脸部偏红的图像变为白皙的图像，从而达到美白人物肌肤的目的。本实例所制作的最终效果与原图像效果的对比如下图所示。

01 打开随书光盘\素材\06\23.jpg文件，打开的图像如下图所示。

02 单击“图层”面板底部的“创建新的填充或调整图层”按钮，弹出如下图所示的菜单，并选择“色相/饱和度”命令。

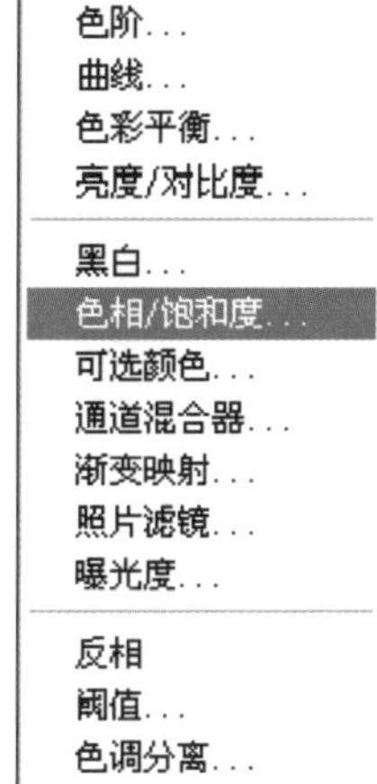

03 执行操作后，将会打开“调整”面板，设置“色相/饱和度”通道为“红色”，如下图所示。

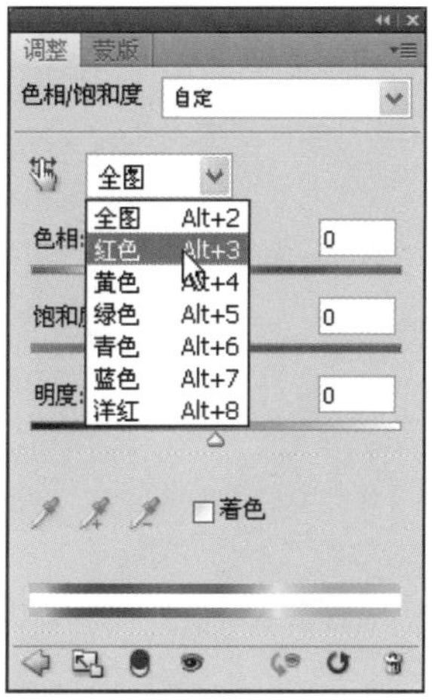

04 将“饱和度”设置为+18，将“明度”设置为+30，如下图所示。

调整 蒙版
色相/饱和度 自定
红色
色相: 0
饱和度: +18
明度: +30
着色
315°/345° 15°\45°

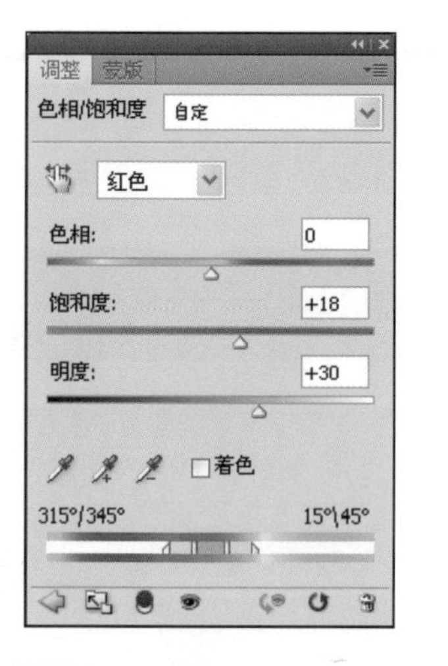

05 调整后的图像效果如下图所示。

06 单击“创建新的填充或调整图层”按钮，在弹出的菜单中选择“色阶”命令，如下图所示。

纯色...
渐变...
图案...
色阶...
曲线...
色彩平衡...
亮度/对比度...
黑白...
色相/饱和度...
可选颜色...
通道混合器...
渐变映射...
照片滤镜...
曝光度...

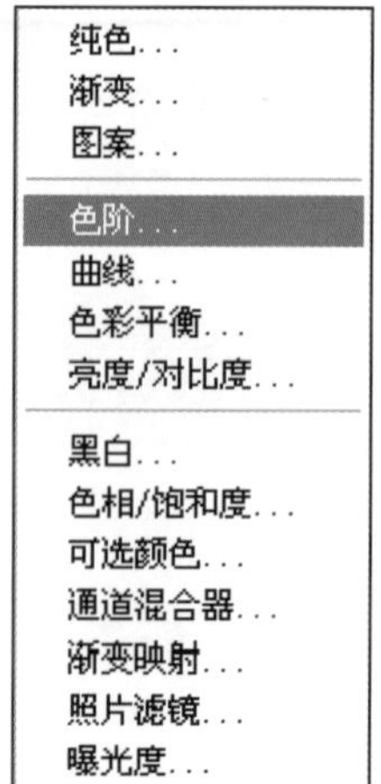

07 执行操作后，将会打开如下图所示的“调整”面板，在其中设置“色阶”参数。

调整 蒙版
色阶 自定
RGB 自动
0 1.43 255
输出色阶: 0 255

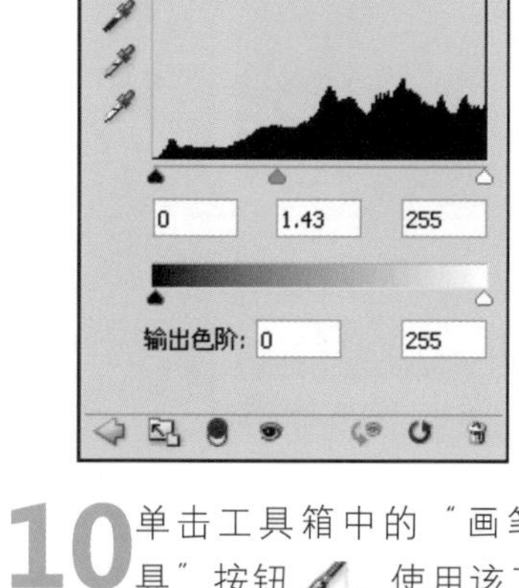

08 调整后的图像效果如下图所示。

09 在“图层”面板中，可以看到新创建的调整图层，如下图所示。再单击“色阶1”图层的蒙版缩略图。

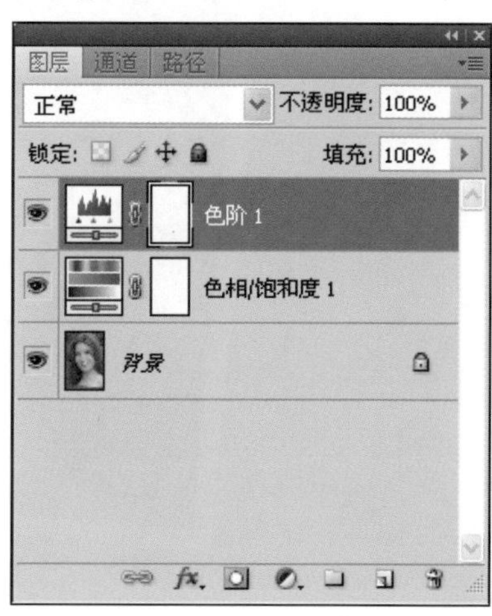

10 单击工具箱中的“画笔工具”按钮，使用该工具在人物头发等位置上单击，将此处的颜色还原，如下图所示。

11 单击“色相/饱和度1”图层，将该图层选取，并单击该图层的图层蒙版，如下图所示。

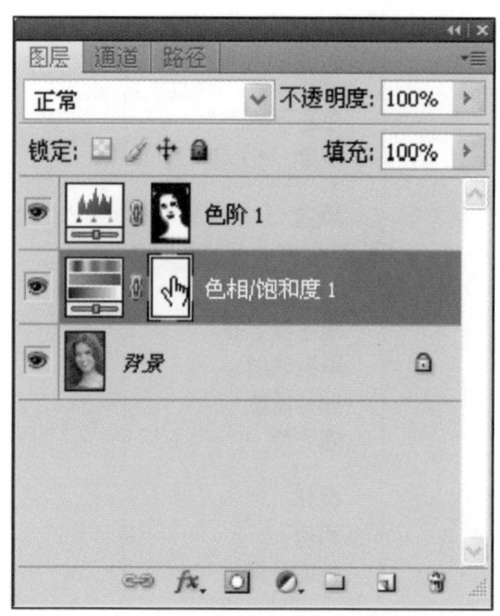

12 使用“画笔工具”在人物的头发和衣服等位置上单击，将此处的图像还原，如下图所示。

13 对人物的眼睛图像进行调整，使用“画笔工具”在眼睛上单击，图像还原后如下图所示。

14 同样地将人物的嘴部和牙齿的图像也还原到未编辑时的图像效果，如下图所示。

15 调整完成后的人物图像效果如下图所示。

16 下面对人物的牙齿进行调整，使用“套索工具”选取人物的牙齿区域，如下图所示。

17 选中“背景”图层，执行“图像>调整>色阶”命令，弹出如下图所示的“色阶”对话框，并参照下图设置参数。

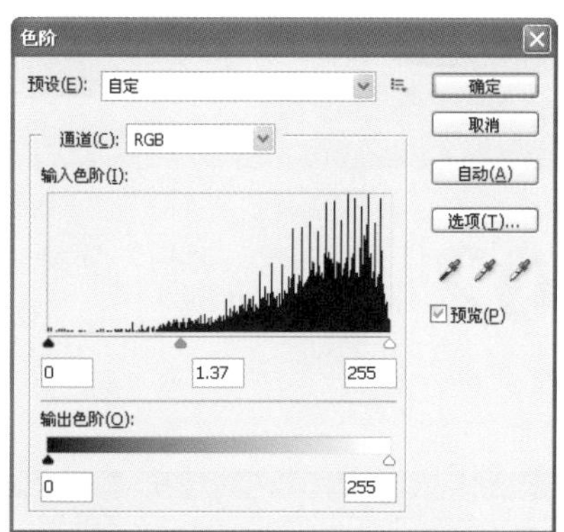

18 调整肤色后的图像效果如下图所示。

Key Points

关键技法

使用“画笔工具”还原图像效果时，应该确定选取的是图层蒙版，否则图像效果将会被前景色所替代。

Example 15 运用“扭曲”滤镜为人物烫发

光盘文件

原始文件：随书光盘\素材\06\24.jpg

最终文件：随书光盘\源文件\06\实例15 运用“扭曲”滤镜为人物烫发.psd

运用Photoshop CS4中的“扭曲”滤镜可以轻松实现由直发到卷发的变换，主要方法是将人物头发创建为一个新的图层后，运用“扭曲”滤镜将其制作成弯曲的图像，模拟烫发的效果，然后运用“液化”滤镜对细部的图像进行编辑。本实例的最终效果与原图像的对比效果如下图所示。

01 打开随书光盘\素材\06\24.jpg文件，打开的图像如下图所示。

02 打开“图层”面板，复制出“背景副本”图层，如下图所示。

03 单击工具箱中的“以快速蒙版模式编辑”按钮，然后使用“画笔工具”在人物的头发上涂抹，如下图所示。

04 多次运用“画笔工具”在头发上涂抹后，单击工具箱中的“以标准模式编辑”按钮，即可将涂抹过的区域载入选区，如下图所示。

05 确保选区为显示状态，按Ctrl+J组合键得到“图层1”图层，执行“滤镜>扭曲>波纹”命令，参照下图所示设置参数。

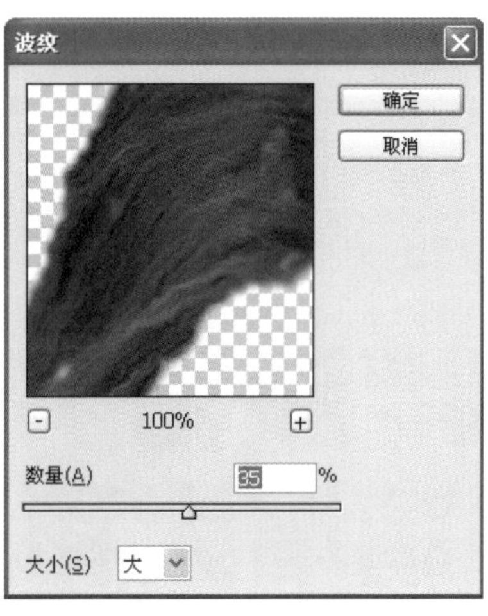

06 添加好“波纹”滤镜后，画面中的图像效果如下图所示。

07 选中“图层1”图层，执行“滤镜>液化”命令，如下图所示，将弹出“液化”对话框。

08 在“液化”对话框中单击左侧工具箱中的“顺时针旋转扭曲工具”按钮，并参照下图所示设置参数。

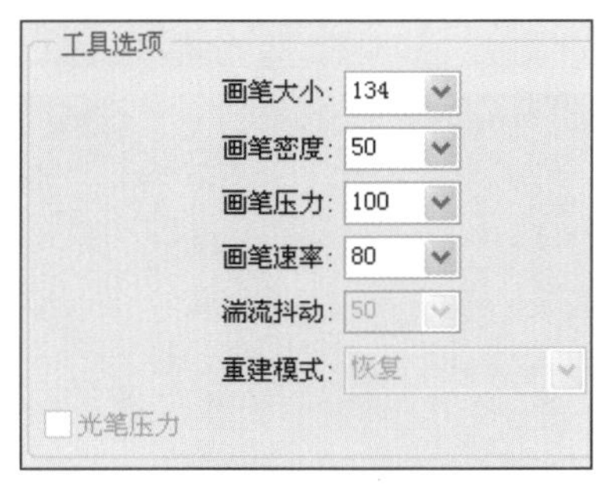

09 将鼠标拖动至如下图所示的位置。

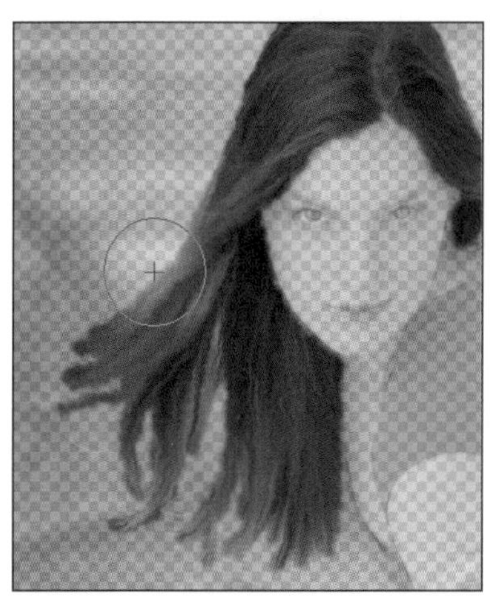

10 按下鼠标左键不放，头发会自动地进行卷曲变形，如下图所示。

11 使用步骤10中讲述的方法，多次在不同的位置上对头发进行变形操作，如下图所示。

12 将头发变形后的图像效果如下图所示。

Key Points

关键技法

运用“液化”滤镜对头发进行调整时，通过选择“顺时针旋转扭曲工具”实现头发随意扭曲的效果，在对头发进行单击时，要在对话框中选中“折回”单选按钮，这样超出范围的图像将会向内进行折回，重新生成弯曲的图像。

Example 16 运用“液化”滤镜将眼睛增大和为人物瘦脸

光盘文件

原始文件：随书光盘\素材\06\25.jpg

最终文件：随书光盘\源文件\06\实例16 运用“液化”滤镜将眼睛增大和为人物瘦脸.psd

使用“液化”滤镜除了可以对人物的身体等部位进行调整外，还可以对人物的眼睛、脸部等部位进行调整，在本实例中运用“液化”滤镜的特性，将原本较小的眼睛变大，对人物的脸部也运用相同的方法进行调整，将其向内部推动，使整个脸部变小。本实例中所制作的最后效果与原图像的对比效果如下图所示。

01 打开随书光盘\素材\06\25.jpg文件，打开的图像如下图所示。

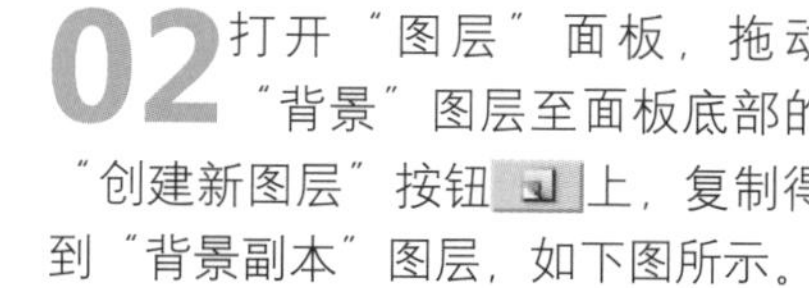

02 打开“图层”面板，拖动“背景”图层至面板底部的“创建新图层”按钮上，复制得到“背景副本”图层，如下图所示。

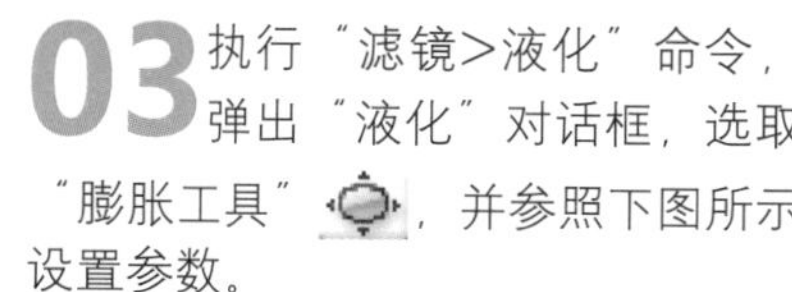

03 执行“滤镜>液化”命令，弹出“液化”对话框，选取“膨胀工具”，并参照下图所示设置参数。

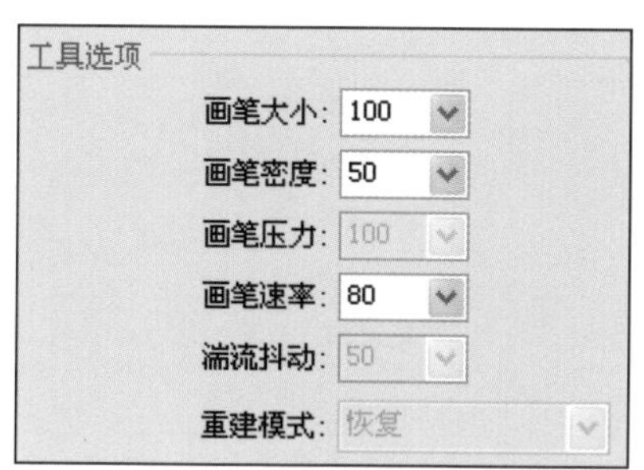

04 将“膨胀工具”移动到如下图所示的位置上。

05 单击应用膨胀，将人物的右眼放大，图像效果如下图所示。

06 使用同样的方法将人物的左眼放大，效果如下图所示。

07 多次使用“膨胀工具”在人物的左眼上单击，调整人物眼睛的大小，效果如下图所示。

08 单击“背景副本”图层名称，将其更改为“眼部”，效果如下图所示。

09 按Ctrl+J组合键复制“眼部”图层，将“眼部副本”图层名称更改为“脸型”，如下图所示。

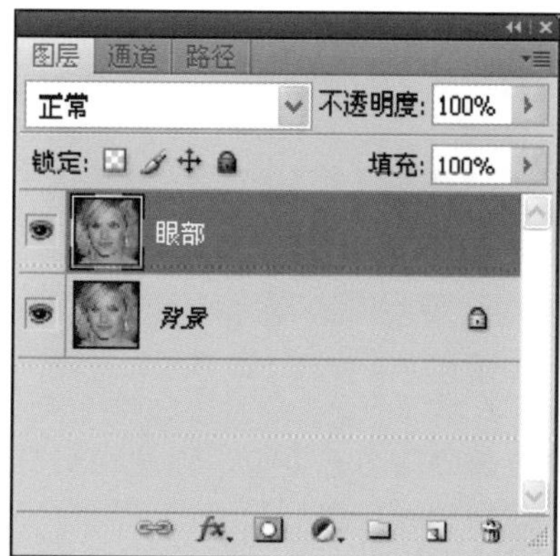

10 执行“滤镜>液化”命令，弹出“液化”对话框，单击左侧的“褶皱工具”按钮，并在右边的选项区中设置参数，如下图所示。

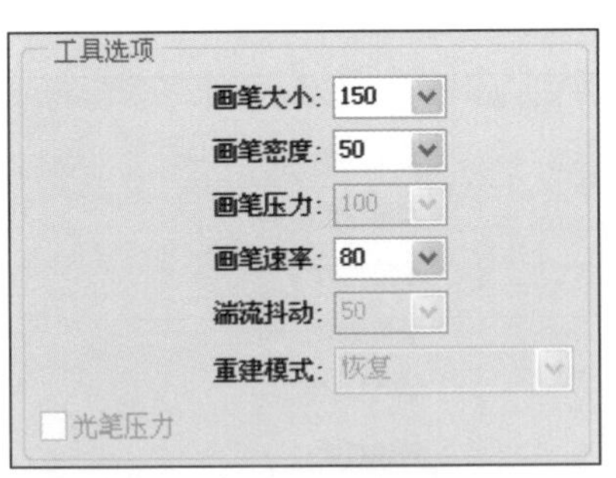

11 设置完参数后，使用“褶皱工具”沿着人物的脸颊单击，根据人物的五官和骨骼为人物的脸颊塑形，如下图所示。

12 多次在人物的右脸颊边缘单击，对人物的脸颊进行褶皱，使人物的右脸变瘦，如下图所示。

13 将人物的右脸颊变瘦后，就可以对照着脸部的比例为人物的右下巴塑形，在下图所示的部位单击。

14 经过多次对人物的下巴右侧进行单击后，调整好的效果如下图所示。

15 使用同样的方法对人物的左脸颊和左侧下巴塑形，效果如下图所示。

16 将人物脸形调整好后，单击左侧工具栏上的“向前变形工具”按钮，对人物的下巴进行调整，效果如下图所示。

17 使用“褶皱工具”单击人物的鼻子，为人物塑造挺拔的鼻梁，效果如下图所示。

18 修复完人物的脸部后，画面中的人物效果如下图所示。

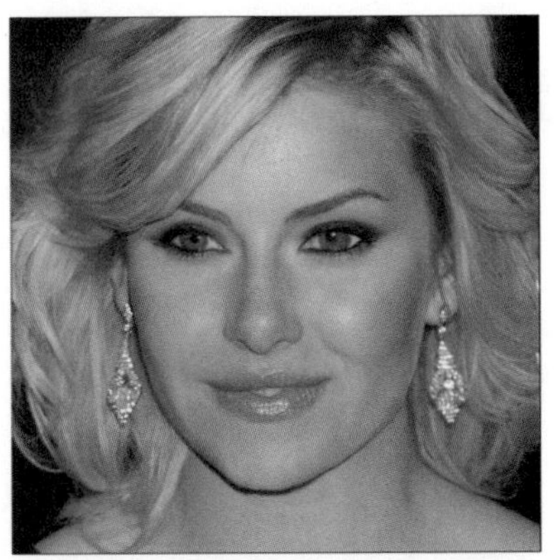

Key Points

关键技法

修复人物脸部与修复人物身体部分的方法类似，但是在运用“向前变形工具”对人物脸部进行调整时，要沿着人物脸部的结构对图像进行调整。

Example 17 运用“高斯模糊”滤镜模拟景深

光盘文件

原始文件：随书光盘\素材\06\26.jpg

最终文件：随书光盘\源文件\06\实例17 运用“高斯模糊”滤镜模拟景深.psd

在日常生活中会遇到照片中的主体人物不突出或不明显的情况，本实例运用“高斯模糊”滤镜将背景中的图像变模糊，只留下画面中突出的主体人物，使照片的主题更明确，最终的效果如下图所示。

01 打开随书光盘\素材\06\26.jpg文件，打开的图像如下图所示。

02 打开“图层”面板，选取“背景”图层，将其拖动到面板底部的“创建新图层”按钮上进行复制，如下图所示。

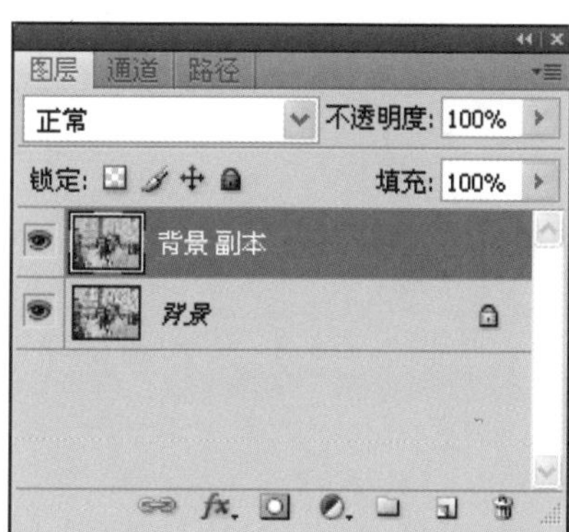

03 执行“滤镜>模糊>高斯模糊”命令，将会弹出如下图所示的“高斯模糊”对话框，将“半径”值设置为13像素。

04 应用滤镜后的图像效果如下图所示。

05 执行"窗口>历史记录"命令，打开"历史记录"面板，如下图所示。

06 单击工具箱中的"历史记录艺术画笔工具"按钮，使用该工具在应用"高斯模糊"的记录前面单击，以作标记，如下图所示。

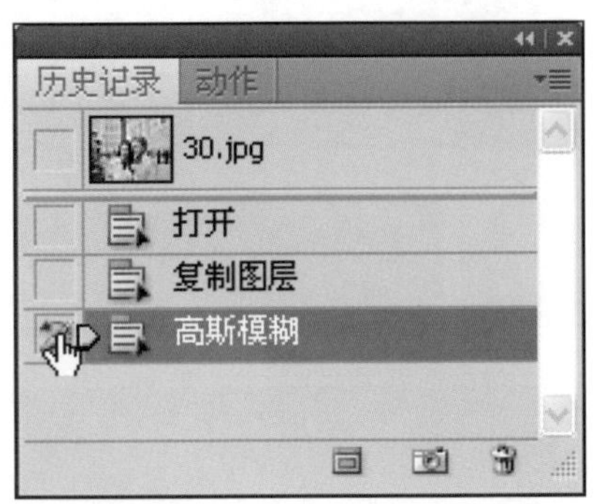

07 单击"复制图层"操作记录，如下图所示。

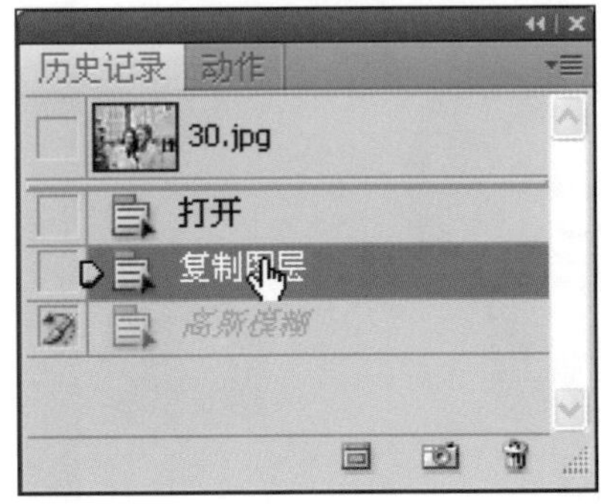

08 使用"历史记录艺术画笔工具"在人物后面的背景中单击，将其变模糊，如下图所示。

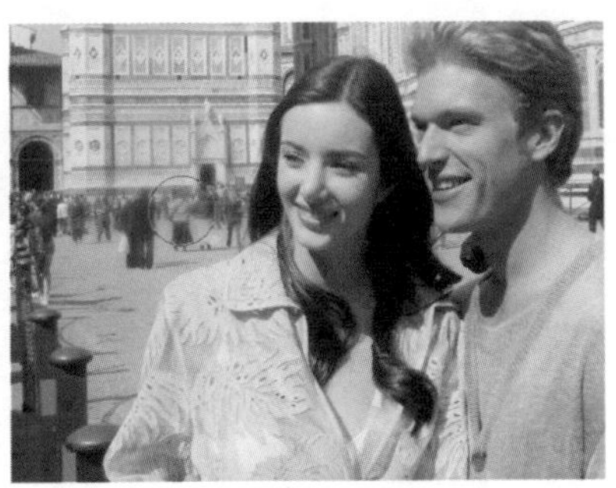

09 在"历史记录"面板中可以看到使用"历史记录艺术画笔工具"绘制后的记录，如下图所示。

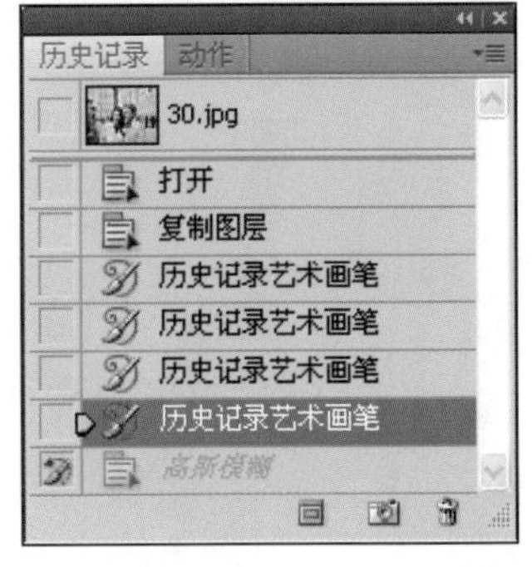

10 用"历史记录艺术画笔工具"在人物右边的背景中绘制，直至将该图像变模糊，图像效果如下图所示。

11 下面对左边的背景进行调整，同样地使用"历史记录艺术画笔工具"在左边背景处绘制，将此处的图像变模糊，如下图所示。

12 最后对细节部分的图像也使用"历史记录艺术画笔工具"进行绘制，调整后的最终效果如下图所示。

Key Points

关键技法

运用"历史记录画笔工具|历史记录艺术画笔工具"将图像还原到最初的图像效果，要注意的是在"历史记录"面板中，要将调整后的动作之前的操作记录为源，然后对图像进行调整。

Example 18 通过创建新的调整图层为黑白照片上色

光盘文件

原始文件：随书光盘\素材\06\27.jpg

最终文件：随书光盘\源文件\06\实例18 通过创建新的调整图层为黑白照片上色.psd

对图像进行上色最简单的方法就是新建一个图层，然后对所创建的图层进行调整，只保留图像合适的颜色。在上色之前先指定一个配色方案，然后使用调整颜色的方式对各个图像进行调整，并将调整后的各个区域的图像进行组合，最终的效果如下图所示。

01 打开随书光盘\素材\06\27.jpg文件，打开的图像如下图所示。

02 打开“图层”面板，选取“背景”图层，将该图层拖动到面板底部的“创建新图层”按钮上进行复制，复制后的面板如下图所示。

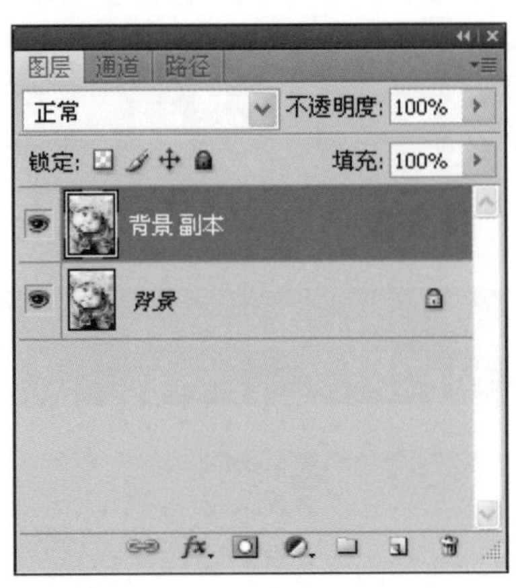

03 单击“图层”面板底部的“创建新的填充或调整图层”按钮，将会弹出如下图所示的菜单，从中选择“色相/饱和度”命令。

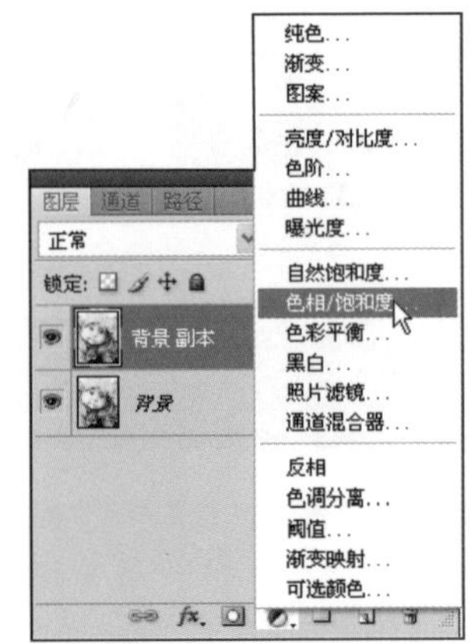

04 在如下图所示的“调整”面板中勾选“着色”复选框，将“色相”值设置为11，将“饱和度”值设置为41。

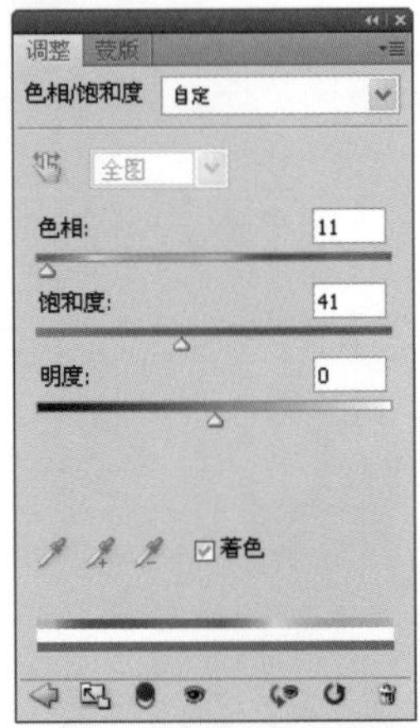

05 调整后的图像效果如下图所示。

06 单击“色相/饱和度1”图层蒙版，单击工具箱中的“画笔工具”按钮，使用该工具在人物帽子和衣服周围拖动，即可将鼠标经过地方的颜色还原，效果如下图所示。

07 使用鼠标在右边的图像上拖动，将其颜色还原，调整后的人物脸部图像如下图所示。

08 打开“图层”面板，即可看到新创建的“色相/饱和度1”图层，如下图所示，从蒙版中可看出使用“画笔工具”涂抹后的地方呈黑色。

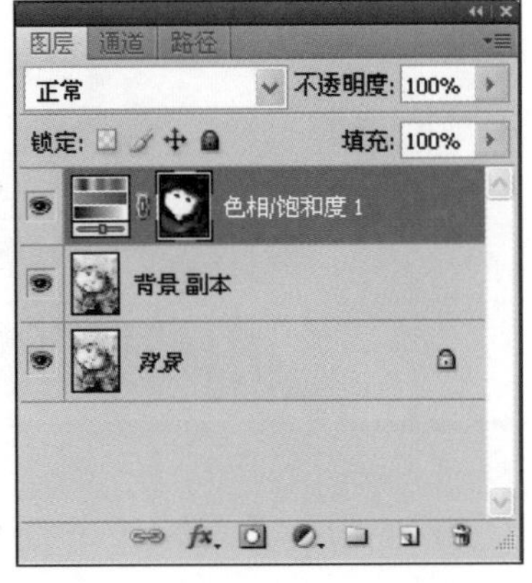

09 单击“图层”面板底部的“创建新的填充或调整图层”按钮，在弹出的菜单中选择“色相/饱和度”命令，打开如下图所示的面板，将“色相”值设置为355，将“饱和度”值设置为46。

10 在“图层”面板中单击“色相/饱和度1”图层前的眼睛图标，将该图层隐藏，如下图所示。

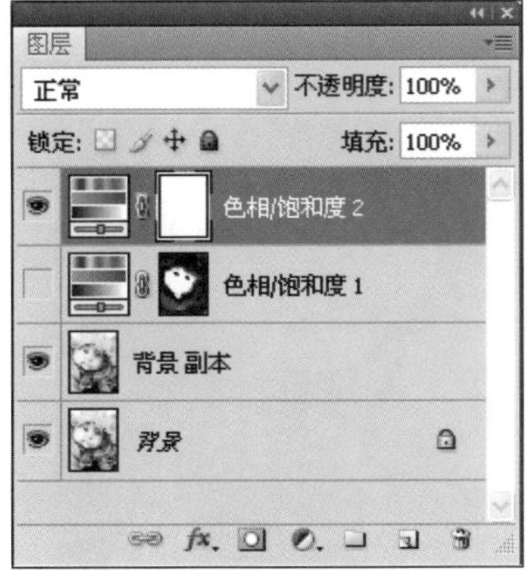

11 隐藏“色相/饱和度1”图层后的图像效果如下图所示。

12 单击“色相/饱和度2”图层蒙版，选取“画笔工具”，使用该工具在人物的身体和周围背景部分拖动，将此处的颜色进行还原，如下图所示。

13 只将人物的嘴唇颜色留出，其余部分都使用“画笔工具”进行涂抹，图像效果如下图所示。

14 单击“色相/饱和度1”图层前的眼睛图标，显示该图层，图像效果如下图所示。

15 按照步骤9所讲述的方法打开如下图所示的“调整”面板，在该面板中设置“色相/饱和度3”图层的“色相”值为255、“饱和度”值为18。

16 调整后的图像效果如下图所示。

17 隐藏之前所有的调整图层。单击“色相/饱和度3”图层蒙版，选取“画笔工具”，使用该工具在人物的身体部位涂抹，直至将此处的颜色还原，图像效果如下图所示。

18 显示新建的所有调整图层，调整背景后的图像效果如下图所示。

19 按照步骤9所讲述的方法打开如下图所示的“调整”面板，在该面板中将“色相/饱和度4”的“色相”值设置为98，将“饱和度”值设置为15。

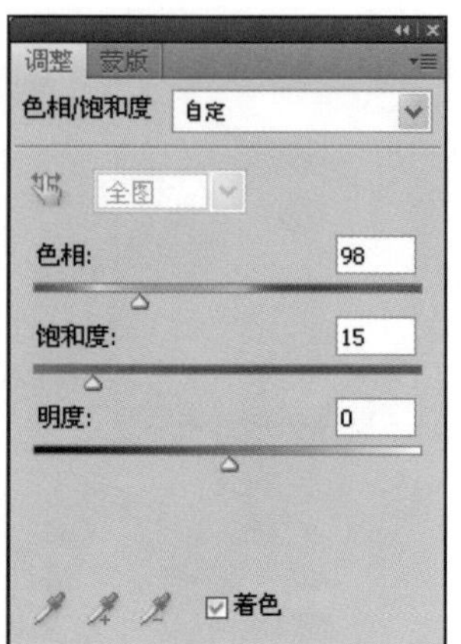

20 设置完成所有相关参数后，图像效果如下图所示。

21 单击“色相/饱和度4”图层蒙版，使用“画笔工具”将人物身体部分的图像擦除，只留下背景中的草地颜色，并将其余的图层显示出来，图像效果如下图所示。

22 同样创建“通道混和器”调整图层，在如下图所示的“通道混和器”中设置“红”通道参数。

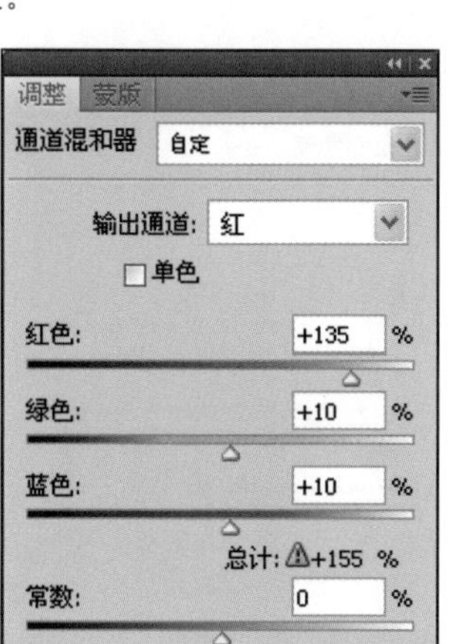

23 参数设置完成后图像效果如下图所示。

24 打开“图层”面板，从中可以看出该面板中出现“通道混合器1”图层，如下图所示。再隐藏所有“色相/饱和度”图层。

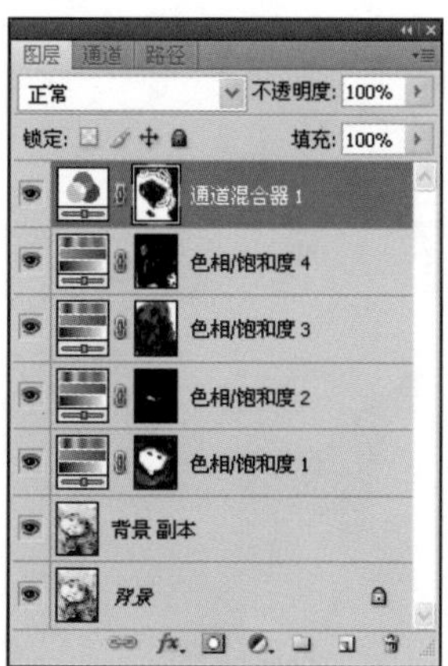

25 使用“画笔工具”在人物的脸部及背景上绘制，将此处的颜色还原，图像效果如下图所示。

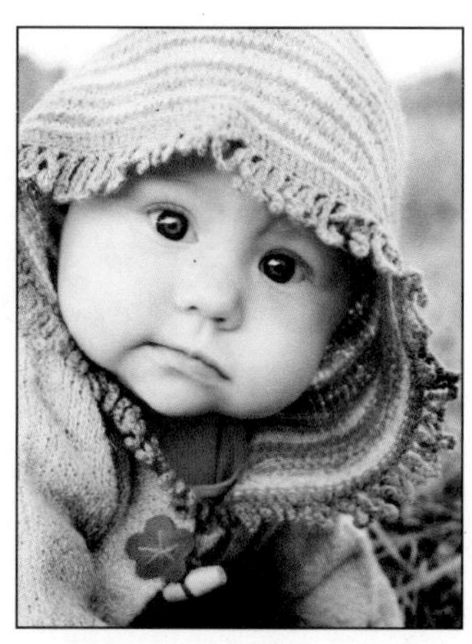

26 将其余的图层都显示出来，调整后的图像效果如下图所示。

27 使用步骤9所讲述的方法创建“色相/饱和度5”图层，打开“调整”面板，将“色相/饱和度5”的“色相”值设置为125，将“饱和度”值设置为45，如下图所示。

28 经过调整后的图像效果如下图所示。

29 单击“色相/饱和度5”图层蒙版，使用“画笔工具”将其余的图形都涂抹完，只留下纽扣的部分，如下图所示。

30 将身体部分以及衣服所在的图层都绘制完成，图像效果如下图所示。

31 创建新的“色相/饱和度6”图层。打开“调整”面板，设置“色相/饱和度6”的“色相”值为109、“饱和度”值为30，如下图所示。

32 设置完成后的图像效果如下图所示。

33 使用“画笔工具”将人物的身体部分和背景的颜色都擦除，只留下衣领部分，如下图所示。

34 创建出“色相/饱和度7”图层。打开“调整”面板，设置“色相/饱和度7”的“色相”值为67、“饱和度”值为36，如下图所示。

35 设置完成后的图像效果如下图所示。

36 使用“画笔工具”将小孩身体部分的图像擦除，只留下纽扣图形，并将图层中其余的图像都涂抹完，图像效果如下图所示。

Key Points

关键技法

运用新建的调整图层为黑白图像上色时，要注意将不属于该图层的其余颜色抹去，只留下所需要的颜色区域。

Example 19 运用“图层样式”制作个性纹身

光盘文件

原始文件：随书光盘\素材\06\28.jpg、29.jpg

最终文件：随书光盘\源文件\06\实例19 运用“图层样式”制作个性纹身.psd

在图层样式中有很多选项可供选择，制作不同的图像效果时应该选择合适的图层样式。本实例主要运用“斜面和浮雕”样式对在人物身体上添加的图案进行编辑，制作出纹身效果，最终的效果如下图所示。

01 打开随书光盘\素材\06\28.jpg文件，打开的图像如下图所示。

02 打开随书光盘\素材\06\29.jpg文件，打开的图像如下图所示。

03 选取打开的纹身图像，并将其拖动到人物图像窗口中，如下图所示。

04 运用“魔棒工具”将白色区域选中，并按Delete键将其删除，得到如下图所示的图像效果。

05 按Ctrl+T组合键将其进行自由变换，调整至适当的位置，如下图所示。

06 为该图层添加上图层蒙版，并运用“画笔工具”将边缘图像擦除，如下图所示。

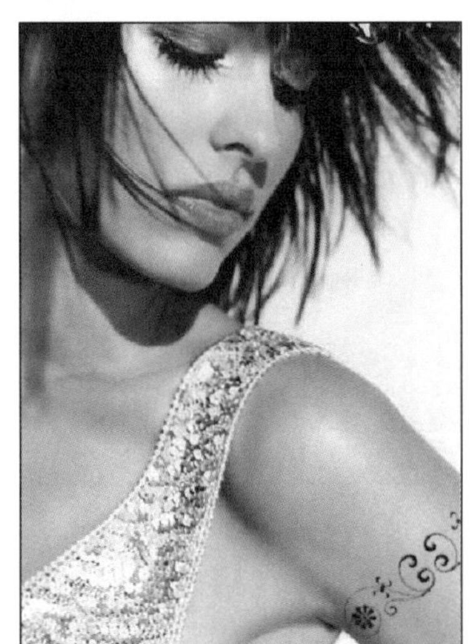

08 执行“编辑>变换>变形”命令，对图像进行变形，如下图所示。

08 将图像调整至手臂适当的位置后，按Enter键应用变换，如下图所示。

09 双击纹身图像所在的图层，弹出“图层样式”对话框，并在左侧选项栏中勾选“斜面和浮雕”复选框，切换到如下图所示的“斜面和浮雕”选项区。

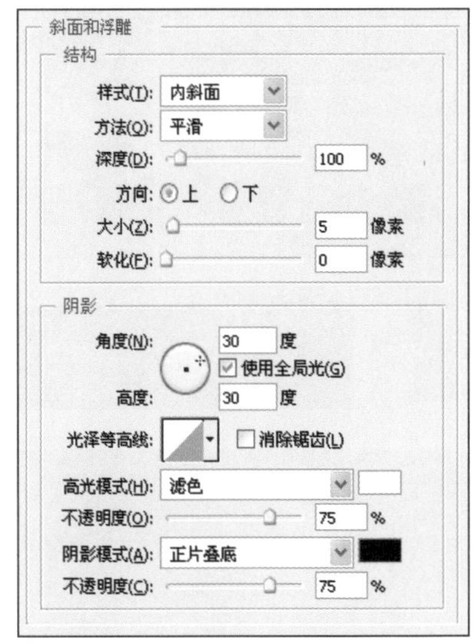

10 打开“斜面和浮雕”选项区，在“样式”下拉列表框中选择“浮雕效果”选项，如下图所示。

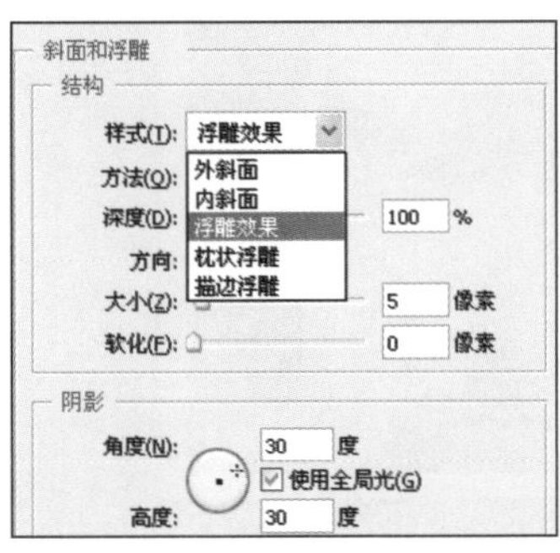

11 在“方法”下拉列表框中选择“雕刻清晰”选项，如下图所示。

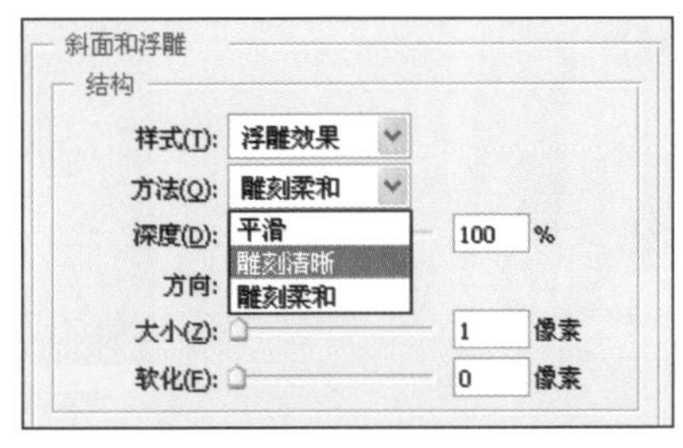

12 在“阴影”选项区中设置相关参数，如下图所示。

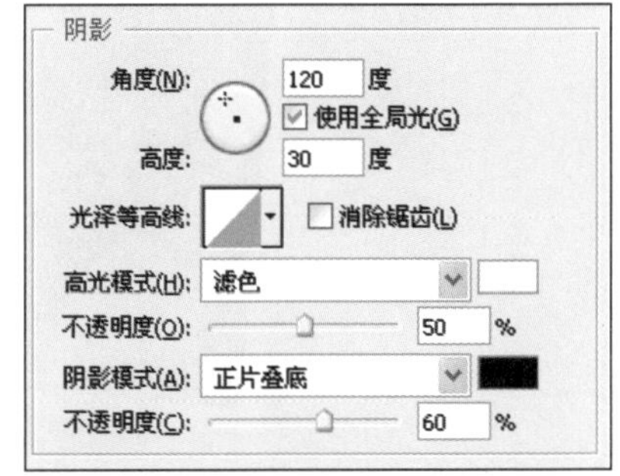

13 单击“阴影模式”后的颜色色标，弹出如下图所示“选择阴影颜色”对话框，并设置颜色值为R:136，G:135、B:135。

14 设置后的阴影模式颜色如下图所示。

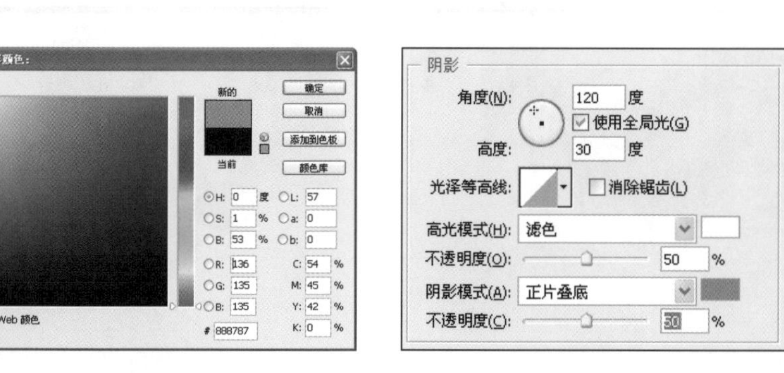

15 最后调整好的图像效果如下图所示。

Key Points

关键技法

选择“斜面和浮雕”样式后，要将“结构”选项区中的“方法”设置为“浮雕效果”，这样制作的纹身效果才会深入到皮肤中，纹身显得更自然、逼真。

Example 20 运用“添加杂色”滤镜制作闪亮唇彩及眼影

光盘文件

原始文件：随书光盘\素材\06\30.jpg

最终文件：随书光盘\源文件\06\实例20 运用“添加杂色”滤镜制作闪亮唇彩及眼影.psd

本实例通过“添加杂色”滤镜的特殊性为人物制作唇彩和眼影，使原本平淡的照片添加上色彩后更艳丽，突出人物的轮廓。本实例的制作方法是首先为图像添加上杂色，运用选区将多余的区域删除，只留下嘴唇和眼部的颜色，其次对该部分区域进行调整，制作出最终的图像效果，如下图所示。

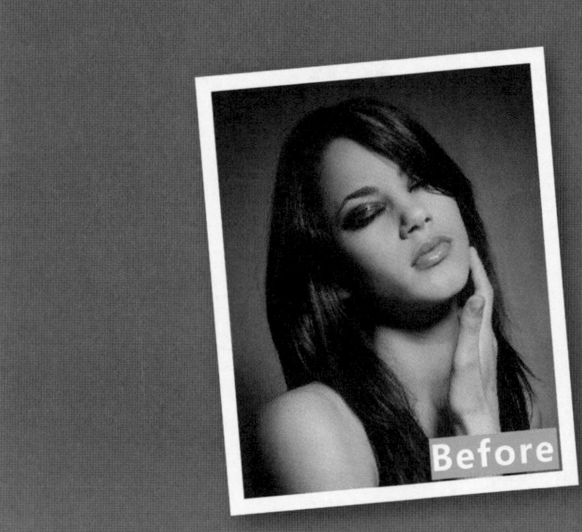

01 打开随书光盘\素材\06\30.jpg文件，打开的图像如下图所示。

02 打开"图层"面板，单击面板底部的"创建新图层"按钮，创建一个新的图层，如下图所示。

03 单击前景色图标，弹出"拾色器"对话框，并在该对话框中设置参数，如下图所示。

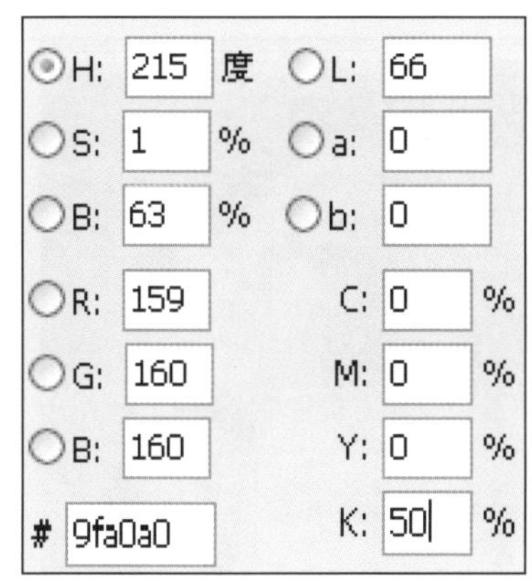

04 按Alt+Delete组合键为图层填充上所设置的前景色，填充后的效果如下图所示。

05 打开"图层"面板，即可看到填充颜色后的"图层1"图层，如下图所示。

06 执行"滤镜>杂色>添加杂色"命令，弹出如下图所示的"添加杂色"对话框，将"数量"值设置为30%。

07 调整后的图像效果如下图所示。

08 执行"图像>调整>色阶"命令，弹出如下图所示的"色阶"对话框，并在该对话框中设置相关参数。

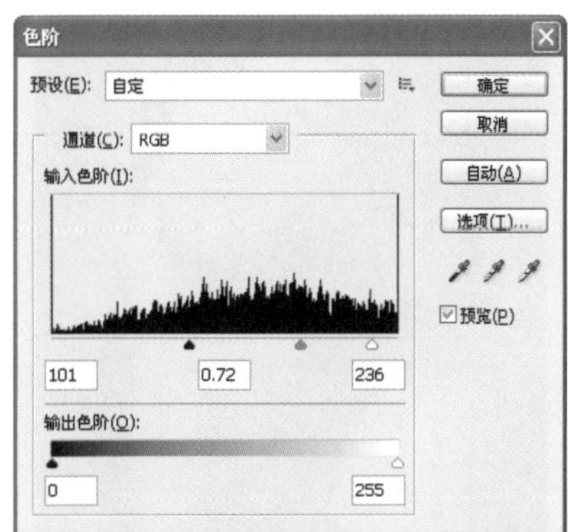

09 设置好的图像效果如下图所示。

10 单击“图层1”图层前面的眼睛图标，将该图层隐藏，只显示人物图像，如下图所示。

11 打开“路径”面板，单击面板底部的“创建新路径”按钮，创建一条新的路径，如下图所示。

12 单击工具箱中的“钢笔工具”按钮，使用该工具绘制出人物嘴唇的轮廓，如下图所示。

13 选取“图层1”图层，将该图层的混合模式设置为“叠加”，如下图所示。

14 设置完图层混合模式后的图像效果如下图所示。

15 将路径载入选区，再打开如下图所示的“羽化选区”对话框，将“羽化半径”值设置为2像素。

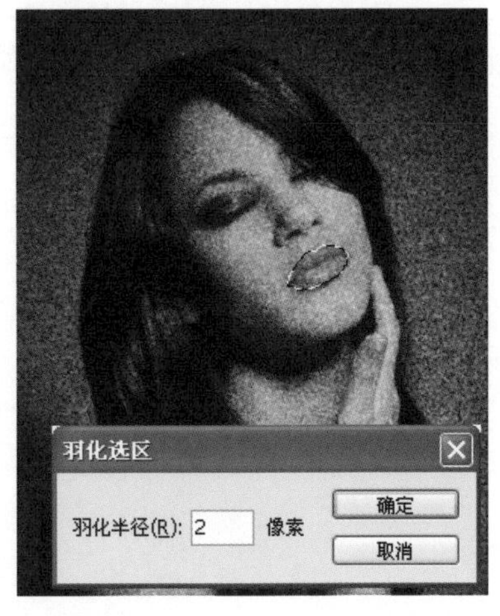

16 打开“图层”面板复制“图层1”图层，得到“图层1副本”图层，如下图所示。

17 选中“图层1”图层，执行“选择>反向”命令，最后按Delete键将所选区域删除，得到如下图所示的图像效果。

18 调整“图层1”图层的不透明度为60%，如下图所示。

19 显示并选中“图层1副本”图层，单击“图层”面板底部的“添加图层蒙版”按钮 ，为“图层1副本”图层添加上蒙版，如下图所示。

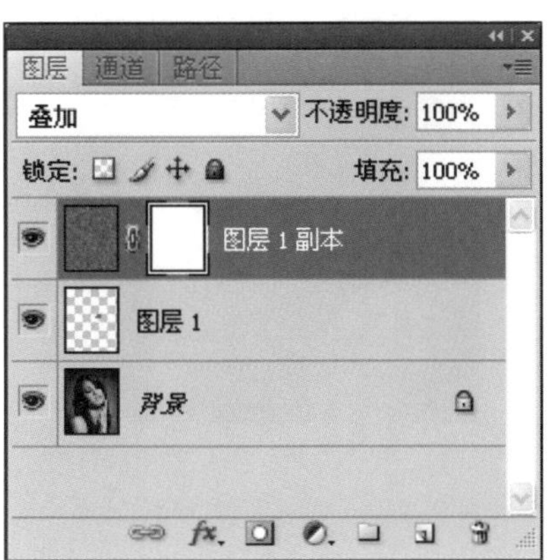

20 运用“画笔工具”在人物脸部等部位绘制，将图像擦除，如下图所示。

21 使用“画笔工具”在人物脸上将其余的图像擦除，只留出眼睛周围的图像，图像效果如下图所示。

22 按Ctrl+M组合键弹出如下图所示的“曲线”对话框，在该对话框中将RGB通道调整为下图所示的曲线。

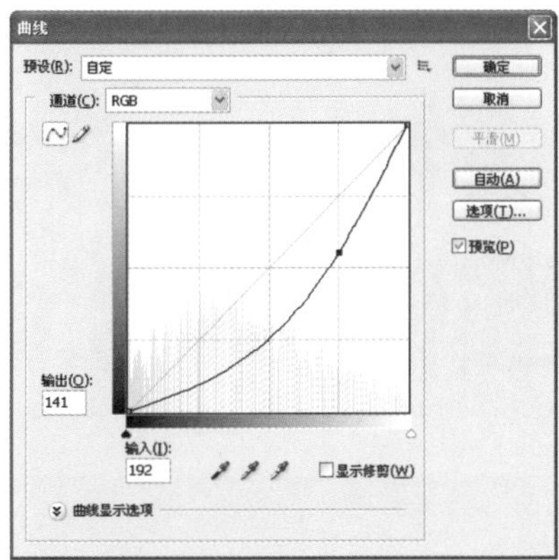

23 在“通道”下拉列表框中选择“蓝”选项，如下图所示。

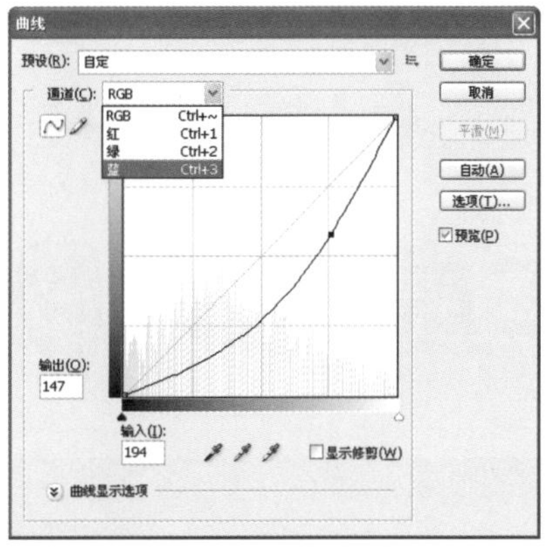

24 在对话框中设置“蓝”通道的曲线走向，如下图所示。

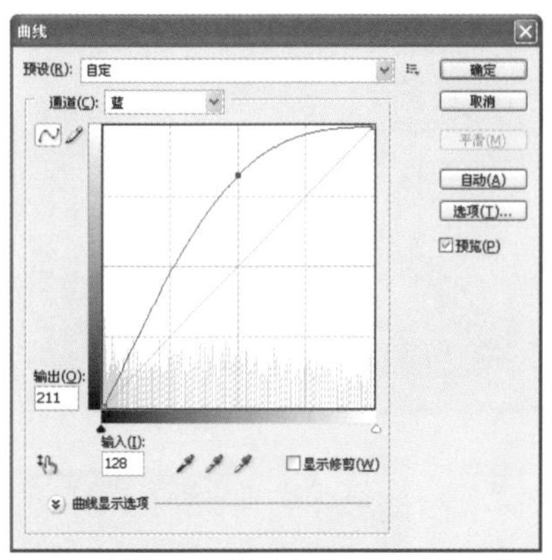

25 调整曲线后的图像效果如下图所示。

26 打开“图层”面板，单击面板底部的“创建新图层”按钮 ，创建的新图层如下图所示。

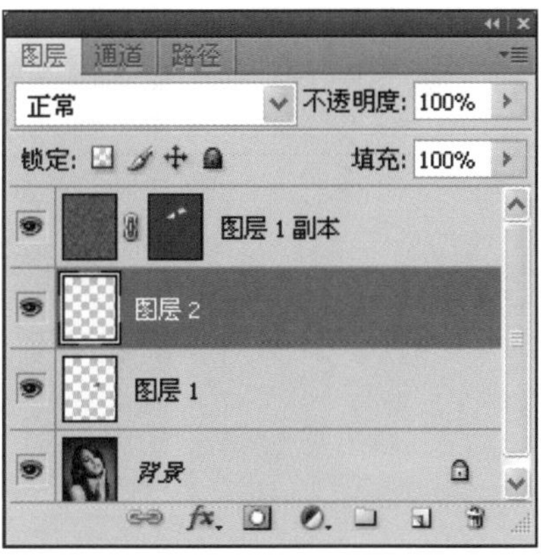

27 将前面所绘制的嘴唇轮廓转换为选区，并将选区填充为粉红色，填充后的图像效果如下图所示。

28 将“图层2”图层的混合模式设置为“叠加”，设置后的“图层”面板如下图所示。

29 设置图层混合模式后的图像效果如下图所示。

30 将“图层2”图层的不透明度设置为30%，设置后的图像效果如下图所示。

Key Points

关键技法

运用“添加杂色”滤镜对图像进行调整时，要在“添加杂色”对话框中勾选“单色”复选框，所添加的杂色以黑白两种颜色进行显示，为后面的制作过程做好准备。

Example 21 运用“模糊”滤镜制作虚化人物图像

光盘文件

原始文件：随书光盘\素材\06\31.jpg

最终文件：随书光盘\源文件\06\实例21 运用“模糊”滤镜制作虚化人物图像.psd

本实例主要运用“模糊”滤镜和“图层混合模式”，为人物图像添加一层朦胧感，制作成虚化的图像效果，原图像和最终图像的对比效果如下图所示。

01 打开随书光盘\素材\06\31.jpg文件，打开的图像如下图所示。

02 复制出“背景副本”图层，如下图所示。

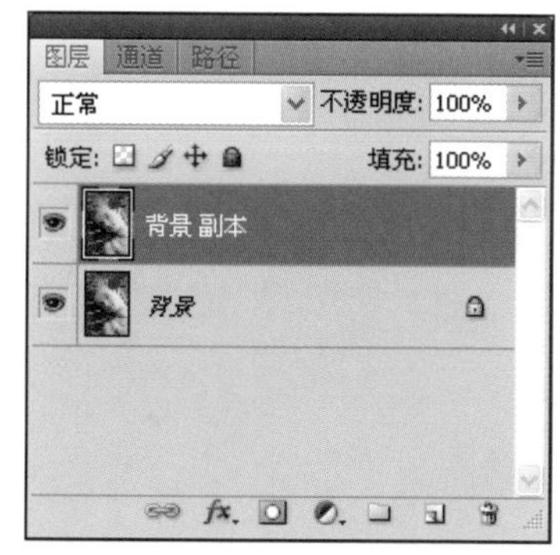

03 执行“滤镜>模糊>高斯模糊”命令，如下图所示。

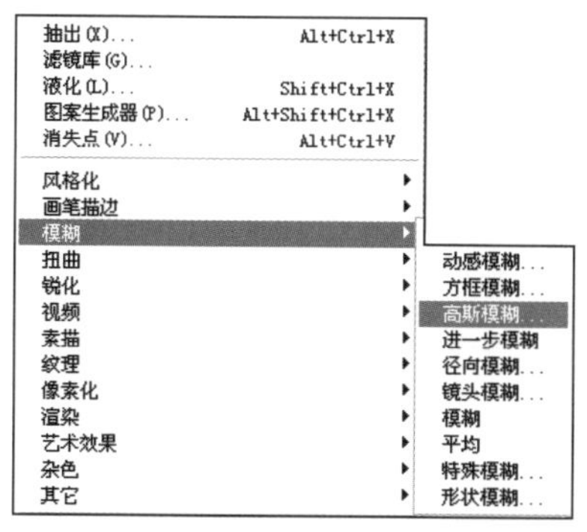

04 系统将会弹出如下图所示的“高斯模糊”对话框，将“半径”值设置为4.1像素。

05 应用滤镜后的效果如下图所示。

06 打开“图层”面板，选取“背景副本”图层，单击面板底部的“添加图层蒙版”按钮，为该图层添加上蒙版，如下图所示。

07 将“背景副本”图层的不透明度设置为90%，如下图所示。

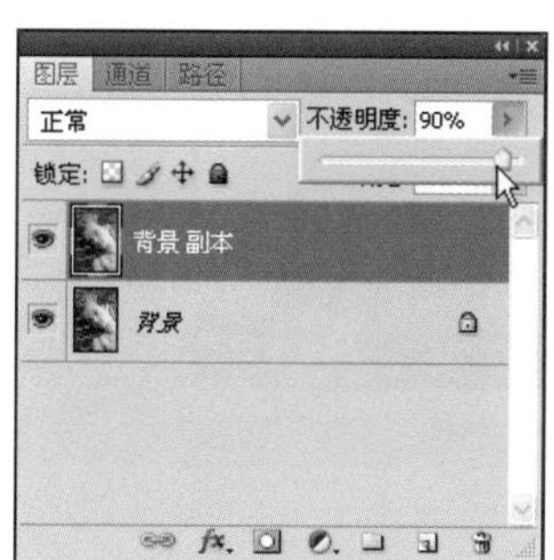

08 调整图层不透明度后的图像效果如下图所示。

09 单击“背景副本”图层的图层蒙版缩略图，确定对蒙版进行编辑，如下图所示。

10 单击工具箱中的“画笔工具”按钮，使用该工具在人物的脸部绘制，如下图所示。

11 在“图层”面板中，复制“背景副本”图层得到“背景副本2”图层，并设置其混合模式为“叠加”、不透明度为50%，如下图所示。

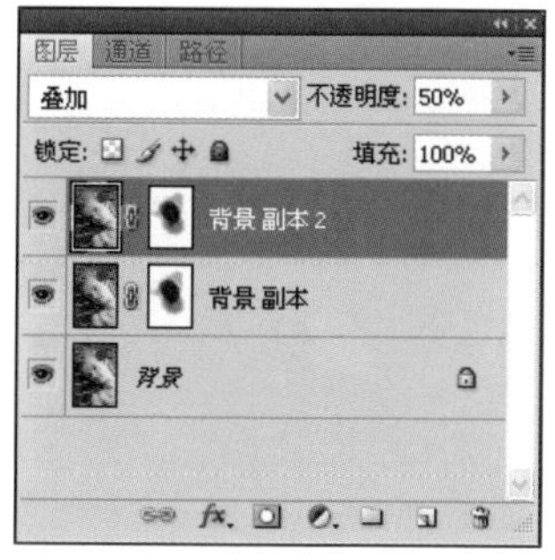

12 使用“画笔工具”在人物的脸上绘制，调整后的图像效果如下图所示。

Key Points

关键技法

在制作虚化图像时，要注意运用添加图层蒙版的方式，将人物脸部的图像还原。

Example 22 运用“图层蒙版”为人物添加饰品

光盘文件

原始文件：随书光盘\素材\06\32.jpg、33.jpg

最终文件：随书光盘\源文件\06\实例22 运用“图层蒙版”为人物添加饰品.psd

突出人物图像的完整性，也包括要为人物图像添加饰品，使原本的人物更具个性。本实例将所要添加到人物图像上的饰品放置到合适的位置，并运用添加“图层蒙版”的方式，将多余的图像擦除，使饰品完美地与人物图像融合。制作前后的图像效果如下图所示。

01 打开随书光盘\素材\06\32.jpg文件，打开的图像如下图所示。

02 打开随书光盘\素材\06\33.jpg文件，打开的图像如下图所示。

03 双击打开的首饰图像的图层，弹出如下图所示的“新建图层”对话框，在该对话框中输入合适的名称。

04 单击工具箱中的“多边形套索工具”按钮，并使用该工具选取图像，如下图所示。

05 释放鼠标后即可得到选区，按Delete键将所选取的区域删除，如下图所示。

06 使用“多边形套索工具”在图中选取图像，并按Delete键将其删除，得到如下图所示的图像效果。

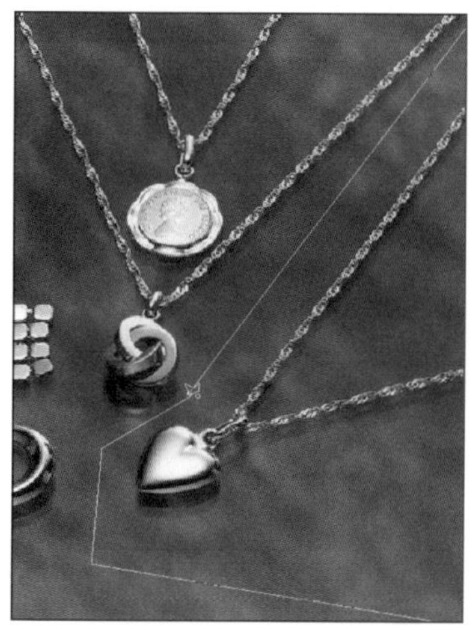

07 选取“背景橡皮擦工具”将多余的图像擦除，得到如下图所示的图像效果。

08 将首饰图像拖动到人物图像窗口中，如下图所示。按Ctrl+T组合键对图像进行自由变换，右击图像，在弹出的快捷菜单中选择“水平翻转”命令。

09 水平翻转后的图像效果如下图所示。

10 按住Ctrl键并拖动左上角的控制点，对图像进行缩放，如下图所示。

11 使用相同的方法对饰品右侧项链处图像也进行调整，如下图所示。

12 再右击图像，从弹出的菜单中选择“变形”命令，调整到合适的位置后，单击选项栏中的✓按钮应用变换，图像效果如下图所示。

13 选取“图层1”图层，单击面板底部的“添加图层蒙版”按钮 ，为该图层添加图层蒙版，并将多余的图像擦除，如下图所示。

14 为“图层1”图层添加“斜面和浮雕”图层样式，根据下图所示设置参数。

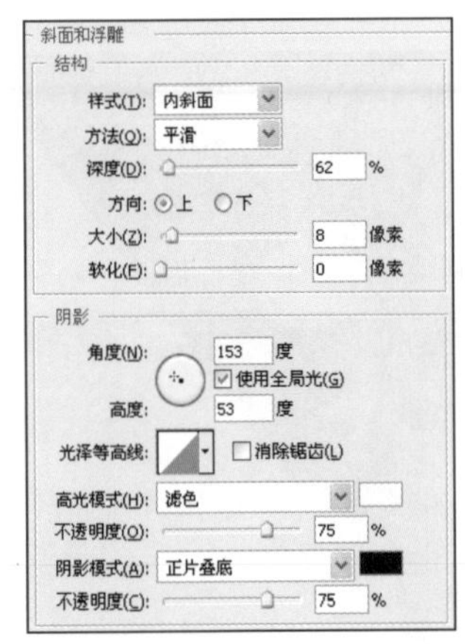

15 在画面中查看设置“斜面和浮雕”样式后的项链效果，如下图所示。

16 复制“图层1”图层得到“图层1副本”图层，设置“图层1副本”图层的混合模式为“叠加”，如下图所示。

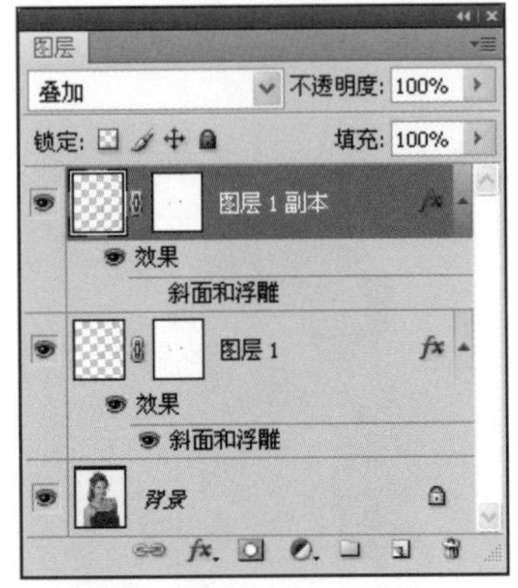

17 设置图层混合模式后的画面效果如下图所示。

18 在“图层”面板中，再选中“图层1”图层，调整其不透明度为41%，如下图所示。

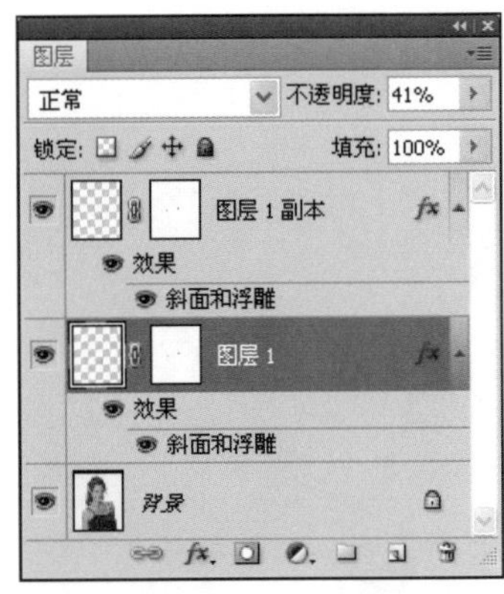

19 设置后的画面效果如下图所示，项链显得更自然。

20 选中“图层1副本”图层，双击该图层名称，打开“图层样式”对话框后，为图层添加“投影”样式，根据下图所示设置参数。

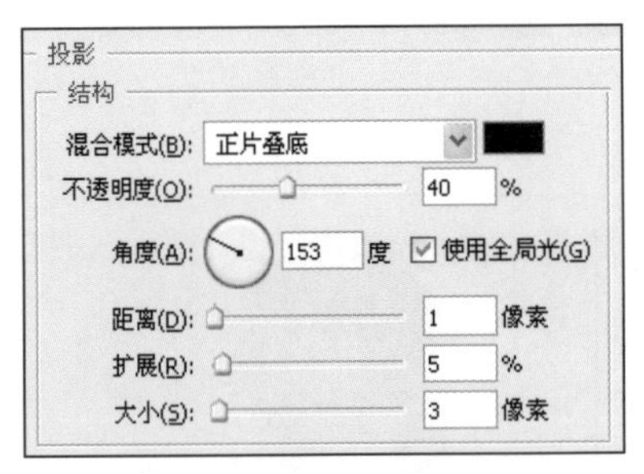

21 为项链添加“投影”图层样式后的画面效果如下图所示，完成本实例的制作。

Key Points

关键技法

运用“画笔工具”对所添加的图层蒙版进行调整时，要确定前景色为黑色，如果为白色，则不会将多余的图像擦除。

Example 23 运用“加深工具”美化眉毛

光盘文件

原始文件：随书光盘\素材\06\34.jpg

最终文件：随书光盘\源文件\06\实例23 运用“加深工具”美化眉毛.psd

使用“加深工具”可以将所单击的区域的图像颜色加强，从而突出该区域。本实例运用“加深工具”的这一特性，将人物的眉毛颜色加深，使人物显得更加精神。本实例的原图像与调整后的对比效果如下图所示。

01 打开随书光盘\素材\06\34.jpg文件，打开的图像如下图所示。

02 打开“图层”面板，将“背景”图层拖动到“创建新图层”按钮上复制出“背景副本”图层，如下图所示。

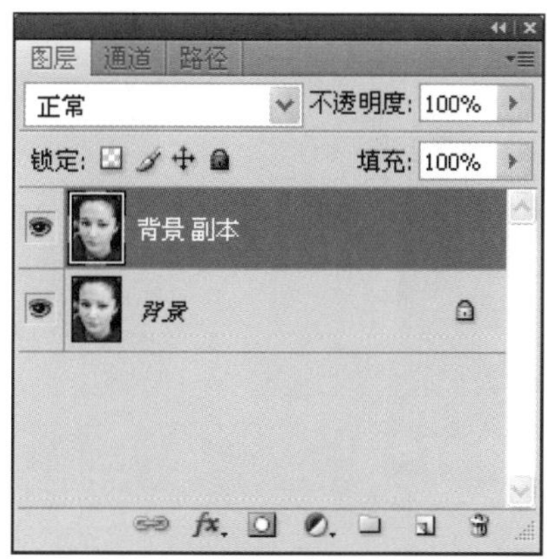

03 单击工具箱中的“加深工具”按钮，并使用该工具在人物的眉毛上单击，如下图所示。

04 使用“加深工具”在人物左眉上单击，将颜色加深，图像效果如下图所示。

05 再使用“加深工具”在右眉上单击，将其颜色加深，如下图所示。

06 调整完成后的图像效果如下图所示。

Key Points

关键技法

应用“加深工具”对人物图像进行调整时要设置该工具的“强度”，强度不能太大，否则图像将以黑色显示。

Example 24 运用“画笔工具”添加卷翘眼睫毛

光盘文件

原始文件：随书光盘\素材\06\35.jpg

最终文件：随书光盘\源文件\06\实例24 运用“画笔工具”添加卷翘眼睫毛.psd

拥有又长又卷的睫毛是每个女生的愿望，本实例会帮助大家轻松实现这个愿望，学会该实例后就可以为照片中的人物直接添加上长长的睫毛。注意操作方法是设置好合适的画笔后，在所要添加睫毛的部位上单击即可，不同的位置所绘制的睫毛也不同。本实例的最终效果与原图像的对比效果如下图所示。

01 打开随书光盘\素材\06\35.jpg文件，打开的图像如下图所示。

02 打开“图层”面板，单击“图层”面板底部的“创建新图层”按钮，创建一个新的图层，如下图所示。

03 单击工具箱中的“画笔工具”按钮，并打开“画笔”面板，如下图所示，在其中选择合适的画笔形状。

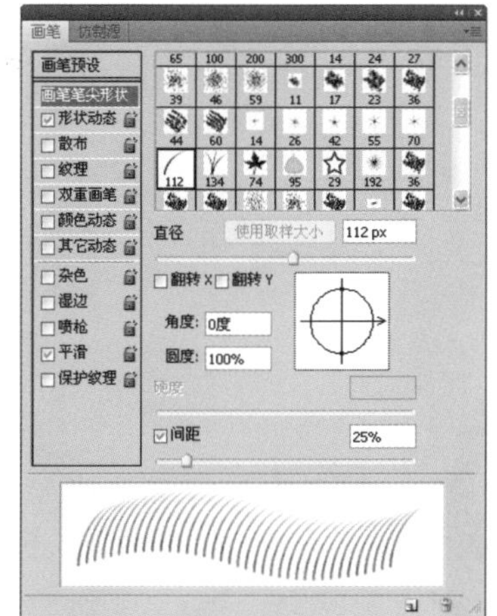

04 在选择笔触形状后，设置直径为30px，调整角度为99度，间距为25%，如下图所示。

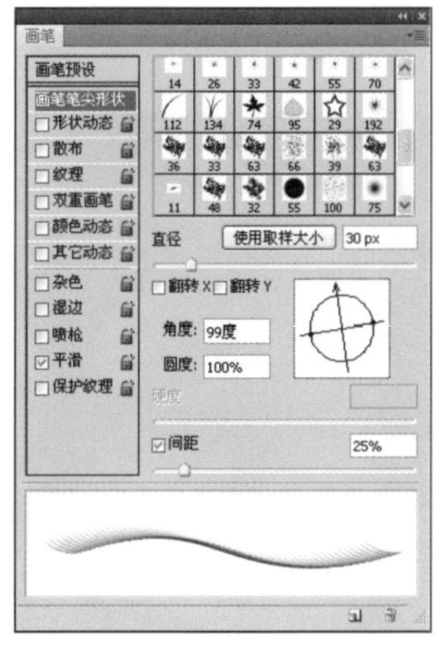

05 设置完成后的画笔形状如下图所示。

06 将画笔大小设置为18px，并在睫毛上单击，如下图所示。

07 使用“画笔工具”在人物眼睛处单击，如下图所示。

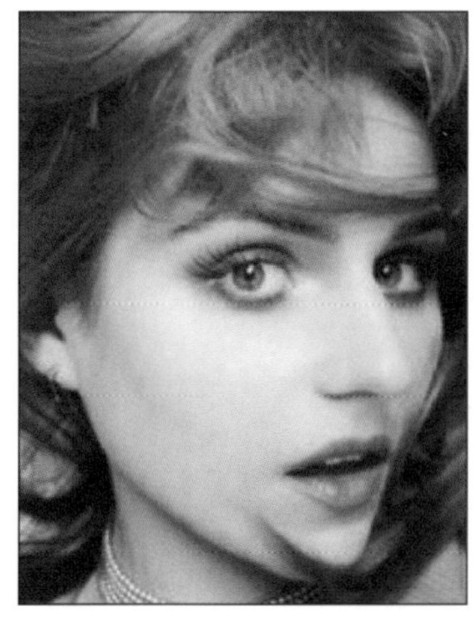

08 在“画笔”面板中设置不同的“角度”，设置后的面板如下图所示。

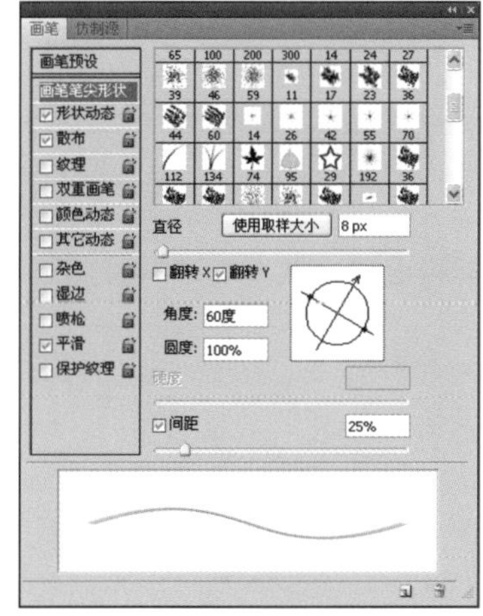

09 运用所设置的画笔在眼皮的中间位置单击，在此处绘制上睫毛，如下图所示。

10 绘制完成右眼的睫毛后，图像效果如下图所示。

11 运用“画笔工具”绘制出交叉的睫毛，使睫毛显得更浓密，如下图所示。

12 打开“图层”面板，创建一个新的图层，系统自动将其命名为“图层2”，如下图所示。

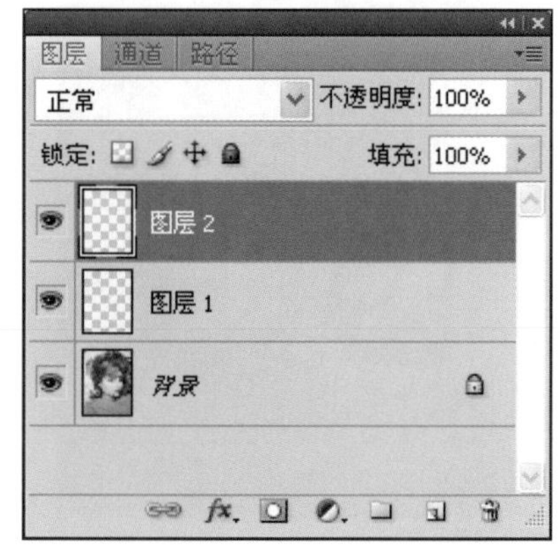

13 打开“画笔”面板，并在该面板中勾选“翻转Y”复选框，然后设置“角度”为115度，如下图所示。

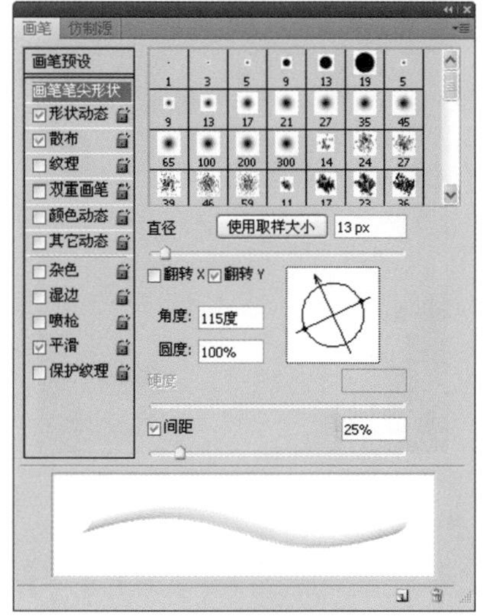

14 将设置好的“画笔工具”在左眼上单击，为眼睛添加上睫毛，如下图所示。

15 运用“画笔工具”在眼睛上单击，复制“图层1”和“图层2”，效果如下图所示。

Key Points

关键技法

运用“画笔工具”为人物添加睫毛时，要不断地调整“画笔工具”的角度，所绘制的睫毛才更真实。

Example 25 运用变形工具为人物隆鼻

光盘文件

原始文件：随书光盘\素材\06\36.jpg

最终文件：随书光盘\源文件\06\实例25 运用变形工具为人物隆鼻.psd

鼻子位于脸的中央，与眼睛一起对确定五官的美丽起着重要的作用。在Photoshop CS4中可以使用变形工具为鼻子整形，绝对让漂亮不留痕迹，最终的效果如下图所示。

01 打开随书光盘\素材\06\36.jpg文件，打开的图像如下图所示。

02 打开“图层”面板，按Ctrl+J组合键，复制“背景”图层得到“图层1”图层，如下图所示。

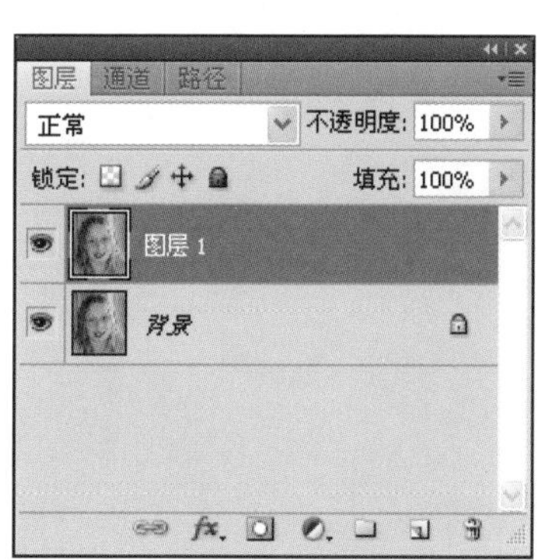

03 单击工具箱中的“多边形套索工具”按钮，使用该工具沿着人物的鼻子拖动鼠标，将人物鼻子选中，如下图所示。

04 使用“多边形套索工具”创建选区的最后一步就是让终点和起点重合。单击起点后，Photoshop会根据用户绘制的路径创建选区，效果如下图所示。

05 打开“图层”面板，按Ctrl+J组合键将选区中“图层1”的图像进行复制，从而得到“图层2”图层，如下图所示。

图层 通道 路径
正常 不透明度: 100%
锁定: 填充: 100%
图层 2
图层 1
背景

06 选中“图层2”图层，按Ctrl+T组合键打开“自由变换工具”，此时系统会根据“图层2”图层中的图像大小建立一个可编辑的边框，画面中的效果如下图所示。

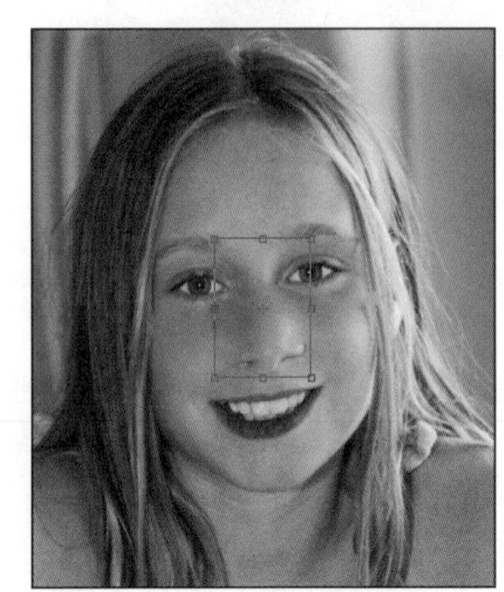

07 将鼠标移动至自由变换编辑框的控制句柄上，按住Alt+Shift组合键的同时向内拖动鼠标，即可对鼻子进行缩放操作，如下图所示。

08 将鼻子调整得稍小后，把鼠标移动到自由变换编辑框的对角控制句柄上，此时拖动鼠标即可对图像进行旋转，如下图所示。

09 调整好鼻子的大小和位置后，按Enter键确认，选中“图层1”图层，要对变换图像的底部图像进行修复，如下图所示。

图层 通道 路径
正常 不透明度: 100%
锁定: 填充: 100%
图层 2
图层 1
背景

10 单击工具箱中的“污点修复画笔工具”按钮，使用此工具在“图层1”中的鼻翼上单击，对超出“图层2”图像的鼻翼进行抹平，如下图所示。

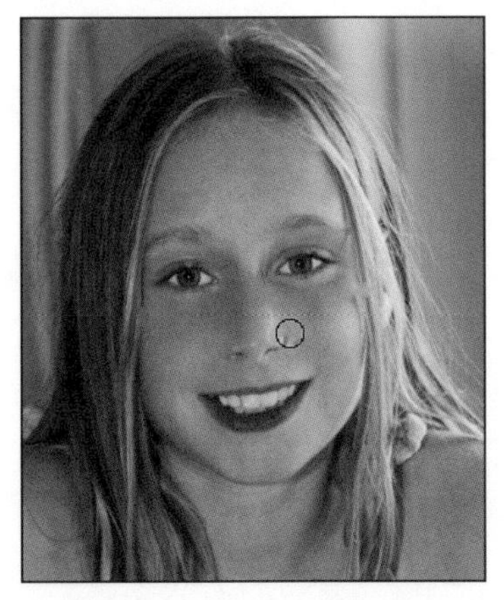

11 多次使用“污点修复画笔工具”在人物的鼻翼上涂抹，使得居于上层的“图层2”中的图像与脸部变得融合，调整后的效果如下图所示。

12 鼻翼上的图像修复好后，再使用此工具对人物内眼角处的鼻梁进行修复，将鼠标移动至如下图所示位置单击。

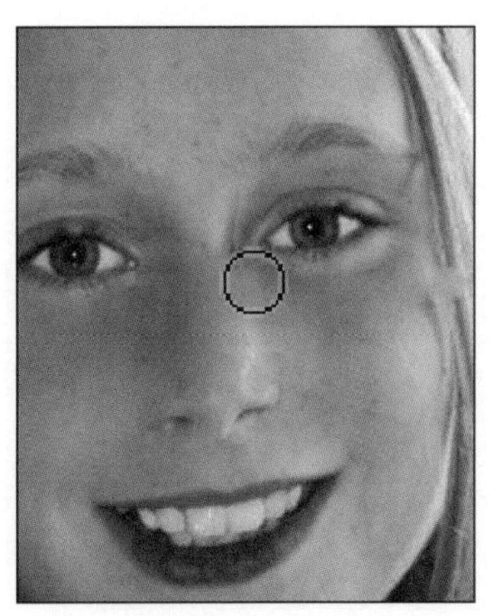

13 通过多次在鼻梁上涂抹，修复好的图像效果如下图所示。

14 打开“图层”面板，选中“图层2”图层，如下图所示。

15 按Ctrl+T组合键打开“自由变换工具”，然后右击，在弹出的快捷菜单中选择“变形”命令，如下图所示。

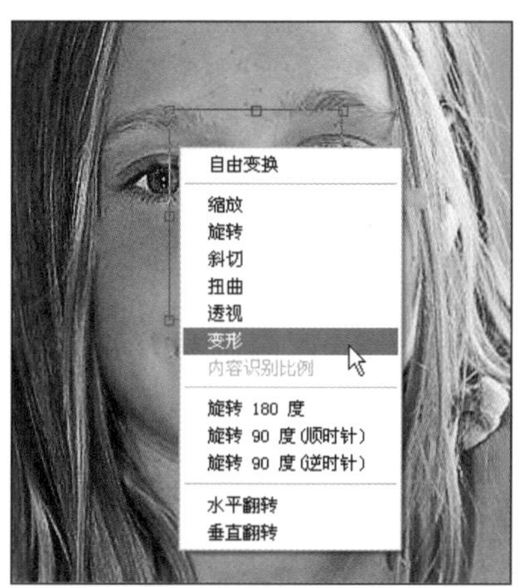

16 使用“变形”命令可以对图像进行扭曲和拉伸等操作，根据鼻子在脸部的位置，将鼻子右下角向上拖动，调整鼻子的形状，如下图所示。

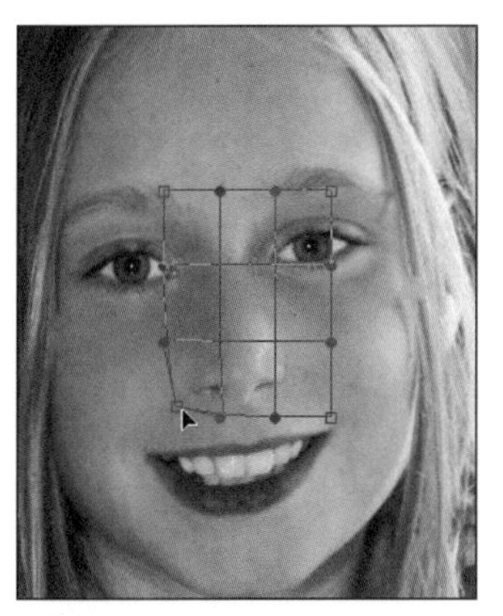

17 调整好鼻子的形状后，按Enter键确认变形，变形后的鼻子效果如下图所示。

18 按Alt+Ctrl+Shift+E组合键盖印可见的图层，得到“图层3”图层，如下图所示。

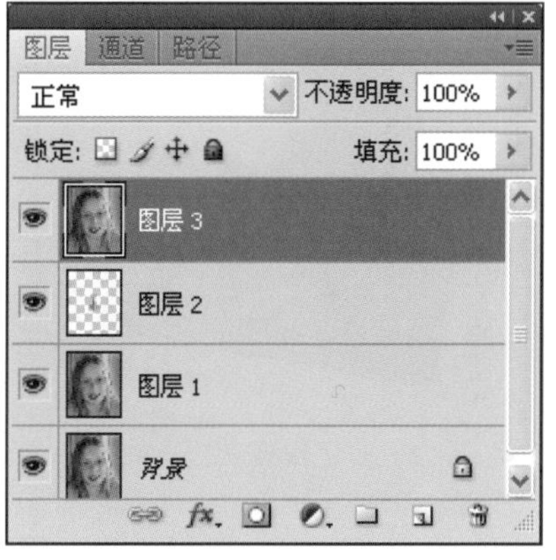

19 由于人物脸上的雀斑过多，所以再对人物的脸部皮肤进行处理。此处使用“污点修复画笔工具”在额头上单击，如下图所示。

20 多次使用“污点修复画笔工具”在人物的额头上单击，将人物的雀斑去除，效果如下图所示。

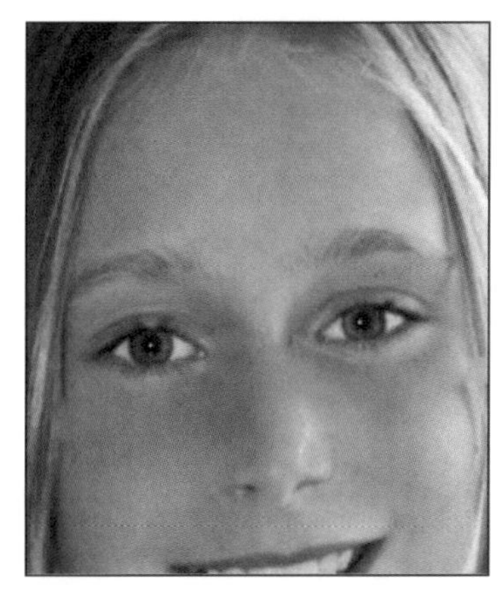

21 使用“污点修复画笔工具”对人物的眼睑、脸庞、下巴、鼻子上的雀斑进行处理，处理完的效果如下图所示。

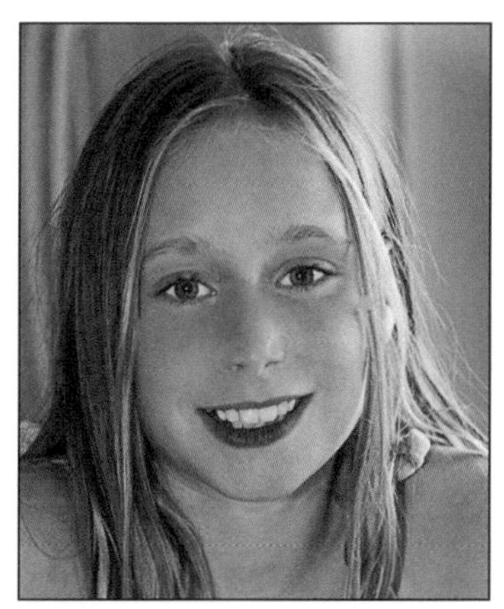

Chapter

07 照片的色调调整

本章主要讲述照片色调的调整。所谓色调调整，就是指对图像的色相、明度、冷暖、纯度进行调整。它们分别对应于Photoshop CS4中的“色相/饱和度”、“色阶”、“替换颜色”、“可选颜色”等命令。在本章中主要学习如何设置图层混合模式对较暗的图像进行调整，如何使用“色彩平衡”命令更改图像的色调，以及如何运用“色阶”命令调整偏暗的图像等。图像的颜色是否准确，或者是否美观，是非常重要的，这一点不能忽视。使用本章所介绍的相关方法在自己的照片中不断实践，就可以快速掌握照片色调调整的要领。

相关软件技法介绍

本章重点介绍的是照片色调的调整，这需要运用到“图像”菜单中主要用来调整色调的命令，包括“匹配颜色”命令、“色相/饱和度”命令、“色彩平衡”命令、“色阶”命令等，通过使用这些命令可以对图像的亮部、色调、颜色及饱和度等进行调整。

7.1 色彩的加减乘除——图层混合模式

Photoshop中的每类图层都支持图层混合模式，对图层设置不同的混合模式能够与其下方的图层产生奇特的变化。更改图层混合模式是在通道的基础上进行改变的，所以混合模式在某些情况下可以提高和降低图像的亮度。

应用图层混合模式处理照片，较大程度地简化并加快了色调校正的过程。在Photoshop CS4中可以将图层的混合模式分为六大类，分别为组合型、加深型、减淡型、对比型、比较型和色彩型。在处理照片时通过选择相应的混合模式混合图像的同时，能显示或隐藏更多细节。

打开随书光盘\素材\07\01.jpg文件，并选取“背景”图层将其复制得到“背景副本”图层，通过对“背景副本”图层的混合模式的更改来查看图像不同的变换效果。如下图所示为不同混合模式下的效果。

1. 原图像

2. 正片叠底

3. 变暗

4. 柔光

5. 线性减淡

6. 滤色

7. 叠加

8. 亮光

9. 强光

7.2 部分色彩的调整——“色彩平衡”命令

使用“色彩平衡”命令可以更改图像的总体颜色混合，确保在“通道”面板中选择复合通道，只有查看复合通道时，此命令才为可用状态。

执行“图像>调整>色彩平衡”菜单命令即可打开“色彩平衡”对话框，也可以通过执行“图层>新建调整图层>色彩平衡”菜单命令，打开“色彩平衡”对话框，该对话框的各项参数的含义和作用如下图所示。

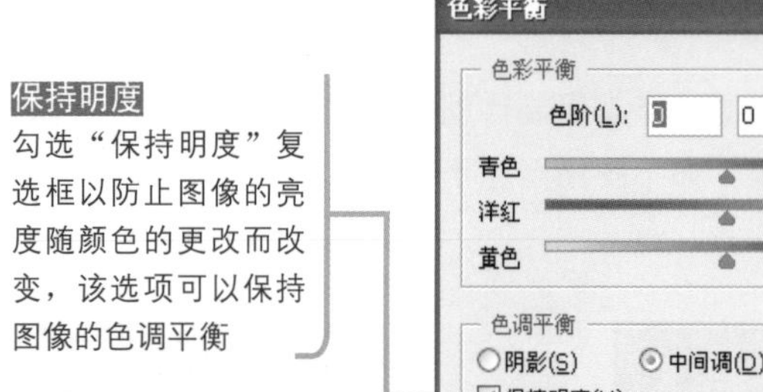

保持明度
勾选“保持明度”复选框以防止图像的亮度随颜色的更改而改变，该选项可以保持图像的色调平衡

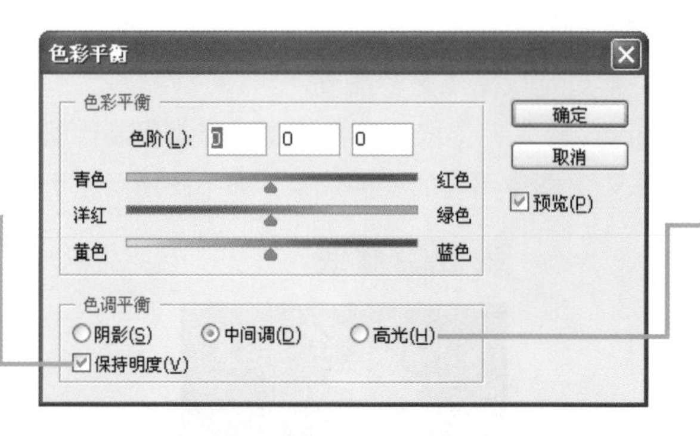

色调平衡
选择“阴影”、“中间调”或“高光”单选按钮，以便选择要着重更改的色调范围

7.3 还原真实色彩——“自然饱和度”命令

“自然饱和度”命令是Photoshop CS4中新增的命令，它的用途与Camera Raw中的“细节饱和度”类似。它与“色相/饱和度”命令相同的特点是，“自然饱和度”命令同样可以对图像的明艳进行调整，但相对来说使用该命令效果更加细腻。

执行“图像>调整>自然饱和度”菜单命令，即可打开“自然饱和度”对话框，通过新建调整图层同样可以对自然饱和度进行设置，如下图所示。

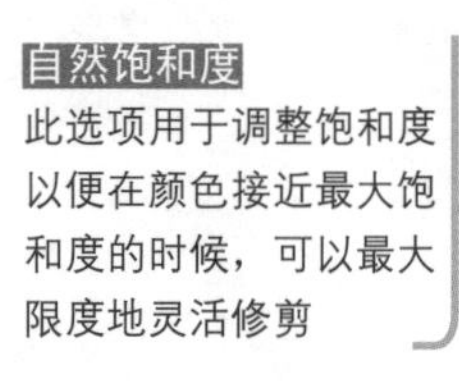

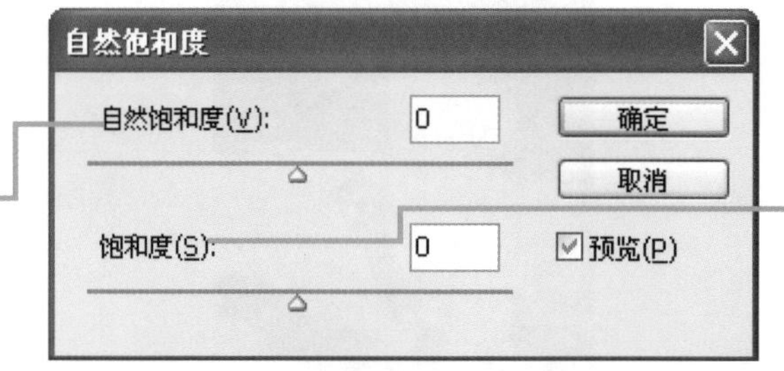

自然饱和度
此选项用于调整饱和度以便在颜色接近最大饱和度的时候，可以最大限度地灵活修剪

饱和度
将相同的饱和度调整用于所有的颜色

1 打开随书光盘\素材\07\02.jpg文件，执行“图像>调整>自然饱和度”菜单命令，如下图所示设置自然饱和度参数。

2 在“自然饱和度”对话框中，使用鼠标向左拖曳“自然饱和度”选项的滑块，设置数值为-100，图像的效果如下图所示。

3 如果使用鼠标向右拖曳“自然饱和度”选项的滑块，设置数值为100，图像的效果如下图所示。

7.4 色调的变换——“色相/饱和度”命令

使用“色相/饱和度”命令，可以调整图像中特定颜色的色相、饱和度和亮度，或者同时调整图像中的所有颜色。此命令尤其适用于CMYK 图像中的颜色，以便它们处在输出设备的色域内，还可对所设置的相关参数进行设置，用于其余的图像效果。

执行“图像>调整>色相/饱和度”菜单命令，即可打开“色相/饱和度”对话框，也可以通过执行“图层>新建调整图层>色相/饱和度”菜单命令打开如下图所示的对话框。

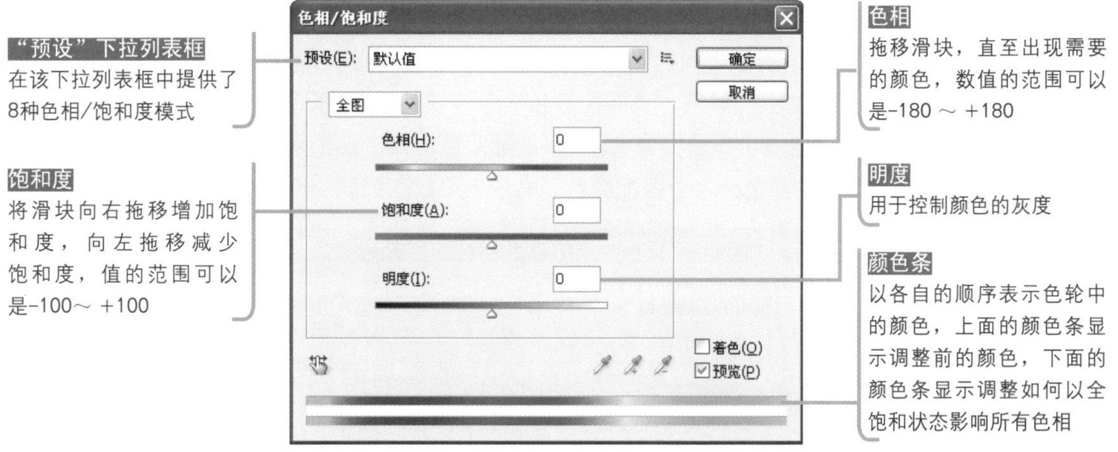

TIP

提 示

在默认情况下，在选取颜色成分时所选的颜色范围是-180～+180，如果设置的数值太低会在图像中产生带宽。

如果勾选该对话框中的“着色”复选框可以将颜色添加到已转换为 RGB模式的灰度图像，或添加到 RGB 图像，可以通过将颜色值降到一个色相，使其看起来像双色调图像。

7.5 突出明暗层次感——“色阶”命令

使用“色阶”命令可以影响图像的三个色调方面：暗调、中间调和高光。可以使用滑块以及暗调或高光吸管来放置或重设暗调或高光。在调整黑白图像时不能使用灰色吸管，通常用灰色吸管来寻找彩色图像中的中心点。

如果要充分应用“色阶”命令，在开始调整之前必须设置黑白的目标值，在使用喷墨打印机打印时要使用HSB灰度模式，将高光和暗调设置为96%和5%，这样可以避免在打印图像高光部分时丢失色调，也可以避免在打印图像暗调部分时因墨迹过浓而无法分辨细节。执行“图像>调整>色阶”菜单命令可打开如下图所示的“色阶”对话框。

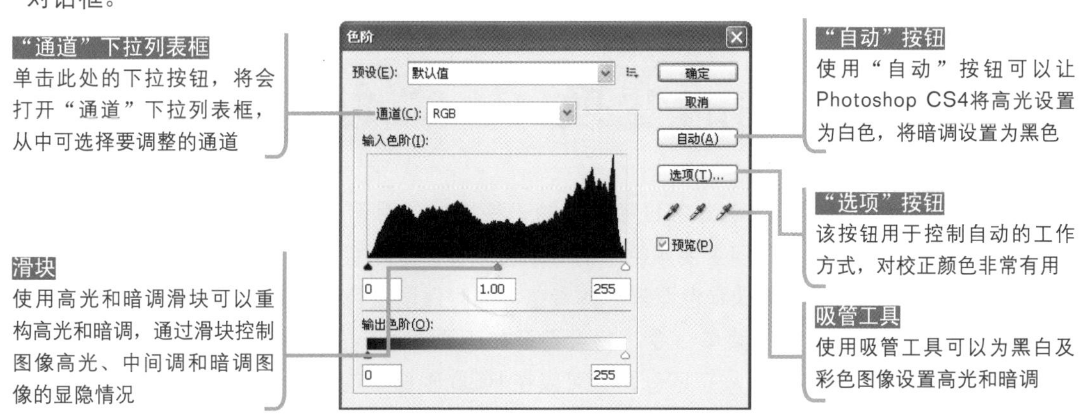

TIP

提 示

在使用“色阶”命令调整图像时，可以快速查看图像细节的起始点和终止点。按住Alt键然后拖动黑白输出值的滑块，以转换到临时阈值视图。

7.6 协调色调——“匹配颜色”命令

“匹配颜色”命令可匹配多个图像之间、多个图层之间或者多个选区之间的颜色，还可以通过更改亮度和色彩范围以及中和色痕来调整图像中的颜色，“匹配颜色”命令仅适用于RGB颜色模式。

打开素材\07\03.jpg文件，通过执行“图像>调整>匹配颜色”命令，即可打开“匹配颜色”对话框，如下图所示。除了匹配两个图像之间的颜色外，“匹配颜色”命令还可以匹配同一个图像中不同图层之间的颜色。

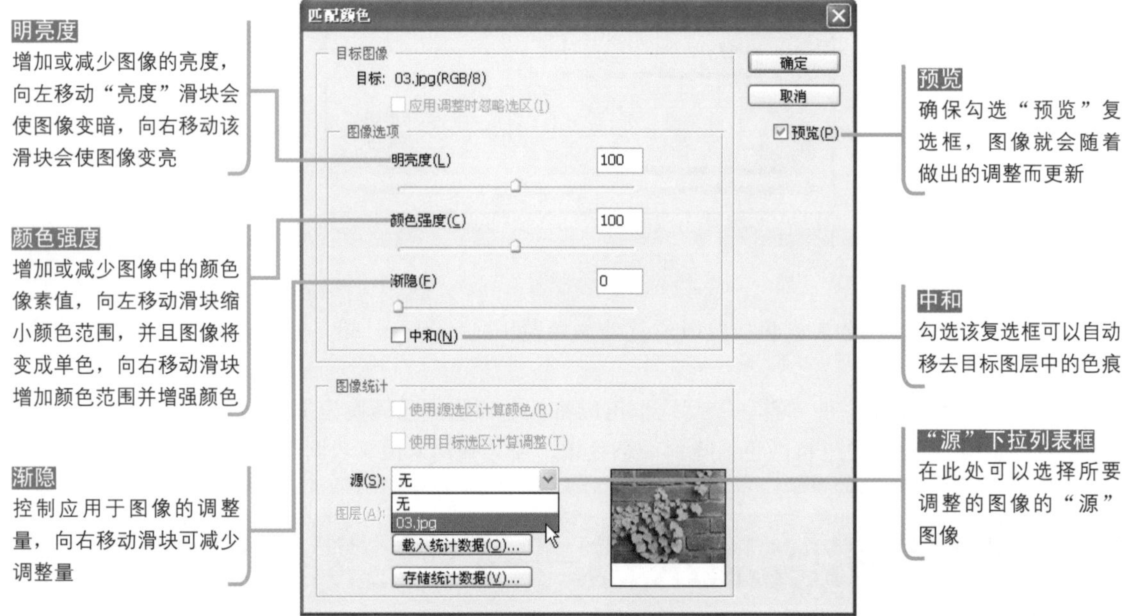

TIP

提 示

使用“匹配颜色”命令时，指针将变成“吸管工具”。在调整图像时，使用“吸管工具”可以在“信息”面板中查看颜色的像素值。此面板会在使用“匹配颜色”命令时提供有关颜色值变化的反馈信息。

7.7 局部色调的变换——“可选颜色”命令

“可选颜色”命令是高端扫描仪和分色程序使用的一种技术，用于在图像中的每个主要原色成分中更改印刷色的数量。可以有选择地修改任何主要颜色中的印刷色数量，而不会影响其他主要颜色。例如，可以应用“可选颜色”命令校正，显著减少图像绿色图素中的青色，同时保留蓝色图素中的青色不变。

执行“图像>调整>可选颜色”菜单命令，将会打开如下页图所示的“可选颜色”对话框，通常情况下“可选颜色”命令使用 CMYK 颜色来校正图像，也可以在 RGB 图像中使用。

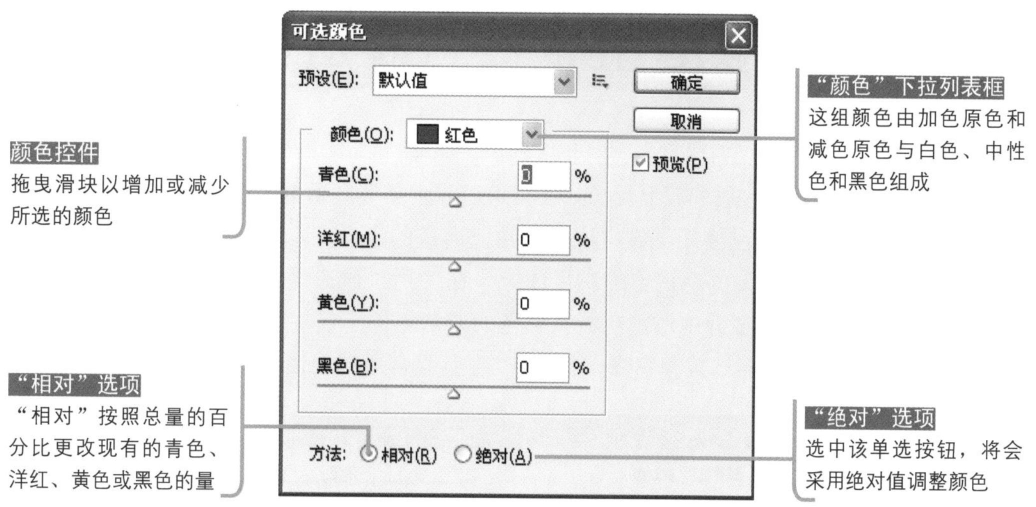

“可选颜色”命令的调整是基于一种颜色与“颜色”下拉列表框中的一个选项是如何接近的。例如，50%的洋红介于白色和纯洋红之间，并将得到为这两种颜色定义的校正的按比例混合值。

7.8 对色温进行控制——“替换颜色”命令

使用“替换颜色”命令，可以创建蒙版，以选择图像中特定的颜色，然后用新设置的颜色替换图像中特定的颜色，还可以设置选定区域的色相、饱和度和亮度，也可以使用“拾色器”对话框来选择替换颜色。由于“替换颜色”命令创建的蒙版是临时的，替换图像颜色后蒙版将自动消失，所以不能载入成为选区。

通过执行“图像>调整>替换颜色”菜单命令，即可打开“替换颜色”对话框，其对话框中各项参数的含义如下图所示，还可以存储在“替换颜色”对话框中所做的参数设置，以供在其他图像中重新使用。

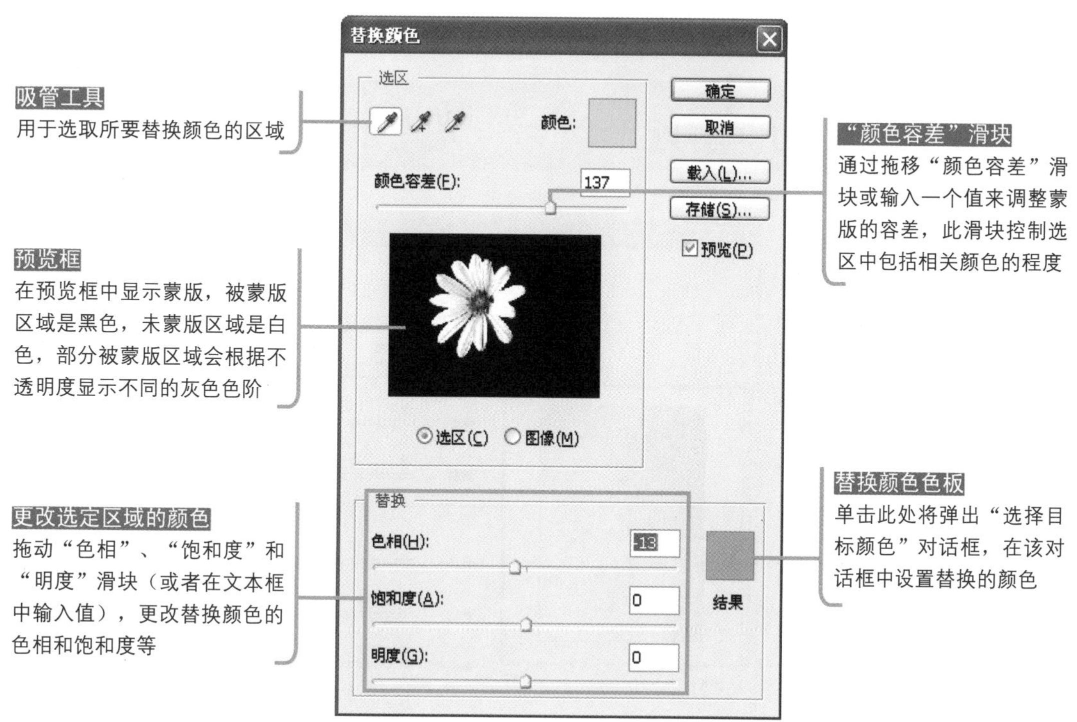

该对话框中的“吸管工具”的使用方法分别是：在图像或预览框中使用“吸管工具”单击以选择由蒙版显示的区域；按住 Shift 键并单击或使用“添加到取样吸管工具”按钮添加区域；按住 Alt 键单击或使用“从取样中减去吸管工具”按钮移去区域。

7.9 印刷色彩的组合——通道混合器

利用“通道混合器”命令，可以创建高品质的灰度图像、棕褐色调图像或其他色调图像，也可以对图像进行创造性的颜色调整。如果要创建高品质的灰度图像，在“通道混合器”对话框中选择每种颜色通道的百分比。

“通道混合器”对话框中的选项使用图像中现有的颜色通道的混合来修改目标颜色通道。颜色通道是代表图像（RGB 或 CMYK）中颜色分量的色调值的灰度图像，在使用“通道混合器”命令时，将通过源通道向目标通道加减灰度数据。向特定颜色成分中增加或减去颜色的方法不同于使用“可选颜色”命令时的情况。

执行“图像>调整>通道混合器”菜单命令，打开 “通道混合器”对话框，其中各项参数的具体含义如下图所示。

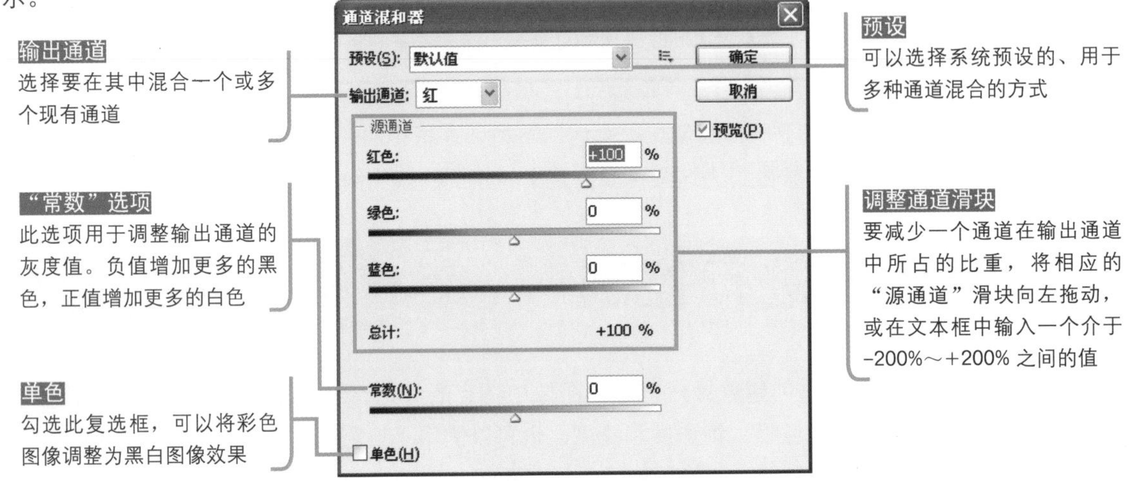

选取某个“输出通道”会将该通道的“源通道”滑块设置为 100%，并将所有其他通道设置为 0%。例如，如果选取“红”作为输出通道，则会将“红色”的“源通道”滑块设置为 100%，并将“绿色”和“蓝色”的“源通道”滑块设置为 0%（在 RGB 图像中）。

7.10 光芒的应用——“光照效果”滤镜

“光照效果”滤镜可以在RGB 图像上生成无数种光照效果，同时也可以使用灰度文件的纹理（称为凹凸图）产生类似3D的效果，将其存储为自己所设置的样式，以便在其他图像中使用。注意，该滤镜只对RGB图像有效。

通过执行“滤镜>渲染>光照效果”菜单命令，即可打开“光照效果”对话框，其对话框中的各项参数说明如右图和下页所示。

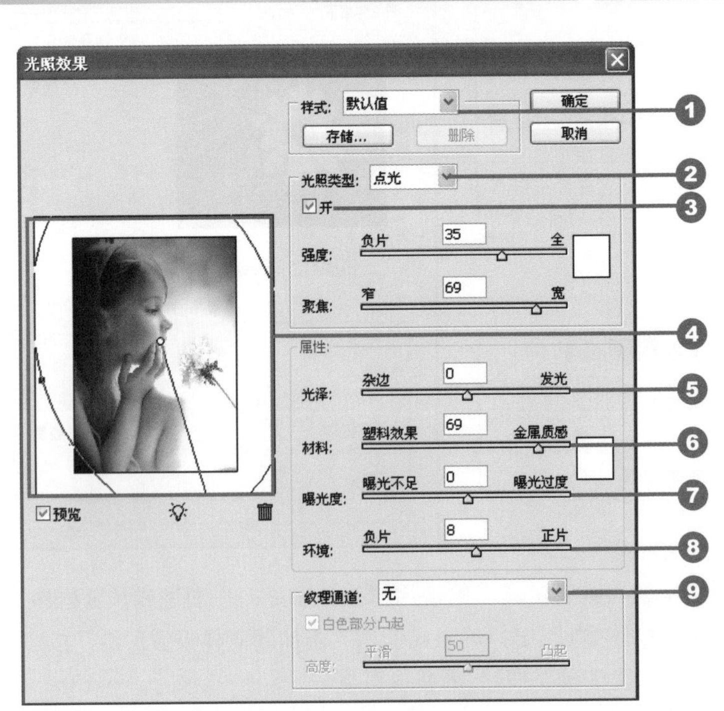

❶ 光照效果样式：在“光照效果”对话框中的“样式”下拉列表框中提供了17 种光照样式。也可以通过将光照添加到“默认值”设置来创建自己的光照样式。“光照效果”滤镜至少需要一个光源，而且一次只能编辑一种光，但是所有添加的光都将用于产生效果，每种光照样式的具体作用如下所示。

- 两点钟方向点光：即产生由两点钟方向照射具有中等强度和宽焦点的黄色点光。
- RGB光：即产生中等强度和宽焦点的红色、蓝色与绿色光。
- 三处点光：即具有轻微强度和宽焦点的三个点光。
- 五处下射光/五处上射光：即具有全强度和宽焦点的下射或上射的五个白色点光。
- 交叉光：即具有中等强度和宽焦点的白色点光。
- 右上方点光：即具有中等强度和宽焦点的黄色点光。
- 向下交叉光：即具有中等强度和宽焦点的两种白色点光。
- 喷涌光：即具有中等强度和宽焦点的白色点光。
- 圆形光：即四个点光，“白色”为全强度和集中焦点的点光，“黄色”为强度和集中焦点的点光，“红色”为中等强度和集中焦点的点光，“蓝色”为全强度和中等焦点的点光。
- 平行光：即具有全强度和没有焦点的蓝色平行光。
- 柔化全光源：即中等强度的柔和全光源。
- 柔化点光：即具有全强度和宽焦点的白色点光。
- 柔化直接光：即两种不聚焦的白色和蓝色平行光，其中白色光为柔和强度，而蓝色光为中等强度。
- 蓝色全光源：即具有全强度和没有焦点的高处蓝色全光源。
- 闪光：即具有中等强度的黄色全光源。
- 默认值：即具有中等强度和宽焦点的白色点光。

❷ 光照类型：Photoshop CS4 中提供了三种类型，可以根据需要选择不同的光照类型，如下所示。

- 全光源：使光在图像的正上方向各个方向照射，就像一张纸上方的灯泡一样。
- 平行光：从远处照射光，这样光照角度不会发生变化，就像太阳光一样。
- 点光：投射一束椭圆形的光柱，预览窗口中的线条定义光照方向和角度，而手柄定义椭圆边缘。

❸ “开”复选框：勾选该复选框可以选择系统所提供的光照类型。

❹ 调整光照效果：要移动光照可以拖动中央圆圈，要增加或减少光照的大小（像移近或移远光照一样），可以拖动定义效果边缘的手柄。

❺ 光泽：决定表面反射光的多少，范围从“杂边”（低反射率）到“发光”（高反射率）。

❻ 材料：确定哪个反射率更高，光照或光照投射到的对象，“塑料效果”反射光照的颜色；“金属质感”反射对象的颜色。

❼ 曝光度：增加光照（正值）或减少光照（负值），零值时则没有效果。

❽ 环境：使该光照如同与室内的其他光照（如日光或荧光）相结合一样，选取数值 100 表示只使用此光源，或者选取数值 -100 以移去此光源。要更改环境光的颜色，单击颜色框，然后在弹出的“拾色器”对话框中设置相关参数。

❾ 设置纹理通道：若要使用纹理填充可以在此处选择相应的通道，并在下方设置纹理的参数。

Example 01 运用图层混合模式创造绚丽花朵

光盘文件

原始文件：随书光盘\素材\07\05.jpg

最终文件：随书光盘\源文件\07\实例1 运用图层混合模式创造绚丽花朵.psd

使用混合模式调整图像的最大优点是当对所制作的图像效果不满意时，可以多次调整图层混合模式来达到所需的图像效果。本实例主要运用的是图层混合模式中的“滤色”模式来将较暗的图像变亮，该模式的主要功能是加亮偏暗的区域及还原曝光不足的图像。调整前后图像对比效果如下图所示。

01 打开随书光盘\素材\07\05.jpg文件，打开的图像如下图所示。

02 打开“图层”面板，选取“背景”图层并拖动到面板底部的“创建新图层”按钮上，如下图所示。

03 执行操作后，即可复制出一个“背景副本”图层，如下图所示。

04 单击“图层混合模式”右边的下拉按钮，打开如下图所示的下拉列表框。

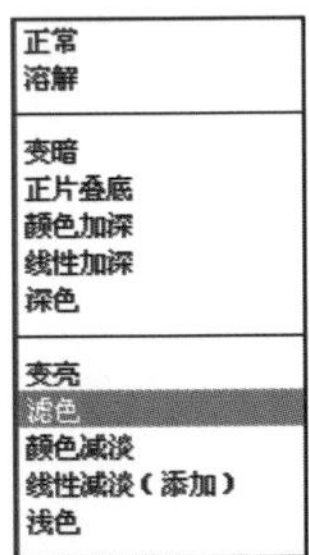

05 选择“滤色”模式，设置后的“图层”面板如下图所示。

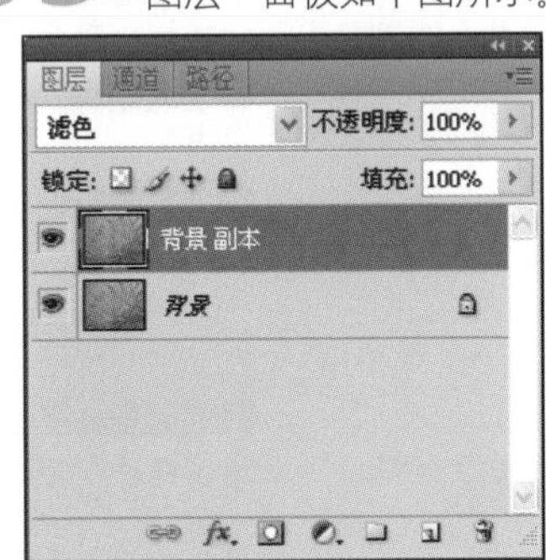

06 设置完成图层混合模式后的图像效果如下图所示。

Key Points

关键技法

在运用图层混合模式对图像进行调整时，如果觉得此图像效果过于明显，可以通过调整其图层的不透明度来减少图像混合后的效果。

Example 02 使用“光照效果”滤镜设置绚烂光晕效果

光盘文件

原始文件：随书光盘\素材\07\06.jpg

最终文件：随书光盘\源文件\07\实例2 使用“光照效果”滤镜设置绚烂光晕效果.psd

本实例是以制作光晕为例，通过“光照效果”滤镜为照片添加逼真的光晕效果。光晕是把摄影镜头朝向太阳时，当明亮的光线射入照相机镜头后，所能拍摄到的效果。要模拟出这种效果可以使用“光照效果”滤镜配合图层混合模式来制作。调整前后的图像对比效果如下图所示。

Before

01 打开随书光盘\素材\07\06.jpg文件，打开的图像如下图所示。

02 打开“图层”面板，使用鼠标拖曳“背景”图层至面板底部的“创建新图层”按钮上，释放鼠标后即可复制出新的图层，得到“背景副本”图层，如下图所示。

03 选中复制得到的“背景副本”图层，执行“滤镜>渲染>光照效果”菜单命令，如下图所示。

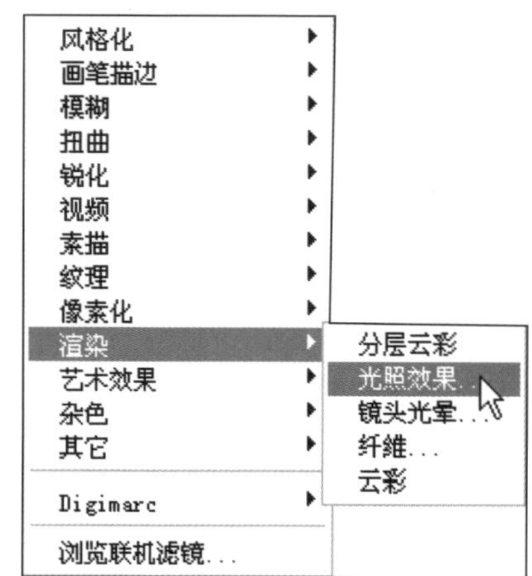

04 执行菜单命令后，即可打开“光照效果”对话框，设置强度为16像素，其他参数参照下图所示设置。

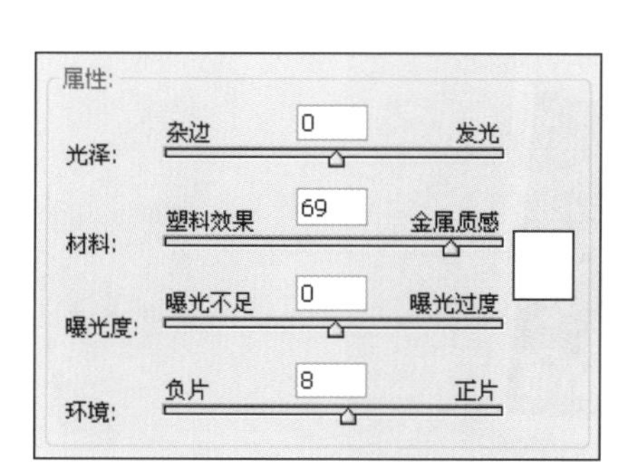

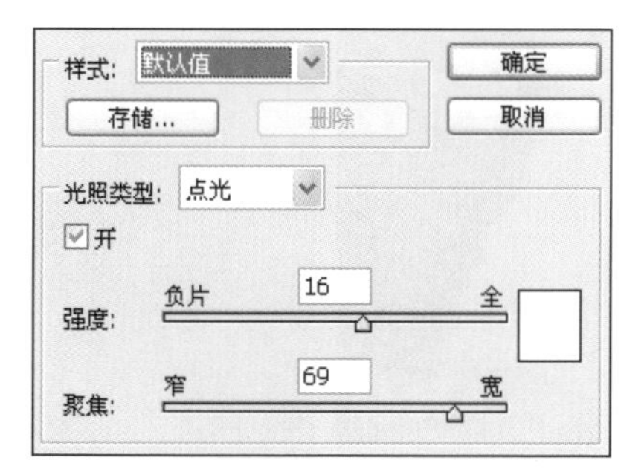

05 设置好后，再设置“属性”选项区中的参数，如下图所示。

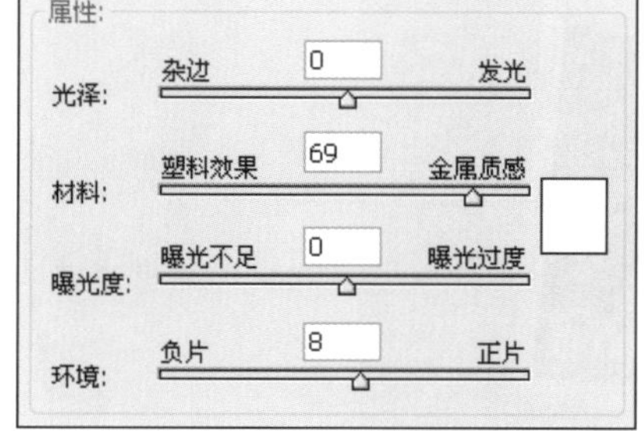

06 设置好“光照效果”参数后，再调整光圈，如下图所示，再单击“确定”按钮。

07 添加好“光照效果”滤镜后，画面中的图像效果如下图所示。

08 打开“图层”面板，复制“背景副本”图层，得到“背景副本2”图层，将图层混合模式更改为“强光”模式，将不透明度设置为80%，如下图所示。

09 设置完成后，画面中的图像效果如下图所示。

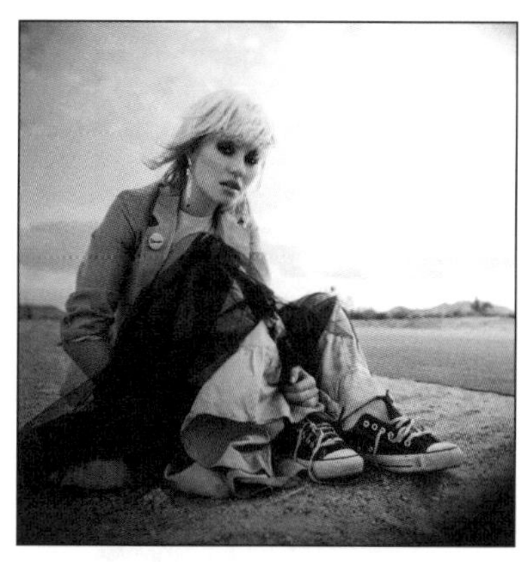

Example 03 运用“亮度/对比度”命令使人物变得白皙细腻

光盘文件

原始文件：随书光盘\素材\07\07.jpg

最终文件：随书光盘\源文件\07\实例3 运用“亮度/对比度”命令使人物变得白皙细腻.psd

本实例所处理的是一幅人物照片，在人物的面部颜色比较暗淡，并且没有肌肤的光泽。在处理这类照片时可以使用“亮度/对比度”命令进行调整，对于颜色暗淡的部分可以使用“色彩平衡”调整图层，需要注意的是要保持照片整体的光照效果，不能产生偏光。调整前后的图像对比效果如下图所示。

01 打开随书光盘\素材\07\07.jpg文件，打开的图像如下图所示。复制出“背景副本”图层。

02 执行“图像>调整>亮度/对比度”菜单命令，如下图所示。

模式(M)
调整(A)
复制(D)...
应用图像(Y)...
计算(C)...
图像大小(I)... Alt+Ctrl+I
画布大小(S)... Alt+Ctrl+C
像素长宽比(X)
旋转画布(E)
裁剪(P)
裁切(R)...
显示全部(V)
变量(B)
应用数据组(L)...
陷印(T)...

色阶(L)... Ctrl+L
自动色阶(A) Shift+Ctrl+L
自动对比度(U) Alt+Shift+Ctrl+L
自动颜色(O) Shift+Ctrl+B
曲线(V)... Ctrl+M
色彩平衡(B)... Ctrl+B
亮度/对比度(C)...
黑白(K)... Alt+Shift+Ctrl+B
色相/饱和度(H)... Ctrl+U
去色(D) Shift+Ctrl+U
匹配颜色(M)...
替换颜色(R)...
可选颜色(S)...
通道混合器(X)...
渐变映射(G)...
照片滤镜(F)...
阴影/高光(W)...
曝光度(E)...
反相(I) Ctrl+I
色调均化(Q)
阈值(T)...
色调分离(P)...
变化...

03 执行操作后，将会弹出如下图所示的“亮度/对比度”对话框。

亮度/对比度
亮度(B): 0
对比度(C): 0
确定
取消
预览(P)
使用旧版(L)

04 下面在对话框中设置相关参数。将“亮度”值设置为+56，如下图所示。

05 在对话框中进行设置，将“对比度”值设置为+26，如下图所示。

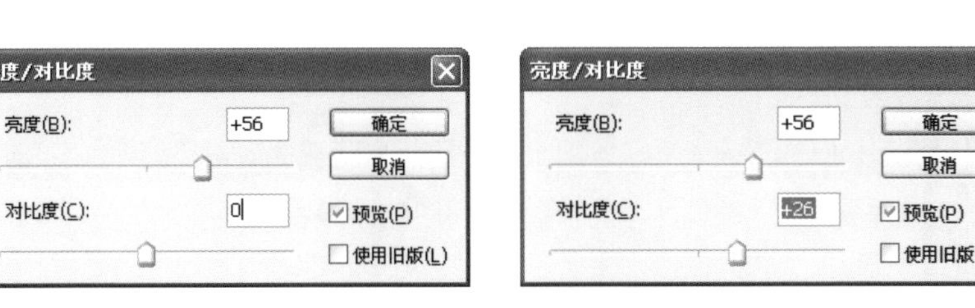

06 设置好“亮度/对比度”参话框中参数后，图像的最终效果如下图所示。

07 单击“图层”面板底部的“创建新的填充或调整图层”按钮，在弹出的菜单中选择“色彩平衡”选项，如下图所示。

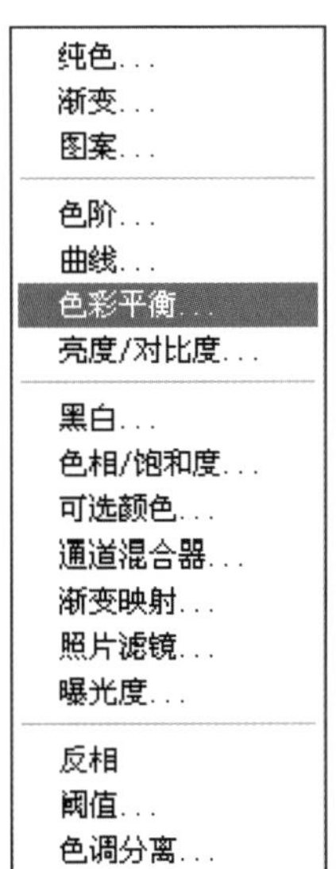

08 执行操作后，将会打开如下图所示的“调整”面板，并参照图上所示设置“色彩平衡”参数。

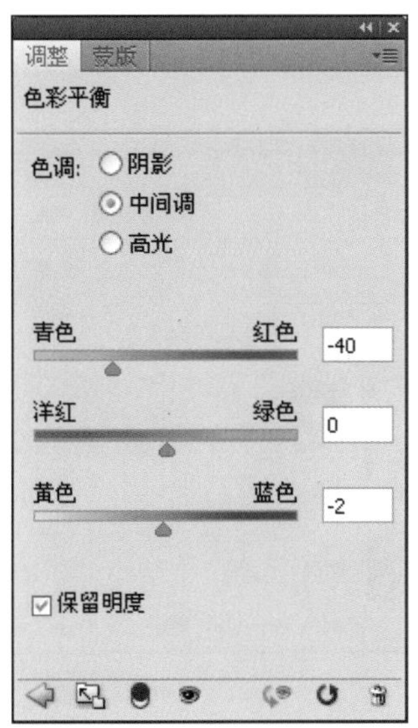

09 设置完“中间调”的参数后，选中“高光”单选按钮，然后设置参数，如下图所示。

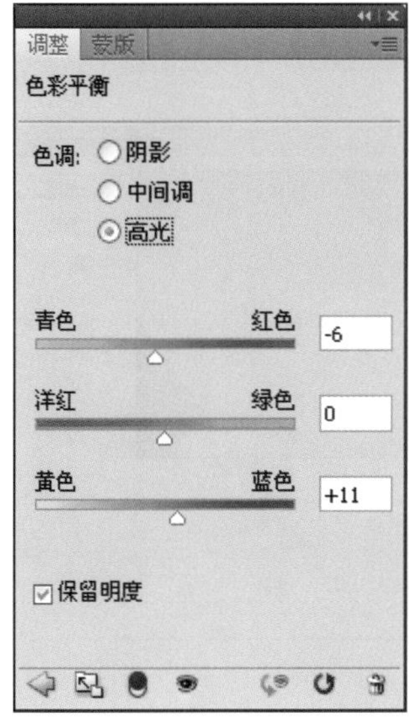

10 调整后的图像效果如下图所示。

11 单击工具箱中的“以快速蒙版模式编辑”按钮，并运用“画笔工具”在图中绘制，如下图所示。

12 运用“画笔工具”在人物脸部调整，将所有皮肤图像选取，如下图所示。

13 按Q键退出快速蒙版编辑模式，得到如下图所示的选区。

14 打开“图层”面板，拖动“背景副本”图层到“创建新图层”按钮上，复制出“背景副本2”图层，如下图所示。

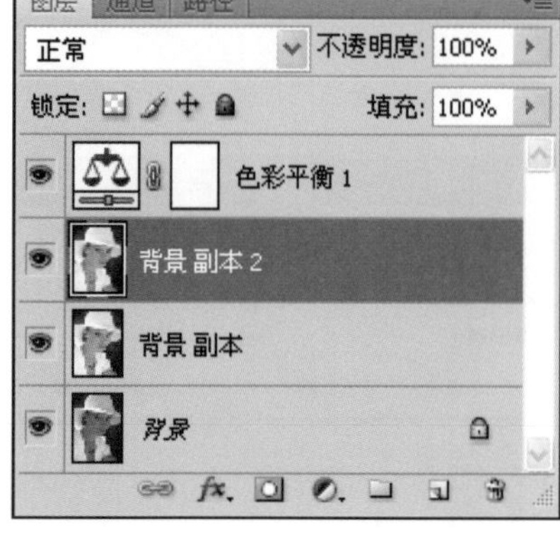

15 执行“选择>反向”菜单命令，并单击“图层”面板底部的“添加图层蒙版”按钮，添加图层蒙版后的图像如下图所示。

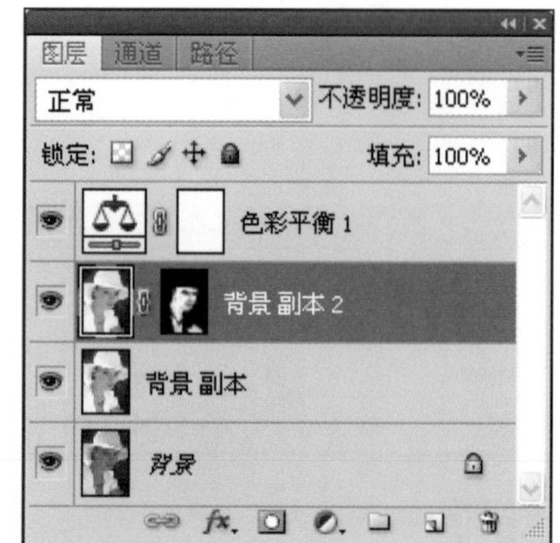

16 执行“滤镜>杂色>蒙尘与划痕”菜单命令，弹出如下图所示的“蒙尘与划痕”对话框，并参照图上所示设置参数。

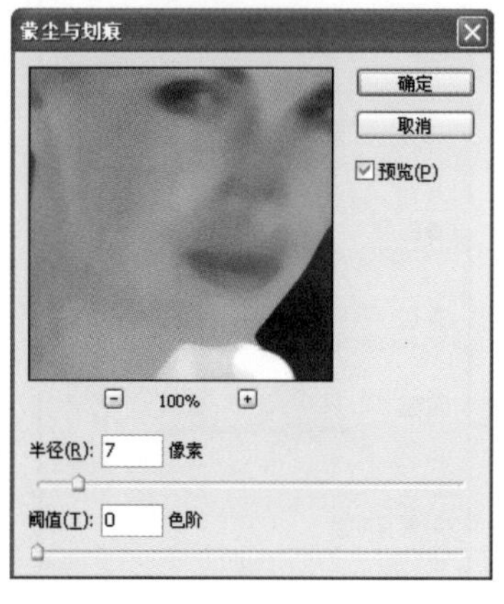

17 将“背景副本2”图层的图层不透明度设置为70%，如下图所示。

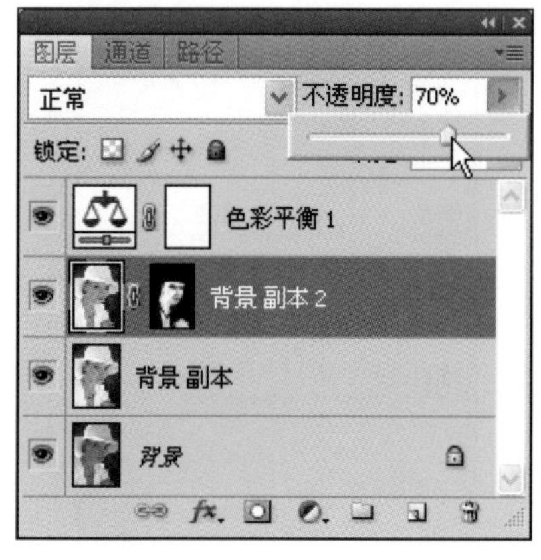

18 调整后的图像效果如下图所示。

19 使用鼠标单击“色彩平衡1”图层的图层蒙版，如下图所示。

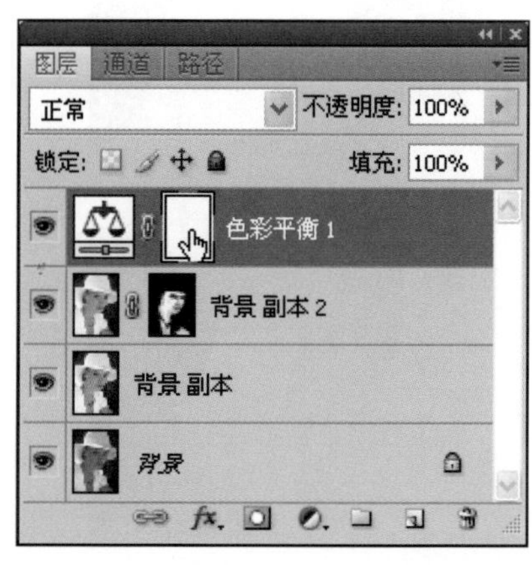

20 选中“画笔工具”，设置前景色为黑色，单击“色彩平衡1”的图层蒙版，在人物帽子上涂抹，如下图所示。

21 通过对人物帽子部分图像进行还原，设置后的画面效果如下图所示。

Key Points

关键技法

在运用“亮度/对比度”命令调整图像时，“亮度”滑块不宜太向右移动，否则图像效果会太亮、刺眼，也不宜设置得太暗，否则图像效果将会变为近乎黑色的图像。

Example 04 运用“色彩平衡”命令校正偏色的图像

光盘文件

原始文件：随书光盘\素材\07\08.jpg

最终文件：随书光盘\源文件\07\实例4 运用“色彩平衡”命令校正偏色的图像.psd

拍摄景物时可能会出现色调偏离的情况，对于此类照片可以运用“色彩平衡”命令进行处理。为了说明这类照片的处理方法，在本实例中专门讲述如何校正照片的颜色。本实例设置前后的效果对比如下图所示。

01 打开随书光盘\素材\07\08.jpg文件，打开的图像如下图所示。

02 执行“图像>调整>色彩平衡”菜单命令，如下图所示。

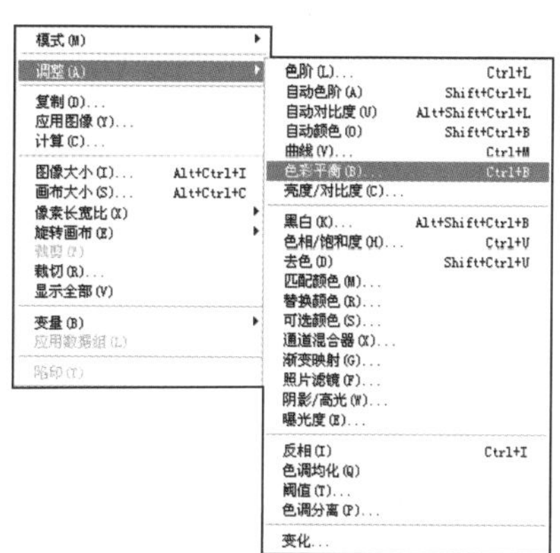

03 此时将弹出如下图所示的“色彩平衡”对话框，在该对话框中将“中间调”的“青色”设置为-37。

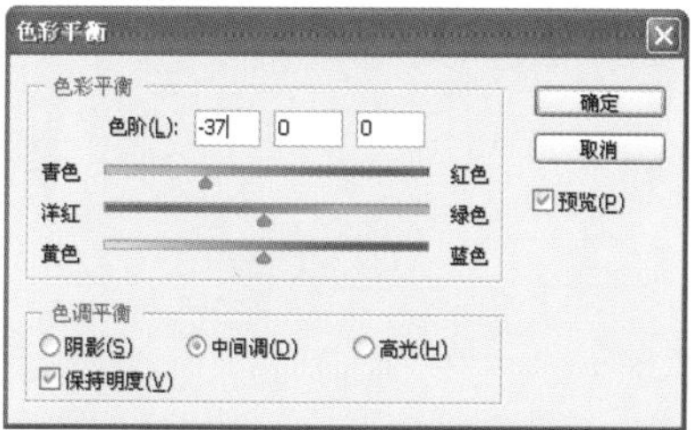

04 在对话框中设置参数，将“绿色”设置为+29，如下图所示。

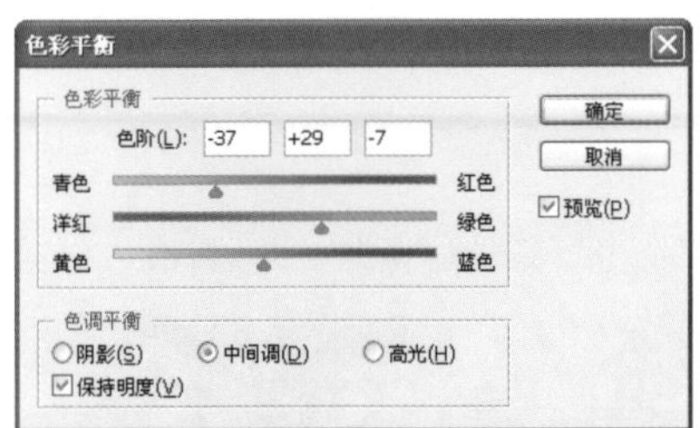

05 再将“黄色”设置为-7，图像效果如下图所示。

06 下面对图像的高光区域进行设置，选中对话框中的“高光”单选按钮，如下图所示。

07 在对话框中设置其余参数，将“青色”设置为-9，如下图所示。

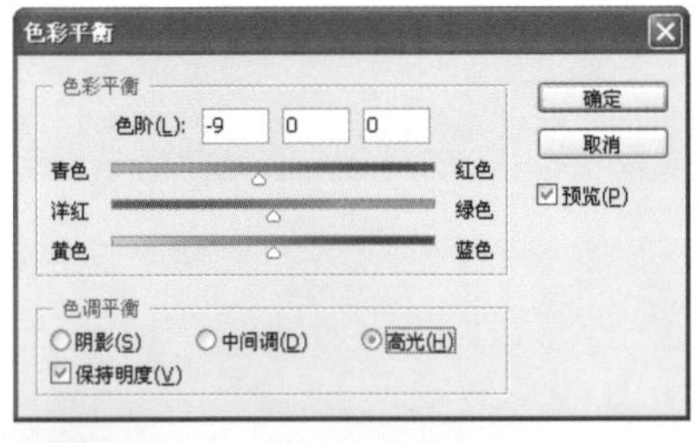

08 将“绿色”设置为-2，将“蓝色”设置为+1，如下图所示。

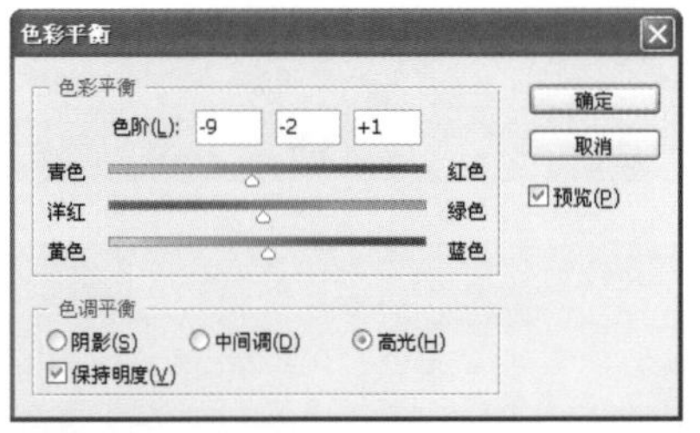

09 通过前面对颜色进行的校正操作，调整后的图像效果如下图所示。

Key Points

关键技法

在使用“色彩平衡”命令调整图像时，勾选“保持明度”复选框，可以使调整的图像亮度加强。

Example 05 运用“色相/饱和度”命令使照片色彩明艳动人

光盘文件

原始文件：随书光盘\素材\07\09.jpg

最终文件：随书光盘\源文件\07\实例5 运用“色相/饱和度”命令使照片色彩明艳动人.psd

“色相/饱和度”命令可以同时调节图像的颜色以及颜色的饱和度。本实例主要运用该命令对图像颜色的饱和度进行调整，调整时应当选择相应的颜色，还应观察图像效果的变化。本实例的原图像与调整后的最终效果如下图所示。

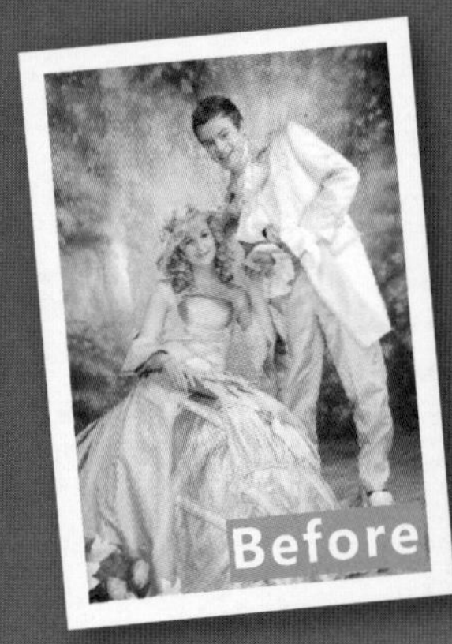

01 打开随书光盘\素材\07\09.jpg文件，打开的图像如下图所示。

02 执行“图像>调整>色相/饱和度”菜单命令，如下图所示。

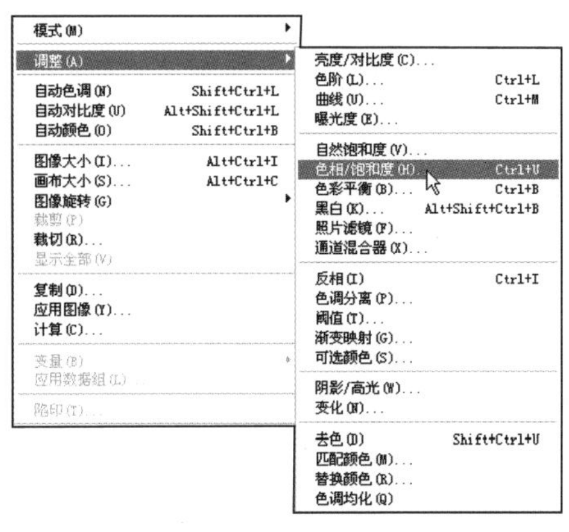

03 执行操作后，即可打开如下图所示的“色相/饱和度”对话框，并在“编辑”下拉列表框中选择“红色”选项。

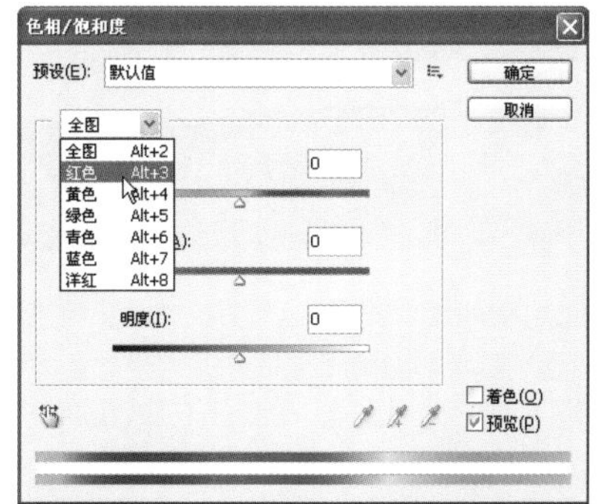

04 在该对话框中设置参数，将“红色”的“饱和度”值设置为+60，如下图所示。

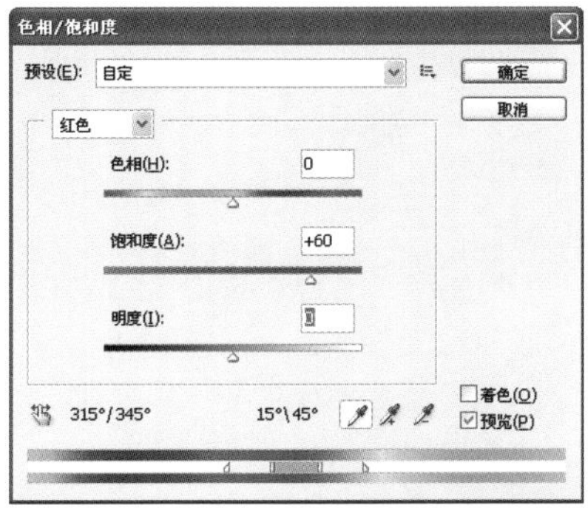

05 打开“编辑”下拉列表框，选择“黄色”选项，如下图所示。

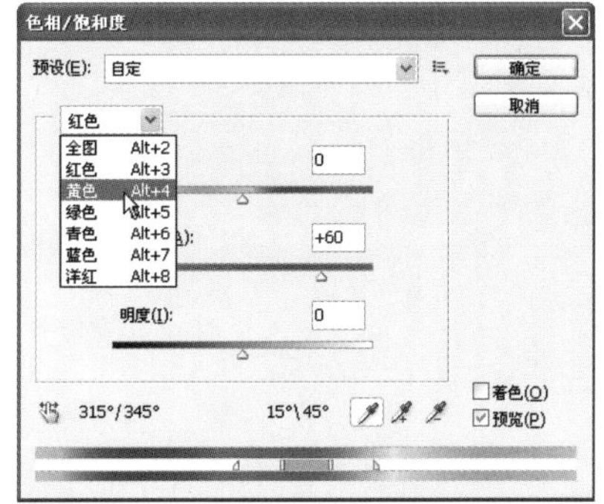

06 在对话框中将其“饱和度”值设置为+50，如下图所示。

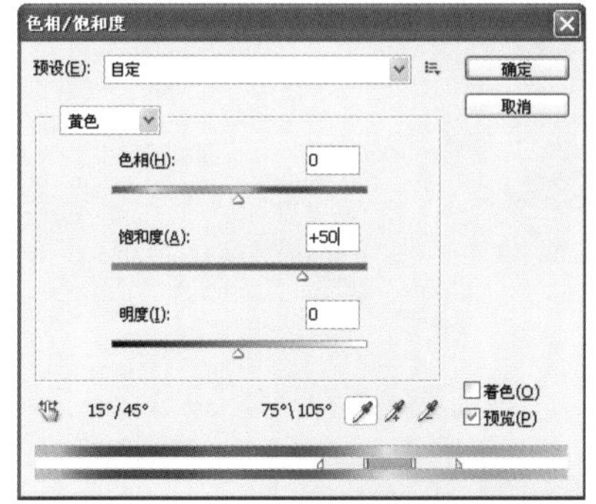

07 同样地在“编辑”下拉列表框中选择“绿色”选项，将其“饱和度”值设置为+65，如下图所示。

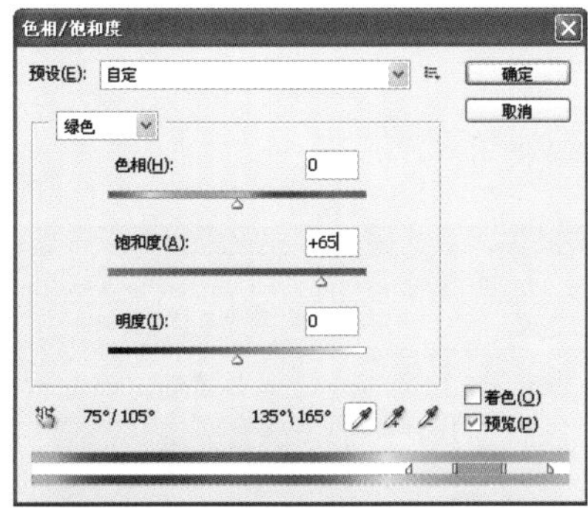

08 在对话框中将“洋红”的“饱和度”值设置为+80，如下图所示。

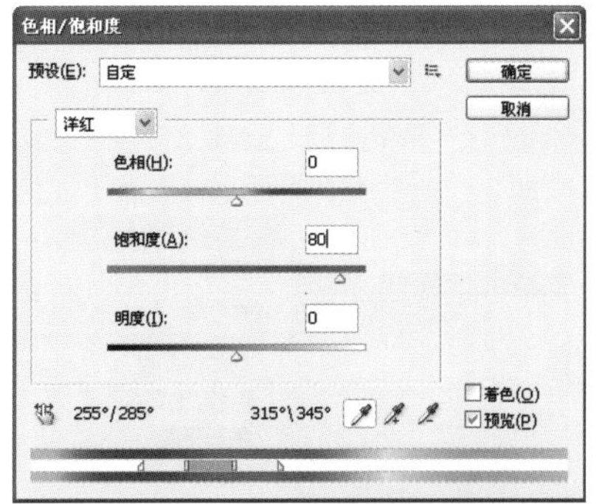

09 调整后的图像效果如下图所示。

Key Points

关键技法

“色相/饱和度”命令可以只调整某个颜色的饱和度，只需要在“编辑”下拉列表框中选择相应的颜色即可。

Example 06 运用“色阶”图层调整具有层次的风景照片

光盘文件

原始文件：随书光盘\素材\07\09_1.jpg

最终文件：随书光盘\源文件\07\实例6 运用“色阶”图层调整具有层次的风景照片.psd

当拍摄下来的数码照片模糊不清、画面层次凌乱时，可以使用“色阶”调整图层进行调整。要让层次不清的照片变得更加醒目，主要是将图像中的景物细化，让它们之间的颜色比较更为强烈。原图像和调整后的图像对比如下图所示。

01 打开随书光盘\素材\07\09_1.jpg文件，打开的图像如下图所示。

02 打开“图层”面板，单击“图层”面板底部的“创建新的填充或调整图层”按钮，在打开的菜单中选择“色阶”命令，如下图所示。

03 通过操作，即可在“图层”面板中创建一个新的“色阶”调整图层，如下图所示。

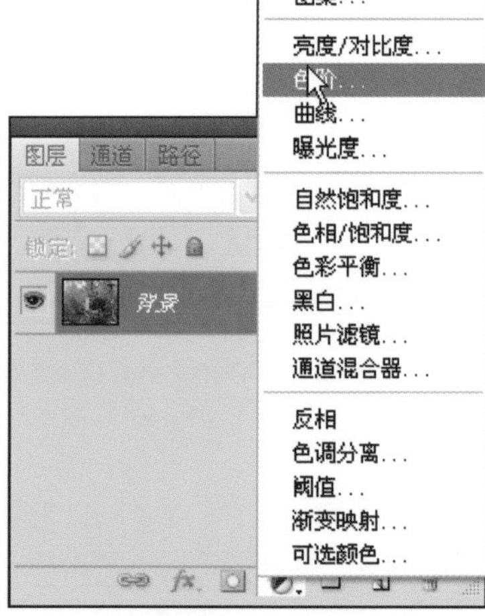

04 打开“调整”面板，显示了“色阶”调整选项，单击“在图像中取样以设置白场”按钮，如下图所示。

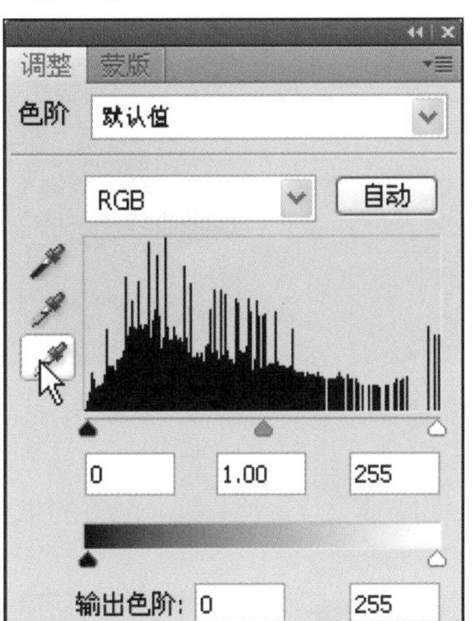

05 使用步骤4中选择的工具在画面中最亮的位置（比如天空）单击进行取样，位置如下图所示。

06 单击“在图像中取样以设置黑场”按钮，如下图所示。

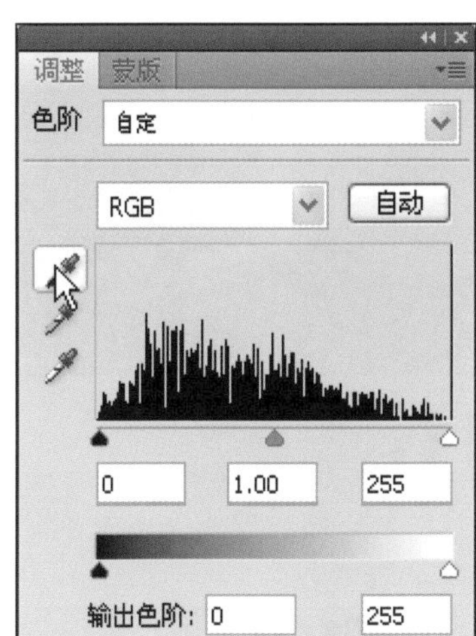

07 使用步骤6中选择的工具在画面中最暗的位置单击进行取样，比如在房屋的暗部，如下图所示。

08 在“调整”面板中，向右拖曳阴影滑块，调整阴影值为20，如下图所示。

09 将阴影值设置为20的图像效果如下图所示。

10 将色阶的灰度设置为1.54，如下图所示。

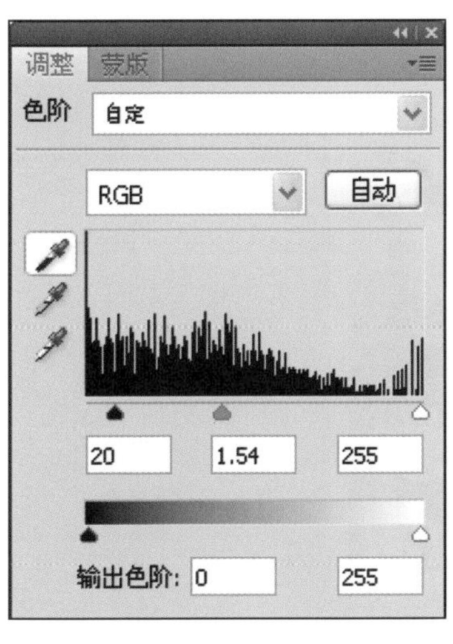

11 设置灰度参数后的图像效果如下图所示。

12 设置色阶的高光参数值为236，如下图所示。

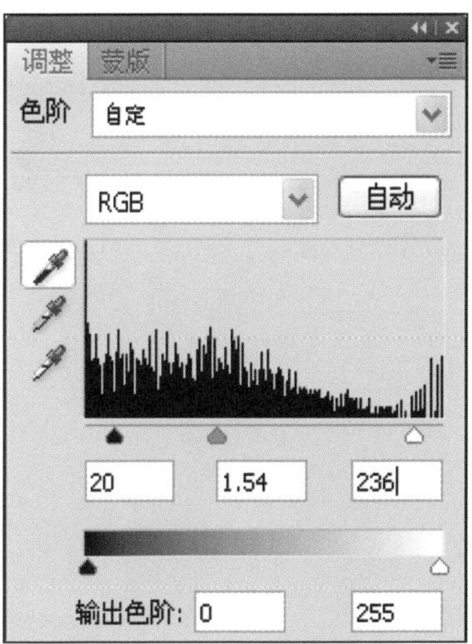

13 设置好图像色阶参数后的效果如下图所示。

14 使用黑色的画笔，设置画笔不透明度为50%，然后在画面中的过亮位置涂抹，如下图所示。

15 涂抹完成后，画面中恢复显示了原照片的一些细节，效果如下图所示。

16 创建“色相/饱和度1”调整图层，选择颜色通道为“红色”，然后参照下图所示设置参数。

17 选择颜色通道为“黄色”，然后按照下图所示设置“饱和度”和“明度”参数。

色相/饱和度 自定
黄色
色相: 0
饱和度: +27
明度: +19

18 将颜色通道设置为“绿色”，并设置其“色相”、“饱和度”、“明度”选项的值，如下图所示。

色相/饱和度 自定
绿色
色相: -35
饱和度: +98
明度: +27

Example 07 运用“Lab颜色”命令调整照片色调

光盘文件

原始文件：随书光盘\素材\07\10.jpg

最终文件：随书光盘\源文件\07\实例7 运用“Lab颜色”命令调整照片色调.psd

“Lab颜色”命令可以对图像的色调进行调整，主要的操作方法是运用通道中的复制选区来实现，将图像调整成另外一种色调的图像效果，在调整后的图像上还运用了“曲线”调整图层进行编辑。本实例的最终效果与原图像的对比效果如下图所示。

Before

01 打开随书光盘\素材\07\10.jpg文件，打开的图像如下图所示。

02 执行“图像>模式>Lab颜色”菜单命令，如下图所示。

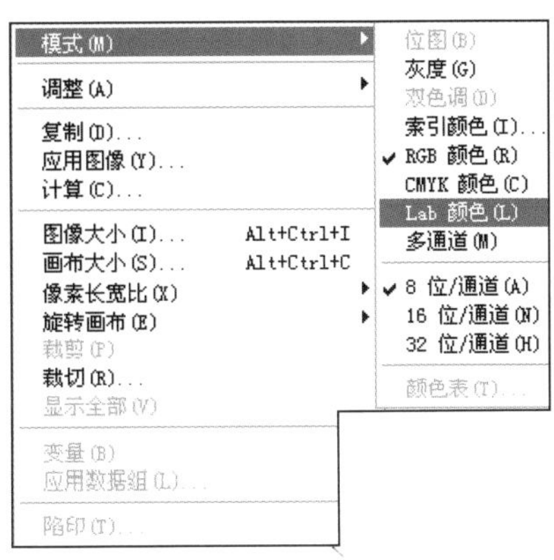

03 执行完命令后即可将图像转换为Lab颜色模式的图像，打开“通道”面板，观察其中的变化，如下图所示。

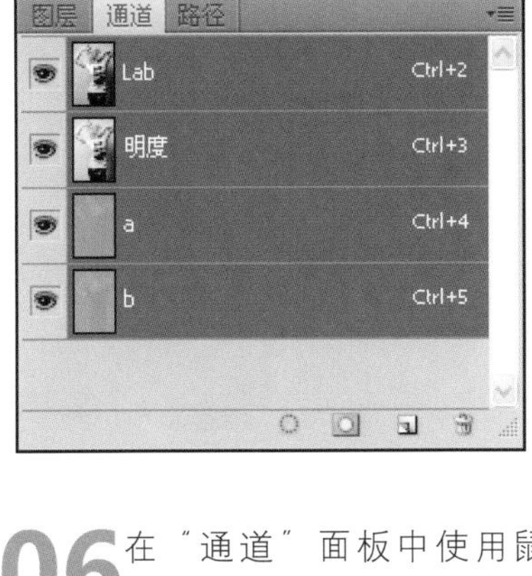

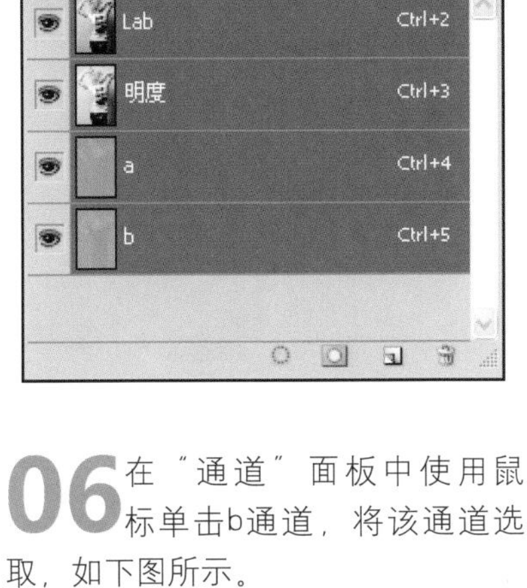

04 使用鼠标单击a通道，如下图所示。

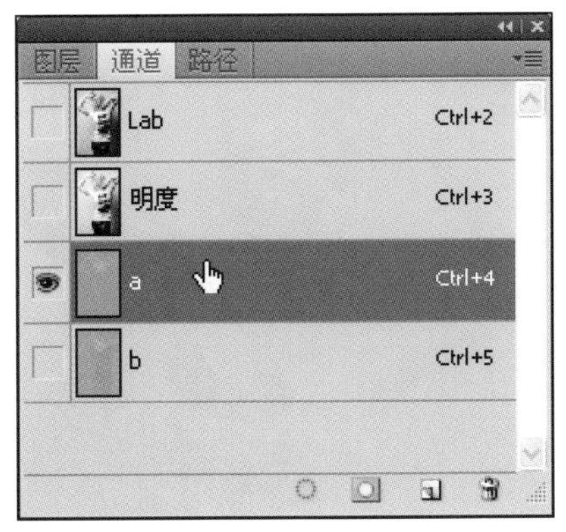

05 可在图像窗口中查看a通道中所包含的图像，并按Ctrl+A组合键将图像选取，再按Ctrl+C组合键复制选区，如下图所示。

06 在“通道”面板中使用鼠标单击b通道，将该通道选取，如下图所示。

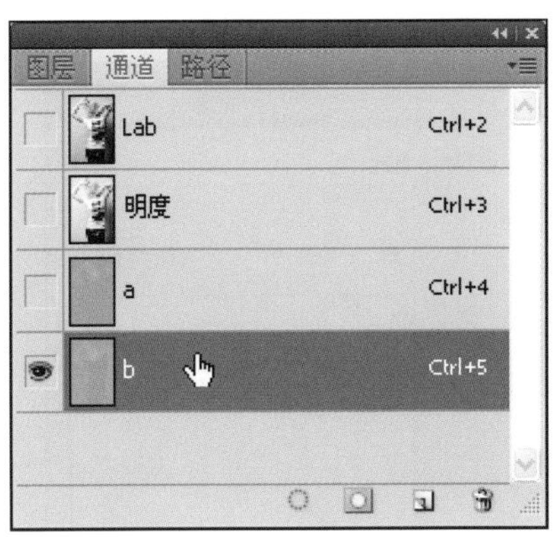

07 在图像窗口中也可以查看b通道中包含的图像，如下图所示。

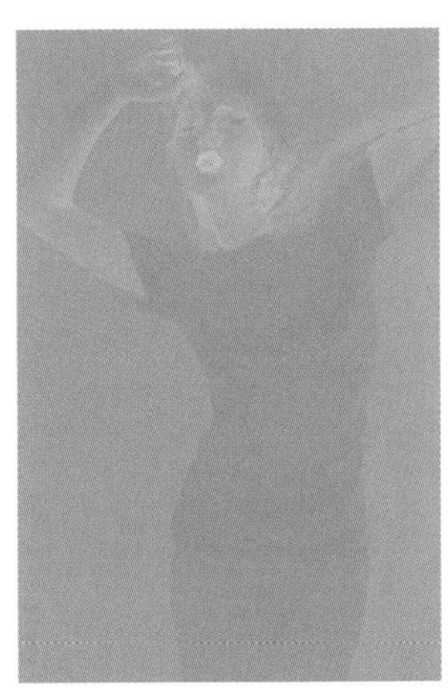

08 按Ctrl+V组合键粘贴选区，得到如下图所示的图像效果。

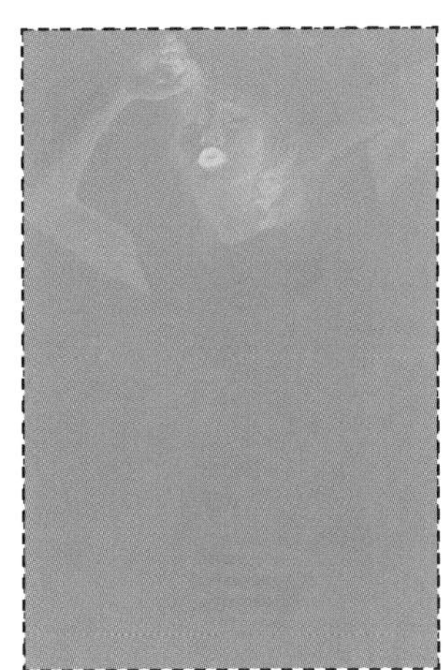

09 执行“图像>模式>RGB颜色”菜单命令，如下图所示。

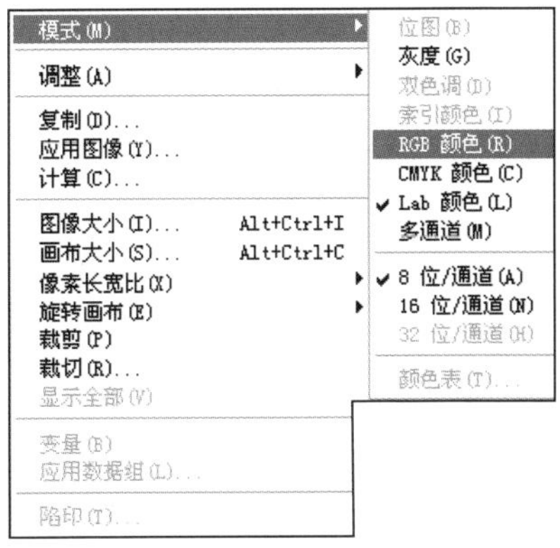

10 执行操作后即可在图像窗口中看到调整后的图像效果，如下图所示。

11 单击“图层”面板底部的“创建新的填充或调整图层”按钮，打开如下图所示的菜单，并选中“曲线”选项。

12 打开“调整”面板，并选择“红”通道，然后设置曲线的走向，如下图所示。

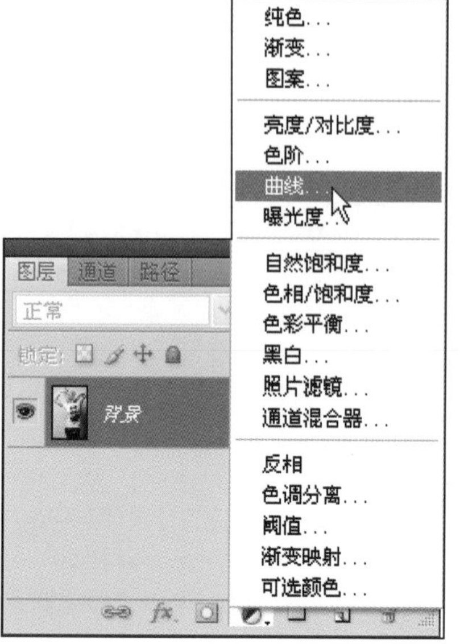

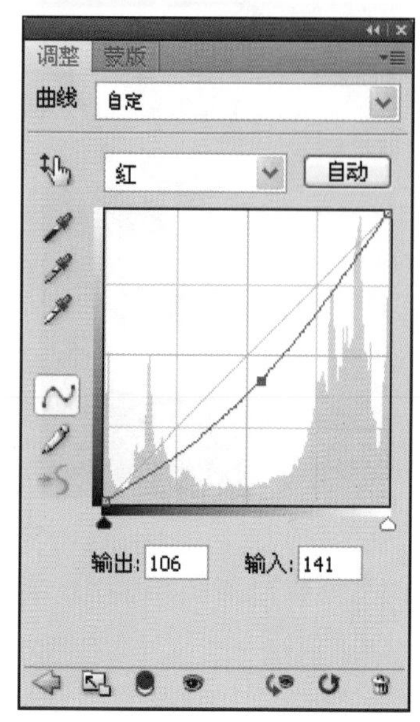

13 在对话框中设置“绿”通道的曲线形状，如下图所示。

14 设置“蓝”通道的曲线形状，如下图所示。

15 通过“曲线”图层的设置，调整后的图像效果如下图所示。

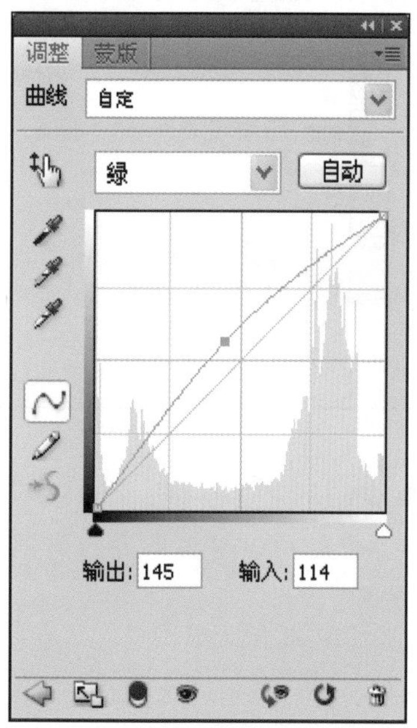

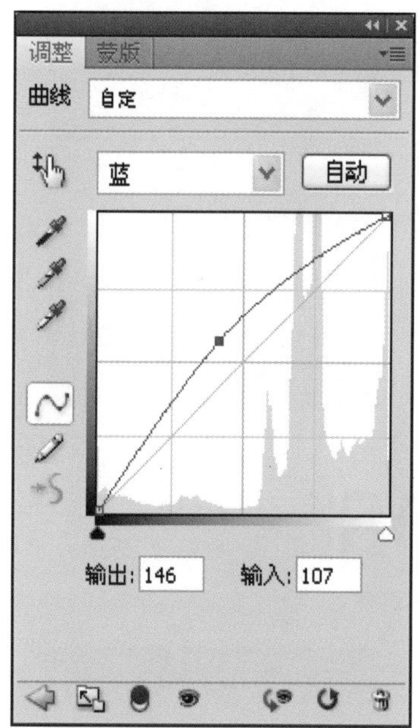

Key Points

关键技法

在“通道”面板中，调整完成图像后，要将颜色模式转换为RGB模式后才能运用“曲线”调整图层对其进行调整。

Example 08 运用“可选颜色”图层调整图像色彩饱和度

光盘文件

原始文件：随书光盘\素材\07\11.jpg

最终文件：随书光盘\源文件\07\实例8 运用“可选颜色”图层调整图像色彩饱和度.psd

应用“可选颜色”图层的主要优点是可以对部分选取的图像区域进行变换，而未被选择的图像区域则保持原有的图像效果不变。在本实例的原图像中可以看出图像的各个部分颜色都很暗，所以要运用“可选颜色”图层对各个部分的颜色进行调整，加强其图像的饱和度，使图像的整体变得更明亮。原图像与调整后的效果对比如下图所示。

01 打开随书光盘\素材\07\11.jpg文件，打开的图像如下图所示。

02 单击“图层”面板底部的“创建新的填充或调整图层”按钮，打开如下图所示的菜单，并选择“可选颜色”选项。

03 打开如下图所示的“调整”面板，根据图上所示设置“可选颜色”的“红色”通道参数。

04 选择“洋红”通道，根据下图所示设置参数。

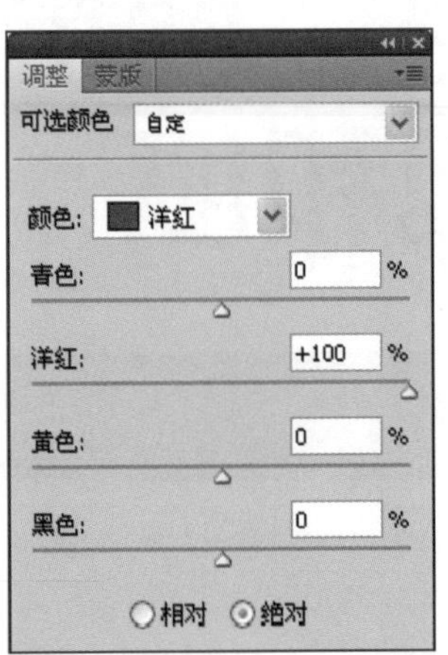

05 在“颜色”下拉列表框中选择“绿色”选项，然后参照下图所示设置参数。

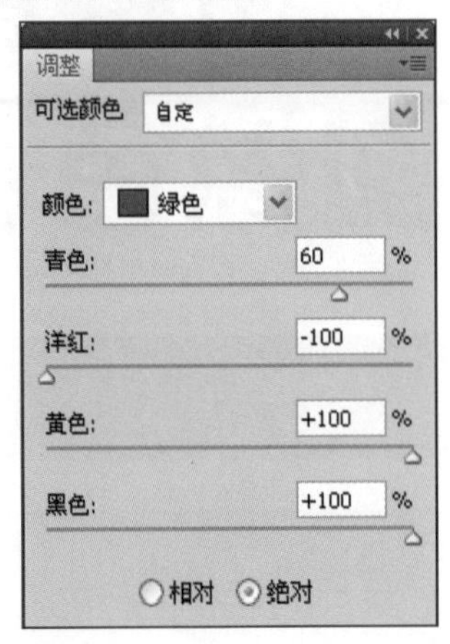

06 在“颜色”下拉列表框中选择“黄色”选项，并设置参数，如下图所示。

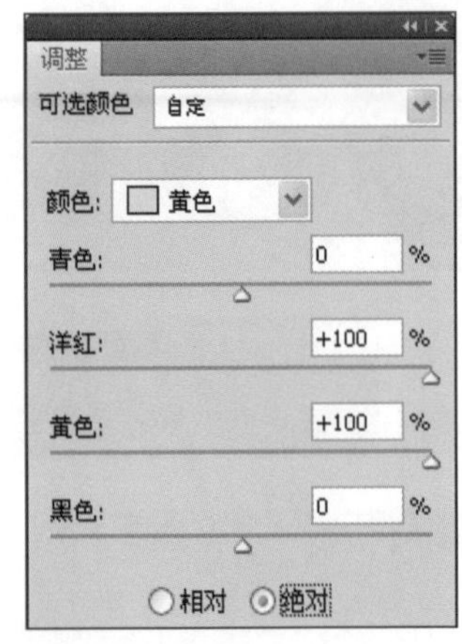

07 在“调整”面板中打开“颜色”下拉列表框，选择“青色”选项并设置参数，如下图所示。

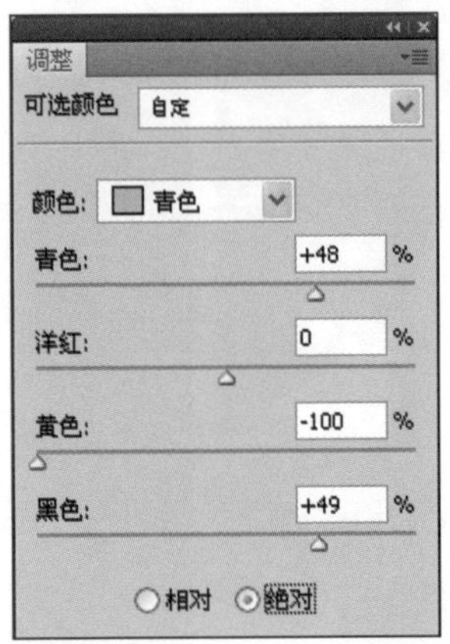

08 在“调整”面板中根据下图所示设置“蓝色”的各项参数。

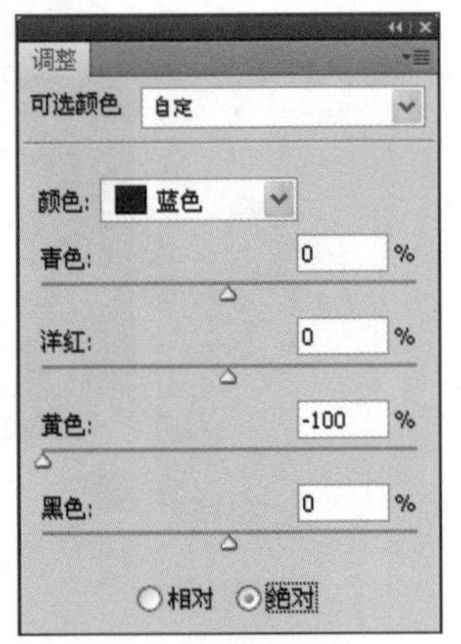

09 调整好的图像效果如下图所示。

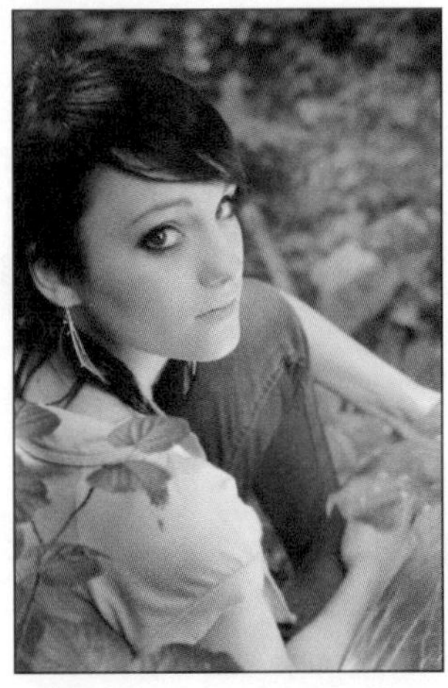

10 打开“图层”面板，在“选取颜色1”图层上创建出“自然饱和度1”调整图层，如下图所示。

11 打开“调整”面板，再参照下图所示设置“自然饱和度”参数。

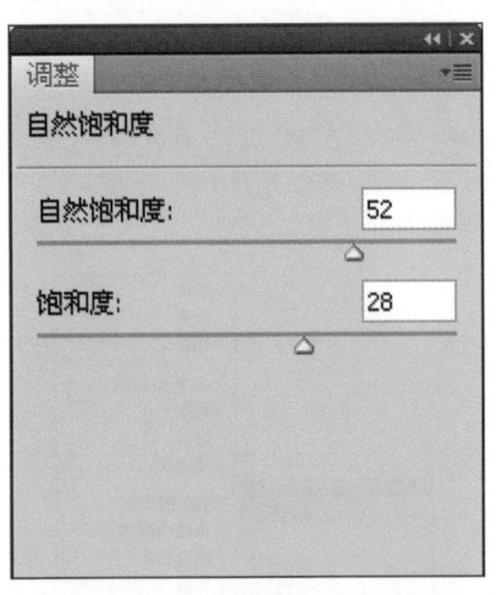

12 运用“画笔工具”在人物脸部单击，将脸部图像还原，调整后的图像效果如下图所示。

Key Points

关键技法

在“调整”面板中调整色相/饱和度值，拖曳“颜色”下拉列表中的“色相”、“饱和度”、“明度”控件，只会对指定的颜色通道进行更改。

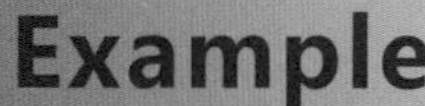

09 运用“通道混合器”图层打造不同季节下的景色

光盘文件

原始文件：随书光盘\素材\07\12.jpg

最终文件：随书光盘\源文件\07\实例9 运用“通道混合器”图层打造不同季节下的景色.psd

应用“通道混合器”图层对某个通道下的颜色进行编辑，可以对某个通道中的图像颜色加强或者减淡，将原本的图像色彩调整成为另一个色调，从而改变图像的整体效果。本实例中以一幅拍摄于夏季的风景图像为例，通过对不同通道下的颜色调整将其处理成冬季中拍摄的风景效果。原图像与最终效果的对比如下图所示。

01 打开随书光盘\素材\07\12.jpg文件，打开的图像如下图所示。

02 打开“图层”面板，复制“背景”图层得到“背景副本”图层，如下图所示。

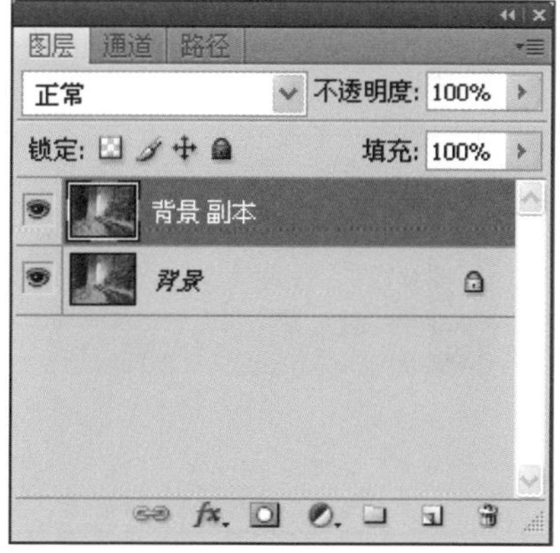

03 单击“图层”面板底部的“创建新的填充或调整图层”按钮，在打开的菜单中选择“阈值”选项。

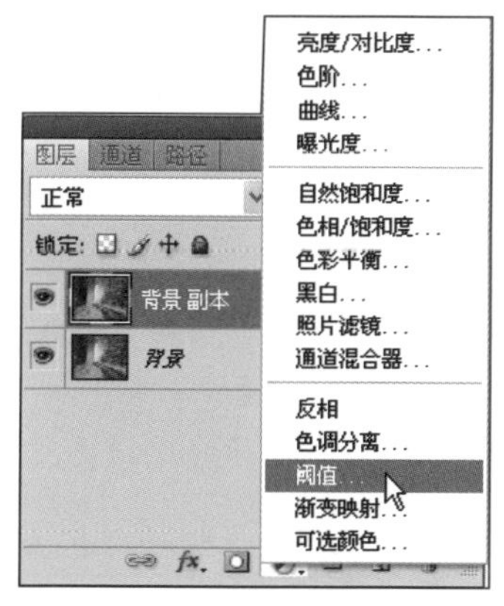

04 打开“调整”面板，参照下图所示设置“阈值色阶”值为105。

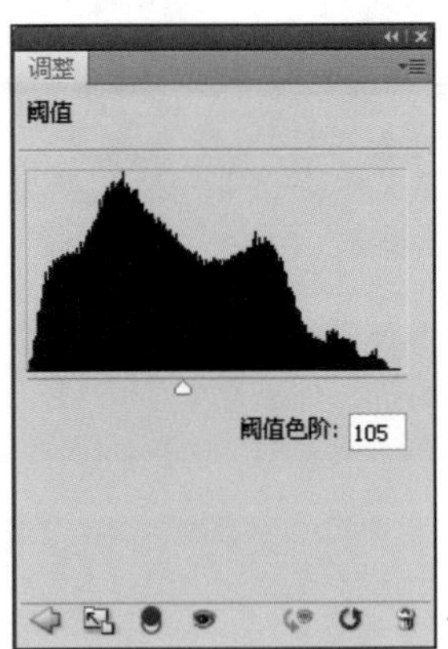

05 在“图层”面板中设置“阈值1”图层的混合模式为“柔光”，调整其“不透明度”为50%，如下图所示。

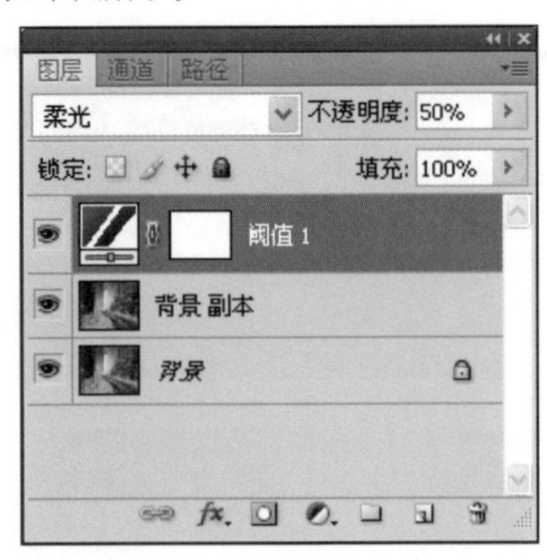

06 通过步骤5的操作，画面中的图像效果如下图所示。

07 在“图层”面板中，创建出“通道混合器1”调整图层，打开“调整”面板，设置“绿”通道的参数如下图所示。

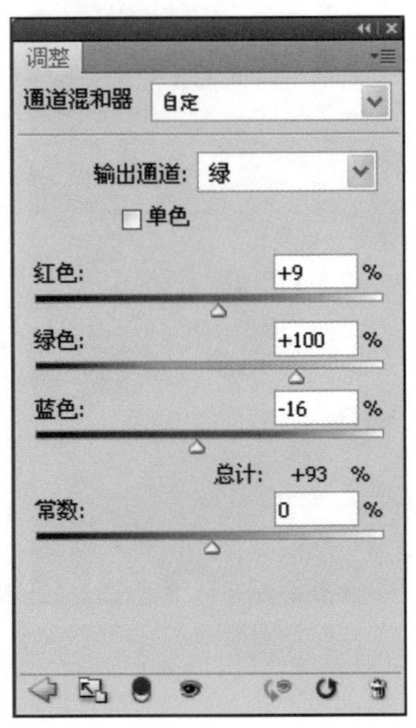

08 在“输出通道”下拉列表框中选择“蓝”选项，根据下图所示设置“蓝”通道的参数。

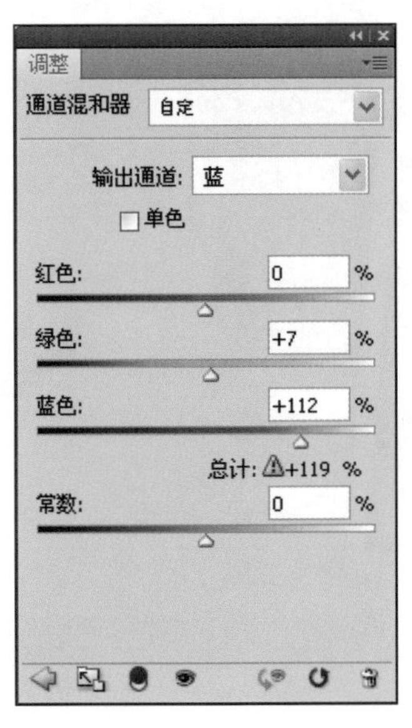

09 设置完成后，画面中的图像效果如下图所示，将图像的颜色变为冷却色，用于模拟冬季景象。

10 按Alt+Ctrl+Shift+E快捷键，通过盖印得到“图层1”图层，按Ctrl+A快捷键选取图像并复制，如下图所示。

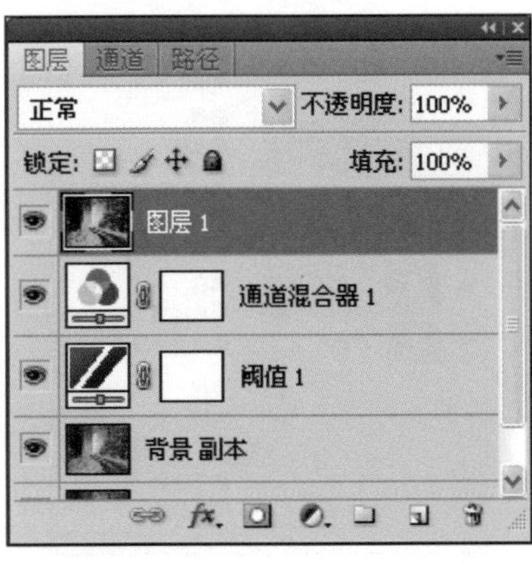

11 打开“通道”面板，单击“创建新通道”按钮，即可创建出Alpha1通道，如下图所示。

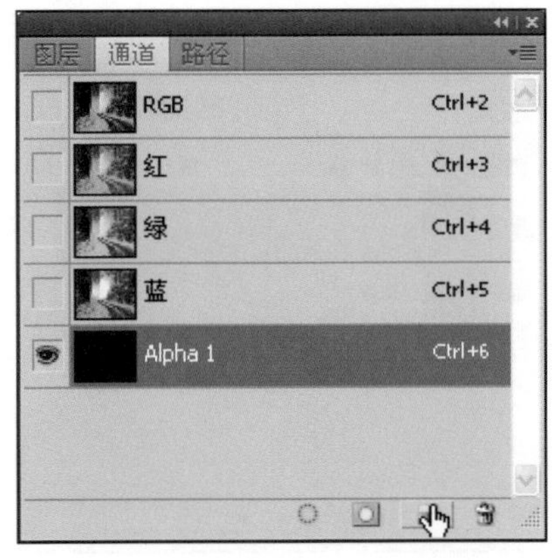

12 按Ctrl+V快捷键，将步骤10中复制的图像粘贴到Alpha1通道中，如下图所示。

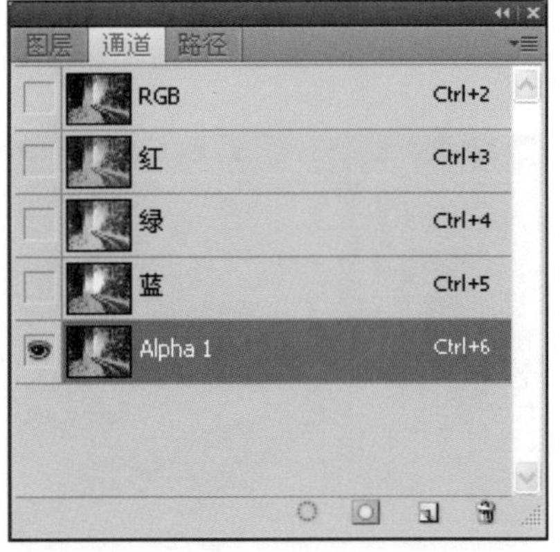

13 粘贴复制的图像后，画面中的图像效果如下图所示。

14 按Ctrl+M快捷键打开“曲线”对话框，参照下图所示设置曲线的走向。

15 设置好曲线后，图像被提亮了，图像效果如下图所示。

16 按住Ctrl键的同时单击Alpha1通道的缩略图，如下图所示，将Alpha1通道中图像载入选区并复制选区中的图像。

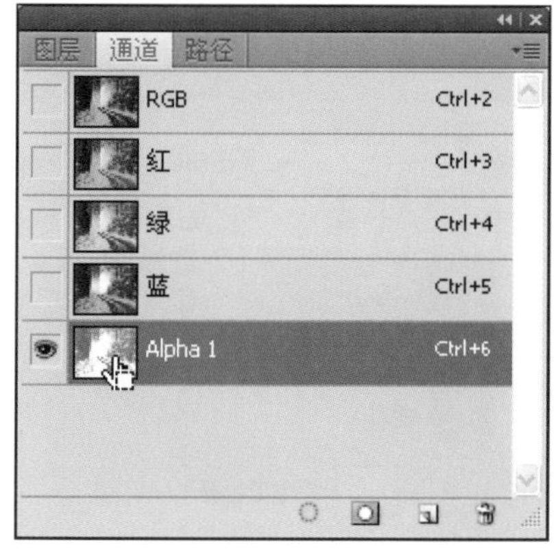

17 切换至“图层”面板，按Ctrl+V快捷键粘贴Alpha1通道中的图像，如下图所示。

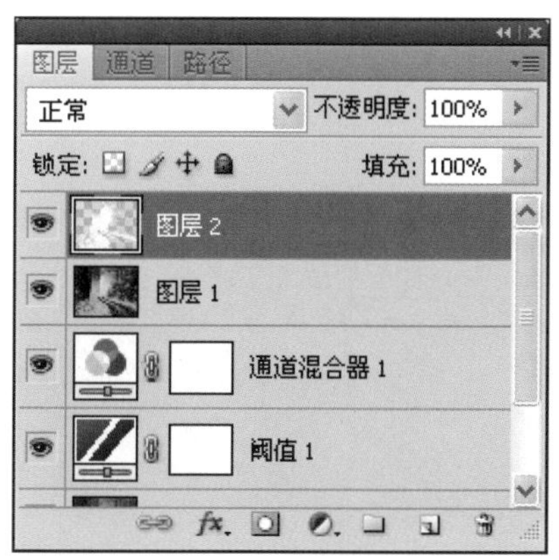

18 粘贴后，Alpha1通道中的白色区域被覆盖在了RGB图像之上，制作出积雪的初步效果，如下图所示。

19 为“图层2”图层添加上图层蒙版，设置画笔颜色为黑色、不透明度为10%，然后用“画笔工具”在蒙版上涂抹，如下图所示。

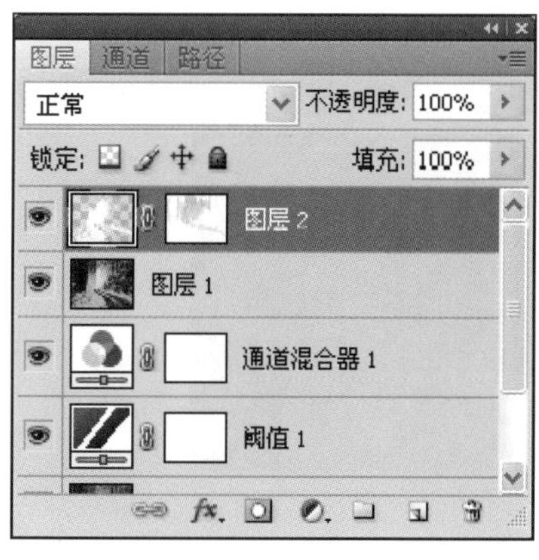

20 使用“画笔工具”在远处树林图像上轻轻涂抹，制作出树林的渐隐效果，如下图所示。

21 新建“图层3”图层，为“图层3”图层填充上纯黑色，如下图所示。

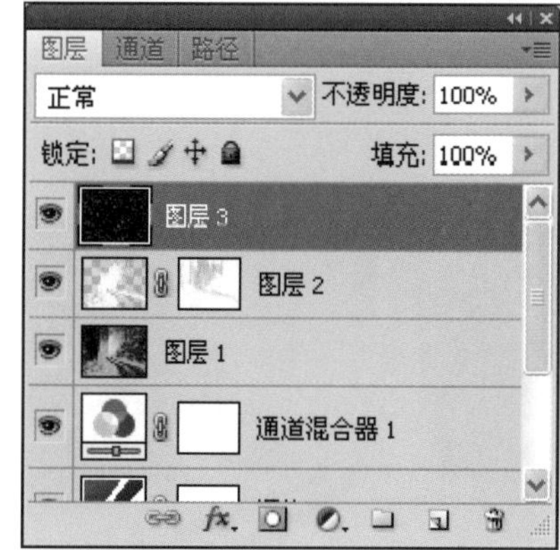

22 选择“图层3”图层，并执行“滤镜>杂色>添加杂色”菜单命令，设置“数量”值为100%，如下图所示。

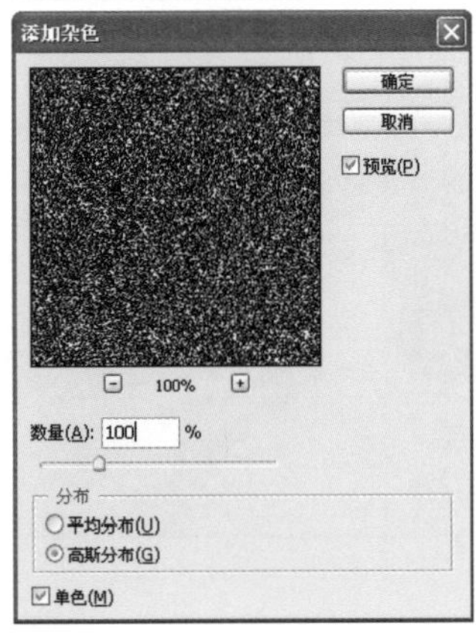

23 设置完成后，画面中的图像效果如下图所示。

24 执行“滤镜>模糊>高斯模糊”菜单命令，设置“半径”值为1像素，然后单击“确定”按钮，如下图所示。

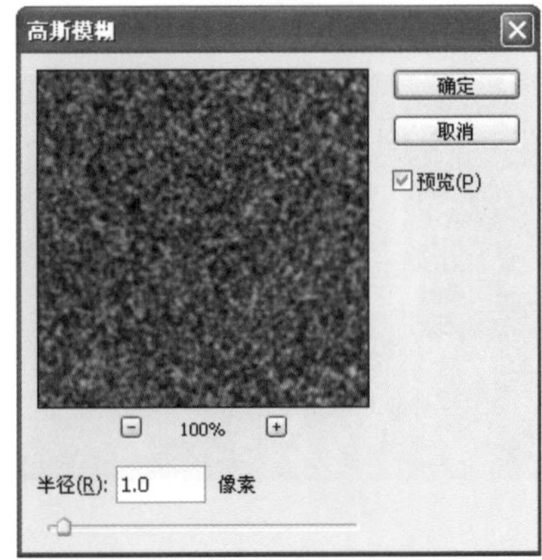

25 在“图层3”图层上创建出“色阶1”调整图层，参照下图所示设置各项参数。

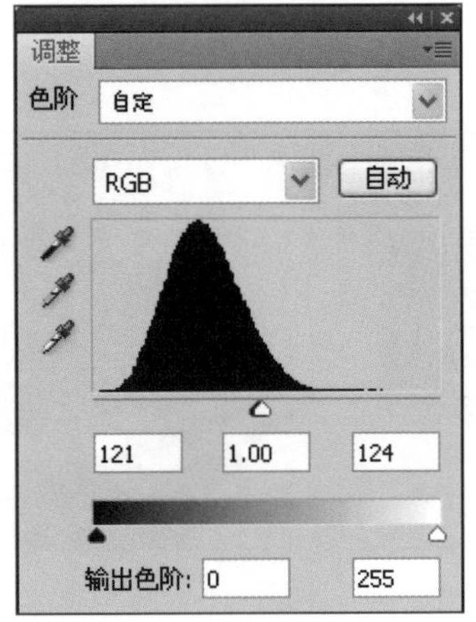

26 设置后效果如下图所示，画面中的亮点被凸现出来。

27 按Ctrl+E快捷键将“色阶”调整图层向下合并，设置“图层3”图层的混合模式为“滤色”模式，如下图所示。

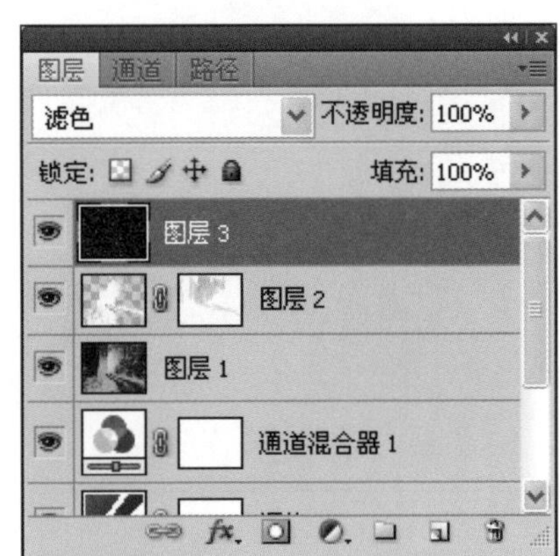

28 设置为“滤色”模式后，“图层3”中的黑色区域被隐藏，效果如下图所示。

29 执行“滤镜>模糊>动感模糊”菜单命令，分别设置“角度”、“距离”参数，如下图所示。

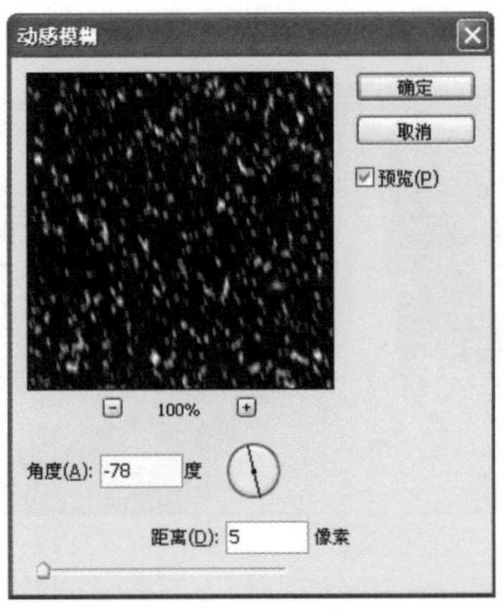

30 在应用了“动感模糊”滤镜的图层基础上，执行“滤镜>模糊>高斯模糊”菜单命令，设置“半径”值为1.2像素，然后单击“确定”按钮，如下图所示。

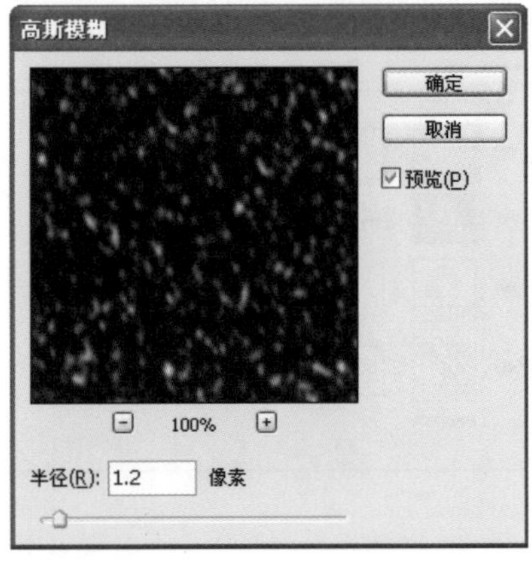

31 应用了"高斯模糊"滤镜后，画面中的雪花变得更加轻柔，效果如下图所示。

32 单击"图层"面板底部的"创建新的填充或调整图层"按钮，在打开的菜单中选择"通道混合器"选项，然后参照下图所示设置参数。

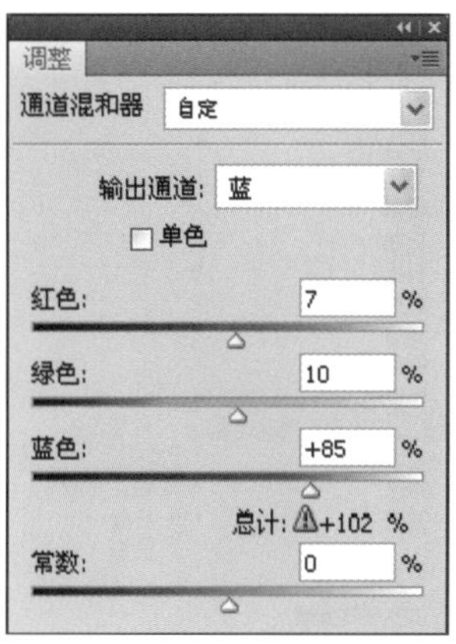

33 在添加"通道混合器"调整图层后，减少了画面中的绿色，还原为更真实的雪地效果，最终效果如下图所示。

Key Points

关键技法

在使用"通道混合器"图层调整图像时，勾选该对话框中的"单色"复选框，即可将彩色图像变为黑白图像。

Example 10 运用"光照效果"滤镜模拟逼真的自然光线拍摄效果

光盘文件

原始文件：随书光盘\素材\07\13.jpg

最终文件：随书光盘\源文件\07\实例10 运用"光照效果"滤镜模拟逼真的自然光线拍摄效果.psd

"光照效果"滤镜属于"渲染"滤镜组中的一种，其主要作用是在图像中产生类似于光照所产生的效果。本实例中的图像色调太暗，所以运用"光照效果"滤镜为图像添加上光照的效果，使整个图像的色调变得更明亮。原图像和最终效果对比如下图所示。

01 打开随书光盘\素材\07\13.jpg文件，打开的图像如下图所示。复制出“背景副本”图层。

02 执行“滤镜>渲染>光照效果”菜单命令，如下图所示。

03 系统将会弹出如下图所示的“光照效果”对话框。

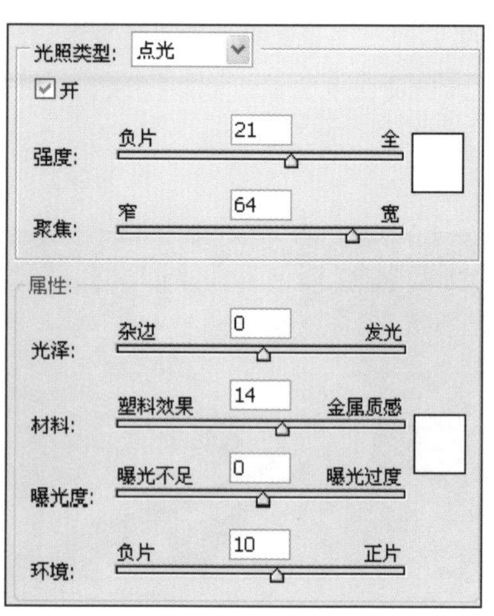

04 使用鼠标拖动左边预览框中的光环，将其向中间拖动，如下图所示。

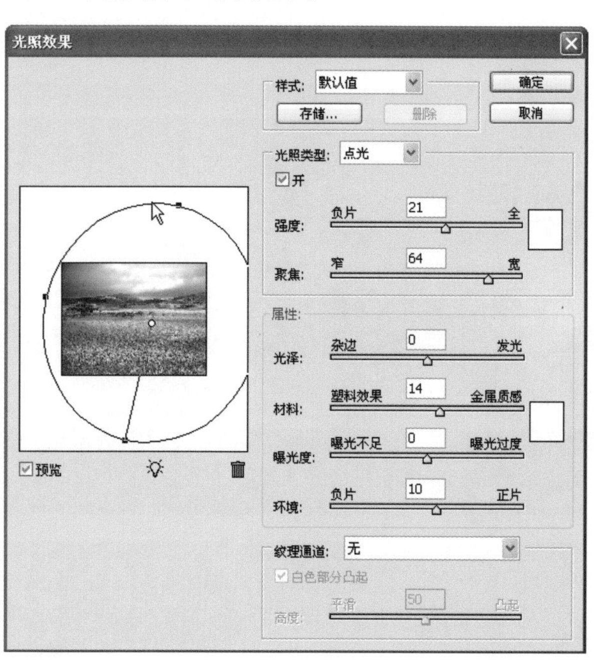

05 执行操作后，调整光源位置变为下侧正中，如下图所示。

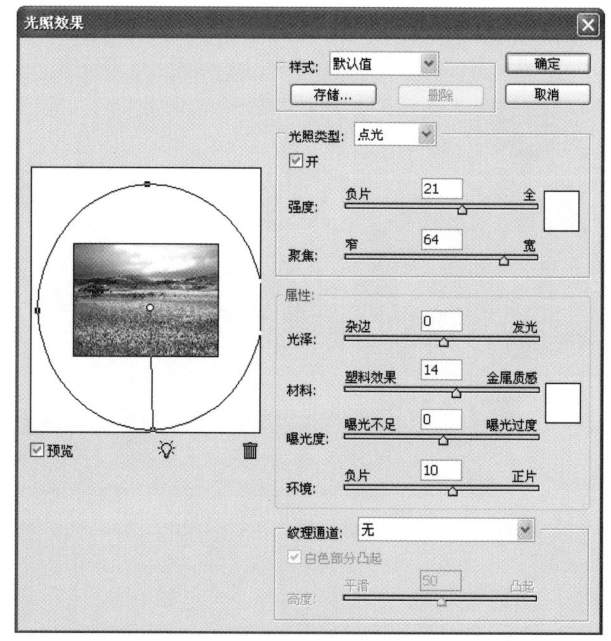

06 应用“光照效果”滤镜后，图像效果如下图所示。

07 打开“图层”面板，创建出一个新的图层（图层1），如下图所示。

08 单击工具箱中的“椭圆选框工具”按钮，使用该工具在图像中创建选区，如下图所示。

09 为绘制的椭圆形选区填充上白色，填充后的图像效果如下图所示。

10 执行“滤镜>模糊>动感模糊”菜单命令，打开如下图所示的“动感模糊”对话框，并将“角度”值设置为50度，将“距离”值设置为527像素。

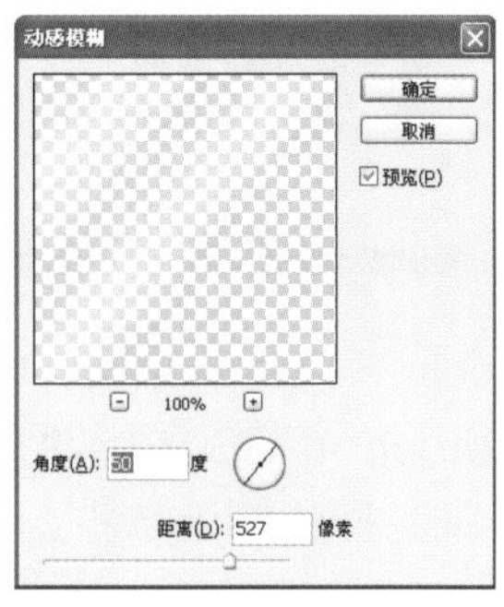

11 为图像应用了“动感模糊”滤镜后的图像效果如下图所示。

12 打开“图层”面板，创建一个新的图层，系统将其命名为“图层2”，如下图所示。

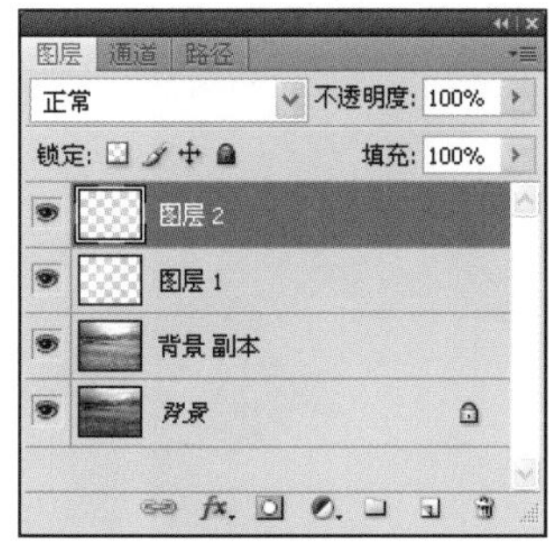

13 使用“椭圆选框工具”在图像右侧绘制出椭圆形选区，并填充上白色，如下图所示。

14 打开“动感模糊”对话框，并将“角度”值设置为-66度，将“距离”值设置为613像素。

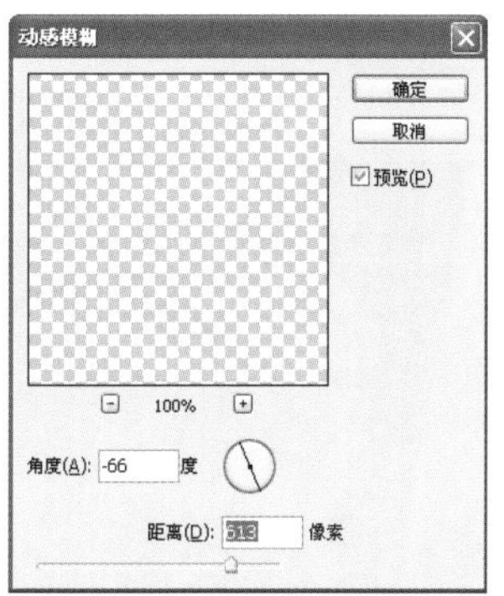

15 设置完参数后，调整后的图像效果如下图所示。

16 选取“图层2”图层，并将该图层的不透明度设置为80%，如下图所示。

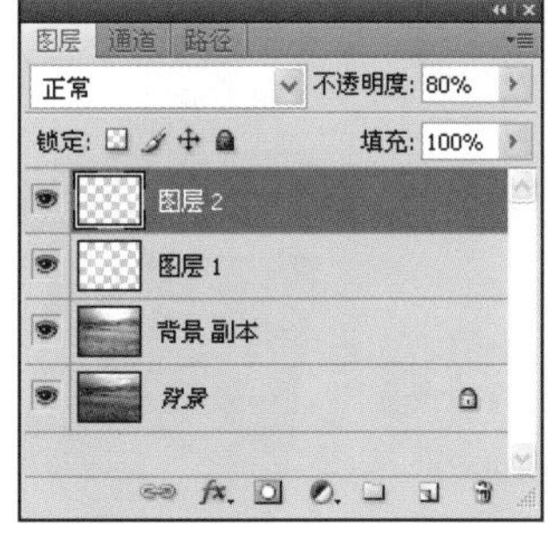

17 选取“图层1”图层，并将该图层的不透明度设置为70%，如下图所示。

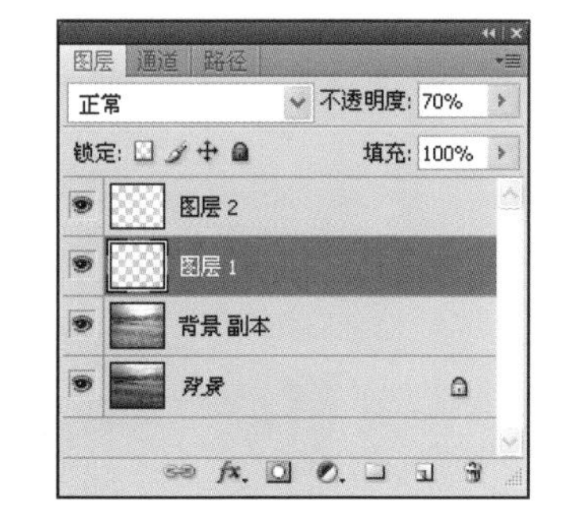

18 设置完成图层不透明度后的图像效果如下图所示。

Key Points

关键技法

在“光照效果”对话框中，如果想复制光照效果，请按住Alt键，然后在预览窗口中拖动光照。

Chapter 08 快速抠图

抠图就是利用某个工具将部分图像选取，然后将选取的图像抠出，以便将抠出的图像作用于其他图像上。在本章中主要讲述如何在Photoshop CS4中运用工具对图像进行抠图，并对抠出的图像加以使用，最后以9个实例来具体讲述不同工具的使用特点，以及在使用过程中的注意事项。

相关软件技法介绍

本章学习的是快速抠图的相关方法，抠图在Photoshop CS4的操作中将会经常遇到，而本章提供了很多快速抠图的方法，主要包括套索工具、磁性套索工具、橡皮擦工具、魔棒工具及快速蒙版等。运用上述工具就可以将所需的图像区域抠出，以供其他图像使用。

8.1 任意区域的选择——套索工具

Photoshop中的“套索工具”能够使用户随心所欲地选择所需要的区域，使用“套索工具”创建选区就如同在纸上绘画一样，只需要拖曳鼠标在图像上绘制封闭的线条就能决定要选择哪些部分。通常在使用时，会将局部放大后再进行选择，这样可以创建更为精确的选区。

在运用该工具创建选区的时候，可以按空格键将鼠标转换为“抓手工具”，对画面中显示不下的图像进行查看，以便对图像进行选取。使用“套索工具”选取图像的具体步骤如下所示。

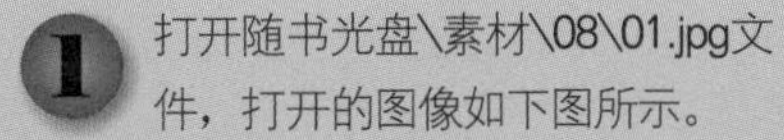

1 打开随书光盘\素材\08\01.jpg文件，打开的图像如下图所示。

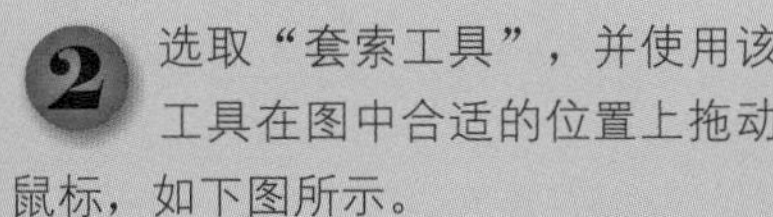

2 选取“套索工具”，并使用该工具在图中合适的位置上拖动鼠标，如下图所示。

3 将所创建的选取的起点和终点相接，即可得到下图所示的选区。

4 单击其选项栏中的“添加到选区”按钮，再使用“套索工具”在图中创建另外的选区，如下图所示。

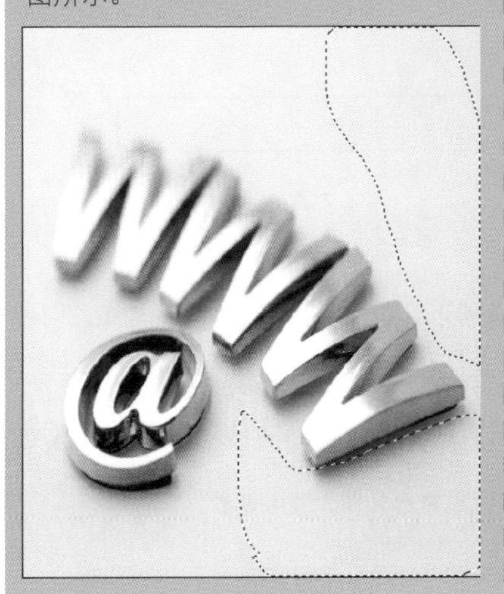

5 继续使用“套索工具”在图中其余的位置上进行绘制，创建不规则的选区，如下图所示。

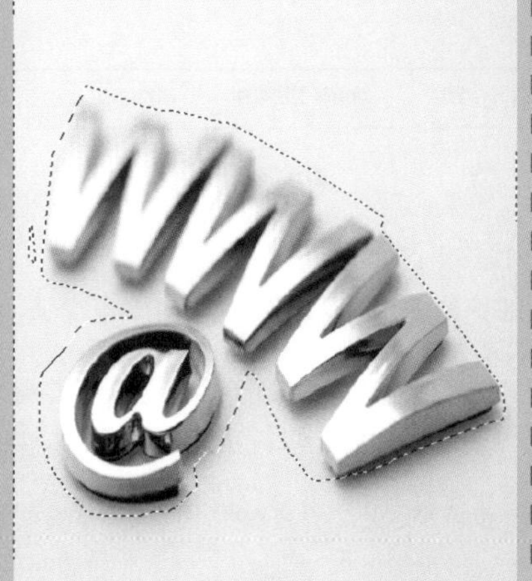

6 最后将所要选取的区域全部选取，按Delete键将所选取的图像删除，效果如下图所示。

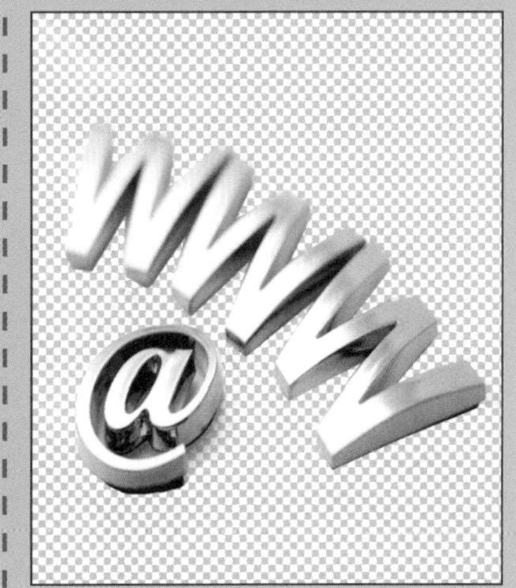

8.2 贴合图像边缘的区域选择——磁性套索工具

“磁性套索工具”用于选取对比强烈且较为复杂的边缘。对于不同图像，可以根据图像的复杂度设置其宽度、对比度和频率参数，正确设置选项中的参数可以更快速地对图像进行选取。单击工具箱中的“磁性套索工具”按钮，其选项栏将显示该工具的状态，如下图所示，选项栏中各项的含义如下所示。

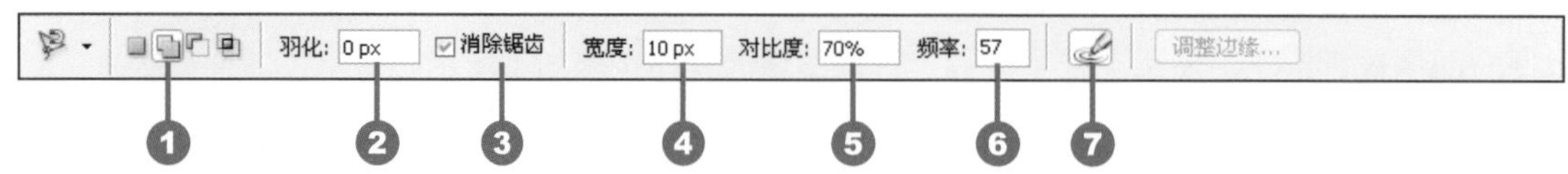

❶ **“选区”按钮：** 其中包含对选区的编辑，主要有“新选区”、“添加到选区”、“从选区减去”和“与选区交叉”。

❷ **“羽化”文本框：** 在此处可以设置所创建选区的羽化值。

❸ **“消除锯齿”复选框：** 勾选该复选框可以得到较平滑的选区。

❹ **“宽度”文本框：** 在此处输入像素值，可以指定要选取的宽度，“磁性套索工具”只检测从指针开始指定距离以内的边缘。

❺ **“对比度”文本框：** 在此处可以指定“磁性套索工具”对图像边缘的灵敏度，可以在“对比度”文本框中输入一个介于1%～100%之间的值，较高的数值将只检测与其周边对比鲜明的边缘，较低的数值将检测低对比度边缘。

❻ **“频率”文本框：** 在此处可以指定“磁性套索工具”设置紧固点的频率，可以在该文本框中输入0~100之间的数值，较高的数值会更快地固定选区边框。

❼ **“使用绘图板压力以更改钢笔宽度”按钮：** 单击该按钮可以减小边缘的宽度，增大光笔压力将导致边缘宽度减小。

TIP
提 示

“磁性套索工具”特别适用于快速选择与背景对比强烈且边缘复杂的对象。

8.3 单一色彩区域的选择——魔棒工具

“魔棒工具”能够选择颜色一致的区域，而不必跟踪其轮廓。可以基于与单击图像位置的像素的相似度，为“魔棒工具”的选区指定色彩范围或容差。

单击工具箱中的“魔棒工具”按钮，通过选项栏中的选项进行设置，使“魔棒工具”所选的选区发生变化，其选项栏如下图所示。

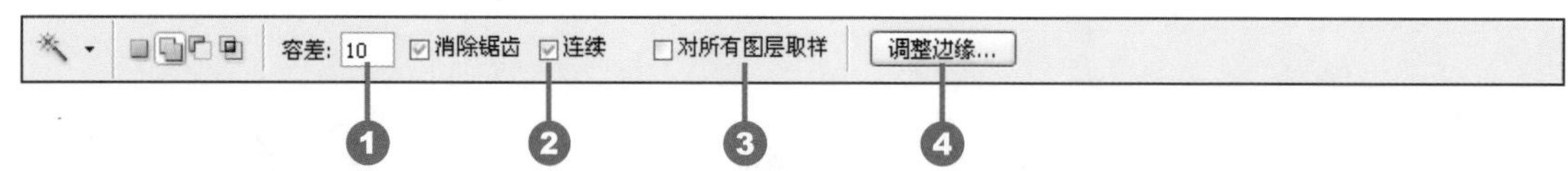

其选项栏中的各项参数的含义及用途如下所示。

❶ **“容差”文本框：** 用于设置选定像素的相似点的差异，以像素为单位输入一个值，范围介于0~255之间。如果值较低，则会选择与单击像素非常相似的少数几种颜色。如果值较高，则会选择范围更广的颜色。

❷ **“连续”复选框：** 勾选该复选框后，将会只选择相同颜色的邻近区域。否则，将会选择整个图像中使用相同颜色的所有像素。

❸ **“对所有图层取样”复选框：** 单击该复选框，将会使用所有可见图层中的数据选择颜色。否则，“魔棒工具”将只从当前的图层中选择颜色。

❹ **“调整边缘”按钮：** 单击该按钮，可以进一步调整选区边界或对照不同的背景查看选区或将选区作为蒙版查看。

TIP
提 示

不能在位图模式的图像或32位/通道的图像上使用“魔棒工具”。

8.4 丢掉不需要的内容——橡皮擦工具

“橡皮擦工具”可擦除图像中的任何区域，被擦除的区域可以以背景色或透明显示，如果在背景图层中或者是已锁定透明度的图层中进行擦除，擦除后的图像将以背景色进行填充，否则，像素将被抹成透明。使用“橡皮擦工具”擦除对象的具体步骤如下所示。

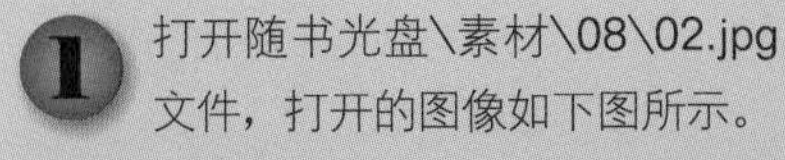

1 打开随书光盘\素材\08\02.jpg文件，打开的图像如下图所示。

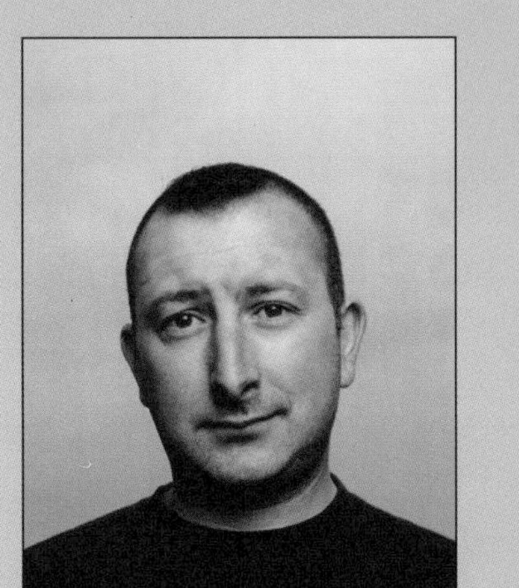

2 单击背景色色标，将会打开如下图所示的“拾色器（背景色）”对话框，参照下图设置所需的颜色。

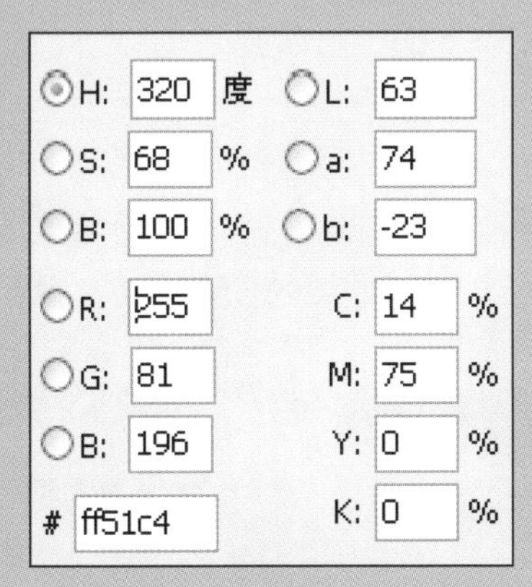

3 设置完成后选取“橡皮擦工具”，运用该工具在背景中单击进行涂抹，图像效果如下图所示。

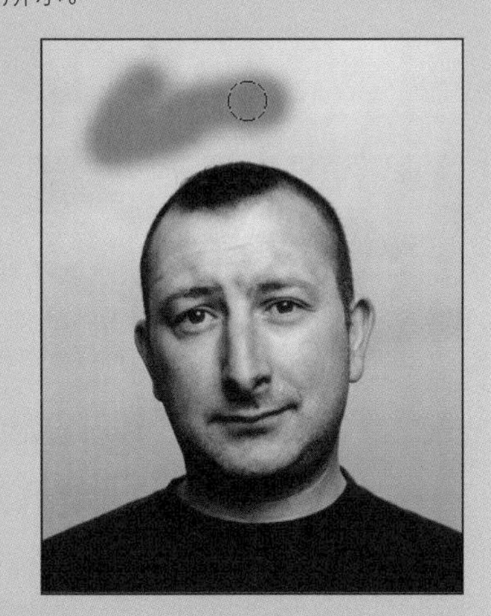

4 打开“图层”面板，并复制“背景”图层，如下图所示。

5 选取“背景”图层，将其拖至底部的“删除图层”按钮上，如下图所示。

6 运用“橡皮擦工具”在图中进行绘制，将背景图像擦除，图像效果如下图所示。

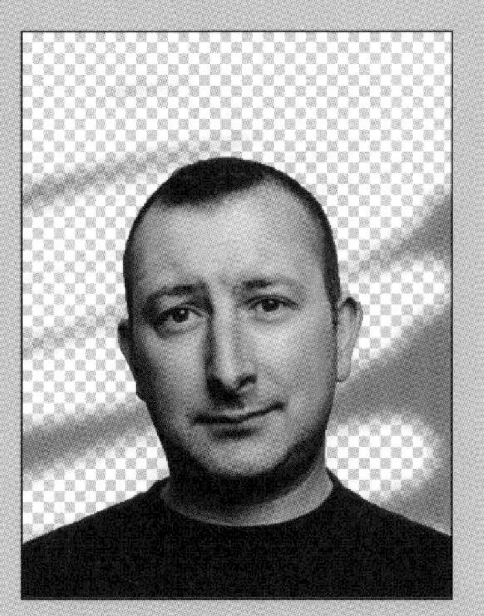

8.5 带有羽化效果的选区设置——快速蒙版

使用“快速蒙版”模式对图像进行选取，是Photoshop 中最智能的选取方法。使用快速蒙版的好处在于，它具备蒙版的特性，像对蒙版进行操作一样，可以使用任何工具和滤镜。可以将处理后得到的区域转换为选区，也可以通过选区生成快速蒙版。双击工具箱中的“快速蒙版”按钮，打开如下页图所示的“快速蒙版选项”对话框。

快速蒙版选项

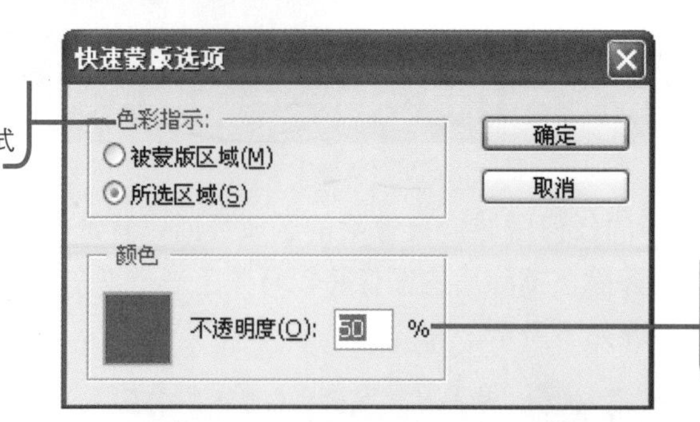

色彩指示
用于指定生成选区的方式

色彩指示：
○被蒙版区域(M)
⊙所选区域(S)

确定
取消

颜色
不透明度(O)：50 %

颜色
通过颜色的设定，来显示蒙版中编辑到的区域

1 打开随书光盘\素材\08\03.jpg文件，打开的图像如下图所示。单击工具箱中的“以快速蒙版模式编辑”按钮。

2 单击工具箱中的“画笔工具”按钮，使用该工具在人物处进行涂抹，如下图所示。

3 使用“画笔工具”在人物的衣服、皮肤、头发上进行涂抹，涂抹后的效果如下图所示。

4 涂抹好后，单击工具箱中的“以标准模式编辑”按钮，将被涂抹到的区域转换成为选区，如下图所示。

5 打开“图层”面板，按Ctrl+J快捷键复制选区中的图像至新图层中，即可得到“图层1”图层，如下图所示。

6 单击“背景”图层前的“指示图层可见性”按钮，将“背景”图层隐藏，只显示“图层1”图层的效果，如下图所示。

Example 01 运用“魔棒工具”抠出花朵

光盘文件
原始文件：随书光盘\素材\08\04.jpg
最终文件：随书光盘\源文件\08\实例1 运用“魔棒工具”抠出花朵.psd

制作黑色背景拍摄效果首先要将主题图像抠出，然后再在抠出的图像后创建黑色的背景。使用“魔棒工具”将白色的花朵图像载入选区，然后将选区内的图像复制到新的图层中，这样白色的花朵图像就被抠出。可以使用滤镜和图层混合模式对抠出的花朵进行处理，最后在花朵所在的图层下方创建黑色的图层作为拍摄背景。本实例所制作的最终图像与原始图像的对比效果如下图所示。

01 打开随书光盘\素材\08\04.jpg文件，打开的图像如下图所示。

02 单击工具箱中的“魔棒工具”按钮，在选项栏中设置“容差”为50，然后使用该工具在白色的花朵上单击，如下图所示。

03 单击选项栏中的“添加到选区”按钮，然后使用“魔棒工具”继续在白色的花朵图像上单击，将花朵图像全部选中，如下图所示。

04 执行“选择>修改>羽化”菜单命令，如下图所示。

05 打开“羽化选区”对话框，设置“羽化半径”为10像素，然后单击“确定”按钮，如下图所示。

06 将选区羽化10像素后的选区效果如下图所示。

07 打开“图层”面板，按Ctrl+J快捷键复制选区中的图像至新图层中，得到“图层1”图层，然后隐藏“背景”图层，如下图所示。

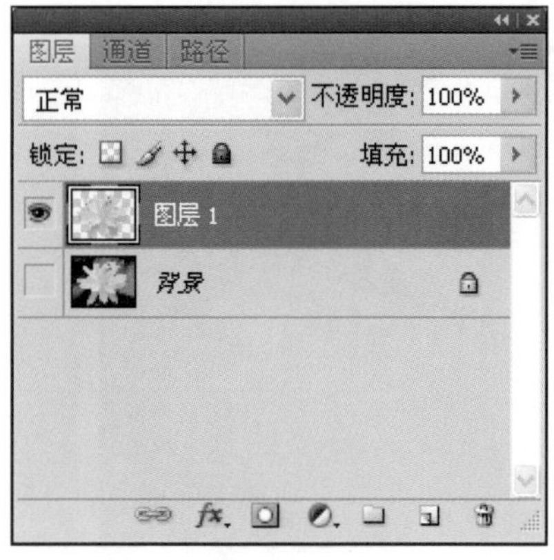

08 将“背景”图层隐藏后，画面中的图像效果如下图所示。

09 按住Ctrl键的同时单击“图层”面板中的“创建新图层”按钮，即可在“图层1”图层的下方创建“图层2”图层，如下图所示。

10 将前景色设置为黑色，然后按Alt+Delete快捷键运用前景色填充“图层2”图层，效果如下图所示。

11 使用鼠标拖曳图层至面板底部的“创建新图层”按钮上，即可复制“图层1”图层，得到“图层1副本”图层，如下图所示。

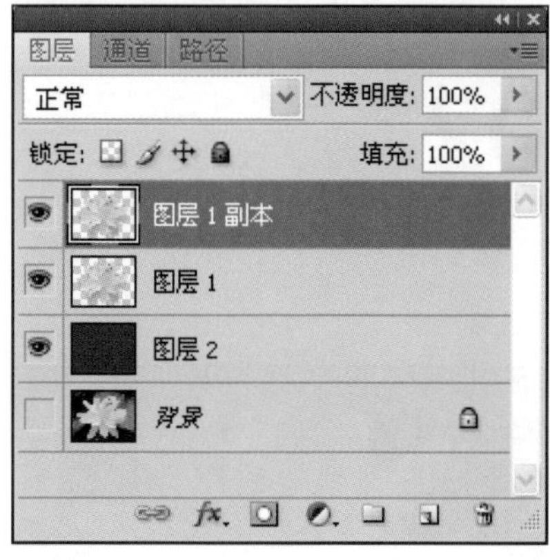

12 复制图层后，画面中的白色花朵变得更加醒目，如下图所示。

13 选中复制得到的“图层1副本”图层，单击“混合模式”下拉列表框，在弹出的列表中选择“点光”选项，如下图所示。

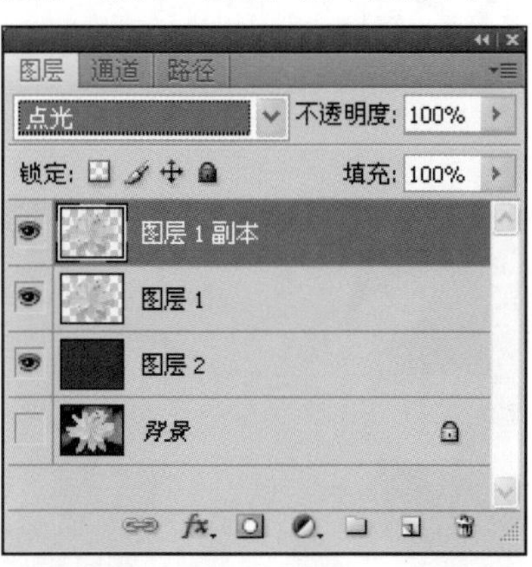

14 将“图层1副本”图层的混合模式设置为“点光”后，图像中的光照效果变淡了，从而产生一种模糊的感觉，如下图所示。

15 打开“图层”面板，复制“图层1副本”图层，得到“图层1副本2”图层，如下图所示。

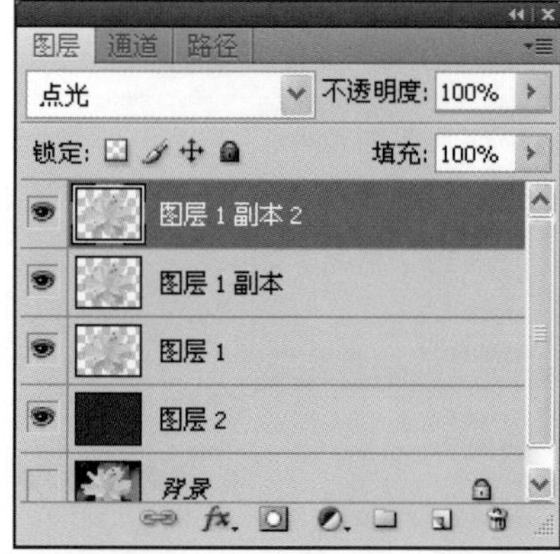

16 为了使模糊后的花朵图像边缘变得清晰且具有层次感，对复制的图层执行"滤镜>风格化>查找边缘"菜单命令，如下图所示。

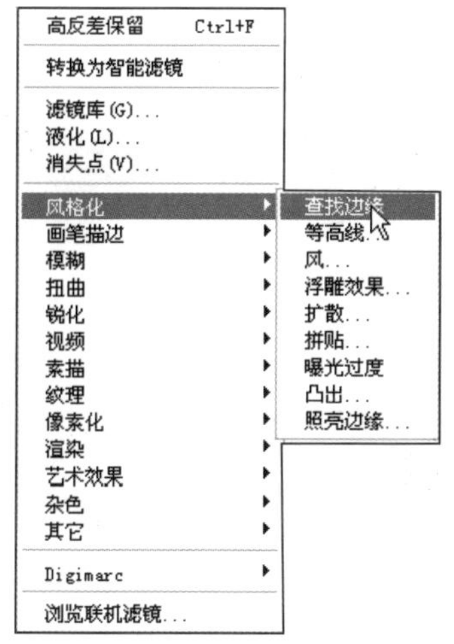

17 为图像应用"查找边缘"滤镜后的图像效果如下图所示，在花朵的边缘出现了明显的线条。

18 将"图层1副本2"图层的混合模式更改为"柔光"，"不透明度"设置为50%，如下图所示。

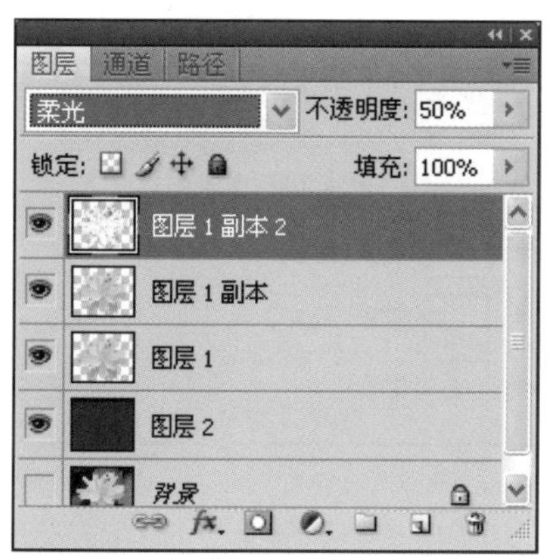

19 选中"图层1副本2"图层，按Ctrl+J快捷键对所选图层进行复制，从而得到"图层1副本3"图层，如下图所示。

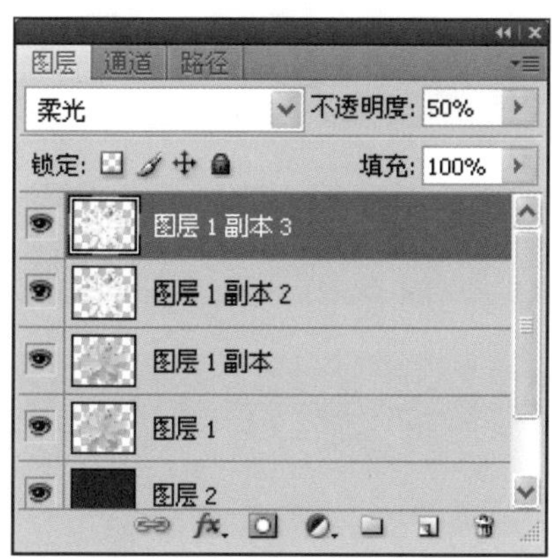

20 执行"滤镜>其它>高反差保留"菜单命令，打开"高反差保留"对话框，设置"半径"为20像素，单击"确定"按钮。

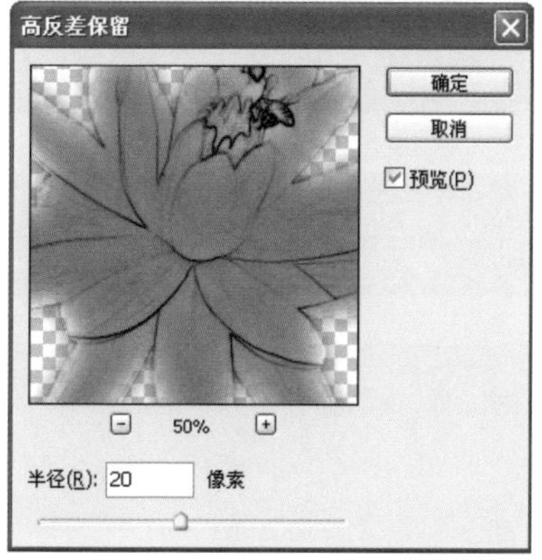

21 为"图层1副本3"图层应用"高反差保留"滤镜后，图像效果如下图所示。

22 选中"图层1副本3"图层，执行"图像>调整>反相"菜单命令或按Ctrl+I快捷键对图像进行反相操作，反相后的图像效果如下图所示。

23 在"图层"面板中单击"添加图层蒙版"按钮，为"图层1副本3"图层添加图层蒙版，然后使用黑色的画笔在花朵的边缘上进行涂抹，涂抹的区域如下图所示。

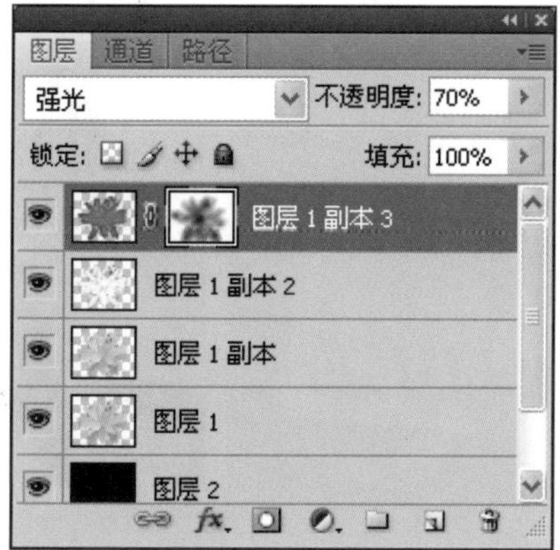

24 将"图层1副本3"图层的混合模式更改为"强光"，"不透明度"设置为70%，设置后的图像效果如下图所示。

25 复制"背景"图层，得到"背景 副本"图层，然后将副本图层拖曳到"图层"面板的顶端，如下图所示。

26 将"背景 副本"图层的混合模式更改为"点光"，如下图所示。

27 设置完成后，画面中的图像效果如下图所示。

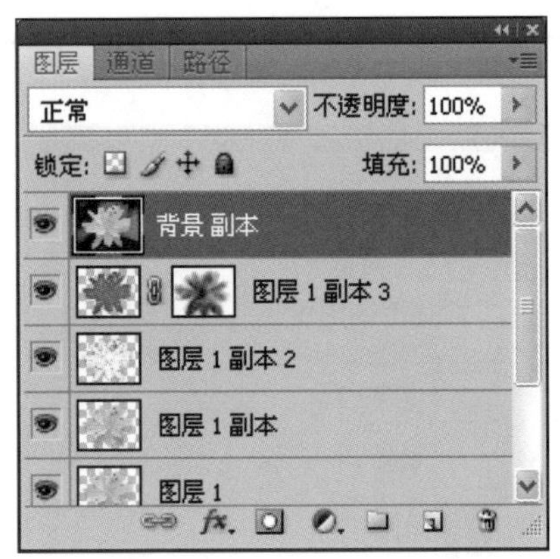

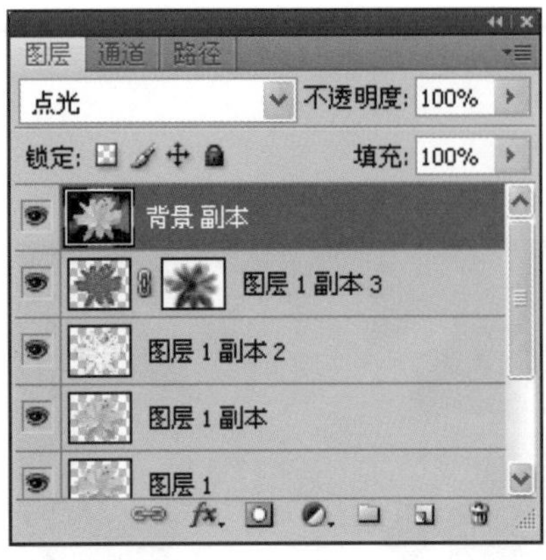

Example 02 运用"磁性套索工具"去除繁杂的背景图像

光盘文件

原始文件：随书光盘\素材\08\05.jpg、06.jpg

最终文件：随书光盘\源文件\08\实例2 运用"磁性套索工具"去除繁杂的背景图像.psd

"磁性套索工具"可以通过图像间颜色的对比自动进行选取。在本实例中，原始图像是一幅比较繁杂的数码照片，通过"磁性套索工具"将照片中的人物图像载入选区，然后将其选区中的图像抠出，再将抠出的图像放置到另一图像中，从而组合成为另一番风景。本实例所制作的最终图像与原始图像的对比效果如下图所示。

01 打开随书光盘\素材\08\05.jpg文件，打开的图像如下图所示。

02 打开“图层”面板，拖曳“背景”图层至面板的“创建新图层”按钮上，即可复制图层得到“背景 副本”图层，如下图所示。

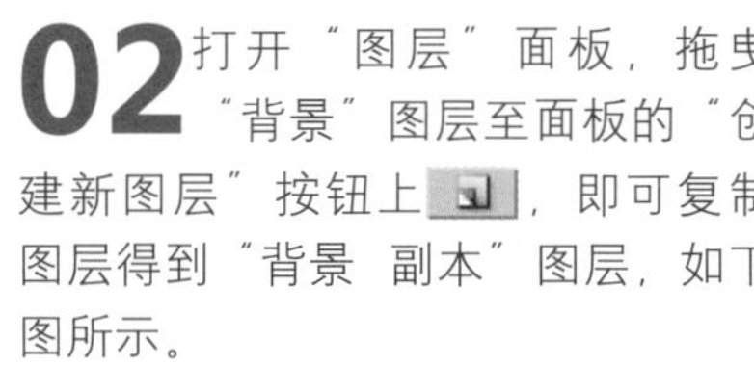

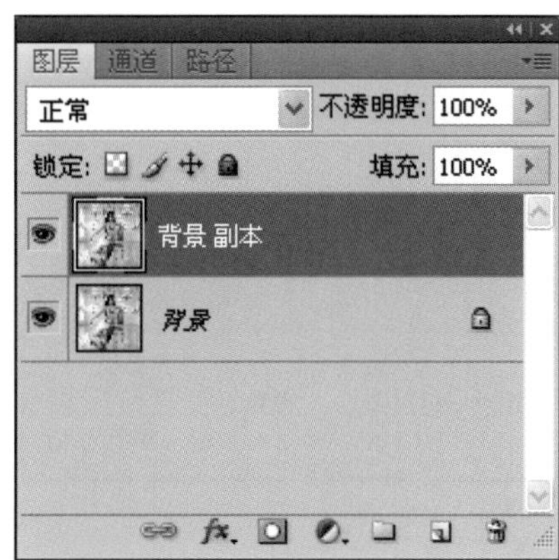

03 按住Alt键向上滑动鼠标滑轮，即可放大图像，单击工具箱中的“磁性套索工具”按钮，然后在人物的边缘单击并拖动，如下图所示。

04 使用鼠标沿着人物的边缘进行移动，最后在起点处单击即可创建选区，如下图所示。

05 将图像放大显示并移动到如下图所示位置，单击选项栏中的“从选区减去”按钮，然后在下图所示位置单击创建起点。

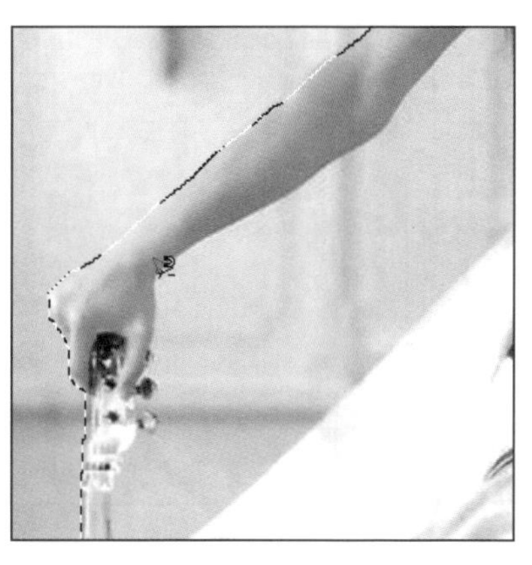

06 使用鼠标沿着人物的手臂滑动，会为滑动过的图像自动创建锚点，如下图所示。

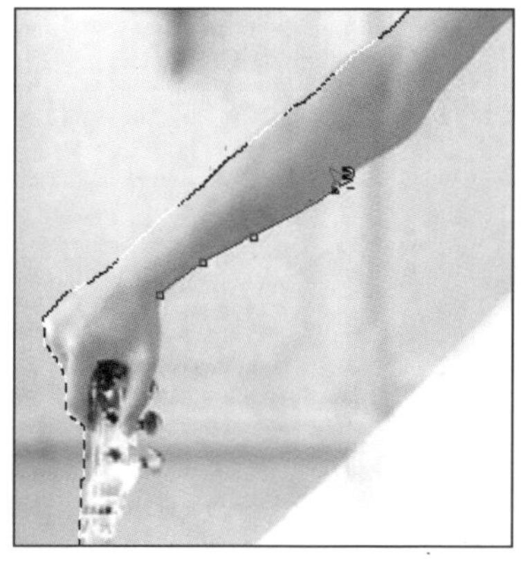

07 沿着人物内侧的图像滑动鼠标，可继续创建锚点，最后在起点位置单击即将描点路径转换为选区，如下图所示。

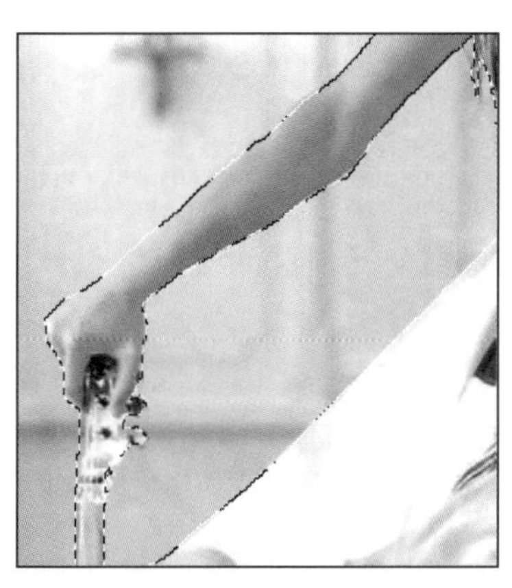

08 按住空格键的同时使用鼠标拖曳画面至如下图所示的位置，然后使用“磁性套索工具”沿着图像边缘创建锚点。

09 单击描点的起始位置，让终点和起点重合，即可沿着锚点生成选区，如下图所示。

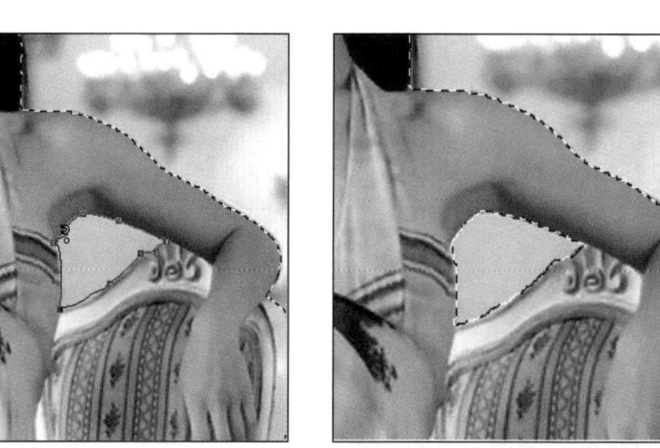

10 将人物图像载入选区后，执行“选择>修改>羽化”菜单命令，如下图所示。

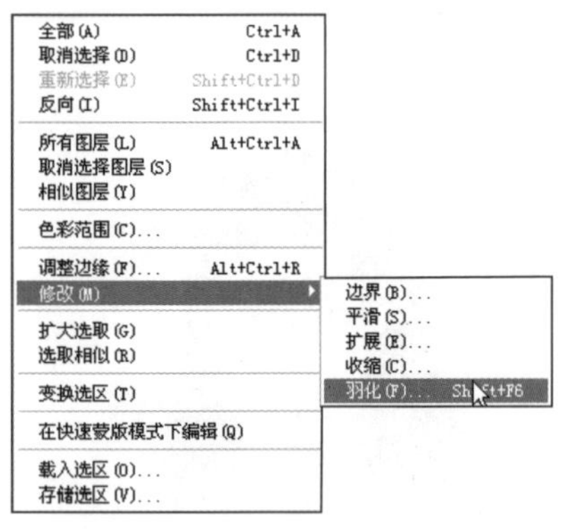

11 打开“羽化选区”对话框，设置“羽化半径”为2像素，再单击“确定”按钮，如下图所示。

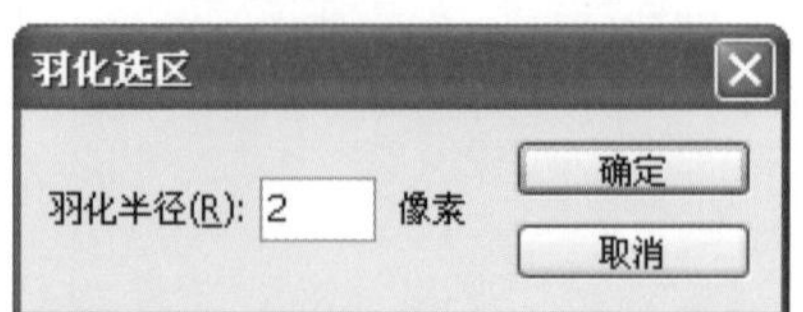

12 通过“羽化”命令即可对选区应用“羽化”效果，画面中的选区如下图所示。

13 按Ctrl+Shift+I快捷键反选选区，得到如下图所示的选区。

14 复制“背景”图层，得到“背景 副本”图层，按Delete键删除选区内的图像，如下图所示。

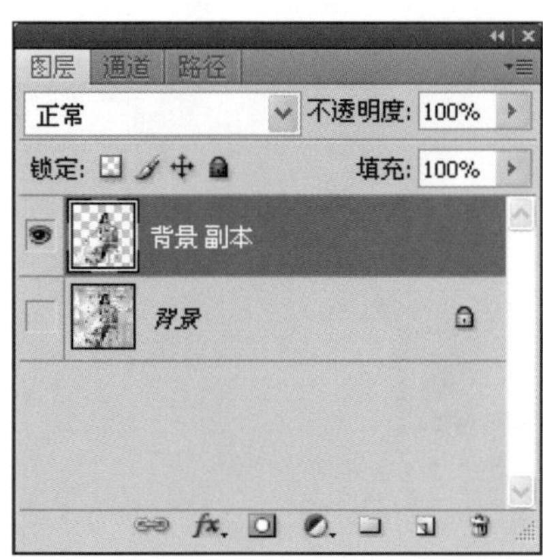

15 单击“背景”图层前的“指示图层可见性”按钮，将背景图层隐藏，画面中的图像效果如下图所示。

16 打开随书光盘\素材\08\06.jpg文件，打开的图像如下图所示。

17 将抠出的人物图像复制并粘贴到步骤16中打开的图像，从而生成“图层1”图层，然后参照下图设置图层的混合模式。

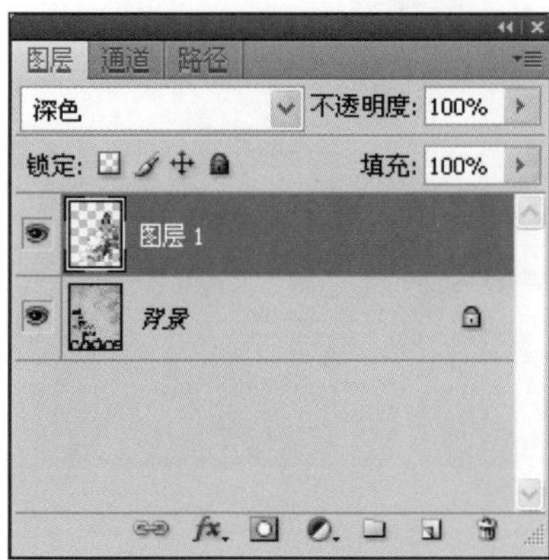

18 按Ctrl+T快捷键打开“自由变换工具”，参照下图所示调好人物所在的位置即可。

Example 03 运用“快速选择工具”进行单一背景的调整

光盘文件

原始文件：随书光盘\素材\08\07.jpg、08.jpg

最终文件：随书光盘\源文件\08\实例3 运用“快速选择工具”进行单一背景的调整.psd

利用“快速选择工具”选取图像的操作与“画笔工具”一样，“快速选择工具”所能选择的范围与设置的画笔大小和就近颜色两个因素有关。可以通过“［”和“］”键来放大或缩小“快速选择工具”的画笔选取直径，然后根据就近颜色的不同来决定选区的范围。本实例所制作的最终图像与原始图像的对比效果如下图所示。

01 打开随书光盘\素材\08\07.jpg文件，打开的图像如下图所示。

02 单击工具箱中的“快速选择工具”按钮，在图像的右下角处单击，将附近的图像载入选区。

03 单击选项栏中的“添加到选区”按钮，再使用该工具在图像中单击，将图像载入选区。

04 放大图像显示，在图像的空隙中单击，将下图所示的图像载入。

05 继续使用步骤4中的方法选取空隙，最后得到的选区如下图所示。

06 按Ctrl+Shift+I快捷键反选选区，执行“选择>修改>羽化”菜单命令，如下图所示。

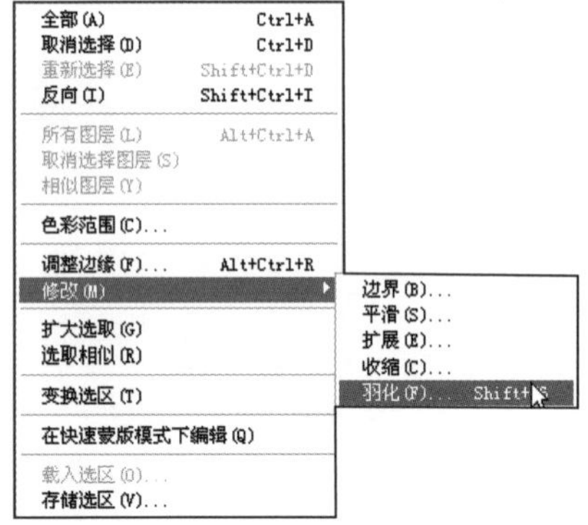

07 打开“羽化选区”对话框，设置“羽化半径”为2像素，如下图所示。

羽化选区

羽化半径(R): 2 像素

确定

取消

08 按Ctrl+J快捷键通过选区复制图像至新图层中，得到“图层1”图层，如下图所示。

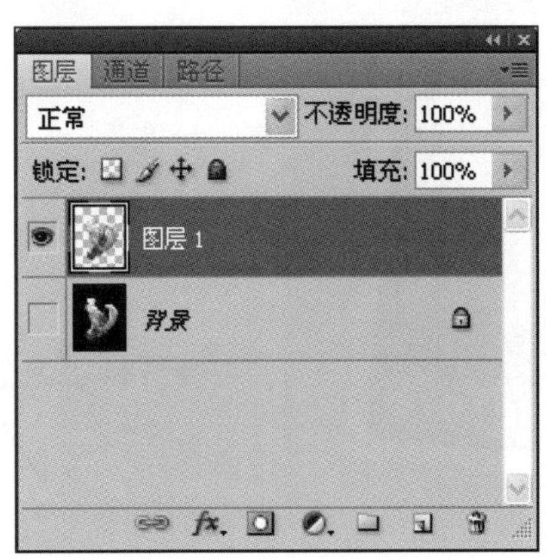

09 将“背景”图层隐藏，画面中的图像效果如下图所示。

10 打开随书光盘\素材\08\08.jpg文件，打开的图像如下图所示。

11 打开“图层”面板，按住Alt键的同时双击“背景”图层，即可将“背景”图层转换为普通图层，并重命名为“图层0”，如下图所示。

12 按Ctrl+T快捷键打开“自由变换工具”，将图像翻转至如下图所示，然后使用“裁剪工具”将图像裁剪出来。

13 裁剪后的图像效果如下图所示。

14 将前面抠出的图像进行复制，并将复制的图像粘贴至08.jpg图像文件中，得到“图层1”图层，如下图所示。

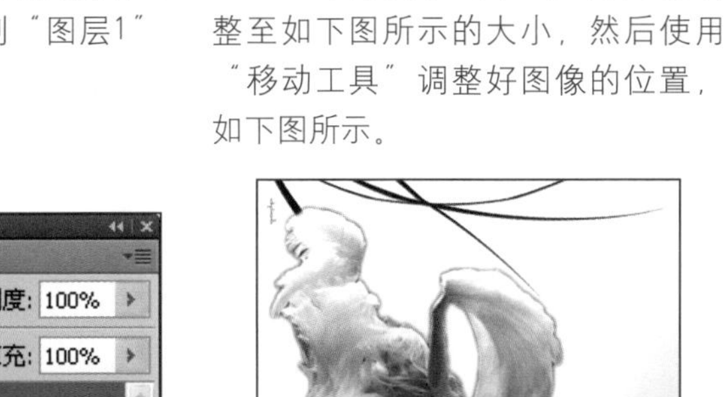

15 按Ctrl+T快捷键，打开“自由变换工具”，将图像调整至如下图所示的大小，然后使用“移动工具”调整好图像的位置，如下图所示。

16 将“图层1”图层的混合模式设置为“溶解”，再为“图层1”图层添加图层蒙版，如下图所示。

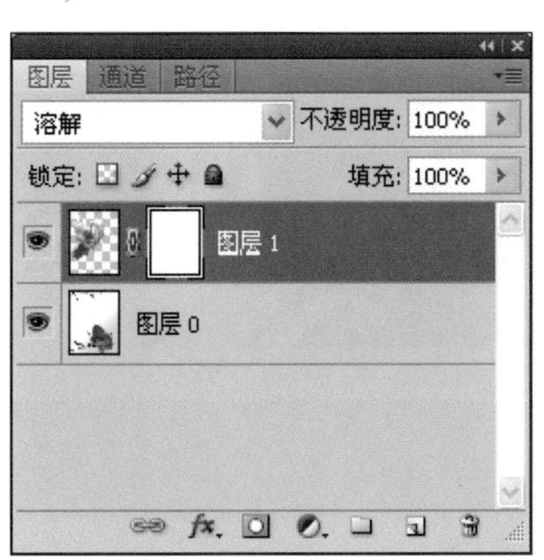

17 为“图层1”图层更改图层混合模式后的效果如下图所示。

18 单击工具箱中的“画笔工具”按钮，设置画笔的主直径为700px，然后在蒙版中单击，如下图所示。

19 多次使用“画笔工具”在蒙版中单击，以溶解的方式隐藏部分图像，效果如下图所示。

20 单击“图层”面板底部的“创建新图层”按钮，得到“图层2”图层，设置混合模式为“溶解”，如下图所示。

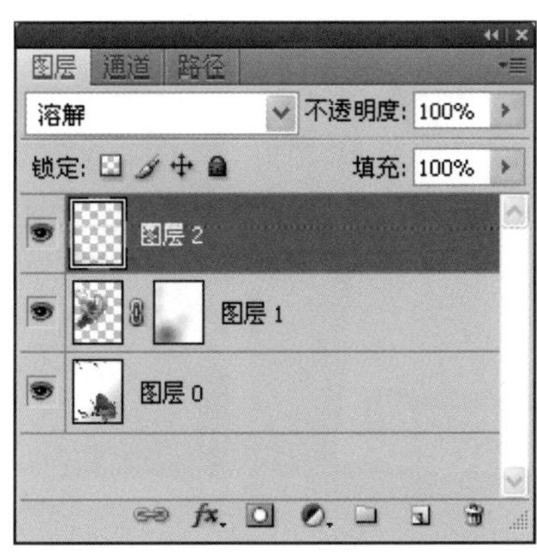

21 使用黑色的画笔在新建的“图层2”图层上进行单击，设置黑色的杂点效果，如下图所示。

22 使用“椭圆选框工具”在画面中绘制正圆，并在新的图层中为选区填充上黑色，如下图所示。

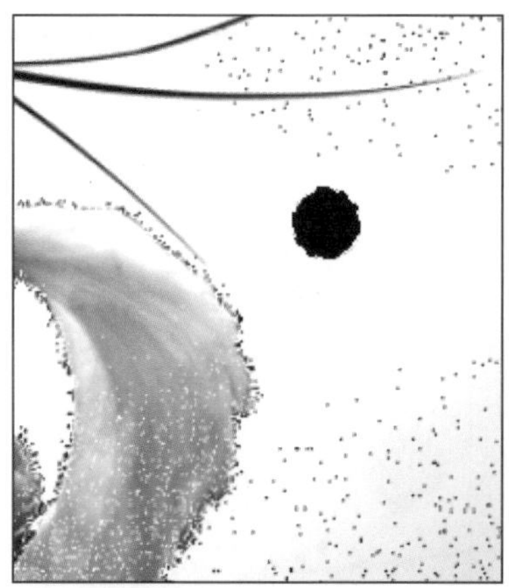

23 使用白色的画笔在黑色的正圆上进行涂抹，绘制水泡效果，如下图所示。

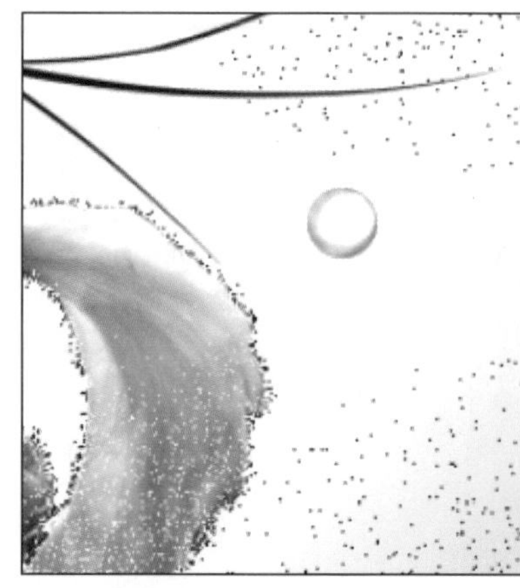

24 复制绘制好的水泡，将其拖曳至如下图所示的位置，然后再分别为其调整好大小，如下图所示。

Key Points

关键技法

使用“快速选择工具”选取图像时，可以将该工具调整得很小，然后在图中进行绘制，被绘制的区域即可被选取。

Example 04 运用“魔棒工具”快速替换背景

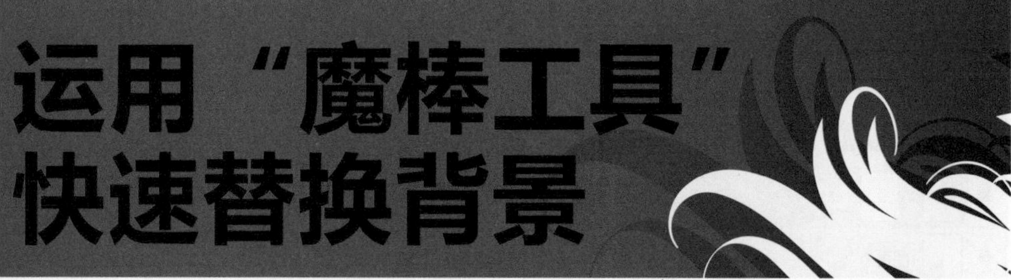

光盘文件

原始文件：随书光盘\素材\08\09.jpg、10.jpg

最终文件：随书光盘\源文件\08\实例4 运用“魔棒工具”快速替换背景.psd

“魔棒工具”可以选择颜色相近的区域，并可以通过其选项栏中的“添加到选区”等，对选区进行操作，通常用于比较简单的选区的选取。本实例通过“魔棒工具”将背景图像选取并删除，最后为背景填充上新设置的颜色，从而完成背景颜色的替换。本实例所制作的最终图像与原始图像的对比效果如下图所示。

01 打开随书光盘\素材\08\09.jpg文件，打开的图像如下图所示。

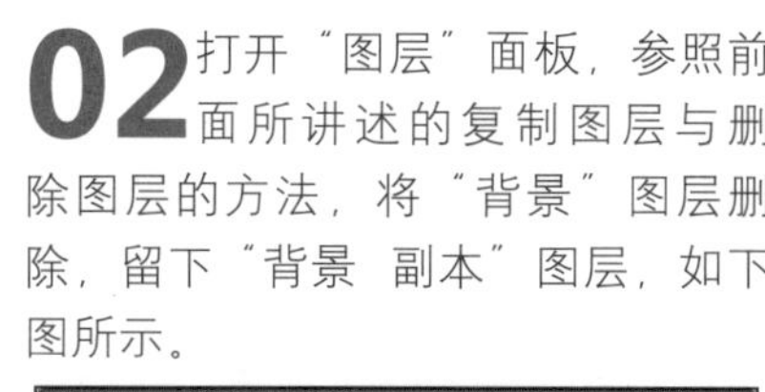

02 打开“图层”面板，参照前面所讲述的复制图层与删除图层的方法，将“背景”图层删除，留下“背景 副本”图层，如下图所示。

03 单击工具箱中的“魔棒工具”按钮，在其选项栏中单击“添加到选区”按钮，并在图中单击，如下图所示。

04 继续使用“魔棒工具”在图中的背景位置上单击，直至将该区域选取，如下图所示。

05 按Delete键将所选取的区域删除，删除选区后的图像效果如下图所示。

06 打开随书光盘\素材\08\10.jpg文件，打开的图像如下图所示。

07 使用鼠标将步骤6所打开的图像拖动到人物图像窗口中，如下图所示。

08 选取“图层1”图层并将其向下方进行拖动，调整图层顺序，如下图所示。

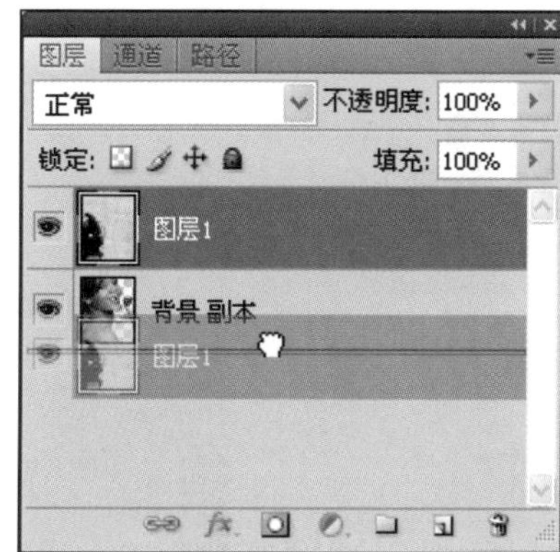

09 将“图层1”图层中的图像拖动到合适的位置，调整后的图像效果如下图所示。

Key Points

关键技法

使用“魔棒工具”在图中创建选区时，可以同时按Shift键添加新的选区，也可以按Alt键从所创建的选区中减去选区。

Example 05 运用“色阶”命令巧妙调整天空颜色

光盘文件

原始文件：随书光盘\素材\08\11.jpg

最终文件：随书光盘\源文件\08\实例5 运用“色阶”命令巧妙调整天空颜色.psd

“色阶”命令的主要作用是对图像的整体区域调整后，利用通道将调整后的图像的选区载入，再对选区进行调整，从而达到调整图像的目的。本实例就是运用“色阶”命令对图像调整后将红色通道选区载入，并对其进行调整，制作的最终图像与原始图像的对比效果如下图所示。

01 打开随书光盘\素材\08\11.jpg文件，打开的图像如下图所示。

02 执行“图像>调整>色阶”菜单命令，如下图所示。

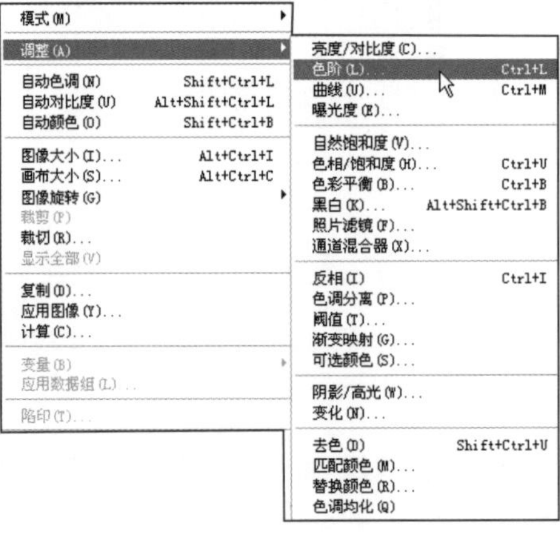

03 打开“色阶”对话框，并参照下图所示设置参数。

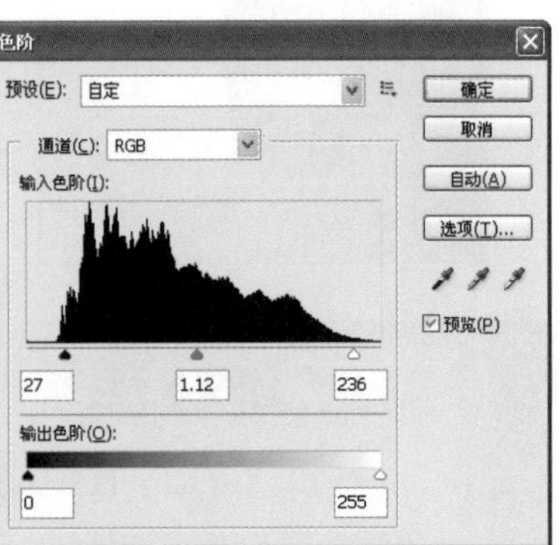

04 单击“确定”按钮，调整后的图像效果如下图所示。

05 执行“窗口>通道”菜单命令，打开“通道”面板，并单击“红”通道。

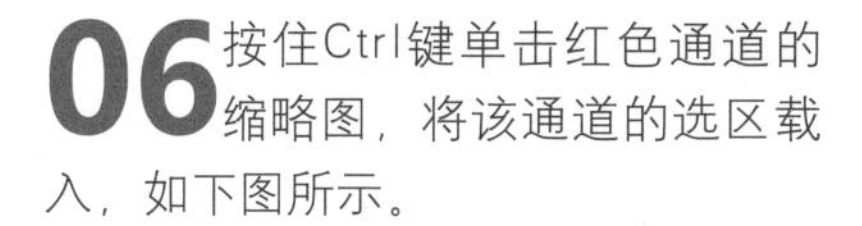

06 按住Ctrl键单击红色通道的缩略图，将该通道的选区载入，如下图所示。

07 单击RGB通道，返回到图像窗口中，即可看到所载入的“红”通道选区，如下图所示。

08 打开“图层”面板，单击“背景 副本”图层，如下图所示。

09 反选选区，并按Ctrl+J快捷键将所选取的区域创建为新图层，如下图所示。

10 打开“图层”面板，复制出“图层1 副本”图层并添加图层蒙版，如下图所示。

11 用“画笔工具”在图像中单击，将土地图像还原，效果如下图所示。

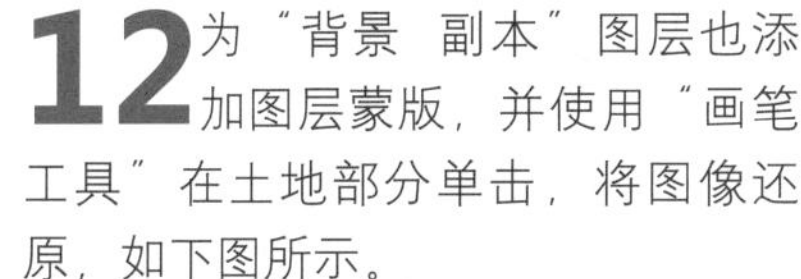

12 为“背景 副本”图层也添加图层蒙版，并使用“画笔工具”在土地部分单击，将图像还原，如下图所示。

Example 06 运用“套索工具”设置画面的聚焦效果

光盘文件

原始文件：随书光盘\素材\08\12.jpg

最终文件：随书光盘\源文件\08\实例6 运用“套索工具”设置画面的聚焦效果.psd

聚焦就是控制穿过镜头的一束光或粒子流，使其所有的光线都汇聚于一点。更形象地说聚焦就尤如放大镜一般，在强烈的光照下，当光线穿过放大镜，会发现扩散的阳光被聚集到一点上，从而形成炽热的亮点，此时就产生了聚焦。本实例所制作的最终图像与原始图像的对比效果如下图所示。

01 打开随书光盘\素材\08\12.jpg文件，打开的图像如下图所示。

02 打开“图层”面板，按Ctrl+J快捷键复制“背景”图层，得到“图层1”图层，如下图所示。

03 单击工具箱中的“套索工具”按钮，使用该工具沿着虎的脸部进行拖曳，如下图所示。

04 绘制好后，释放鼠标会自动将绘制的路径转换为选区，如下图所示。

05 按Ctrl+Shift+I快捷键反选选区，画面中的图像效果如下图所示。

06 执行“选择>修改>羽化”菜单命令，如下图所示。

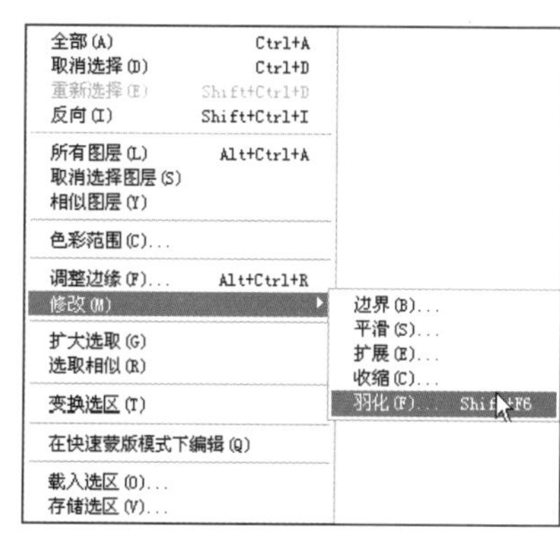

07 打开如下图所示的“羽化选区”对话框，设置“羽化半径”为60像素。

羽化选区

羽化半径(R): 60 像素

确定

取消

08 单击“确定”按钮后，选区就被羽化60px，效果如下图所示。

09 执行“滤镜>模糊>径向模糊”菜单命令，如下图所示。

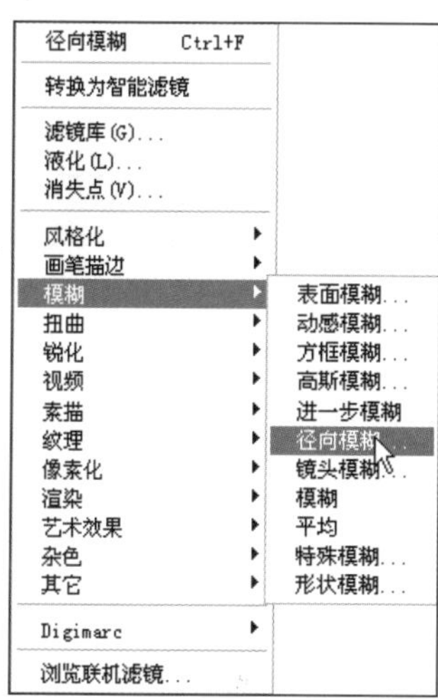

10 打开“径向模糊”对话框，设置“数量”为38，“模糊方法”为“缩放”，“品质”为“好”，单击“确定”按钮，如下图所示。

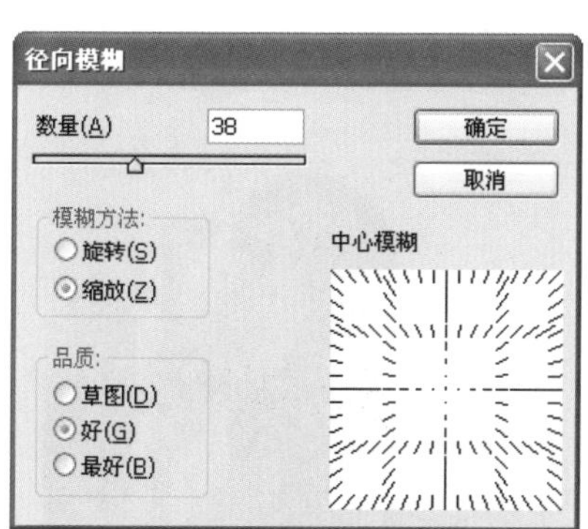

11 为图像应用“径向模糊”滤镜后的效果如下图所示。

12 按Ctrl+D快捷键，取消选区的显示状态，图像效果如下图所示。

Example 07 运用“快速选择工具”删除背景图像

光盘文件

原始文件：随书光盘\素材\08\13.jpg、14.jpg

最终文件：随书光盘\源文件\08\实例7 运用“快速选择工具”删除背景图像.psd

“快速选择工具”比“魔棒工具”更加灵敏、快捷，可以更准确地创建所要建立的选区。本实例就是运用该工具在图中合适的位置创建选区，并将所创建的选区删除，得到前景中的物体。制作的最终图像与原始图像的对比效果如下图所示。

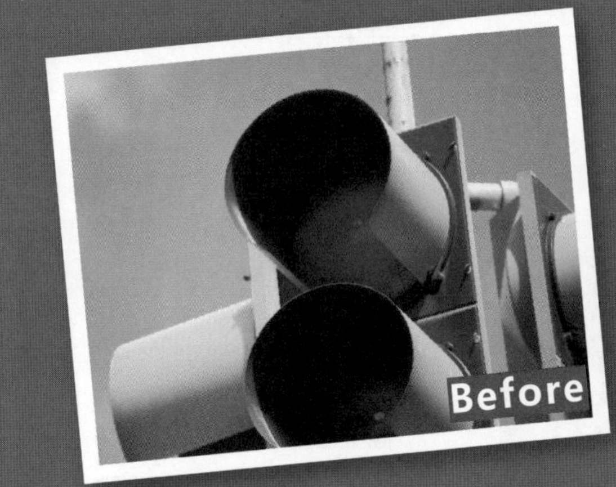

01 打开随书光盘\素材\08\13.jpg文件，打开的图像如下图所示。

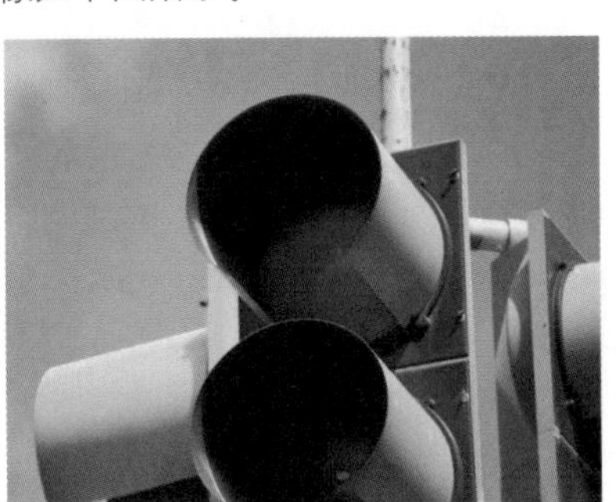

02 单击工具箱中的“快速选择工具”按钮，使用该工具在图中单击，如下图所示。

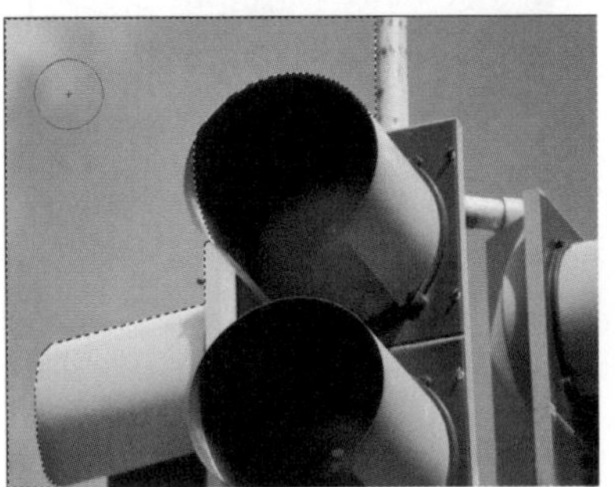

03 在选项栏中单击“添加到选区”按钮，继续使用“快速选择工具”在图像中单击，创建选区。

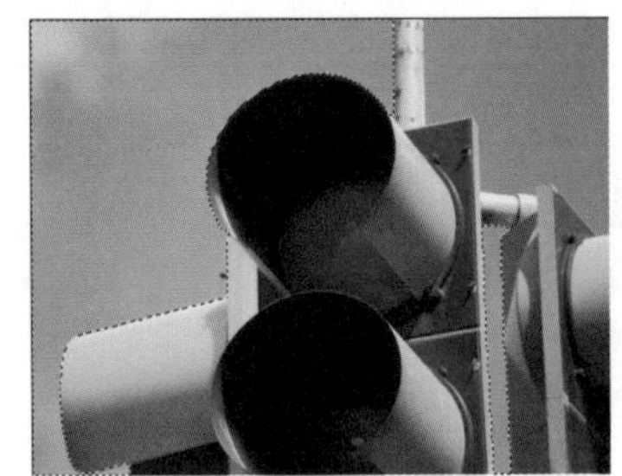

04 使用“快速选择工具”在图中单击，将右侧的填充颜色也选取，如下图所示。

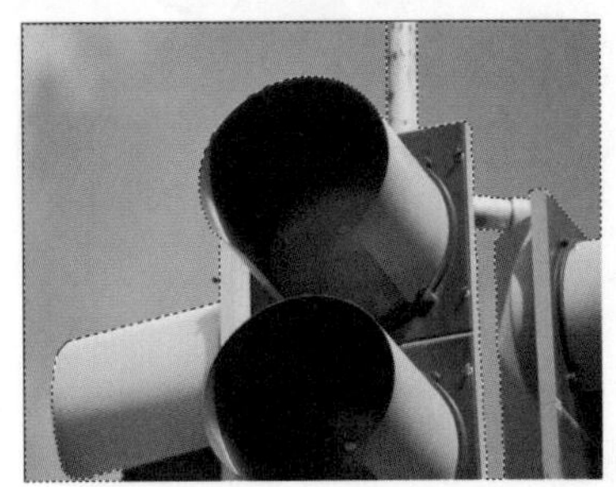

05 打开“图层”面板，复制“背景”图层，并将“背景图层”进行隐藏，如下图所示。

06 按Delete键将所选的区域删除，删除后的图像效果如下图所示。

07 打开随书光盘\素材\08\14.jpg文件，打开的图像如下图所示。

08 将新打开的图像拖至前面删除背景的图像窗口中，如下图所示。

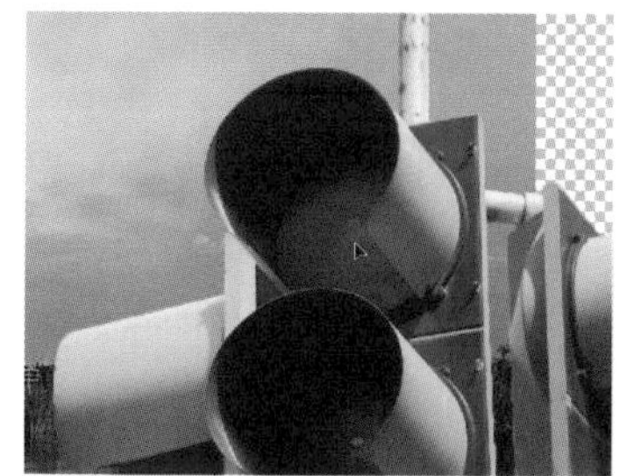

09 将拖入到窗口中的图像调整到合适的位置上，如下图所示。

Key Points

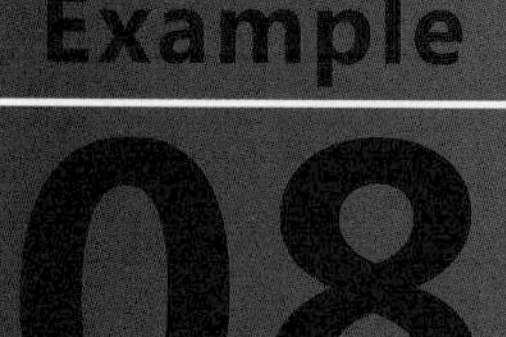

关键技法

使用“快速选择工具”选取图像时，可以将该工具调整小，然后在图中进行绘制，被绘制的区域即可被选取。

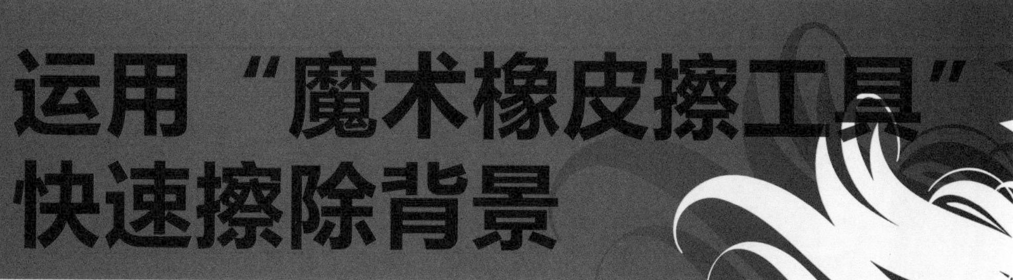

Example 08 运用“魔术橡皮擦工具”快速擦除背景

光盘文件

原始文件：随书光盘\素材\08\15.jpg、16.jpg

最终文件：随书光盘\源文件\08\实例8 运用“魔术橡皮擦工具”快速擦除背景.psd

“魔术橡皮擦工具”一般适用于背景与主体颜色差异较大的图像，如本实例中的人物图像效果。使用该工具在要擦除的背景上单击，即可将背景图像擦除。本实例中就是运用这一原理将背景中的蓝色图像擦除，只留下人物图像。本实例所制作的最终图像与原始图像的对比效果如下图所示。

01 打开随书光盘\素材\08\15.jpg文件，打开的图像如下图所示。

02 单击工具箱中的“魔术橡皮擦工具”按钮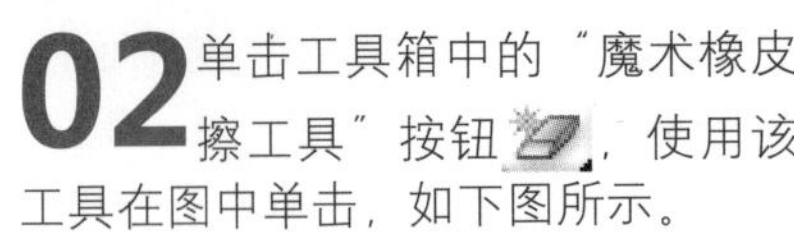，使用该工具在图中单击，如下图所示。

03 继续使用该工具在人物的背景上单击，直至将背景中的图像擦除为止，如下图所示。

04 下面对底部的图像进行擦除，同样使用“魔术橡皮擦工具”在要擦除的地方单击，如下图所示。

05 对其右侧的图像进行调整，使用该工具在右侧的图像上单击，图像效果变淡，渐渐擦除，如下图所示。

06 继续使用相同的方法，将人物背景上其余未擦除的图像擦除，擦除后的最终效果如下图所示。

07 打开随书光盘\素材\08\16.jpg文件，打开的图像如下图所示。

08 将抠出的人物图像拖入到打开的图像窗口中，如下图所示。

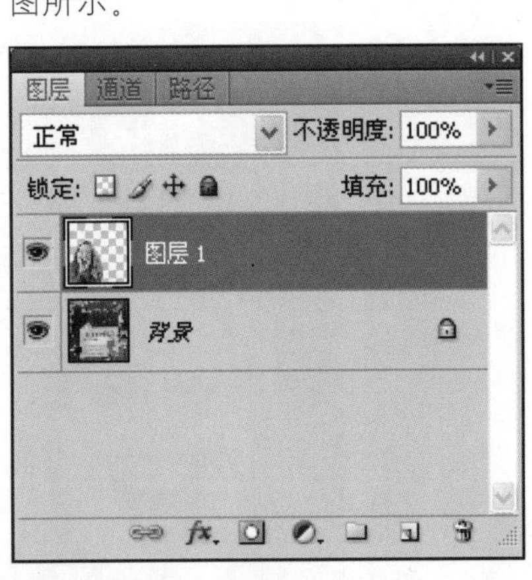

09 将人物放置到图中合适的位置上，图像效果如下图所示。

Key Points

关键技法

使用“魔术橡皮擦工具”擦除图像时，单击多次，会将背景擦除得更干净。

Example 09 运用快速蒙版选取人物脸部并调整

光盘文件

原始文件：随书光盘\素材\08\17.jpg

最终文件：随书光盘\源文件\08\实例8 运用快速蒙版选取人物脸部并调整.psd

快速蒙版可以将所要选取的图像快速地选取，进入快速蒙版模式后，运用“画笔工具”在所要选取的区域上绘制，即可将该区域选取，在退出快速蒙版模式后即可得到相应的选区，然后对其进行编辑。在本实例中，就是进入快速蒙版模式后，将人物的脸部图形选取，并将其创建为新的图层，最后使用滤镜对所选取的脸部图形进行编辑。本实例所制作的最终图像与原始图像的对比效果如下图所示。

01 打开随书光盘\素材\08\17.jpg文件，打开的图像如下图所示。

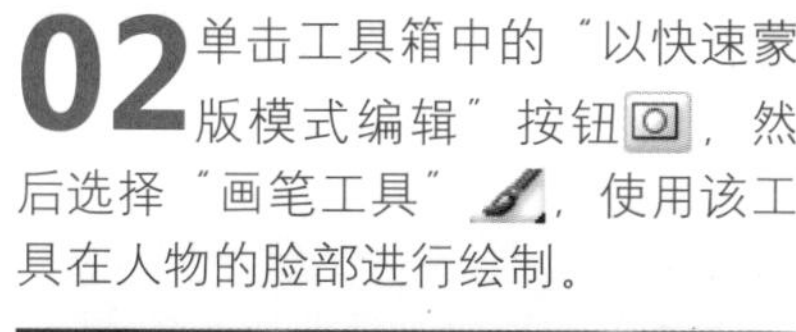

02 单击工具箱中的“以快速蒙版模式编辑”按钮，然后选择“画笔工具”，使用该工具在人物的脸部进行绘制。

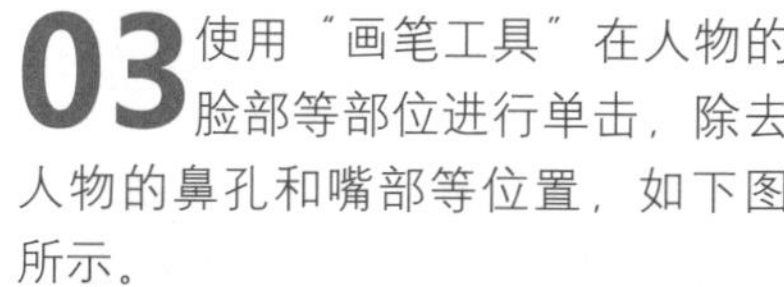

03 使用“画笔工具”在人物的脸部等部位进行单击，除去人物的鼻孔和嘴部等位置，如下图所示。

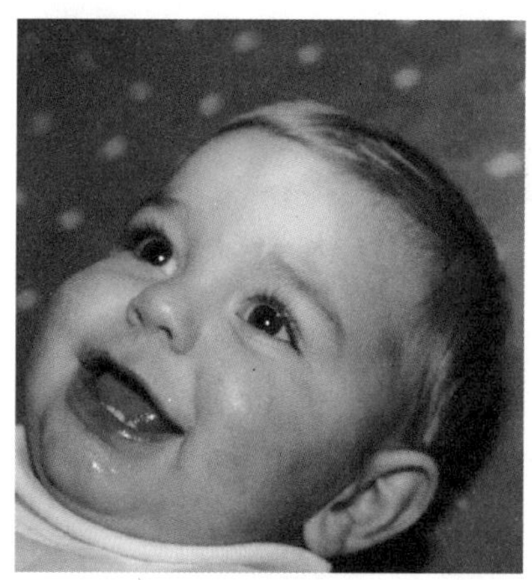

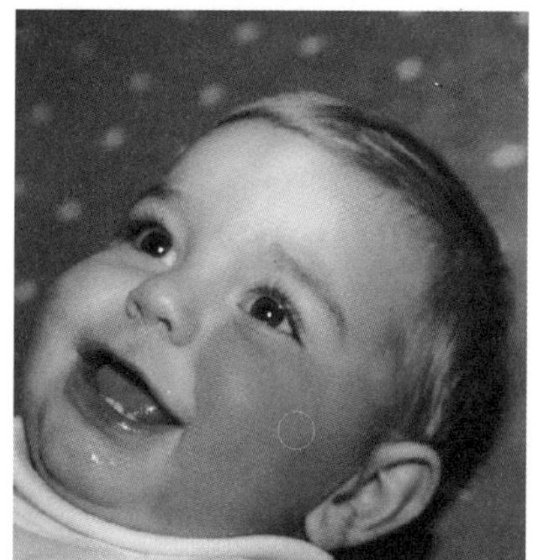

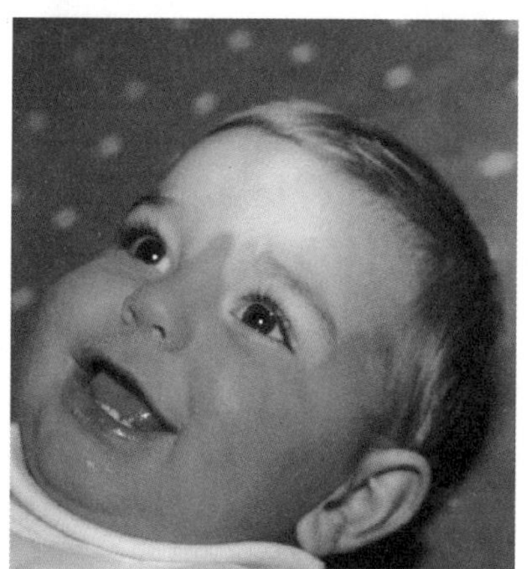

04 使用“画笔工具”在人物的脸部进行单击，直至将人物的脸部选取（眼睛除外），如下图所示。

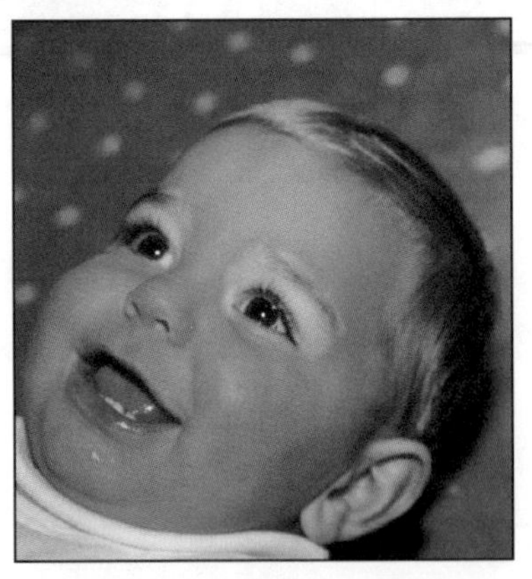

05 单击工具箱中的“以标准模式编辑”按钮，即可得到如下图所示的选区。

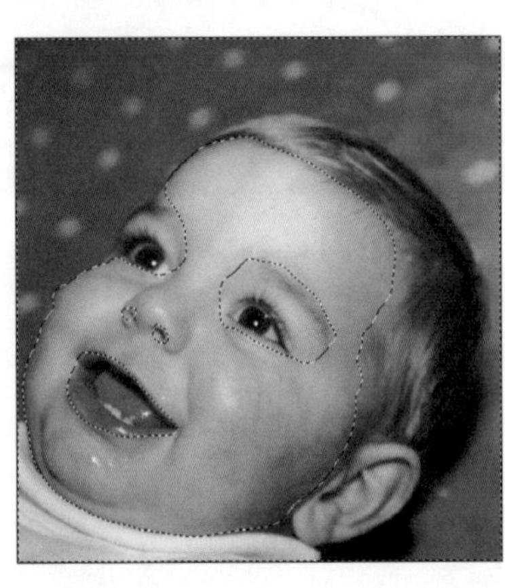

06 按Shift+Ctrl+I快捷键反向选取区域，再按Ctrl+J快捷键创建新的图层，如下图所示。

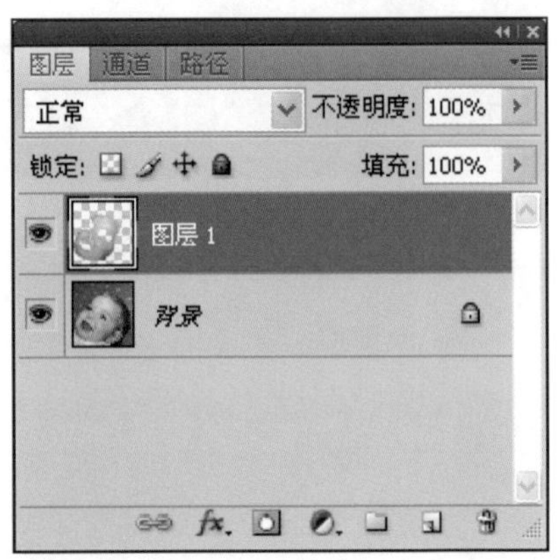

07 打开“图层”面板，并单击“背景”图层前面的“指示图层可见性”按钮，如下图所示。

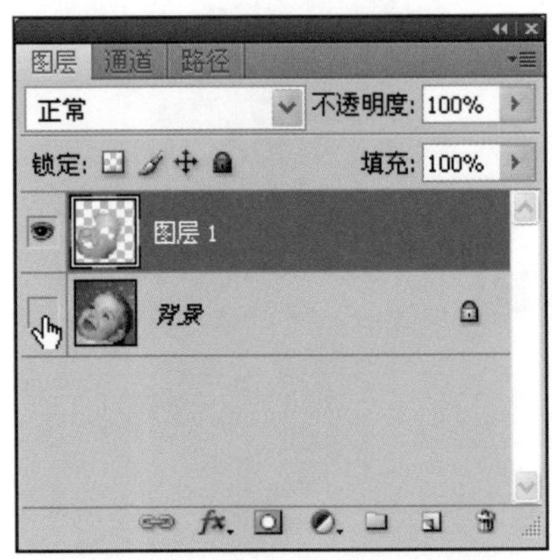

08 执行步骤07操作后，将会看到创建的新图层中所包含的图像，如下图所示。

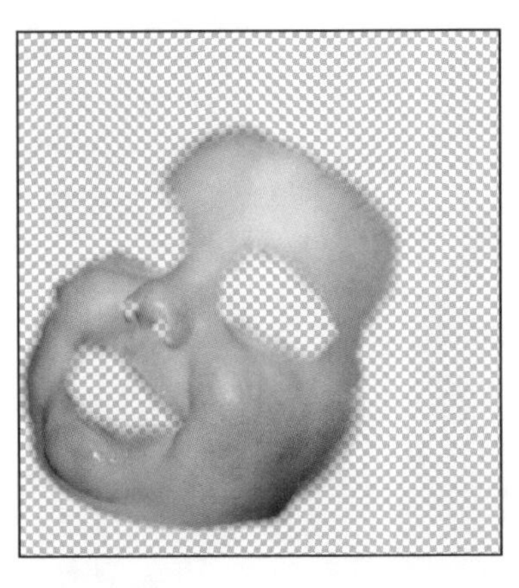

09 执行“滤镜>杂色>蒙尘与划痕”菜单命令，将会弹出如下图所示的“蒙尘与划痕”对话框，将“半径”设置为8像素。

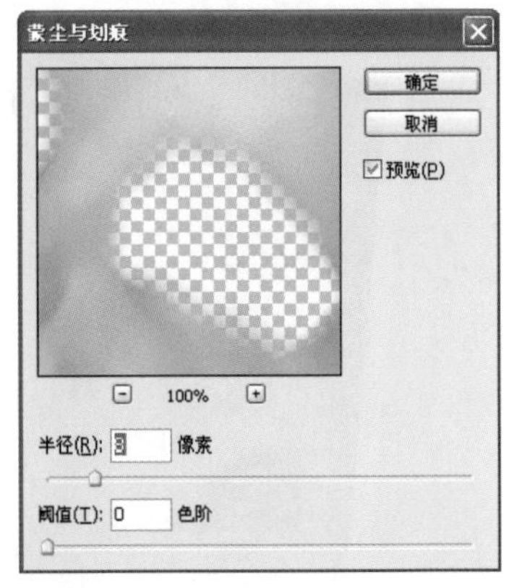

10 应用“蒙尘与划痕”滤镜，调整后的图像效果如下图所示。

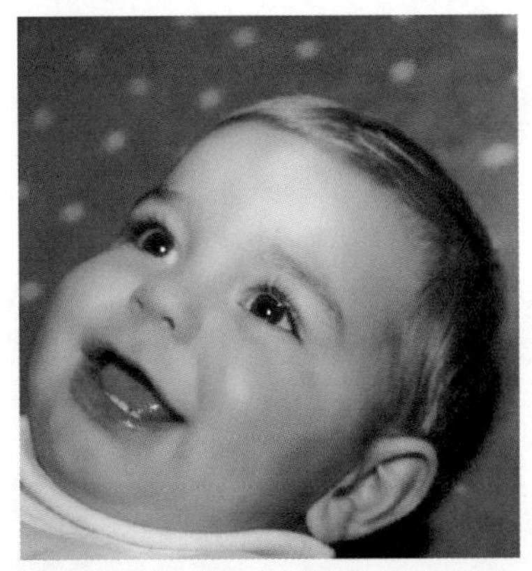

11 打开“图层”面板，选择“图层1”图层，设置该图层的“不透明度”为60%，如下图所示。

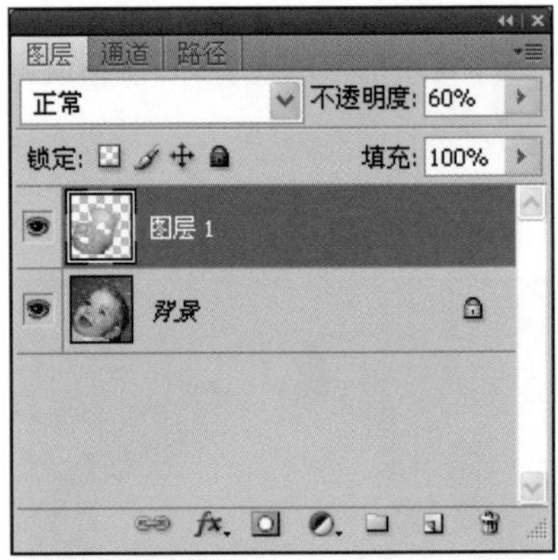

12 设置完成后的图像效果如下图所示，完成本实例的制作过程。

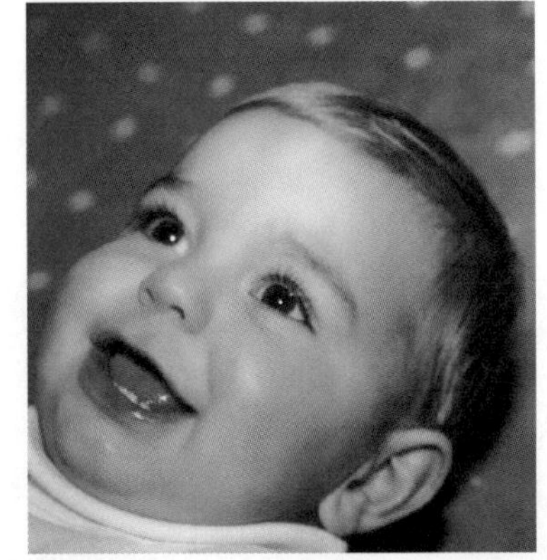

Key Points

关键技法

在进入快速蒙版模式编辑图像时，如果想要将已经被“画笔工具”涂过的图像还原，可以使用工具箱中的“橡皮擦工具”在所要还原的图像上涂抹。

Chapter 09

精细抠图

通过第8章所讲的对简单物体进行快速抠图的技巧，读者们应该对抠图有了新的认识。抠图的方式有很多种，除了运用一些常用的工具进行抠图外，还可以使用通道和蒙版等方式对图像进行精细抠图。学习好本章所讲述的知识，懂得通道和蒙版在抠图应用中的重要性，运用所学的知识抠出的图像也更完整。

相关软件技法介绍

本章学习精细抠图的相关方法，主要运用的是“钢笔工具”、“背景橡皮擦工具”、通道、蒙版。各个工具的适用范围各不相同，产生作用的地方也有很大的差异。“钢笔工具”主要运用在背景与主体差异较大的情况；通道主要用来抠除人物的头发丝等纤细的图像；“背景橡皮擦工具”主要作用的是背景图像，通过该工具将多余的图像擦除，只留下主体图像。

9.1 运用钢笔工具勾勒精细图像外形

“钢笔工具”是Photoshop CS4中最常用的工具之一，运用它所绘制出的图像外形很精确，使用此工具不仅可以随意地调整曲线，还能有效地控制它的转角，从而将细节部分绘制出来。单击工具箱中的“钢笔工具”按钮，在弹出的工具组中包含5种工具，其各个工具的作用及图标如下所示。

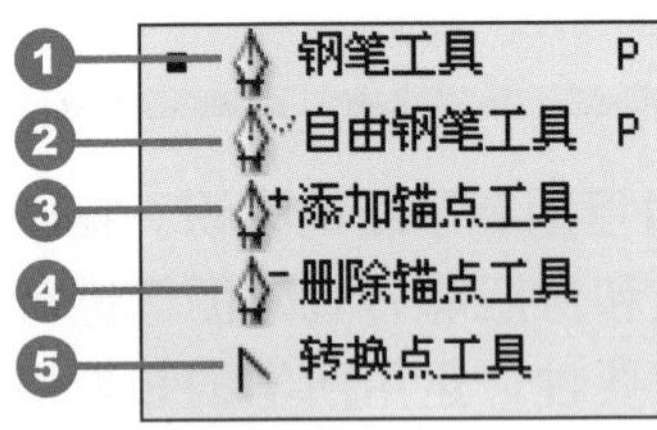

❶ 钢笔工具：使用该工具可以在图中绘制直的或者弯曲的路径。
❷ 自由钢笔工具：使用该工具可以在图中任意绘制图像。
❸ 添加锚点工具：使用该工具单击所绘制路径的中间，即可在此处添加上新的锚点。
❹ 删除锚点工具：使用该工具在已有的锚点上单击，即可将该锚点删除。
❺ 转换点工具：使用该工具可以拖出锚点的控制线，并对图形进行调整。

1. 钢笔工具

“钢笔工具”一般用于绘制较复杂边缘的图像效果，在绘制的过程中可以通过拖曳控制线，对所绘制的图形进行调整，具体使用方法如下所示。

1 打开随书光盘\素材\09\01.jpg文件，打开的图像如下图所示。

2 单击工具箱中的“钢笔工具”按钮，并使用该工具在图中单击，再拖曳鼠标，如下图所示。

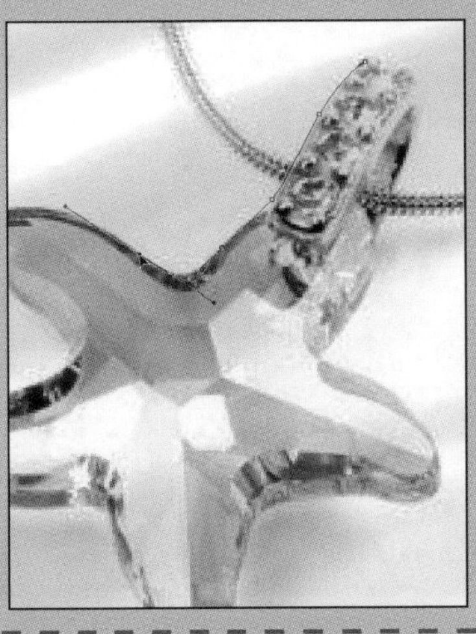

3 继续使用“钢笔工具”在图中进行绘制，然后拖曳控制线调整图形，如下图所示。

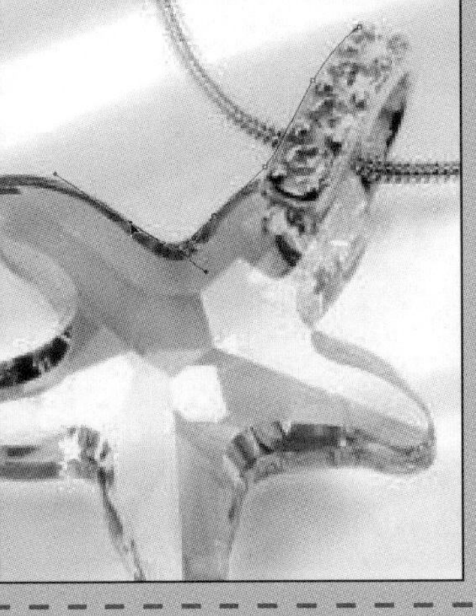

4 使用“钢笔工具”将右边的图形整个选取，如下图所示。

5 下面对左边的图像进行调整，使用“钢笔工具”在左边单击并拖曳。

6 根据前面的方法，直至将整个图形选取，如下图所示。

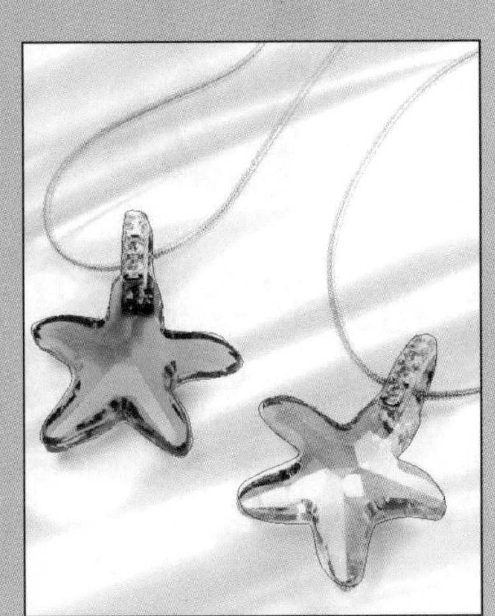

2. 自由钢笔工具

“自由钢笔工具”可以在图中随意地绘制，它主要用于绘制较不规则的图形，还可以对所绘制的图形进行调整，其具体使用方法如下所示。

1 打开随书光盘\素材\09\02.jpg文件，打开的图像如下图所示。

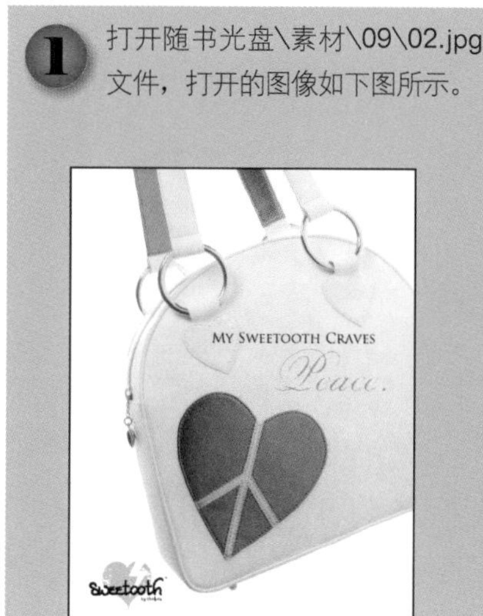

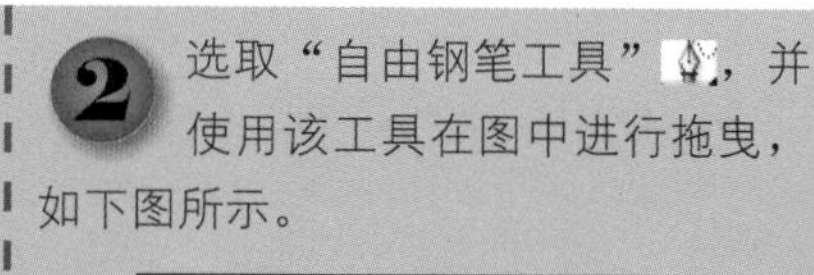

2 选取“自由钢笔工具”，并使用该工具在图中进行拖曳，如下图所示。

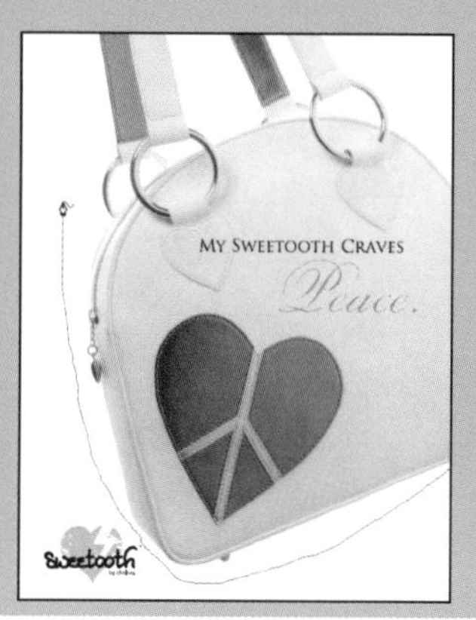

3 使用该工具将整个图像选取，并进行连接，如下图所示。

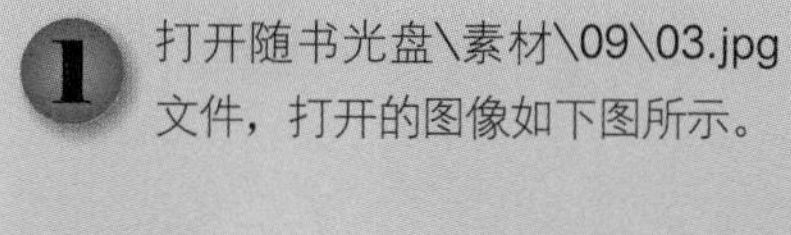

3. 添加锚点工具

“添加锚点工具”的作用是在两个锚点之间创建新的锚点，用于控制这两点之间的角度与曲度。使用此工具在两个锚点之间的路径上单击即可创建新锚点，对锚点进行移动或者扭曲，可以对所绘制的图形进行调整，具体使用方法如下所示。

1 打开随书光盘\素材\09\03.jpg文件，打开的图像如下图所示。

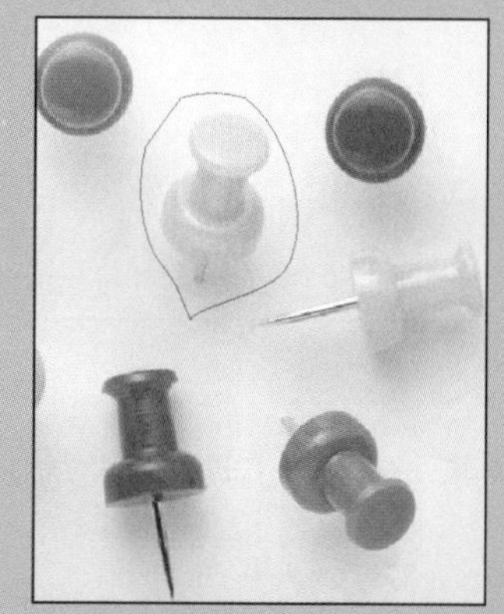

2 单击工具箱中的“添加锚点工具”按钮，使用该工具在所绘制的图形上单击，如下图所示。

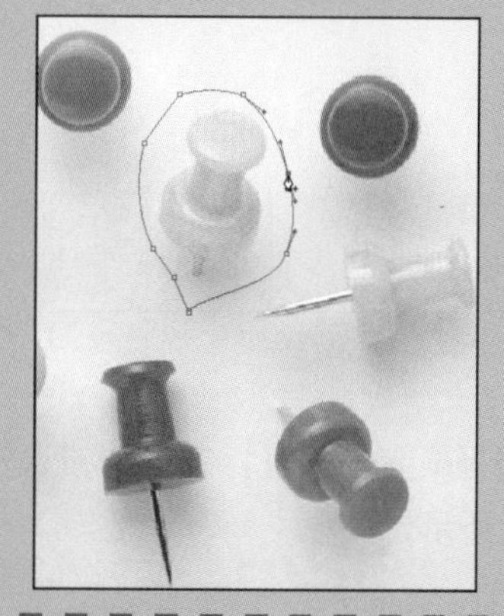

3 为所绘制的图形添加上锚点后拖曳锚点，可对路径进行变形，如下图所示。

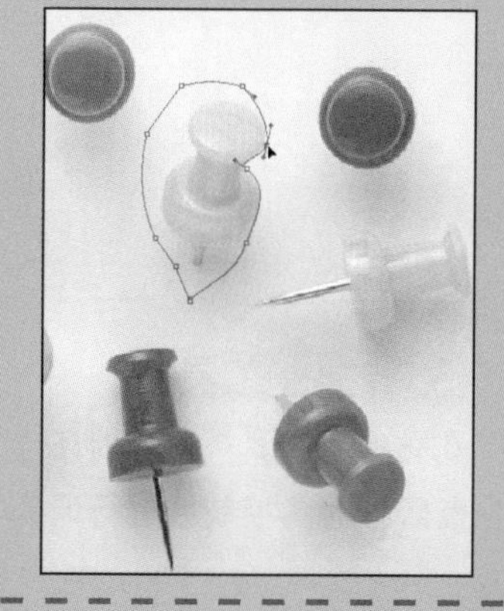

4 同样再使用鼠标在左边所绘制的路径中单击，为此处添加上锚点，如下图所示。

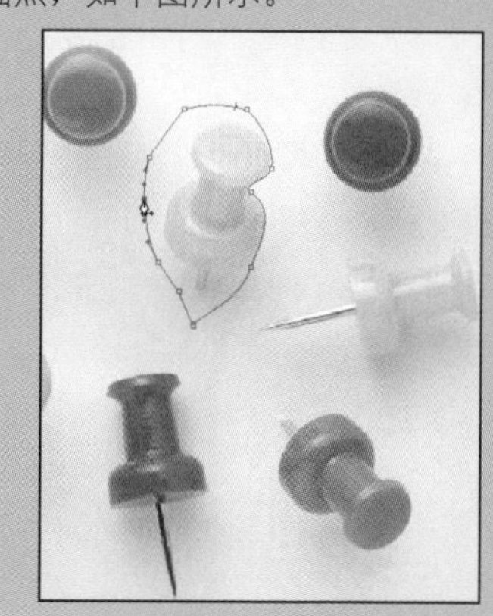

5 对所添加上锚点的地方进行调整，并将锚点拖曳到合适的位置上，如下图所示。

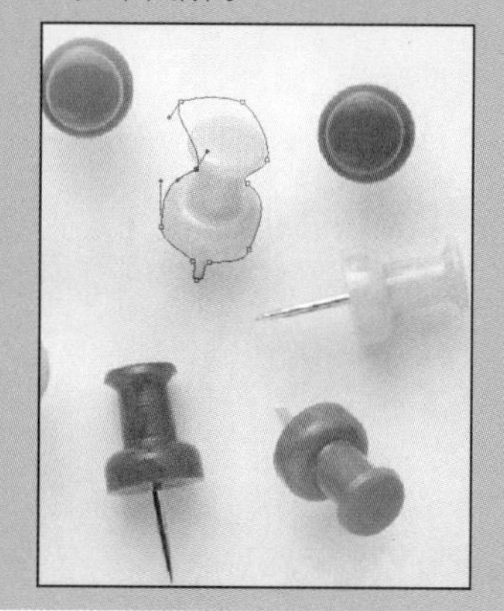

6 继续使用相同的方法，为其余的地方也添加上锚点，然后对所绘制的路径进行调整，如下图所示。

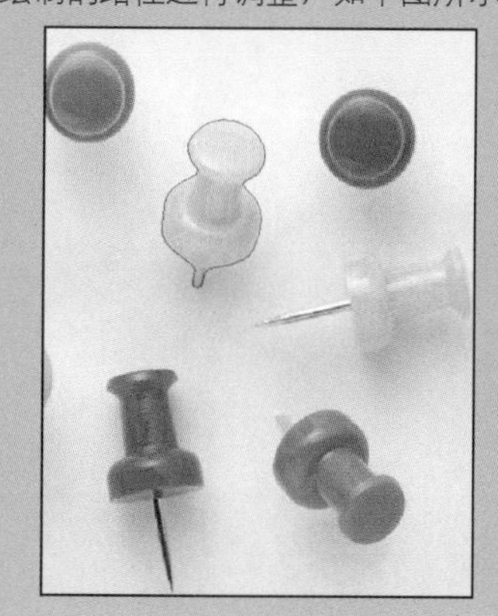

4. 删除锚点工具

“删除锚点工具”和“添加锚点工具”的作用相反，使用该工具可以将存在的锚点删除。删除锚点后，该锚点所控制的角度与曲度也将被删除，具体使用方法如下所示。

1 打开随书光盘\素材\09\03.jpg文件，然后单击工具箱中的“删除锚点工具”按钮，如下图所示。

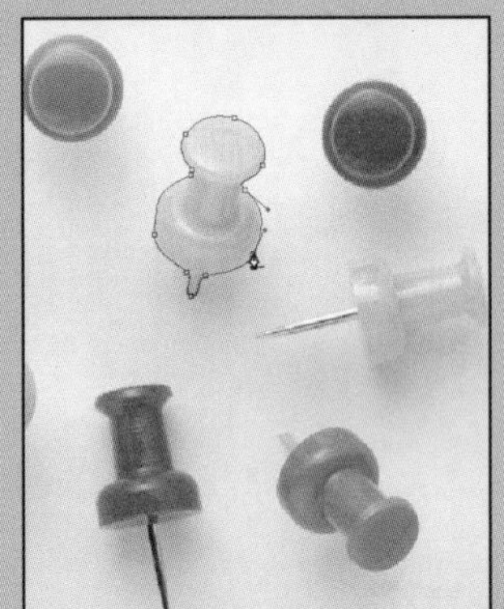

2 使用“删除锚点工具”在已有的锚点上单击，即可将该处的锚点删除，如下图所示。

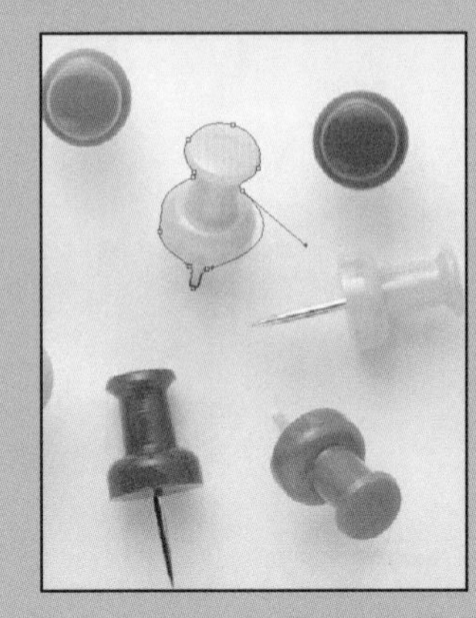

3 使用“删除锚点工具”在下图所示的位置上单击。

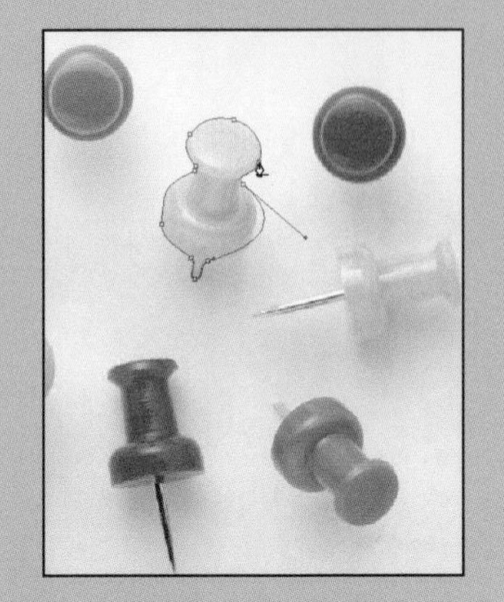

4 执行上步操作后，即可将锚点删除，删除后的图形如下图所示。

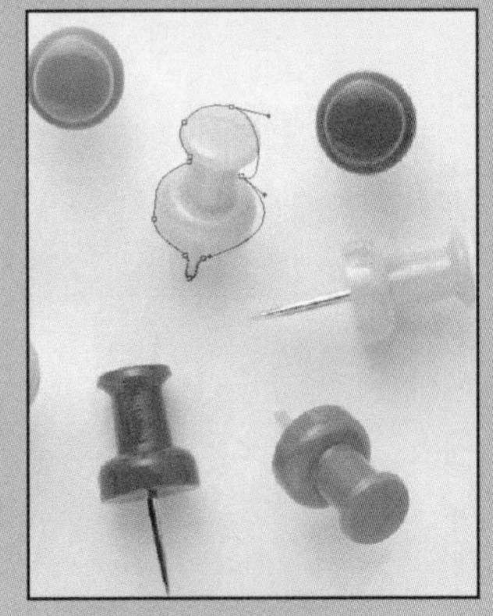

5 继续运用“删除锚点工具”在图中其余的锚点上单击，如下图所示。

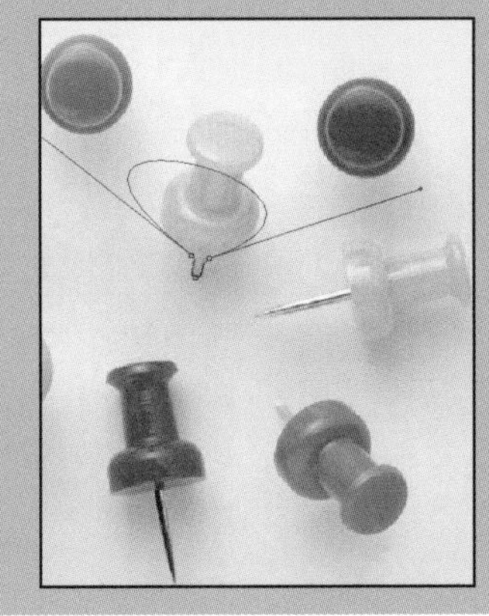

6 将图形中剩余的锚点都使用“删除锚点工具”进行删除，删除后的图像如下图所示。

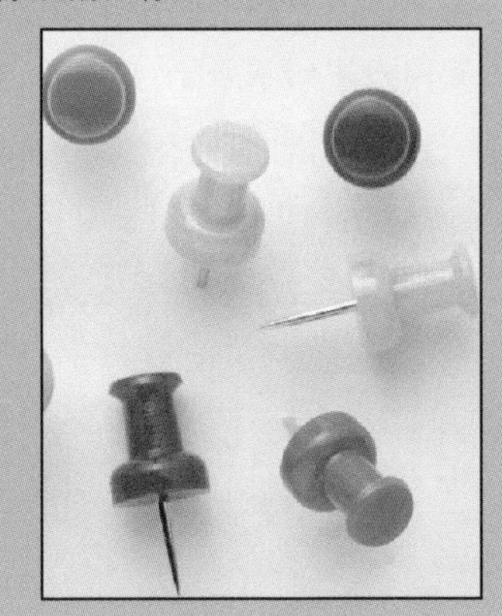

5. 转换点工具

“转换点工具”可以对所绘制的直路径或者多路径控制线的错误位置进行调整，使用该工具在调整的锚点上拖曳即可对其控制线进行调整，如下图所示。

1 打开随书光盘\素材\09\04.jpg文件，选取“钢笔工具”，使用该工具在图中绘制出直的线段，如下图所示。

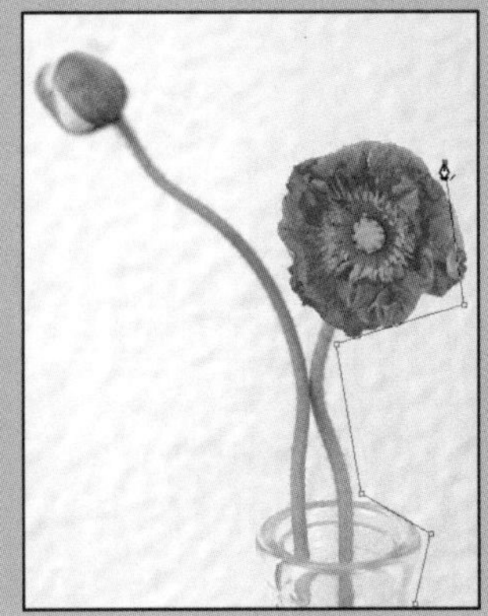

2 继续使用“钢笔工具”在图中进行绘制，直至将整个图形选取，如下图所示。

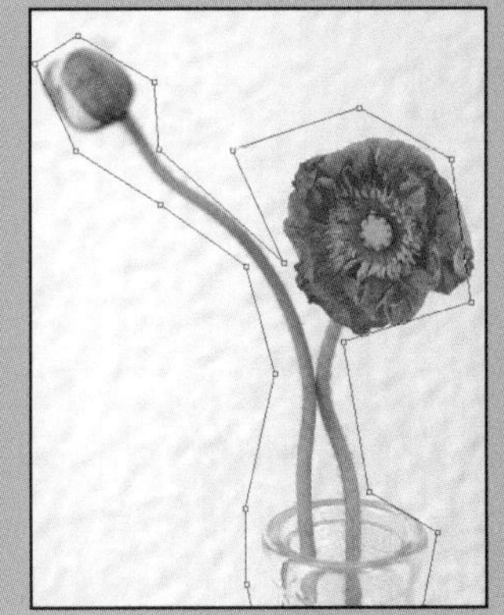

3 单击工具箱中的“转换点工具”按钮，使用该工具在锚点上进行拖曳，如下图所示。

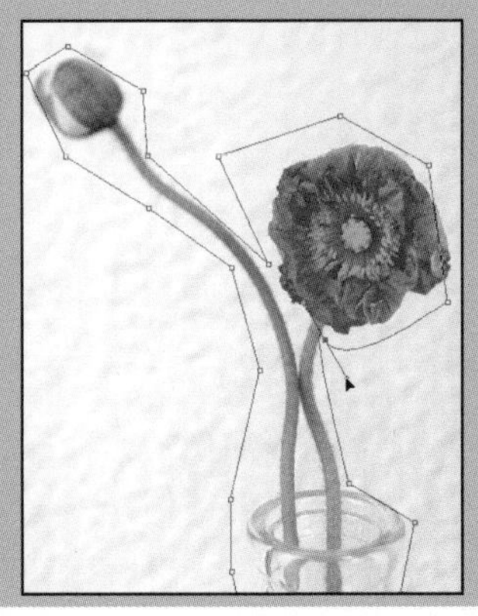

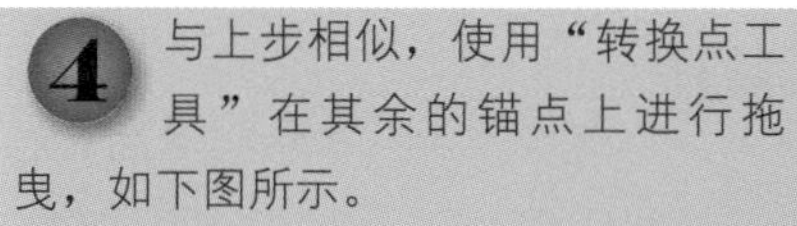

4 与上步相似，使用“转换点工具”在其余的锚点上进行拖曳，如下图所示。

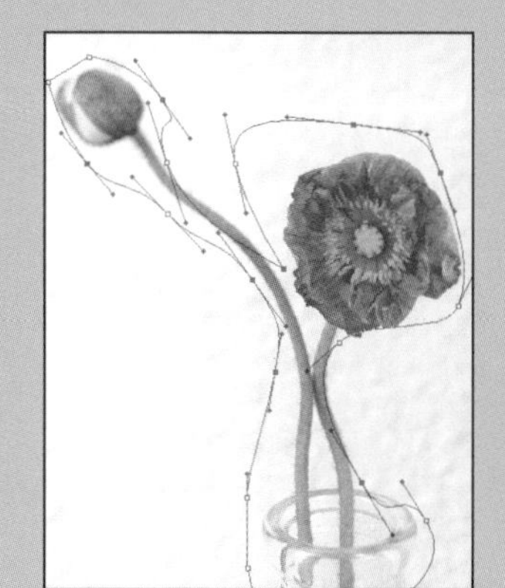

5 使用“添加锚点工具”对调整后的控制线进行变换，调整后的图形如下图所示。

6 继续使用“添加锚点工具”对控制线进行调整，直至将整个花朵图像选取，如下图所示。

9.2 通过蒙版抠图

使用蒙版进行抠图是一项常用的方法，利用蒙版抠图的原理是将不需要的图像隐藏起来，然后将蒙版中的图像载入选区，被载入的选区会映射到图层中的图像上，以便加以运用。用蒙版进行抠图的好处是，因为蒙版是可编辑的，所以可随时调节被抠出的图像大小以及范围。

在Photoshop CS4中为蒙版设计了“蒙版”面板，执行“窗口>蒙版”菜单命令，打开“蒙版”面板，如下图所示。

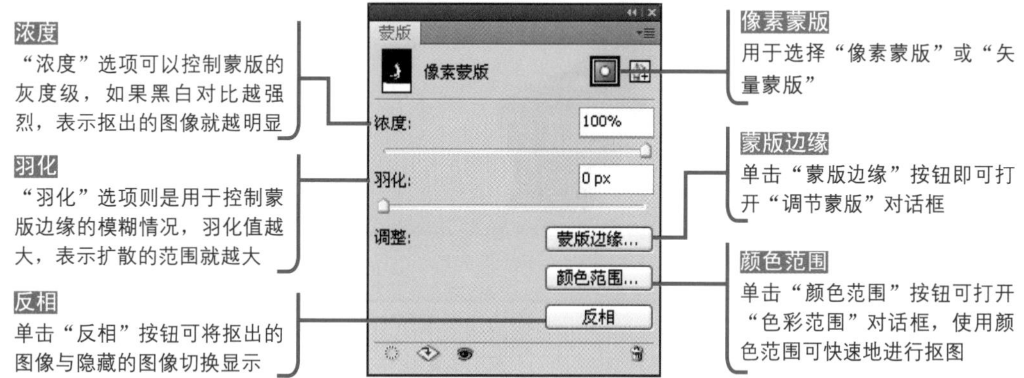

1. 浓度和羽化的调节

使用“浓度”和“羽化”选项控制蒙版，可以很好地调节蒙版映射到图像上的显示，具体使用方法如下所示。

1 打开随书光盘\素材\09\05.jpg文件，如下图所示。

2 执行“窗口>蒙版”菜单命令，打开“蒙版”面板，设置“浓度”为59%，如下图所示。

3 将蒙版浓度设置为59%后，为图像添加蒙版，效果如下图所示。

4 在“蒙版”面板中，设置“浓度”为100%，“羽化”为92px，如下图所示。

5 将羽化值设高后，蒙版的边缘就会被扩散，效果如下图所示。

6 如果将“浓度”设置为100%，“羽化”设置为0px，抠出的图像效果如下图所示。

2. 颜色范围

单击“颜色范围”按钮可以通过图像中颜色相近的像素快速地建立蒙版，这大大地节约了时间。打开“蒙版”面板，单击面板中的“颜色范围”按钮，即可打开“色彩范围”对话框，如下图所示。

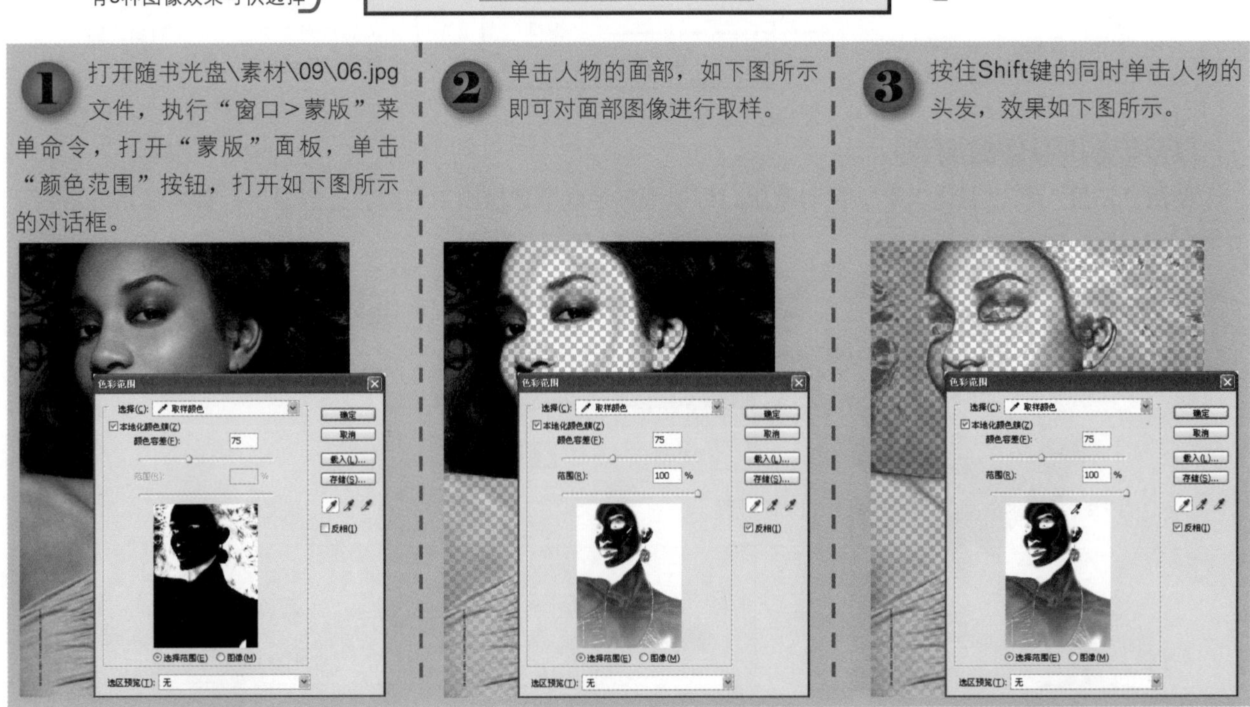

1 打开随书光盘\素材\09\06.jpg文件，执行“窗口>蒙版”菜单命令，打开“蒙版”面板，单击“颜色范围”按钮，打开如下图所示的对话框。

2 单击人物的面部，如下图所示即可对面部图像进行取样。

3 按住Shift键的同时单击人物的头发，效果如下图所示。

Key Points

关键技法

在“色彩范围”对话框中对图像进行取样时，按Shift键的同时单击则增加取样；按Alt键的同时单击则减去取样；按Ctrl键可使图像预览在“选择范围”和“图像”之间进行切换。

3. 反相

单击“蒙版”面板中的“反相”按钮可以对蒙版的灰度级进行反相，将原来的黑色图像变为白色图像，白色图像变为黑色图像。也可通过“色彩范围”对话框中的“反相”复选框在抠出的图像与被隐藏的图像之间进行切换。

1 打开随书光盘\素材\09\07.jpg文件，如下图所示。

2 为打开的图像添加上图层蒙版，并打开“色彩范围”对话框，将马匹图像选中，并勾选“反相”复选框，如下图所示。

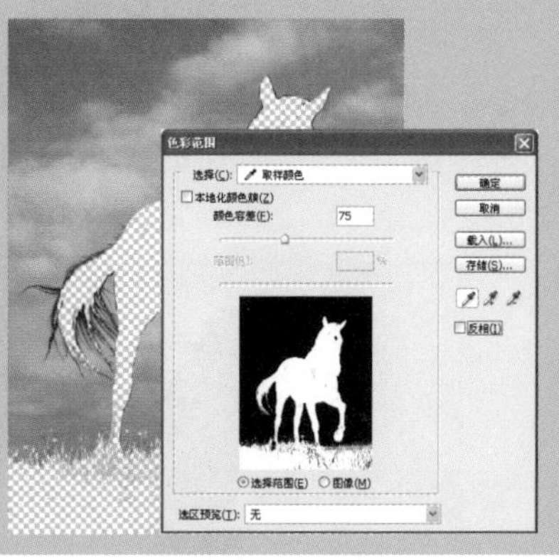

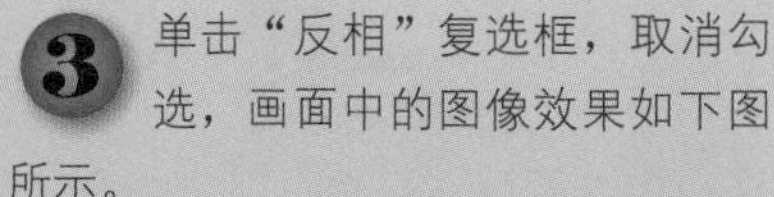

3 单击“反相”复选框，取消勾选，画面中的图像效果如下图所示。

9.3 通过通道抠图

在通道中以灰度的形式存储着不同颜色下的明亮度信息，通道的数目是以图像的颜色模式而定的。如果图像是RGB颜色模式，那么“通道”面板中就含有3个颜色通道和1个RGB复合通道；如果图像是CMYK颜色模式，那么“通道”面板中就含有4个颜色通道和1个CMYK复合通道。根据不同通道下记录的颜色亮度信息，可以将其转换为对应的选区，从而对选区中的图像进行编辑。

通常可以通过通道来载入图像选区，如果在不改变图像颜色的情况下载入图像选区，可以直接单击面板底部的“将通道作为选区载入”按钮，具体使用方法如下所示。

1 打开随书光盘\素材\09\08.jpg文件，如下图所示。

2 执行“窗口>通道”菜单命令，开“通道”面板，分别选中每个通道观察通道中的颜色丰富程度，最后选择“绿”通道，然后单击“将通道作为选区载入”按钮。

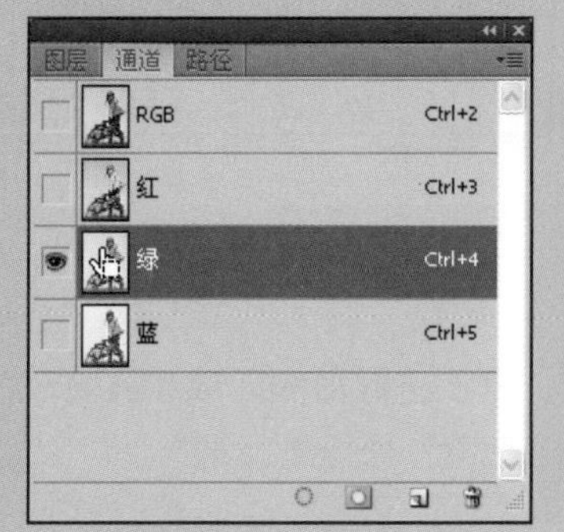

3 除了单击面板中的按钮外，还可以按住Ctrl键同时单击“绿”通道缩略图，将通道中记录的亮度载入选区，如下图所示。

如果要载入图像选区过于复杂，可以先将颜色丰富的通道复制作为副本对其进行操作，然后将通道载入选区，具体使用方法如下所示。

1 打开随书光盘\素材\09\08.jpg文件，选中“蓝”通道，效果如下图所示。

2 将“蓝”通道至面板底部的“创建新通道”按钮上，如下图所示。

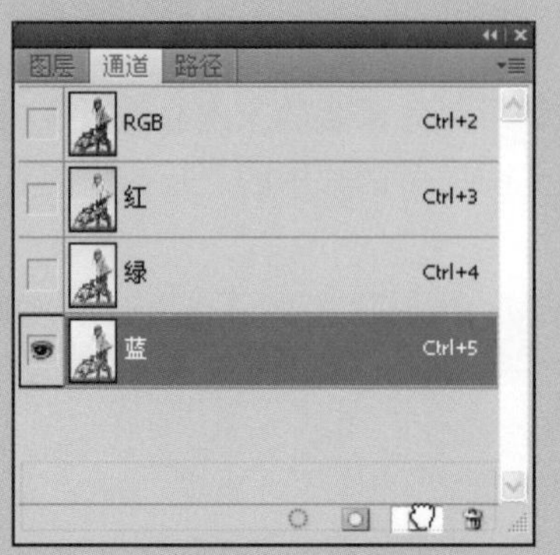

3 释放鼠标后，在“通道”面板中显示了复制出的通道，如下图所示。

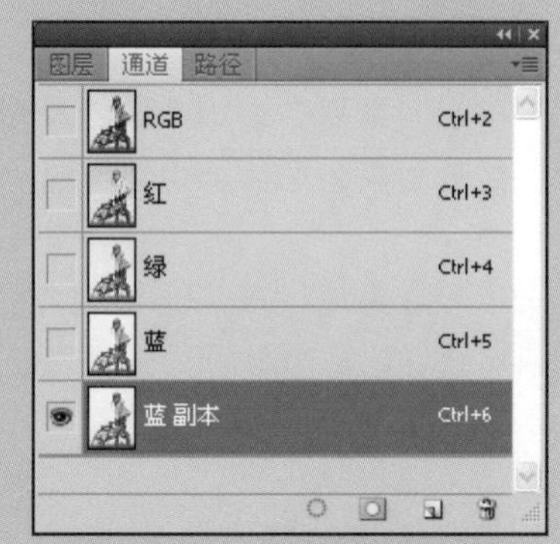

4 选中“蓝 副本”通道，按Ctrl+M快捷键打开“曲线”对话框，参照下图调整曲线的形状。

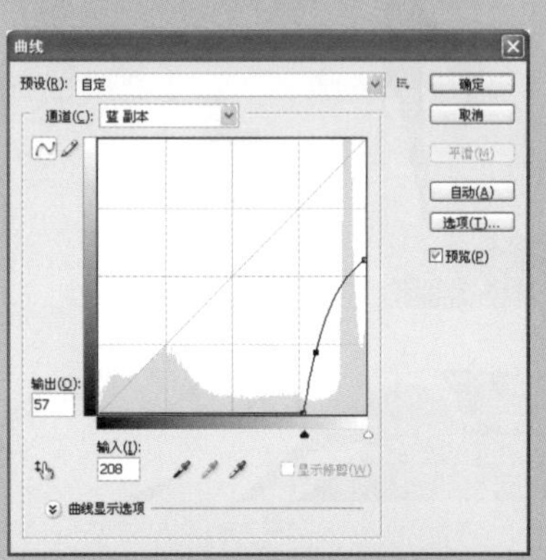

5 设置好后，单击“确定”按钮，画面中的图像效果如下图所示。

6 单击工具箱中的“画笔工具”按钮，为背景涂抹上白色，其余涂抹上黑色，如下图所示。

7 按Ctrl+I快捷键执行“反相”命令，再按住Ctrl键的同时单击“蓝 副本”通道，将“蓝 副本”通道载入选区，如下图所示。

8 切换至“图层”面板，按Ctrl+J快捷键复制选区中的图像至新图层中，得到“图层1”图层，如下图所示。

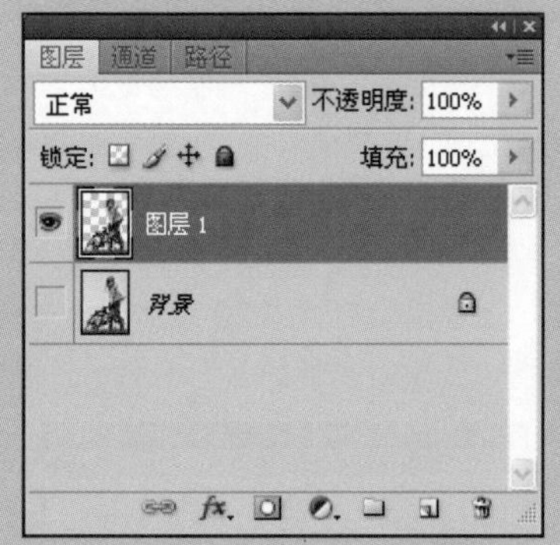

9 隐藏“背景”图层，画面中的图像效果如下图所示。

Key Points

关键技法

对副本通道进行编辑的时候，为了让抠出的区域和被隐藏的区域形成强烈的对比，除了可以使用“曲线”命令外，还可以使用“色阶”命令进行调整。

9.4 背景橡皮擦工具

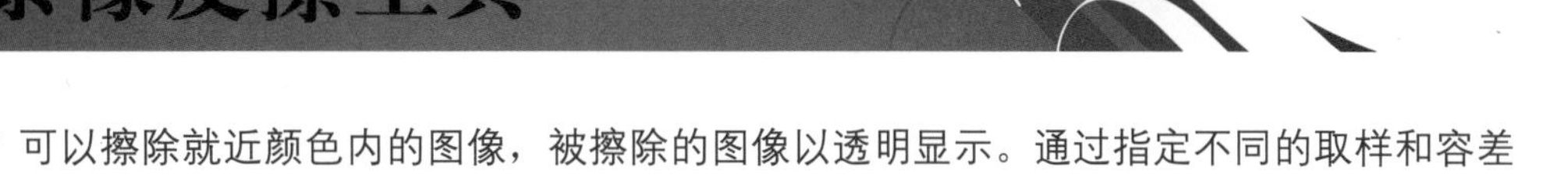

“背景橡皮擦工具”可以擦除就近颜色内的图像，被擦除的图像以透明显示。通过指定不同的取样和容差选项，可以控制透明度的范围和边界的锐化程度。单击工具箱中的“背景橡皮擦工具”按钮，其选项栏中的各项如下图所示。

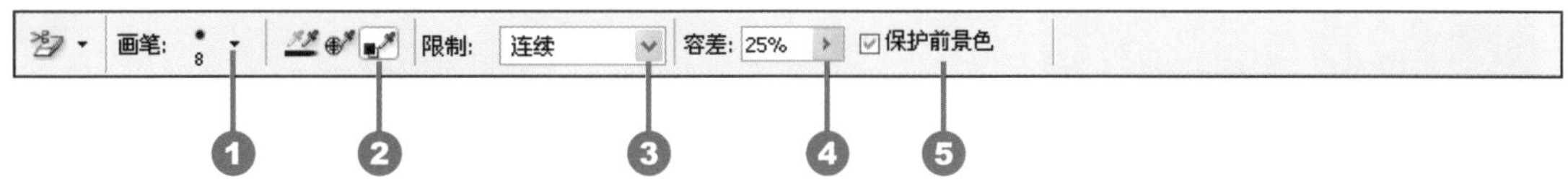

❶ 画笔大小：单击此处的下三角按钮，会弹出画笔预设调板，可以设置画笔的大小等。

❷ 吸管工具：此处包含有3个吸管工具，“连续”按钮，使用该工具可以连续取样，并将所有图像擦除，“一次”按钮，使用该工具只会擦除背景中的部分图像；“背景色板”按钮，使用该工具可以只擦除所设置的背景颜色。

❸ “限制”下拉列表框：在该下拉列表框中可以选择所要擦除对象的类型，其中有3种类型可供选择。

❹ “容差”文本框：此处用于设置所要擦除颜色的分界值，数值越大分界值越大，所要擦除的图像区域也越多。

❺ “保护前景色”复选框：勾选该复选框，使用该工具擦除图像时可以保护与所设置的前景色相同的图像不被擦除。

使用“背景橡皮擦工具”擦除图像的具体操作步骤以及相关方法如下所示。

1 打开随书光盘\素材\09\09.jpg文件，单击背景色色标，设置背景颜色，并使用鼠标在人物右边的黄色区域上单击，吸取此处的颜色，如下图所示。

2 选取“背景橡皮擦工具”，使用该工具在人物右边的图像上单击，将黄色区域的图像擦除，如下图所示。

3 打开“拾色器”对话框，使用吸管工具选取左边的暗黄区域，如下图所示。

4 使用“背景橡皮擦工具”在图像中单击，将所设置的区域擦除，如下图所示。

5 继续在“拾色器”对话框中设置颜色，使用“吸管工具”在黑色区域上单击，如下图所示。

6 使用“背景橡皮擦工具”在图中涂抹，将所设置的背景颜色擦除，如下图所示。

7 打开“拾色器”对话框，使用“吸管工具”在沙滩上吸取颜色，如下图所示。

8 采用同样的方法设置出不同的背景颜色，并使用“橡皮擦工具”将其擦除，图像效果如下图所示。

Example 01 运用通道抠出人物头发丝

光盘文件

原始文件：随书光盘\素材\09\10.jpg、11.jpg

最终文件：随书光盘\源文件\09\实例1 运用通道抠出人物头发丝.psd

通道对于存储图像的颜色有特别的功能，主要运用各个通道之间所包含的不同图像来制作本实例的图像效果。在本实例中运用绿色通道中所包含的不同图像，将人物的头发丝抠出，然后为抠出的图像添加不同的背景。本实例所制作的最终图像与原始图像的对比效果如下页图所示。

01 打开随书光盘\素材\09\10.jpg文件，如下图所示。

02 选取“背景”图层将其拖曳到“图层”面板底部的“创建新图层”按钮上，进行复制，如下图所示。

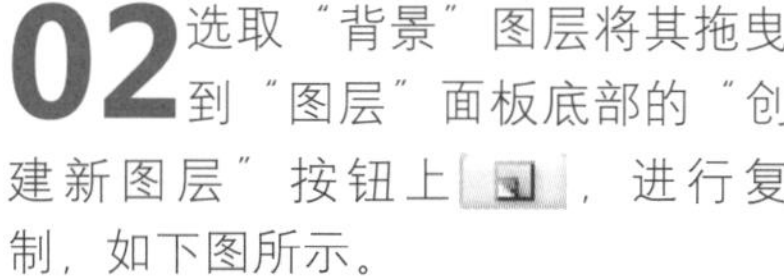

03 单击工具箱中的“磁性套索工具”按钮，使用该工具将人物的大致轮廓选取，如下图所示。

04 单击“图层”面板底部的“添加图层蒙版”按钮，添加蒙版后的效果如下图所示。

05 隐藏“背景”图层，即可看到所添加图层蒙版后的“背景 副本”图层效果，如下图所示。

06 运用步骤2所讲述的方法，复制出新的背景图层，如下图所示。

07 执行“窗口>通道”菜单命令，打开“通道”控制面板，并单击“绿”通道，如下图所示。

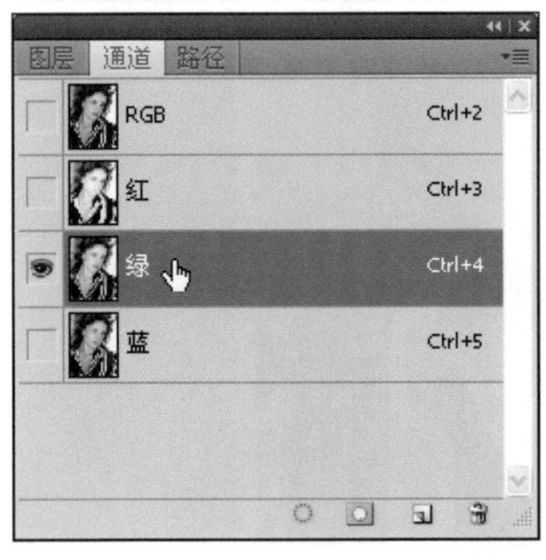

08 按住Ctrl键单击该通道的缩略图，如下图所示，即可将将通道以选区载入。

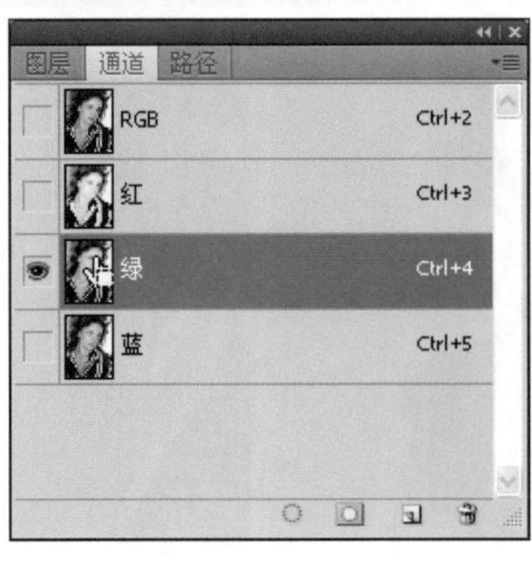

09 在图像窗口中，即可看到所载入的通道选区，如下图所示。

10 返回到“图层”面板中，再单击底部“添加图层蒙版”按钮，添加蒙版后的图层如下图所示。

11 按Ctrl+I快捷键将图像进行反相，然后按住Alt键单击该蒙版的缩略图，如下图所示。

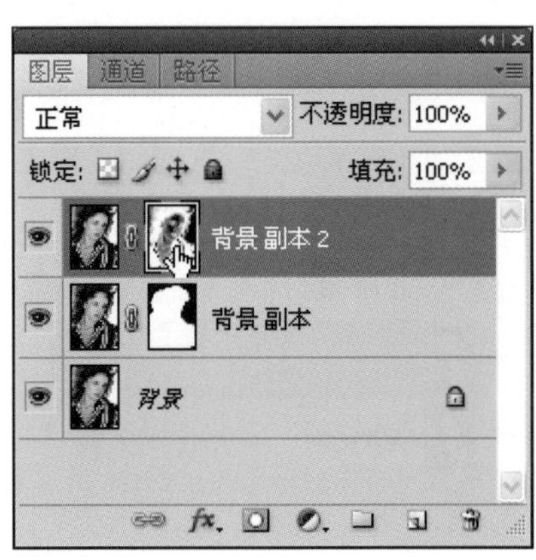

12 执行步骤11操作后即可在图像窗口中显示该图层蒙版的效果，如下图所示。

13 执行“图像>调整>色阶”菜单命令，弹出如下图所示的“色阶”对话框，并设置相关参数。

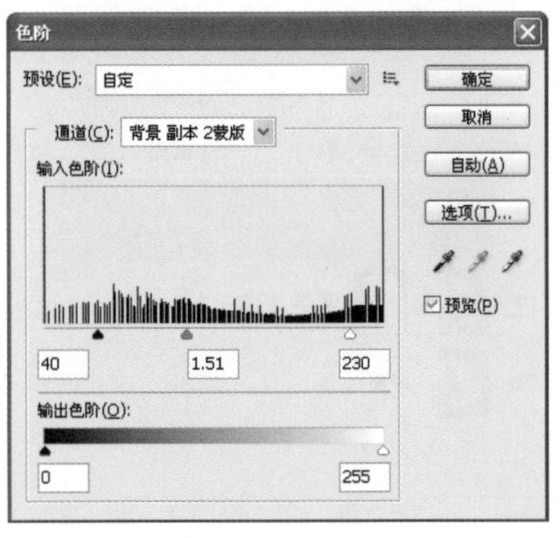

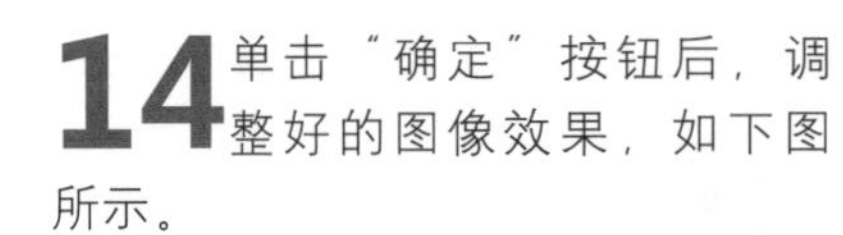

14 单击“确定”按钮后，调整好的图像效果，如下图所示。

15 单击“背景 副本2”图层，返回到图像中，再将“背景”图层进行隐藏，如下图所示。

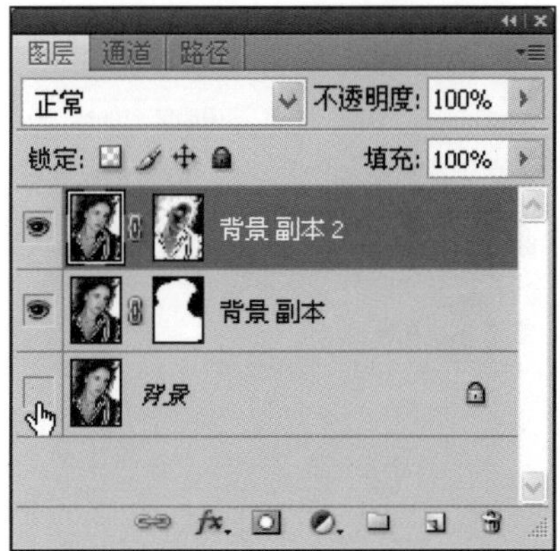

16 隐藏背景后的图像效果如下图所示。

17 将“背景 副本2”图层拖曳到“创建新图层”按钮上，如下图所示。

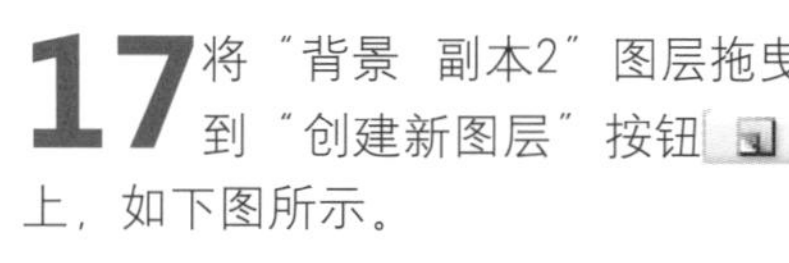

18 操作完成后，即可使人物的头发丝效果变得更明显，如下图所示。

19 打开随书光盘\素材\09\11.jpg文件，如下图所示。

20 按Ctrl+A快捷键将所打开的图像选取，并再按Ctrl+T快捷键对其进行变换，如下图所示。

21 选取“背景”图层，将其拖曳到底部的“删除图层”按钮上，如下图所示。

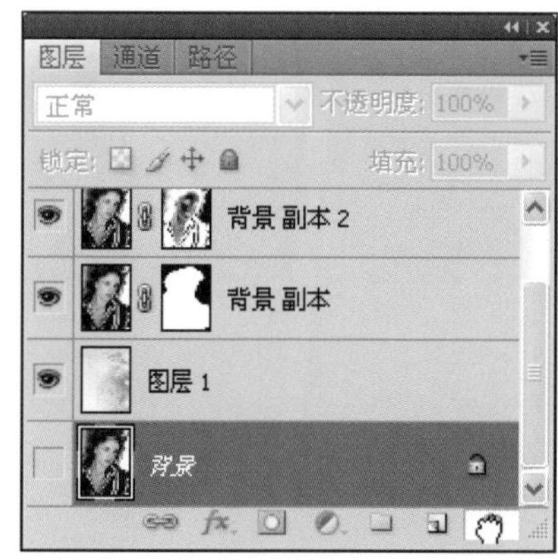

22 执行操作后，即可将“背景”图层删除，删除后的“图层”面板如下图所示。

23 选取“图层1”图层，然后执行“图层>新建>图层背景”菜单命令，即可将该图层转换为“背景”图层，如下图所示。

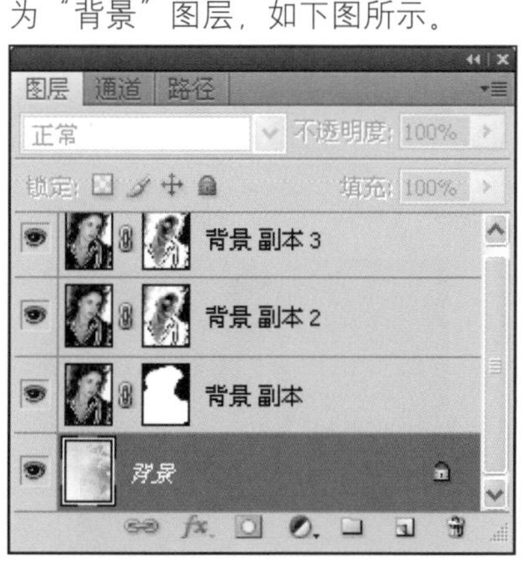

24 调整后的最终效果如下图所示，完成本实例的制作。

Key Points

关键技法

在运用通道抠图时，选取背景与主要图像差异较大的通道进行复制，所制作的效果更加明显。

运用通道抠出复杂的婚纱图像

光盘文件

原始文件：随书光盘\素材\09\12.jpg、13.jpg

最终文件：随书光盘\源文件\09\实例2 运用通道抠出复杂的婚纱图像.psd

本实例运用通道对婚纱图像进行调整，首先选取婚纱图像的外轮廓，将其新建为一个图层；然后运用通道选取细节的图像，使整个图像都选取完成；最后将“素材”文件夹中的背景图像，拖入到图像窗口中，将其放置到人物图像的底部，将其调整至合适的位置。本实例所制作的最终图像与原始图像的对比效果如下图所示。

01 打开随书光盘\素材\09\12.jpg文件，如下图所示。

02 单击工具箱中的“磁性套索工具”按钮，使用该工具将人物图像的外形选取。复制出“背景 副本”图层并将其选中。

03 单击“图层”面板底部的“添加图层蒙版”按钮，隐藏其余图层可看到图像效果，如下图所示。

04 打开“通道”面板，并按Ctrl键单击“绿”通道的缩略图，将该通道以选区载入，如下图所示。

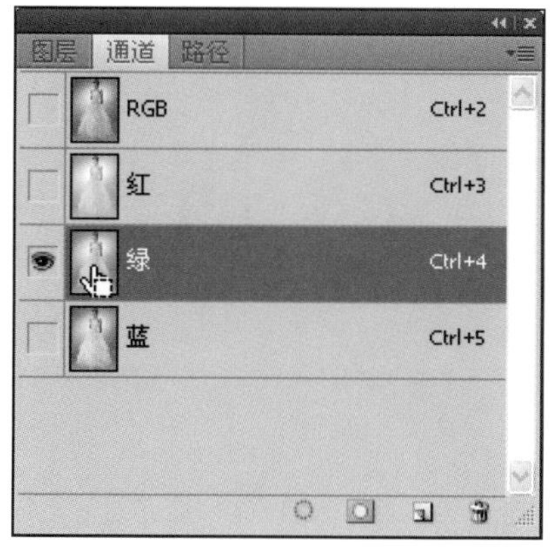

05 在图像窗口中可看到所载入的绿色通道选区，如下图所示。

06 复制出“背景 副本2”图层并添加图层蒙版，添加后的效果如下图所示。

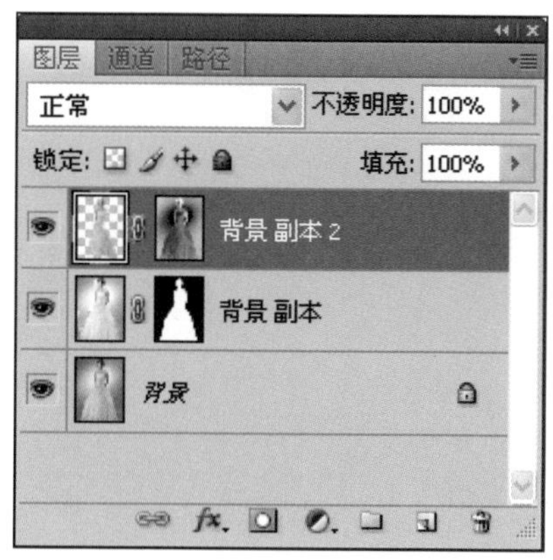

07 单击图层蒙版，按Ctrl+I快捷键将图像反相，并按住Alt键单击图层蒙版缩略图，在图像窗口中将显示图层蒙版图像，如下图所示。

08 执行“图像>调整>色阶”菜单命令，弹出如下图所示的对话框，并参照图上所示设置参数。

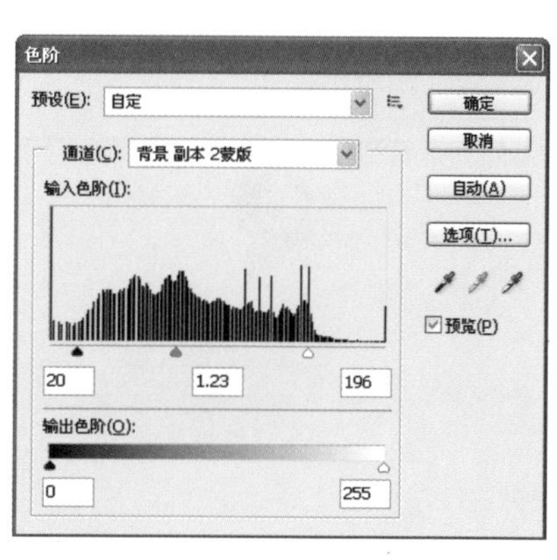

09 操作完成后，单击“确定”按钮，调整后的图像效果如下图所示。

10 单击“背景”图层前面的“指示图层可见性”按钮 ，将该图层隐藏，如下图所示。

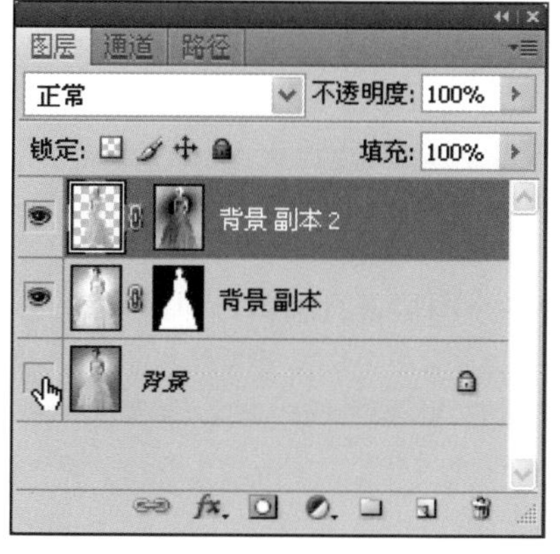

11 此时的图像效果如下图所示。

12 下面将图像中多余的区域擦除，使用“橡皮擦工具”在图像中进行绘制，如下图所示。

13 多次使用"橡皮擦工具"在图中进行擦除，调整后的图像效果如下图所示。

14 打开随书光盘\素材\09\13.jpg文件，如下图所示。

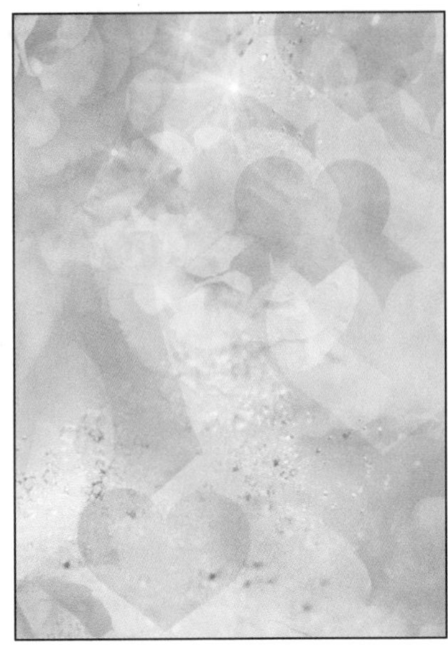

15 将新打开的图像拖曳到人物图像窗口中，并将其移动到合适的位置上，如下图所示。

16 单击工具箱中的"裁剪工具"按钮，使用该工具在图中进行拖曳，如下图所示。

17 将区域调整至所要保留的边缘，被裁剪区域呈灰色显示，如下图所示。

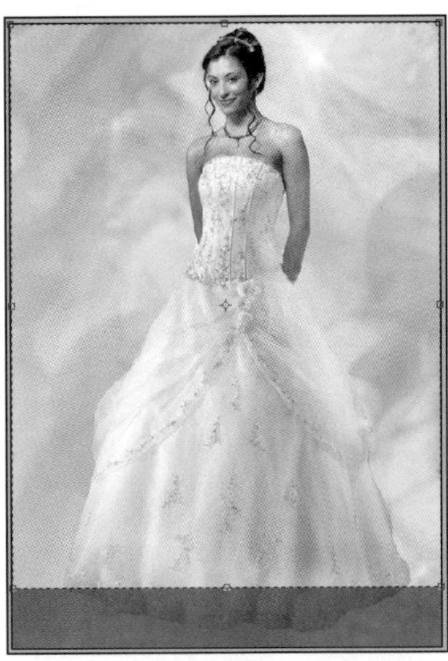

18 调整至合适位置后，单击其选项栏中的✓按钮，应用变换，图像效果如下图所示。

Key Points

关键技法

在抠除图像的过程中，要复制出多个图层，并运用相应的方法对各个图层进行编辑，即可将图像抠出。

Example 03 运用“背景橡皮擦工具”抠出复杂的树枝

光盘文件

原始文件：随书光盘\素材\09\14.jpg

最终文件：随书光盘\源文件\09\实例3 运用“背景橡皮擦工具”抠出复杂的树枝.psd

“背景橡皮擦工具”主要是对所设置的背景色擦除，只留下前面的图像。在本实例中运用该工具的这一特性，将背景中的天空等图像擦除，只留下主体图像：树枝。“背景橡皮擦工具”一般适用于主体图像较为复杂，但与背景差异较大的图像效果。本实例所制作的最终图像与原始图像的对比效果如下图所示。

01 打开随书光盘\素材\09\14.jpg文件，如下图所示。

02 单击前景色色标，弹出下图所示的“拾色器”对话框，并将颜色设置为R:227、G:210、B:226。

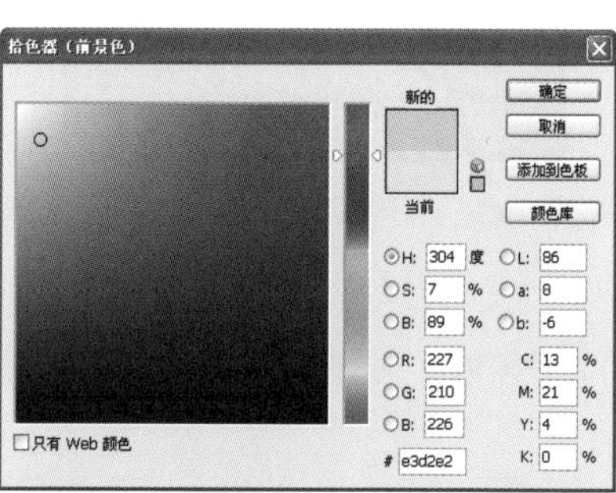

03 单击背景色色标，弹出下图所示的“拾色器”对话框，将颜色设置为R:157、G:193、B:243。

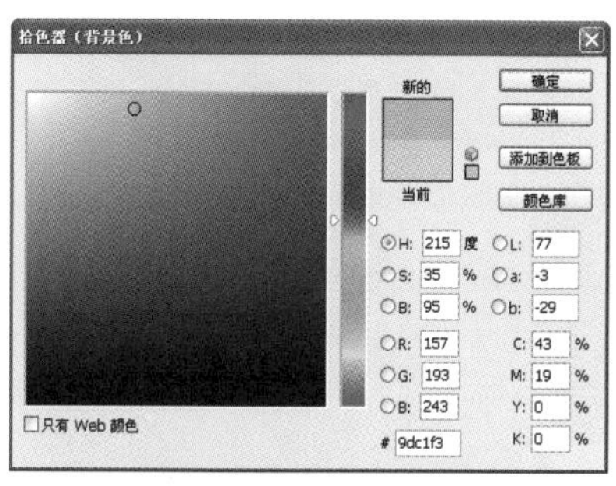

04 单击工具箱中的“背景橡皮擦工具”按钮，使用该工具在图中单击，将图像擦除，如下图所示。

05 继续使用该工具在其余的位置上单击，将所设置的背景颜色擦除，图像效果如下图所示。

06 单击背景色色标，打开下图所示的“拾色器”对话框，将颜色设置为R:247、G:245、B:252。

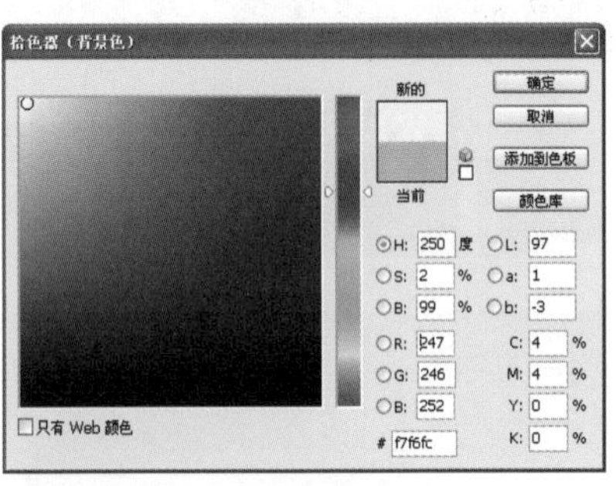

07 使用“背景橡皮擦工具”在图中单击，将设置的相同颜色擦除，如下图所示。

08 单击背景色色标，再打开“拾色器”对话框，将颜色设置为R:183、G:216、B:241。

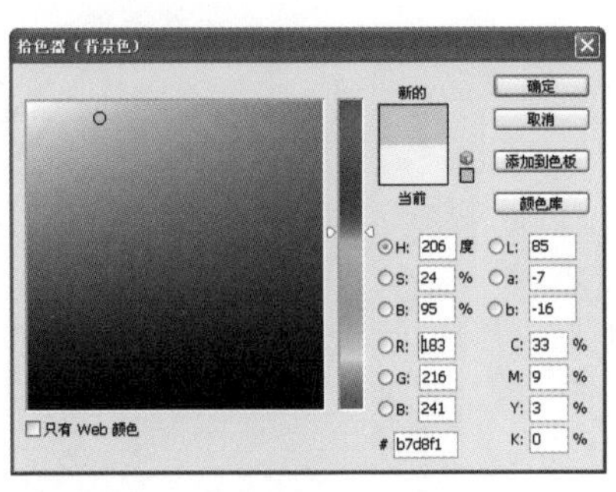

09 使用“背景橡皮擦工具”在图中的位置上单击，将所设置的背景颜色图像擦除，如下图所示。

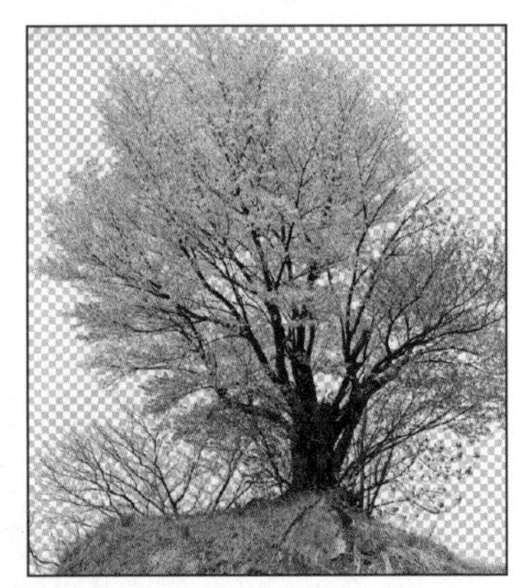

10 下面对左下角的树枝进行调整，设置和树枝边缘颜色相同的背景色，并将其擦除，如下图所示。

11 再对右边的树枝图像进行调整，同样设置和边缘相同的背景色，并使用“背景橡皮擦工具”将其擦除，如下图所示。

12 最后设置和樱花背后的颜色相同的背景色，再使用“背景橡皮擦工具”将背景的细节图像擦除，最终效果如下图所示。

Key Points

关键技法

运用“背景橡皮擦工具”擦除图像时，要不断地设置不同的背景色，这样才能将背景图像擦除得更彻底。

Example 04 运用“背景橡皮擦工具”替换照片背景图像

光盘文件

原始文件：随书光盘\素材\09\15.jpg

最终文件：随书光盘\源文件\09\实例4 运用“背景橡皮擦工具”替换照片背景图像.psd

“背景橡皮擦工具”的最大特点就是，可以对指定的前景色和背景色进行擦除。特别是用于图像边缘上的抠图，可以将前景色设置为物体颜色，背景色设置为擦除的颜色，指定了受保护色和被擦除的颜色后，就能更高效地进行抠图。本实例所制作的最终图像与原始图像的对比效果如下图所示。

01 打开随书光盘\素材\09\15.jpg文件，如下图所示。

02 单击前景色色标，弹出下图所示的“拾色器”对话框，并参照图上所示设置颜色。

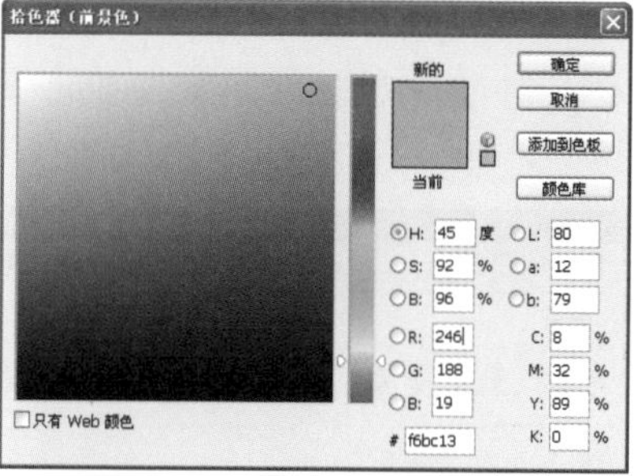

03 再单击背景色色标打开“拾色器”对话框，并参照下图所示设置颜色。

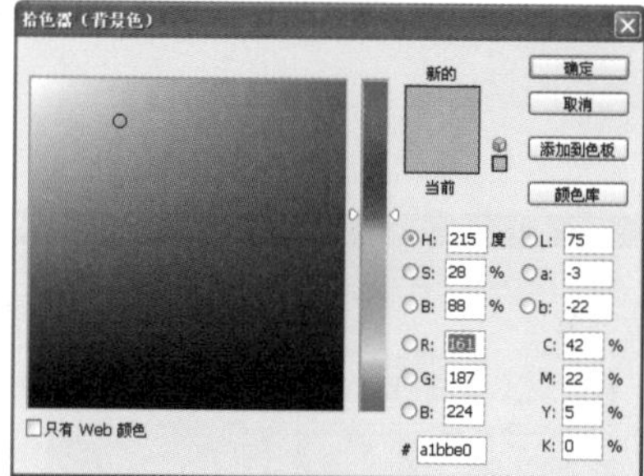

04 单击工具箱中的“背景橡皮擦工具”按钮，使用该工具在图中合适的位置上单击，将图像擦除，如下图所示。

05 设置另外的背景颜色，并再使用“背景橡皮擦工具”将背景中的颜色擦除，如下图所示。

06 单击背景色色标，弹出下图所示的“拾色器”对话框，并参照下图所示设置颜色。

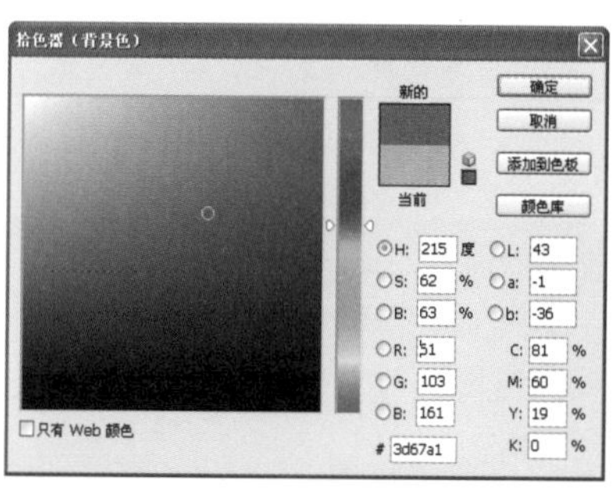

07 使用“背景橡皮擦工具”将设置相同的背景区域擦除，如下图所示。

08 单击背景色标，弹出下图所示的“拾色器”对话框，并参照图上所示设置颜色。

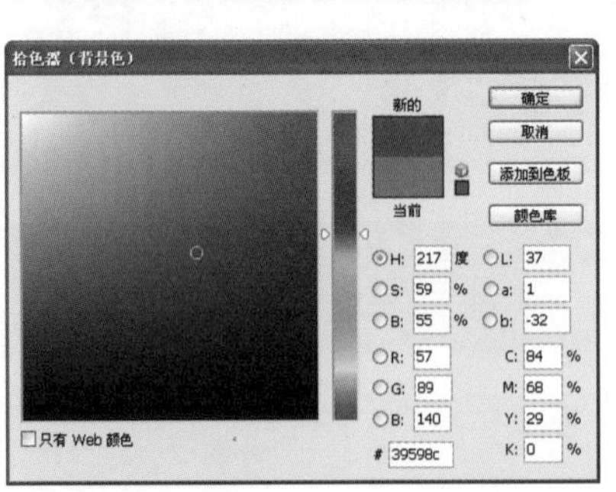

09 使用“背景橡皮擦工具”在背景的图像中单击，将所设置的颜色擦除，如下图所示。

10 设置不同的背景色，然后使用“背景橡皮擦工具”将所设置的颜色擦除，如下图所示。

11 设置背景中较深的颜色，然后使用“背景橡皮擦工具”将深色擦除，如下图所示。

12 使用“背景橡皮擦工具”将背景中其余的图像擦除，图像效果如下图所示。

13 打开“图层”面板，如下图所示可以看出原图像的“背景”图层已经变为普通图层。

14 新建图层，将“图层1”图层拖曳至“图层0”图层之下，然后添加线性渐变，如下图所示。

15 添加渐变颜色后，图像的最终效果如下图所示。

Key Points

关键技法

在抠除图像边缘细节时，可以多次设置颜色相近的前景色和背景色作为抠图的保护色和擦除色。

Example 05 运用“色彩范围”命令更换图像背景

光盘文件

原始文件：随书光盘\素材\09\16.jpg、17.jpg

最终文件：随书光盘\源文件\09\实例5 运用“色彩范围”命令更换图像背景.psd

使用“色彩范围”命令可以选取就近的相同颜色的图像，根据这一特性可以将指定的颜色图像载入选区，从而抠出图像。本实例就色彩范围而言，将抠出的复杂图像替换上另外的背景，制作的最终图像与原始图像对比效果如下图所示。

01 打开随书光盘\素材\09\16.jpg文件，如下图所示。

02 打开“图层”面板，复制“背景”图层，得到“背景副本”图层，如下图所示。

03 打开“蒙版”面板，单击面板中的“添加像素蒙版”按钮，如下图所示。

04 为“背景 副本”图层添加图层蒙版后，再单击面板中的“颜色范围”按钮，如下图所示。

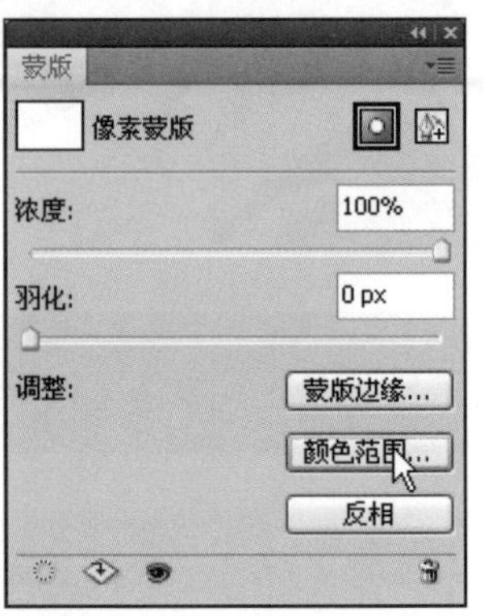

05 打开“色彩范围”对话框，参照下图所示设置参数，并在图像中单击。

06 按住Shift键的同时在图像中单击添加取样，效果如下图所示，最后单击“确定”按钮。

07 设置完成后，单击“确定”按钮，画面中的图像效果如下图所示。

08 在“图层”面板中，按住Ctrl键的同时单击“背景 副本”图层的蒙版缩略图，然后复制选区中的图像，如下图所示。

09 打开随书光盘\素材\09\17.jpg文件，将复制的图像粘贴到新打开的图像中，如下图所示。

10 选中“背景”图层，在“背景”图层上方创建“自然饱和度”调整图层，并参照下图所示设置参数。

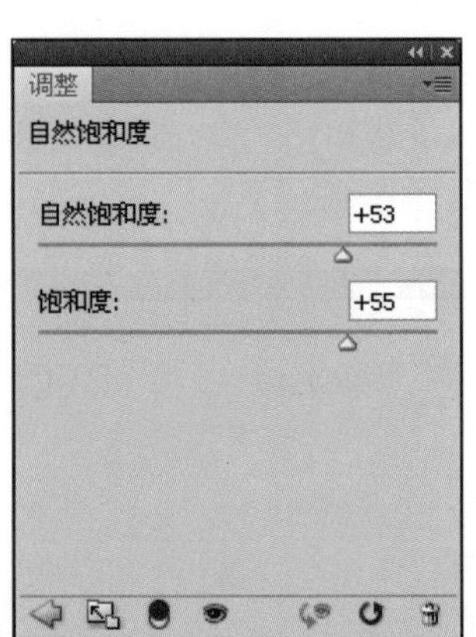

11 单击工具箱中的“画笔工具”，设置前景色为黑色，然后在调整图层的蒙版中进行涂抹，如下图所示。

12 添加调整图层后，画面中的图像效果如下图所示。

Key Points

关键技法

如果要对选取的区域进行扩大，可以使用“色彩范围”对话框中的“添加到取样”按钮，得到更大的区域。

Example 06 运用“钢笔工具”抠出人物全身

光盘文件

原始文件：随书光盘\素材\09\18.jpg、19.jpg

最终文件：随书光盘\源文件\09\实例6 运用“钢笔工具”抠出人物全身.psd

“钢笔工具”是Photoshop CS4 中常用的绘制图像的工具，而运用它来进行抠图也非常准确，通常适用于背景较复杂，但是人物主体很突出的图像。在本实例中，从图中可以看出背景图像较复杂，而与人物图像效果分差较大，所以运用“钢笔工具”来进行抠图。运用“钢笔工具”选取人物图像，然后将其创建为一个新的图层，并对图像效果进行调整。本实例所制作的最终图像与原始图像的对比效果如下图所示。

01 打开随书光盘\素材\09\18.jpg文件，如下图所示。

02 打开“路径”面板，单击底部的“创建新路径”按钮，建立一个新的路径。

03 单击工具箱中的“钢笔工具”按钮，使用该工具在人物身上进行绘制，如下图所示。

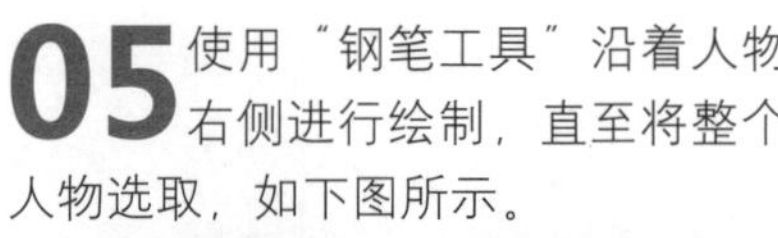

04 继续使用该工具将人物的腿部也绘制到其中，如下图所示。

05 使用“钢笔工具”沿着人物右侧进行绘制，直至将整个人物选取，如下图所示。

06 打开“路径”面板，即可在该面板中看到所绘制路径的缩略图，如下图所示。

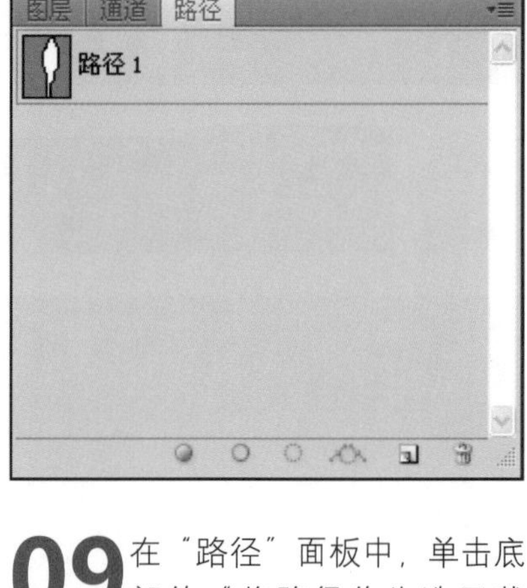

07 单击工具箱中的“直接选择工具”按钮，使用该工具对所绘制的路径进行调整，如下图所示。

08 继续使用“直接路径工具”在其余地方进行调整，如下图所示。

09 在“路径”面板中，单击底部的“将路径作为选区载入”按钮，将路径转换为选区，如下图所示。

10 按Ctrl+J快捷键将所选取的区域复制到新的图层，如下图所示。

11 下面将人物中间区域的图形选取，使用“钢笔工具”在中间的位置上进行绘制，如下图所示。

12 同样将所绘制的路径转换为选区，按Delete键将其删除，如下图所示。

13 打开随书光盘\素材\09\19.jpg文件，如下图所示。

14 将所打开的图像拖曳到人物图像窗口中，如下图所示。

15 将拖入图像的图层的"不透明度"设置为70%，设置完成后的图像效果如下图所示。

Key Points

关键技法

在将所绘制的路径转换为选区时，除了可以运用"路径"面板外，还可以按Ctrl+Enter快捷键直接将路径转换为选区。

Example 07 运用蒙版调整毛发细节

光盘文件

原始文件：随书光盘\素材\09\20.jpg、21.jpg

最终文件：随书光盘\源文件\09\实例7 运用蒙版调整毛发细节.psd

抠图的最高境界就是在对人或动物的毛发处理上，对于这类抠图的精度需求是相当高的。通过"蒙版"面板中的"色彩范围"命令可以对大面积的图像进行抠图，结合"曲线"与"色阶"命令在图层蒙版中的应用，将精细的人物发丝全部抠出，本实例所制作的最终图像与原始图像的对比效果如下图所示。

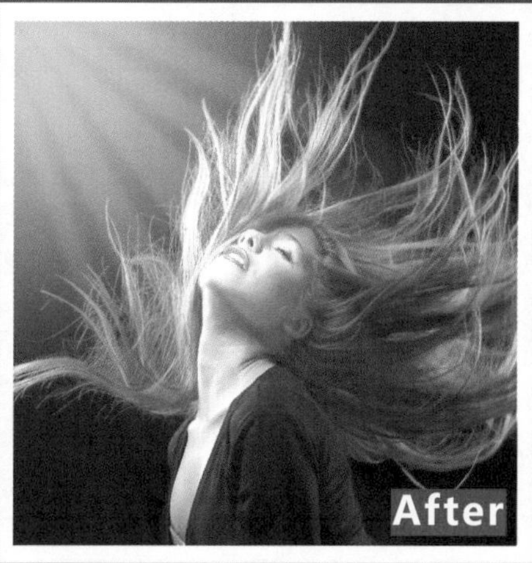

01 打开随书光盘\素材\09\20.jpg文件，如下图所示。

02 打开“图层”面板，复制“背景”图层，得到“背景副本”图层，如下图所示。

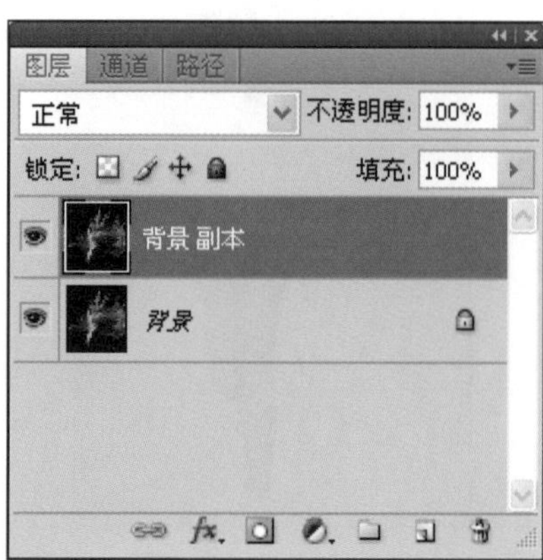

03 单击面板底部的“添加图层蒙版”按钮，即可为“背景副本”图层添加图层蒙版，如下图所示。

04 打开“蒙版”面板，单击“颜色范围”按钮，如下图所示。

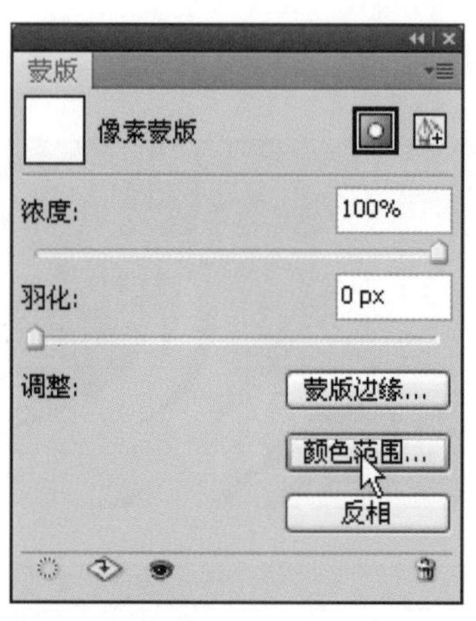

05 使用“吸管工具”工具在画面的左上角单击，进行取样，如下图所示。

06 按住Shift键的同时在画面中的背景上单击，将背景图像选中，如下图所示。

07 对蒙版进行取样后的图像效果如下图所示。

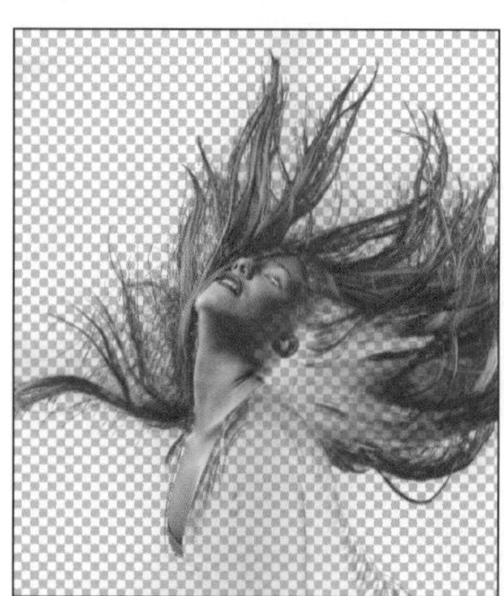

08 按住Alt键的同时单击蒙版缩略图，如下图所示。

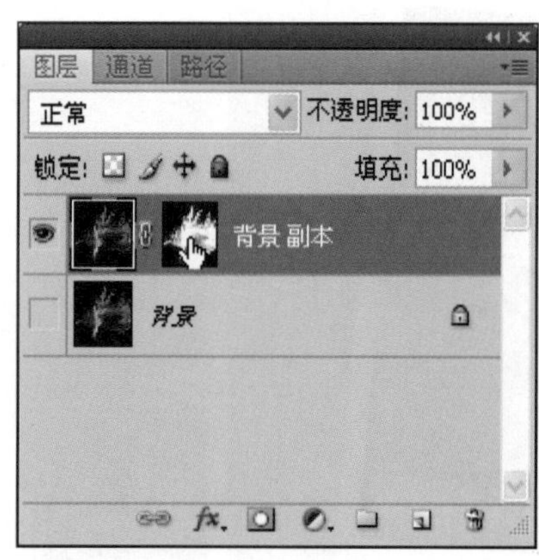

09 此时即可进入蒙版编辑状态下，画面中的图像效果如下图所示。

10 按Ctrl+M快捷键，打开“曲线”对话框，参照下图所示设置曲线的走向。

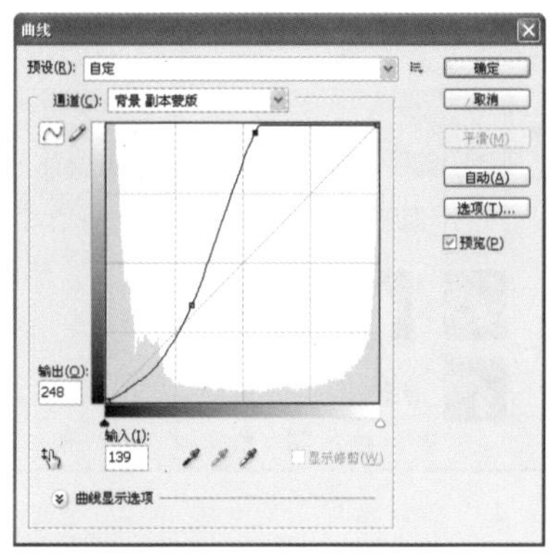

11 按Ctrl+L快捷键，打开“色阶”对话框，参照下图所示进行设置。

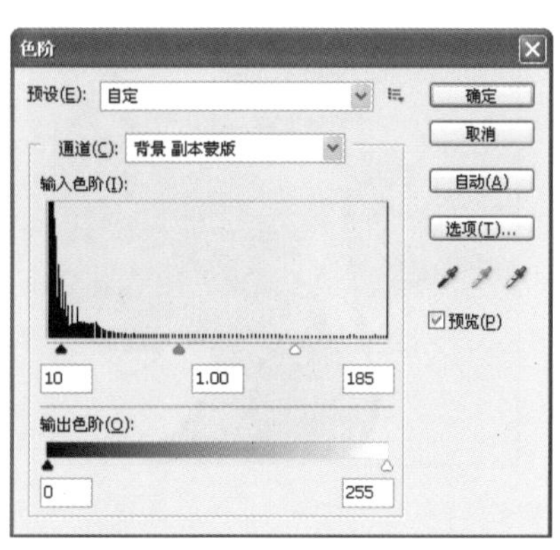

12 设置了“曲线”和“色阶”对话框后的图像效果如下图所示。

13 返回图像显示状态下，画面中的图像效果如下图所示，人物的细节图像被显示出来。

14 单击蒙版缩略图，使用白色的画笔在人物身上进行涂抹，如下图所示。

15 多次使用白色的画笔在蒙版中进行涂抹，恢复人物显示，如下图所示。

16 按住Ctrl键的同时单击“背景 副本”图层的蒙版缩略图，如下图所示。

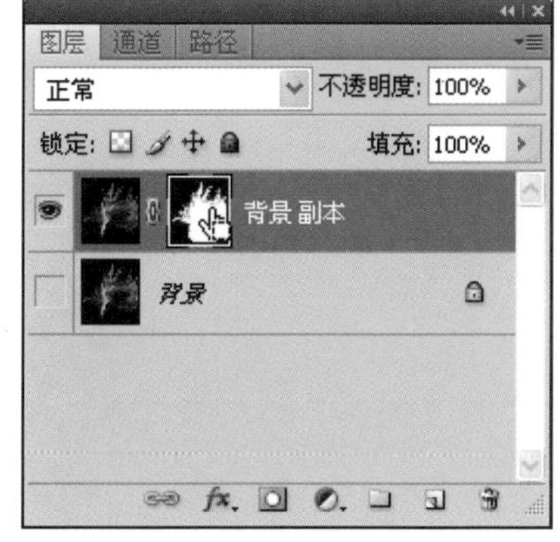

17 释放鼠标后即可将蒙版载入选区，设置前景色为R:188、G:165、B:123，然后创建新图层并在图层中进行涂抹，如下图所示。

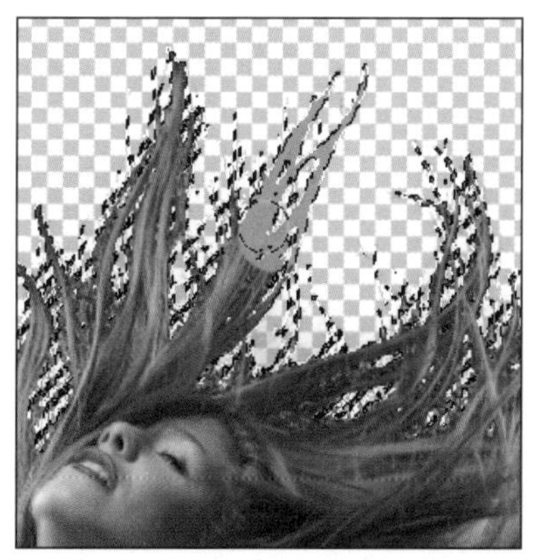

18 多次在新创建的图层上进行涂抹，然后按Ctrl+D快捷键，画面中的图像效果如下图所示。

19 将“图层1”图层的混合模式设置为“柔光”，“不透明度”设置为60%，如下图所示。

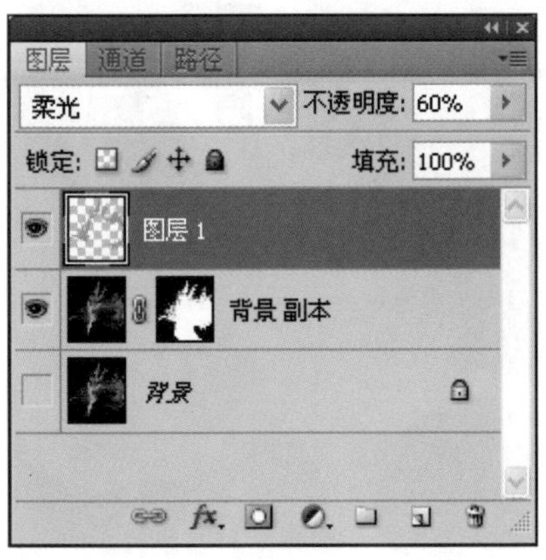

20 设置好后的图像效果如下图所示。

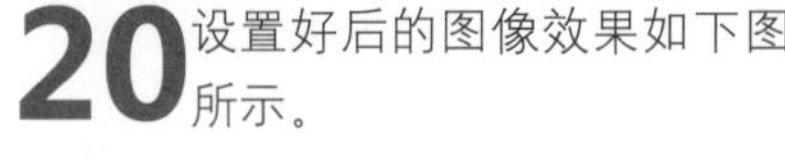

21 按Alt+Ctrl+Shift+E快捷键盖印可见图层，得到“图层2”图层并进行复制，如下图所示。

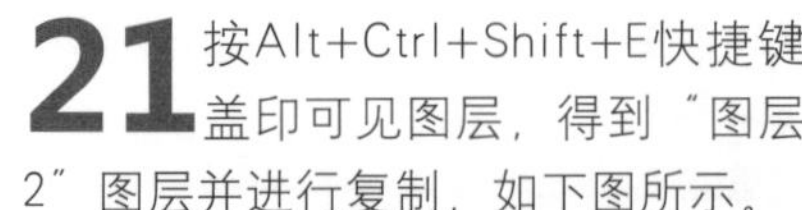

22 打开随书光盘\素材\09\21.jpg文件，如下图所示。

23 粘贴前面抠出的图像，调整好图像的大小和位置，并设置混合模式为“线性减淡（添加）”，如下图所示。

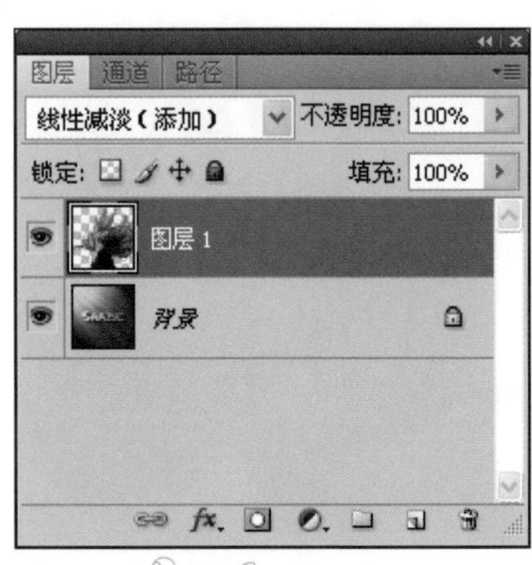

24 设置好图层混合模式后的图像效果如下图所示。

Chapter

10 写实主义照片合成

在照片合成的应用中，将已有的照片对象进行部分替换，对局部进行增效和艺术化的处理，能够更加突出原有图像的效果。而从写实方面进行照片的合成操作，设置的图像不能过于夸张，应遵循写实图像的本质，制作出的图像合成效果才能够达到以假乱真的效果。

相关软件技法介绍

本章主要介绍照片合成的多种技法知识，其中包括了填充工具、自由变换工具、椭圆选框工具等的基本操作，通过“点状化”滤镜可以制作特殊的图像效果，通过“动感模糊”滤镜可以打造图像处于运动中的动态效果，为图像增添逼真的写实效果。

10.1 色彩的添加——填充工具

填充工具可以对创建的选区或图形填充颜色和图案，该工具组中包含有“渐变工具”和“油漆桶工具”，在工具箱中长按“渐变工具”按钮，可以在弹出的隐藏工具菜单中查看全部的填充工具。

10.1.1 渐变工具

利用“渐变工具”可以绘制具有颜色变化的色带形态，单击工具箱中的“渐变工具”按钮，将“渐变工具”选中，根据需要可对图像进行不同形式的填充，“渐变工具”提供了包括线性、径向、角度、对称等多种渐变类型，其他“渐变工具”的选项如下图所示。

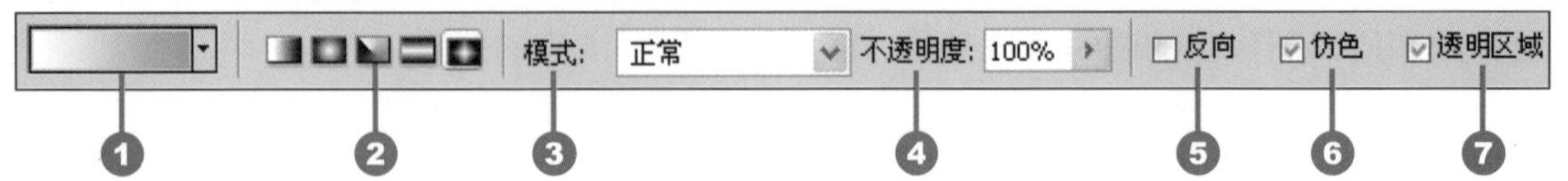

❶ 渐变色条：单击渐变色条后的下三角按钮，弹出预设的“渐变”拾色器，在其中可直接选择已有的颜色渐变。若是直接单击渐变色条，将打开“渐变编辑器”对话框，通过对话框可以设置任意的颜色渐变效果。

❷ 渐变类型：Photoshop提供了5种不同的渐变类型供用户选择，分别是“线性渐变”、“径向渐变”、“角度渐变”、“对称渐变”和“菱形渐变”，根据不同的渐变类型填充效果也有所不同，下面对不同的渐变效果进行介绍，如下所示。

1 打开随书光盘\素材\10\01.jpg文件，将素材图像的背景区域选中，设置渐变类型为“线性渐变”，单击图像左上角并向右下角方向进行拖曳，如下图所示。

2 释放鼠标后，在图像选区中，根据设置的颜色进行“线性渐变”填充后的效果如下图所示。

3 在选项栏中，设置“径向渐变”为选区填充的效果如下图所示。

4 为选区填充“角度渐变”后的图像效果如下图所示。

5 为选区填充“对称渐变”后的图像效果如下图所示。

6 为选区填充“菱形渐变”后的图像效果如下图所示。

❸ 模式：该选项用于设置背景颜色与渐变颜色之间的混合模式，模式选项的类型与设置图层的混合模式选项类似。
❹ 不透明度：用于填充渐变颜色的不透明度，参数设置得越小，进行渐变颜色填充效果越不明显。
❺ 反向：勾选该复选框后，可以将设置的渐变颜色进行翻转。
❻ 仿色：勾选该复选框后，可以柔和地表现渐变的颜色过渡。
❼ 透明区域：勾选该复选框，可以打开渐变图案的透明度设置。

10.1.2 油漆桶工具

"油漆桶工具"的选项栏如下图所示，其中的各项含义以及作用如下所示。

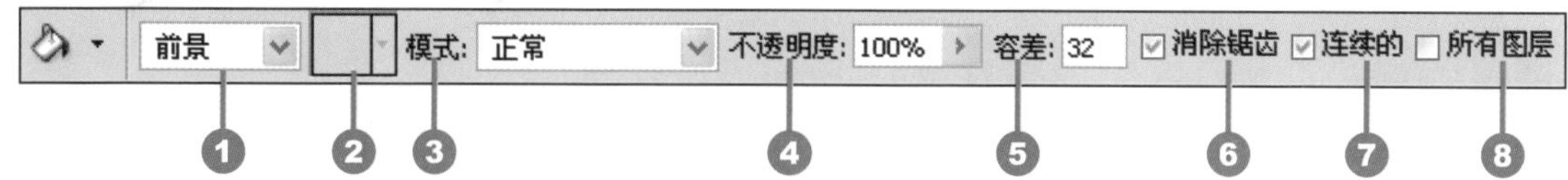

❶ 填充内容：在该下拉列表框中可以选择所要填充的内容，有"前景"与"图案"供选择。
❷ 填充图案：如果在前面的下拉列表框，选择"图案"选项，则可以在此处单击三角形按钮，在弹出的"图案"拾色器中可以选择所需的图案。
❸ 模式：单击此处的三角形按钮，在弹出的菜单栏中可以选择填充颜色与图像的混合模式。
❹ 不透明度：在此处可以设置填充图像的不透明度。
❺ 容差：此处的数值可以控制所要填充的区域。
❻ 消除锯齿：勾选此选项可以填充较为平滑的图像效果。
❼ 连续的：勾选此选项可以填充较为整体的图像效果。
❽ 所有图层：勾选此选项可以沿着下一个图层的轮廓进行填充。

1. 填充前景色

单击前景色色标，在打开的"拾色器（前景色）"对话框中，设置需要进行填充的颜色，再使用"油漆桶工具"将设置的选区填充前景色，具体操作步骤如下。

1 打开随书光盘\素材\10\02.jpg文件，单击工具箱中的"魔棒工具"按钮，使用该工具设置文字选区，如下图所示。

2 打开"拾色器（前景色）"对话框，将前景色设置为黑色，并使用"油漆桶工具"单击文字选区，在选区中即可填充设置的前景色，如下图所示。

3 打开"拾色器（前景色）"对话框，将前景色设置为红色，并使用"油漆桶工具"将选区填充为红色，填充后的图像效果如下图所示。

2. 填充图案

在前面讲述了使用"油漆桶工具"为图形填充颜色的方法，下面介绍使用"油漆桶工具"进行图案填充的方法，在选项栏的首项下拉列表中选择"图案"选项，并在"图案"拾色器中对图案进行选择，可以使用系统预设的图案，也可以载入自定义图案对设置的选区进行图案填充。

1 打开随书光盘\素材\10\03.tif文件，图像效果如下图所示，选择工具箱中的“油漆桶工具”，在选项栏中设置“图案”填充。

2 打开“图案”拾色器，在拾色器面板中选择合适的图案，单击画面中的背景位置，为背景填充选择的图案，填充效果如下图所示。

3 在“图案”拾色器中选择气泡图案，再为背景进行图案填充，填充后的背景效果如下图所示。

10.2 规则选区的设置——选框工具

在进行图像编辑时，选区的创建是最常进行的操作之一，在工具箱中提供了选框工具组，单击工具箱中的“椭圆选框工具”按钮，可以在隐藏的工具菜单中选择多种规则形状选框工具，其中包括了“矩形选框工具”、“椭圆选框工具”、“单行选框工具”以及“单列选框工具”，各个工具的具体作用和使用方法如下所示。

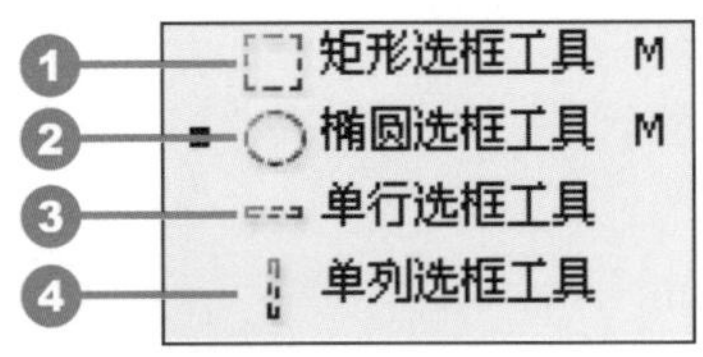

1 矩形选框工具：使用该工具在图像中可以创建矩形的选区。
2 椭圆选框工具：使用该工具在图中可以创建圆形的选区。
3 单行选框工具：使用该工具可以创建高为1像素的选区。
4 单列选框工具：使用该工具可以创建宽为1像素的选区。

1. 矩形选框工具

使用“矩形选框工具”可以在画面的任意位置创建矩形选区，按住Shift键的同时拖曳鼠标可以创建正方形的选区，在选项栏中可以通过预设选项对选区进行设置，下面的操作是使用“矩形选框工具”快速创建照片的边框，具体操作如下。

1 打开随书光盘\素材\10\04.jpg文件，选中“矩形选框工具”，创建矩形选区，如下图所示。

2 按Shift+Ctrl+I快捷键，将选区进行反向选择，创建边缘选区如下图所示。

3 将前景色设置为白色，再按Alt+Delete快捷键，用前景色对选区进行填充，填充边缘选区为白色，效果如下图所示。

2. 椭圆选框工具

“椭圆选框工具”可以在画面的任意位置上创建椭圆选区，按住Shift键的同时拖曳鼠标可以创建正圆形的选区。在创建选区时要确认选取图像的图层是显示的，否则不能选取图像，下面的操作是将花朵图像进行选取并复制多个，具体操作如下。

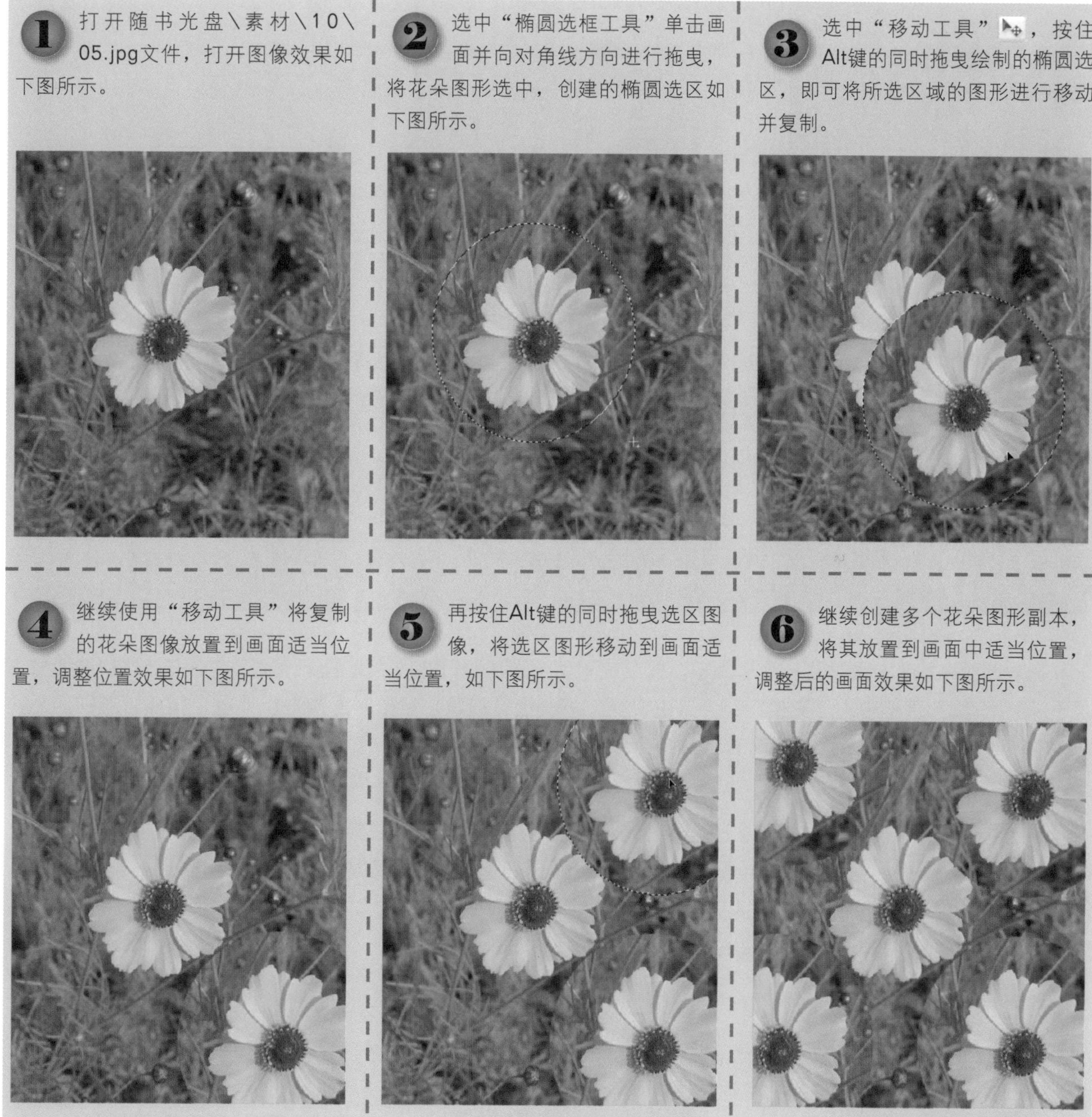

3. 单行和单列选框工具

使用“单行选框工具”可以在画面中创建高度为1像素的横向选区，而“单列选框工具”可以在画面中创建宽度为1像素的纵向选区。还可以通过快捷键对创建的单行或单列选区进行编辑，创建出特殊的纹理效果，具体操作如下所示。

1 打开随书光盘\素材\10\06.jpg文件，并使用“单行选框工具”在图中单击，创建单行选区，如下图所示。

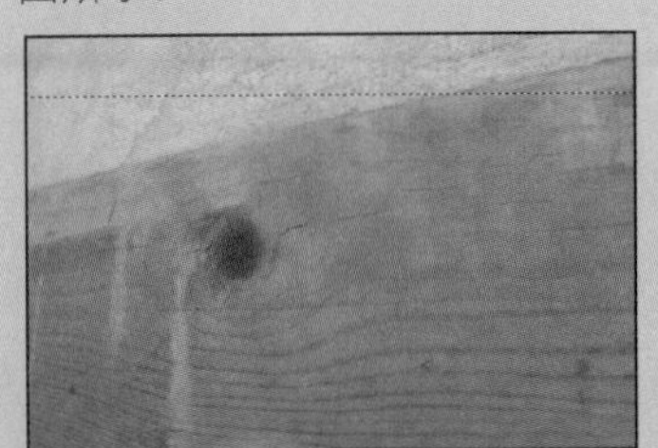

2 多次按Alt+Ctrl+↑快捷键，可以将创建的选区图像进行复制并向上移动，如下图所示。

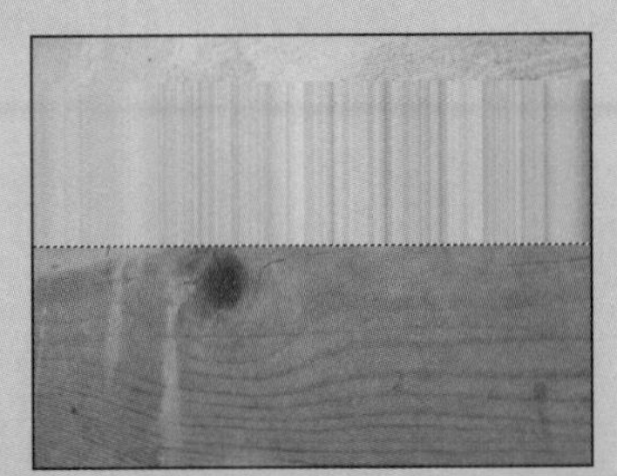

3 继续对画面中的选区进行编辑，制作整幅图像效果如下图所示。

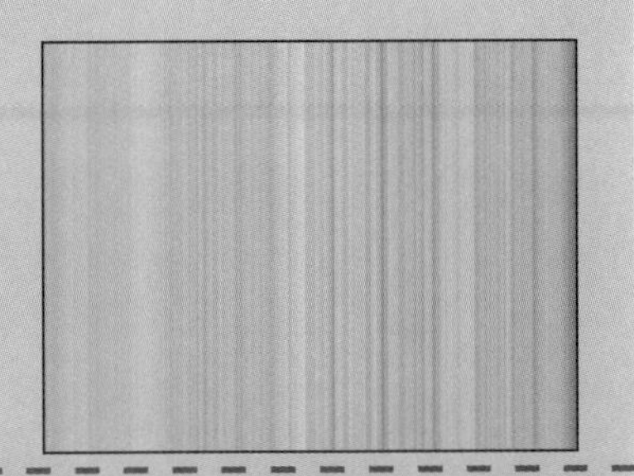

4 选中“单列选框工具”，使用该工具在画面中单击，创建单列选区，如下图所示。

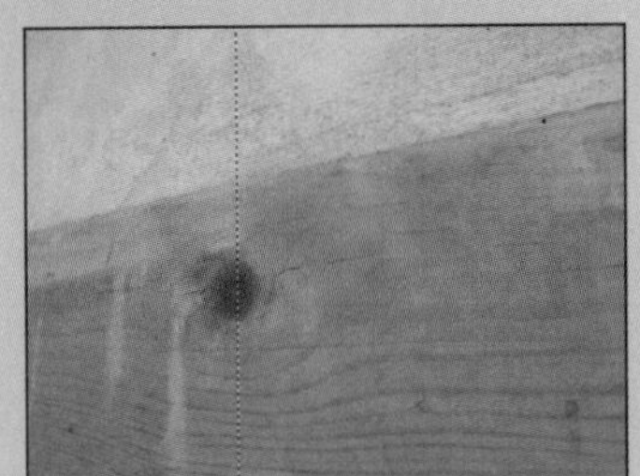

5 多次按Alt+Ctrl+→快捷键，将创建的选区在向右进行复制，如下图所示。

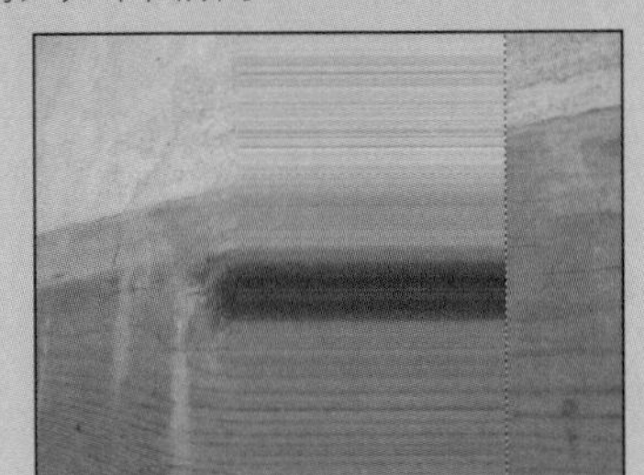

6 继续对选取的区域进行编辑，设置整幅图像的效果如下图所示。

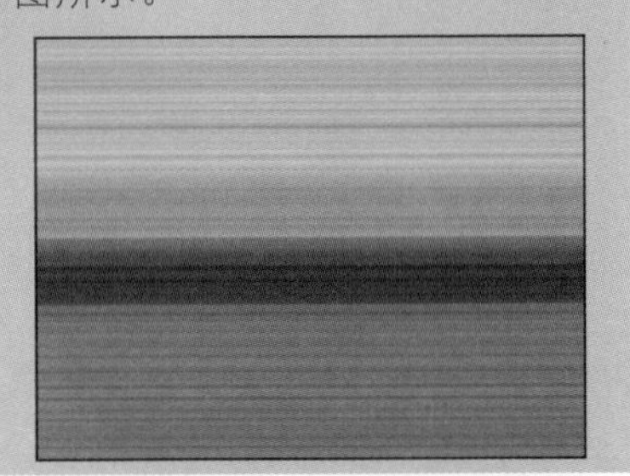

10.3 夸张的视觉效果——变换选区图像

在对照片中的部分图像进行变形之前，需要先对部分图像进行选取，为图像设置选区。在选区中的图像可以通过“编辑”菜单中的“变换”和“自由变换”命令进行编辑，包括对图像进行缩放、扭曲、透视和翻转等操作，下面分别以缩放选区图像、旋转选区图像和扭曲选区图像为例对图像的变形操作进行介绍。

1. 缩放选区图像

缩放选区图像是对选区中的图像进行缩小或者放大的操作，首先对需要进行放大或缩小的图像进行选取，再通过“缩放”命令，打开变换框，拖曳角控制点对选区中的图像进行缩放操作，设置选区图像的变换之后，按Enter键或者单击“进行变换”按钮✓，对图像变换进行确认，如果要取消变换选区图像的操作，可以单击选项栏中的“取消变换”按钮⊘或是按Esc键，取消对选区图像的变换。

1 打开随书光盘\素材\10\07.jpg文件，打开图像效果如下图所示。

2 选中“椭圆选框工具”，在选项栏中设置“羽化”为2px，在画面中绘制一个合适大小的椭圆选区，如下图所示。

3 执行“编辑>变换>缩放”菜单命令，如下图所示，为创建的椭圆选区添加变换框。

再次(A)　Shift+Ctrl+T
缩放(S)
旋转(R)
斜切(K)
扭曲(D)
透视(P)
变形(W)
旋转 180 度(1)
旋转 90 度(顺时针)(9)
旋转 90 度(逆时针)(0)
水平翻转(H)
垂直翻转(V)

4 按住Alt键的同时，向左上角拖曳变换框，等比放大图像，将选区中的孩童眼睛进行放大后，如下图所示。

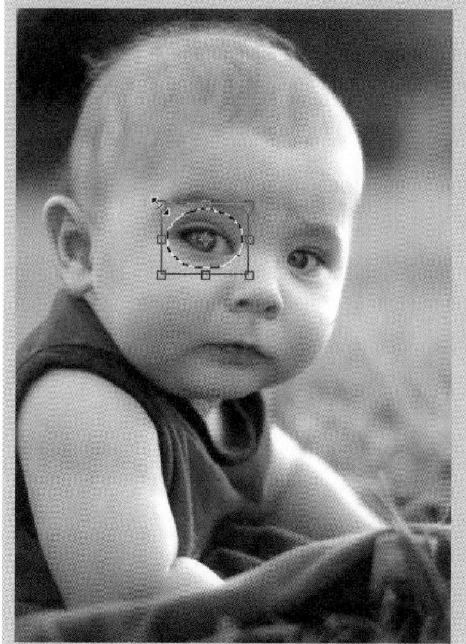

5 进行放大操作后，单击选项栏中的“进行变换”按钮✓，将选区图像进行变换，变换后的图像效果如下图所示。

6 执行“选择>取消选择”菜单命令，将图像的选区取消，查看对选区图像进行变换后的画面效果，如下图所示。

2. 旋转选区图像

旋转选区图像是指对选区的图像进行旋转，将图像变换为具有一定角度，对需要旋转的图像进行选中后，通过“旋转”菜单命令，可以对图像进行任意角度的变换，还可以通过“水平\垂直翻转”菜单命令，设置图像以固定角度进行变换，具体的操作步骤如下。

1 打开随书光盘\素材\10\08.psd文件，按Ctrl键的同时单击“图层1”图层缩略图，载入人物图层选区，如下图所示。

2 执行“编辑>变换>旋转”菜单命令，打开自由变换框，当光标变成↷时，单击并向下拖曳鼠标即可对选区图像进行顺时针旋转，如下图所示。

3 将图像旋转到一定角度后，单击选项栏中的“进行变换”按钮✓，即可对图像的旋转进行确认，旋转后的图像效果如下图所示。

3. 扭曲选区图像

扭曲选区图像可以任意调整角控制点的位置来进行图像的变换，单击角控制点并进行拖曳，设置角控制点到图像任意位置，创建选区图像的扭曲效果，具体操作步骤如下。

1 按Ctrl+T快捷键打开“自由变换”工具，在变换框上右击，在弹出的快捷菜单中选择“扭曲”菜单命令，如下图所示。

2 单击选中右上角的控制点，向下拖曳对图像进行变换，如下图所示。

3 继续单击左下角的控制点，向右侧拖曳对图像进行变换，如下图所示，确定变换后，直接按Enter键即可。

10.4 设置缤纷图像——“点状化”滤镜

“点状化”滤镜是将图像中的颜色分解为随机分布的网点，如同点状化绘画一样，并使用背景色作为网点之间的画布颜色。执行“滤镜>像素化>点状化”菜单命令，打开“点状化”对话框，在该对话框中拖曳“单元格大小”滑块或是在其后的文本框中输入数值来设置网点的大小，数值越小网点越小，相反的，数值越大网点越大，图像效果越不清晰，具体的操作步骤如下。

1 打开随书光盘\素材\10\09.jpg文件，执行“点状化”菜单命令，在对话框中将“单元格大小”设置为3，图像效果如下图所示。

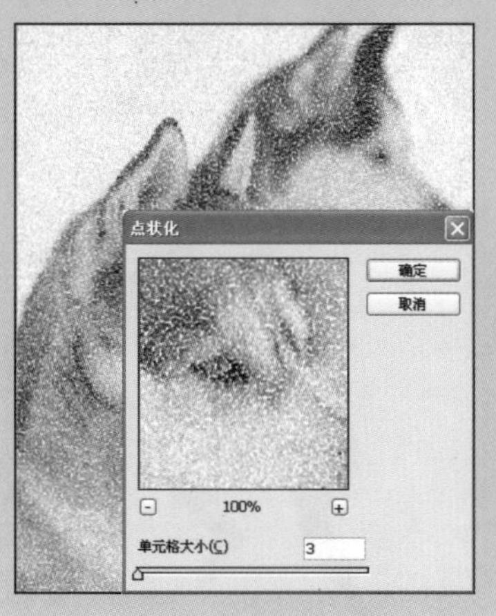

2 在对话框中将“单元格大小”设置为7，网点的形状变大，图像效果如下图所示。

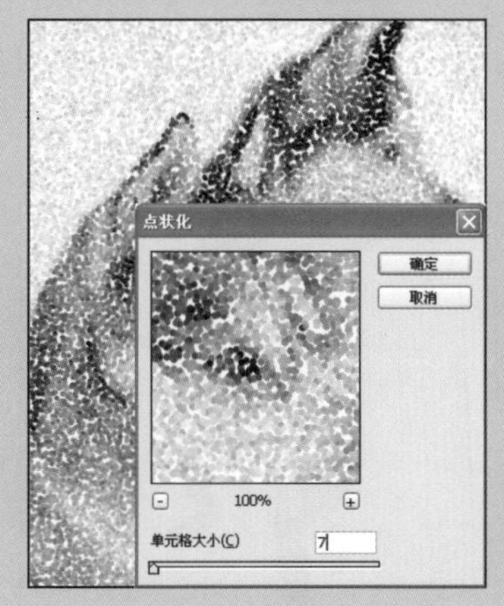

3 在对话框中将“单元格大小”设置为12，网点的形状变得更大，设置后的效果如下图所示。

10.5 运动的精彩——“动感模糊”滤镜

“动感模糊”滤镜是沿一定的方向设置指定强度的模糊，其效果类似于以固定的曝光时间给一个移动的对象拍照，如飞奔的汽车、奔跑的人等。执行“滤镜>模糊>动感模糊”菜单命令，打开“动感模糊”对话框，可以通过对话框中的“距离”、“角度”来制作突出动感的图像效果。

1. 角度对图像效果的影响

在“动感模糊”对话框中，如果在相同的距离，通过调整不同的模糊角度，图像产生的模糊效果也会发生变化。设置“角度”在-360°～+360°之间，设置“角度”为正数时，图像效果向上倾斜，负数时，图像效果向下倾斜，具体的操作步骤如下。

1 打开随书光盘\素材\10\10.jpg文件，打开“动感模糊”对话框，将“角度”设置为3度，图像效果如下图所示。

2 在对话框中，将“角度”设置为30度，设置后的图像效果如下图所示。

3 在对话框中，将“角度”设置为-60度，设置后的图像效果如下图所示。

2. 距离对图像效果的影响

在“动感模糊”对话框中，如果在角度相同的情况下，设置距离数值的不同，产生的图像效果也会相应的发生变化，数值越大则设置模糊的强度越强，距离数值的范围为1px~999px，具体设置方法如下所示。

1 打开“动感模糊”对话框，在该对话框中设置固定的角度为-11度，调整“距离”为100像素，调整后的效果如下图所示。

2 将“距离”设置为600像素，模糊的强度增大，背景图像越模糊，设置后的图像效果如下图所示。

3 将“距离”设置为998像素，图像模糊程度将更强，设置后的图像效果如下图所示。

Example 01 制作阳光照耀光线效果

光盘文件

原始文件：随书光盘\素材\10\11.jpg

最终文件：随书光盘\源文件\10\实例1 制作阳光照耀光线效果.psd

本实例运用了“径向模糊”滤镜模拟光线直射后的模糊图像效果，应用“色阶”命令对画面的明暗层次进行设置，使用“椭圆选框工具”创建多个椭圆选区后，为选区进行颜色的填充，运用“动感模糊”滤镜对发散的光线进行调整，最后应用“镜头光晕”滤镜为图像添加上光源点，使图像效果更完整。本实例所制作的最终图像与原始图像的对比效果如下图所示。

01 打开随书光盘\素材\10\11.jpg文件，素材图像效果如下图所示。

02 在“图层”面板中，将“背景”图层拖曳到面板底部的“创建新图层”按钮，为“背景”图层创建副本，如下图所示。

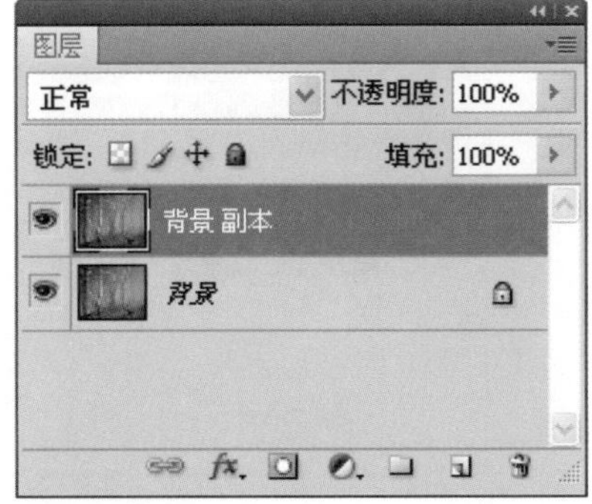

03 执行“滤镜>模糊>径向模糊”菜单命令，打开“径向模糊”对话框，调整“数量”为30，“模糊方法”为“缩放”，调整中心模糊的位置到画面中的右上角，如下图所示，设置完成后单击“确定”按钮。

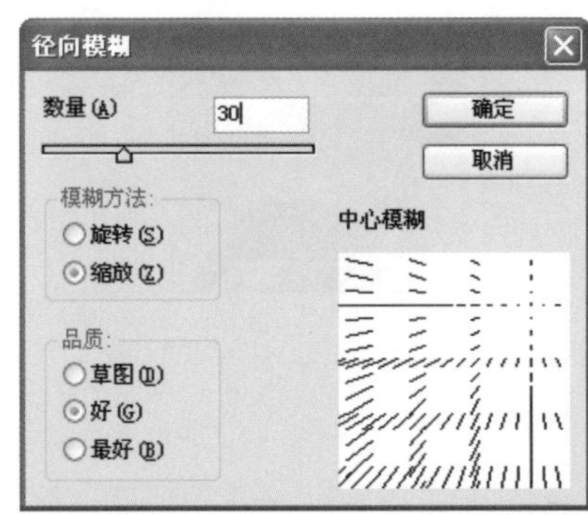

04 设置“径向模糊”滤镜后的画面效果如下图所示。

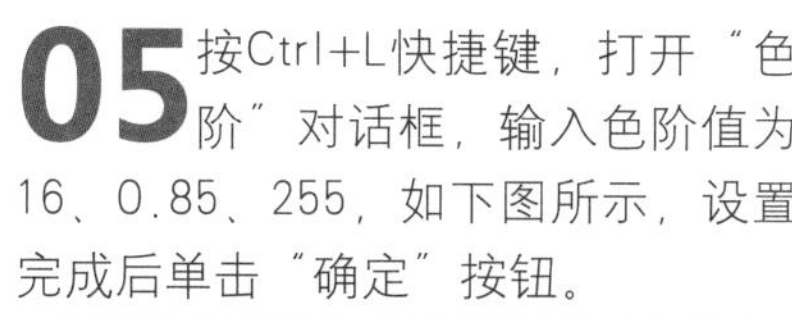

05 按Ctrl+L快捷键，打开“色阶”对话框，输入色阶值为16、0.85、255，如下图所示，设置完成后单击“确定”按钮。

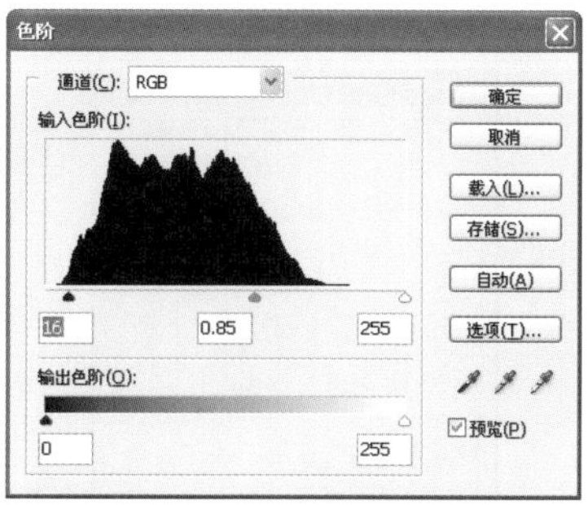

06 调整色阶后的图像效果如下图所示，增强了画面中的暗部。

07 选中“背景 副本”图层，单击“混合模式”的下拉按钮，在弹出的下拉列表中，选择“叠加”选项，如下图所示，设置图层的混合模式为“叠加”。

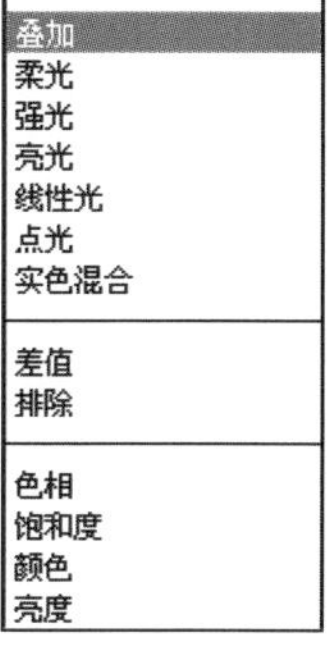

08 调整图层的混合模式后，画面的明暗层次进一步增强，图像效果如下图所示。

09 在“图层”面板中，调整“背景 副本”图层的“不透明度”为60%，如下图所示。

10 调整不透明度后的图像效果如下图所示。

11 单击“图层”面板底部的“创建新图层”按钮，创建“图层1”图层，如下图所示。

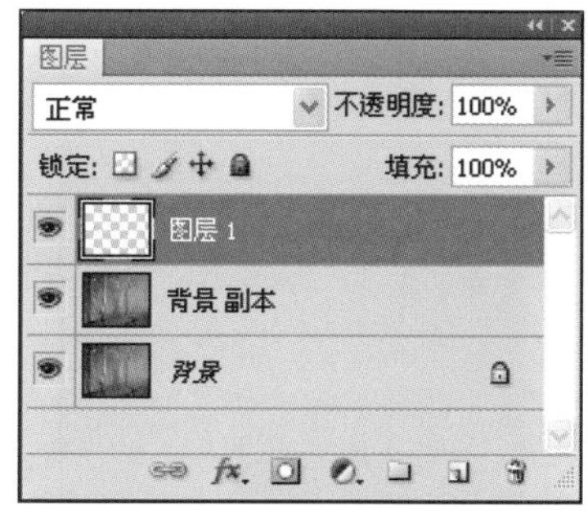

12 单击工具箱中的“椭圆选框工具”按钮，使用该工具在画面中创建多个椭圆选区，并为其填充白色，如下图所示。

13 在“图层1”图层上方创建“图层2”图层，如下图所示。

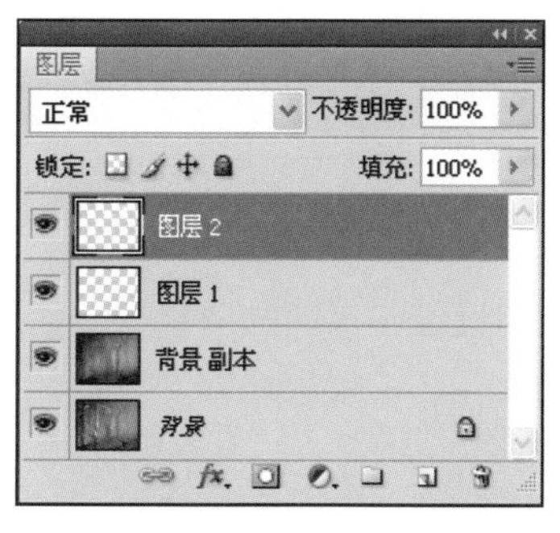

14 继续使用“椭圆选框工具”在图中创建多个椭圆选区，并将其填充为白色，如下图所示。

15 继续新建“图层3”图层，创建多个椭圆选区，将其填充为白色，如下图所示。

16 在“图层”面板中，单击“图层1”图层，将其选中，如下图所示。

17 执行“滤镜>模糊>动感模糊”菜单命令，打开“动感模糊”对话框，设置“角度”为-16度，“距离”为839像素，如下图所示，设置完成后单击“确定”按钮。

18 应用“动感模糊”滤镜后，设置发散的光线效果如下图所示。

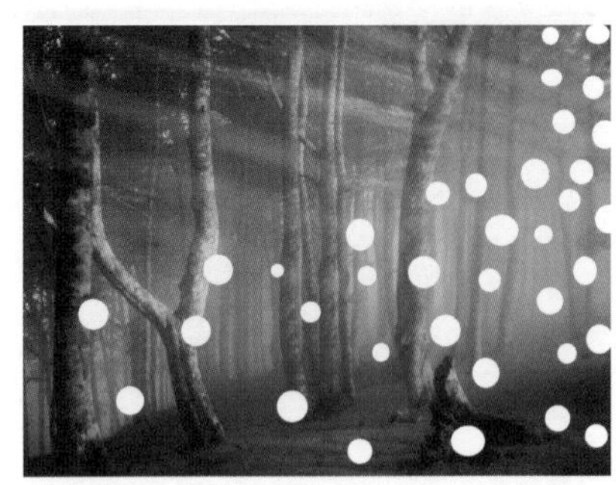

19 选中“图层2”图层，为“图层2”图层应用“动感模糊”滤镜，打开“动感模糊”对话框后，调整“角度”为12度，如下图所示，设置后单击“确定”按钮。

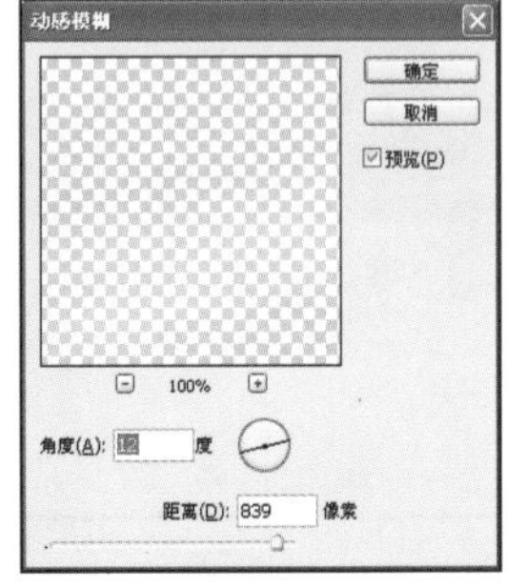

20 应用“动感模糊”滤镜后的效果如下图所示。

21 在“图层”面板中，单击选中“图层3”图层，如下图所示。

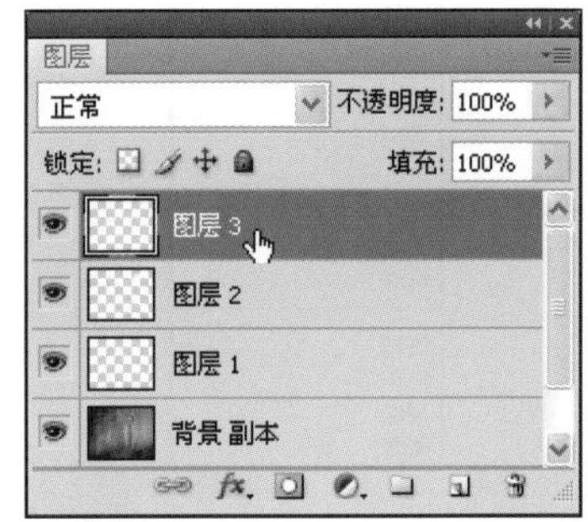

22 在“图层3”图层中，添加“动感模糊”滤镜，设置适当的角度和距离，为圆点应用“动感模糊”滤镜后的效果如下图所示。

23 执行“滤镜>渲染>镜头光晕”菜单命令，打开“镜头光晕”对话框，设置镜头光晕到合适位置，设置“亮度”为128%，选择“35毫米聚焦”镜头类型，如下图所示。

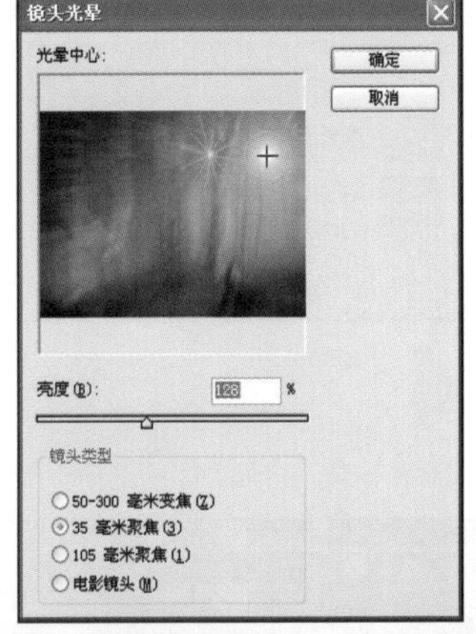

24 调整应用“镜头光晕”滤镜图层的混合模式为“叠加”，不透明度为70%，调整后的图像效果如下图所示，完成本实例的制作。

Key Points

关键技法

运用“椭圆选框工具”进行圆点创建时，需要将多个方向的光线分别设置在不同的图层上，通过在不同圆点上应用“动感模糊”滤镜，设置不同方向的光线效果，由此产生的发散性的光线将会更自然。

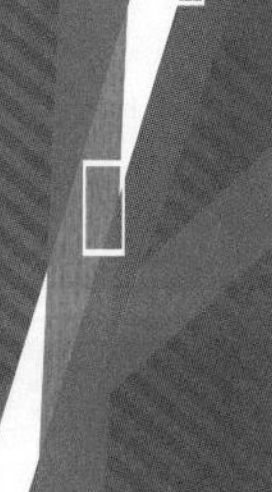

Example 02 制作下雨的场景

光盘文件

原始文件：随书光盘\素材\10\12.jpg

最终文件：随书光盘\源文件\10\实例2 制作下雨的场景.psd

本实例中主要运用“色阶”调整图层，提升整体层次，通过“通道混合器”调整图层，设置昏暗的图像效果，通过“点状化”滤镜、“阈值”命令和“动感模糊”滤镜的组合运用，设置图像中的飘雨效果，通过设置“滤色”图层混合模式将图像叠加至原有图像上，通过“渐变填充”调整图层为画面设置灰暗效果，实例对比效果如下图所示。

01 打开随书光盘\素材\10\12.jpg文件，图像效果如下图所示。

02 打开“图层”面板，为“背景”图层添加“色阶”调整图层，设置输入色阶值为20、0.68、255，如下图所示，设置完成后单击“确定”按钮。

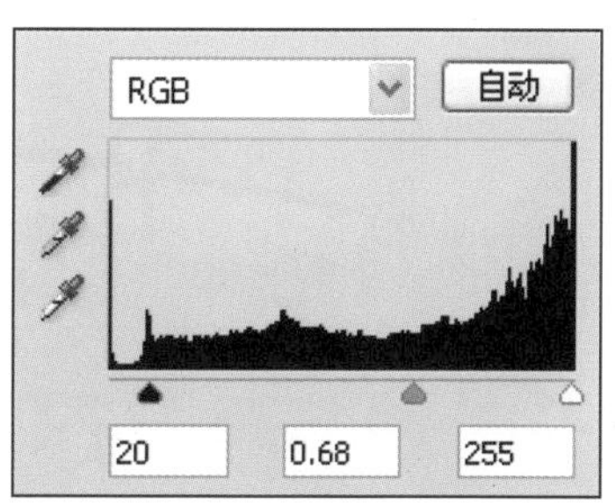

03 为图像调整色阶后的图像效果如下图所示。

04 在“图层”面板中，按Shift+Ctrl+Alt+E快捷键，盖印可见图层，如下图所示。

05 在“图层1”图层上创建“通道混合器”调整图层，在“通道混合器”下拉列表中选择“使用红色滤镜的黑白”选项，如下图所示。

06 继续在面板中，设置红色、绿色的颜色浓度分别为+100%、20%，如下图所示。

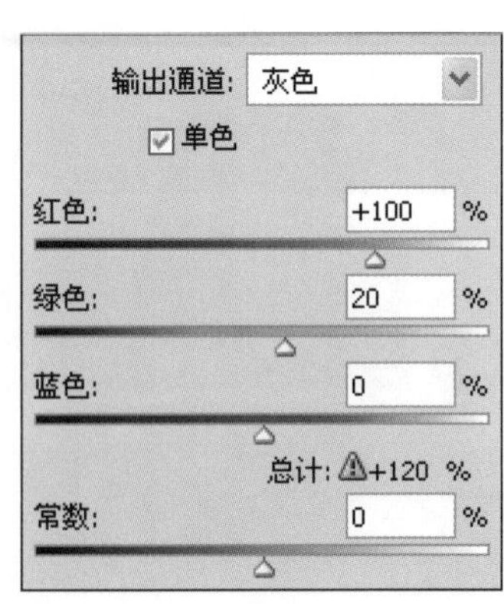

07 在“图层”面板中，调整“通道混合器”调整图层的混合模式为“正片叠底”，如下图所示。

08 在“图层”面板中，复制“图层1”图层，调整“图层1副本”图层到“通道混合器1”图层之上，如下图所示。

09 执行“滤镜>像素化>点状化”菜单命令，打开“点状化”对话框，设置“单元格大小”为10，如下图所示，设置完成后单击“确定”按钮。

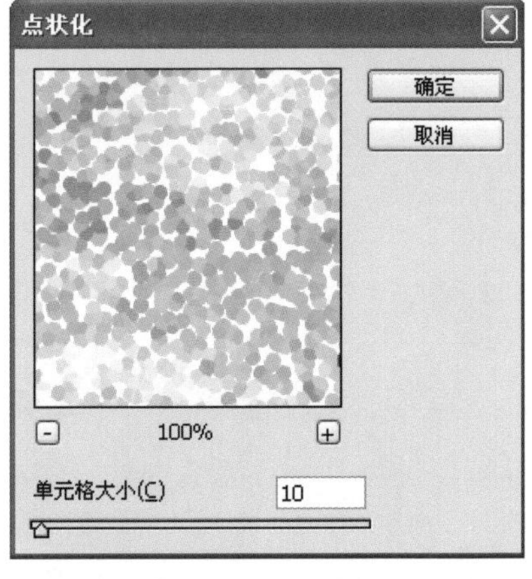

10 执行“图像>调整>阈值”菜单命令，打开“阈值”对话框，调整“阈值色阶”为170，如下图所示，设置完成后单击“确定”按钮。

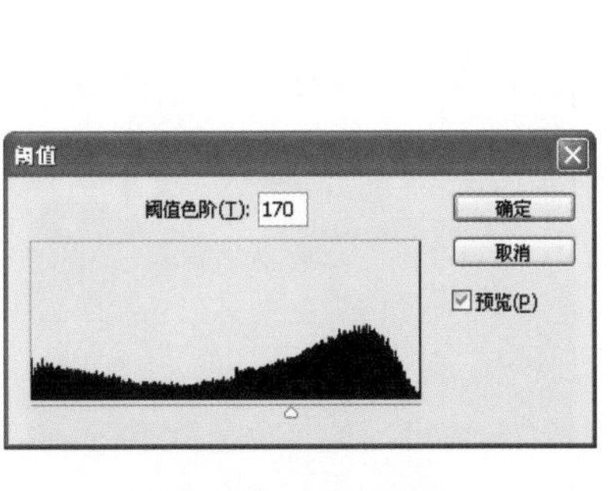

11 为图像应用“阈值”命令后，图像效果如下图所示。

12 执行“滤镜>模糊>动感模糊”菜单命令，打开“动感模糊”对话框，调整“角度”为-70度，设置“距离”为83像素，如下图所示。

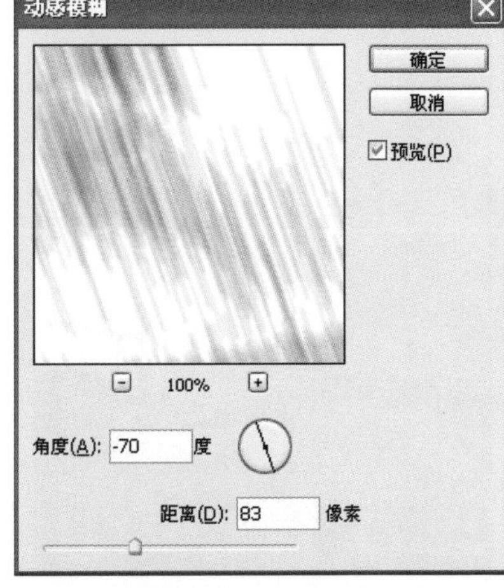

13 应用“动感模糊”滤镜后的图像效果如下图所示。

14 在“图层”面板中，调整“图层1副本”图层的混合模式为“滤色”，调整“不透明度”为40%，如下图所示。

15 调整图层的混合模式和不透明度后的图像效果，如下图所示。

16 在“图层”面板中，复制“图层1 副本”图层得到“图层1副本2”图层，调整图层的“不透明度”为20%，混合模式为“滤色”，如下图所示。

17 调整后的图像效果，如下图所示，增加了画面中的下雨效果。

18 继续为“图层1副本2”图层添加“色阶”调整图层，输入色阶值为0、1.22、255，如下图所示。

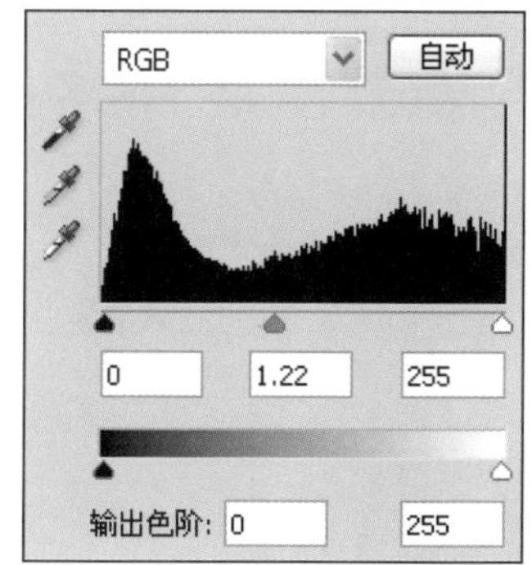

19 在“色阶2”调整图层上添加“渐变填充”调整图层，在“渐变填充”对话框中设置如下图所示的参数，设置完成后单击“确定”按钮。

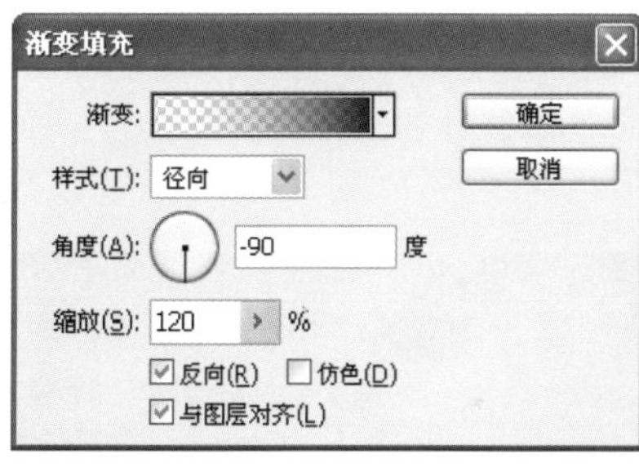

20 将“渐变填充1”调整图层的混合模式为“正片叠底”，设置该图层的“不透明度”为35%，如下图所示。

21 设置完成后的图像效果如下图所示，完成本实例的制作。

Key Points

关键技法

运用“动感模糊”滤镜对绘制的点进行设置时，需要控制好“动感模糊”滤镜的角度和强度，若是设置的强度过大，则雨丝的效果会不明显，不能突出飘雨的效果。

Example 03 制作SD娃娃效果

光盘文件

原始文件：随书光盘\素材\10\13.jpg、14.jpg

最终文件：随书光盘\源文件\10\实例3 制作SD娃娃效果.psd

制作真人版的芭比娃娃效果，首先需要从眼睛、脸部和嘴部几个部分分别对素材人物进行选取和复制，通过“自由变换工具”对五官进行适当的变形和位置的调整，再运用图层蒙版将多余的图像擦除，将图像自然地融合在一起，最后为人物嘴唇添加上色彩即可。本实例所制作的最终图像与原始图像的对比效果如下图所示。

01 打开随书光盘\素材\10\13.jpg文件，图像效果如下图所示。

02 打开随书光盘\素材\10\14.jpg文件，如下图所示，执行“滤镜>液化”菜单命令，打开“液化”对话框。

03 在对话框中，选择“膨胀工具”，在人物瞳孔上进行单击，增加人物瞳孔大小，如下图所示。

04 多次在人物的瞳孔位置进行单击，设置带有卡通效果的人物眼球效果，如下图所示。

05 选择工具箱中的“套索工具”，将人物眼睛图像选取，如下图所示。

06 将选取的区域进行复制，选中13.jpg素材文件，将眼睛图像复制在新图层中，如下图所示。

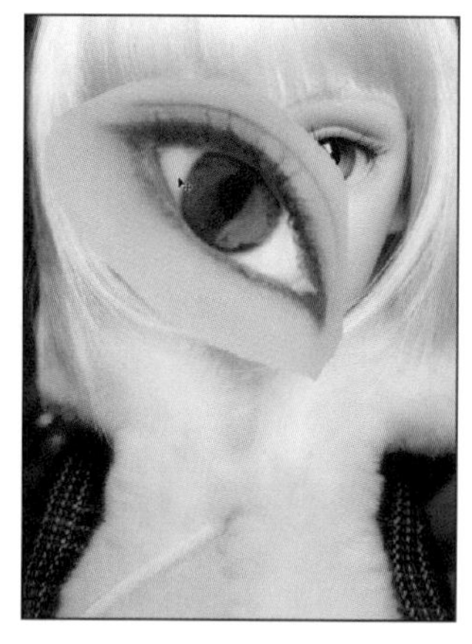

07 按Ctrl+T快捷键，打开“自由变换工具”，对眼睛图像进行自由变换，调整眼睛图像的大小和位置，如下图所示。

08 打开“图层”面板，为“图层1”图层添加图层蒙版，如下图所示。

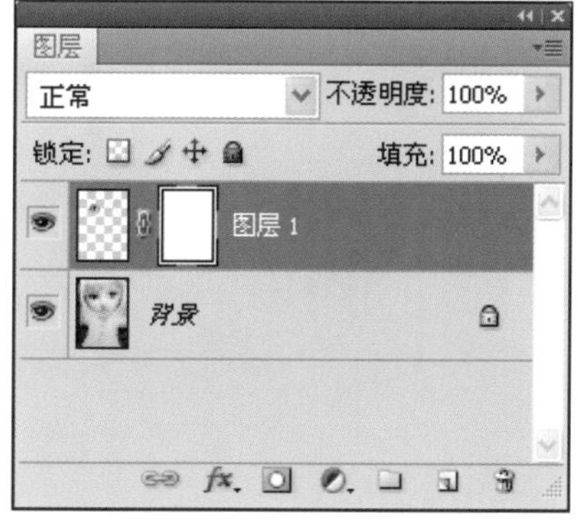

09 选择“画笔工具”，设置前景色为黑色，在图层蒙版中进行涂抹，将眼睛边缘的图像擦除，如下图所示。

10 打开14.jpg素材文件，再次使用“套索工具”将人物另一只眼睛图像进行选中，如下图所示。

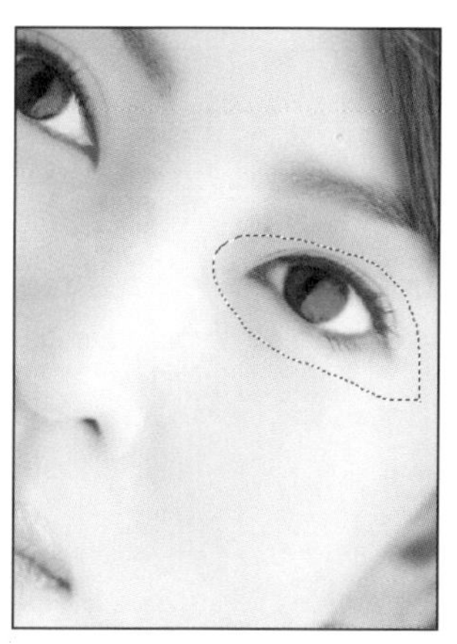

11 复制选中的眼睛图像并粘贴至13.jpg文件中，打开“自由变换工具”，对粘贴的眼睛图像进行变换，如下图所示。

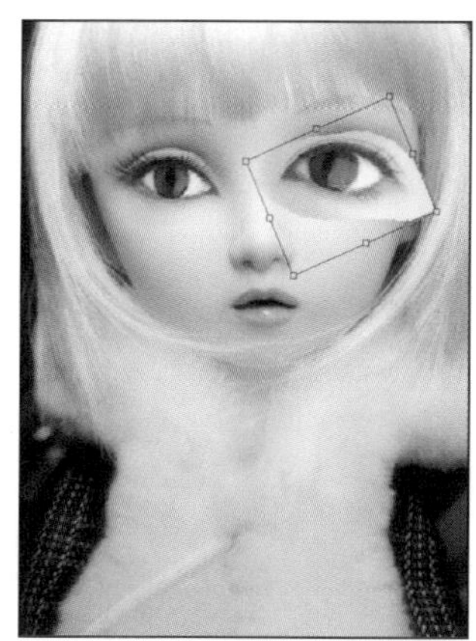

12 将变换的眼睛图像放置到适当位置后，为“图层2”图层同样添加图层蒙版，并运用“画笔工具”进行涂抹，设置眼部效果如下图所示。

13 在人物图像中，继续使用“套索工具”将人物的鼻子图像进行选中，如下图所示。

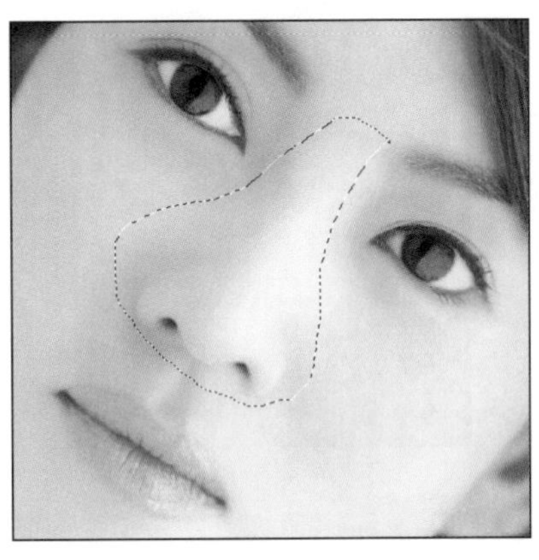

14 将上一步选择的图形进行复制并粘贴至娃娃文档中，打开“自由变换工具”将粘贴的图像调整至适当的大小和位置，如下图所示。

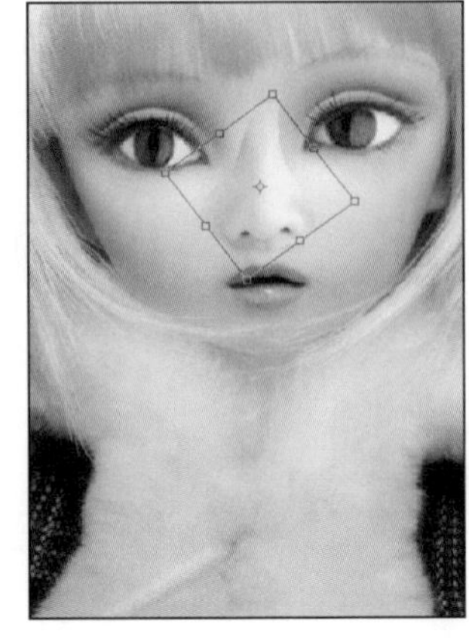

15 与前面设置眼睛的操作方法相同，为鼻子部分的图像添加图层蒙版后，使用黑色的画笔进行涂抹，使人物的鼻子自然地贴合在娃娃脸上，如下图所示。

16 执行“图像>调整>色彩平衡”菜单命令，打开“色彩平衡”对话框，根据如下图所示进行设置，设置后单击“确定”按钮。

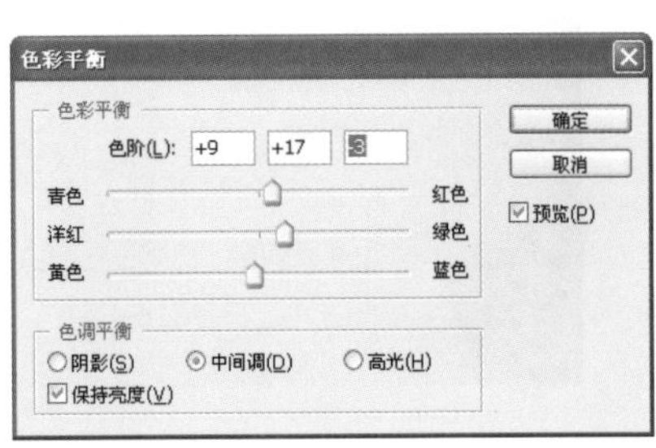

17 选择工具箱中的“加深工具”，在鼻子图像上进行涂抹，如下图所示，加深鼻子下部的暗部颜色。

18 将鼻子图像所在图层选中，调整该图层的“不透明度”为80%，设置后的图像效果如下图所示。

19 打开人物文件，选择“套索工具”在人物的唇部设置选区，如下图所示。

20 将选取的图像拖曳至娃娃文件中，使用“自由变换工具”对图像进行变换，如下图所示。

21 继续对图像进行变形，放置到画面合适位置，擦除多余的唇部图像，设置后的图像效果如下图所示。

22 为“背景”图层创建副本，使用“仿制图章工具”将原有的嘴部图像覆盖，如下图所示。

23 将添加的嘴唇图像图层显示出来，图像效果如下图所示。

24 打开“图层”面板，创建“图层5”图层，如下图所示。

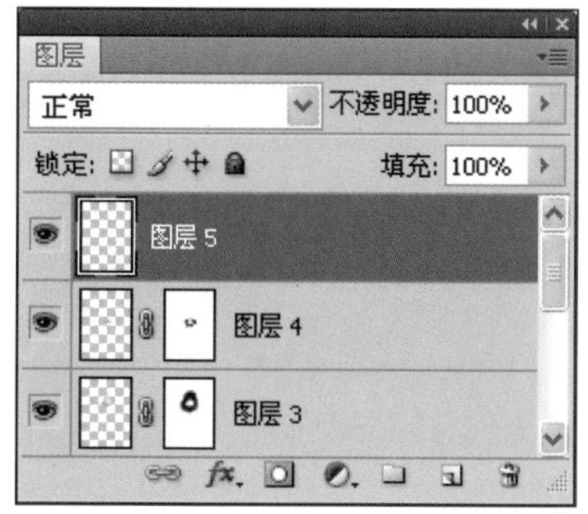

25 选中“画笔工具”，将前景色值设置为R:233、G:116、B:161，设置后在画面中为唇部添加颜色，如下图所示。

26 在“图层”面板中，将“图层5”图层的“混合模式”设置为“强光”，设置后的效果如下图所示。

27 调整图层的“不透明度”为70%，并使用“橡皮擦工具”将多余的颜色擦除，设置效果如下图所示，完成本实例制作。

Key Points

关键技法

在图像中对真实人物的五官部分进行分块选中，将这些选取的五官图像添加至SD娃娃图像中，并用添加图层蒙版的方式将多余的图像擦除，但是选择真实人物和SD娃娃图像时，还需要注意的是五官的角度和位置尽量一致，否则，制作的人物五官将会呈现不协调的情况。

Example 04 制作星光璀璨效果

光盘文件

原始文件：随书光盘\素材\10\15.jpg、16.jpg

最终文件：随书光盘\源文件\10\实例4 制作星光璀璨效果.psd

本实例主要运用图层混合模式的叠加，将烟花素材图像放置在原有图像的天空位置。结合“自由变换工具”对烟花图像进行位置和大小的调整，对图层设置“滤色”混合模式，适当地添加图层蒙版设置边缘，将烟花图像自然融合到夜景图像中，添加绚烂光彩。本实例所制作的最终图像与原始图像的对比效果如下图所示。

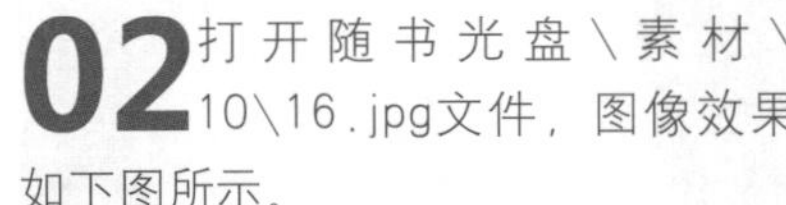

01 打开随书光盘\素材\10\15.jpg文件，图像效果如下图所示。

02 打开随书光盘\素材\10\16.jpg文件，图像效果如下图所示。

03 单击工具箱中的“移动工具”按钮，使用该工具将烟花图像拖曳到夜景图像中，如下图所示。

04 打开“图层”面板，查看拖曳的烟花作为新的图层放置在“背景”图层之上，如下图所示。

05 选中“图层1”图层，单击“混合模式”的下三角按钮，在弹出下拉列表中选择“滤色”模式，如下图所示。

正常
溶解

变暗
正片叠底
颜色加深
线性加深
深色

变亮
滤色
颜色减淡
线性减淡（添加）
浅色

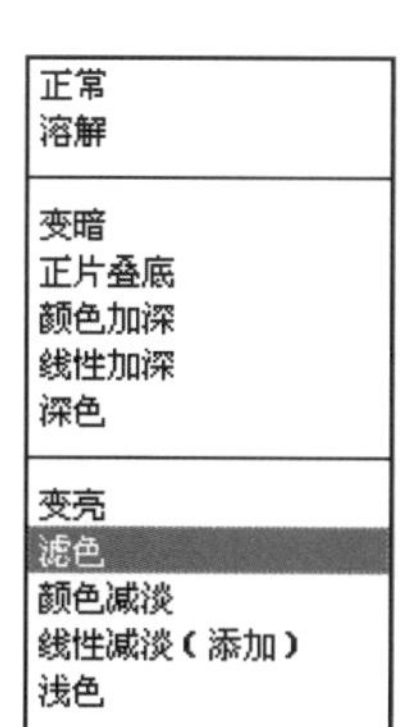

06 在“图层”面板中，查看为“图层1”图层设置了“滤色”混合模式，如下图所示。

07 设置图层混合模式后的画面效果如下图所示。

08 同样选中“图层1”图层，按Ctrl+T快捷键打开“自由变换工具”，对图像的大小进行变换，如下图所示。

09 选择“移动工具”，将烟花图像调整到页面适当位置，如下图所示，完成本实例的制作。

Key Points

关键技法

在对图像进行混合模式设置时，需要设置合适的图层混合模式。在对黑色背景进行混合设置时，“滤色”的混合模式可以对黑色的背景进行隐藏，这样原本的黑色背景会融合到夜景图像中，制作出满意的图像效果。

Example 05 制作电影胶片图像效果

光盘文件

原始文件：随书光盘\素材\10\17.jpg

最终文件：随书光盘\源文件\10\实例5 制作电影胶片图像效果.psd

电影胶片效果主要表现在昏黄色调的运用和画面颗粒感的突出，通过“颜色填充”调整图层对照片进行色调的变换，使用“胶片颗粒”滤镜设置画面的粗糙感，通过“单列选框工具”创建垂直的条纹填充，结合“添加杂色”滤镜仿制画面中的线条纹理，本实例所制作的最终图像与原始图像的对比效果如下图所示。

01 打开随书光盘\素材\10\17.jpg文件，图像效果如下图所示。

02 在“图层”面板中，按Ctrl+J快捷键为“背景”图层创建副本，如下图所示。

03 执行“图像>调整>去色”菜单命令，将“图层1”图像的颜色去除，如下图所示。

04 在“图层”面板中，单击面板下方的“创建新的填充或调整图层”按钮，在弹出的菜单中选择“纯色”命令，如下图所示。

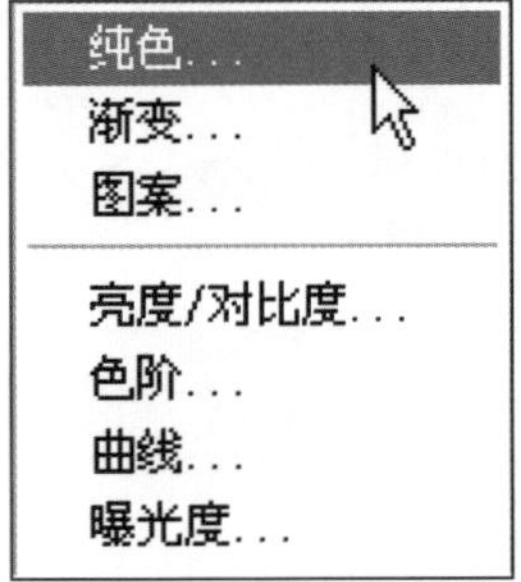

05 打开“拾取实色：”对话框，设置前景色的颜色为R:152、G:95、B:47，设置后单击“确定”按钮，如下图所示。

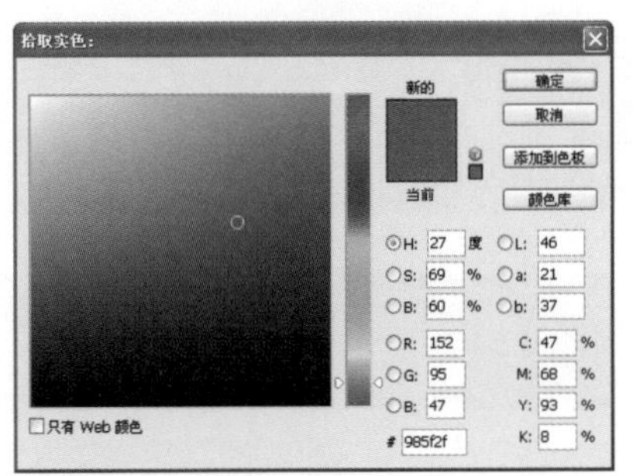

06 在“图层”面板中，调整“图层1”图层的位置到“颜色填充1”图层上，设置图层的混合模式为“叠加”，如下图所示。

07 调整图层混合模式后，在画面中查看图像效果如下图所示。

08 在“图层”面板中，按Shift+Ctrl+Alt+E快捷键盖印可见图层，创建“图层2”图层，如下图所示。

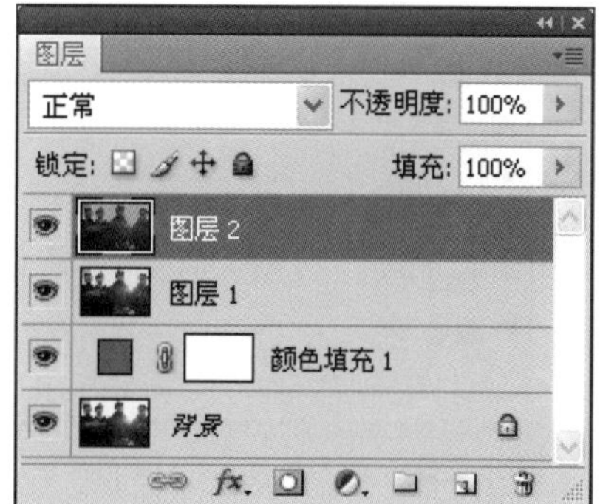

09 选中“图层2”图层，执行“滤镜>艺术效果>胶片颗粒”菜单命令，打开“胶片颗粒”对话框，在“胶片颗粒”选项下设置如下图所示的参数，设置后单击“确定”按钮。

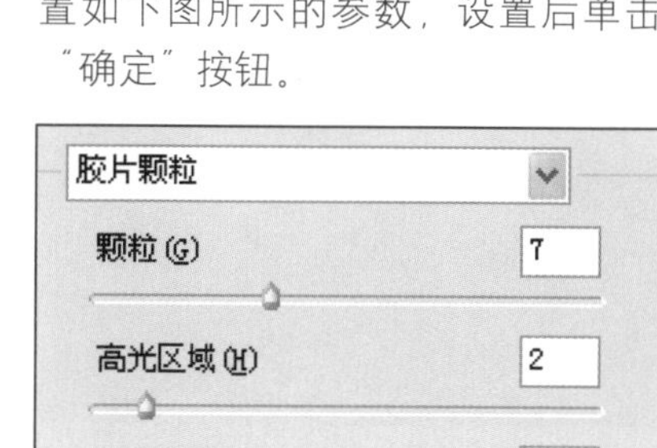

10 为“图层2”图层应用“胶片颗粒”滤镜效果后，画面呈现的效果如下图所示。

11 单击工具箱中的“单列选框工具”按钮，按住Shift键的同时在画面中创建多列单列选区，如下图所示。

12 新建“图层3”图层，设置前景色为黑色，按Alt+Delete键为选区填充黑色，填充效果如下图所示。

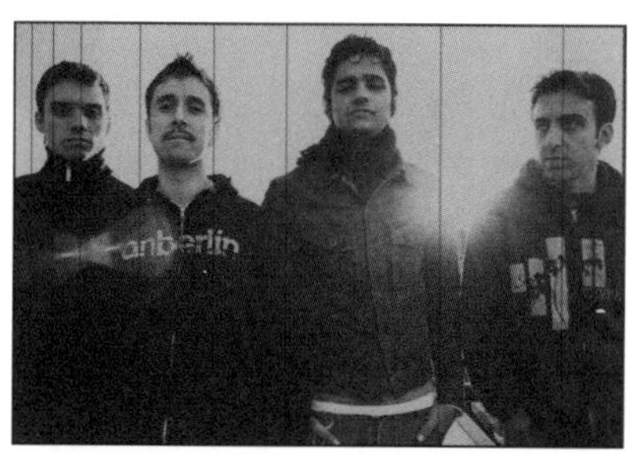

13 执行“滤镜>杂色>添加杂色”菜单命令，打开“添加杂色”对话框，设置“数量”为400%，选中“平均分布”选项，勾选“单色”按钮，如下图所示。

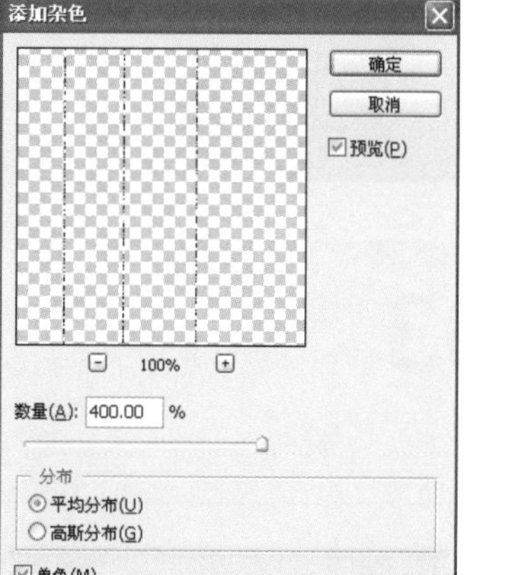

14 单击“确定”按钮，为多个垂直线应用“添加杂色”滤镜后，画面效果如下图所示。

15 在“图层”面板中，调整“图层3”图层的混合模式为“正片叠底”，“不透明度”为80%，如下图所示。

Key Points

关键技法

本实例的要点在于对胶片颗粒感的设置，在调整图层顺序的同时需要添加带有质感的滤镜效果，而对于画面线条颗粒的制作，设置较大数量“添加杂色”滤镜可以增加线条的点状效果。

16 对图像的黑色垂直纹理进行图层混合模式和不透明度的设置，画面效果如下图所示。

17 为“图层3”图层创建图层副本，调整“图层3副本”图层的“不透明度”为40%，如下图所示。

18 设置后的图像效果如下图所示，完成本实例的制作。

Example 06 制作镶入式照片效果

光盘文件

原始文件：随书光盘\素材\10\18.jpg

最终文件：随书光盘\源文件\10\实例6 制作镶入式照片效果.psd

本实例是将照片制作成具有立体感的图像效果，运用“画笔工具”在画面中绘制出阴影区域，设置照片的拱形立体效果，再通过“多边形套索工具”绘制贴纸外形选区，再为选区进行颜色填充，通过“套索工具”设置贴纸的锯齿效果，本实例所制作的最终图像与原始图像的对比效果如下图所示。

01 打开随书光盘\素材\10\18.jpg文件，图像效果如下图所示。

02 复制“背景”图层，执行“图像>画布大小”菜单命令，打开“画布大小”对话框，按下图所示设置参数。

03 对画布进行扩展，扩大画布后的画面效果如下图所示。

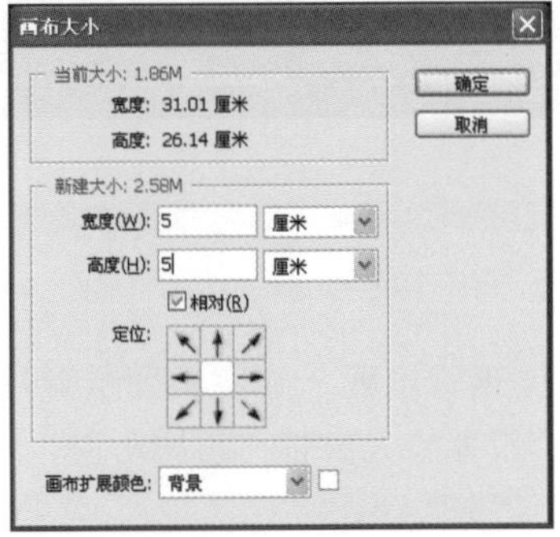

04 打开“图层”面板，单击面板底部的“创建新图层”按钮，创建“图层1”图层，如下图所示。

05 选中“画笔工具”，在其选项栏中单击“切换画笔面板”按钮，打开“画笔”面板，根据下图所示设置画笔参数，设置椭圆形状的柔边画笔效果。

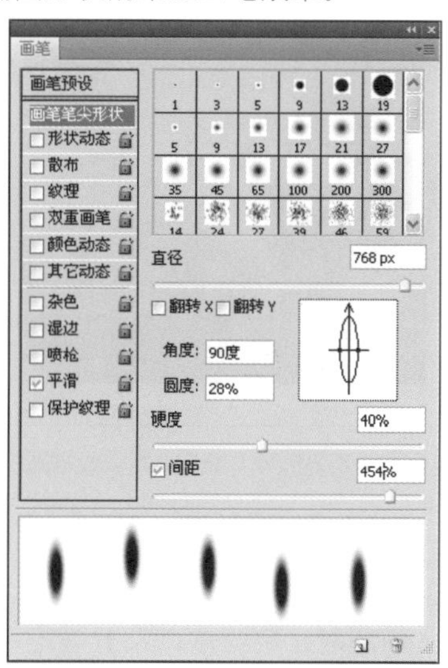

06 设置前景色为黑色，调整画笔的“不透明度”为50%，使用“画笔工具”在画面的右侧位置单击，绘制效果如下图所示。

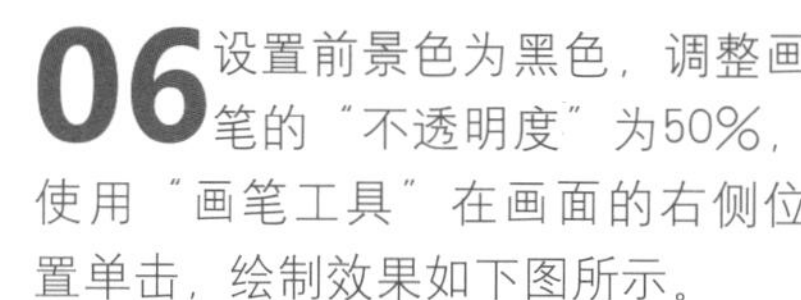

07 继续使用“画笔工具”在左侧位置单击，创建照片左侧的阴影效果，如下图所示。

08 将阴影图层调整到“背景副本”图层下方，设置照片下的投影效果如下图所示。

09 选中“矩形选框工具”，按住Shift键的同时沿着照片图像的上侧和下侧绘制两个矩形选区，再按Delete键，将选区中的图像删除，如下图所示。

10 选中工具箱中的“多边形套索工具”，使用该工具在画面的左上角位置创建一个选区，如下图所示。

11 将前景色设置为75%的灰，新建图层，为选区填充前景色，填充后的图像效果如下图所示。

12 在右下角位置同样创建选区，新建图层，使用前景色为选区进行颜色填充，填充后的图像效果如下图所示。

13 在“图层”面板中，分别为填充灰色的图层设置“不透明度”为70%，设置后的效果如下图所示。

14 使用“套索工具”在设置贴纸位置绘制锯齿的选区，按Delete键将锯齿的边缘图像进行删除，如下图所示。

15 继续使用“套索工具”为左上角的贴纸设置锯齿效果，完成本实例的制作，如下图所示。

Key Points

关键技法

在本实例中，通过运用了多种的套索工具创建了较自由的选区形状，自由地设置了带有锯齿的贴纸效果，使用套索工具进行选区的创建比较随意，没有确定的形状。

Example 07

制作多个人物的相框组合效果

光盘文件

原始文件：随书光盘\素材\10\19.jpg~25.jpg

最终文件：随书光盘\源文件\10\实例7 制作多个人物的相框组合效果.psd

本实例主要讲述的是多个人物相框的制作，运用了选区的相关操作，将人物图像与相框图像进行变形和组合，并将所制作的组合图像放置到新创建的图像窗口中，通过添加合适的背景效果，对图像进行复制和变形，创造多个人物的相框组合效果，本实例所制作的最终图像与原始图像的对比效果如下图所示。

01 执行“文件>新建”菜单命令，打开“新建”对话框，根据下图所示设置参数。

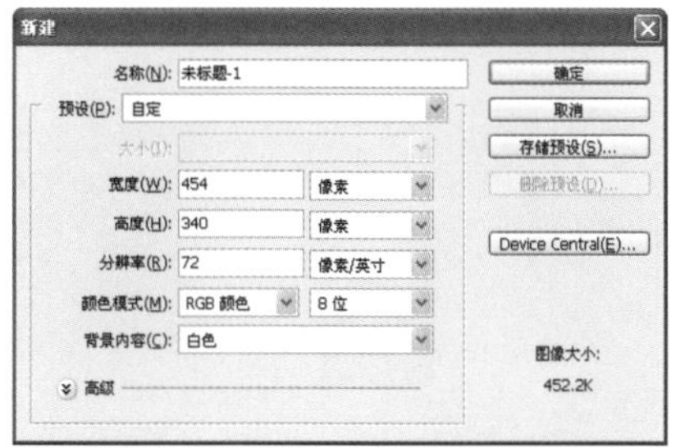

02 单击前景色色块，打开“拾色器（前景色）”对话框，根据下图所示设置颜色参数，设置完成后单击“确定”按钮。

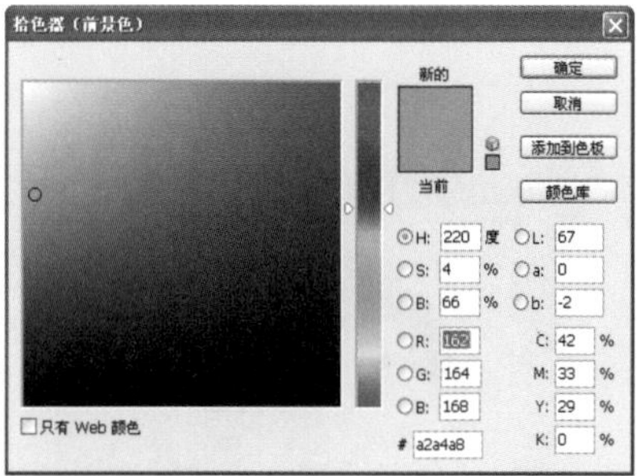

03 按Alt+Delete快捷键将设置的前景色填充至“背景”图层上，填充后的图像效果如下图所示。

04 单击“椭圆选框工具”按钮，设置“羽化”为40px，在图中创建椭圆选区，如下图所示。

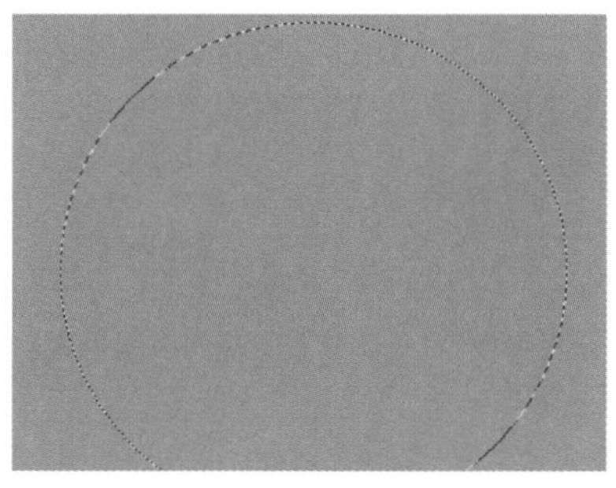

05 打开“拾色器（前景色）”对话框，根据下图所示设置颜色参数，设置后单击“确定”按钮。

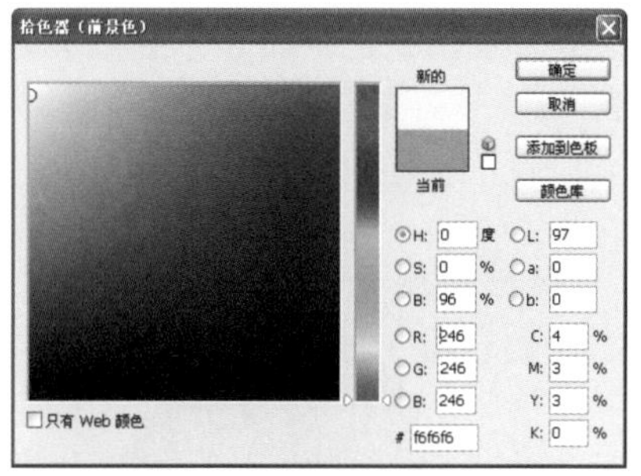

06 新建图层，按Alt+Delete快捷键为椭圆选区填充白色，填充后的图像效果如下图所示。

07 打开随书光盘\素材\10\19.jpg文件，如下图所示。

08 打开随书光盘\素材\10\20.jpg文件，如下图所示。

09 将人物图像拖曳到相框中，如下图所示。

10 使用“矩形选框工具”将超出相框的图像选中，删除选中的图像后，设置照片嵌入在相框中，效果如下图所示。

11 同时选中相框图像和人物图像图层，将选中的图像拖曳至新创建的图像窗口中，打开“自由变换工具”，如下图所示。

12 使用“自由变换工具”将相框和人物图形同时进行变换，放置到画面适当位置后，按Enter键应用变换，如下图所示。

13 打开随书光盘\素材\10\21.jpg文件，如下图所示，并选取“背景橡皮擦工具” ，吸取人物边缘颜色作为前景色，涂抹背景图像，将素材照片的背景进行擦除。

14 继续使用“背景橡皮擦工具”在背景图像中涂抹，将所有背景图像进行擦除，抠出了人物图像，如下图所示。

15 选中抠出的人物图像，将人物图像拖曳至新创建的画面中，使用“自由变换工具”将人物图像进行大小和位置的变换，如下图所示。

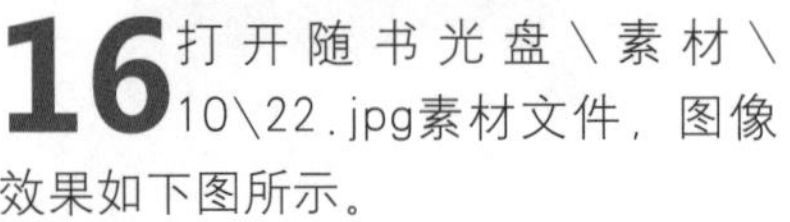

16 打开随书光盘\素材\10\22.jpg素材文件，图像效果如下图所示。

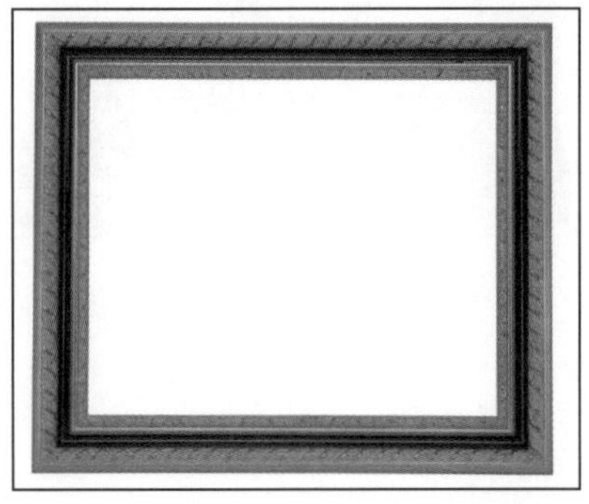

17 使用“背景橡皮擦工具”将背景的白色区域进行擦除，抠出相框效果如下图所示。

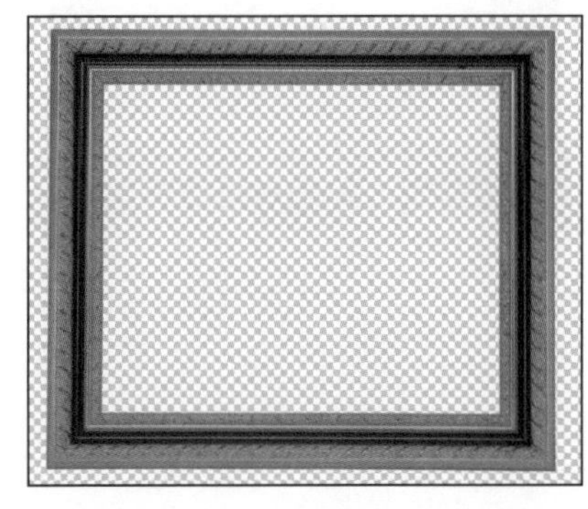

18 使用“矩形选框工具”在画面中沿相框的内侧绘制一个合适大小的矩形选区，设置前景色为R:239、G:210、B:252，用前景色填充选区效果如下图所示。

19 将抠出的人物图像添加至该素材文件中，调整人物图像的大小和位置，如下图所示。

20 将制作的相框图像同时选中，拖曳至新建文档中，调整相框图像到适当的位置，如下图所示。

21 选中“移动工具”，按住Alt键的同时对相框图形进行拖曳，移动到合适位置后释放鼠标即可将图像进行复制，再通过“自由变换工具”对相框图像进行调整，如下图所示。

22 打开随书光盘\素材\10\23.jpg文件，图像效果如下图所示。

23 打开随书光盘\素材\10\24.jpg文件，素材图像效果如下图所示。

24 同前面介绍制作人物相框图像方法类似，对相框进行抠出后，再将人物图像放置到相框图像中，如下图所示。

25 拖曳制作的人物相框图像至新建文档中，设置合适的图像大小和位置，如下图所示。

26 对添加的人物相框图像进行选中并拖曳，复制多个人物相框图像，如下图所示。

27 打开随书光盘\素材\10\25.jpg文件，抠出相框图像后添加人物到相框中，设置图像效果如下图所示。

28 将设置的人物相框图像选中并拖曳至新建文档中，调整图像的位置和大小，如下图所示。

29 复制人物相框图像，应用“自由变换工具”对图像进行位置和大小的设置，如下图所示。

30 重复复制人物相框图像的操作，复制多个人物相框图像，再选择“移动工具”排列图像的位置，设置图像效果如下图所示，完成本实例的制作。

Key Points

关键技法

本实例最重要是对多个相框的抠出和人物图像的变换，对选取的人物图像调整至相框内侧大小，通过对图像进行变换和删除部分矩形选区中的图像，将人物图像完美的贴合在相框内部。

Example 08 制作网点效果的宣传画

光盘文件

原始文件：随书光盘\素材\10\26.jpg

最终文件：随书光盘\源文件\10\实例8 制作网点效果的宣传画.psd

本实例通过对画布的扩展将原有的图像设置为宽幅效果，通过半透明颜色的填充以及图层蒙版的应用，将填充色彩自然地融合到原图的背景中，在“通道”面板中新建Alpha通道后，通过填充渐变色以及应用“彩色半调”滤镜，设置个性化的网点效果，最后添加适当的透明图层和文字即可完成宣传画的制作，本实例所制作的最终图像与原始图像的对比效果如下图所示。

01 打开随书光盘\素材\10\26.jpg文件，图像效果如下图所示，为“背景”图层创建副本。

02 选择工具箱中的“裁剪工具”，绘制如下图所示大小的矩形裁剪框。

03 裁剪框设置后，单击选项栏中的“提交当前裁剪操作”按钮，扩展画布后的画面效果如下图所示。

04 将“背景”图层拖曳至“删除图层”按钮上，如下图所示，将“背景”图层删除。

05 删除“背景”图层后，在画面中查看扩展后的画面效果如下图所示。

06 在“图层”面板中，单击面板下方的“创建新图层”按钮，在“图层1”图层上方新建“图层2”图层，如下图所示。

07 单击工具箱中的“渐变工具”按钮，选中“渐变工具”，打开“渐变编辑器”对话框，设置选中由前景色至透明的渐变类型，设置左侧颜色为R:144、G:152、B:155，如下图所示。

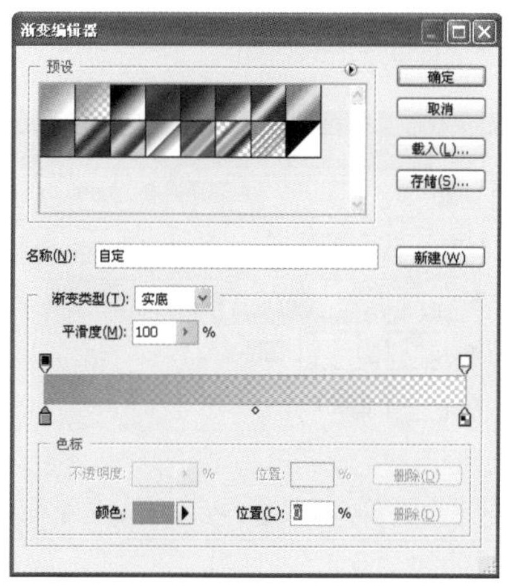

08 在选项栏中单击“线性渐变”按钮，在画面中由右至左拖曳，如下图所示。

09 填充线性渐变后，在画面中查看添加的颜色渐变效果如下图所示。

10 调整“图层2”图层至“图层1”图层下方，调整图层顺序后的画面效果如下图所示。

11 选中“图层1”图层，单击面板下方的“添加图层蒙版”按钮，为“图层1”图层添加图层蒙版，如下图所示。

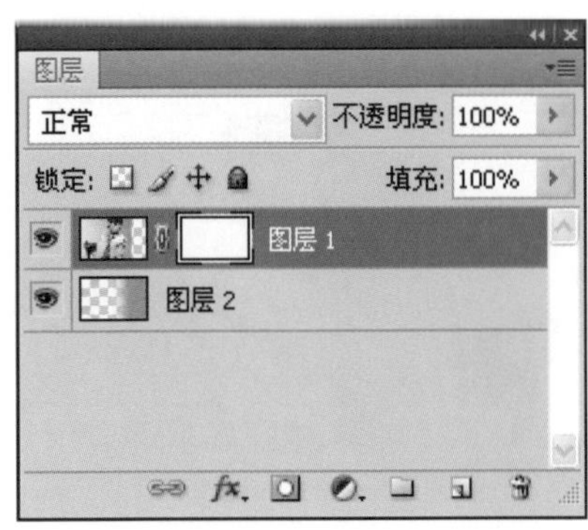

12 选择“画笔工具”，设置前景色为黑色，在“图层1”的图层蒙版上进行涂抹，将部分边缘图像进行隐藏，如下图所示。

13 在“图层”面板中，按Shift+Ctrl+Alt+E快捷键盖印可见图层，盖印的图层自动创建为“图层3”图层，如下图所示。

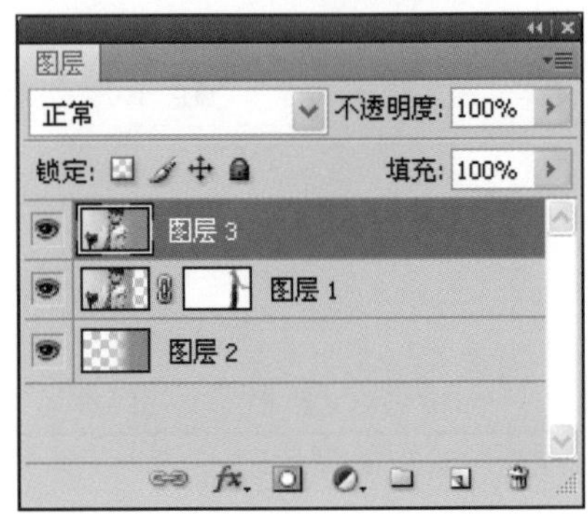

14 执行“窗口>通道”菜单命令，打开“通道”面板，单击面板下方的“创建新通道”按钮，新建通道如下图所示。

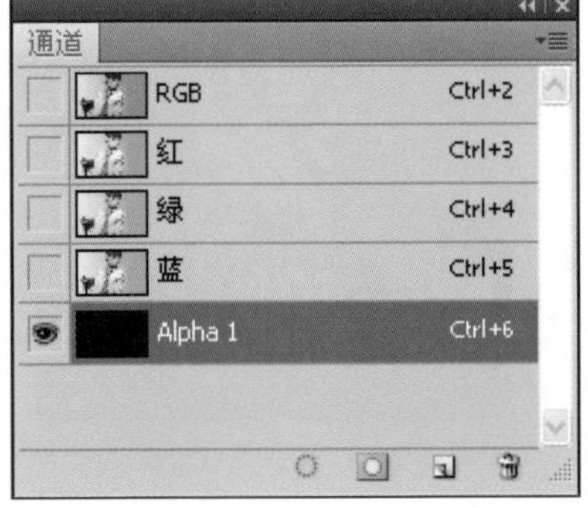

15 调整前景色为白色，选择“渐变工具”，在“渐变编辑器”对话框中选择由白色至透明的颜色渐变，在Alpha1通道中分别由左至右和由右至左添加线性渐变，如下图所示。

16 保持Alpha1通道处于选中状态，执行“滤镜>像素化>彩色半调”菜单命令，打开“彩色半调”对话框，根据下图所示设置参数，设置后单击“确定”按钮。

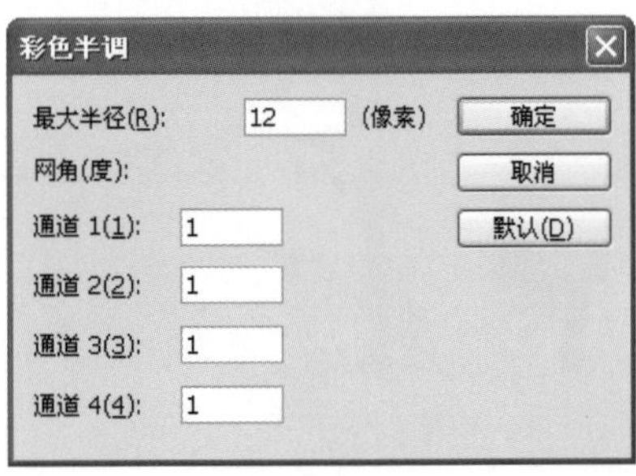

17 在Alpha1通道中应用“彩色半调”滤镜后的画面效果如下图所示。

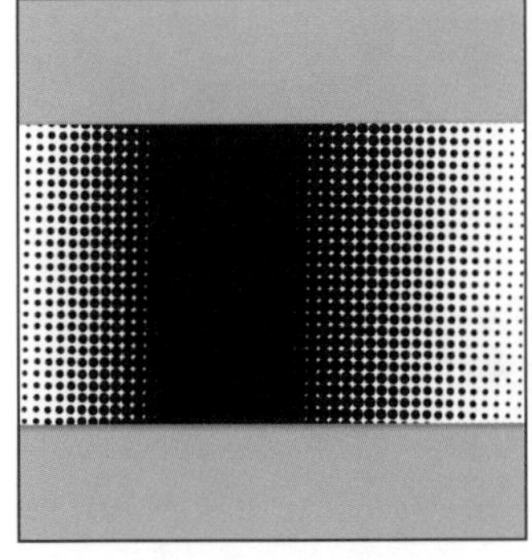

18 按Ctrl键的同时单击Alpha 1通道的缩略图，载入通道选区后，返回“图层”面板，按住Alt键的同时单击“添加图层蒙版”按钮，为“图层3”图层添加图层蒙版效果如下图所示。

19 在“图层”面板中，在“图层1”图层上方新建“图层4”图层，按Alt+Delete键为“图层4”图层填充白色，如下图所示。

20 在画面中，查看为人物图像下方填充白色后的网点效果，如下图所示。

21 在“图层”面板中，单击“图层3”图层与图层蒙版之间的链接按钮，如下图所示，使图层与图层蒙版取消链接。

22 选中“图层3”图层蒙版，按Ctrl+T快捷键打开“自由变换工具”，在画面中放大变换框并适当地进行旋转，如下图所示。

23 对图层蒙版进行变形操作后，画面中的网点效果变得倾斜，如下图所示。

24 选择工具箱中的“矩形选框工具”，在画面中绘制合适大小的矩形选区，如下图所示。

25 设置前景色为黑色，并在“图层3”图层上方新建“图层5”图层，用前景色为矩形选区进行填充后，调整图层“不透明度”为50%，如下图所示。

26 在画面中查看调整后的画面效果如下图所示，按Ctrl+D快捷键取消选区的选中。

27 选择“横排文字工具”，在画面中单击并输入适当的文字，调整文字的位置和大小如下图所示，完成本实例的制作。

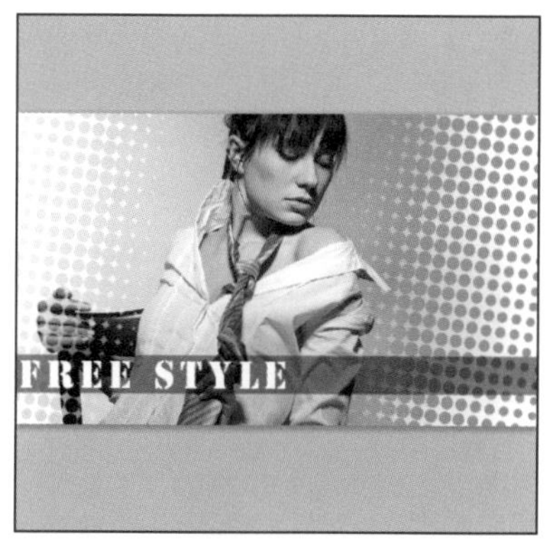

Key Points

关键技法

在通道中添加不同形式的渐变填充，应用“彩色半调”滤镜后将会产生不同形式的网点效果，读者可以尝试在通道中进行径向渐变等填充方式设置特殊的网点效果。

Example 09 制作手绘古典风情人物肖像效果

光盘文件

原始文件：随书光盘\素材\10\27.jpg~29.jpg

最终文件：随书光盘\源文件\10\实例9 制作手绘古典风情人物肖像效果.psd

本实例运用图层混合模式制作图像效果，通过“颜色减淡”混合模式和“最小值”滤镜设置逼真的手绘效果，通过素材的添加和合成，制作带有古典韵味的背景效果，通过图层样式的“混合选项”为图像颜色的添加设置特殊的表现方式，本实例所制作的最终图像与原始图像的对比效果如下图所示。

01 打开随书光盘\素材\10\27.jpg文件，图像效果如下图所示。

02 打开“图层”面板，为“背景”图层创建副本，如下图所示。

03 执行“滤镜>锐化>USM锐化”菜单命令，打开“USM锐化”对话框，根据下图设置锐化参数，设置后单击“确定”按钮。

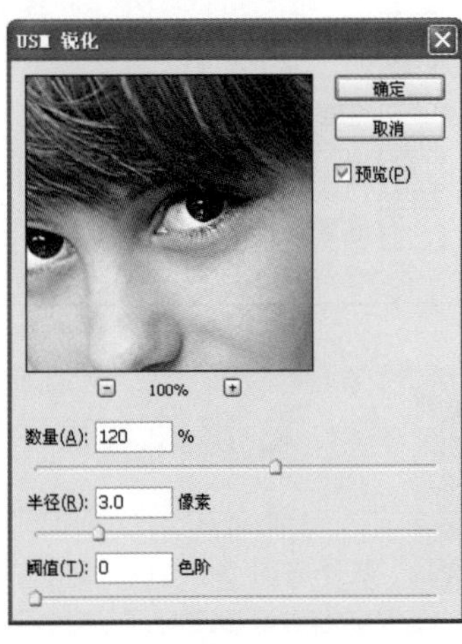

04 应用“USM锐化”滤镜后的画面效果如下图所示，将人物图像变得更清晰。

05 选中“背景 副本”图层，按两次Ctrl+J快捷键，创建两个图层副本，再设置“背景 副本”图层的混合模式为“柔光”，“不透明度”为68%，如下图所示。

06 选中“背景 副本2”图层，执行“图像>调整>去色”菜单命令，设置图层的混合模式为“滤色”，设置“不透明度”为85%，如下图所示。

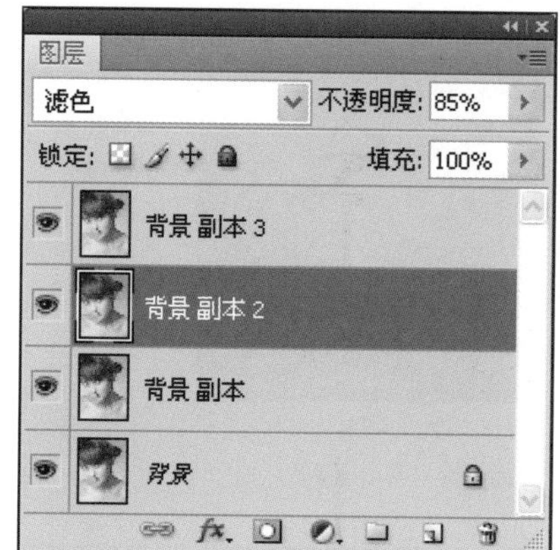

07 选中“背景 副本3”图层，执行“图像>调整>去色”菜单命令，调整图层的混合模式为“滤色”，“不透明度”为47%，如下图所示。

08 根据之前对多个背景副本图层进行图层混合模式和不透明度的调整，画面中的人物图像效果如下图所示。

09 在“图层”面板中，单击“背景”图层前的“指示图层可见性”图标，将“背景”图层隐藏，如下图所示。

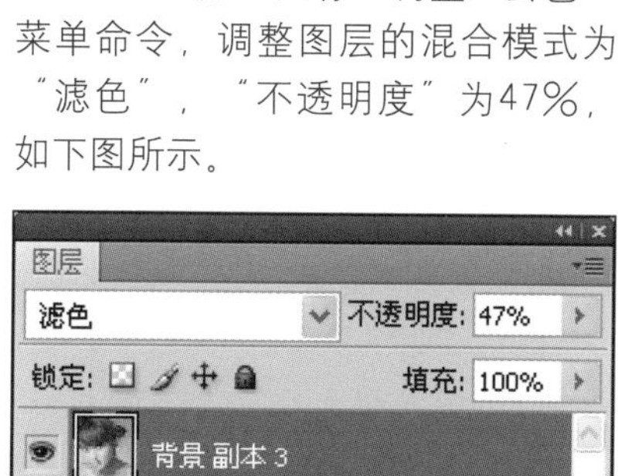

10 将“背景”图层隐藏，在画面中查看人物图像效果如下图所示。

11 在“图层”面板中，按Shift+Ctrl+Alt+E快捷键盖印可见图层，如下图所示。

12 执行“图像>调整>反相”菜单命令，将“图层1”图层进行反相操作，调整混合模式为“颜色减淡”，如下图所示。

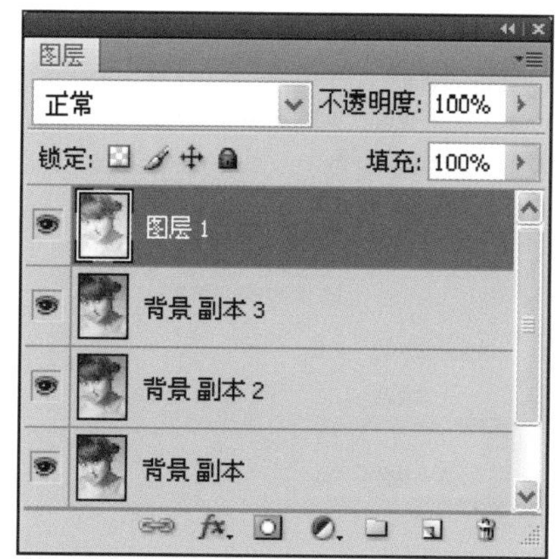

13 执行“滤镜>其它>最小值”菜单命令，打开“最小值”对话框，设置“半径”为1像素，如下图所示，设置后单击“确定”按钮。

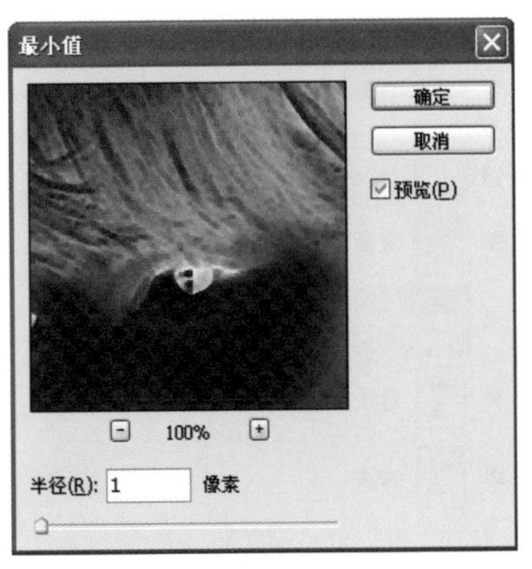

14 根据之前对盖印图层进行混合模式和“最小值”滤镜的调整，设置后的画面效果如下图所示。

15 打开随书光盘\素材\10\28.jpg文件，素材图像效果如下图所示。

16 将打开的素材图像全选并粘贴至人物图像窗口，使用“自由变换工具”，调整素材图像大小与人物图像画面大小相同，如下图所示。

17 选中“图层2”图层，为其添加图层蒙版，选择“画笔工具”，设置前景色为黑色，在画面中的人像位置进行涂抹，再调整图层混合模式如下图所示。

18 将素材花朵图像进行部分隐藏后，设置后的画面效果如下图所示。

19 为“背景”图层创建副本，调整“背景 副本4”图层至最上方，如下图所示。

20 双击“背景 副本4”图层名称，打开“图层样式”对话框的“混合选项”选项，在“高级混合”选项组中根据下图所示进行设置。

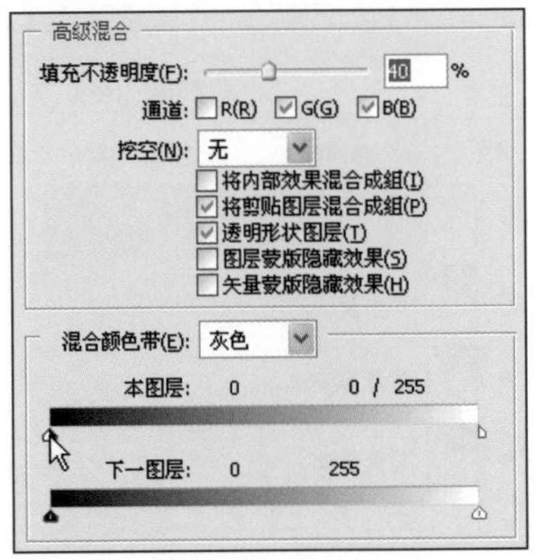

21 对“背景 副本4”图层进行混合选项的设置后，查看的画面效果如下图所示。

22 在"图层"面板中，添加"色阶"调整图层，输入色阶值为22、0.73、255，如下图所示。

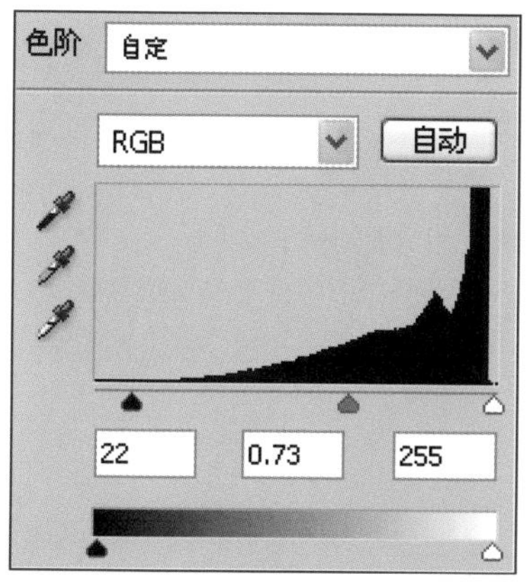

23 为图像添加"色阶"调整图层后，画面色彩明暗对比更强烈，画面效果如下图所示。

24 打开随书光盘\素材\10\29.jpg文件，选中图章图像并添加到画面适当位置，最后使用"横排文字工具"添加文本，最终效果如下图所示。

Key Points

关键技法

本实例的关键点在对反相后的图像所在的图层应用"颜色减淡"混合模式和"最小值"滤镜，打造图像边缘的线条感和硬笔绘制效果。

Example 10 制作涂鸦相框效果

光盘文件

原始文件：随书光盘\素材\10\30.jpg、31.jpg

最终文件：随书光盘\源文件\10\实例10 制作涂鸦相框效果.psd

本实例是为图像添加涂鸦相框，使图像更富生趣。通过对边框图像的添加和图层蒙版的设置，将人物图像放置到边框图像中，本实例所制作的最终图像与原始图像的对比效果如下图所示。

01 打开随书光盘\素材\10\30.jpg文件，图像效果如下图所示，为“背景”图层创建副本。

02 执行“编辑>画布大小”菜单命令，打开“画布大小”对话框，根据下图所示对画布进行参数设置。

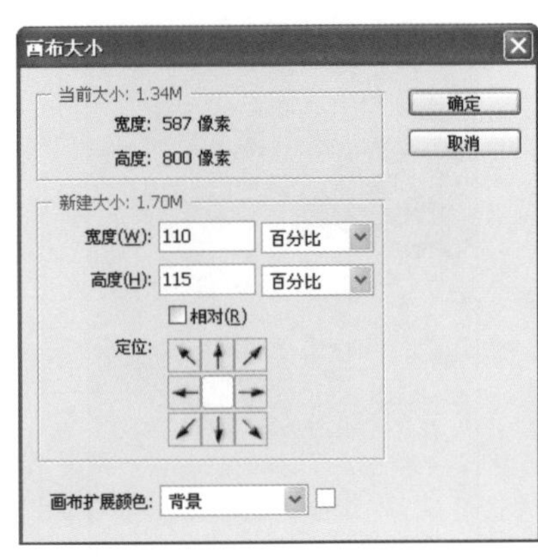

03 设置前景色为白色，使用前景色为“背景”图层进行填充，在“图层”面板中，查看填充效果如下图所示。

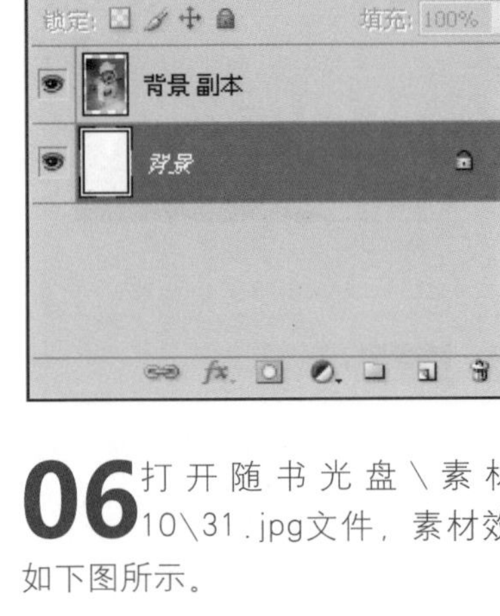

04 根据之前对画布进行扩展后，画面像效果如下图所示。

05 选择“移动工具”，选中“背景 副本”图层，将人物图像适当地向上进行移动，如下图所示。

06 打开随书光盘\素材\10\31.jpg文件，素材效果如下图所示。

07 按Ctrl+A快捷键全选图像，将素材边框选中并添加至人物图像文件中，打开“自由变换工具”对边框图像进行变形，如下图所示。

08 对边框进行变换后，执行“选择>色彩范围”菜单命令，打开“色彩范围”对话框，单击图像中的黑色部分，设置选区效果如下图所示。

09 根据“色彩范围”命令对边框图像设置选区，在“图层”面板中，将“背景 副本”图层隐藏后查看载入边框选区的效果如下图所示。

10 显示"背景 副本"图层，根据设置的边框选区，为"图层1"图层添加图层蒙版，如下图所示。

11 在画面中查看为"图层1"图层添加图层蒙版后的画面效果，如下图所示。

12 在"图层"面板中，调整"图层1"图层到"背景 副本"图层下方，如下图所示。

13 选中"背景 副本"图层，执行"图层>创建剪贴蒙版"菜单命令，为"背景 副本"图层创建剪贴蒙版，如下图所示。

14 为"背景 副本"创建剪贴蒙版后，为人物图像设置了边框效果，如下图所示。

15 使用"横排文字工具"在画面中添加适当的文字，设置文字为"水平居中对齐"，最后效果如下图所示。

Key Points

关键技法

应用剪贴蒙版的方式为人物图像添加边框，需要将人物图像放置到边框图层之上，否则剪贴的操作不能完成。

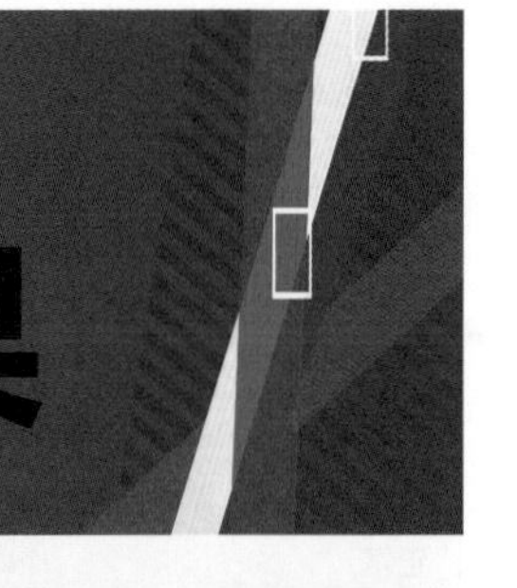

Example 11 制作信签纸效果

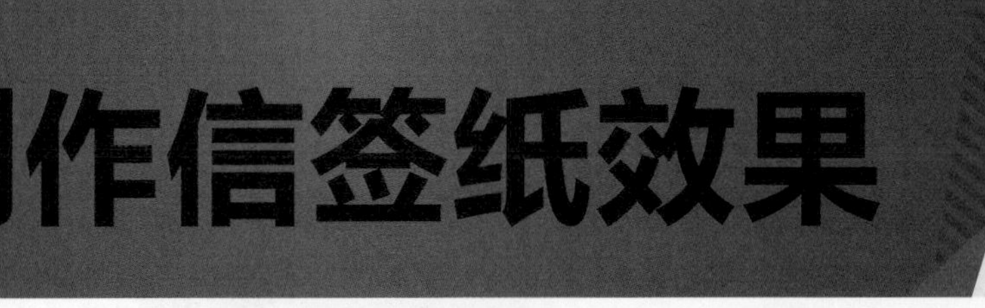

光盘文件

原始文件：随书光盘\素材\10\32.jpg、33.jpg

最终文件：随书光盘\源文件\10\实例11 制作信签纸效果.psd

本实例是将普通的人物图像作为信纸的背景效果进行创建，调整整体的画面色调，使用自定义的图案对画面进行信纸条纹的添加，通过设置图层蒙版的方式将线条和画面进行融合，最后为图像添加上卡通图像来丰富画面效果，增强了图像的趣味性。本实例所制作的最终图像与原始图像的对比效果如下图所示。

01 打开随书光盘\素材\10\32.jpg文件，图像效果如下图所示。

02 将“背景”图层拖曳至面板下方的“创建新图层”按钮上，创建“背景 副本”图层，如下图所示。

03 执行“图像>调整>去色”菜单命令，将“背景 副本”图层进行去色，设置后的图像效果如下图所示。

04 执行“图像>调整>亮度\对比度”菜单命令，打开“亮度\对比度”对话框，将“亮度”设置为−10，“对比度”设置为100，如下图所示，设置后单击“确定”按钮。

05 对去色图层的亮度\对比度进行调整后，画面效果如下图所示。

06 执行“图像>调整>变化”菜单命令，打开“变化”对话框，依次单击“加深黄色”、“加深洋红”、“加深红色”、“较亮”图像，完成对图像颜色的调整。

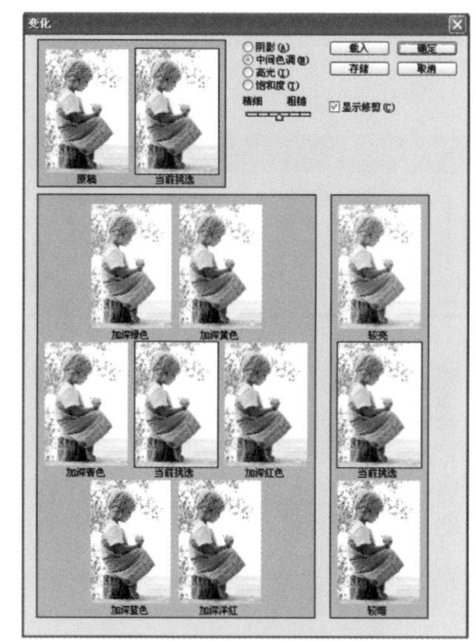

07 对图像进行“变化”命令的调整后，画面效果如下图所示。

08 按Ctrl+N快捷键，打开“新建”对话框，设置“宽度”和“高度”均为25像素，“背景内容”为透明，如下图所示，设置后单击“确定”按钮。

09 使用“缩放工具”将新建的图像放大到合适的画面大小，如下图所示。

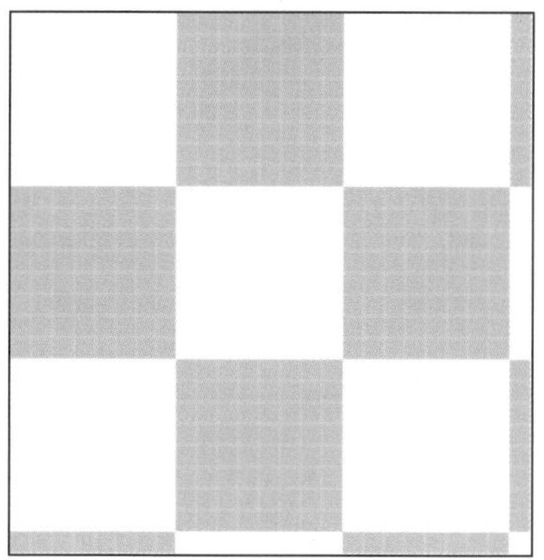

10 单击工具箱中的“铅笔工具”按钮，设置前景色为R:125、G:5、B:5，设置画笔主直径为1px，按住Shift键的同时在画面中绘制一条直线，如下图所示。

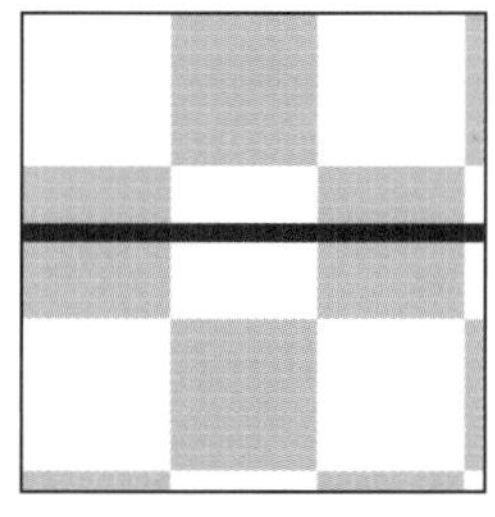

11 执行“编辑>定义图案”菜单命令，打开“图案名称”对话框，将图案名称设置为“线条”，如下图所示，设置后单击“确定”按钮。

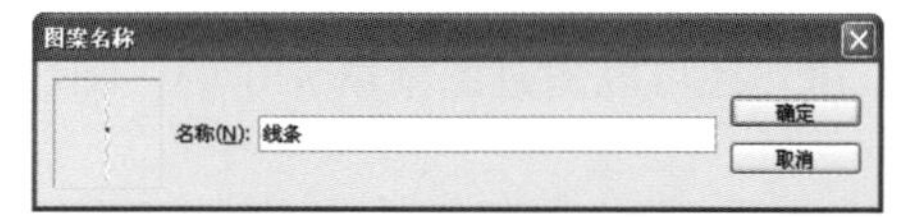

12 在“图层”面板中，新建“图案”调整图层，打开“图案”拾色器，在拾色器中选择创建的图案，如下图所示。

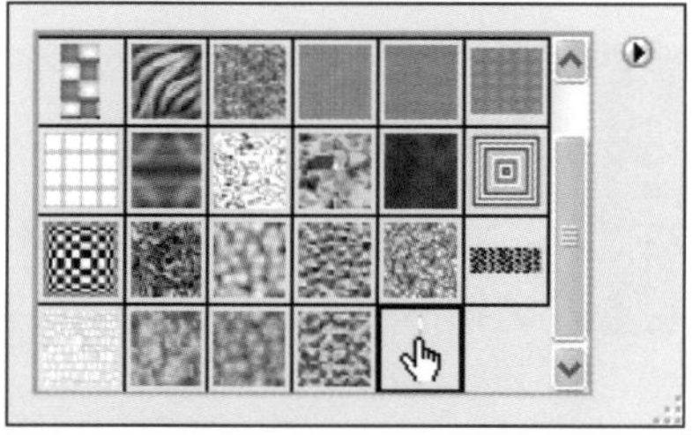

13 返回到“图案填充”对话框中，根据如下图所示设置参数，设置后单击“确定”按钮。

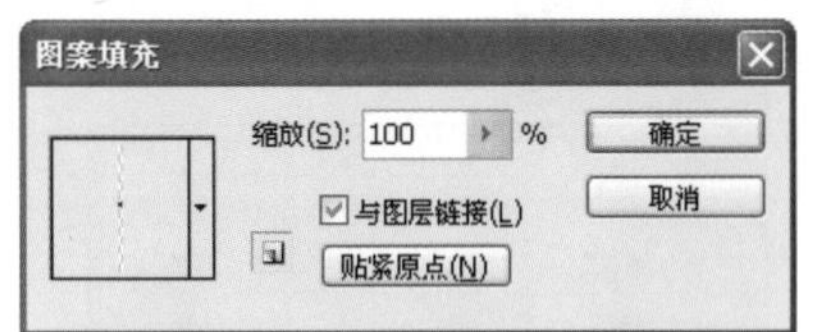

14 添加“图案”调整图层后，在画面中查看调整后的画面效果如下图所示。

15 在“图层”面板中，调整“图案填充1”图层的“不透明度”为60%，将添加的线条设置为半透明效果，如下图所示。

16 调整线条图层的不透明度后的画面效果如下图所示。

17 为“图案填充1”调整图层使用黑色的画笔进行涂抹，设置图层蒙版如下图所示。

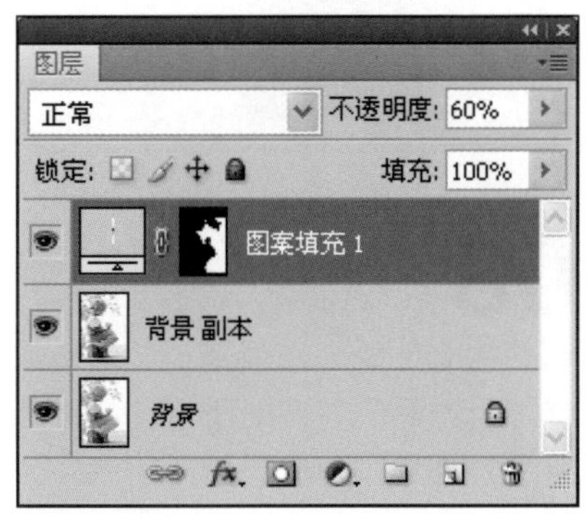

18 在线条图案中调整图层蒙版，将人物图像从线条图案中显现出来，如下图所示。

19 打开随书光盘\素材\10\33.jpg文件，选择“魔棒工具”在背景上单击选中背景后，执行“选择>反选”菜单命令，将选区进行反选，如下图所示。

20 将选区图像复制到剪贴板后，粘贴至信纸文件中，按Ctrl+T快捷键打开“自由变换工具”调整卡通素材图像，如下图所示。

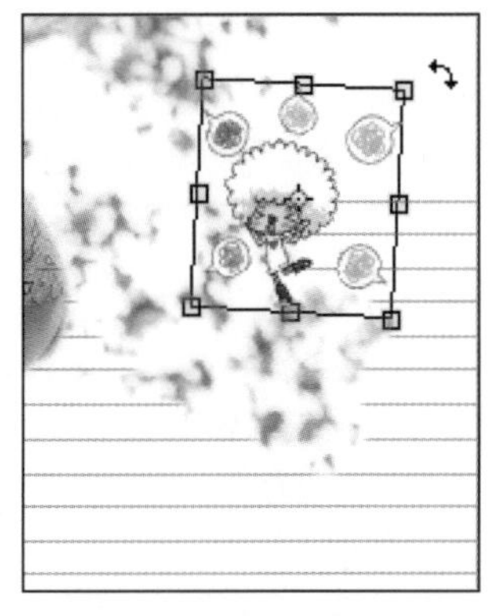

21 将素材的卡通图像移动到画面合适位置后按Enter键确认图像的变换，设置后的画面效果如下图所示，完成本实例的制作。

Key Points

关键技法

在设置信笺上的横线时，可以创建不同文档大小的直线作为图案进行填充，进行图案填充后将会显示不同行距的横线效果，用户还可以通过图案填充中的“缩放”选项设置横线的间距，设置不同纹理的信纸效果。

制作杂志内页效果

光盘文件

原始文件：随书光盘\素材\10\34.jpg

最终文件：随书光盘\源文件\10\实例12 制作杂志内页效果.psd

本实例通过对照片进行渐变填充和“斜面和浮雕”图层样式的运用，制作出褶皱效果，作为杂志内页。添加不同位置的渐变填充，设置内页上的高光和阴影效果，通过“变形”命令调整右页的形状，设置书页的立体效果，最后，在画面中添加适当的书页文字，本实例所制作的最终图像与原始图像对比效果如下图所示。

01 打开随书光盘\素材\10\34.jpg文件，图像效果如下图所示，为“背景”图层创建副本。

02 执行“图像>画布大小”菜单命令，打开“画布大小”对话框，设置“宽度“和”高度“分别为900像素和580像素，如下图所示，设置后单击“确定”按钮。

画布大小
当前大小: 1.25M
宽度: 835 像素
高度: 525 像素
新建大小: 1.49M
宽度(W): 900 像素
高度(H): 580 像素
相对(R)
定位:
画布扩展颜色: 背景
确定
取消

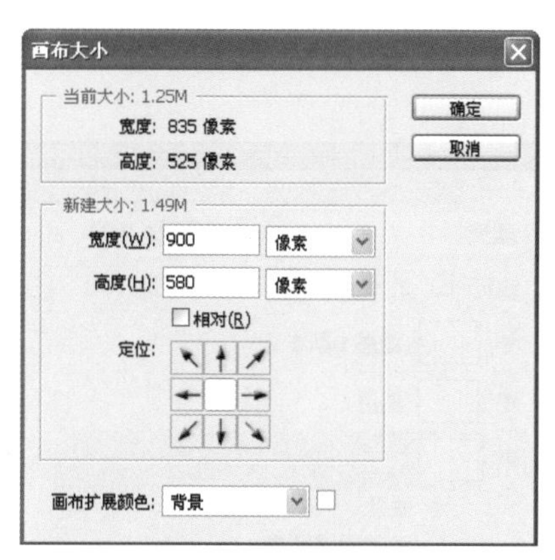

03 扩大画布后的画面效果如下图所示，为图像设置白色的背景效果。

04 执行“视图>标尺”菜单命令，打开“标尺”，分别从上侧和左侧拖曳出参考线，将参考线的位置分别设置为图像水平和垂直的中心位置，如下图所示。

05 选择工具箱中的“矩形选框工具”，在画面的右侧绘制一个合适大小的矩形选区，如下图所示。

06 在“图层”面板中，新建“图层1”图层，选中“渐变工具”，在画面中拖曳一个沿水平方向的由灰色至透明的颜色渐变，添加渐变效果如下图所示。

07 调整“图层1”图层的混合模式为“叠加”，再复制“图层1”图层，调整混合模式为“正常”，而“不透明度”为80%，如下图所示。

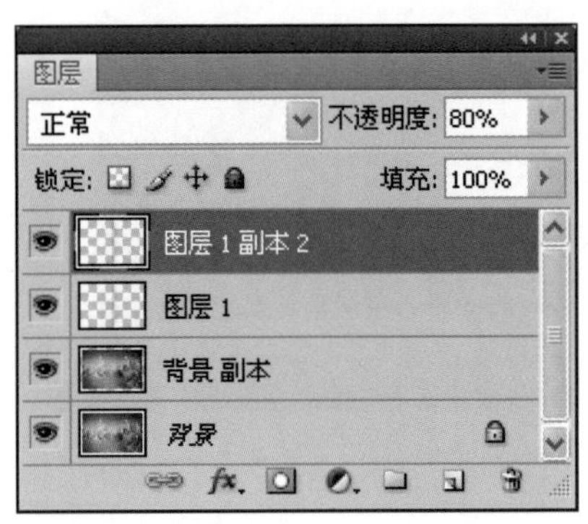

08 执行“视图>显示额外内容”菜单命令，将之前打开的标尺和辅助线等进行隐藏，查看画面中设置右侧阴影效果如下图所示。

09 再次选择“矩形选框工具”，在画面的中心位置，绘制一个合适大小的矩形选区，如下图所示。

10 新建图层，为设置的选区填充黑色，再为其添加“斜面和浮雕”图层样式，设置选项参数如下图所示，设置完成后单击“确定”按钮。

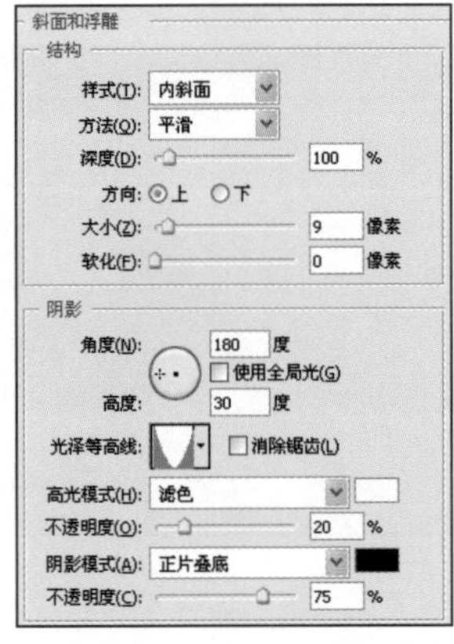

11 将“图层2”图层调整至“图层1”图层下方，再调整图层的混合模式为“柔光”，如下图所示。

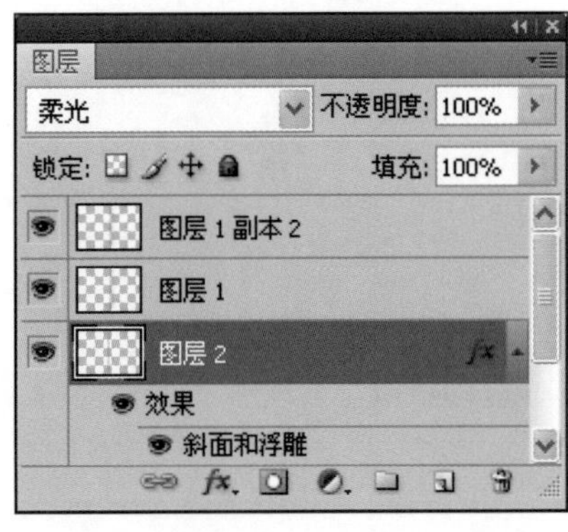

12 在画面中查看为中心位置的图像进行设置后的效果，如下图所示，制作了书页中心位置的嵌入效果。

13 新建图层，设置合适的颜色渐变，在书页的左侧添加合适的颜色渐变，如下图所示。

14 将填充的“图层3”图层混合模式调整为“柔光”，如下图所示。

15 将进行白色透明填充的图层，作为书页的高光效果，在画面中显示效果如下图所示。

16 将除“背景”图层之外的所有图层全部选中，按Ctrl+G快捷键将选中的多个图层编组，隐藏“背景”图层后，按Shift+Ctrl+Alt+E快捷键盖印可见图层，如下图所示。

17 在“图层”面板中，在“背景”图层上新建图层，并为其填充白色，如下图所示。

18 选中“图层4”图层，使用“矩形选框工具”框选右页面，执行“图像>变换>变形”菜单命令，打开变化控制框，根据如下图所示对右侧边框进行变形。

19 设置右侧画面的拱形效果后，按Enter键提交图像的变换操作，在画面中查看变形的右侧图像效果如下图所示。

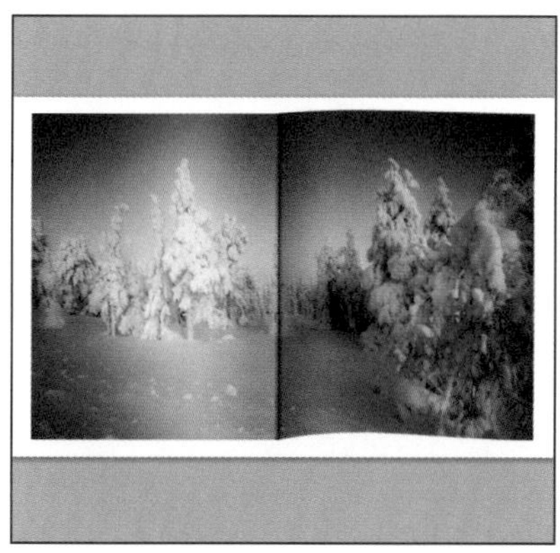

20 按住Ctrl键的同时单击“图层4”图层缩略图，载入图层4选区后，选择“选择工具”，按键盘上的↓键和→键，适当对选区进行向下和向右的移动，如下图所示。

21 在“图层4”下方新建“图层6”图层，设置前景色为黑色，按Alt+Delete快捷键对选区进行前景色的填充，填充后的画面效果如下图所示。

22 选择“画笔工具”，设置画笔的“硬度”为0%，调整合适大小的笔触后，新建图层，在画面右页的下方进行涂抹，如下图所示。

23 选中“模糊工具”在“图层6”上为添加的阴影图像边缘进行涂抹，设置出自然的投影效果，如下图所示。

24 选择“矩形选框工具”在左侧页面下方绘制合适大小的矩形选区，如下图所示，填充黑色后，调整“不透明度”为30%，如下图所示。

25 选择工具箱中“横排文字工具”，在画面中添加合适的文本，调整文字的大小和位置如下图所示。

26 在右侧的页面中同样添加一个矩形页码底纹，添加合适的文字后，对文字进行适当的变形，打开“变形文字”对话框，设置如下所示参数即可。

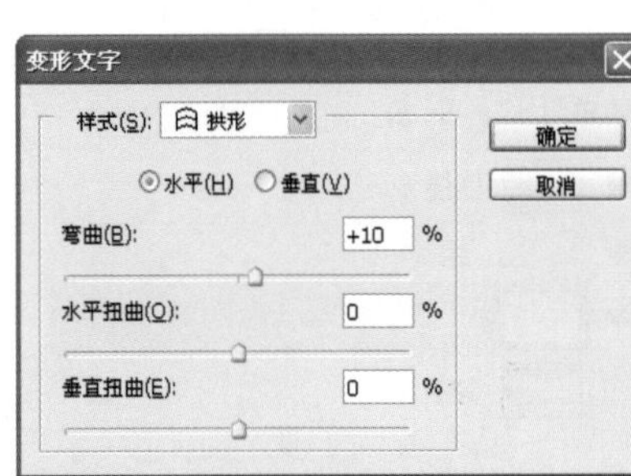

27 在画面中，查看分别为左页和右页添加页码后的画面效果如下图所示，完成本实例的制作。

Key Points

关键技法

在制作杂志内页这类写实图像时，制作的关键在于对光影的处理，高光的添加和阴影的添加能够增强整体的立体效果。

Chapter 11 超现实合成图像

本章主要通过变换等一系列操作，将原有的图像，制作成特殊的图像效果，而这类效果在现实中是根本不存在的，可以任意发挥想象对图像合成，其中包括有人物效果的实例与风景效果图像的合成。通过本章所学习的相关知识，可以将其运用到其他的图像效果制作中，达到灵活应用的目的。

相关软件技法介绍

本章主要介绍合成特殊图像效果的相关操作方法，通过对部分图像进行选取，结合边缘效果的设置，添加到其他图像中，再融合并整理多个图像，通过色彩的变换使整体具有统一性和协调性，通过对图层的不透明度等选项的设置将图像打造得更富有层次感，通过图层样式还能够对图层设置多种效果。

11.1 进行位移操作——移动选区图像

使用工具箱中的选框工具可以创建多个不同形状的选区，使用“移动工具”可以对选区中的图像进行裁切和移动操作。在对选区中的图像进行移动操作时，主要包括两种情况，一种是在同一图像文件中将选区图像拖曳至画面的其他位置，另一种是在不同文件中对选区图形进行移动和组合以设置特殊的图像效果。

1. 在同一图像文件中移动选区图像

在同一个图像文件中移动选区图像时，移动后的区域以背景色进行填充，若设置不同的背景色，则填充效果也不相同。在拖动选区时，按住Alt键的同时对图像区域进行拖曳，可以对选区图像进行复制，具体操作步骤如下。

1 打开随书光盘\素材\11\01.jpg文件，在“背景”图层，单击工具箱中的“矩形选框工具”按钮，使用“矩形选框工具”在图中绘制一个合适大小的矩形选区，如下图所示。

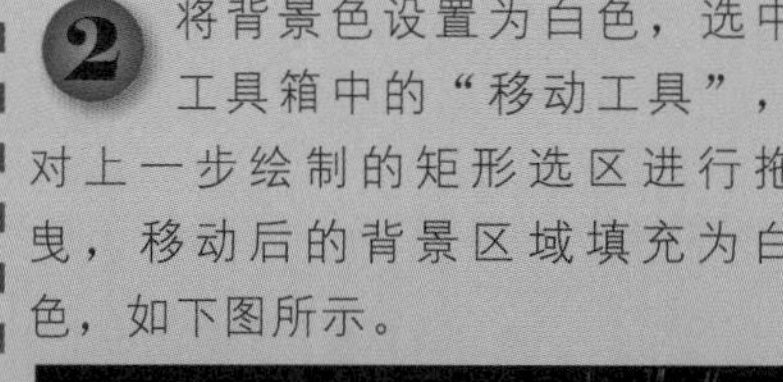

2 将背景色设置为白色，选中工具箱中的“移动工具”，对上一步绘制的矩形选区进行拖曳，移动后的背景区域填充为白色，如下图所示。

3 若将背景色设置为黑色，在使用“移动工具”对选区图像进行移动后，空白区域将被填充黑色，填充效果如下图所示。

4 在绘制矩形选区后，按住Alt键的同时拖曳选区图像，即可将选区图像进行复制，复制后的效果如下图所示。

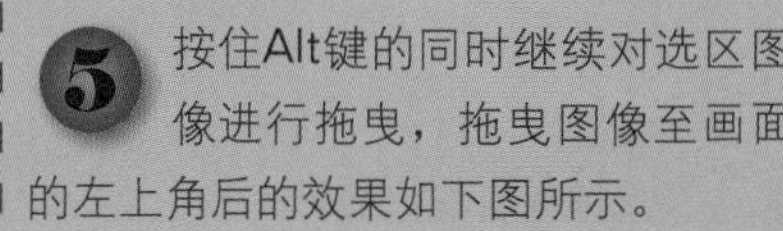

5 按住Alt键的同时继续对选区图像进行拖曳，拖曳图像至画面的左上角后的效果如下图所示。

6 继续选中选区图像，按住Alt键的同时拖曳选区图像至右下角，复制选区图像后的效果如下图所示。

2. 在不同图像文件中移动选区图像

在不同的图像文件中进行选区图像的移动时，需要将多个图像文件同时打开，对任意图像文件设置选区后，使用“移动工具”将选区图像向其他图像文件中拖曳，即可将选取的图像进行移动复制，对拖曳的图像可以进行任意的编辑和图层混合模式的设置，具体步骤如下所示。

1. 打开随书光盘\素材\11\02.jpg文件，按M快捷键，在画面中绘制一个合适大小的矩形选区，如下图所示。

2. 打开随书光盘\素材\11\03.jpg文件，图像效果如下图所示。

3. 使用“移动工具”将矩形选区图像向人物图像窗口中进行拖曳，添加选区图像效果如下图所示。

4. 将拖入到图像窗口中的图像放置到合适的位置上，如下图所示。

5. 将图层的混合模式设置为“滤色”，如下图所示。

6. 调整后，光点叠加至人物画面中，画面效果如下图所示。

11.2 去除杂物——删除选区图像

删除选区图像的方法相当简单，只需要选取所要删除的图像区域，然后按Delete键即可将该区域内容删除。若是在“背景”图层上进行选区图像的删除，删除后的区域将以背景色进行填充，背景颜色不同则删除后的填充颜色也不同；如果删除的图像不是“背景”图层，那么在删除选区图像后，删除的区域将以透明图像显示。具体步骤如下所示。

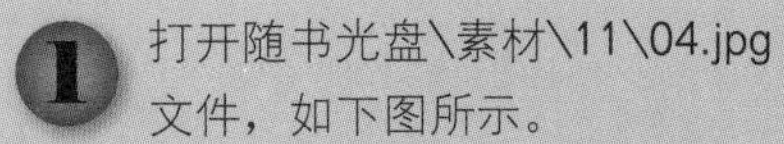

❶ 打开随书光盘\素材\11\04.jpg文件，如下图所示。

❷ 使用“魔棒工具”在画面的背景上单击，通过“添加到选区”的方式设置背景选区，效果如下图所示。

❸ 将背景色设置为白色，按Delete键将选区中的图像删除，删除选区后，背景图像填充为白色，设置背景效果如下图所示。

❹ 若将背景色设置为黑色，按Delete键将选区中的图像进行删除后，使用背景色进行填充的画面效果如下图所示。

❺ 复制“背景”图层，在“背景副本”图层上按Delete键将选区中的图像删除，并隐藏“背景”图层，如下图所示。

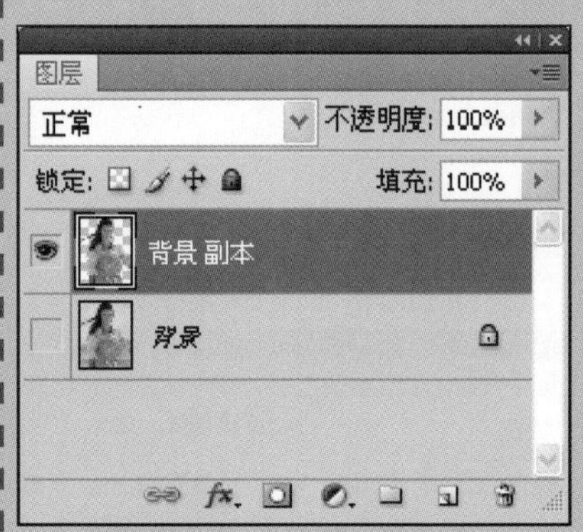

❻ 在画面中，查看删除选区后的图像，删除区域将以透明显示，效果如下图所示。

11.3 溶图的基本操作——调整图层不透明度

图层的不透明度会直接影响到图像的显示效果，可以通过“图层”面板中的“不透明度”选项和“填充”选项进行设置。对于单一的图像图层，改变不透明度可以得到不同程度的透明图像效果，若是对多个图层图像进行不透明度的设置，调整上一个图层的不透明度后，可以透过上一个图层查看下一个图层的图像效果，这就是所谓的溶图。

1. 单一图层的不透明度设置

锁定的“背景”图层不能对图层的不透明度进行设置，这时需要对打开的背景图层进行解锁操作，双击图层将打开的图像解锁，在“图层”面板中设置其不透明度，即可得到透明的图像效果，不同的数值会得到不同的图像效果，数值越小图像越透明，反之图像越清晰。

1 打开随书光盘\素材\11\05.jpg文件，图像如下图所示。

2 双击“背景”图层将其转换为普通图层，并将该图层的“不透明”度设置为80%，设置后的图像如下图所示。

3 若将“不透明度”设置为50%，那么图像效果将呈半透明效果显示，如下图所示。

2. 多个图层的不透明度设置

对于在多个图层上面进行不透明度的设置，调整上层图层的不透明度将显示下层图层，如果上一层图层的不透明度设置为0%，那么该图层下方的图层图像将完全显现出来，如果上一层图层的不透明度设置为100%，则上一层图像会完全将下层的图像完全覆盖。

1 开随书光盘\素材\11\06.jpg文件，素材图像效果如下图所示。

2 将之前打开的人物图像拖曳到当前所在的图像窗口中，如下图所示，该图层的不透明度默认为100%，将下层图像完全覆盖。

3 使用“自由变换工具”调整人物图像的大小，再将该图层的“不透明度”设置为80%，图像效果如下图所示。

4 继续为图像设置不同的不透明度，将人物图像的“不透明度”设置为50%，图像效果如下图所示。

5 若是将图像的不透明度设置为0%，那么在图像窗口中将会将人物图像进行隐藏显示，如下图所示。

6 在“图层”面板中，还可以通过设置“填充”来调整图像，设置“填充”为50%时，人物图像效果如下图所示。

11.4 强化图像明暗——应用“自定”滤镜

“自定”滤镜是根据预定义的数学运算，更改图像中每个像素的亮度值，同时根据周围的像素值为每个像素重新指定一个值，在“自定”对话框中输入一定的数值，都会产生不同的图像效果，具体操作如下所示。

1 打开随书光盘\素材\11\07.jpg文件，素材图像效果如下图所示。

2 在“图层”面板中，将“背景”图层拖至“创建新图层”按钮上，创建图层副本，如下图所示。

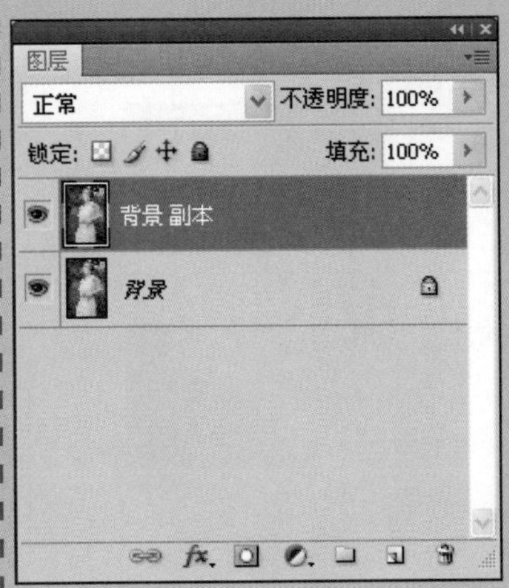

3 执行“滤镜>其它>自定”菜单命令，打开“自定”对话框，根据如下所示设置自定参数，设置完成后单击“确定”按钮。

5		-5		5
		-3		
-12	3	80	3	-12
		3		
5		-3		5

缩放(C): 60　位移(O): -40

4 在画面中，应用“自定”滤镜后的效果如下图所示。

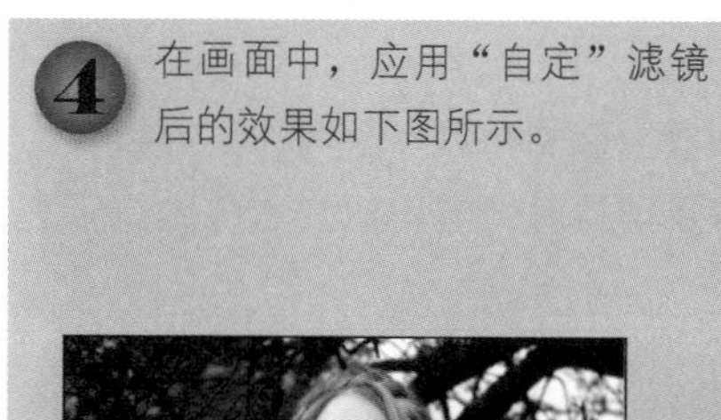

5 打开随书光盘\素材\11\08.jpg文件，图像效果如下图所示，同样的为“背景”图层复制图层副本。

6 执行“滤镜>其它>自定”菜单命令，根据之前设置的“自定”滤镜参数为该图像进行编辑，效果如下图所示。

11.5 特殊效果的添加——应用图层样式

在Photoshop 中，提供了多种对图层进行样式设置的操作，能为图像添加多种特殊的效果，这些图层样式包括了投影、内阴影、外发光、内发光、斜面和浮雕、光泽、颜色叠加、渐变叠加、图案叠加和描边等。

单击“图层”面板下方的“添加图层样式”按钮 fx，在弹出的菜单中选择任意选项，即可打开“图层样式”对话框，如下图所示。在该对话框中，可以勾选多种图层样式选项并在右侧的选项区进行参数设置，在对话框中勾选了“预览”复选框后，在对样式选项参数进行设置后，在图像窗口将可以查看设置的选项参数对图像的影响。另外，在“图层样式”对话框中，可以同时勾选多种样式进行设置，组合为新的图像效果，应用到其他图像中。下面具体分析该对话框中的多个图层样式选项。

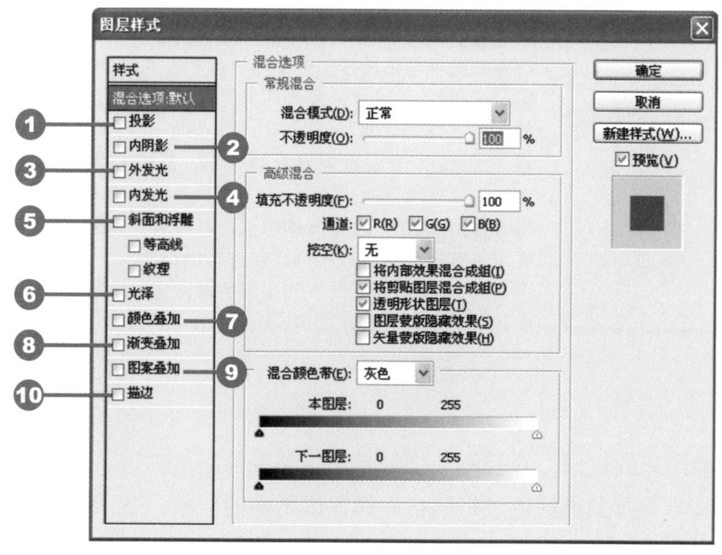

❶ **投影：** 此选项用于设置图像的阴影，可以任意调整投影的位置或者角度等。

❷ **内阴影：** 该选项用于设置图像内部的阴影效果，可以根据需要设置阴影颜色。

❸ **外发光：** 此选项用于设置图像向外散发的光亮效果，可以对发光的颜色和强度分别进行设置。

❹ **内发光：** 此选项用于设置图像内部发光的效果，选项设置与外发光类似。

❺ **斜面和浮雕：** 此选项可以将图像模拟成浮雕效果，通常用于制作立体感强的图像。

❻ **光泽：** 此选项用于为图像表面添加一层颜色，制作成表面泛光的效果，透过添加的颜色可以查看下层的图像效果。

❼ **颜色叠加：** 此选项可以为图像添加一层颜色，添加的颜色可以与底层图像相混合，形成新的图像效果。

❽ **渐变叠加：** 该选项和颜色叠加相似，只是该选项为图像表面添加的颜色是渐变色。

❾ **图案叠加：** 此选项可以在图像表面添加一层图案效果，通过设置混合模式等，对所添加的图案进行调整。

❿ **描边：** 此选项可以为图像的边缘添加一个边框，并且可以自由地设置边框的宽度、颜色和不透明度等选项。

1. “投影”选项

投影效果是在图像下部添加阴影效果，使图像效果更立体化，可以分别对投影的角度、距离、扩展以及大小等参数进行设置。在打开的“图层样式”对话框中，单击“投影”选项将复选框进行选中，在右侧的选项区中查看“投影”的参数，如下图所示。

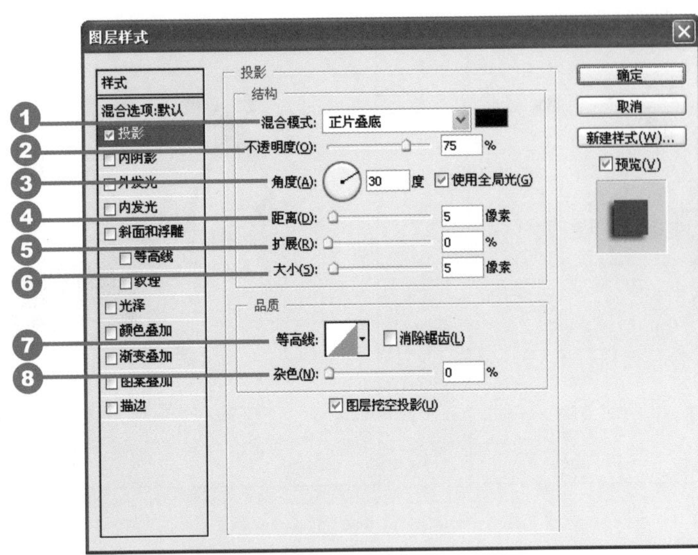

❶ 混合模式：此选项用于设置投影颜色与图像背景颜色相互混合的样式，和图层混合模式中的选项相同。

❷ 不透明度：用于设置投影颜色的不透明度，数值越小投影效果越不明显。

❸ 角度：用于设置投影的方向，可以进行任意角度的设置。

❹ 距离：此选项用于设置添加的投影与原图像的距离，数值越大距离也越大。

❺ 扩展：此选项用于设置投影边缘羽化的程度，数值越大羽化效果越明显，数值越小羽化效果越不明显。

❻ 大小：用于设置投影的范围，数值越大投影的范围也越大。

❼ 等高线：此选项用于设置投影的效果，其中有多种默认值可以选择。

❽ 杂色：此选项可以为投影效果添加杂色，数值越大杂点越多。

2. 发光选项

发光效果包括了内发光效果和外发光效果，两种发光效果的选项基本相同。内发光除了在“图素”选项部分，将“扩展”选项变为“阻塞”选项外，还多了对光源位置的单项选择：如果选择“居中”选项，那么发光就从图层内容的中心开始，直到距离对象边缘设定的数值为止；若选中“边缘”单选按钮，则是沿对象边缘向内。外发光选项如下图所示。

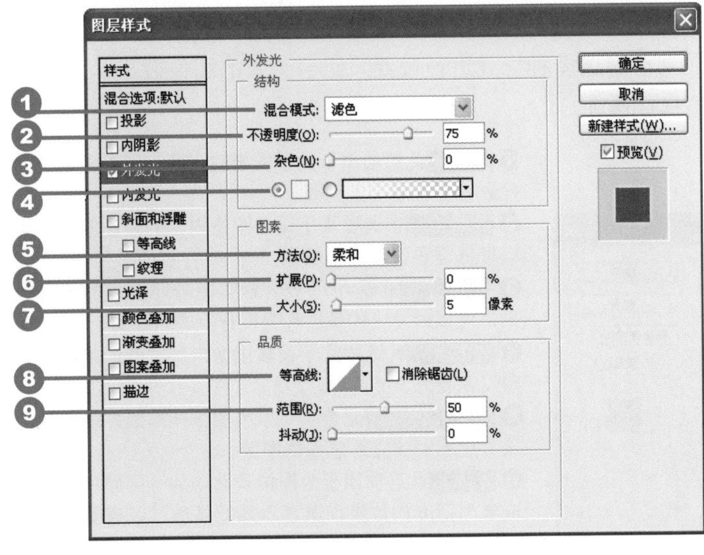

❶ 混合模式：此处用于设置外发光与图像的混合类型，其中有多种选项可供选择。

❷ 不透明度：用于设置外发光图像的“不透明度”，数值越小图像越不明显。

❸ 杂色：用于设置所添加的外发光图像的杂点，数值越大添加的杂点越多。

❹ 颜色：用于设置发光的颜色，可以将其设置为单色或者渐变色。

❺ 方法：用于设置调整外发光图像的显示明显程度，有两种选项可供选择，分别为“柔和”和“精确”。

❻ 扩展：用于设置外发光的羽化程度，数值越大羽化越大。

❼ 大小：用于设置外发光的范围，数值越大范围越大。

❽ 等高线：用于外发光的样式，其中有很多默认的样式可供选择，也可以根据需要进行调整。

❾ 范围：用于设置外发光效果与原图像的位置之间的变化，数值越大离原图像越远。

3. “斜面和浮雕”选项

斜面和浮雕效果能够模拟和制作出图像高光和阴影的效果，对模糊处理的带明暗关系的副本进行了偏移和裁剪处理，高光和阴影都是以半透明的形式出现，与下方图层颜色进行混合，模拟出斜面的假象。在阴影选项区，可以控制斜面的投影角度、高度和光泽等高级样式，设置高光和暗调的混合模式、颜色及不透明度，主要作用是创建类似金属表面的光泽外观，它不但影响图层效果，连图层内容本身也被影响，如下图所示。

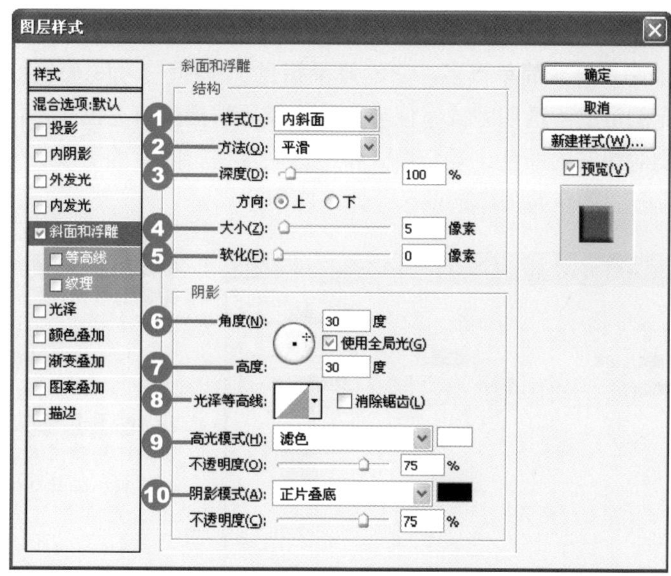

❶ **样式：**指定斜面样式，其中包含了“内斜面”、“外斜面”、“浮雕效果”、“枕状浮雕”和“描边浮雕”等。“内斜面”在图层内容的内边缘上创建斜面；“外斜面”在图层内容的外边缘上创建斜面；“浮雕效果”模拟使图层内容相对于下层图层呈浮雕状的效果；“枕状浮雕”模拟将图层内容的边缘压入下层图层中的效果；“描边浮雕”将浮雕限于应用于图层的描边效果的边界。
❷ **方法：**“平滑”、“雕刻清晰”和“雕刻柔和”可用于斜面和浮雕效果。
❸ **深度：**用于设置浮雕的明显程度，数值越大浮雕效果越明显。
❹ **大小：**用于设置浮雕效果的大小，数值越大雕刻的图像越清晰。
❺ **软化：**用于设置浮雕效果边缘平滑的程度，数值越大图像越平滑。
❻ **角度：**确定效果应用于图层时所采用的光照角度。可以在文档窗口中以拖动方式调整“投影”、“内阴影”或“光泽”效果的角度。
❼ **高度：**对于斜面和浮雕效果，设置光源的高度，值为0表示底边，值为90表示图层的正上方。
❽ **光泽等高线：**创建有光泽的金属外观，“光泽等高线”在为斜面或浮雕加上阴影效果后才能应用。
❾ **高光模式：**指定斜面或浮雕高光的混合模式。
❿ **阴影模式：**指定斜面或浮雕阴影的混合模式。

4. “光泽”选项

光泽效果主要是在图像的表面添加一层颜色，形成亮光区域，可以对光泽的不透明度、距离和大小等选项进行设置。在“图层样式”对话框中，勾选“光泽”复选框，即可在右侧的选项区中对各项参数进行设置，如下图所示。

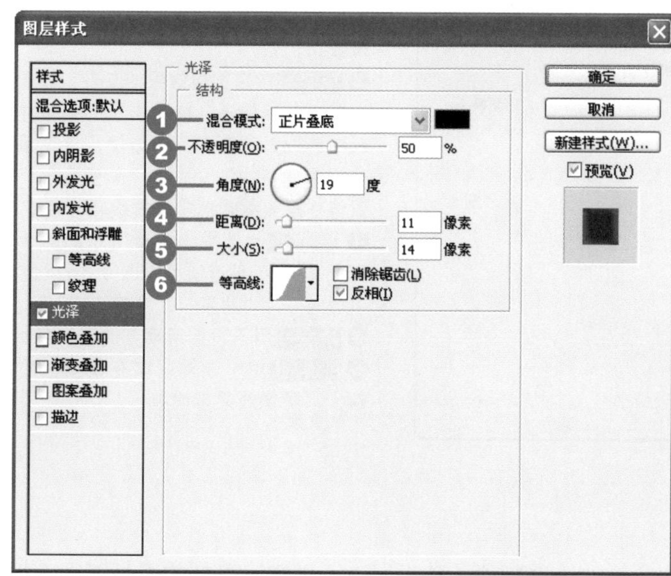

❶ **混合模式：**用于设置所添加的光泽与原图像的混合样式，单击其后的色标可以打开“选取光泽颜色”对话框，在对话框中设置添加的光泽颜色。
❷ **不透明度：**此处用于设置添加光泽颜色的不透明度。
❸ **角度：**此处用于设置添加光泽效果光源投射的角度。
❹ **距离：**设置光泽在图像中显示的距离，其取值范围为1～250像素。
❺ **大小：**用于设置所添加光泽的范围，数值越小光泽越小。
❻ **等高线：**用于设置所添加光泽的类型，所选择的类型不同，所添加的光泽效果也不相同。

5. “颜色叠加”选项

颜色叠加效果相比其他图层样式简单很多，它的效果相当于按Alt+Delete快捷键或Ctrl+Delete快捷键，分别用前景色和背景色填充图层的不透明区域。但与单纯的使用快捷键填充图层不同的是，在“颜色叠加”图层样式的应用中，可以分别对填充的颜色、混合模式和不透明度进行随时的更改。若修改颜色叠加的属性，勾选“颜色叠加”复选框，打开“颜色叠加”选项区，如下图所示。

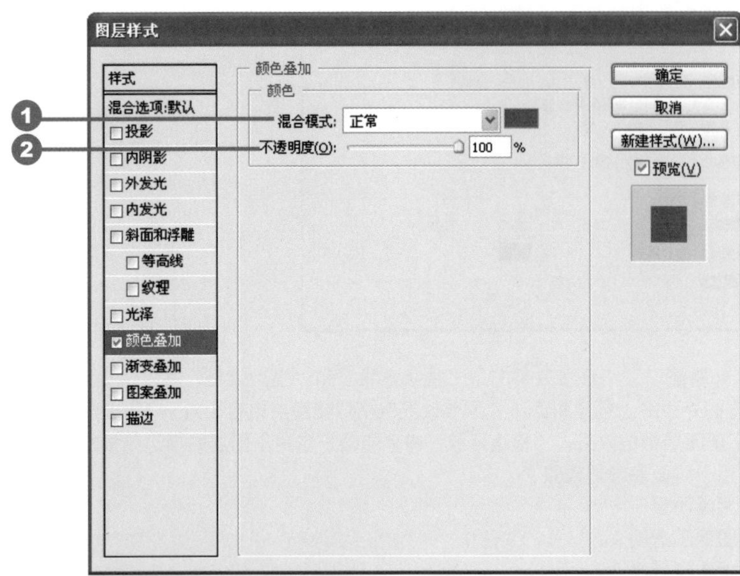

❶ 混合模式：此处用于设置所添加的颜色与原图像的混合类型，与图层的“混合模式”选项相同，单击其后的色标可以打开“选取叠加颜色”对话框，在对话框中可以对需要叠加的颜色进行设置。

❷ 不透明度：该选项用于设置所添加的颜色的不透明程度，数值越大颜色叠加的效果越明显，数值越小则叠加的颜色效果越不明显。

6. “渐变叠加”选项

渐变叠加效果是用渐变颜色填充图层内容，与使用“渐变工具”在图层中创建渐变图层效果类似，但使用渐变叠加样式，可以分别对混合模式、渐变的颜色、渐变样式、角度和渐变范围进行控制。下面分别对各选项设置进行具体分析，如下图所示。

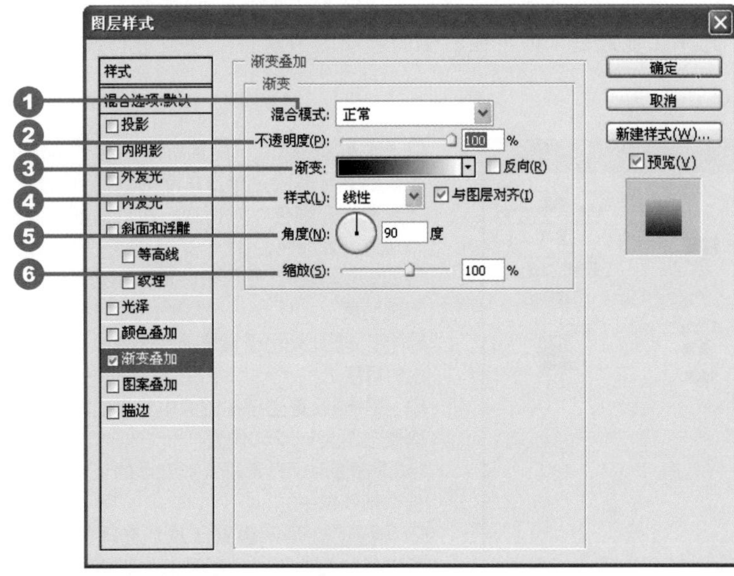

❶ 混合模式：此处用于设置所添加的渐变色与原图像的混合类型，和图层混合模式中的选项相同。

❷ 不透明度：用于设置所添加渐变色的“不透明度”，当此处值为0%时，图像将只显示原图像效果。

❸ 渐变：指定图层效果的渐变。单击渐变条以显示渐变条编辑器，或单击反向箭头并从弹出式面板中选取一种渐变。可以使用渐变编辑器编辑渐变或创建新的渐变。在“渐变叠加”面板中，可以像在渐变编辑器中那样编辑颜色或不透明度。

❹ 样式：此处用于设置所添加的渐变颜色的类型，其中有5种选项可供选择，分别为“线性”、“径向”、“角度”、“对称的”和“菱形”。

❺ 角度：用于设置所填充的渐变色的角度。

❻ 缩放：用于设置所填充渐变色的范围，数值越大，图像效果越明显。

7. “图案叠加”选项

图案叠加效果与在斜面和浮雕效果中介绍到的纹理选项大致相同，不过图案叠加效果是以图案填充图层内容而非仅采用图案的亮度进行效果设置的，所以，比起纹理选项，图案叠加效果多了混合模式和不透明度，却少了深度值和反相的设置，如下图所示。

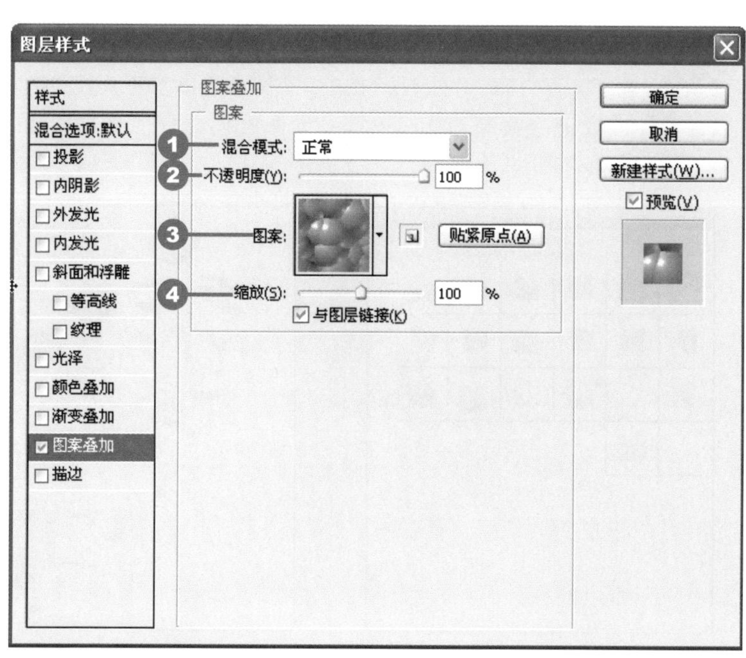

❶ 混合模式：和其他效果选项中的混合模式相同，此处的默认选项为“正常”。
❷ 不透明度：此处用于设置所添加图案的不透明度，数值越小，图案越不明显。
❸ 图案：此处用于设置所要添加的图案效果，打开“图案拾色器”有多种图案可以选择。
❹ 缩放：此处用于设置填充图案的大小，数值越大，图案比例变大。

8. “描边”选项

描边效果和“编辑”菜单中的“描边”菜单命令的效果类似，都是为绘制的图像添加边缘效果。使用描边图层样式能够更自由地控制描边的各种选项参数，对图像的描边颜色、位置、不透明度等选项分别进行设置，在右侧的预览框中可以查看添加图层样式后的效果，如下图所示。

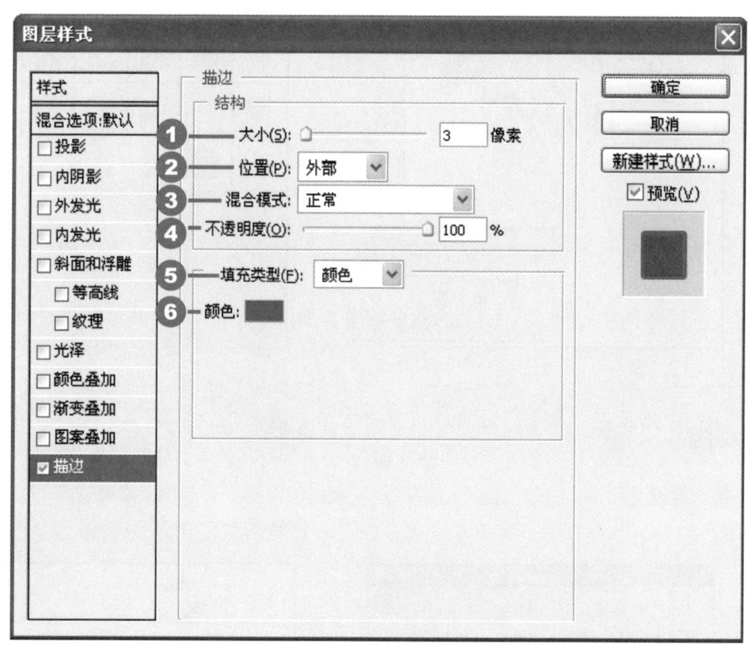

❶ 大小：此选项用于设置描边的宽度，数值越大，边缘越宽。
❷ 位置：此选项用于设置添加的边缘和原图像的关系，有外部、内部和居中3个选项提供选择。
❸ 混合模式：此选项用于设置描边图像与背景图像的混合样式，默认选项为“正常”。
❹ 不透明度：用于设置描边图像的不透明度，数值越小，描边效果越不明显。
❺ 填充类型：此处可以设置添加边缘的颜色类型，分别可以设置单色、渐变和图案进行描边设置。
❻ 颜色：若在“填充类型”下拉列表框中选择了“颜色”选项，单击颜色色标即可设置描边的颜色；若选中“渐变”或“图案”选项，下方的选项内容将自动的进行变换。

9. 使用“样式”面板设置图像样式

在Photoshop CS4中，除了能使用“图层样式”对话框对图像进行效果的设置外，还可以通过系统自带的“样式”面板对图像进行调整。下面讲述的就是运用“样式”面板为图像添加系统预设的图层样式效果，具体的步骤如下页所示。

1 打开随书光盘\素材\11\09.psd文件，如下图所示，选中“图层”面板中“图层1”图层。

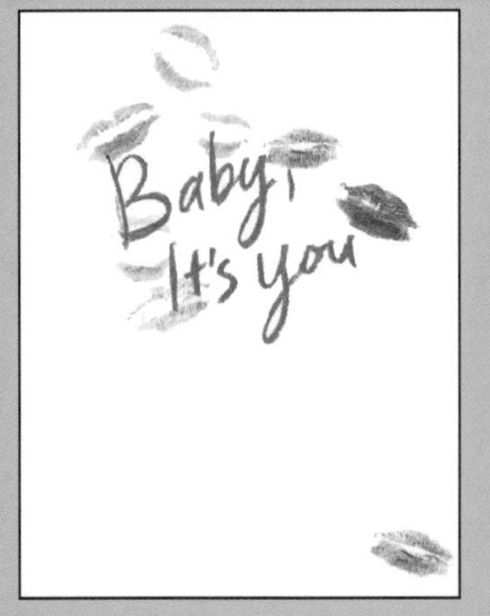

2 执行“窗口>样式”菜单命令，打开“样式”面板，在“样式”面板中，单击“负片（图像）”按钮，如下图所示。

3 在画面中可以查看为“图层1”添加负片效果的画面，如下图所示，为在“图层1”图层上自动添加“颜色叠加”图层样式。

4 继续在“样式”面板中，单击“棕褐色调（图像）”按钮，如下图所示。

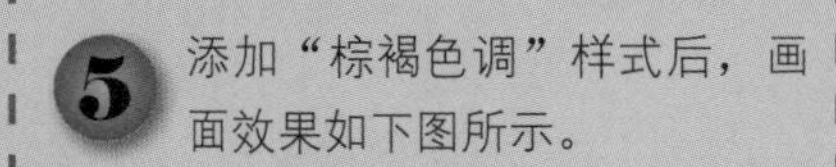

5 添加“棕褐色调”样式后，画面效果如下图所示。

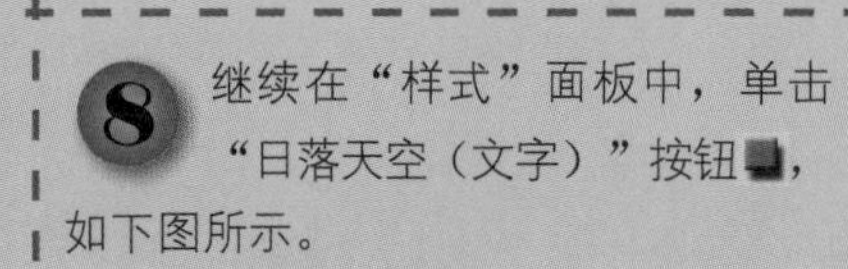

6 继续在“样式”面板中，单击“星云（纹理）”按钮，如下图所示。

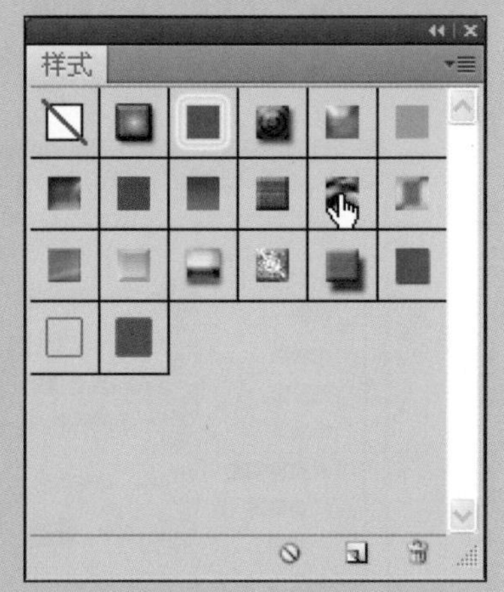

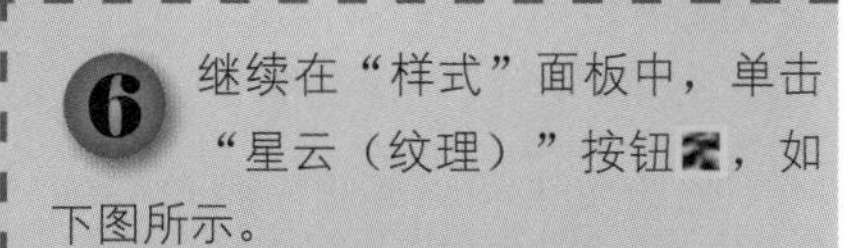

7 添加“星云（纹理）”样式后，自动地为“图层1”图层添加“渐变叠加”和“图案叠加”图层样式，如下图所示。

8 继续在“样式”面板中，单击“日落天空（文字）”按钮，如下图所示。

9 在“图层”面板中，可以看到为其添加了“投影”、“斜面和浮雕”、“渐变叠加”图层样式，设置样式后的画面效果如下图所示。

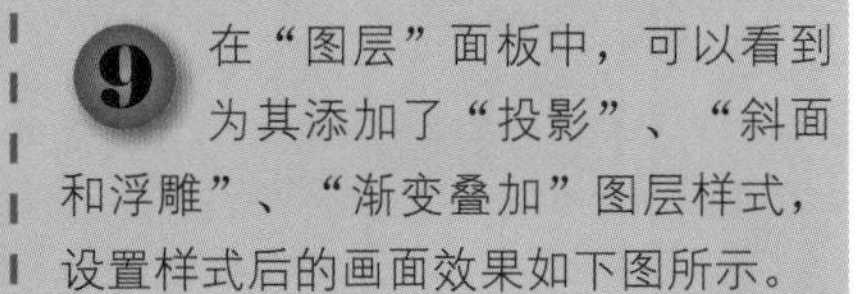

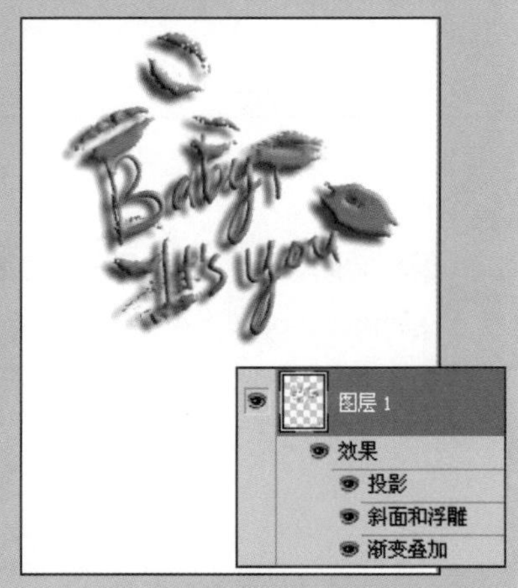

制作飘逸唯美风格图像

光盘文件

原始文件：随书光盘\素材\11\10.jpg、11.jpg

最终文件：随书光盘\源文件\11\实例1 制作飘逸唯美风格图像.psd

本实例对素材人物图像通过“色彩平衡”的调整，调整画面整体色调，通过“光照效果”滤镜设置图像的光照效果，设置图层的“叠加”混合模式打造图像效果，通过对花瓣素材图像的抠图，为页面添加飘落的花瓣效果，增加了画面的浪漫气息，实例的最终图像与原始图像的对比效果如下图所示。

01 打开随书光盘\素材\11\10.jpg素材文件，图像效果如下图所示，在“图层”面板中，为“背景”图层创建图层副本。

02 执行“图像>调整>色彩平衡”菜单命令，打开“色彩平衡”对话框，设置“中间调”选项的色阶值为10、10、-30，如下图所示。

色彩平衡
色阶(L): 10 10 -30
青色 — 红色
洋红 — 绿色
黄色 — 蓝色
色调平衡
○阴影(S) ⊙中间调(D) ○高光(H)
☑保持明度(V)

03 继续在“色彩平衡”对话框中对“高光”选项进行设置，输入色阶值为-30、-10、-18，如下图所示，设置完成后单击“确定”按钮。

色彩平衡
色阶(L): -30 -10 -18
青色 — 红色
洋红 — 绿色
黄色 — 蓝色
色调平衡
○阴影(S) ○中间调(D) ⊙高光(H)
☑保持明度(V)

04 对“色彩平衡”进行色调调整后的画面效果如下图所示。

05 在“图层”面板中，选中“背景 副本”图层，为其创建图层副本，如下图所示。

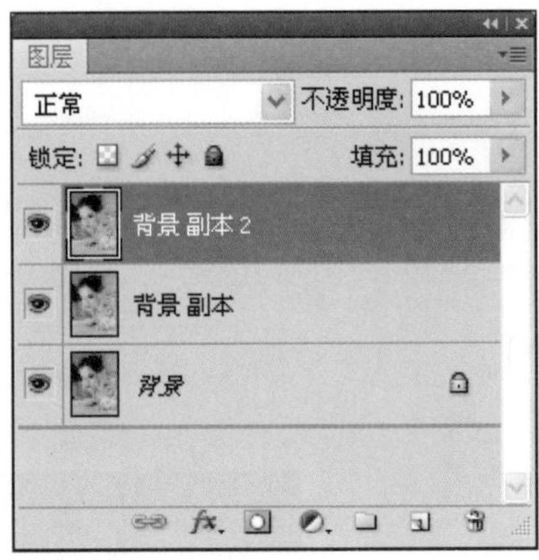

06 选中“图层 副本2”图层，执行“滤镜>渲染>光照效果”菜单命令，根据下图所示设置光照效果，设置完成后单击“确定”按钮。

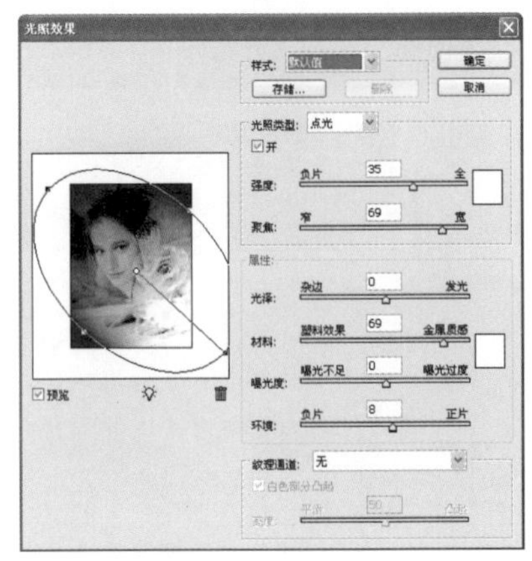

07 应用“光照效果”滤镜后，画面效果如下图所示。

08 在“图层”面板中，调整“背景 副本2”图层的混合模式为“叠加”，如下图所示。

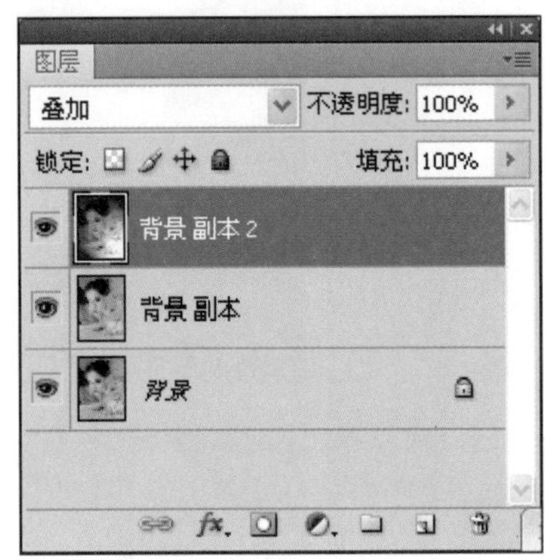

09 调整“背景 副本2”图层的混合模式后的画面效果如下图所示，增强了画面的整体颜色浓度。

10 打开随书光盘\素材\11\11.jpg文件，复制“背景”图层，并将“背景”图层隐藏，图像效果如下图所示。

11 选择“吸管工具”吸取荷叶绿色作为背景色，吸取花瓣的颜色作为前景色，再选中“背景橡皮擦工具”，在“背景 副本”图层上进行涂抹，如下图所示。

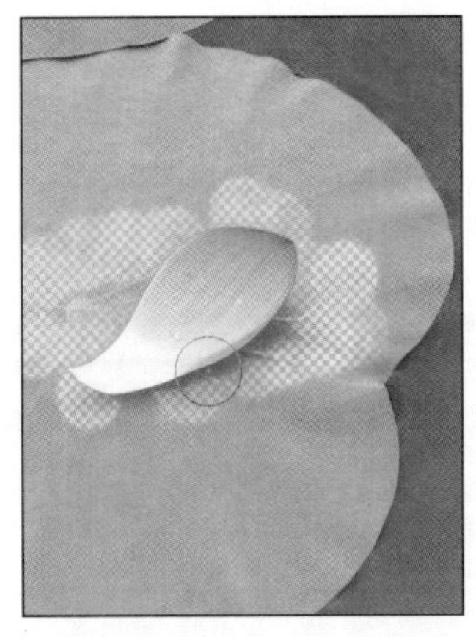

12 将花瓣图像抠出后，拖曳花瓣图像至人物素材文件中，按Ctrl+T快捷键打开“自由变换工具”对花瓣图像进行变形，如下图所示。

13 选择“移动工具”，按住Alt键的同时在画面中拖曳出多个花瓣，设置花瓣效果效果如下图所示。

14 在“图层”面板中，将设置的多个花瓣图层选中，再按Ctrl+G快捷键将选中的图层编组，如下图所示。

15 按Ctrl+E快捷键将图层组合并为一个图层，执行“滤镜>模糊>动感模糊”菜单命令，打开“动感模糊”对话框，根据下图设置参数。

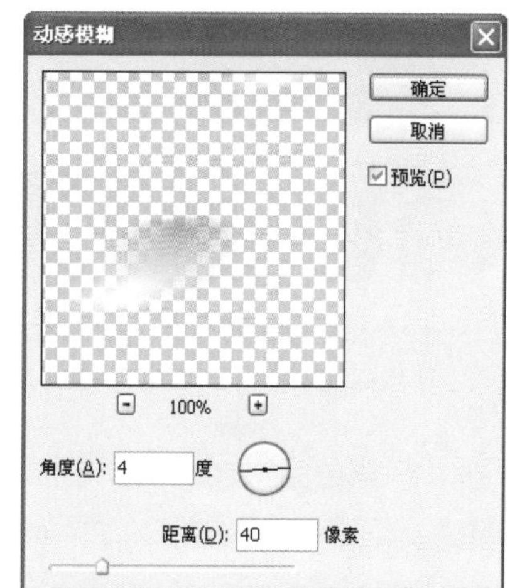

16 为花瓣图层应用“动感模糊”滤镜后的画面效果如下图所示。

17 在“图层”面板中，调整“花瓣”图层的混合模式为“点光”，“不透明度”为70%，如下图所示。

18 对“花瓣”图层的混合模式和不透明度进行设置后的画面效果如下图所示，完成本实例的制作。

Key Points

关键技法

运用“光照效果”滤镜对整体光源进行设置时，将头部边缘的图像调暗，人物的手部位置调亮后，突出了整体画面的远近关系，使整个画面更具层次感。

Example 02 制作蒙太奇效果

光盘文件

原始文件：随书光盘\素材\11\12.jpg~23.jpg

最终文件：随书光盘\源文件\11\实例2 制作蒙太奇效果.psd

在本章中主要使用图层蒙版对图像进行融合，将打开的素材图像拖入到所创建的新图像窗口中，并为该图层添加图层蒙版，然后使用“画笔工具”将图像效果的边缘图像擦除，使图像之间相互渗透，共同组合成综合的图像效果，还应将图像调整至合适的位置上。本实例的最终图像与原始图像的对比效果如下图所示。

01 启动Photoshop CS4后，执行“文件>新建”菜单命令，打开“新建”对话框，创建一个“高度”和“宽度”分别为800像素和1010像素的空白文件，新建文件效果如下图所示。

02 打开随书光盘\素材\11\12.jpg文件，按Ctrl+A快捷键全选图像后，复制选区图像至新创建的文件中，使用“自由变换工具”调整素材图像的位置和大小，设置后如下图所示。

03 选中“图层1”图层，单击“图层”面板底部的“添加图层蒙版”按钮，再选择合适大小的柔边画笔，调整前景色为黑色，使用画笔在图层蒙版上进行涂抹，涂抹后的效果如下图所示。

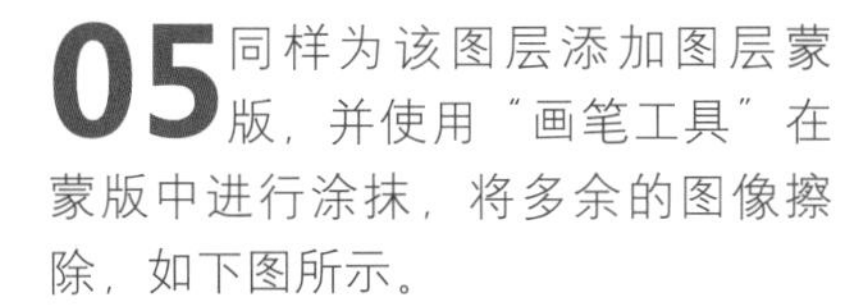

04 打开随书光盘\素材\11\13.jpg素材文件，将素材文件拖曳至图像窗口中，调整素材图像的位置和大小，如下图所示。

05 同样为该图层添加图层蒙版，并使用“画笔工具”在蒙版中进行涂抹，将多余的图像擦除，如下图所示。

06 继续使用“画笔工具”在草地图像下方进行涂抹，涂抹后的画面效果如下图所示。

07 打开随书光盘\素材\11\14.jpg文件，将雪地图像拖入到图像窗口中，如下图所示。

08 为该图层添加上图层蒙版，并使用“画笔工具”将边缘的图像擦除，设置后的图像效果如下图所示。

09 打开随书光盘\素材\11\15.jpg文件，将素材天空图像拖入到图像窗口中，使用“自由变换工具”调整素材图像大小，如下图所示。

10 将随书光盘\素材\11\16.jpg天空素材拖曳图像文件中，同样为图像添加图层蒙版并进行涂抹，效果如下图所示。

11 打开随书光盘\素材\11\17.jpg文件，并将素材图像拖曳至新建文件中，调整素材图像位置如下图所示。

12 选择工具箱中的“背景橡皮擦工具”，使用该工具将素材图像的背景擦除，保留树枝效果如下图所示。

13 按Ctrl+T快捷键将树枝图像进行位置的变换并进行水平翻转，如下图所示，设置后按Enter键完成对树枝图像的变换。

14 选择“移动工具”，按住Alt键的同时拖曳树枝图像，为树枝图像创建副本，再打开“自由变换工具”，调整树枝图像至画面合适位置，如下图所示。

15 调整变换的中心位置至矩形编辑框的上侧中心点，单击右键在弹出的快捷菜单中选择“垂直翻转”菜单命令，将树枝图像进行垂直翻转，翻转后的效果如下图所示。

16 选择“图层1”图层，执行“滤镜>模糊>动感模糊”菜单命令，调整“角度”为−4度，“距离”为57像素，如下图所示。

17 在画面中查看应用“动感模糊”滤镜后的效果，如下图所示。

18 打开随书光盘\素材\11\18.jpg文件，将图像拖曳至画面合适位置，如下图所示。

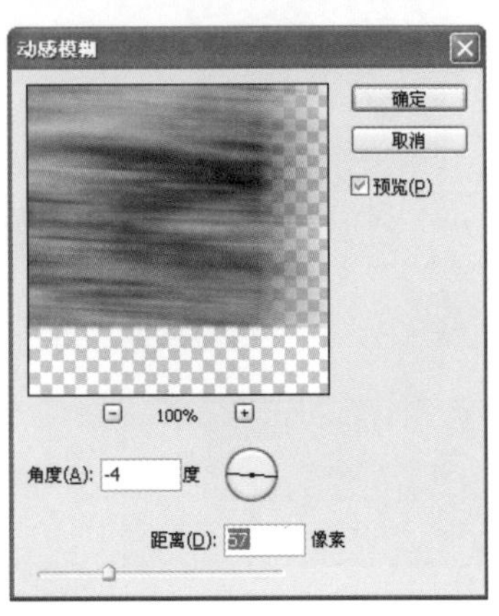

19 按住Ctrl键的同时单击“图层6”图层缩略图，载入树枝选区，如下图所示。

20 根据上一步载入的树枝选区，为步骤18中枫叶素材图层添加图层蒙版，添加蒙版后的图像效果如下图所示。

21 使用黑色的画笔在图层蒙版上进行涂抹，将右侧的枫叶图像进行隐藏，设置后的画面效果如下图所示。

22 打开随书光盘\素材\11\19.jpg文件，将该图像拖入到图像窗口中，将其放置到如下图所示的位置。

23 同步骤19方法相同，载入树枝倒影选区后为素材图层添加图层蒙版，涂抹蒙版后的画面效果如下图所示。

24 打开随书光盘\素材\11\20.jpg文件，并将素材图像拖曳至画面中，调整至下图所示的位置。

25 为步骤24拖入的图层添加上图层蒙版，并使用"画笔工具"将多余的图像擦除，如下图所示。

26 调整后的图像所在图层的混合模式设置为"叠加"，调整后的图像效果如下图所示。

27 打开随书光盘\素材\11\21.jpg文件，拖曳至图像窗口将图像进行垂直翻转，翻转后的图像如下图所示。

28 按住Alt键的同时单击面板底部的"添加图层蒙版"按钮，选择白色画笔，在倒影的树枝位置进行涂抹后，调整图层混合模式为"强光"，画面效果如下图所示。

29 打开随书光盘\素材\11\22.jpg文件，并将该图像拖曳到创建的图像窗口中，调整图像位置如下图所示，并为该图层添加图层蒙版，在图层蒙版中进行涂抹。

30 调整该图层的顺序在"图层6"图层上方，将图层的混合模式设置为"强光"，调整图层的"不透明度"设置为85%，设置后的图像效果如下图所示。

31 打开随书光盘\素材\11\23.jpg文件，将其拖曳至图像窗口中，调整图像位置如下图所示。

32 为步骤31中的素材图层添加图层蒙版，将除月亮图像之外的多余图像进行擦除，再调整图层的混合模式为"线性光"，设置后的画面效果如下图所示。

33 将月亮图层放置在"图层5"图层之上，变换图层顺序后的画面效果如下图所示，完成本实例的制作。

Key Points

关键技法

本实例重复运用了图层蒙版以及"画笔工具"进行图层蒙版的绘画操作，将多个素材图像自然地融合在同一图像中。需要注意的是，在运用图层蒙版时，显示和隐藏图像的比例决定了图像融合的自然程度。

Example 03 制作有眼睛的雕塑

光盘文件

原始文件：随书光盘\素材\11\24.jpg~25.jpg

最终文件：随书光盘\源文件\11\实例3 制作有眼睛的雕塑.psd

本实例是为雕塑图像添加上逼真的眼睛效果，制作特殊的合成特效。通过"套索工具"设置眼睛图像区域，再为眼睛图像添加并设置图层蒙版，将眼睛轮廓自然地贴合至雕像中，继续使用"画笔工具"为瞳孔添加颜色，通过调整图层混合模式的方式变换瞳孔的色调。本实例的最终图像与原始图像的对比效果如下图所示。

01 打开随书光盘\素材\11\24.jpg文件，素材图像效果如下图所示。

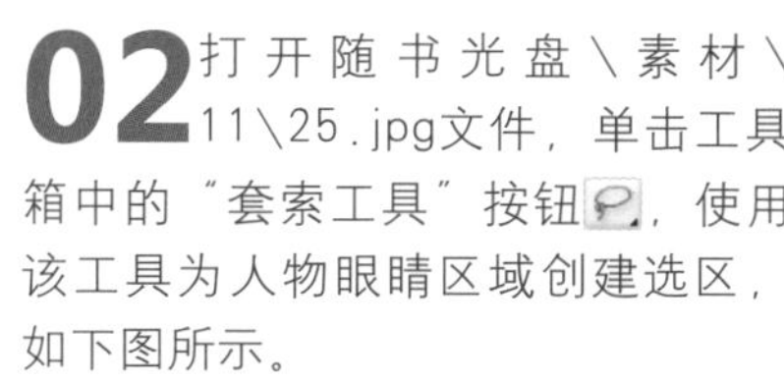

02 打开随书光盘\素材\11\25.jpg文件，单击工具箱中的“套索工具”按钮，使用该工具为人物眼睛区域创建选区，如下图所示。

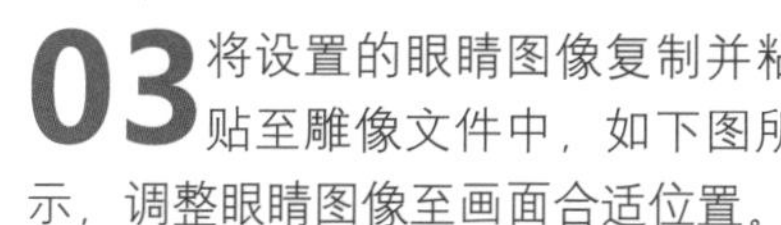

03 将设置的眼睛图像复制并粘贴至雕像文件中，如下图所示，调整眼睛图像至画面合适位置。

04 单击“图层”面板底部的“添加图层蒙版”按钮，使用“画笔工具”将眼睛图像周围的多余图像隐藏，设置效果如下图所示。

05 为“背景”图层创建副本，使用“仿制图章工具”将雕像眼眶周围的黑色区域擦除，设置后的图像效果如下图所示。

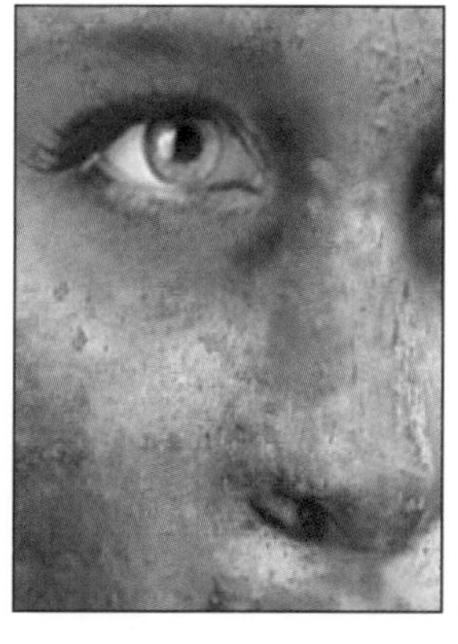

06 同样地，使用“套索工具”选择素材人物的另一只眼睛，复制图像至雕像文件中，如下图所示。

07 根据之前对眼睛图像添加图层蒙版的方式，继续为后添加的眼睛进行进行擦除和调整，贴合后的效果如下图所示。

08 使用“画笔工具”，设置前景色为R:205、G:128、B:43，使用“画笔工具”在瞳孔位置进行绘制，绘制效果如下图所示。

09 调整步骤08绘制的图层混合模式设置为“叠加”，“不透明度”设置为80%，调整后的图像效果如下图所示。

Key Points

关键技法

本实例中要运用变换选区，将所选取的眼睛图像调整至合适的位置上，在旋转时要注意图像的角度。

Example 04 合成星空下的美人照片

光盘文件

原始文件：随书光盘\素材\11\26.jpg、27.jpg

最终文件：随书光盘\源文件\11\实例4 合成星空下的美人照片.psd

本实例将普通的海边照片制作成星空下的梦幻照片，通过石头素材图像，将原有单一的石块进行替换，增强了画面的恬静感觉，通过“色彩平衡”和“自然饱和度”命令对色彩的调整，将画面的整体色调调整得统一、和谐，最后通过自定义的画笔在画面中进行艺术效果的添加，打造星空下的图像效果。本实例的最终图像与原始图像的对比效果如下图所示。

01 打开随书光盘\素材\11\26.jpg文件，图像效果如下图所示，为“背景”图层创建图层副本。

02 打开随书光盘\素材\11\27.jpg文件，将素材图像全选，如下图所示，复制图像至剪贴板。

03 将剪贴板中的图像粘贴至人物文件新图层中，按Ctrl+T快捷键打开“自由变换工具”，将石头素材图像变形并放置在画面适当位置，如下图所示。

04 为"图层1"图层添加图层蒙版，在"图层"面板中查看效果如下图所示。

05 选中"画笔工具"，设置前景色为黑色，在图层蒙版中进行涂抹，涂抹的形状和大小如下图所示。

06 对图层蒙版进行涂抹后，隐藏部分石头图像和天空图像，查看画面效果如下图所示。

07 在"图层1"图层上新建"色彩平衡"调整图层，设置"中间调"的颜色值分别为+15、−8、−100，如下图所示。

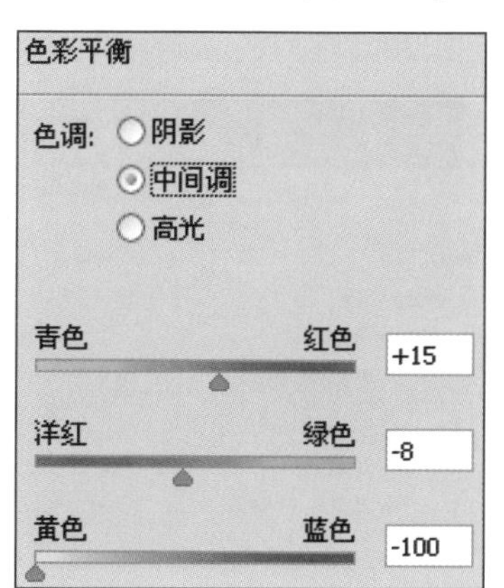

08 按住Ctrl+Alt组合键拖曳"图层1"图层蒙版复制并粘贴至"色彩平衡1"图层蒙版，如下图所示，将"色彩平衡1"图层蒙版进行替换。

09 继续使用"画笔工具"，在"色彩平衡1"的图层蒙版上，对水面部分的图像进行涂抹，设置图层蒙版效果如下图所示。

10 根据之前对色彩进行变换以及图层蒙版的设置后，素材石头的色调基本与人物图像上的地面色调一致，如下图所示。

11 在"色彩平衡1"调整图层上再创建"色彩平衡"调整图层，设置"中间调"的参数值为−100、0、+9，如下图所示。

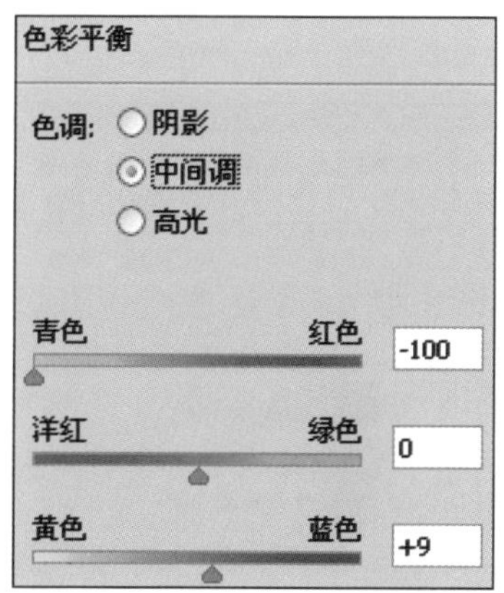

12 选中"高光"选项，调整颜色值为+54、0、0，如下图所示。

色彩平衡
色调: 阴影
中间调
高光
青色 红色 +54
洋红 绿色 0
黄色 蓝色 0

13 在“色彩平衡2”调整图层上，执行“图像>调整>反相”菜单命令，将蒙版进行反相后，选择“橡皮擦工具”将水面位置的图像进行擦除，如下图所示。

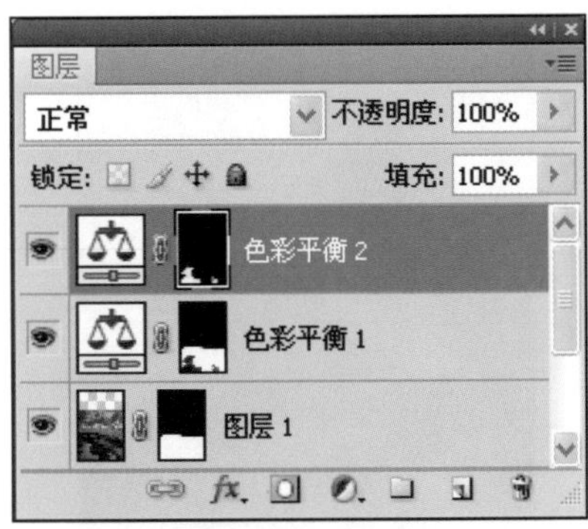

14 根据“色彩平衡2”调整水面的色彩后的画面效果如下图所示。

15 在“色彩平衡2”图层上添加“自然饱和度”调整图层，设置“自然饱和度”值为-100，“饱和度”值为+25，如下图所示。

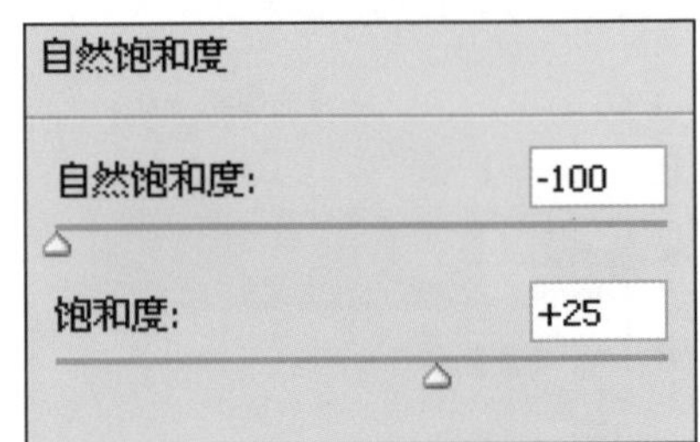

16 按住Ctrl+Alt组合键的同时拖曳“色彩平衡1”图层蒙版至“自然饱和度1”图层蒙版上，将“自然饱和度1”图层蒙版替换，如下图所示。

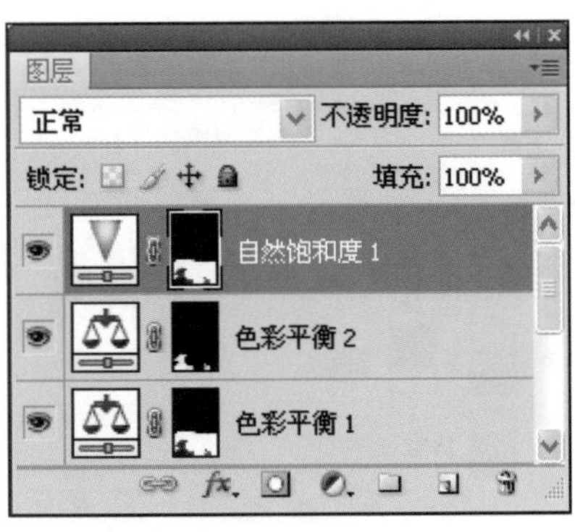

17 在画面中查看图层蒙版后，下方的石头图像的饱和度降低，色彩与人物背后的图像效果更为接近，如下图所示。

18 在“图层”面板中，新建图层，选择“渐变工具”，设置前景色为R:25、G:81、B:125，打开“渐变编辑器”对话框，选择由前景色至透明的渐变，如下图所示。

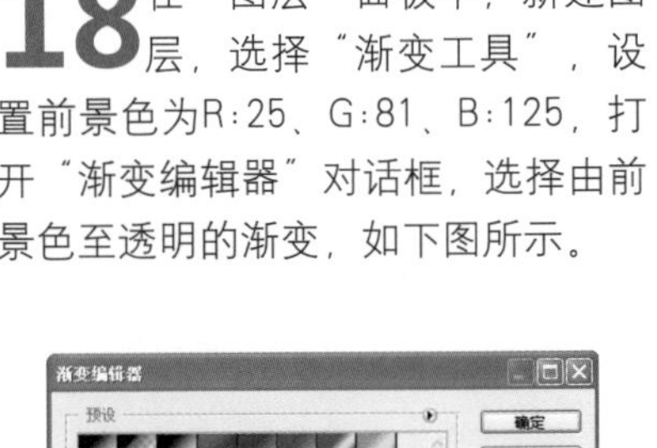

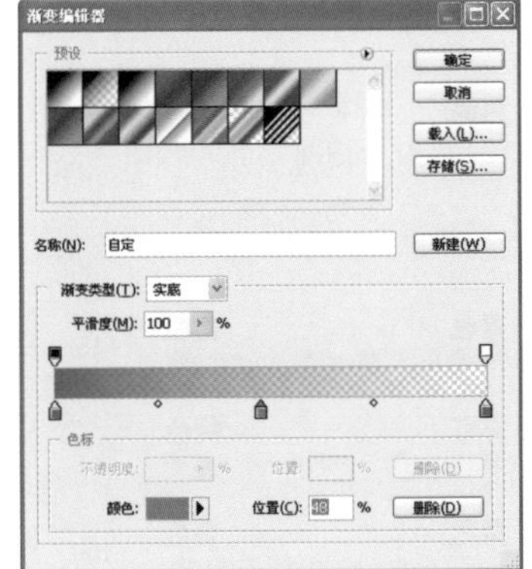

19 选择选项栏中的线性渐变，由上至下拖曳，渐变效果如下图所示。

20 为“图层2”图层添加图层蒙版，并选择黑色的画笔在图层蒙版中进行涂抹，如下图所示，再调整混合模式为“深色”。

21 在画面中查看根据添加渐变填充后的背景颜色自然地融合在背景中，如下图所示。

22 在“图层”面板中，按Shift+Ctrl+Alt+E快捷键盖印可见图层，如下图所示。

23 在“图层3”图层上，新建“自然饱和度”调整图层，设置“自然饱和度”为−45，“饱和度”为−23，如下图所示。

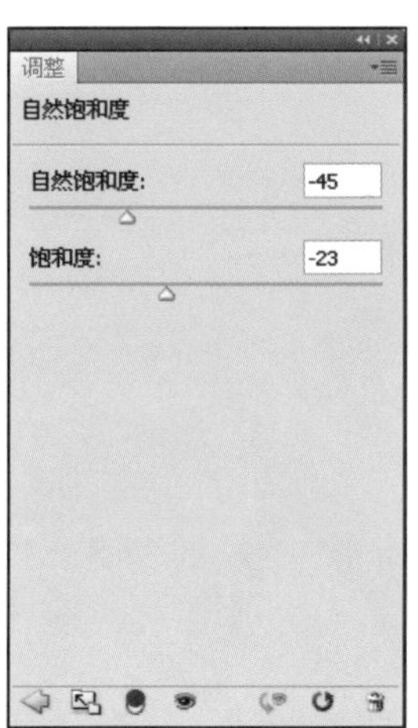

24 在画面中查看降低了整体图像饱和度后的画面效果如下图所示。

25 在“自然饱和度”调整图层上添加“可选颜色”调整图像，选择颜色为“青色”时，设置颜色浓度分别为+100、+100、−99、0，如下图所示。

26 继续在“可选颜色”调整选项中选择颜色为“黑色”，设置颜色浓度值为0、0、0、+30，如下图所示。

27 添加“可选颜色”调整图层后的画面效果提升了部分色彩浓度，如下图所示。

28 新建“图层4”图层，选择“画笔工具”载入“流光珠链”笔刷后，选择珠链画笔在画面中进行绘制，如下图所示。

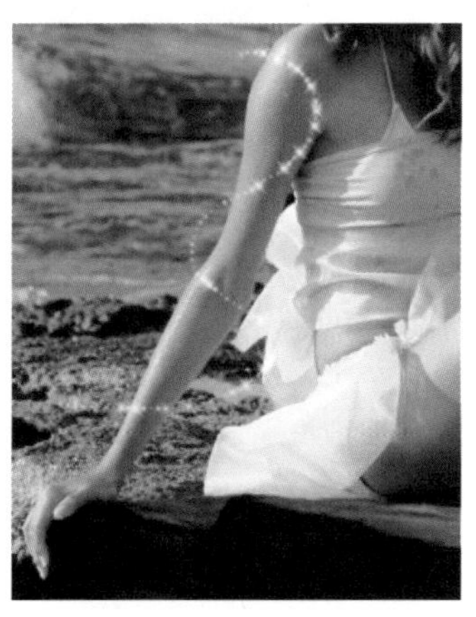

29 为“图层4”图层添加图层蒙版后，在蒙版中进行涂抹，将部分珠链效果进行隐藏，如下图所示。

30 为“图层4”图层添加“外发光”图层样式，根据如下图所示设置外发光选项，设置后单击“确定”按钮。

外发光
结构
混合模式(E): 滤色
不透明度(O): 100 %
杂色(N): 0 %
图素
方法(Q): 柔和
扩展(P): 0 %
大小(S): 10 像素

31 为“图层4”添加“外发光”图层样式后的画面效果如下图所示。

32 继续使用“画笔工具”在新图层上绘制珠链图像，如下图所示，设置后为该图层同样添加图层蒙版，对部分的图像进行涂抹，设置珠链的环绕效果。

33 将“图层4”图层上的“外发光”图层样式复制至“图层5”图层上，为新绘制的珠链进行外发光效果的添加，如下图所示。

34 执行“窗口>画笔”菜单命令，打开“画笔”面板，载入“星空背景”笔刷后选择星球笔触效果，调整笔刷的角度如下图所示。

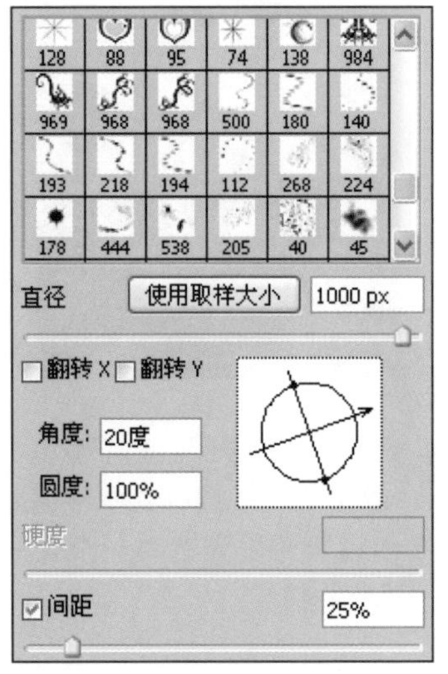

35 设置前景色为白色，新建“图层6”图层，在图像的背景和水面上单击添加图像，再调整图层的“不透明度”为75%，如下图所示。

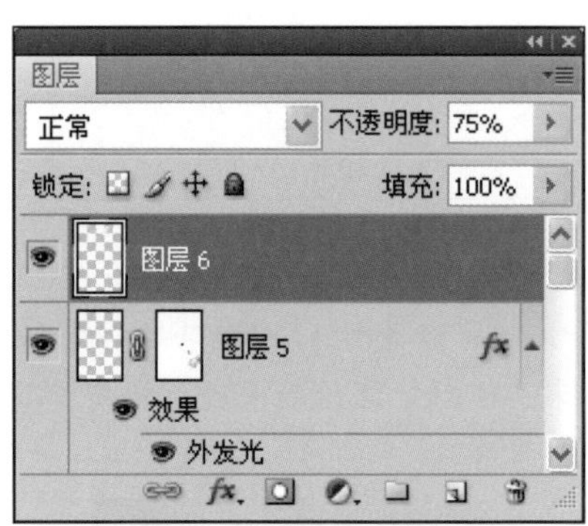

36 根据笔刷绘制星空背景并调整图层不透明度后，画面效果如下图所示，完成本实例的制作。

Key Points

关键技法

图像的合成应用中，对于整体画面色彩的统一和协调，将多种素材自然地融合在一起，这需要对部分图像进行特定的颜色变换，局部修改图像的色彩。

Example 05 制作雪花飞舞图像

光盘文件

原始文件：随书光盘\素材\11\28.jpg

最终文件：随书光盘\源文件\11\实例5 制作雪花飞舞图像.psd

本实例是为雪景图像添加上飘舞的雪花，使图像更符合场景效果，主要运用的是“添加杂色”滤镜以及“自定”滤镜，调整出雪花的大致轮廓，并运用图层混合模式对所绘制的雪花图像进行编辑，将该图像混合到背景中的雪景图像中。本实例的最终图像与原始图像的对比效果如下图所示。

01 打开随书光盘\素材\11\28.jpg文件，素材效果如下图所示。

02 单击“图层”面板底部的“创建新图层”按钮，创建图层，为该图层填充黑色，填充效果如下图所示。

03 执行“滤镜>杂色>添加杂色”菜单命令，打开“添加杂色”对话框，设置“数量”为400%，选中“高斯分布”单选按钮，勾选“单色”复选框，如下图所示。

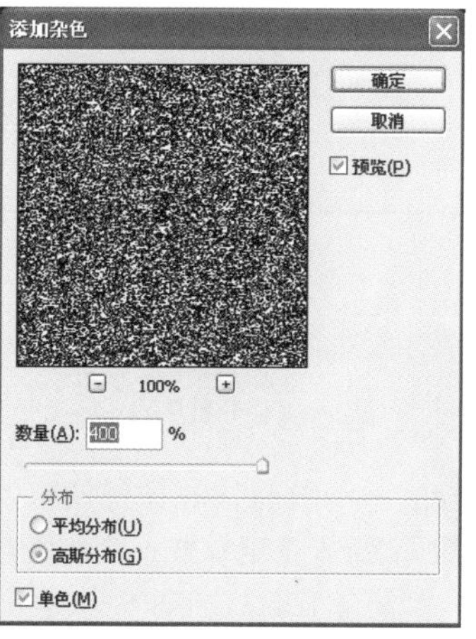

04 为黑色的图层应用“添加杂色”滤镜后的画面效果如下图所示。

05 执行“滤镜>其它>自定”菜单命令，打开“自定”对话框，根据如下图所示设置参数，设置后单击“确定”按钮。

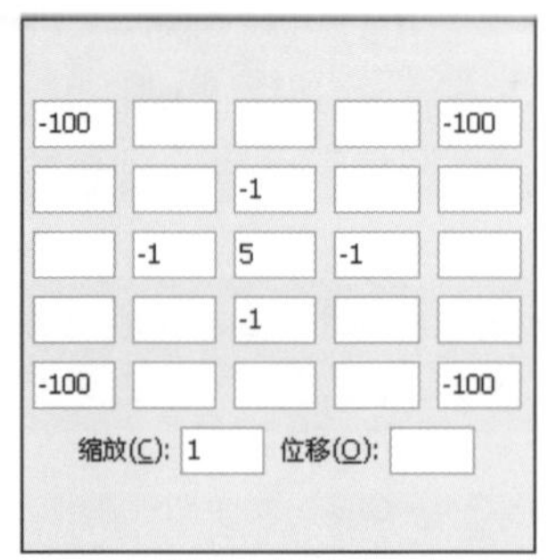

06 选择“矩形选框工具”，在画面中绘制一个合适大小的矩形选区，如下图所示。

07 按Ctrl+J快捷键复制矩形选区图像至新图层，隐藏“图层1”图层后的画面效果如下图所示。

08 按Ctrl+T快捷键打开“自由变换工具”，对“图层2”图像进行形状变换，变换至页面大小即可，如下图所示。

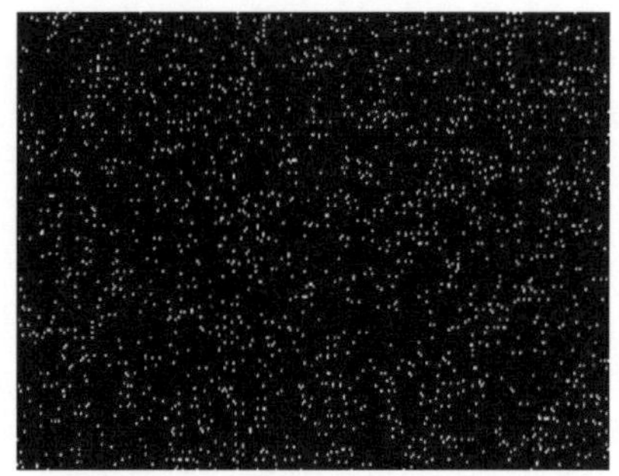

09 调整“图层2”图层的混合模式为“滤色”，“不透明度”为60%，设置后的画面效果如下图所示。

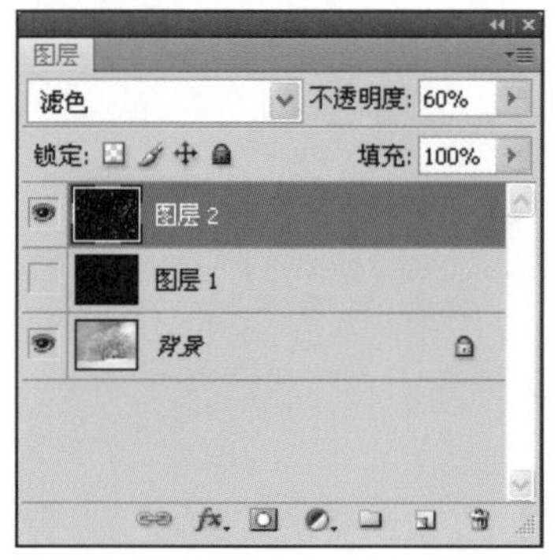

10 根据对“图层2”图层混合模式和不透明度的调整，查看画面中的图像效果如下图所示。

11 显示“图层1”图层，继续使用“矩形选框工具”在“图层1”图层绘制矩形选区并创建新的矩形图层，如下图所示。

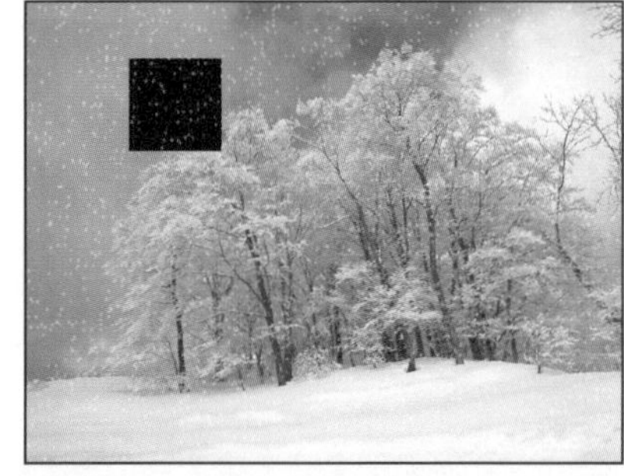

12 按Ctrl+T快捷键打开“自由变换工具”将新创建的图层变换至画面大小，如下图所示。

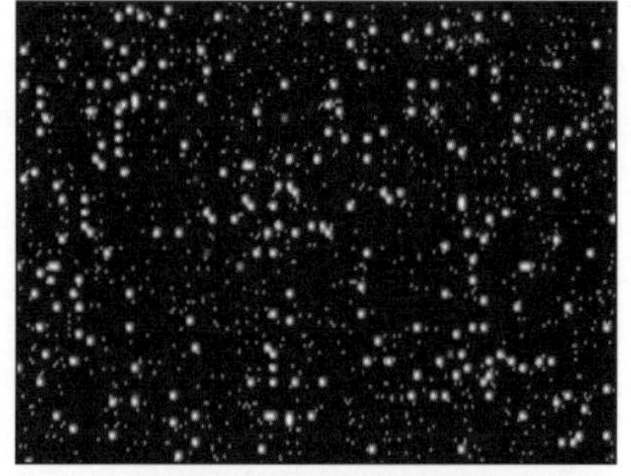

Key Points

关键技法

要将雪花图像调整为有层次感的图像，每个图层中的雪花图像大小应各不相同，这样，制作出的雪花更有飘逸飞舞的效果。

13 将"图层3"图层的混合模式设置为"滤色"，"不透明度"设置为60%，如下图所示。

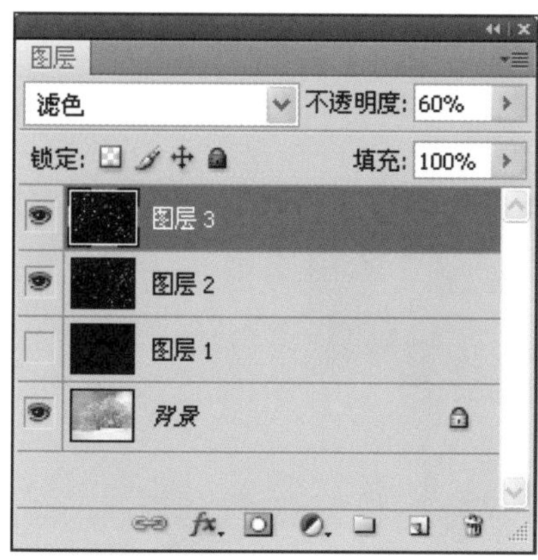

14 分别为"图层2"和"图层3"添加图层蒙版，选择柔边的"画笔工具"，设置前景色为黑色，分别在两个图层蒙版底部进行涂抹，如下图所示。

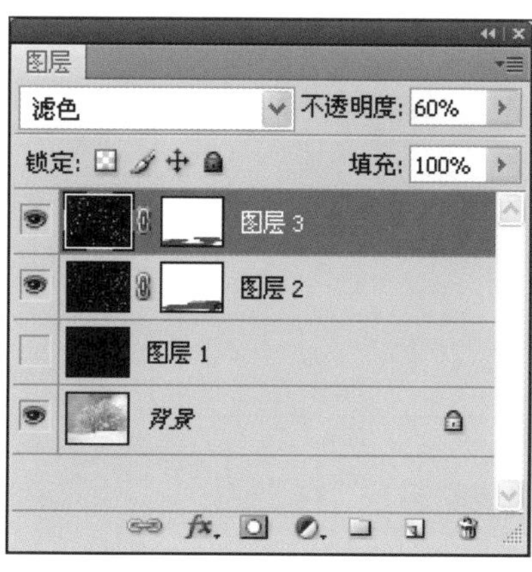

15 根据之前对图层混合模式和图层蒙版的设置，画面中的雪花效果更自然，完成本实例的制作。

Example 06 制作天使翅膀图像

光盘文件

原始文件：随书光盘\素材\11\29.jpg、30.jpg

最终文件：随书光盘\源文件\11\实例6 制作天使翅膀图像.psd

本实例主要是为人物图像添加唯美的天使翅膀效果，运用"高斯模糊"滤镜设置画面的朦胧感，使用素材为人物添加自然的天使翅膀，使用"自由变换工具"对添加的翅膀图像进行位置和大小的变换，寻找适当的摆放位置，本实例制作的最终图像与原始图像效果如下图所示。

01 打开随书光盘\素材\11\29.jpg文件，图像效果如下图所示，为“背景”图层创建副本。

02 选择“背景 副本”图层，执行“滤镜>模糊>高斯模糊”菜单命令，打开“高斯模糊”对话框，设置“半径”为8像素，如下图所示。

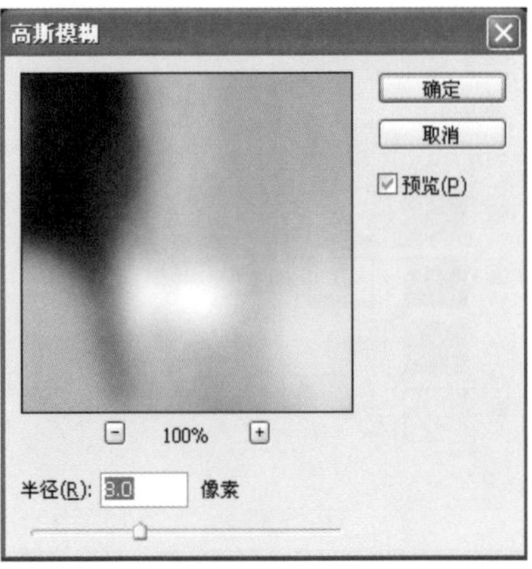

03 对“背景 副本”图层应用“高斯模糊”滤镜后，画面效果如下图所示。

04 在“图层”面板中，调整“背景 副本”图层的混合模式为“叠加”，设置后的画面效果如下图所示。

05 打开随书光盘\素材\11\30.jpg文件，素材图像效果如下图所示。

06 选择工具箱中的“橡皮擦工具”，使用该工具对红色的背景图像进行擦除，如下图所示。

07 将素材图像中抠出的翅膀添加至人物窗口中，画面效果如下图所示。

08 按Ctrl+T快捷键打开“自由变换工具”，为添加的翅膀图像进行自由变换，调整翅膀图像至合适大小，如下图所示。

09 为翅膀图层上添加图层蒙版，并使用“画笔工具”将多余图像擦除，设置翅膀图像紧贴人物的背部，图像效果如下图所示，完成本实例的制作。

Key Points

关键技法

在设置天使翅膀的合成图像时，翅膀图像的位置放置是最关键的，通过图层蒙版的运用可以将翅膀图像自然地贴合在人物的背部。

Example 07 制作合成风景效果

光盘文件

原始文件：随书光盘\素材\11\31.jpg、32.jpg

最终文件：随书光盘\源文件\11\实例7 制作合成风景效果.psd

本实例主要介绍梦幻风景照片的合成操作，首先使用“图像”菜单中的“色相/饱和度”命令对风景图像的色调进行调整，再运用“高斯模糊”滤镜设置图像的梦幻效果，通过调整图像的混合模式得到新的图像效果，通过素材图像的添加和设置，将梦幻的星球效果添加至画面中，运用“图层蒙版”将素材图像进行完美的融合。本实例的最终图像与原始图像的对比效果如下图所示。

01 打开随书光盘\素材\11\31.jpg文件，图像效果如下图所示。

02 将“背景”图层拖曳至面板下方的“创建新图层”按钮上，为“背景”图层创建副本，如下图所示。

03 在“背景 副本”图层上，执行“图像>调整>色相/饱和度”菜单命令，打开“色相/饱和度”对话框，在颜色下拉列表中选择“黄色”，如下图所示。

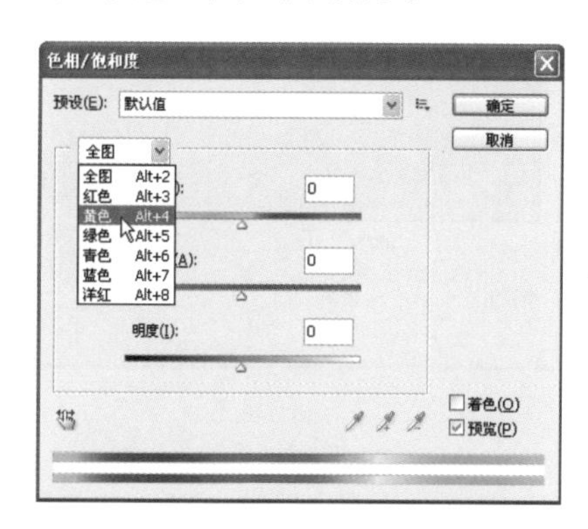

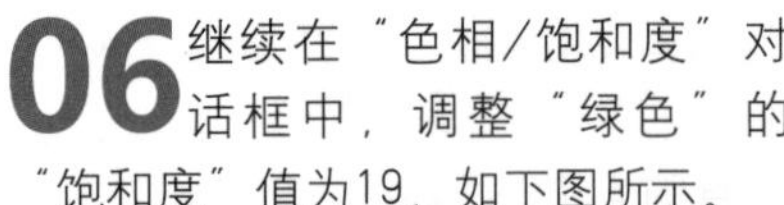

04 继续在“色相/饱和度”对话框中将“饱和度”值调整为24，如下图所示。

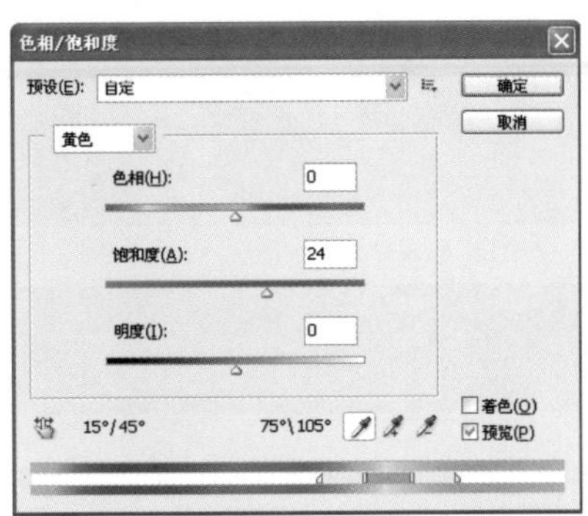

05 在画面中查看调整“黄色”色调后的画面效果，如下图所示。

06 继续在“色相/饱和度”对话框中，调整“绿色”的“饱和度”值为19，如下图所示。

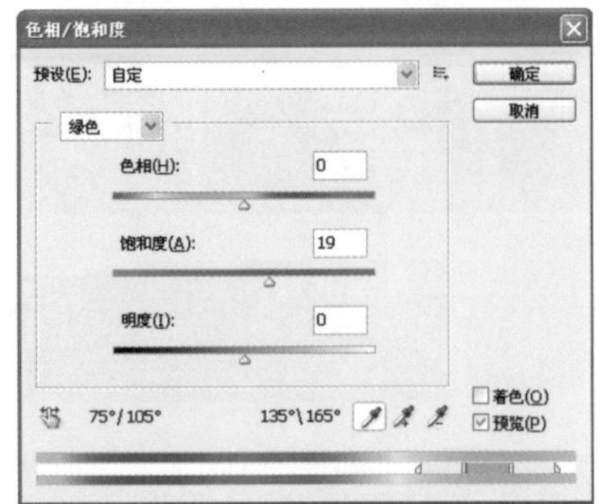

07 在画面中查看调整绿色色调后的效果，如下图所示。

08 继续在对话框调整“蓝色”色调，设置“饱和度”值为32，如下图所示，设置完成后单击“确定”按钮。

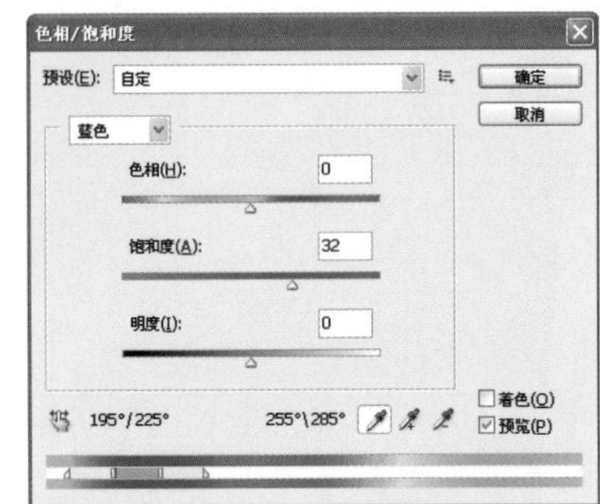

09 在画面中根据之前对部分色调进行饱和度的设置后，画面整体效果如下图所示。

10 执行“滤镜>模糊>高斯模糊”菜单命令，打开“高斯模糊”对话框，调整“半径”为4像素，如下图所示，设置后单击“确定”按钮。

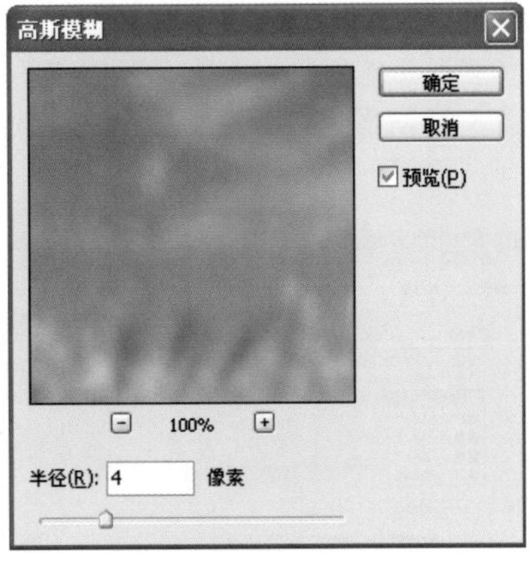

11 对“背景 副本”图层应用“高斯模糊”滤镜后，设置画面的模糊效果如下图所示。

12 在“图层”面板中，调整“背景 副本”图层的混合模式为“叠加”，设置后的画面效果如下图所示。

13 打开随书光盘\素材\11\32.jpg素材文件，选择工具箱中的“矩形选框工具”，在画面中绘制一个合适大小的矩形选区，如下图所示。

14 复制选区图像至31.jpg素材文件中，添加后的画面效果如下图所示。

15 在“图层”面板中查看添加的素材图像，自动创建为“图层1”图层，为“图层1”图层添加图层蒙版，并使用黑色画笔在图层蒙版中进行涂抹，设置图层蒙版如下图所示。

16 经过涂抹后，将底部的芦苇等图像显示出来，设置后的画面效果如下图所示。

17 选中“背景 副本”图层，使用“矩形选框工具”在天空位置绘制一个合适大小的矩形选区，复制选区图像至“图层2”图层中，如下图所示。

18 选择“图层1”图层，执行“图像>调整>匹配颜色”菜单命令，打开“匹配颜色”对话框，根据下图所示进行设置，设置完成后单击“确定”按钮。

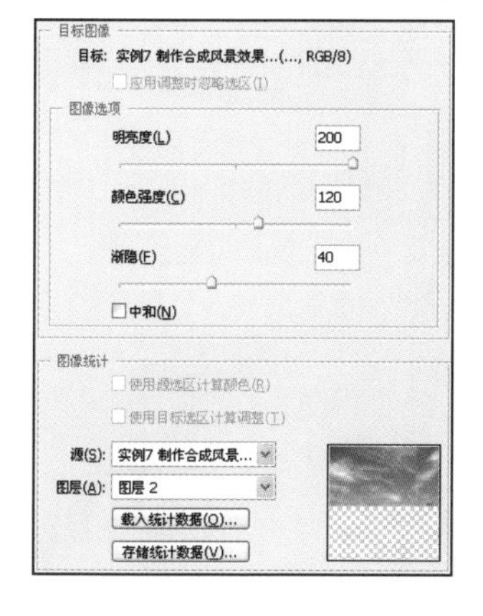

19 对图像进行“匹配颜色”操作后，图像效果如下图所示。

20 在“图层”面板中，为“图层1”图层创建副本，调整“图层1副本”图层的混合模式为“叠加”，如下图所示。

21 在画面中查看调整图层混合模式后的效果如下图所示，完成本实例的制作。

Key Points

关键技法

在制作合成风景图像时，若要将添加的素材图像色调调整得与原始图像的色调相融合，可以通过“匹配颜色”命令对色调进行统一。

Example 08 制作有裂纹的人物图像

光盘文件

原始文件：随书光盘\素材\11\33.jpg、34.jpg

最终文件：随书光盘\源文件\11\实例8 制作有裂纹的人物图像.psd

本实例中主要通过对素材图像的裂痕选区进行设置，将裂痕与人物图像进行自然的融合，制作带有剥落感觉的人物图像效果。首先通过对裂纹素材的通道进行“色阶”的调整，再通过选区对素材人物的脸部添加裂痕效果，通过底部图层颜色的填充和“投影”图层样式的添加，设置人物皮肤裂纹的凹凸感，本实例的最终图像与原始图像的对比效果如下图所示。

01 打开随书光盘\素材\11\33.jpg文件，素材图像效果如下图所示。

02 打开“通道”面板，选中“红”通道，再将其拖曳至面板底部的“创建新通道”按钮上，如下图所示。

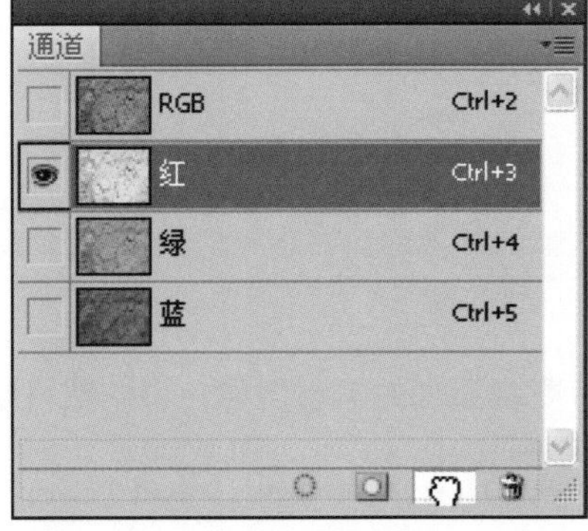

03 创建为“红”通道副本后，选中“红 副本”通道，如下图所示。

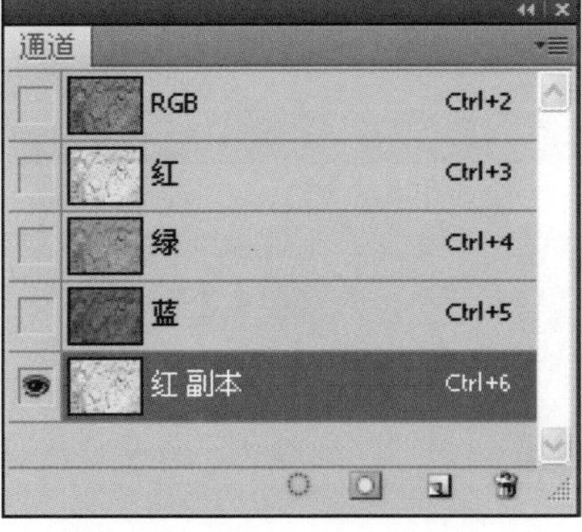

04 执行“图像>调整>色阶”菜单命令，打开“色阶”对话框，设置色阶值分别为138、5.00、160，如下图所示，设置后单击“确定”按钮。

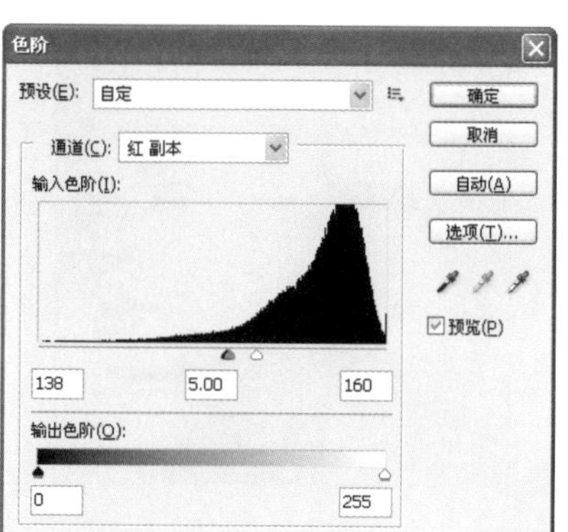

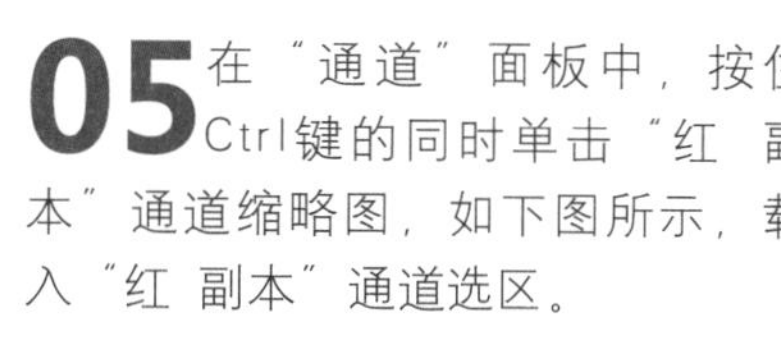

05 在“通道”面板中，按住Ctrl键的同时单击“红 副本”通道缩略图，如下图所示，载入“红 副本”通道选区。

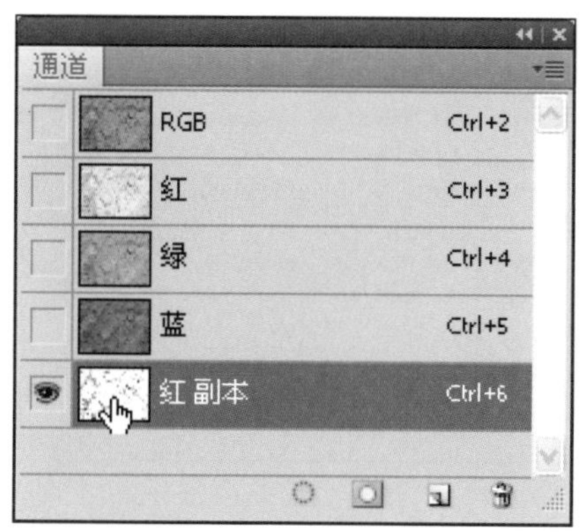

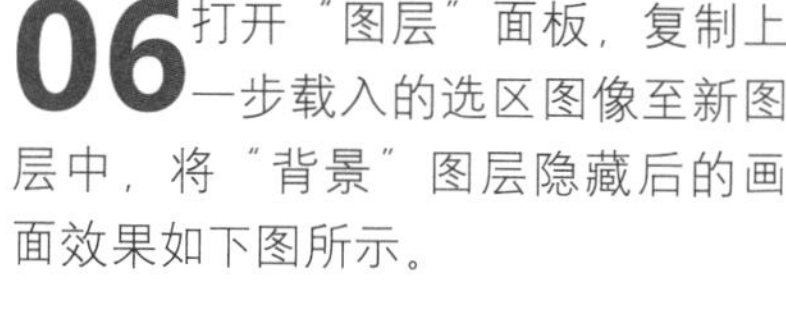

06 打开“图层”面板，复制上一步载入的选区图像至新图层中，将“背景”图层隐藏后的画面效果如下图所示。

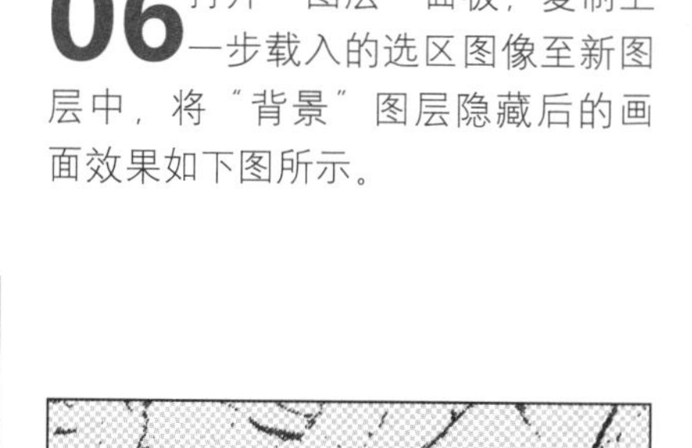

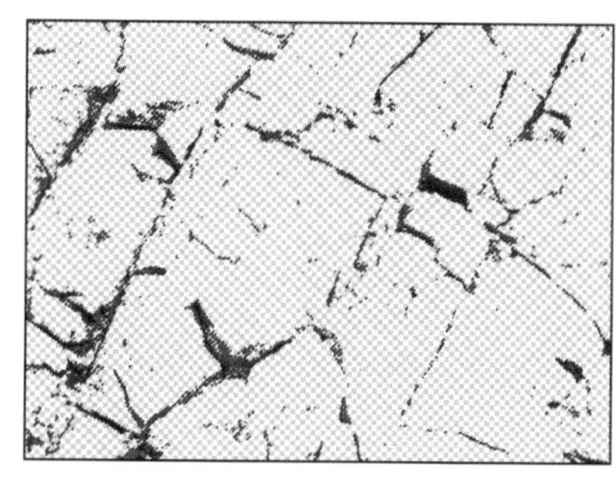

07 打开随书光盘\素材\11\34.jpg素材文件，复制两个背景图层，如下图所示。

08 将步骤06中创建的裂纹图层拖曳至人物图像中，查看画面中的裂纹效果如下图所示。

09 选择工具箱中的“橡皮擦工具”，使用该工具将人物皮肤之外的裂纹图像进行擦除，擦除后的画面效果如下图所示。

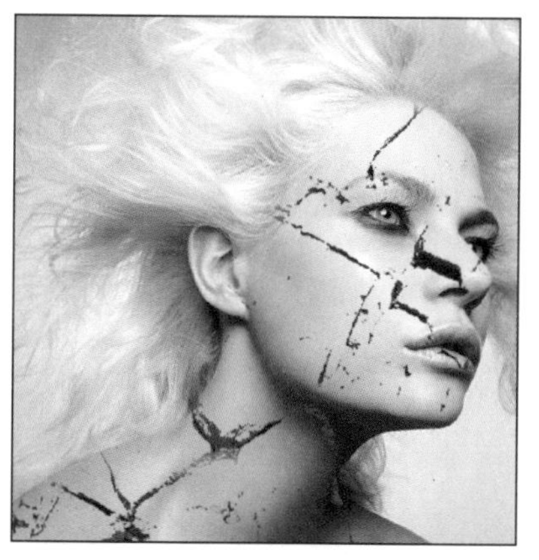

10 按住Ctrl键的同时单击“图层1”图层缩略图，将该图层选区载入，再选中“背景 副本2”图层，按Delete键将载入的裂纹选区图像删除，隐藏除“背景 副本2”图层的其他图层，画面效果如下图所示。

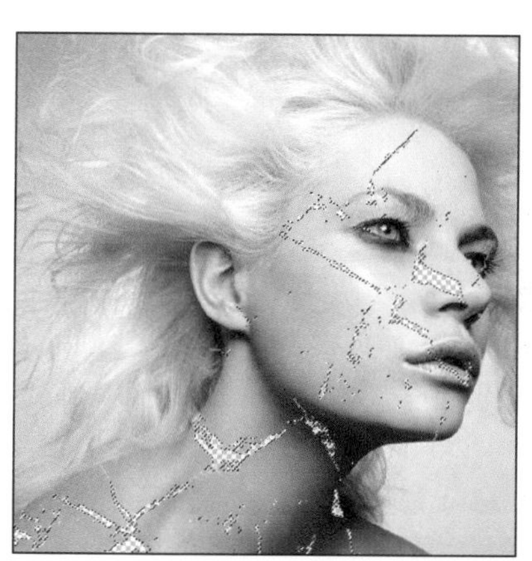

11 将“背景 副本”图层显示并选中，设置前景色为白色，按Alt+Delete键为“背景 副本1”图层填充前景色，如下图所示。

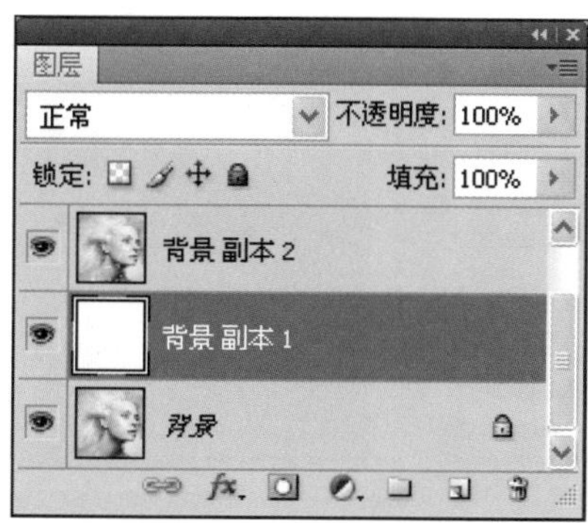

12 在画面中查看为“背景 副本1”图层填充白色后的画面效果，如下图所示，人物脸部的裂纹效果显现出来。

13 选中“背景 副本2”图层，单击面板下方的“添加图层样式”按钮 fx，在弹出的菜单命令中选择“投影”菜单选项，如下图所示。

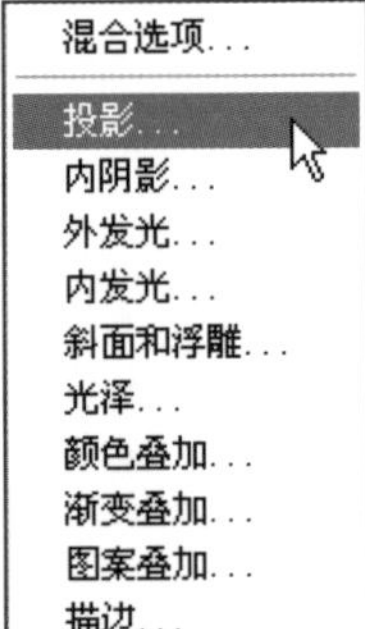

14 打开“图层样式”对话框，在“投影”选项区中根据下图所示设置选项参数，设置完成后单击“确定”按钮。

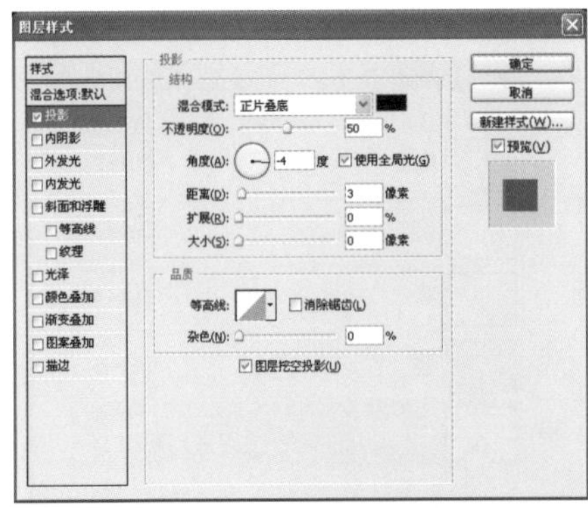

15 为“背景 副本2”图层添加“投影”图层样式，设置后的画面效果如下图所示，完成本实例的制作。

关键技法

Key Points

在为人物制作带有一定立体效果的裂痕时，需要选择对选区图像进行删除后的图层添加图层样式，这样制作的裂纹效果才更逼真。

Example 09 制作HDR高动态范围照片合成特效

光盘文件

原始文件：随书光盘\素材\11\35.jpg

最终文件：随书光盘\源文件\11\实例9 制作HDR高动态范围照片合成特效.psd

本实例将一张普通的逆光拍摄的照片制作成HDR高动态范围图像照片，突出了各部分的细节效果，首先通过“高反差保留”滤镜对图像进行清晰化设置，再使用“曲线”和“黑白”调整图层对天空图像进行设置，通过调整“色阶”调整图层设置画面的明暗对比，结合图层蒙版的应用完成HDR照片合成，本实例制作的最终图像与原始图像的对比效果如下图所示。

01 打开随书光盘\素材\11\35.jpg文件，图像效果如下图所示。

02 在“图层”面板中，按Ctrl+J快捷键为“背景”图层创建副本，如下图所示。

03 选中“图层1”图层，执行“滤镜>其它>高反差保留”菜单命令，打开“高反差保留”对话框，根据下图所示设置“半径”。

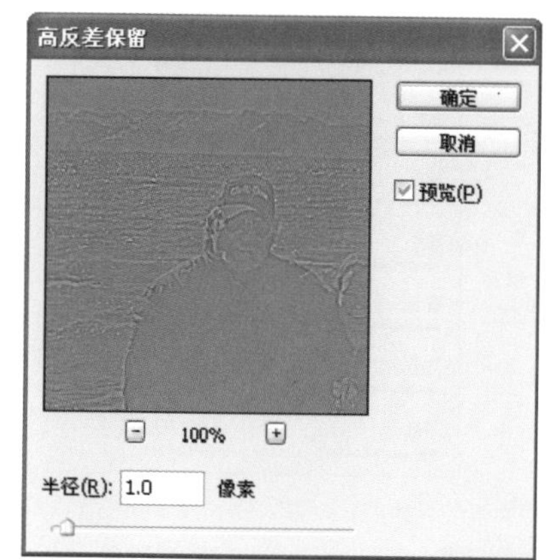

04 在“图层”面板中，调整“图层1”的混合模式为“叠加”，如下图所示。

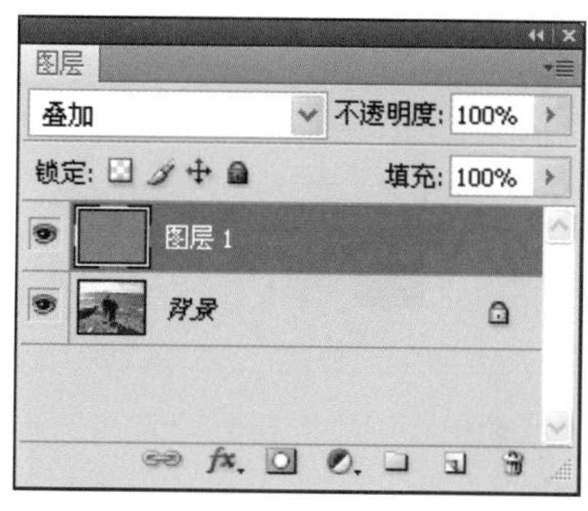

05 在画面中，查看调整图层混合模式后的画面效果比原始照片更清晰，如下图所示。

06 复制“图层1”图层，按Shift+Ctrl+Alt+E快捷键盖印可见图层，“图层”面板效果如下图所示。

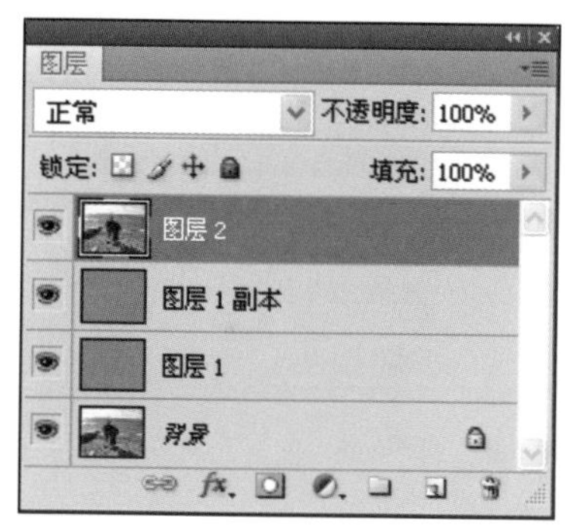

07 在“图层2”图层上新建“曲线”调整图层，根据如下所示进行曲线调整。

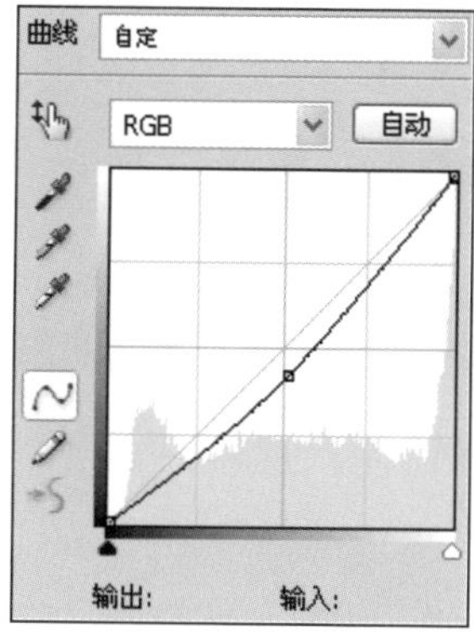

08 在画面中查看添加“曲线”调整图层后，增加了暗部层次，画面效果如下图所示。

09 选中工具箱中的“画笔工具”，设置笔触的大小较小，设置前景色为黑色，在“曲线”图层蒙版中进行涂抹，如下图所示。

10 在“曲线1”调整图层上新建“黑白”调整图层，打开“调整”面板的“黑白”调整选项，根据下图所示设置黑白选项值。

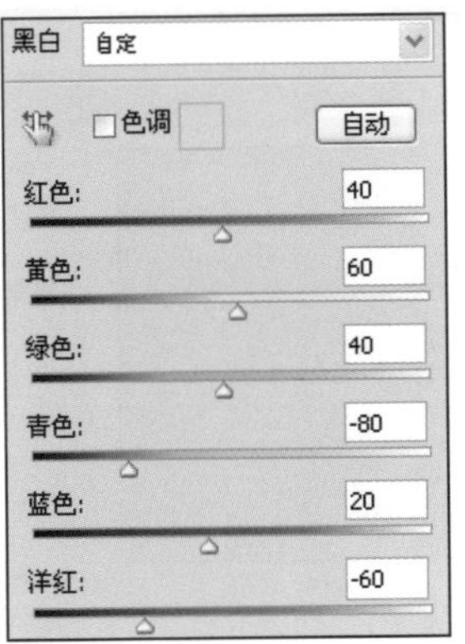

11 在“图层”面板中，调整“黑白1”调整图层的混合模式为“正片叠底”，如下图所示。

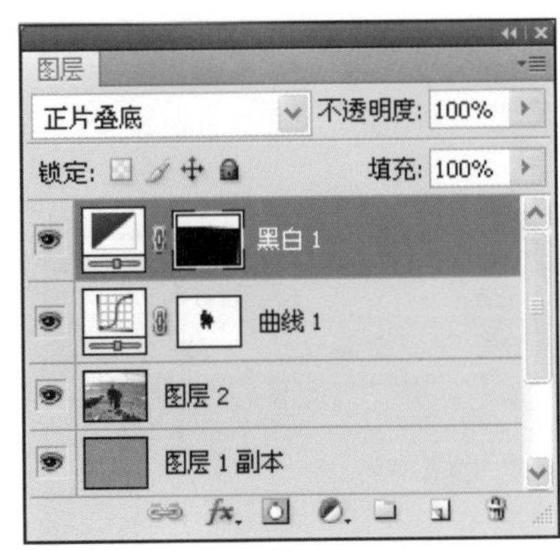

12 在画面中，查看调整“黑白”调整图层的混合模式后的画面效果如下图所示。

13 在“黑白”调整图层上，创建“色阶”调整图层，根据如下图所示设置输入色阶值。

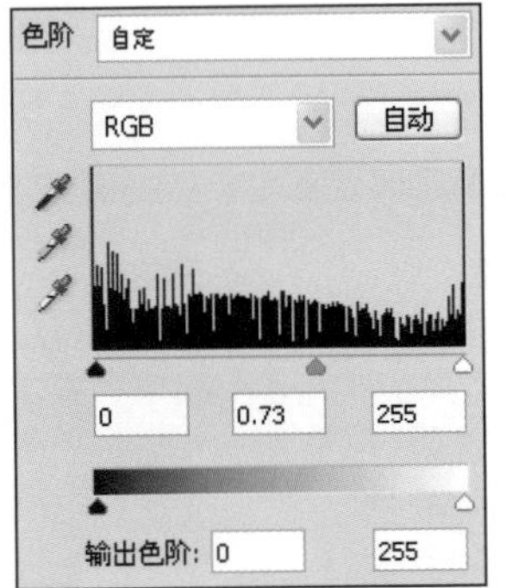

14 在“图层”面板中，选中“色阶1”调整图层蒙版，复制“曲线1”调整图层的图层蒙版至“色阶1”调整图层，如下图所示。

15 在“色阶1”调整图层上按Shift+Ctrl+Alt+E快捷键盖印一个图层，如下图所示。

16 在“图层3”图层上新建“曲线”调整图层，在“调整”面板中，调整曲线的形状如下图所示。

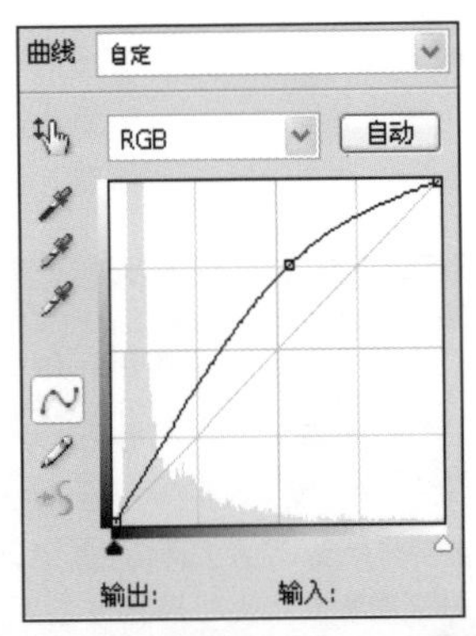

17 将“曲线2”调整图层的图层蒙版选中，执行“图像>调整>反相”菜单命令，选择白色的画笔在人物的面板进行涂抹，设置蒙版效果如下图所示。

18 在画面中，查看调整“曲线”调整图层和图层蒙版后的画面效果如下图所示，完成本实例的制作。

Key Points

关键技法

制作HDR照片的合成效果，设置的关键点在于对高光和阴影部分图像进行设置，结合图层蒙版的调整将设置清晰的高光和细节效果进行图像的合成。

Example 10 制作水火交融的合成特效

光盘文件

原始文件：随书光盘\素材\11\36.jpg~38.jpg

最终文件：随书光盘\源文件\11\实例10 制作水火交融的合成特效.psd

本实例是在素材人物照片上分别添加火焰和水波效果，通过图层混合模式的叠加设置将火焰与水波图像完美地贴合在人像之上，其中包含了多个图层蒙版的添加与绘制，图层蒙版的涂抹需要做到胆大心细，结合“画笔工具”为人物的眼睛分别添加不同的颜色效果，最后，为盖印的整体图像进行加深和减淡操作。本实例的最终图像与原始图像的对比效果如下图所示。

01 打开随书光盘\素材\11\36.jpg文件，图像效果如下图所示。

02 在“图层”面板中，拖曳“背景”图层至“创建新图层”按钮上，创建图层副本，如下图所示。

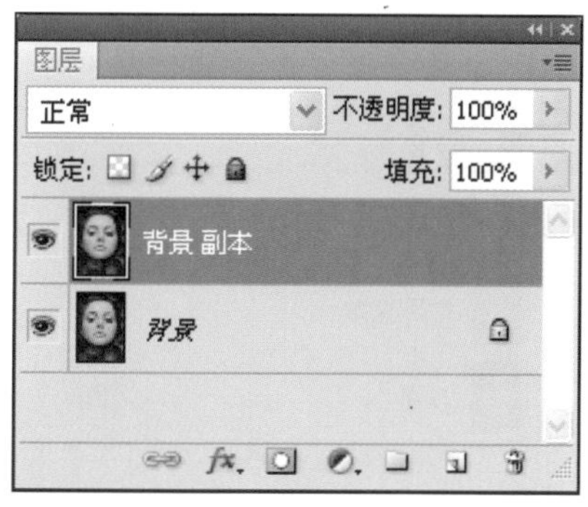

03 打开随书光盘\素材\11\37.jpg文件，图像效果如下图所示，按Ctrl+A快捷键全选图像，并将其复制到剪贴板上。

04 将复制的火焰图像添加至人物图像中，打开“自由变换工具”，调整火焰图像的位置和大小，如下图所示。

05 单击选项栏中的“在自由变换与变形模式之间切换”按钮，打开“自由变换”框，根据如下图所示设置图像的变形。

06 在“图层”面板中，调整“图层1”图层的混合模式为“滤色”，如下图所示。

07 在画面中查看调整图层混合模式后的页面效果，如下图所示。

08 在“图层”面板中，复制“图层1”图层，调整“图层1副本”图层的混合模式为“叠加”，如下图所示。

09 在画面中查看调整图层混合模式后的效果，如下图所示。

10 在“图层1副本”图层中，添加图层蒙版，如下图所示。

11 选择“画笔工具”，设置前景色为“黑色”，在图层蒙版中进行涂抹，将叠加的火焰图层部分进行擦除，如下图所示。

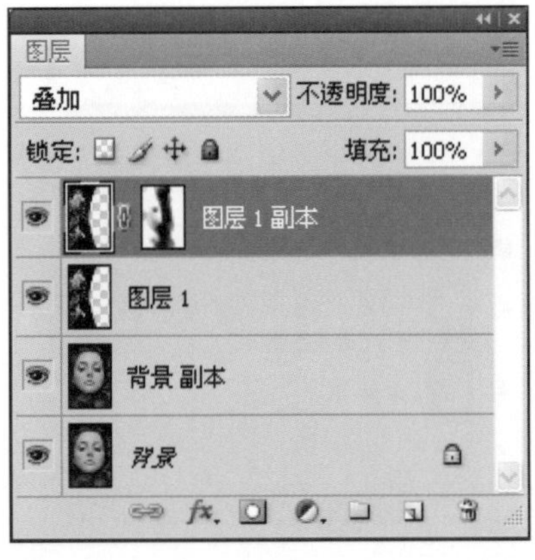

12 在画面中查看添加图层蒙版后的效果，如下图所示。

13 再次复制火焰图像至新图层中，打开“自由变换工具”将火焰图像的位置和大小设置为如下图所示的效果。

14 在“图层”面板中，选中“图层2”图层，按住Alt键的同时单击“添加图层蒙版”按钮，添加一个图层蒙版，选择白色的画笔在图层蒙版上进行涂抹，设置蒙版如下图所示。

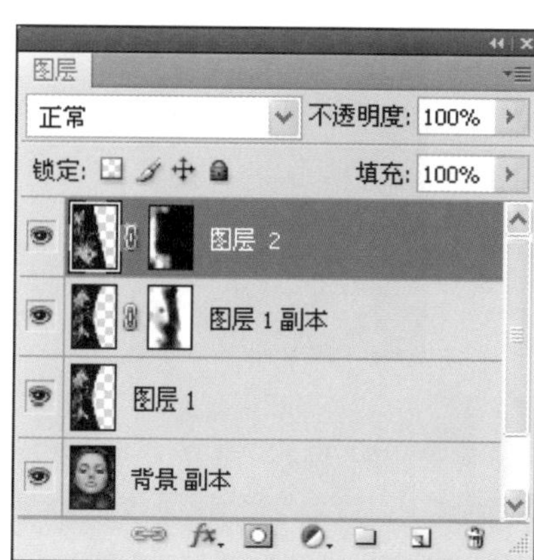

15 在画面中查看添加图层蒙版后的火焰图像效果，如下图所示。

16 打开随书光盘\素材\11\38.jpg文件，按Ctrl+A快捷键全选图像，效果如下图所示。

17 将选中的选区图像复制并粘贴在人物文件中，使用“自由变换工具”对水纹素材进行变形，如下图所示。

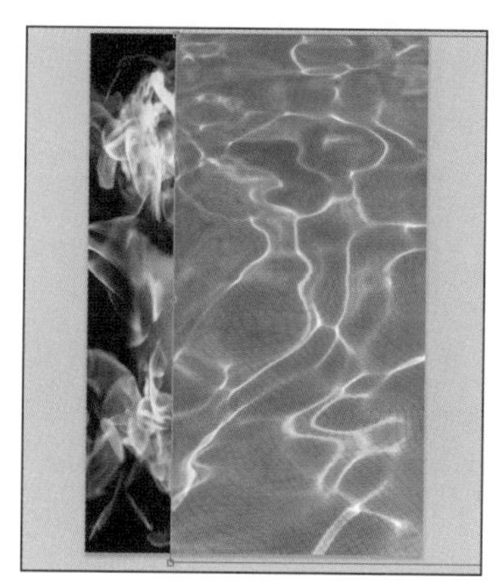

18 将添加的水纹图层的混合模式设置为“滤色”，调整图层的“不透明度”为80%，如下图所示。

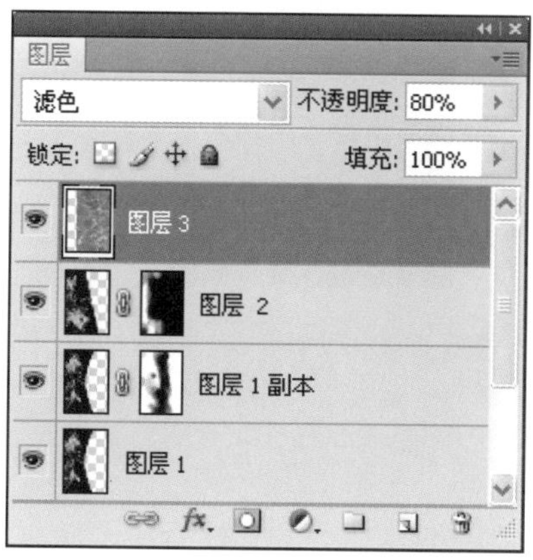

19 查看水纹素材调整混合模式和不透明度的画面效果如下图所示。

20 为“图层3”图层添加图层蒙版，使用黑色的画笔在图层蒙版中进行涂抹，设置图层蒙版效果如下图所示。

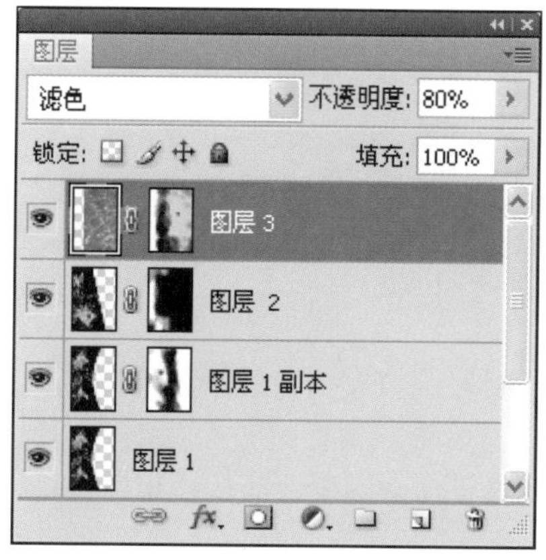

21 添加图层蒙版后的画面效果，如下图所示，将水纹素材自然地贴合在人物脸部。

22 在“图层”面板中，复制“图层3”图层，适当地用白色画笔涂抹图层蒙版，调整“图层3副本”图层的混合模式为“亮光”，“不透明度”为50%，如下图所示。

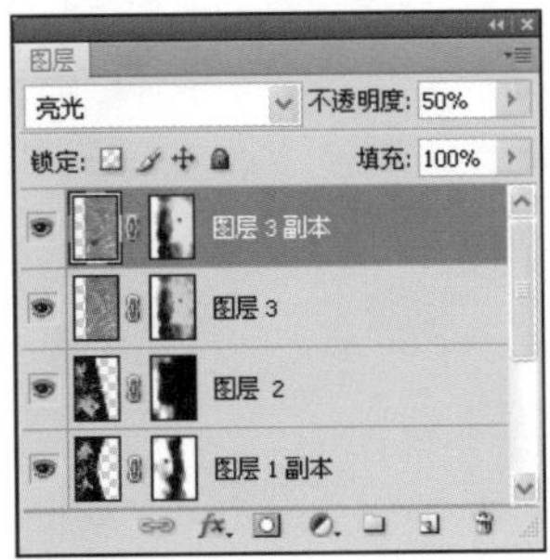

23 在画面中查看调整图层混合模式和不透明度的画面效果，如下图所示，水纹的效果更加突出。

24 单击工具箱中的前景色色块，打开“拾色器（前景色）”对话框，调整前景色为R:233、G:18、B:8，如下图所示，设置完成后单击“确定”按钮。

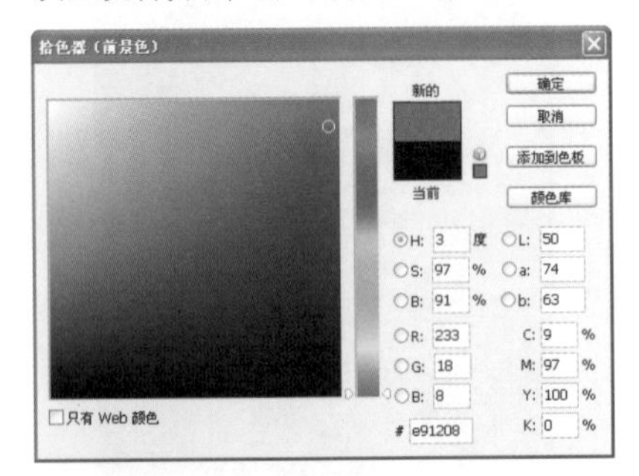

25 打开“画笔工具”，调整合适的画笔笔触，新建图层，使用“画笔工具”在人物眼球位置进行涂抹，如下图所示。

26 在“图层”面板中，调整“图层4”的混合模式为“叠加”，设置后的画面效果如下图所示。

27 同样地，新建图层，设置前景色为R:7、G:78、B:232，在另一只眼睛位置涂抹并调整图层混合模式，设置眼球效果如下图所示。

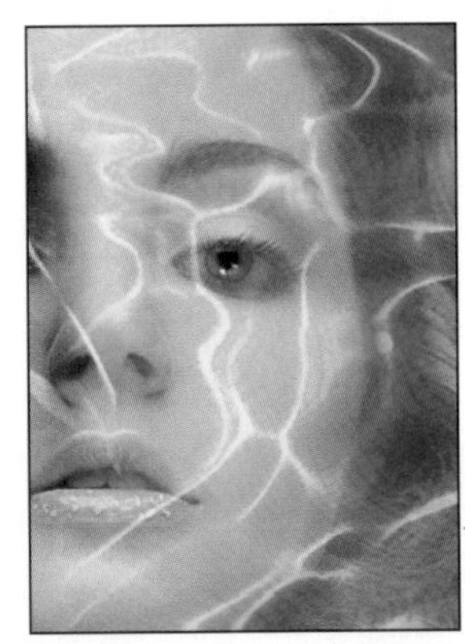

28 在“图层”面板中，按Shift+Ctrl+Alt+E快捷键盖印可见图层，如下图所示。

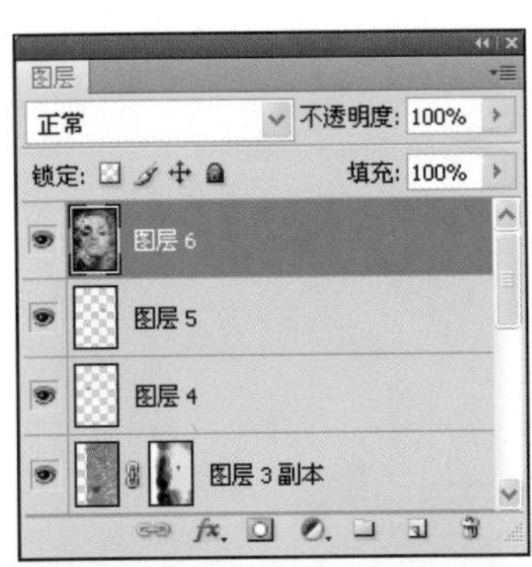

29 选择工具箱中的“减淡工具”在人物的眼球和其他高光位置进行涂抹，如下图所示。

30 继续在盖印图层上，选择“加深工具”在周围图像及人物五官位置进行涂抹，设置图像的明暗层次，设置后的画面效果如下图所示，完成本实例的制作。

Key Points

关键技法

使用火焰素材进行图像的合成时，若火焰背景颜色为黑色，通常选择的图层模式为“滤色”，可以将火焰底部的黑色部分消除而单单保留火焰效果。另外，其他图层混合模式的组合设置可以对火焰效果进行整体的加强，这就需要结合图层蒙版的应用了。

Chapter 12 艺术化照片特效制作

本章着重介绍如何使用Photoshop中所学的知识将照片制作成日常生活中再熟悉不过的效果，比如个性签名、大头贴、卡通图像、博客背景主题图像以及一些刺绣类帖画等。通过本章对所用工具的详细讲述，可制作出各种各样具有个性化的照片效果，以凸现自己的个性。

相关软件技法介绍

本章中主要运用一些常用的工具，比如，使用文字工具添加文字；使用形状图案工具编辑图像；运用3D工具创建3D模型和贴图；使用“镜头光晕”滤镜模拟自然光晕；使用“艺术效果”滤镜制作个性效果，下面对本章所涉及的相关技法进行介绍。

12.1 图像模式之间的转换

图像模式是图像的本质属性，不同的图像模式可适用于不同的工作范围。图像模式有多种，每种模式可看作是一类颜色的集合，比如常用的RGB颜色模式，它由3种颜色组合而成；还有CMYK颜色模式，由4种颜色组合而成。颜色分量越多，它所表达的图像信息就越为丰富。

图像模式之间可以互换，转换图像模式时必须要遵循转换的原则，若将颜色分量多的模式转换为颜色分量少的模式，Photoshop将自动丢弃一种颜色分量。执行“图像>模式”菜单命令，在弹出的下级菜单中选择要转换的图像模式。

1 打开随书光盘\素材\12\01.jpg文件，在“通道”面板中可观察到图像为RGB颜色模式，如下图所示。

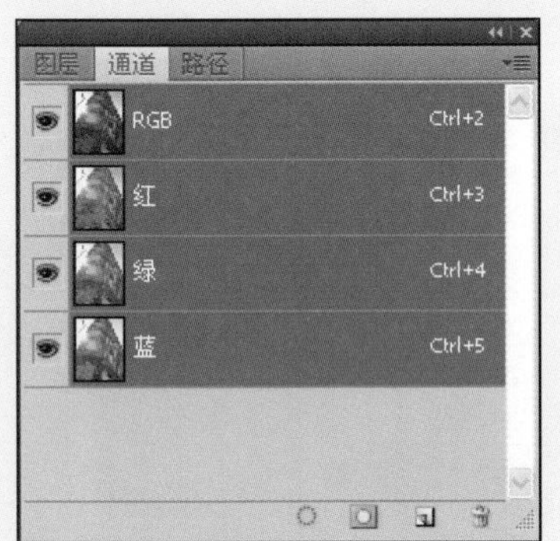

2 执行“图像>模式>Lab颜色”菜单命令，如下图所示。

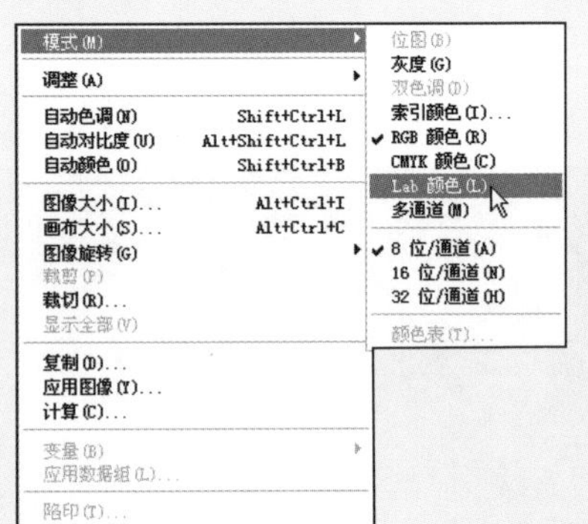

3 在“通道”面板中可以观察到图像改为Lab颜色模式，如下图所示。

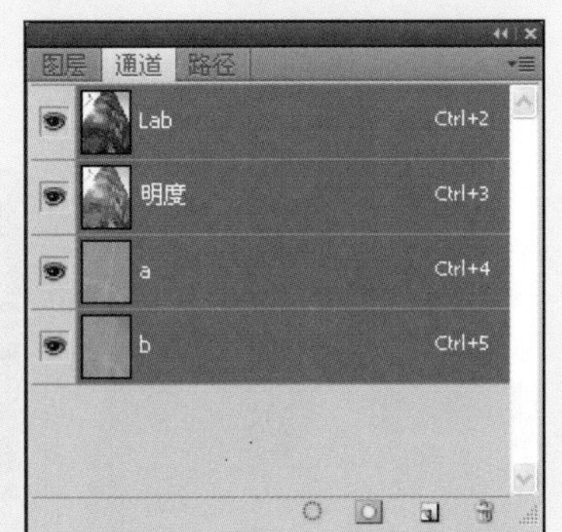

Key Points

关键技法

如果要将RGB图像模式转换为“位图”模式，可以先将图像转换为“灰度”模式，再将灰度模式转换为“位图”模式。

12.2 3D图像的操作——3D工具

载入3D模型是Photoshop CS4版本中新增的功能。在Photoshop中预设了几类3D模型，用户可以直接创建，除此之外还可以从外部导入3D模型数据，也可将2D图像转换为3D图像。对导入的模型进行处理，可在模型的表面上贴图、为模型制作各类纹理、为模型创建UV叠加等。

1. 创建3D图层

创建3D图层可以从外部导入3D模型，也可以是通过程序预设来创建。可将3D图层看作2D图层一样来操作，可为其设置图层样式、更改图层混合模式、设置图层不透明度、对图层的曲线色阶进行调整等。

纹理 在“纹理”下显示了对3D模型的所有贴图处理和光照效果，单击前面的可见性图标可隐藏某项效果

3D图层 3D图层表现的标识是在图层缩略图的右下角显示了一个立体的图形

1 打开随书光盘\素材\12\02.jpg文件，如下图所示。

2 确保选中“背景”图层，执行“3D>从图层新建形状>易拉罐”菜单命令，用户也可以选择其他选项，如下图所示。

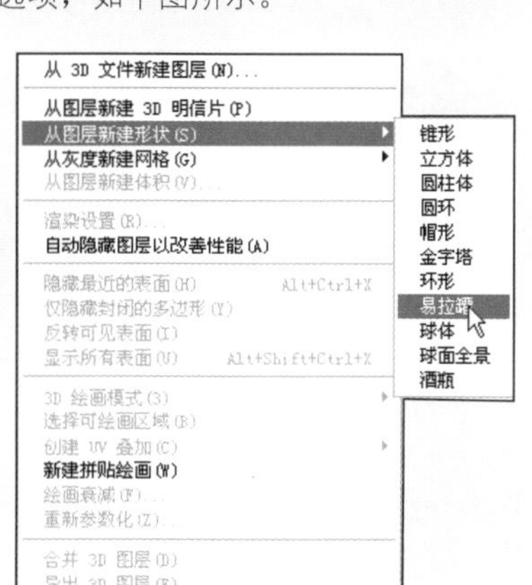

3 执行完菜单命令后，在画面中显示了易拉罐3D模型，围绕在模型上的是刚打开的图像，如下图所示。

2. 3D工具

在Photoshop中对3D模型进行移动、缩放、旋转等操作时不能使用“移动工具”。由于3D模型是三维图像，在每个角度所观看到的情况不同，因此Photoshop专门为其制定了两组3D控制工具，一是3D旋转工具组，二是3D环绕工具组，如下所示。

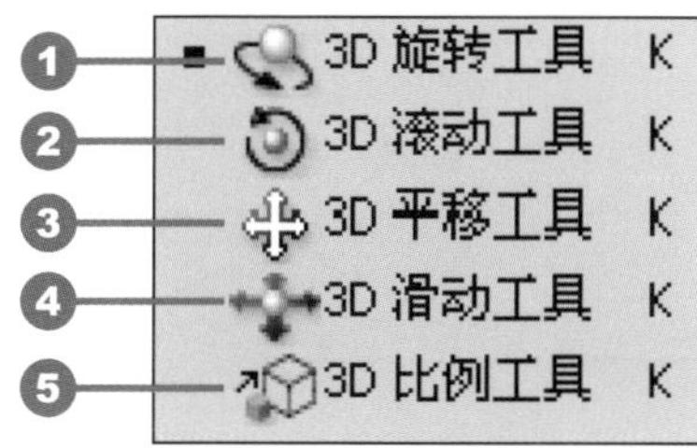

❶ **3D旋转工具：**使用此工具可将3D模型上下拖曳，使其围绕 x 轴旋转；如果想令其围绕 y 轴旋转，可左右拖曳。按Alt键快速切换至3D滚动工具。

❷ **3D滚动工具：**两侧拖曳可使模型绕 z 轴旋转。

❸ **3D平移工具：**使用此工具左右拖曳可沿水平方向移动模型；上下拖曳可沿垂直方向移动模型。按Alt键快速切换至3D滑动工具。

❹ **3D滑动工具：**左右拖曳模型可沿水平方向移动模型；上下拖曳可将模型移近或移远。按Alt键快速切换至3D平移工具。

❺ **3D比例工具：**上下拖曳时可将模型放大或缩小。按住 Alt键的同时进行拖曳可沿 z 轴方向缩放。

1 3D 环绕工具 N
2 3D 滚动视图工具 N
3 3D 平移视图工具 N
4 3D 移动视图工具 N
5 3D 缩放工具 N

❶ **3D环绕工具：**拖曳可将相机沿 x 或 y 轴方向环绕移动，调转视角，按Alt键愉速切换至3D滚动视图工具。

❷ **3D滚动视图工具：**拖曳鼠标可以滚动相机视角。

❸ **3D平移视图工具：**拖曳可将相机沿 x 或 y 轴方向平移；按Alt键快速切换至3D移动视图工具。

❹ **3D移动视图工具：**拖曳可沿x或z轴方向旋转相机；按住 Ctrl的同时进行拖移可沿 z/x 方向旋转。

❺ **3D缩放工具：**拖曳可拉近或拉远 相机的视角。

Key Points

关键技法

单击选项栏中的“返回到初始相机位置”按钮，可返回模型的初始视图。

3. 3D贴图

贴图就是指在一个表面上帖上图像或文字，3D贴图则是在立体的表面上帖上图像或文字。在Photoshop中不仅可为3D模型贴图，还可在3D模型的基础上处理贴图的颜色等效果，对暗淡的贴图还可以调整其光亮，具体操作如下所示。

1 新建600px×600px的白色背景的文档，打开“图层”面板，如下图所示。

2 新建“图层1”图层，执行“3D>从图层新建形状>帽形”菜单命令，如下图所示。

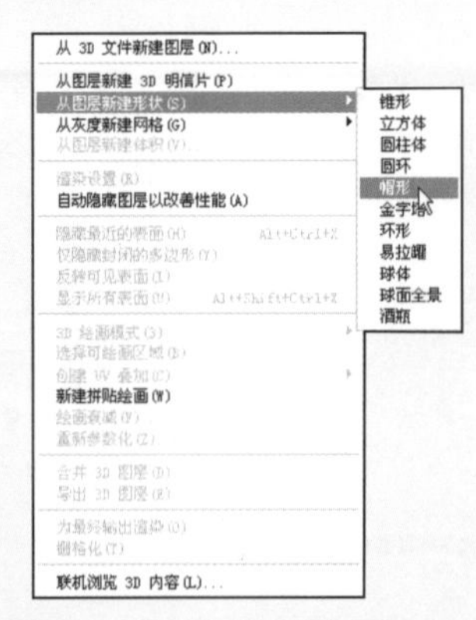

3 执行完上步命令后，即可在画面中创建帽子模型，如下图所示。

4 打开3D面板，单击“滤镜：材料”按钮，在面板中单击“漫射”后的“编辑漫射纹理”按钮，然后单击“载入纹理”命令，如下图所示。

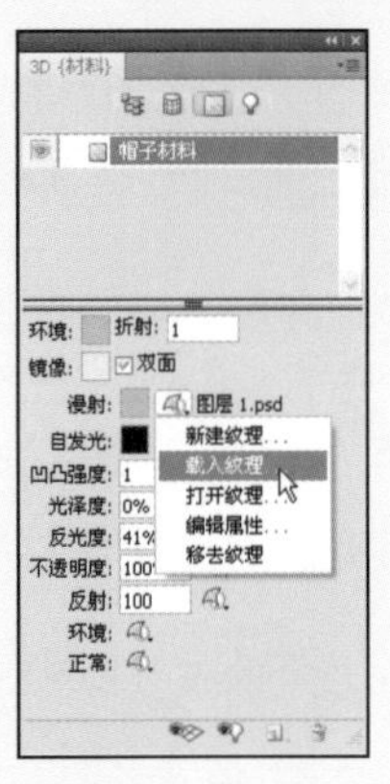

5 在打开的对话框中载入随书光盘\素材\12\03.jpg文件，如下图所示。

6 载入纹理后，根据图像的整体效果适当地调整画面的光照效果，如下图所示。

4. 2D和3D转换

通过2D图像生成3D图像，是将2D图像叠加在3D模型上，作为3D图像的纹理，说明可以将2D图像转换为3D图像。如果要将3D图像转换为2D图像，可以使用“栅格化”命令，具体操作如下所示。

1 上例中已经创建了3D图层，如下图所示。

2 右击3D图层的任意位置，在弹出的菜单中选择“栅格化3D”命令，如下图所示。

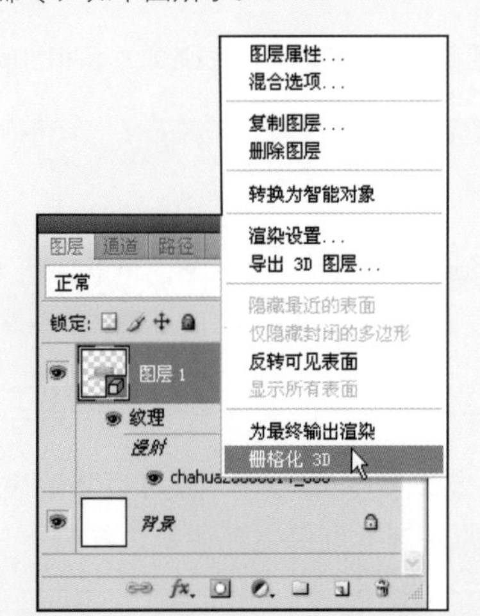

3 执行上步操作后，即可将3D图层转换为2D图层，如下图所示。

5. 创建UV叠加

使用UV叠加可直观地了解 2D 纹理映射如何与 3D 模型表面匹配，这个过程叫做 UV 映射。它将 2D纹理映射中的坐标与 3D 模型上的特定坐标相匹配，UV 映射使 2D 纹理可正确地绘制在3D 模型上。

1 新建空白图层，执行“3D>从3D文件新建图层”菜单命令，导入随书光盘\素材\12\人体模型.3ds文件，如下图所示。

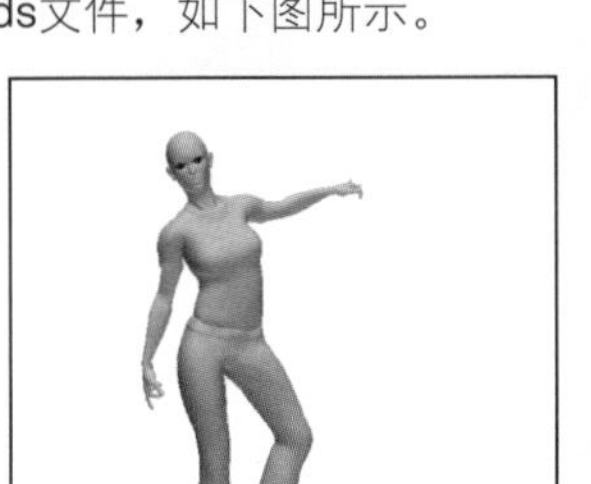

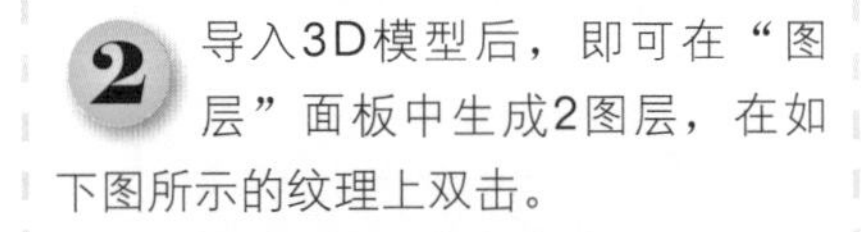

2 导入3D模型后，即可在“图层”面板中生成2图层，在如下图所示的纹理上双击。

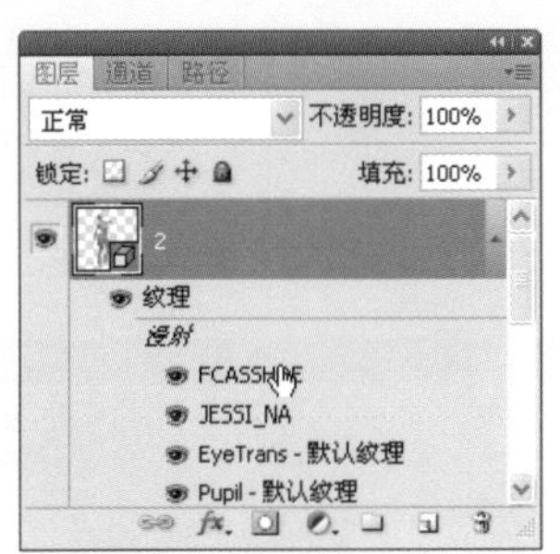

3 即可在新窗口中打开纹理，执行“3D>创建UV叠加>线框”菜单命令，画面中的UV显示效果如下图所示。

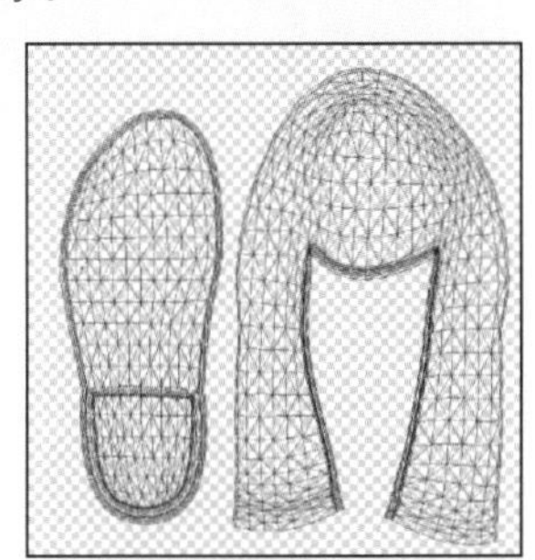

12.3 从照片创建图案——自定义图案

使用自定义图案功能，可为工作带来许多便捷，比如用图案填充某一个画面，可运用自定义图案直接填充画面，而不用一一去涂抹。Photoshop预设了大量的图案，只需选择就可以使用这些图案，当然，也可以随自己的想像去创建图案。

1. 对绘制的图形进行定义

在Photoshop CS4 中可以将所绘制的图形定义为图案，并运用“油漆桶”工具在图像中进行填充，如下图所示。

1 创建200px×200px的文档，新建“图层1”图层并选取“自定形状工具”，打开“自动形状拾色器”面板，选中如下图所示的图形。

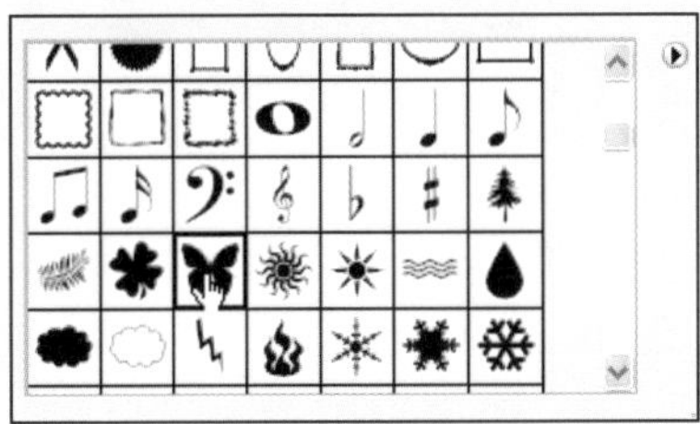

2 单击选项栏上的“填充像素”按钮 ，打开“样式”面板，单击下图所示的样式。

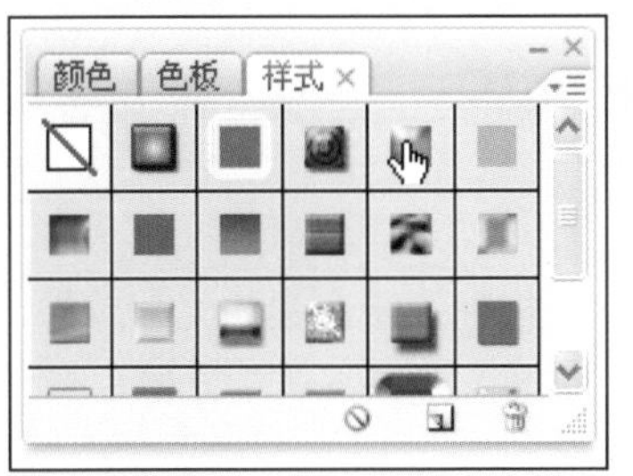

3 使用“自定形状工具”在下图中进行拖动，绘制出蝴蝶图像。

4 隐藏背景图层，选中图层1执行“编辑>定义图案”菜单命令，弹出下图所示的“图案名称”对话框，并输入合适的名称。

5 创建800px×600px的空白文档，单击“油漆桶”工具，打开“图案拾色器”面板，选择前面所定义的图案，如下图所示。

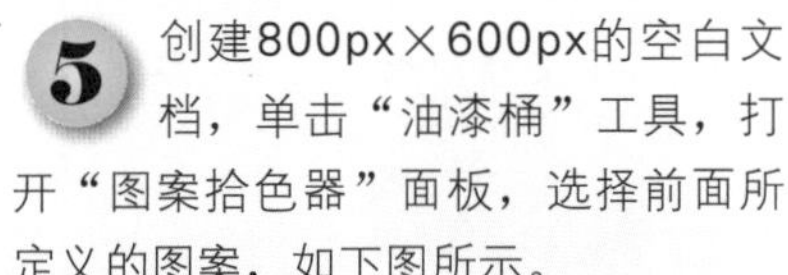

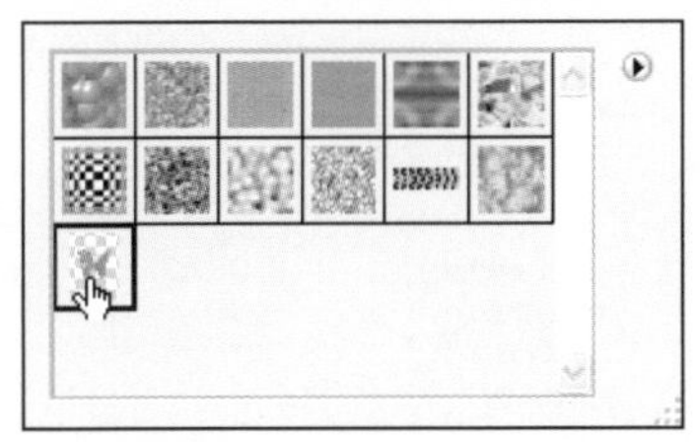

6 并运用“油漆桶工具”在创建的空白文档上单击，即可在空白文档中填充上所设置的图案，如下图所示。

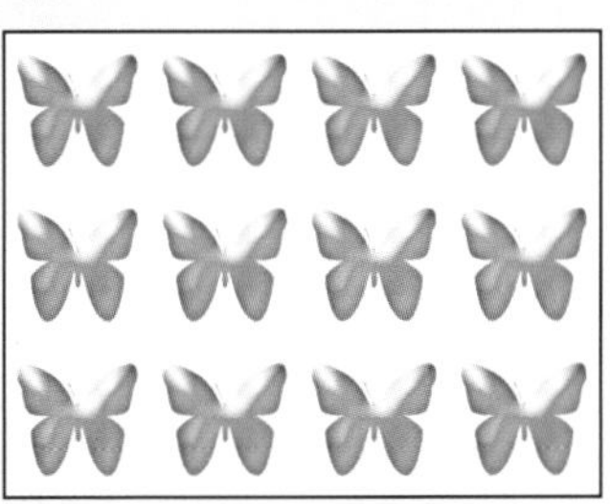

2. 对已有的图案进行定义

在前面已经讲述了可以将所绘制的图形定义为图案，并在图像窗口中填充上该定义的图案，下面对已有的图案进行编辑，具体操作如下。

1 打开随书光盘\素材\12\04.jpg文件，如下图所示。

2 双击“背景”图层，弹出下图所示的“新建图层”对话框，将背景图层转换为普通图层。

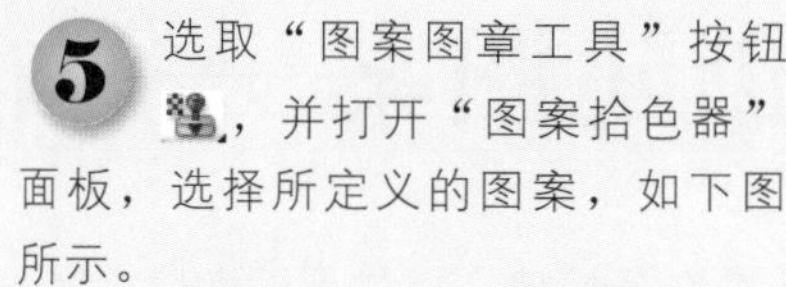

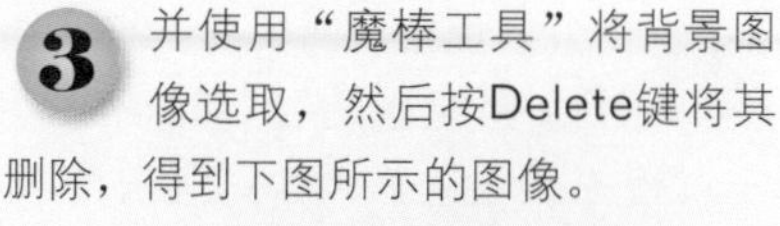

3 并使用“魔棒工具”将背景图像选取，然后按Delete键将其删除，得到下图所示的图像。

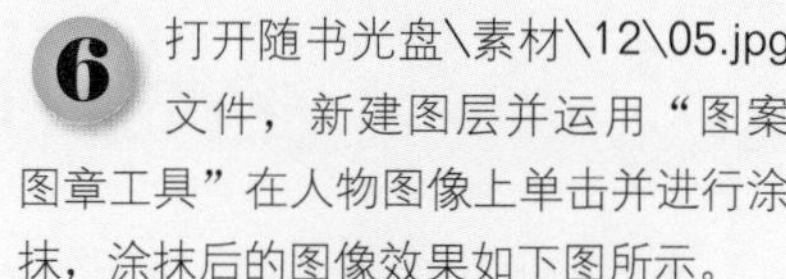

4 执行“编辑>定义图案”菜单命令，打开下图所示的“图案名称”对话框，并设置合适的名称。

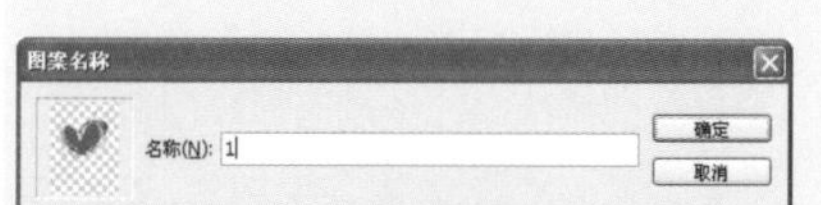

5 选取“图案图章工具”按钮，并打开“图案拾色器”面板，选择所定义的图案，如下图所示。

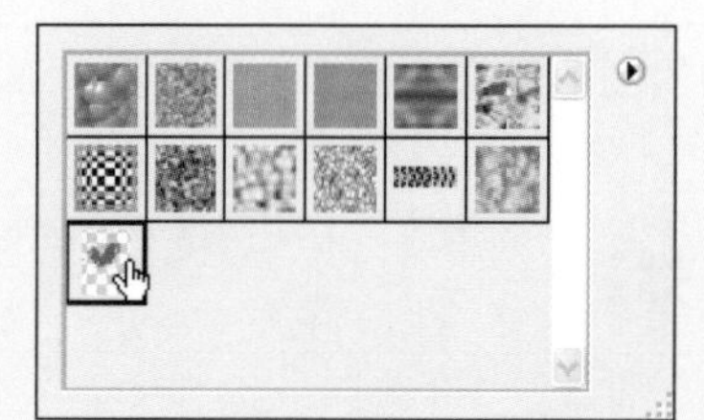

6 打开随书光盘\素材\12\05.jpg文件，新建图层并运用“图案图章工具”在人物图像上单击并进行涂抹，涂抹后的图像效果如下图所示。

12.4 光线的艺术——“镜头光晕”滤镜

“镜头光晕”滤镜是模拟亮光照射到相机镜头所产生的光晕效果，通过单击图像缩览图的任意位置或拖动其十字线，指定光晕中心的位置。执行“滤镜>渲染>镜头光晕”菜单命令，弹出“镜头光晕”对话框，其中各项的含义如下所示。

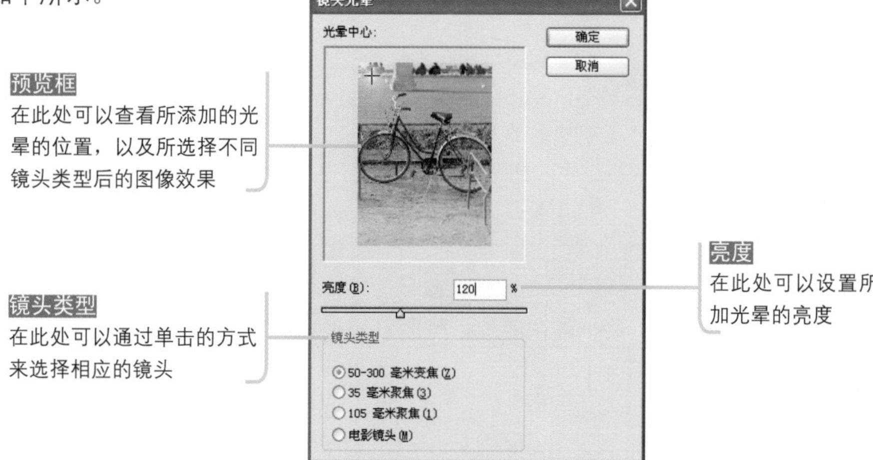

1 选择“50-300毫米变焦”选项后的图像效果。

2 选择“35毫米聚焦”选项后的图像效果。

3 选择“电影镜头”选项后的图像效果。

Key Points

关键技法

“镜头光晕”滤镜模拟亮光照射到相机镜头上所产生的折射，此滤镜不能应用于灰度、CMYK和Lab颜色模式的图像。

12.5 艺术纹理的增加——“艺术效果”滤镜

“艺术效果”滤镜中包含5种效果，可以打开“滤镜库”在其中选择最合适当前图像的效果，并可以通过“新建效果图层”按钮将多个效果进行重叠，形成一种新的图像效果，执行“滤镜>艺术效果>干画笔”菜单命令，就会弹出如下图所示的“干画笔”对话框，在该对话框中，各项参数的作用如下所示。

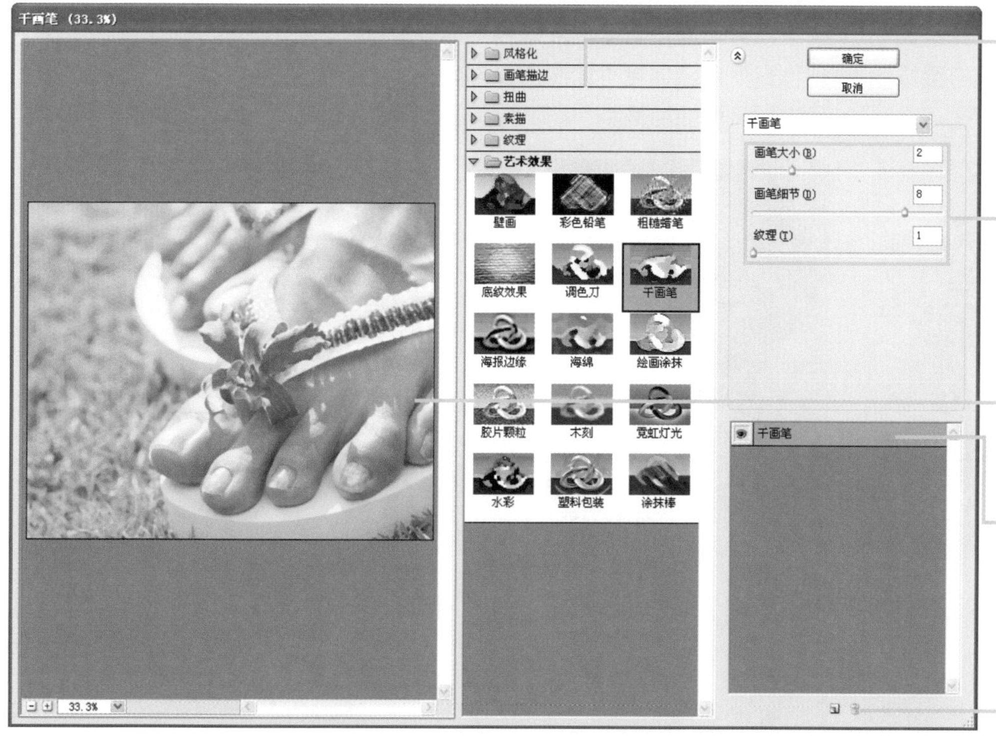

当前选择的滤镜
单击此处的滤镜效果示意图，可以选择该滤镜应用到图像中

选项区
在此处可以设置“艺术效果”滤镜的相关参数，其中包括3个选项，分别是“画笔大小”、“画笔细节”和“纹理”

预览框
在此处会显示应用滤镜对图像进行调整后的图像效果

当前选择的滤镜
在此处会显示当前所选择的滤镜

滤镜操作按钮
在此处有“新建效果图层”按钮和“删除效果图层”按钮

1. 壁画

“壁画”滤镜是以短而圆的小块颜料，以一种粗糙的风格绘制图像。

2. 彩色铅笔

该滤镜模拟彩色铅笔在纯色的背景上绘制图像的效果，滤镜处理的最终图像会带有粗糙的斜纹阴影外观；该滤镜的颜色采用原图像的色值信息，但由于铅笔涂抹的原因，只能保留部分颜色信息，其他信息被笔纹所遮蔽。

3. 粗糙蜡笔

“粗糙蜡笔”滤镜可以使图像看上去好像是用彩色粉笔在带纹理的背景上描边。在亮色区域，粉笔看上去很厚，几乎看不见纹理；在深色区域，粉笔似乎被擦去了，使纹理显露出来。

4. 海报边缘

该滤镜可以根据设置的选项减少图像中的颜色数量，并查找图像的边缘，在边缘上绘制黑色线条。图像中大而宽的区域有简单的阴影，而细小的深色细节遍布图像。

5. 木刻

该滤镜的工作原理正是一种“简化”，即根据原图像中的颜色界限创建出大致的图形轮廓，从而使原图像如同由剪切的彩纸构成的创作目的，该滤镜可以将图像制作成漫画风格的图像。

6. 底纹效果

“底纹效果”滤镜可以使图像形成在带纹理的背景上进行绘制的效果。

Example 01 制作逼真的素描效果

光盘文件

原始文件：随书光盘\素材\12\09.jpg

最终文件：随书光盘\源文件\12\实例1 制作逼真的素描效果.psd

本实例将一幅风景图像制作成素描的图像效果，主要运用“绘图笔”、“炭笔”、“查找边缘”滤镜来模拟图像线条，绘图纸效果则运用了“纹理化”滤镜。本实例制作的最终图像与原始图像的对比效果如下图所示。

01 打开随书光盘\素材\12\09.jpg文件，如下图所示。

02 打开“图层”面板，新建图层，并为图层填充上白色，如下图所示。

03 复制“背景”图层，将复制的图层拖曳至最顶层，如下图所示。

04 选中“背景 副本”图层，执行“图像>调整>去色”菜单命令，效果如下图所示。

05 执行“滤镜>素描>绘图笔”菜单命令，参照下图设置参数。

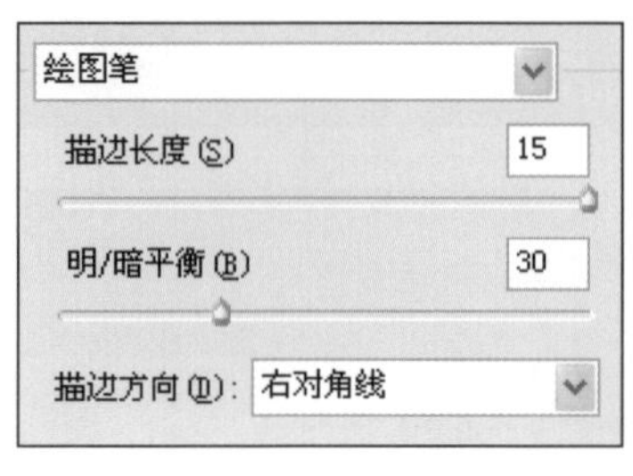

06 设置完成后，画面中的图像效果如下图所示。

07 复制“背景 副本”图层，执行“滤镜>素描>炭笔”菜单命令，参照下图所示设置参数。

08 设置完成后，画面中的图像效果如下图所示。

09 将“背景 副本2”图层的混合模式设置为“正片叠底”，如下图所示。

10 设置完成后，画面中的图像效果如下图所示。

11 选中复制的两个背景副本图层，按Ctrl+G快捷键进行编组，再将图层组混合模式设置为“强光”，如下图所示。

12 设置完成后，画面中的图像效果如下图所示。

13 在“组1”图层组上方新建图层，为图层填充上颜色R:224、G:216、B:162，效果如下图所示。

14 将填充了颜色的图层混合模式设置为“变暗”，“不透明度”设置为30%，如下图所示。

15 调整好图层混合模式后的图像效果如下图所示。

16 设置前景色为R:252、G:243、B:227，背景色为R:202、G:193、B:177，然后执行“云彩”滤镜命令，效果如下图所示。

17 将“图层3”图层的混合模式设置为“正片叠底”，“不透明度”设置为30%，如下图所示。

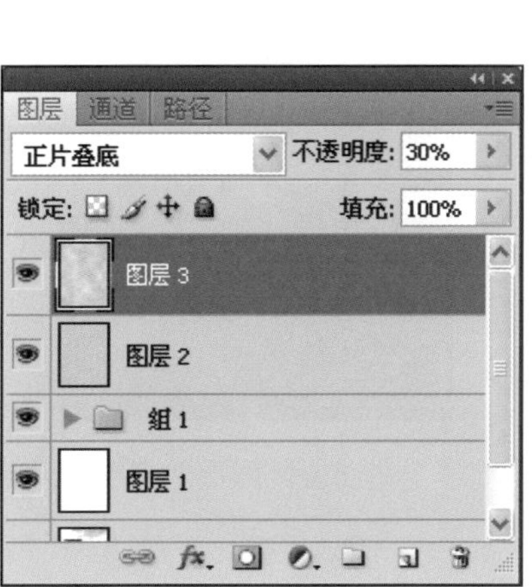

18 调整好图层混合模式后的图像效果如下图所示。

19 复制“背景”图层，并拖曳至“图层”面板的顶端，然后按Ctrl+Shift+U快捷键，如下图所示。

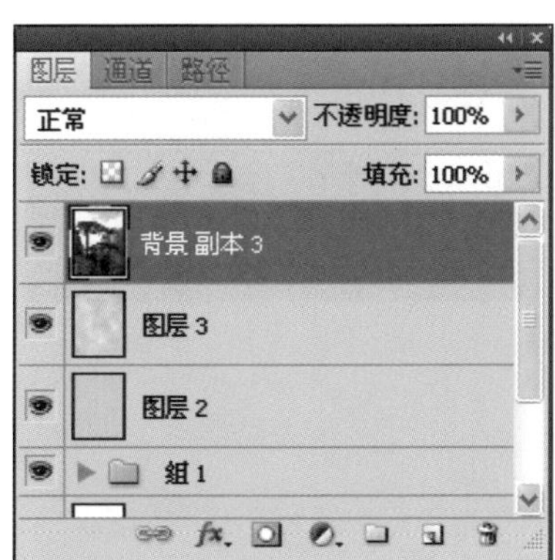

20 按Ctrl+L快捷键，打开“色阶”对话框，参照下图所示设置各项参数。

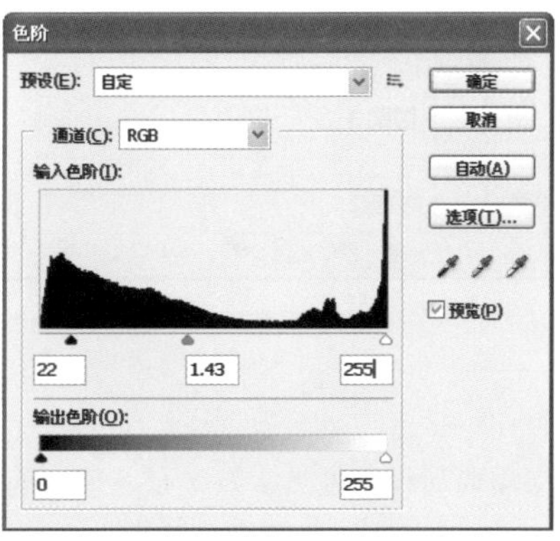

21 为去色后的图像调整色阶后，画面中的图像效果如下图所示。

22 执行“滤镜>风格化>查找边缘”菜单命令，如下图所示。

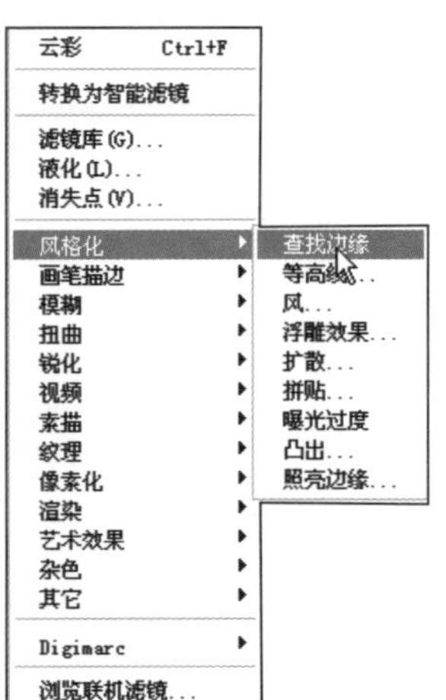

23 为图像添加“查找边缘”滤镜后的图像效果如下图所示。

24 按Ctrl+L快捷键，为图像调整色阶，如下图所示。

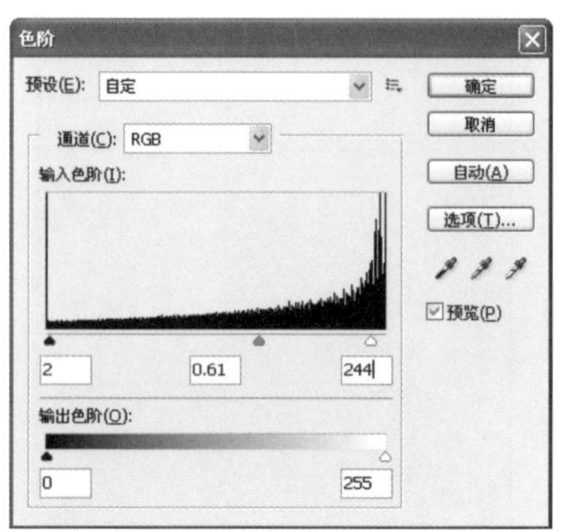

25 为“背景 副本3”图层更改图层混合模式为“正片叠底”，“不透明度”为60%，如下图所示。

26 调整好混合模式和不透明度参数后的图像效果如下图所示。

27 在“图层”面板的顶端创建新图层，并为“图层4”图层填充上白色，如下图所示。

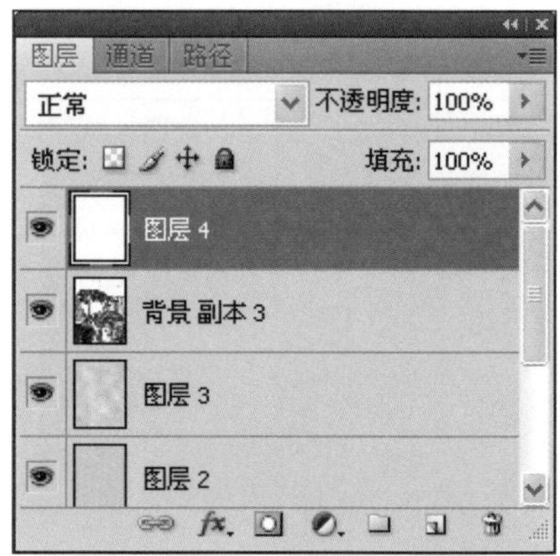

28 选中“图层4”图层，执行“滤镜>纹理>纹理化”菜单命令，参照下图所示设置纹理化参数。

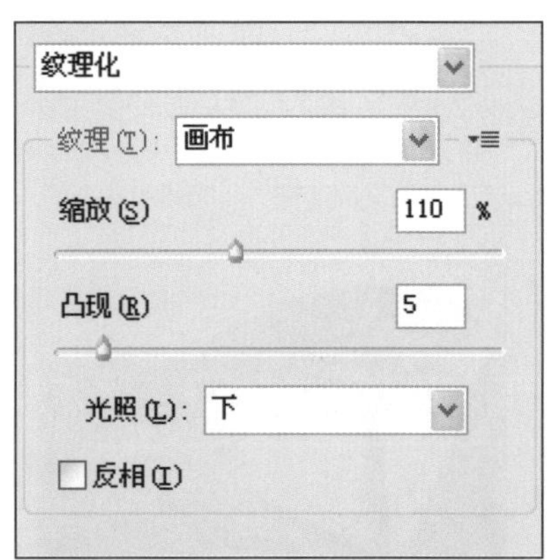

29 将图层的图层混合模式设置为“正片叠底”，“不透明度”设置为60%，如下图所示。

30 调整好的图像效果如下图所示。

Key Points

关键技法

使用“绘图笔”滤镜时，如果需要制作白纸黑字效果必须要将前景色设置为黑色，背景色设置白色。

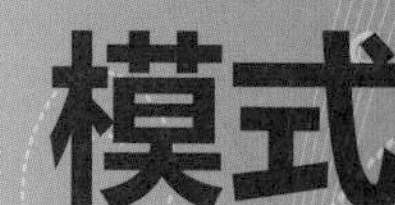

Example 02 利用“双色调”模式营造浪漫气氛

光盘文件

原始文件：随书光盘\素材\12\10.jpg、11.jpg

最终文件：随书光盘\源文件\12\实例2 利用“双色调”模式营造浪漫气氛.psd

本实例是有关双色调的应用，制作双色调图像效果必须先将颜色模式转换为“双色调”模式，但在转换之前必须将图像模式转化为“灰度”模式。这里所指的双色调并非为两种颜色所组成的图像，双色调还可以有多种颜色，它是将多种颜色进行调和后以深浅不一的色调显示出来。本实例制作的最终图像与原始图像的对比效果如下图所示。

01 打开随书光盘\素材\12\10.jpg文件，如下图所示。

02 执行“图像>模式>灰度”菜单命令，如下图所示。

03 将RGB颜色模式转换为“灰度”模式，效果如下图所示。

04 将图像转换为“灰度”模式后就可以将图像转换为“双色调”模式，执行“图像>模式>双色调”菜单命令，如下图所示。

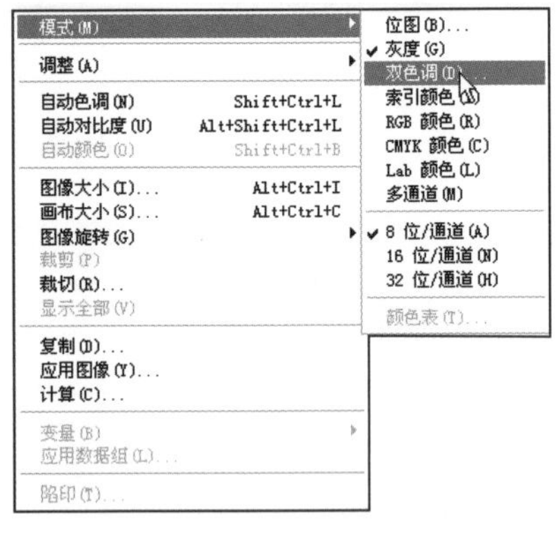

05 打开“双色调选项”对话框，为双色调命名为“a1”和“a2”，如下图所示。

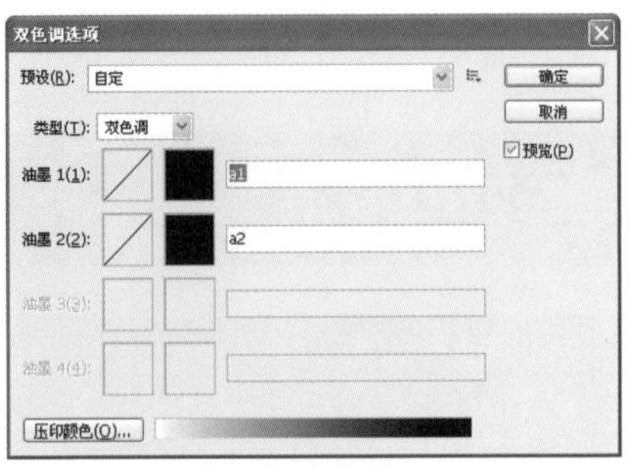

06 设置“油墨1”颜色为黑色，单击“油墨2”颜色色块，参照下图所示设置颜色。

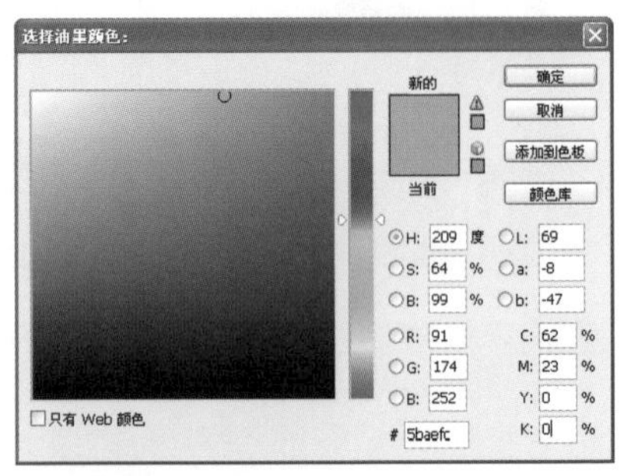

07 设置好双色调颜色后，单击对话框中的“确定”按钮，如下图所示。

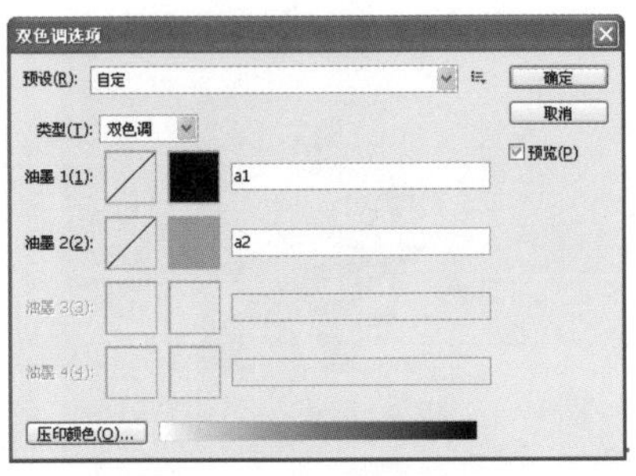

08 打开随书光盘\素材\12\11.jpg文件，如下图所示。

09 将打开的图像拖曳至本实例制作文档中，如下图所示。

10 按Ctrl+T快捷键打开“自由变形工具”，将图像调整至合适大小，然后为“图层1”图层添加上图层蒙版，使用黑色的“画笔工具”擦除除人物以外的图像，如下图所示。

11 将“图层1”图层的混合模式更改为“正片叠底”，设置后的画面图像效果如下图所示。

12 在“图层”面板中创建新图层，得到“图层2”图层，设置前景色为R:0、G:118、B:139，然后运用前景色填充“图层2”图层，如下图所示。

13 选中“图层2”图层，执行“滤镜>渲染>纤维”菜单命令，打开“纤维”对话框，在对话框中参照下图所示设置参数。

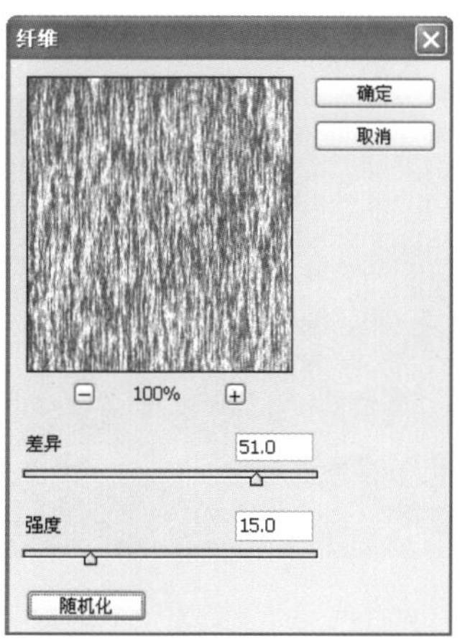

14 应用“纤维”滤镜后，画面中的图像效果如下图所示。

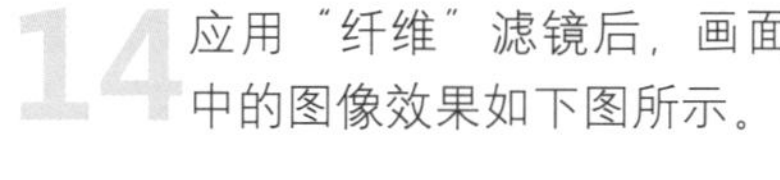

15 按Ctrl+I快捷键将“图层2”图层中的图像反相，画面中的图像效果如下图所示。

16 为“图层2”图层添加图层蒙版，使用黑色的“画笔工具”擦除草地以外的图像，再将“图层2”的混合模式设置为“颜色减淡”，如下图所示。

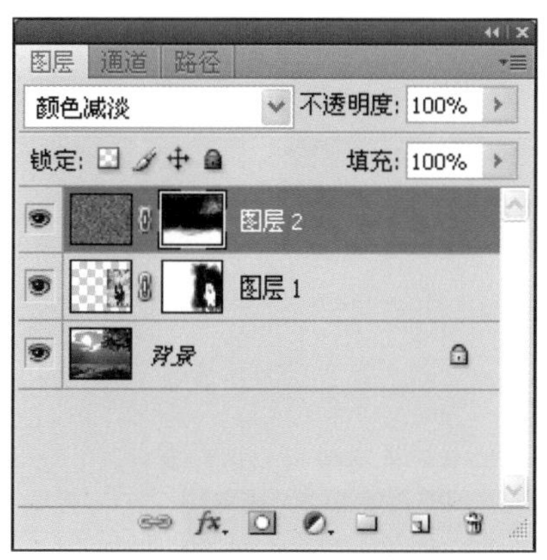

17 设置好图层混合模式后，多次使用画笔工具在图像中进行涂抹，调整好的图像效果如下图所示。

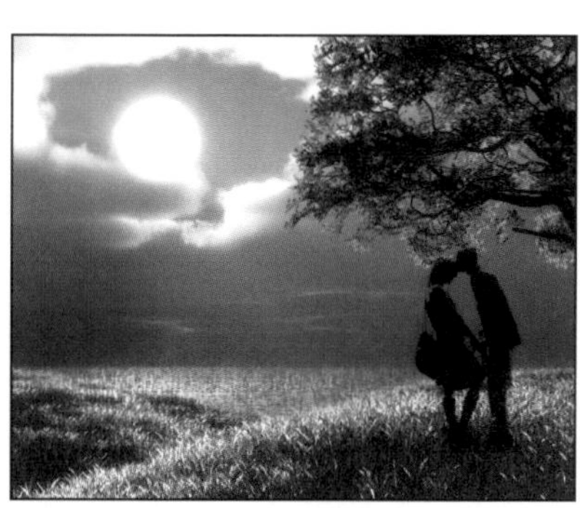

18 创建“图层3”图层，给“图层3”图层填充上同“图层2”图层相同的颜色，如下图所示。

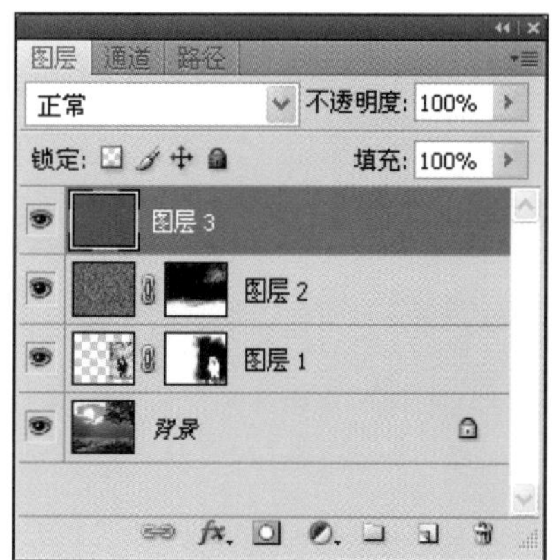

19 选中“图层3”图层，按Ctrl+F快捷键重复使用滤镜，然后按Ctrl+T快捷键打开“自由变形工具”，右击，在弹出的快捷菜单中选择“旋转90度（顺时针）”命令，如下图所示。

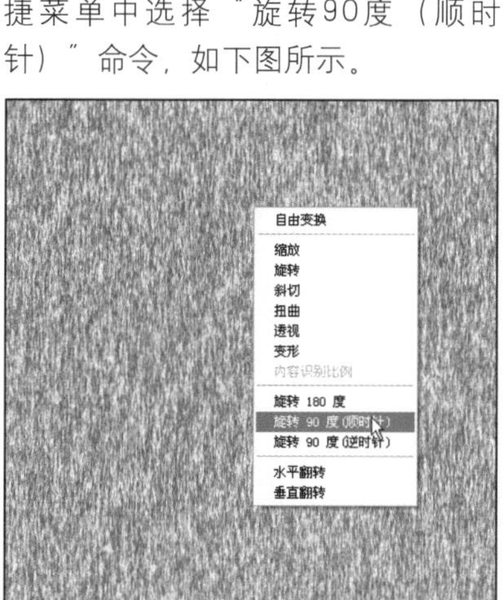

20 顺时针90度旋转图像后，把图像拖曳至画面大小，效果如下图所示，再将图层混合模式设置为“颜色减淡”。

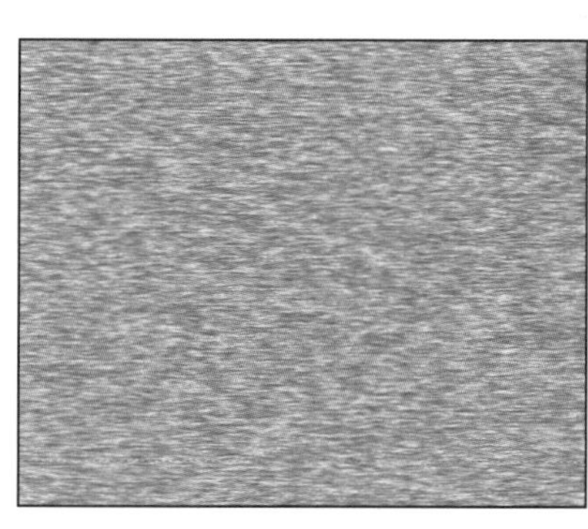

21 为了使表面上的磷光更加柔和，执行“滤镜>模糊>动感模糊”菜单命令，参照下图所示设置参数。

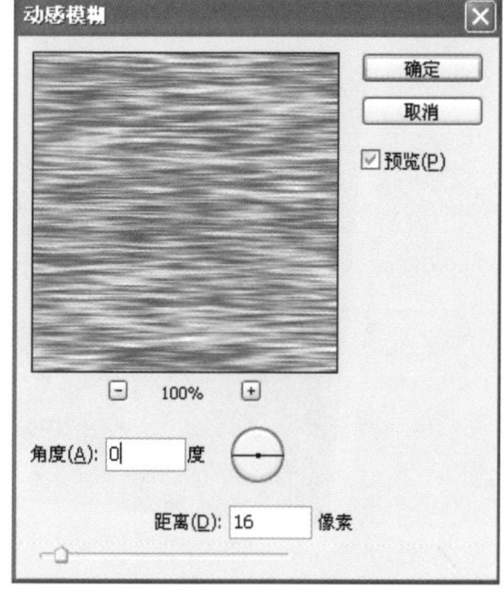

22 应用“动感模糊”滤镜后，画面中的图像效果如下图所示。

23 为“图层3”图层添加图层蒙版，使用黑色的画笔在图像中进行涂抹，擦除除草地和树以外的图像，再将图层“不透明度”设置为50%，如下图所示。

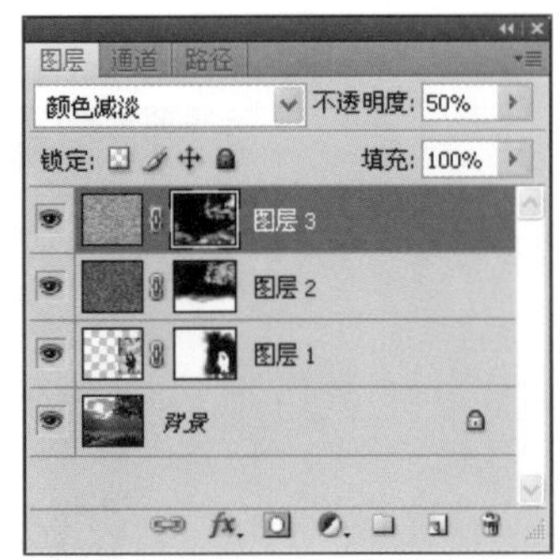

24 设置“图层3”图层是为了制作交错的磷光效果，图像效果如下图所示。

Example 03 运用照片滤镜调整画面色彩冷暖

光盘文件

原始文件：随书光盘\素材\12\12.jpg

最终文件：随书光盘\源文件\12\实例3 运用照片滤镜调整画面色彩冷暖.psd

在本实例中主要应用滤镜将一幅图像塑造成冷色调效果，色调可以分为两种，一种是暖色调，另一种是冷色调，使用“照片滤镜”调整图层可轻松调整图像的冷暖。在图像制作的后期添加下雨效果，可让画面变得更加丰富。本实例制作的最终图像与原始图像的对比效果如下图所示。

01 打开随书光盘\素材\12\12.jpg文件，如下图所示。

02 打开"图层"面板，复制"背景"图层，得到"背景副本"图层，如下图所示。

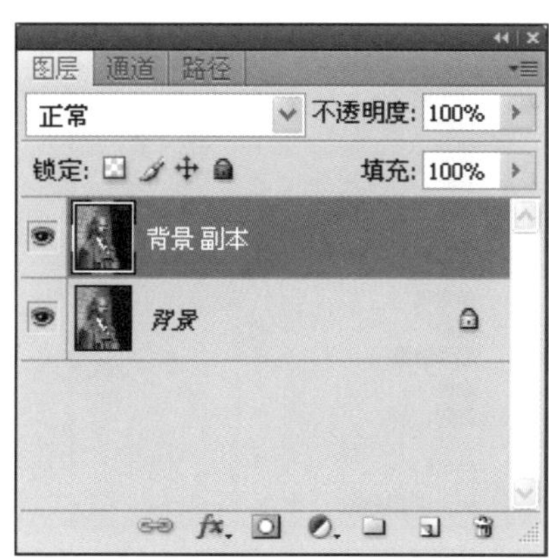

03 单击面板底部的"创建填充或调整图层"按钮，在弹出的菜单中选择"照片滤镜"命令，如下图所示。

04 打开"调整"面板，设置"滤镜"为"冷却滤镜（LBB）"，"浓度"为33%，如下图所示。

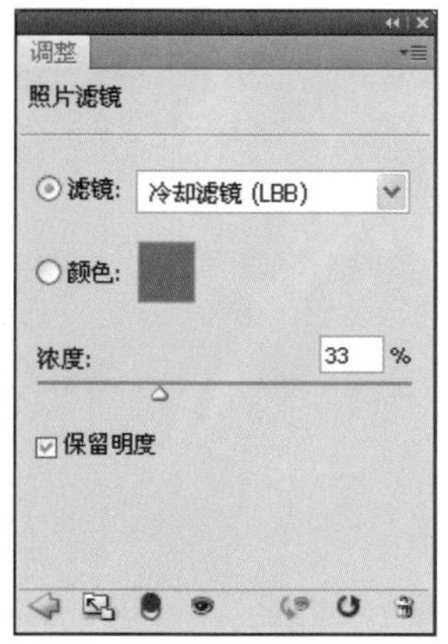

05 设置好滤镜后的图像效果如下图所示。

06 按Alt+Ctrl+Shift+4快捷键将图像高光区域载入，如下图所示。

07 保持选区为选中状态，创建新的"照片滤镜"调整图层，参照下图所示设置参数。

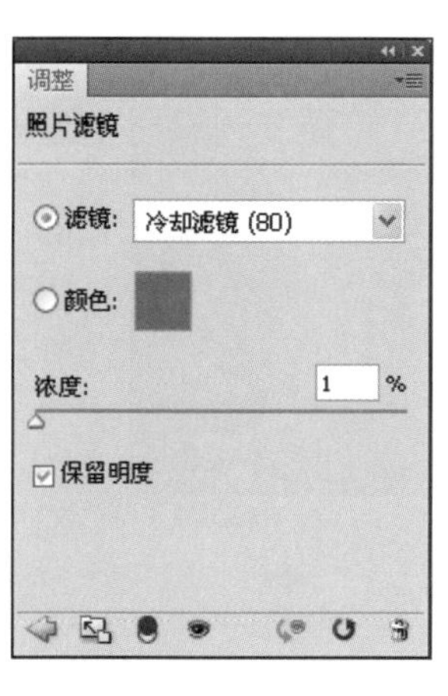

08 将"照片滤镜2"调整图层的混合模式设置为"滤色"，"不透明度"设置为50%，如下图所示。

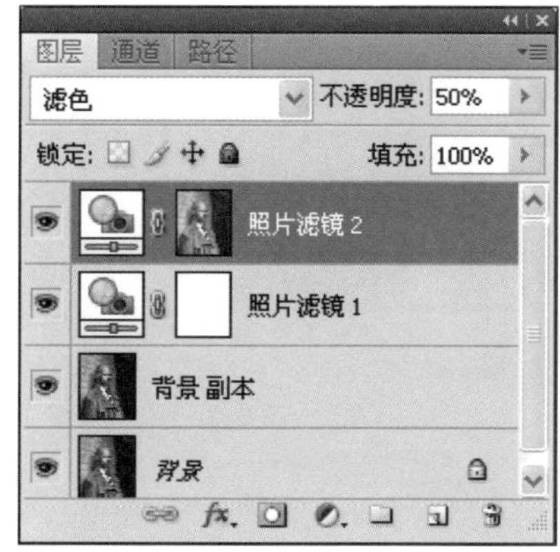

09 为图层设置好混合模式和不透明度后的图像效果如下图所示。

10 按Alt+Ctrl+Shift+E快捷键，盖印可见图层得到“图层1”图层，如下图所示。

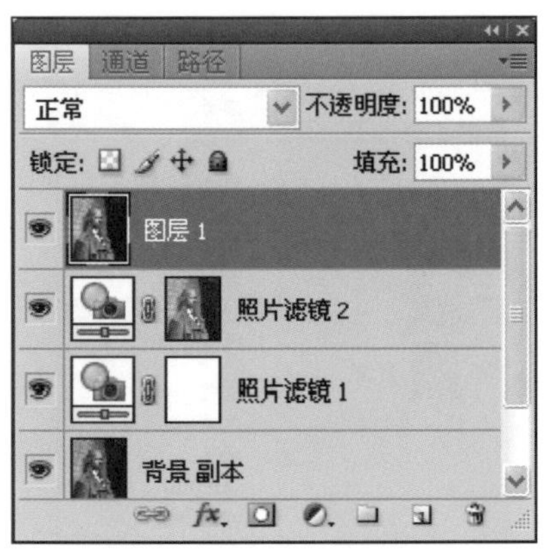

11 选中“图层1”图层，执行“滤镜>风格化>照亮边缘”菜单命令，如下图所示。

12 打开“照亮边缘”对话框，参照下图所示设置参数。

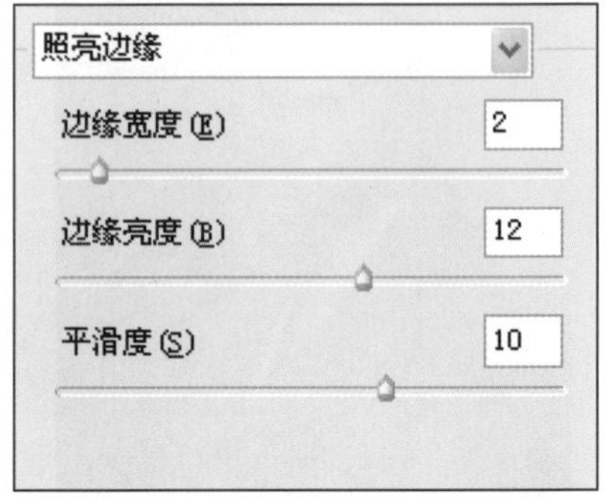

13 应用“照亮边缘”滤镜后，画面中的图像效果如下图所示。

14 将“图层1”图层的混合模式设置为“叠加”，如下图所示。

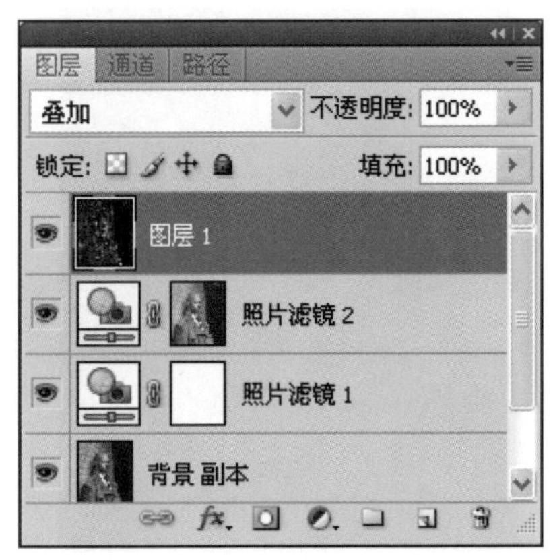

15 设置图层混合模式后的图像效果如下图所示。

16 新建空白图层，即“图层2”图层，将前景色设置为黑色，再按Alt+Delete快捷键运用前景色填充图层，如下图所示。

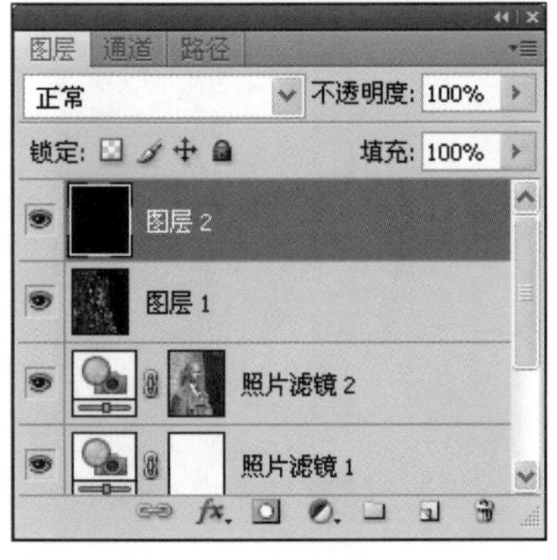

17 选中“图层2”图层，执行“滤镜>杂色>添加杂色”菜单命令，并参照下图所示设置杂色参数。

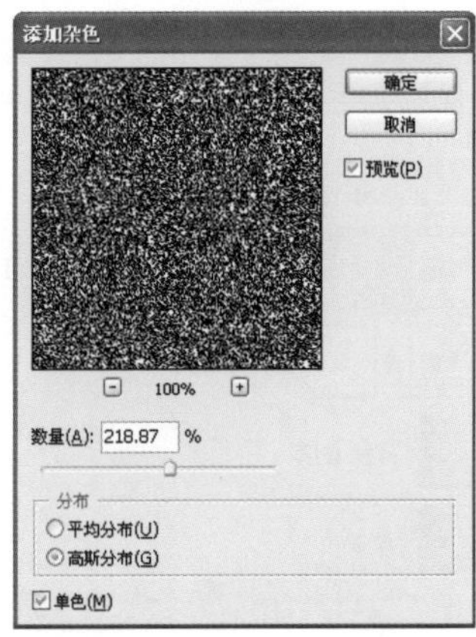

18 在“添加杂色”滤镜的基础上，执行“滤镜>模糊>高斯模糊”菜单命令，并设置“半径”为1.2像素，如下图所示。

19 设置“高斯模糊”滤镜后，按Ctrl+L快捷键打开“色阶”对话框，参照下图所示设置色阶值。

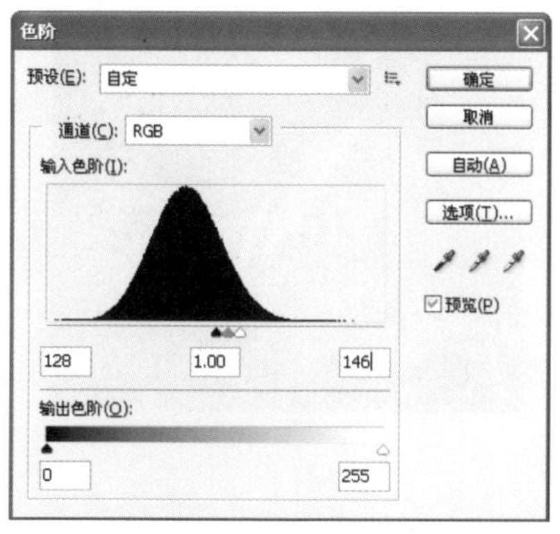

20 执行完操作后，画面中的杂点变得更加的醒目，如下图所示。

21 执行“滤镜>模糊>动感模糊”菜单命令，设置“角度”为85度、“距离”为150像素，设置完成后单击“确定”按钮，如下图所示。

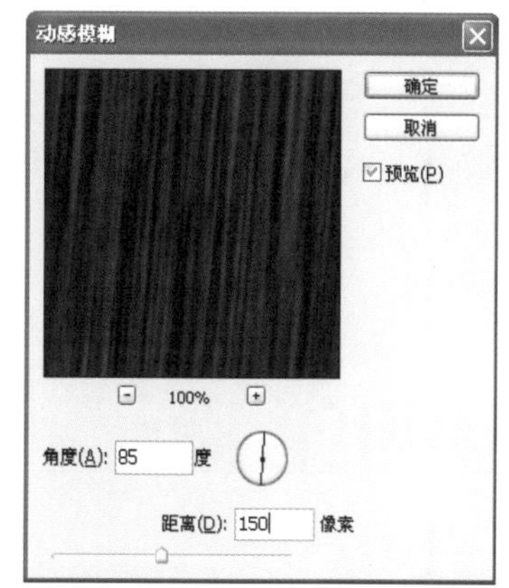

22 设置“动感模糊”滤镜后，图像杂点变得更具有动感，但表现却很模糊，如下图所示。此时可以使用“色阶”命令进行处理。

23 按Ctrl+L快捷键打开“色阶”对话框，设置对话框中的各项参数，如下图所示。

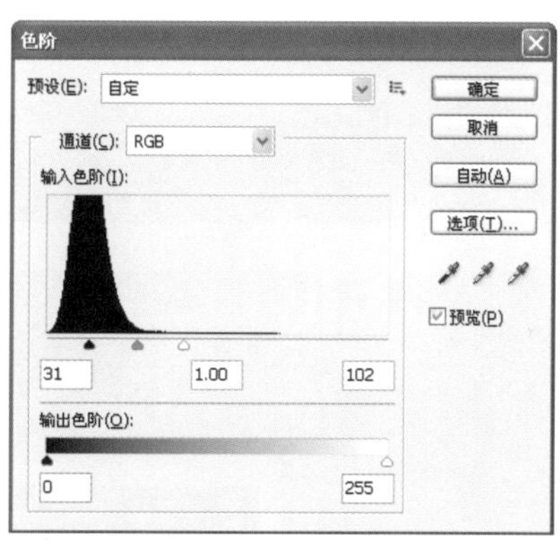

24 按Ctrl+T快捷键打开“自由变换工具”，参照下图所示调整好图像的大小和位置。

25 打开“图层”面板，将“图层2”图层的混合模式设置为“滤色”，如下图所示。

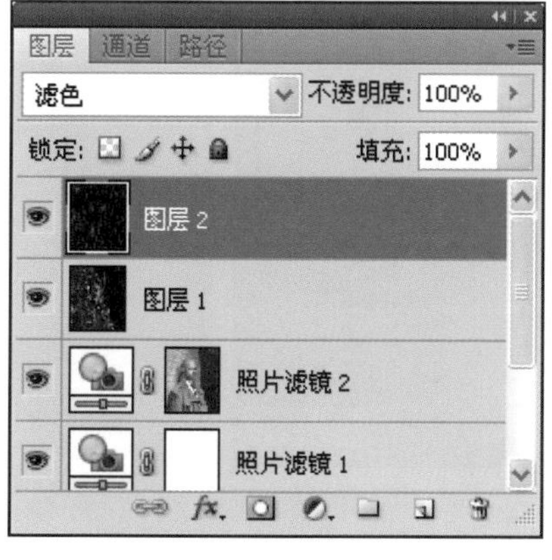

26 为“图层2”图层更改混合模式后的图像效果如下图所示。

27 按Alt+Ctrl+Shift+E快捷键，盖印可见图层，得到“图层3”图层，如下图所示。

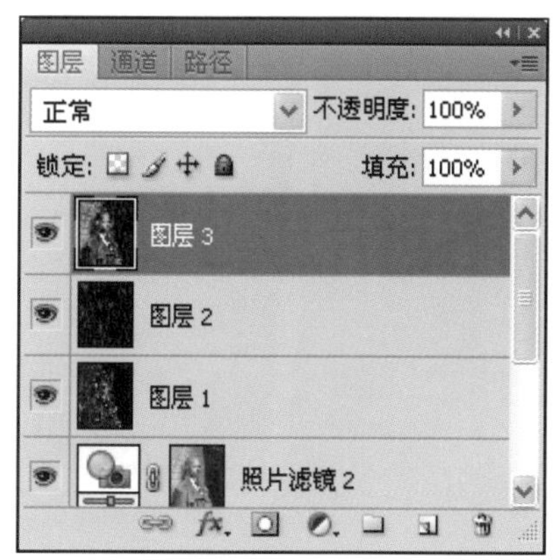

28 选中"图层3"图层，按Ctrl+I快捷键反相图像，画面中的图像效果如下图所示。

29 将"图层3"图层的混合模式设置为"色相"，如下图所示。

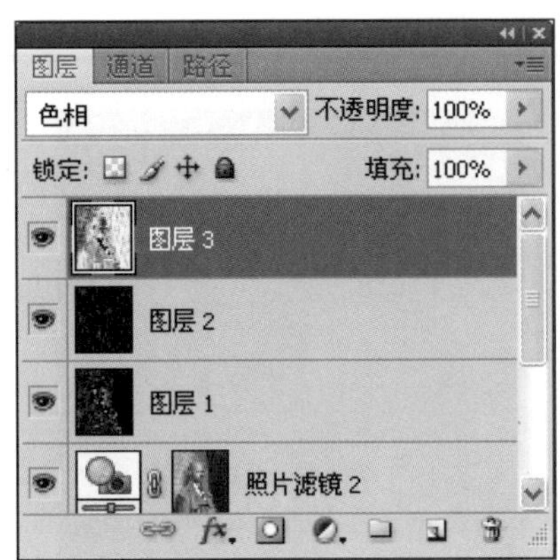

30 设置好图层混合模式后，图像最终效果如下图所示。

Example 04 制作墙壁上的天使壁画效果

光盘文件

原始文件：随书光盘\素材\12\13.jpg～15.jpg

最终文件：随书光盘\源文件\12\实例4 制作墙壁上的天使壁画效果.psd

本实例讲述了制作墙壁上的人物效果，主要运用图层混合模式去衔接每一幅图像。将人物图像拖动到墙壁图像中后，运用图层蒙版将多余的图像擦除，通过设置图层混合模式将人物图像很自然地融合到背景图像中。为了使融入的图像带有斑驳效果，在图像上添加"阴影线"和"纤维"滤镜效果，本实例的最终图像与原始图像的对比效果如下图所示。

01 打开随书光盘\素材\12\13.jpg文件，如下图所示。

02 打开随书光盘\素材\12\14.jpg文件，将打开的图像拖曳至前面打开的图像中，从而得到"图层1"图层，如下图所示。

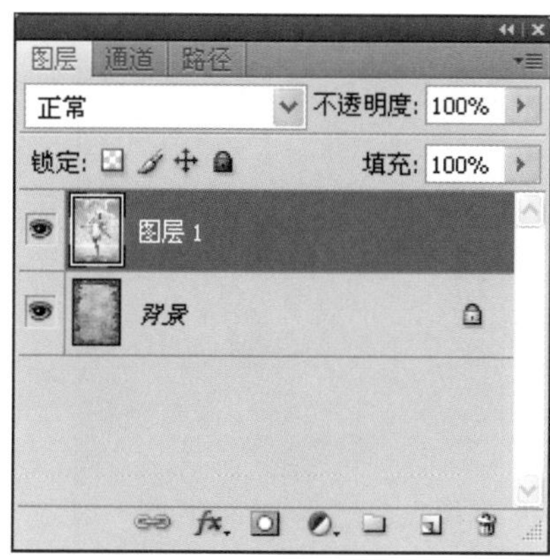

03 打Ctrl+T快捷键，打开"自由变形工具"，参照下图所示调整好图像的大小和位置。

04 单击"添加图层蒙版"按钮，为"图层1"图层添加上图层蒙版，如下图所示。

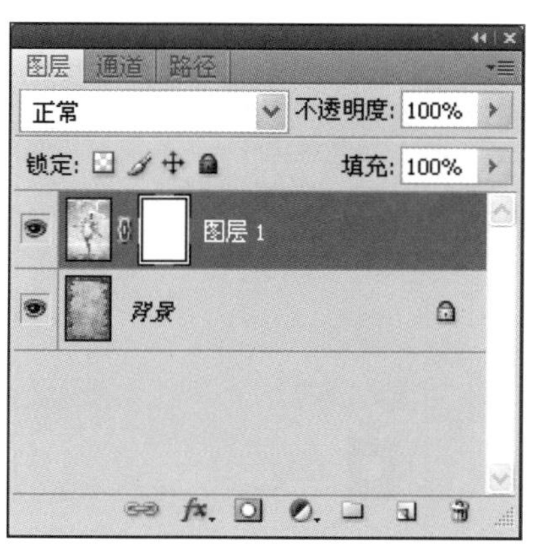

05 单击工具箱中的"画笔工具"按钮，设置前景色为黑色，"不透明度"为50%，然后在画面中涂抹，如下图所示。

06 使用黑色的画笔在蒙版中涂抹，擦除除人物以外的图像，效果如下图所示。

07 打开随书光盘\素材\12\15.jpg文件，如下图所示。

08 将打开的图像拖曳至本实例制作文档中，然后使用"自由变形工具"，将图像调整至如下图所示的大小和位置。

09 为图像所在的图层创建图层蒙版，然后用黑色的画笔在图像上进行涂抹，擦除遮盖住砖块的图像，如下图所示。

10 设置“图层2”图层的混合模式为“柔光”，“不透明度”为50%，如下图所示。

11 设置好“图层2”图层的混合模式和不透明度后，画面中的图像效果如下图所示。

12 复制“图层2”图层，得到“图层2副本”图层，右击图层空白区域，选择“应用图层蒙版”命令，然后更改混合模式为“正常”，“不透明度”为60%，如下图所示。

13 复制“图层1”图层，得到“图层1副本”图层，如下图所示。

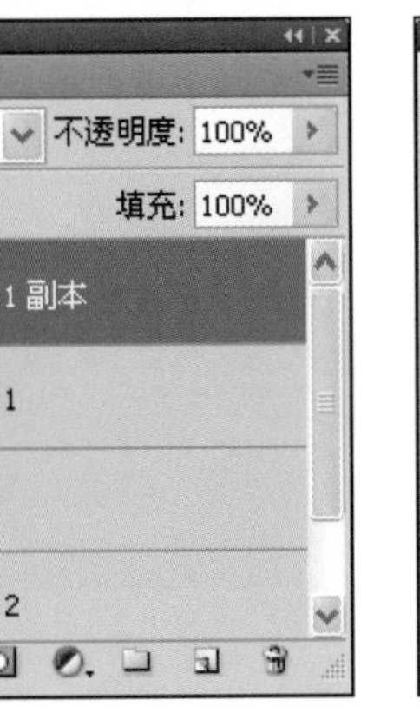

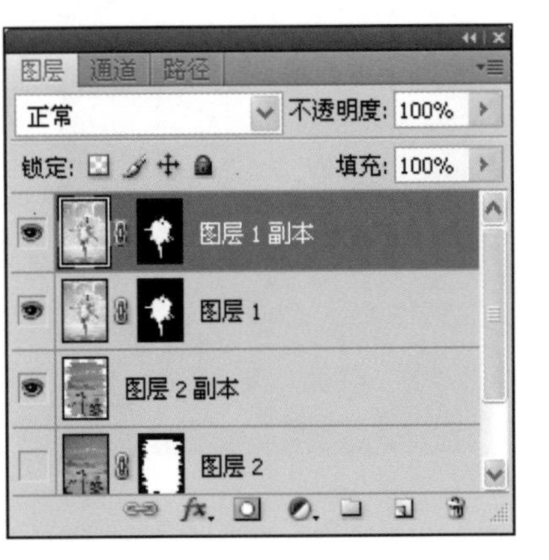

14 右击“图层1副本”图层的空白区，在弹出的快捷菜单中选择“应用图层蒙版”命令，如下图所示。

15 按Ctrl+J快捷键，复制“图层1副本”图层，得到“图层1副本2”图层，如下图所示。

16 选中“图层1副本2”图层，执行“滤镜>画笔描边>阴影线”菜单命令，参照下图所示设置各项参数。

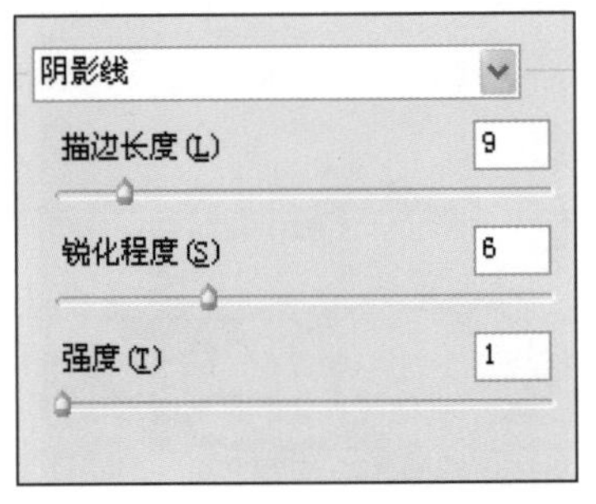

17 设置完成后，画面中的图像效果如下图所示。

18 设置“图层1副本2”的混合模式为“强光”，如下图所示。

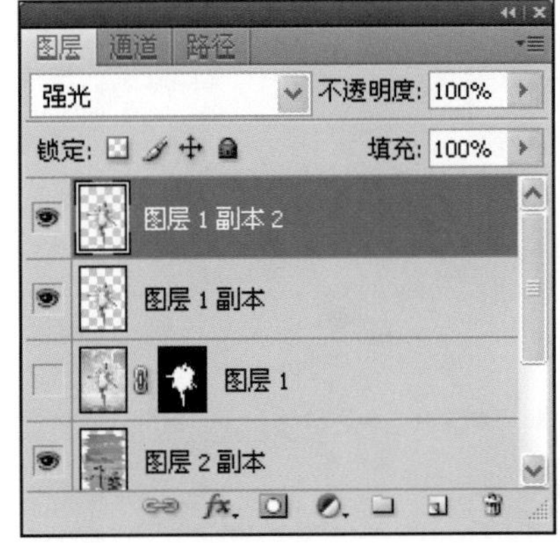

19 为应用“阴影线”滤镜的图层设置好混合模式后，画面中的图像效果如下图所示。

20 单击“图层”面板底部的“创建新图层”按钮，按D快捷键设置前景色为黑色，再按Alt+Delete快捷键进行填充，如下图所示。

21 选择“图层3”图层，执行“滤镜>渲染>纤维”菜单命令，打开如下图所示的对话框，然后参照设置参数。

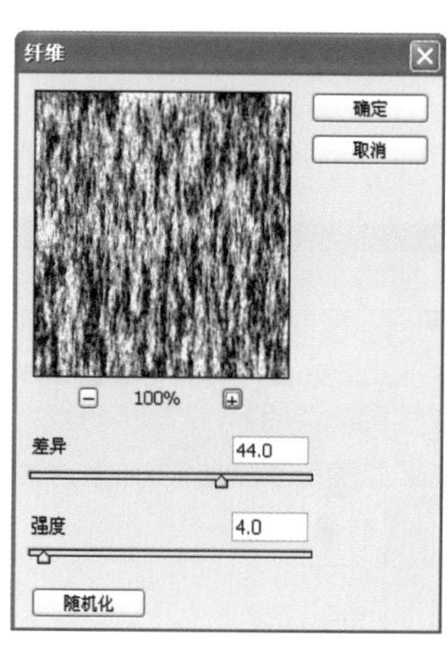

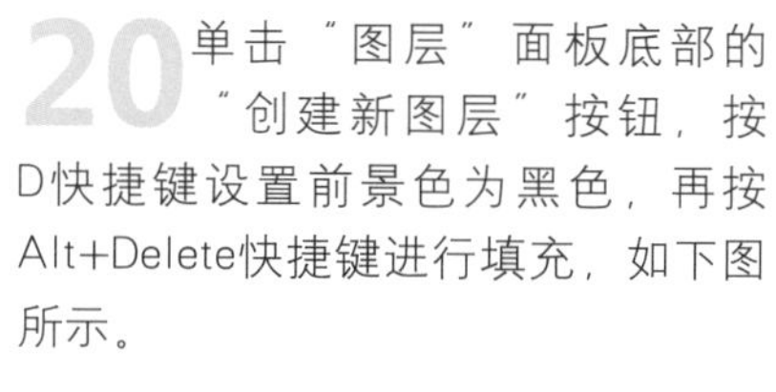

22 设置完成后，画面中的图像效果如下图所示。

23 按Ctrl+T快捷键对图像进行变形，执行“旋转90度（顺时针）”菜单命令，按照如下图所示进行变换。

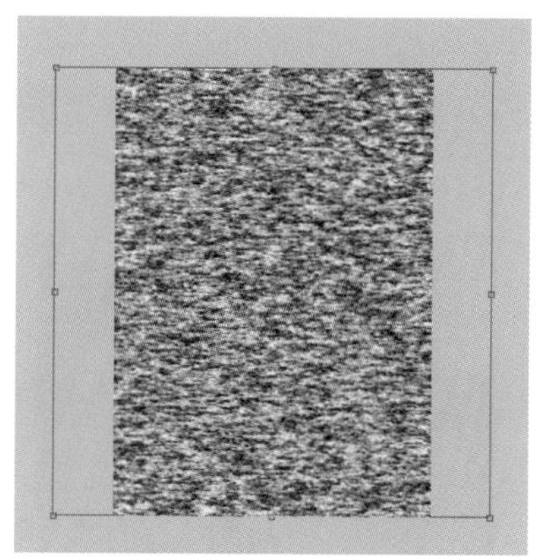

24 对纤维图像进行变形后，按住Ctrl键单击“图层1副本2”的图层缩略图，将人物图像载入选区，如下图所示。

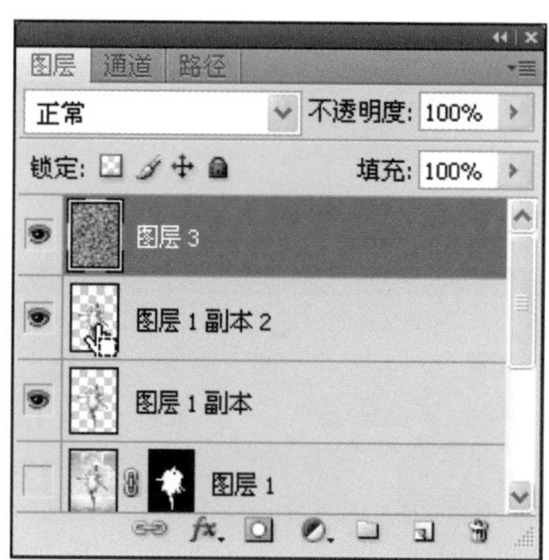

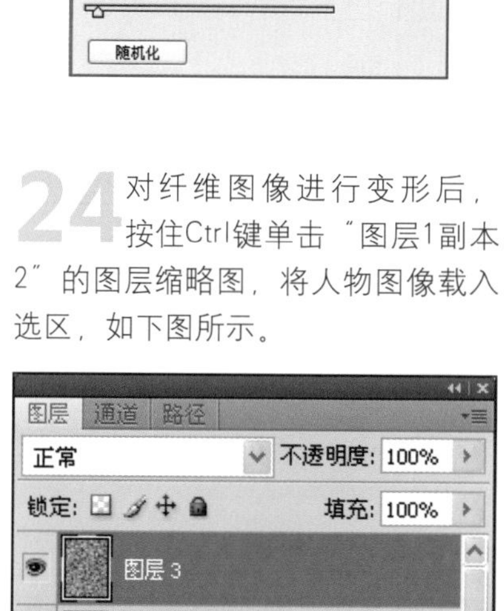

25 按Ctrl+Shift+I快捷键，反向选取选区，然后单击面板底部的“添加图层蒙版”按钮，如下图所示。

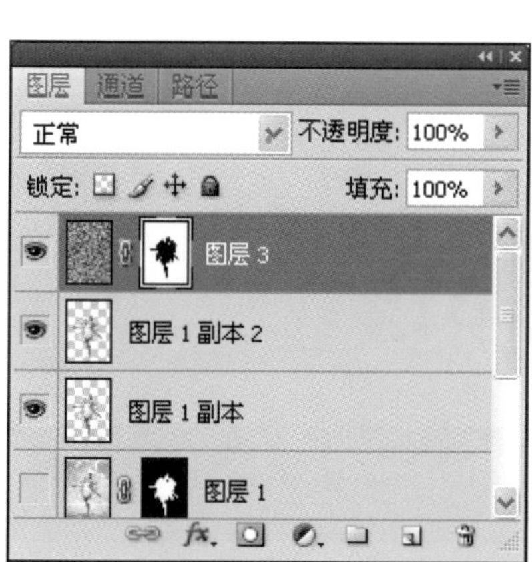

26 为“图层3”图层设置混合模式为“颜色加深”，“不透明度”为10%，如下图所示。

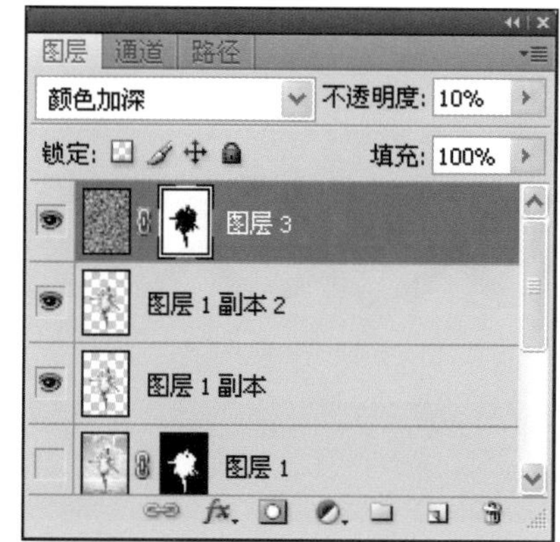

27 为图层设置好混合模式后，砖墙上的痕迹效果就制作完成了，如下图所示。

28 隐藏"背景"图层，按Alt+Ctrl+Shift+E快捷键盖印可见图层，得到"图层4"图层，如下图所示。

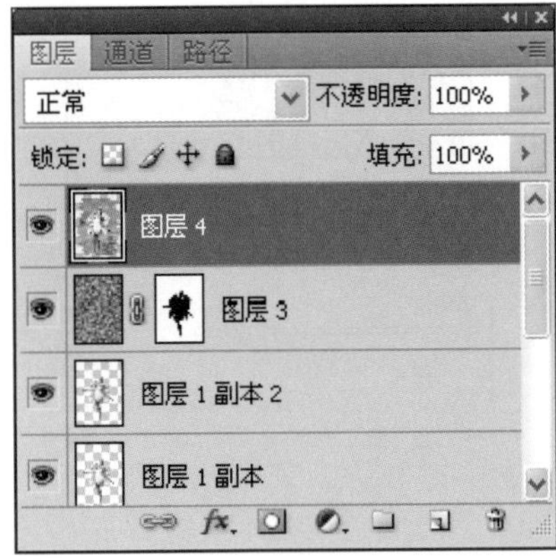

29 隐藏除"图层4"图层以外的所有图层，得到如下图所示的效果。

30 显示"背景"图层，画面中的效果如下图所示。

31 单击"添加图层蒙版"按钮，为"图层4"图层创建图层蒙版，如下图所示。

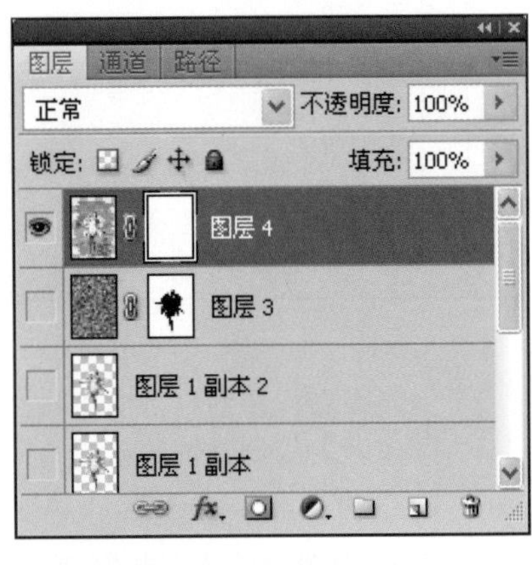

32 使用黑色的画笔在图像中进行涂抹，擦除靠砖墙的图像，如下图所示。

33 多次在砖墙附近进行涂抹，制作好的效果如下图所示。

Example 05 制作Q版大头人物图像

光盘文件

原始文件：随书光盘\素材\12\16.jpg

最终文件：随书光盘\源文件\12\实例5 制作Q版大头人物图像.psd

Q版人物图像有着很好的喜剧效果，其突出的特点就是将人物的头部变大，添加具有幽默性的图文。在本实例中通过将人物头部图像变大，适当地缩小人物的身体，使用“液化”滤镜对图像进行变形，使变大和缩小的图像更好地衔接在一起。最后可运用“形状工具”在图中绘制出各种形状，制作后的最终图像与原始图像的对比效果如下图所示。

Before

After

01 打开随书光盘\素材\12\16.jpg文件，如下图所示。

02 打开“图层”面板，复制“背景”图层得到“背景副本”图层，如下图所示。

03 单击工具箱中的“套索工具”按钮，沿着人物的头部拖曳鼠标绘制选区，如下图所示。

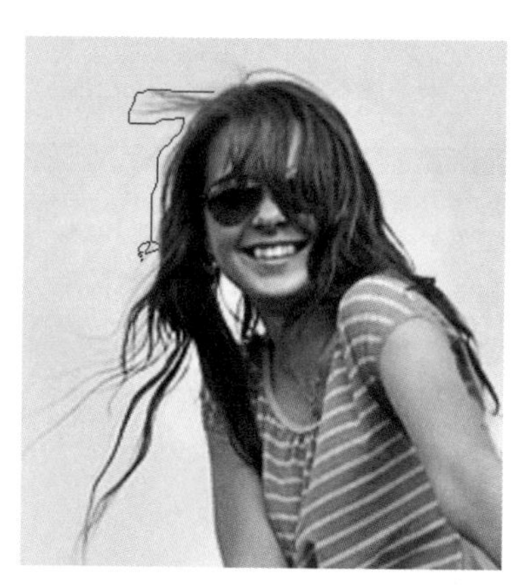

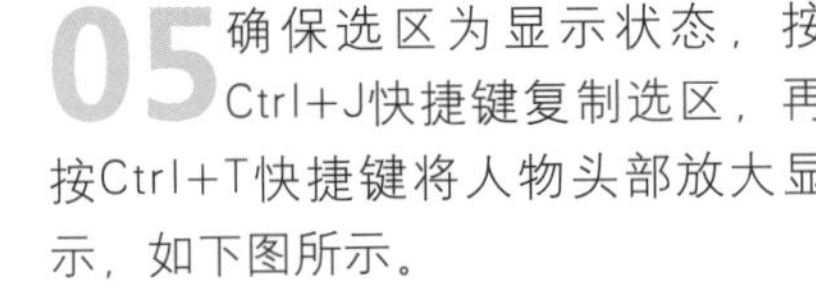

04 释放鼠标后人物头部被选中，如下图所示。

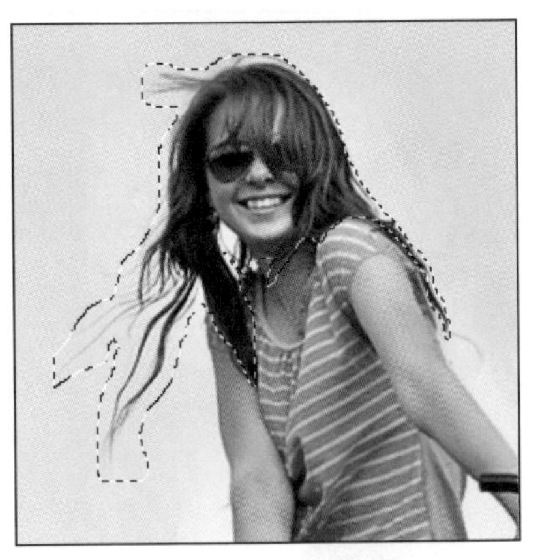

05 确保选区为显示状态，按Ctrl+J快捷键复制选区，再按Ctrl+T快捷键将人物头部放大显示，如下图所示。

06 选中“图层1”图层，执行“滤镜>液化”菜单命令，使用“向前变形工具”拖曳头发，对头发进行变形，如下图所示。

07 对人物头发进行变形后，画面中的图像效果如下图所示。

08 使用“套索工具”在画面中拖曳，选区中的图像保存在新的图层中，如下图所示。

09 按Ctrl+T快捷键，参照下图所示对图像进行变形，适当地缩小人物的身体。

10 按Alt+Ctrl+Shift+E快捷键，盖印可见图层，得到“图层3”图层，然后复制“图层3”图层，如下图所示。

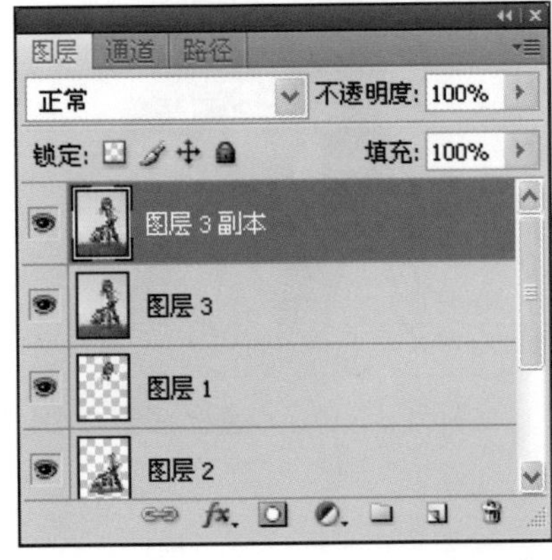

11 选中“图层3副本”图层，执行“滤镜>风格化>查找边缘”菜单命令，效果如下图所示。

12 根据下图所示设置“图层3副本”图层的混合模式和不透明度。

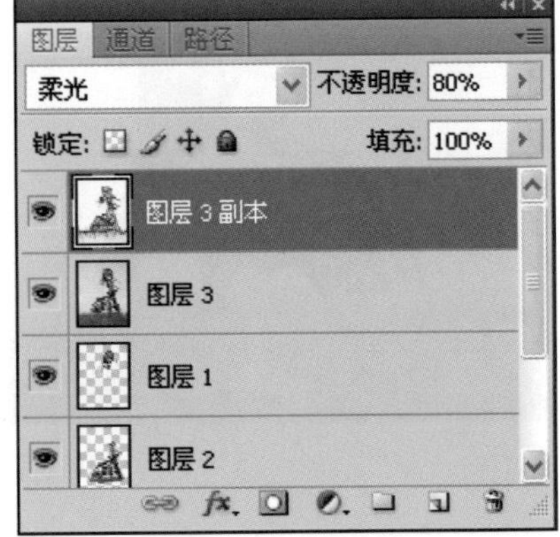

13 调整好图层混合模式和不透明度后，画面中的图像效果如下图所示。

14 在面板顶端创建“照片滤镜”调整图层，并参照下图所示设置参数。

15 单击工具箱的中的“自定形状工具”按钮，在形状选取器中选择“螺线”形状，如下图所示。

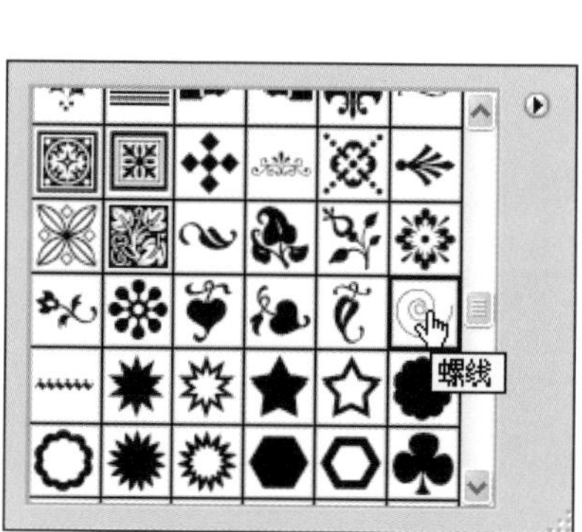

16 使用选取的形状在画面绘制，然后将图像变换至如下图所示大小。

17 按Ctrl+Enter快捷键将路径转换为选区，如下图所示。

18 新建图层，为选区填充上黑色，效果如下图所示。

19 复制两个螺线图像，分别调整其大小和位置，如下图所示。

20 使用“自定形状工具”选取“思索2”形状，然后在画面中进行绘制并对其进行描边，如下图所示。

21 最后使用“钢笔工具”在“思索2”形状中绘制笑脸，然后新建图层，对路径进行描边，如下图所示。

Example 06 制作漫画风格的人物照片

光盘文件

原始文件：随书光盘\素材\12\17.jpg

最终文件：随书光盘\源文件\12\实例6 制作漫画风格的人物照片.psd

本实例主要讲述的是将人物图像制作成漫画风格效果，运用“彩色半调”滤镜可将背景制作成黑白网点的效果。抠出人物图像，运用图层样式设置人物凸出效果，最后运用文字工具在图中输入合适的文字。本实例制作的最终图像与原始图像的对比效果如下图所示。

01 打开随书光盘\素材\12\17.jpg文件，如下图所示。

02 复制“背景”图层，并单击工具箱中的“以快速蒙版模式编辑”按钮，再使用“画笔工具”在人物图像上涂抹，如下图所示。

03 使用“画笔工具”在人物身体部分进行单击，直至将整个身体全部涂抹，如下图所示。

04 单击工具箱中的"以正常模式编辑"按钮，退出快速蒙版，并按Ctrl+Shift+I键反向选取选区，得到下图所示的选区。

05 按Ctrl+J键将所选取的区域创建为新图层，隐藏其余图层可看到创建的新图层，如下图所示。

06 选取"背景 副本"图层，然后执行"图像>调整>渐变映射"菜单命令，弹出下图所示的"渐变映射"对话框，选择黑色到白色的渐变。

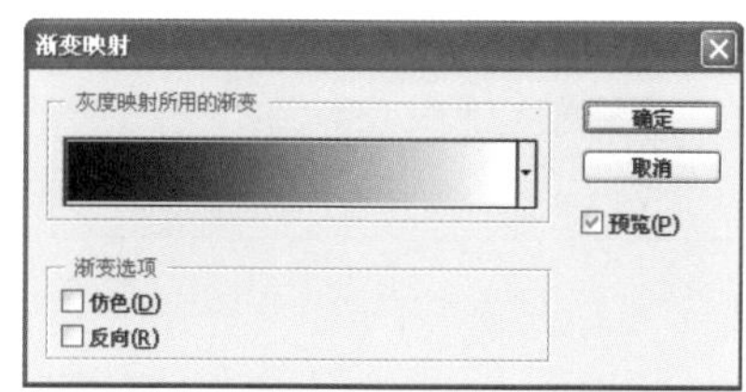

07 执行操作后，"背景 副本"图层图像效果如下图所示。

08 执行"滤镜>像素化>彩色半调"菜单命令，弹出下图所示的"彩色半调"对话框，并参照图上所示设置相关参数。

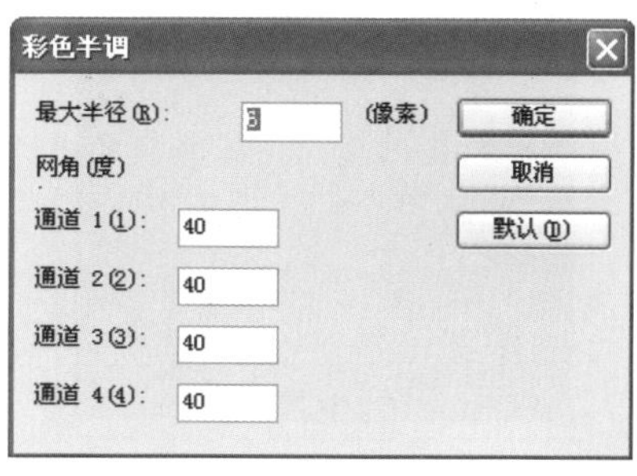

09 设置完成后，调整的图像效果如下图所示。

10 将"图层1"图层显示出来，图像效果如下图所示。

11 双击"图层1"图层，弹出下图所示的"图层样式"对话框，并在该对话框中勾选"投影"复选框。

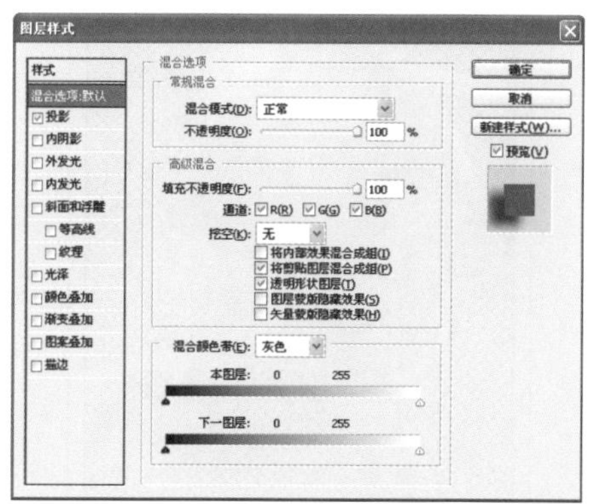

12 打开"投影"选项区，如下图所示，将"距离"设置为15像素，将"大小"设置为10像素，如下图所示。

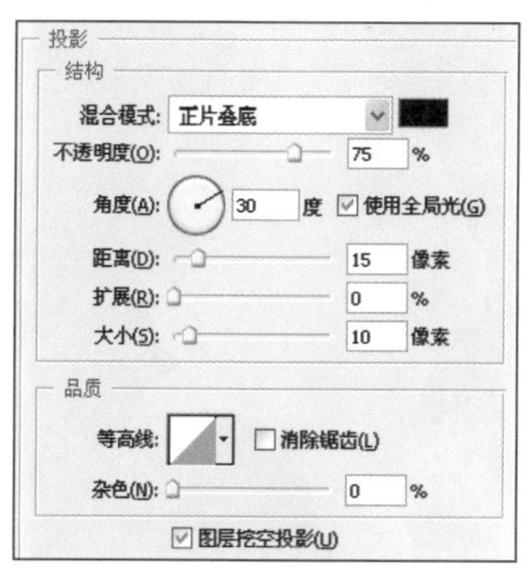

13 在“图层样式”对话框中，勾选“描边”选项，并打开“描边”选项区，如下图所示，将“大小”设置为3像素，“颜色”设置为白色。

14 设置完图层样式后，应用图层样式的图像效果如下图所示。

15 执行“图像>画布大小”菜单命令，打开下图所示的“画布大小”对话框，参照图上所示设置参数。

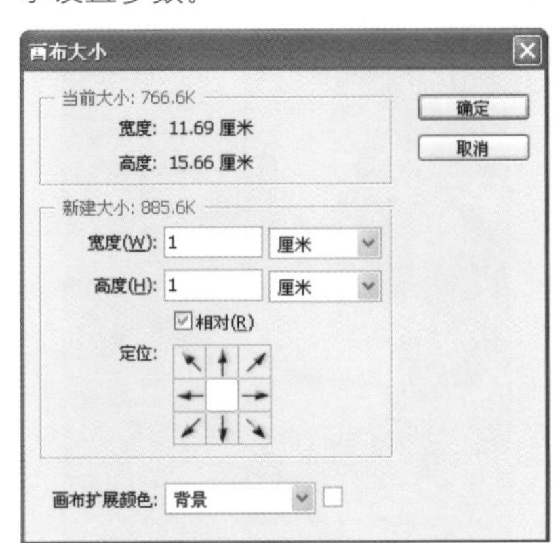

16 通过上一步的操作，调整后的画布图像如下图所示。

17 选取“矩形选框工具”，使用该工具在图中创建选区，比人物图像更大，将其填充为黑色，如下图所示。

18 将其余的图层的图像都显示出来，图像效果如下图所示。

19 单击工具箱中的“钢笔工具”按钮，使用该工具在人物图像后面绘制两个不规则图形，如下图所示。

20 将前景色设置为白色，并按Alt+Delete键将选区填充上白色，填充后的图像效果如下图所示。

21 执行“编辑>描边”菜单命令，打开下图所示的“描边”对话框，参照图上设置设置参数。

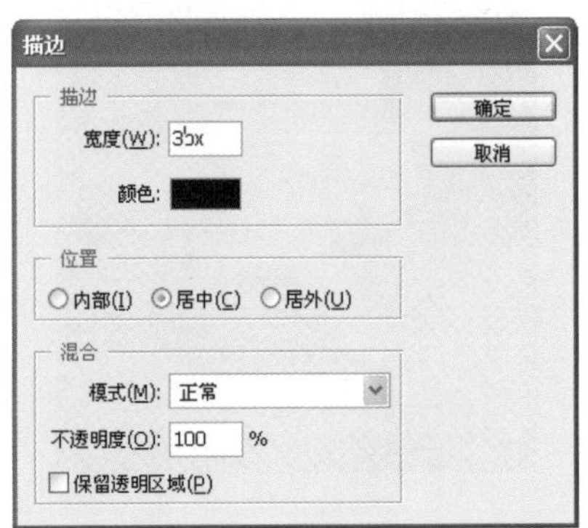

22 为图像添加描边效果后，图像效果如下图所示。

23 单击工具箱中的“自定形状工具”按钮，并打开“自定形状”拾色器，选择合适的形状，如下图所示。

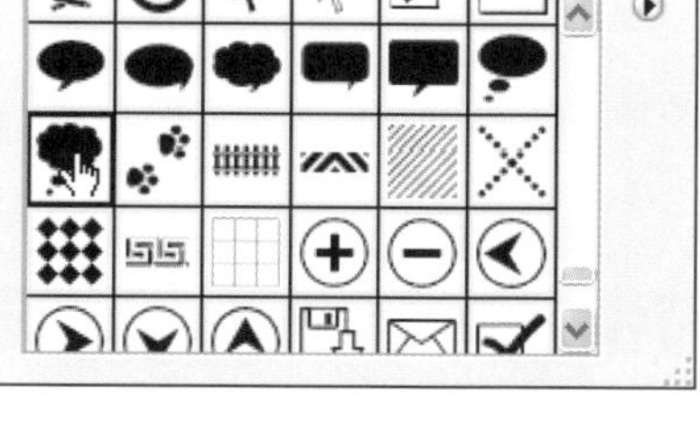

24 使用“自定形状工具”在图中拖动，即可绘制出下图所示的图形。

25 打开“路径”面板，单击底部的“用画笔描边路径”按钮，描边后的图像效果如下图所示。

26 选取“横排文字工具”，在图中输入文字，输入完成后单击选项栏中的✓按钮，应用变换，如下图所示。

27 将上步所输入的文字设置为合适的字体后，放置到下图所示的位置上。

Key Points

关键技法

运用“彩色半调”滤镜对图像进行编辑时，要将图像转换为黑白的图像效果，如果不转换，所调整后的图像原点将以彩色进行显示。

Example 07 制作个性签名照

光盘文件

原始文件：随书光盘\素材\12\18.jpg～21.jpg

最终文件：随书光盘\源文件\12\实例7 制作个性签名照.psd

在本实例中讲述了如何将普通的人物图像制作成个性签名照，制作个性签名照时要根据照片中人物的整体情况去营造具有独特魅力的个性签名。制作该实例主要运用了图层混合模式以及图层样式等，本实例所制作的最终图像与原始图像的对比效果如下图所示。

01 打开随书光盘\素材\12\18.jpg文件，如下图所示。

02 打开随书光盘\素材\12\19.jpg文件，如下图所示。

03 将19.jpg素材图像拖曳至本实例制作文件中，调整其大小和位置，如下图所示。

04 为“图层1”图层添加图层蒙版，使用黑色画笔在蒙版上涂抹，然后设置图层混合模式为“滤色”，如下图所示。

05 为“图层1”图层设置好图层混合模式后，画面中的图像效果如下图所示。

06 打开随书光盘\素材\12\20.jpg文件，如下图所示。

07 将20.jpg素材图像拖曳至本实例制作文档中，调整好图像所在的位置和图像大小，如下图所示。

08 同样使用黑色的画笔在蒙版中进行涂抹，并设置图层混合模式为“浅色”，如下图所示。

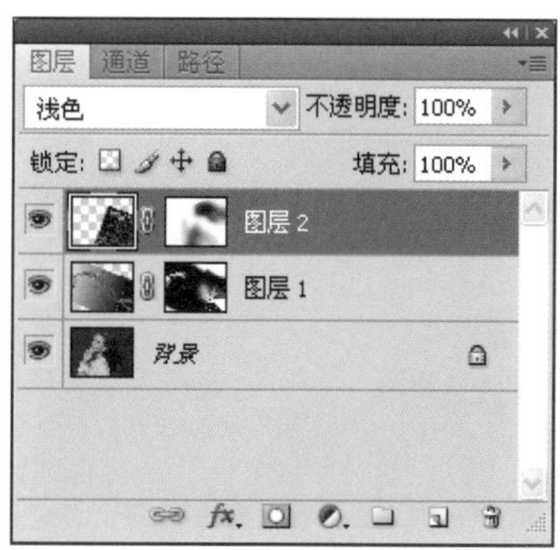

09 设置好图层混合模式后，画面中的图像效果如下图所示。

10 打开随书光盘\素材\12\21.jpg文件，如下图所示。

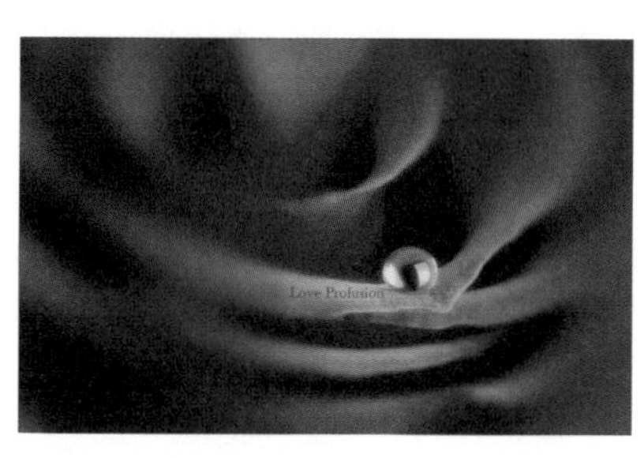

11 将21.jpg素材图像调整至本实例制作文档中的合适位置并调整大小，如下图所示。

12 为花朵图层添加图层蒙版，使用黑色的画笔在蒙版上进行进行涂抹，将人物图像显示出来，如下图所示。

13 设置“图层3”图层的混合模式为“变亮”，“不透明度”为60%，如下图所示。

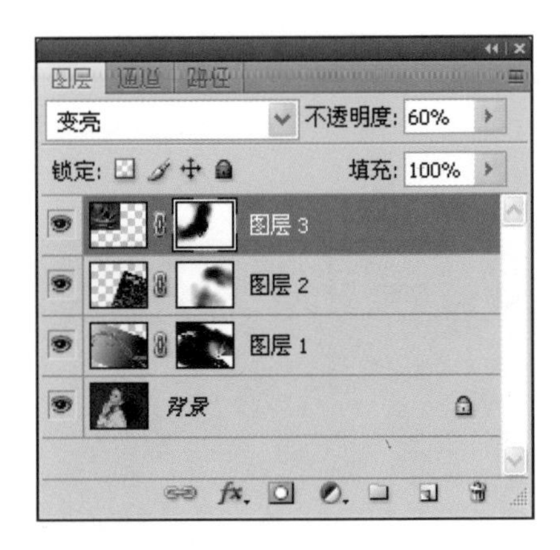

14 调整后的图像效果如下图所示。

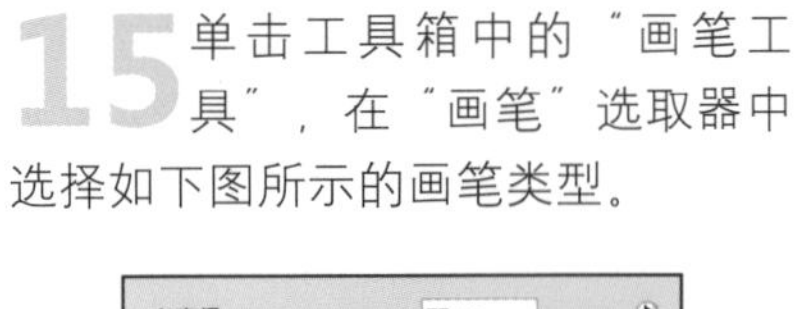

15 单击工具箱中的“画笔工具”，在“画笔”选取器中选择如下图所示的画笔类型。

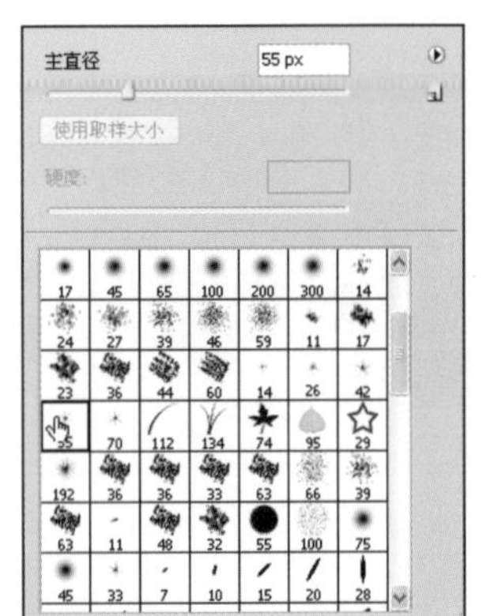

16 打开“画笔”面板，勾选“形状动态”复选框，对其设置参数，如下图所示。

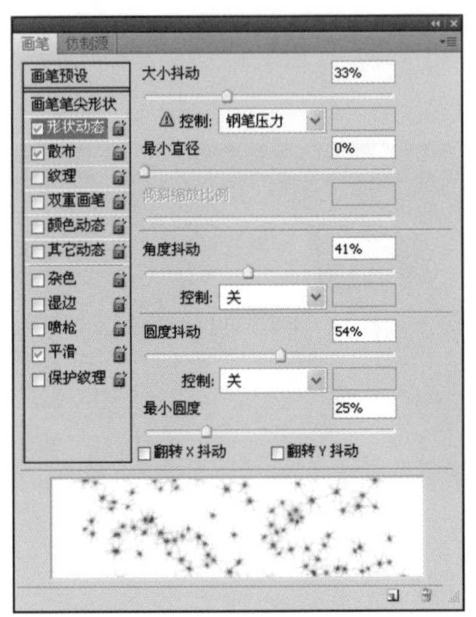

17 勾选“散布”复选框，参照下图所示设置参数。

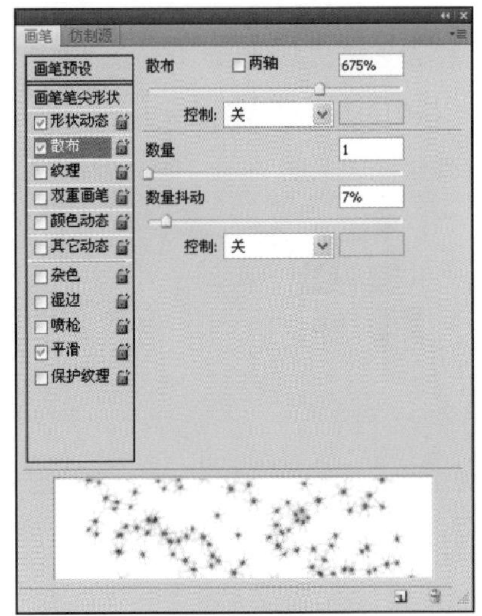

18 设置前景色为白色，然后使用设置好的画笔在画面中进行涂抹，如下图所示。

19 双击画笔绘制的图层，打开“图层样式”对话框，参照设置“外发光”参数，并设置“结构”颜色为R:115、G:92、B:255，如下图所示。

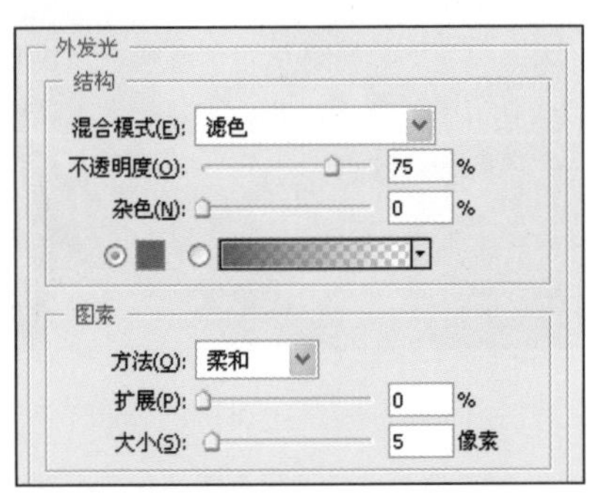

20 设置好图层样式后，为“图层4”图层添加图层蒙版，使用黑色的画笔擦除部分图像，如下图所示。

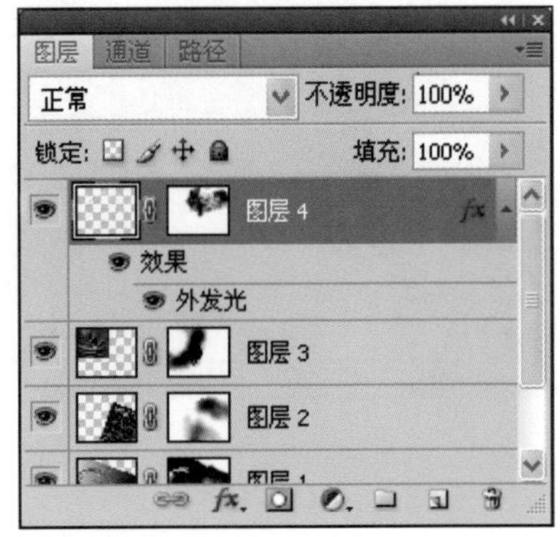

21 擦除后的效果如下图所示。

22 单击工具箱中的“横排文字工具”按钮，在“字符”面板中设置好下图所示的文字属性。

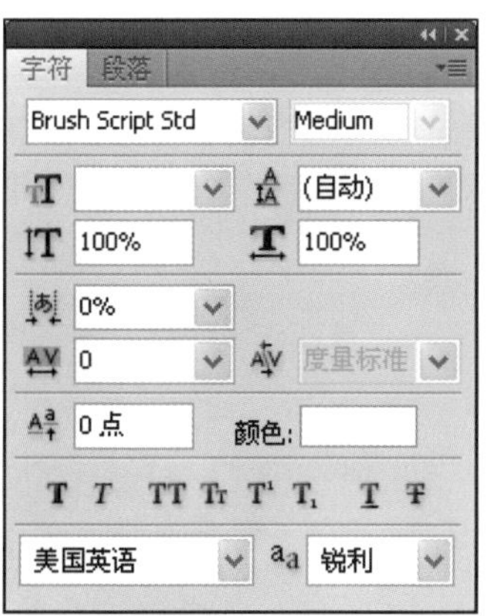

23 设置好文字属性后，在画面右下角处输入文字，再对首字母设置字号，如下图所示。

24 按住Ctrl键的同时单击Pretty文字图层缩略图，将文字载入选区，如下图所示。

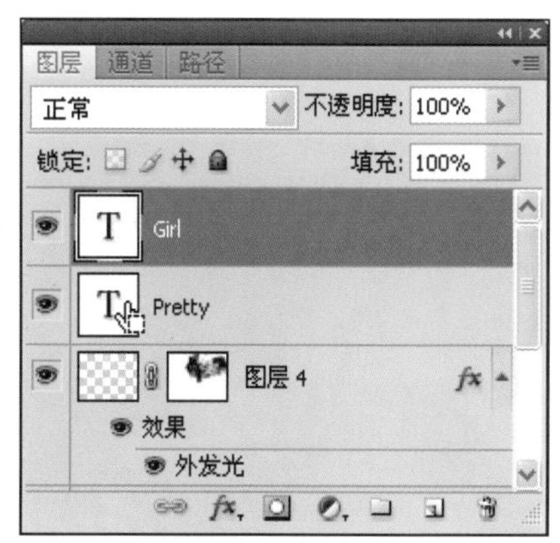

25 新建图层，得到“图层5”图层，确保选区为显示状态，运用白色填充选区，如下图所示。

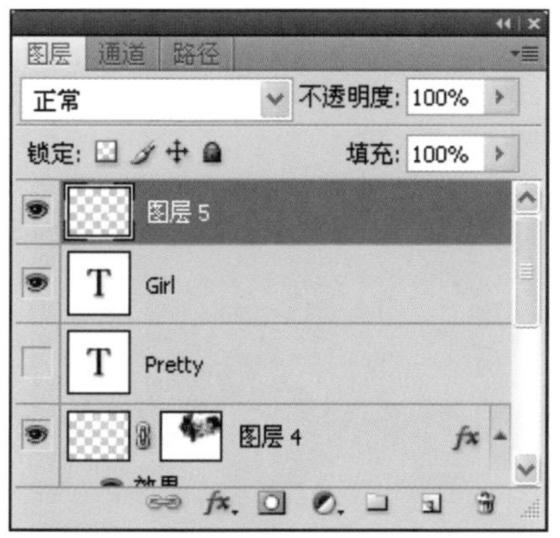

26 使用同样的方法，将Girl图层也载入选区，新建图层为选区填充上白色，如下图所示。

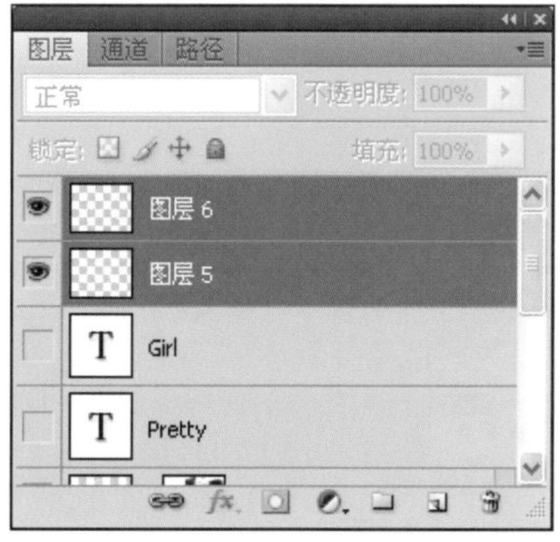

27 选中两个文字填充图层，按Ctrl+T快捷键对图像执行“旋转90度（顺时针）”命令，如下图所示。

28 选中其中一个文字填充图层，执行“滤镜>风格化>风”菜单命令，参照下图所示设置参数。

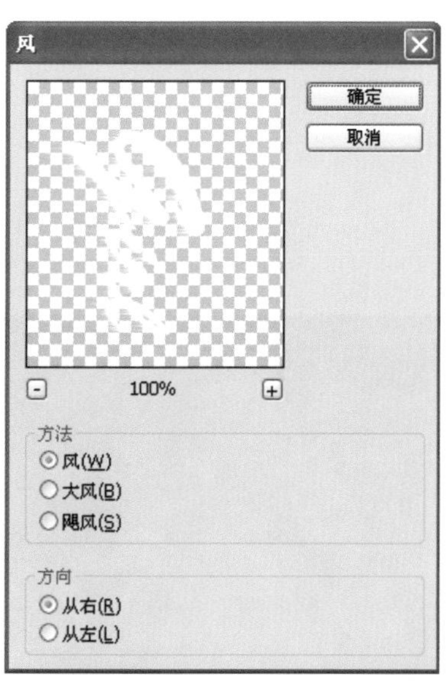

29 操作完成后，文字应用了“风”滤镜，如下图所示。

30 选中另一文字填充图层，按Ctrl+F快捷键，应用上一次滤镜命令，效果如下图所示。

31 选中两个文字填充图层，按Ctrl+T快捷键对文字执行“旋转90度（逆时针）”命令，效果如下图所示。

32 选中其中一个文字填充图层，执行“滤镜>扭曲>波纹”菜单命令，并参照下图所示设置参数。

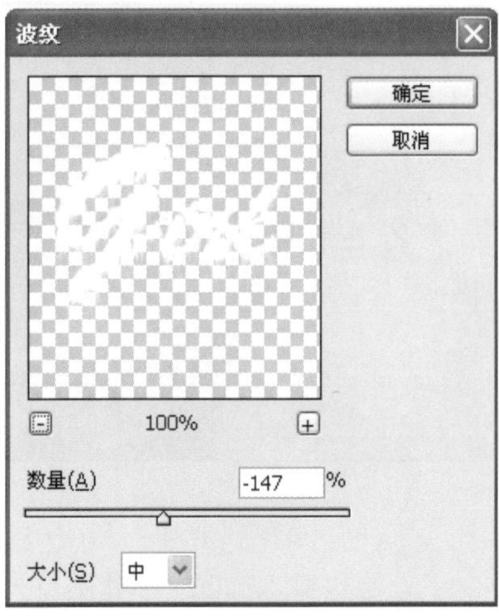

33 对另一个文字填充图层应用上相同的滤镜，效果如下图所示。

34 双击“图层5”图层打开“图层样式”对话框，勾选“外发光”复选项并参照下图所示设置参数，再设置发光颜色为R:12、G:39、B:247。

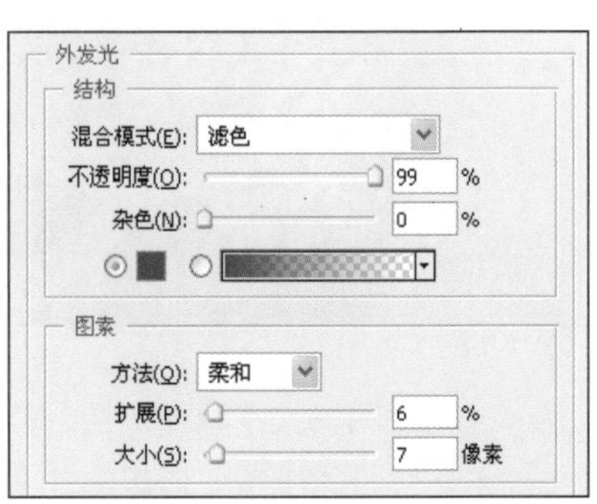

35 按住Alt键的同时拖曳“图层5”图层的图层样式到“图层6”图层之上，如下图所示。

36 释放鼠标后，画面中的图像效果如下图所示。

37 使用“自由钢笔工具”在文字下方绘制一曲线路径，效果如下图所示。

38 新建图层，设置“画笔大小”为3px，然后打开“路径”面板，双击工作路径，在打开的“描边路径”对话框中勾选“模拟压力”复选框，然后单击“确定”按钮，如下图所示。

39 描边后，单击“路径”面板的空白处，再为“图层7”图层添加上同“图层6”图层相同的图层样式，设置好后画面效果如下图所示。

Example 08 制作韩式卡通风格云朵

光盘文件

原始文件：随书光盘\素材\12\22.jpg

最终文件：随书光盘\源文件\12\实例8 制作韩式卡通风格云朵.psd

本实例讲述将普通的云朵图像制作成韩国卡通图像效果，首先要对图像的色调进行调整，将其颜色调整为梦幻效果的色调，然后将云朵的形状制作成星形，突出图像效果，最后运用“光照效果”滤镜为图像添加上阳光照射的效果，使图像更生动，本实例的最终图像与原始图像的对比效果如下图所示。

01 打开随书光盘\素材\12\22.jpg文件，如下图所示。

02 打开“图层”面板，复制“背景”图层，如下图所示。

03 执行“滤镜>转换为智能滤镜”菜单命令，如下图所示。

04 执行操作后即可将“背景副本”图层转换为智能对象，如下图所示。

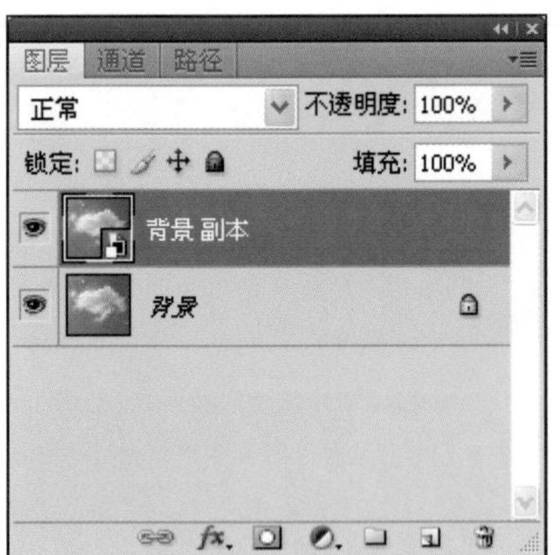

05 执行“滤镜>模糊>高斯模糊”菜单命令，打开“高斯模糊”对话框，将“半径”设置为4.8像素，如下图所示。

06 经过的操作后，调整后的图像效果如下图所示。

07 选择“定义形状工具”，并打开“自动形状”拾色器，在其中选择“心形”图形，如下图所示。

08 运用选取的图形在图中进行拖动，如下图所示。

09 运用“路径选择工具”对前面所绘制的路径进行调整，如下图所示。

10 将所绘制的路径转换为选区，然后执行“选择>修改>羽化”菜单命令，弹出“羽化选区”对话框，将“羽化半径”设置为20像素，如下图所示。

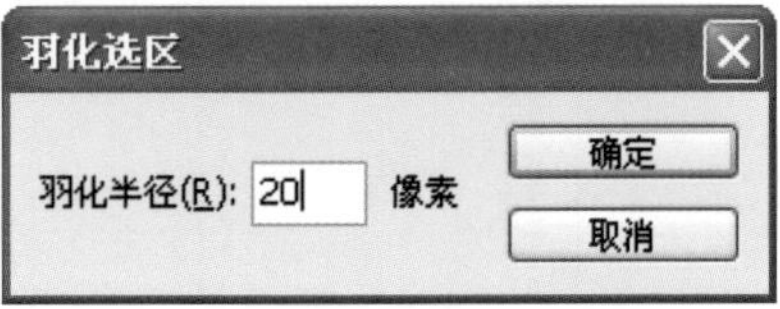

11 单击底部的“添加图层蒙版”按钮，为图层添加上蒙版，如下图所示。

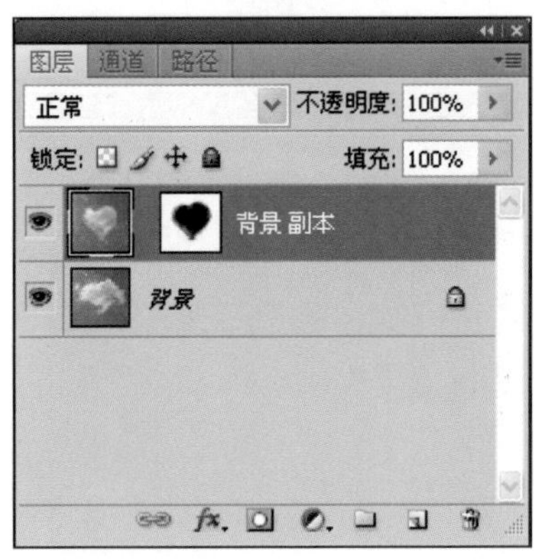

12 添加图层蒙版后的图像效果如下图所示。

13 执行“滤镜>模糊>高斯模糊”菜单命令，弹出下图所示的“高斯模糊”对话框，将“半径”设置为7.8像素。

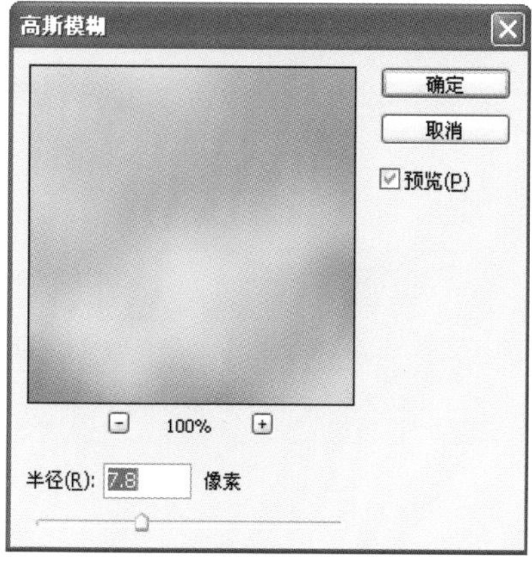

14 设置完成后，应用滤镜效果后的图像如下图所示。

15 单击底部的“创建新的填充或调整图层”按钮，打开下图所示的菜单，选择“亮度/对比度”命令。

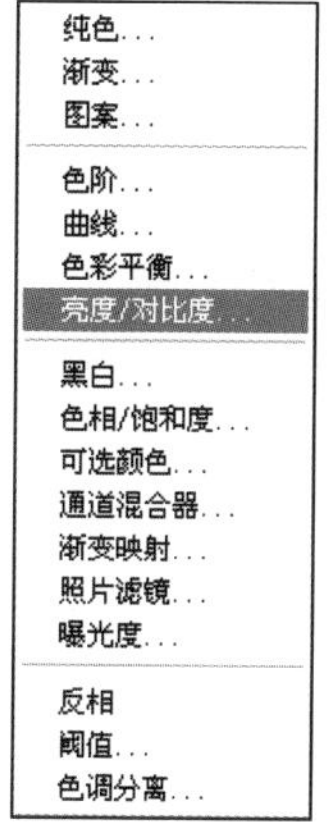

16 执行操作后即可打开下图所示的“调整”面板，参照下图所示设置“亮度/对比度”的参数。

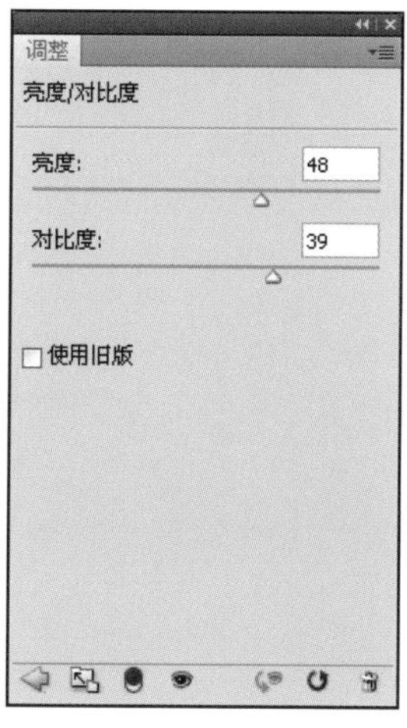

17 设置完成亮度后的图像效果如下图所示。

18 打开下图所示的面板，并参照图上所示对“色彩平衡”进行设置。

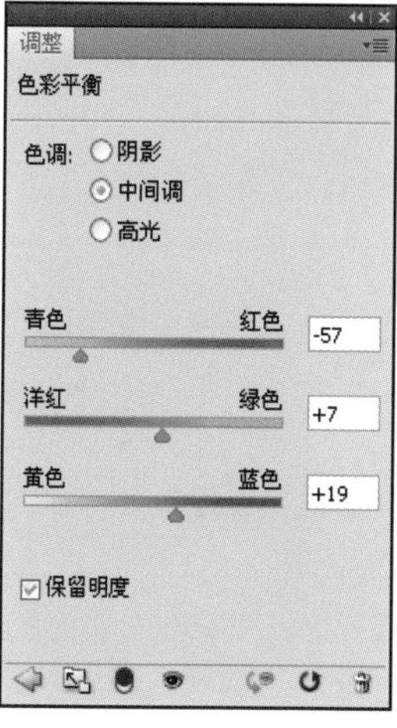

19 在面板中进行设置，单击“阴影”单选按钮，然后设置参数，如下图所示。

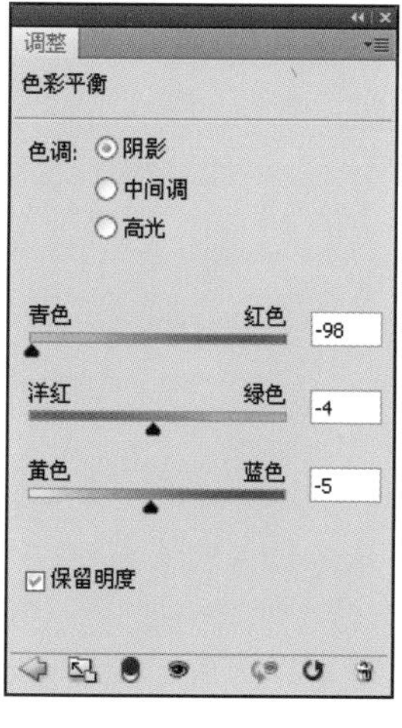

20 通过上一步的设置，调整后的图像效果如下图所示。

21 打开下图所示的“曲线”对话框，并参照图上所示设置曲线，最后单击“确定”按钮。

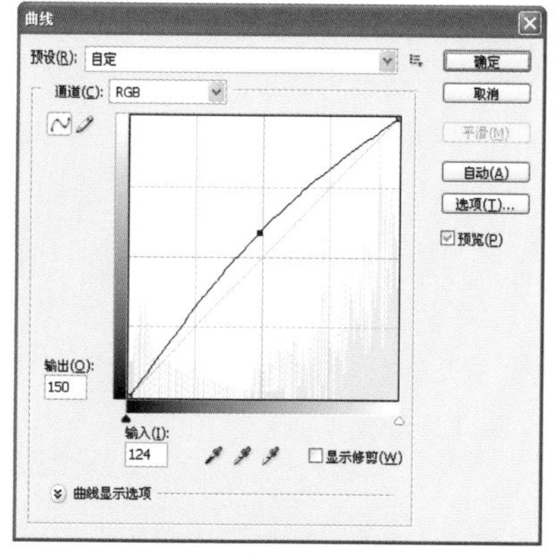

22 按Ctrl+L快捷键打开下图所示的“色阶”对话框，并参照图上所示设置参数。

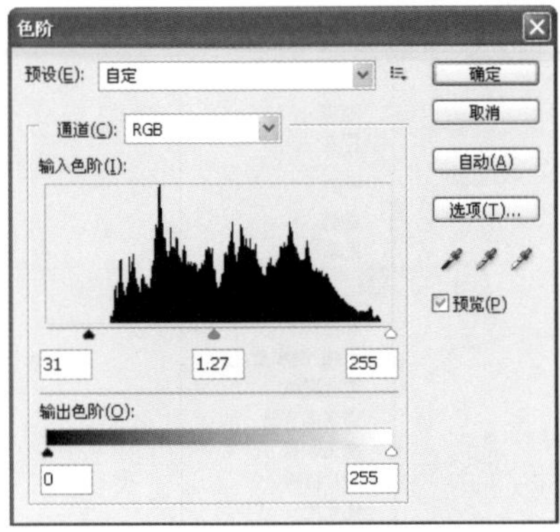

23 “色阶”设置完成后，调整后的图像效果如下图所示。

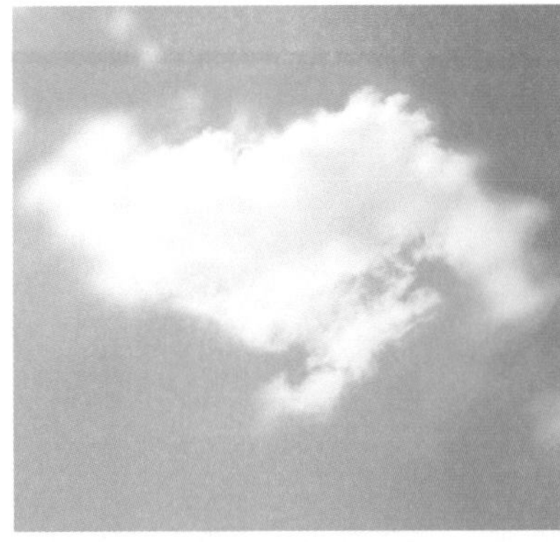

24 运用“仿制图章工具”将背景图像中的云朵图像进行去除，图像效果如下图所示。

25 运用“仿制图章工具”将背景图像中的云朵图像去除，图像效果如下图所示。

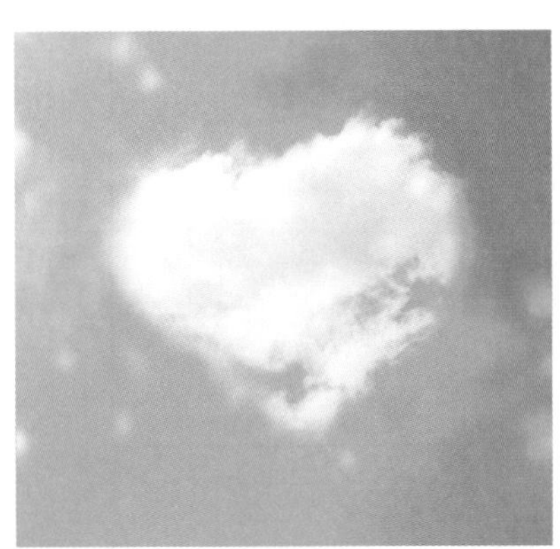

26 执行“滤镜>渲染>镜头光晕”菜单命令，弹出下图所示的“镜头光晕”对话框，并参照图上所示进行设置。

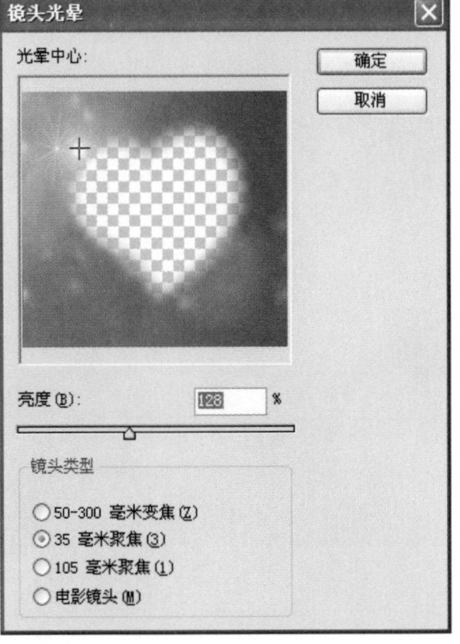

27 设置完成后，画面中的图像效果如下图所示。

Key Points

关键技法

要将背景图像中的云朵的边缘图像去除，才能突出所制作的心形云朵图像。

Example 09 制作博客背景图像

光盘文件

原始文件：随书光盘\素材\12\23.jpg、24.jpg

最终文件：随书光盘\源文件\12\实例9 制作博客背景图像.psd

“博客”是现在常用的一种互联网产物，是展现自我的一个很好的平台，因此拥有一款有个性的博客背景也是表现自我的一种方式。本实例介绍了如何使用照片制作个性的博客背景，运用色调调整对人物图像进行处理，然后在图像上添加漂亮的装饰品。本实例的最终图像与原始图像的对比效果如下图所示。

01 打开随书光盘\素材\12\23.jpg文件，如下图所示。

02 复制图层，然后进行快速蒙版编辑模式，运用“画笔工具”在背景图像中单击。

03 使用“画笔工具”在图中单击，直至将整个背景图像选取，如下图所示。

04 绘制完成后退出快速蒙版编辑模式，并单击底部的“添加图层蒙版”按钮，“图层”面板如下图所示。

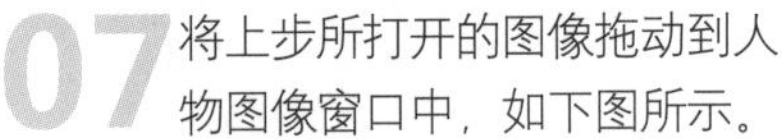

05 隐藏背景图层，即可看到添加图层蒙版后的图像效果。

06 打开随书光盘\素材\12\24.jpg文件，如下图所示。

07 将上步所打开的图像拖动到人物图像窗口中，如下图所示。

08 按Ctrl+T快捷键调整图像大小和位置，如下图所示。

09 执行“滤镜>模糊>动感模糊”菜单命令，打开“动感模糊”对话框，将“角度”设置为53度，将“距离”设置为41像素，如下图所示。

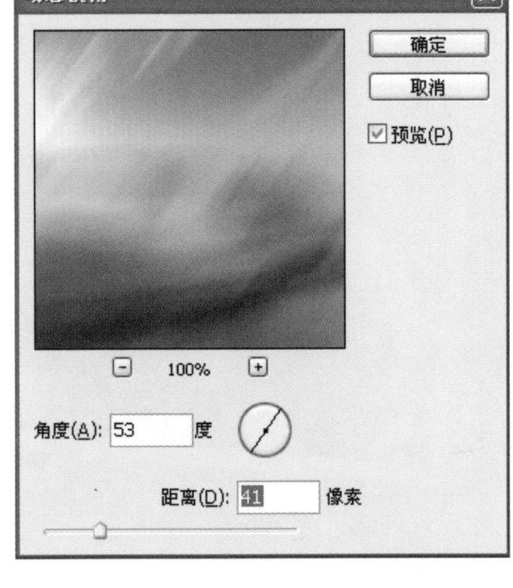

10 为图像应用“动感模糊”滤镜后的图像效果如下图所示。

11 将调整后的图像所在图层的混合模式设置为“颜色加深”，设置后的图像效果如下图所示。

12 执行“滤镜>渲染>光照效果”菜单命令，打开下图所示的“光照效果”对话框，并参照图上所示进行设置。

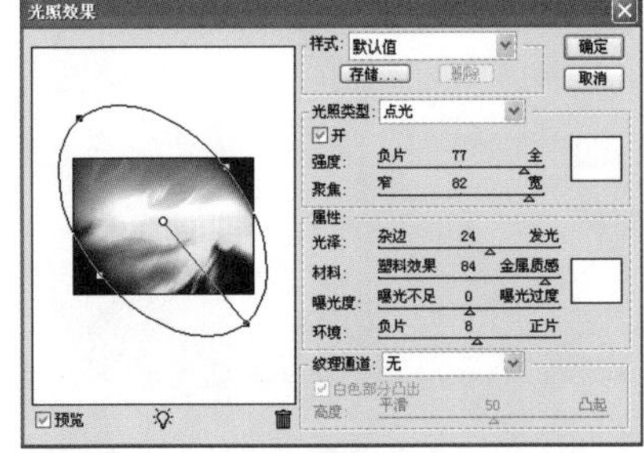

13 应用“光照效果”滤镜后的图像效果如下图所示。

14 复制“背景”图层，然后执行“图像>调整>色彩平衡”菜单命令，打开下图所示的“色彩平衡”对话框，参照图上所示进行设置。

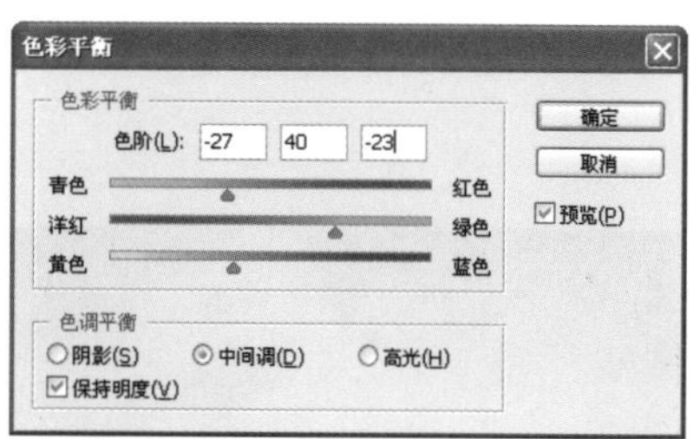

15 在对话框中单击“高光”单选按钮，并设置相关参数，如下图所示。

16 调整后的图像效果如下图所示。

17 复制出“背景 副本3”图层，执行“滤镜>模糊>动感模糊”菜单命令，弹出下图所示的“动感模糊”对话框，并参照图上所示设置参数。

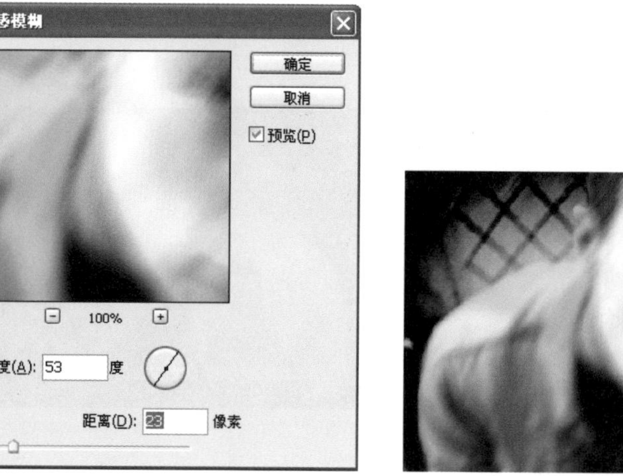

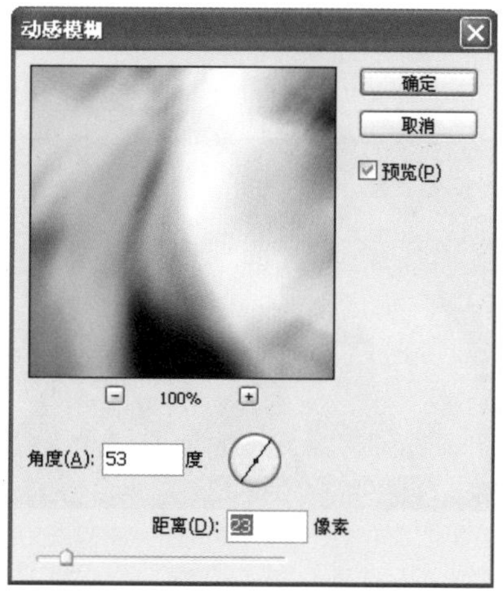

18 设置完成后图像效果如下图所示。

19 将“背景 副本3”图层的混合模式设置为“柔光”，设置后的图像效果如下图所示。

20 创建图层，将其命名为“图层2”，如下图所示。

21 选择“画笔工具”，单击选项栏中的“切换到画笔面板”按钮，打开“画笔”面板，并设置合适的间距，如下图所示。

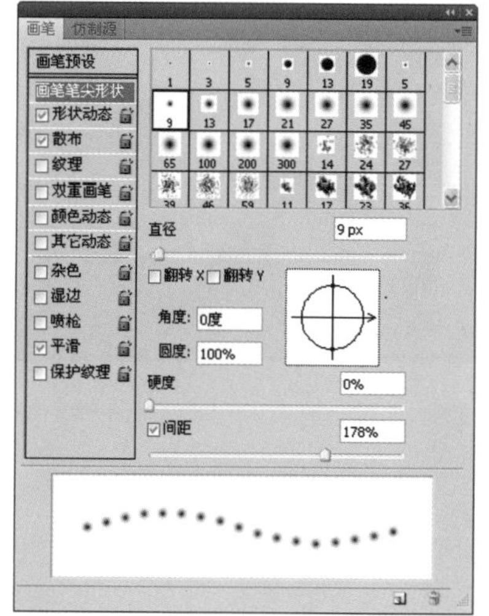

22 打开“画笔”面板，并在其中设置画笔属性，勾选“散布”复选框，然后对参数进行设置，如下图所示。

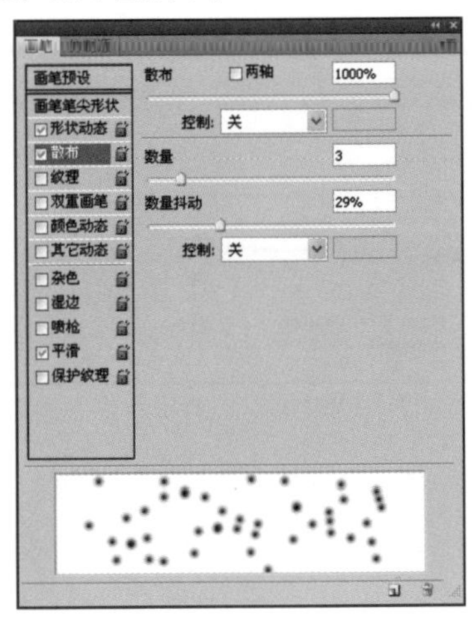

23 运用设置的“画笔工具”在图像中单击，绘制出星星图像，如下图所示。

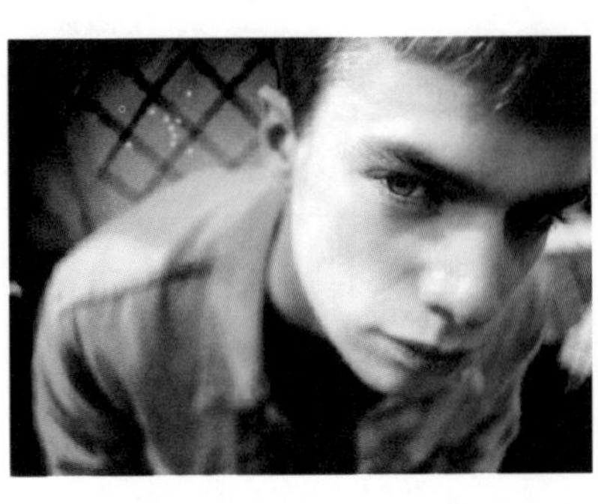

24 绘制后的图像效果如下图所示。

25 选取“横排文字工具”，使用该工具在图中单击后输入所需的文字，如下图所示。

26 将输入的文字设置合适的大小和字体，设置后的文字效果如下图所示。

27 单击“图层”面板中的“扩展”按钮，在弹出的面板菜单中选择“删格化文字”命令，如下图所示。

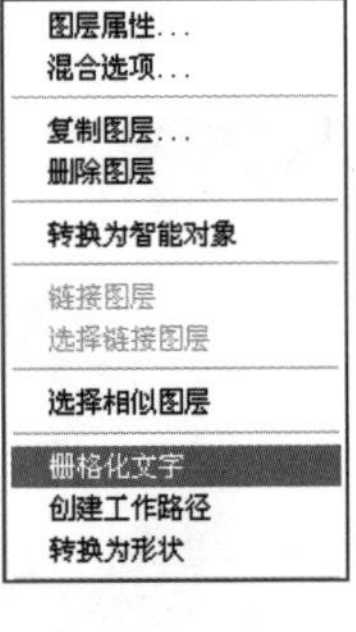

28 按住Ctrl键并单击文字所在的图层，将文字选区载入，载入的选区如下图所示。

29 选取“渐变工具”，并打开“渐变编辑器”对话框，如下图所示，参照图上所示设置参数，最后单击“确定”按钮。

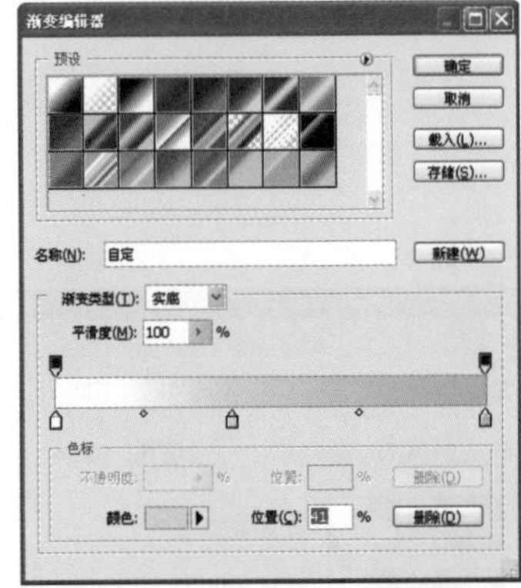

30 由左向右进行拖动，将文字选区填充上所设置的颜色，填充后的图像效果如下图所示。

Key Points

关键技法

为所输入的文字添加上渐变色之前，要将所输入的文字删格化，这样对文字才可以进行编辑。

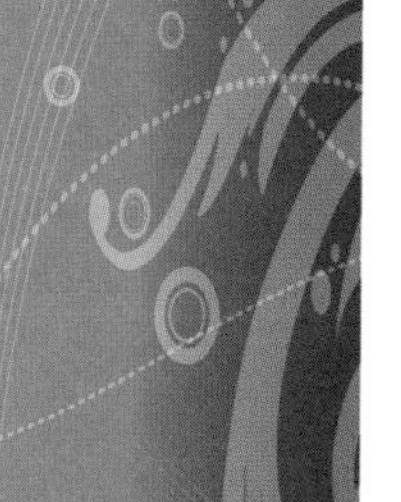

Example 10 制作十字绣效果

光盘文件

原始文件：随书光盘\素材\12\25.jpg、26.jpg

最终文件：随书光盘\源文件\12\实例10 制作十字绣效果.psd

本实例将一幅数码照片处理成十字绣效果，在制作十字绣效果前需了解十字绣的表面情况，它是由交叉的十字组合而成，看上去有厚重的感觉。制作此类效果可以运用马赛克的方式将十字叉做成小方格，然后将制作好的十字叉定义为方格大小的图案，用图案去填充方格。本实例的最终图像与原始图像的对比效果如下图所示。

01 打开随书光盘\素材\12\25.jpg文件，如下图所示。

02 打开“图层”面板，复制“背景”图层，得到“背景 副本”图层，如下图所示。

03 选中“背景 副本”图层，执行“滤镜>像素化>马赛克”菜单命令，参照下图所示设置参数。

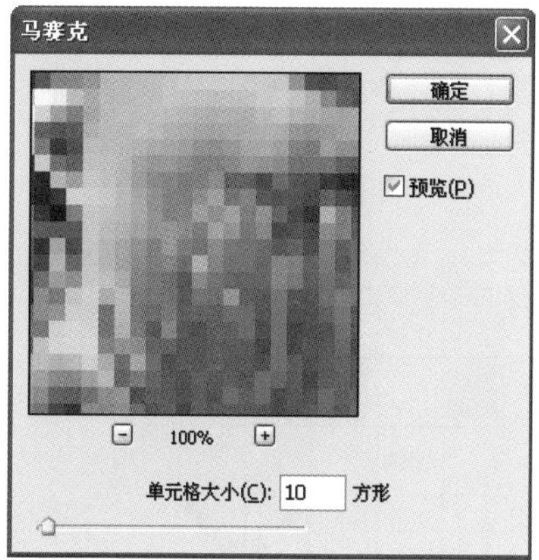

04 执行完操作后，图像便以10像素为单元格进行马赛克变换，如下图所示。

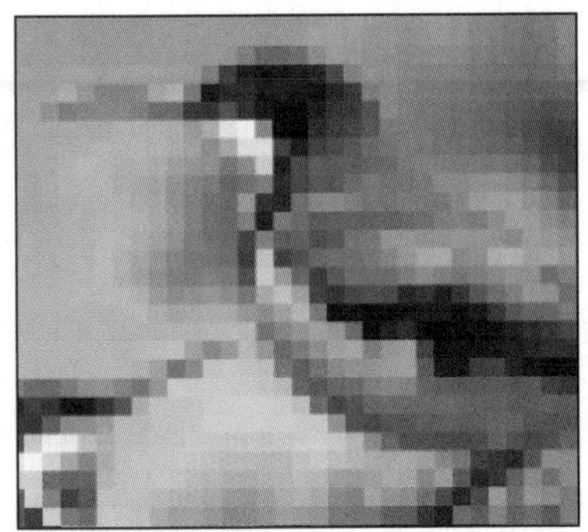

05 执行“文件>新建”菜单命令，新建一个10×10像素的空白文档，如下图所示。

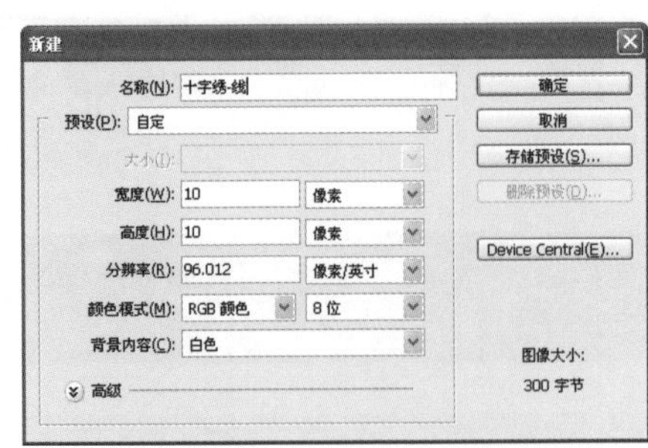

06 单击工具箱中的“直线工具”按钮，设置大小为3px，然后在画面中进行绘制，如下图所示。

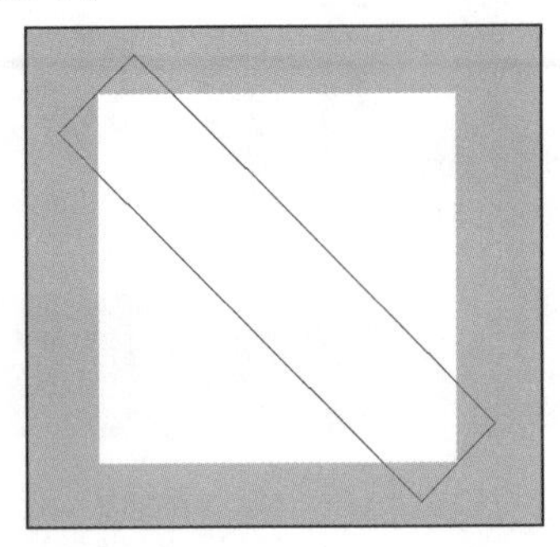

07 绘制好后，按Ctrl+Enter快捷键将路径转换为选区，如下图所示。

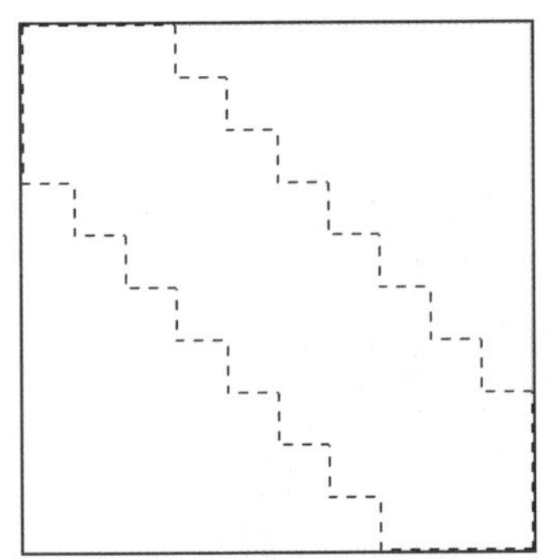

08 新建“图层1”图层，按D快捷键恢复默认颜色，按Alt+Delete快捷键填充选区，如下图所示。

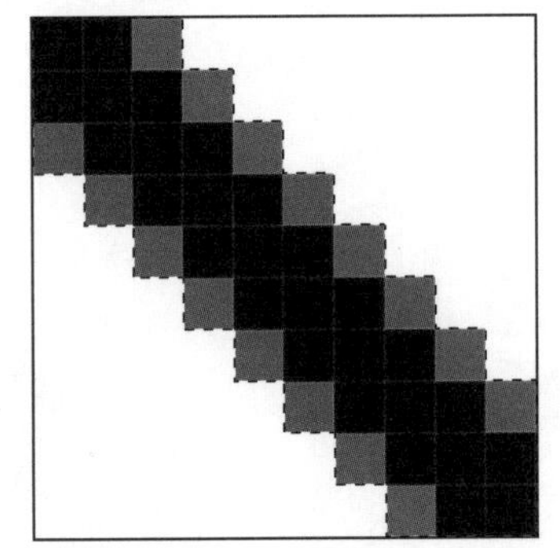

09 多次按Alt+Delete快捷键填充选区，图像效果如下图所示。

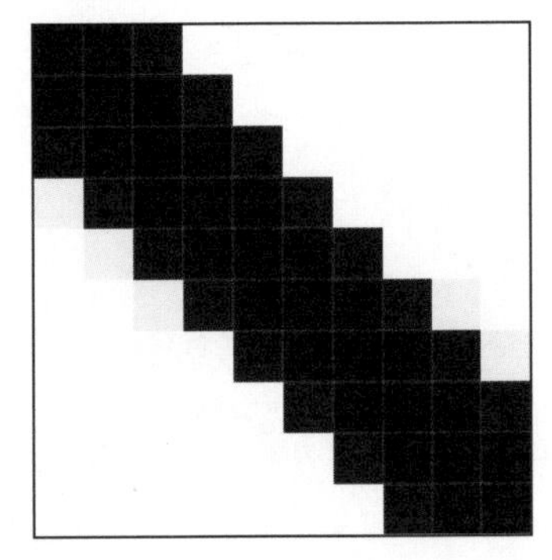

10 隐藏“背景”图层，执行“编辑>定义图案”菜单命令，设置名称为“十字绣-线L”，表示左侧的意思，如下图所示。

11 按Ctrl+T快捷键打开“自由变形工具”，右击选择“水平翻转”命令，效果如下图所示。

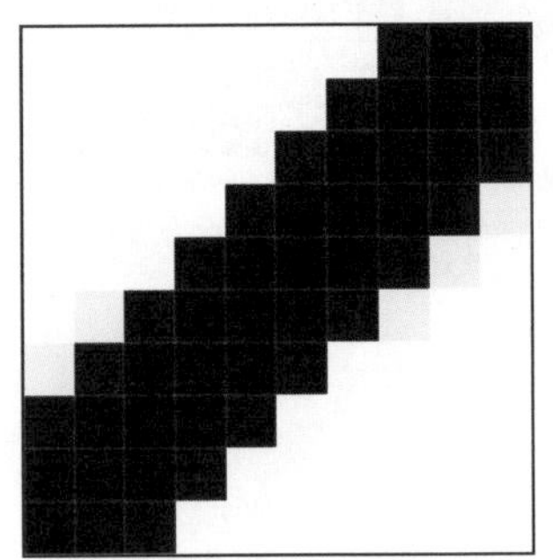

12 返回步骤01打开的图像中，新建图层，如下图所示。

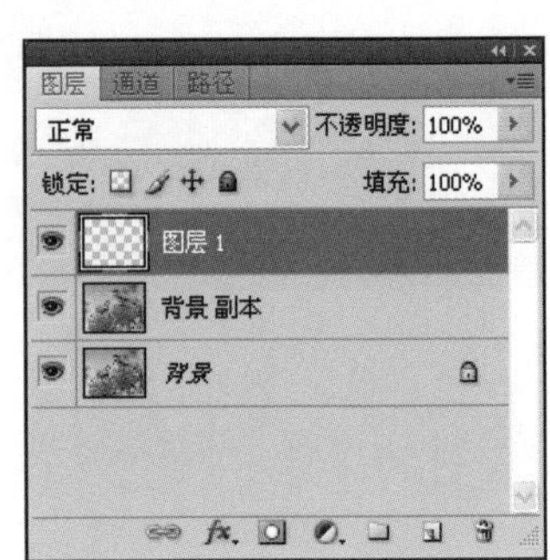

13 单击“油漆桶工具”按钮，在选项栏中设置填充为“图案”，并选中如下图所示的图案。

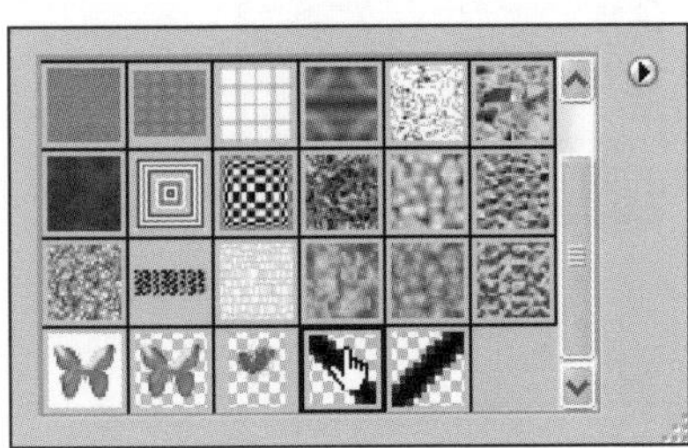

14 使用“油漆桶工具”在画面中单击，为“图层1”图层填充上图案，效果如下图所示。

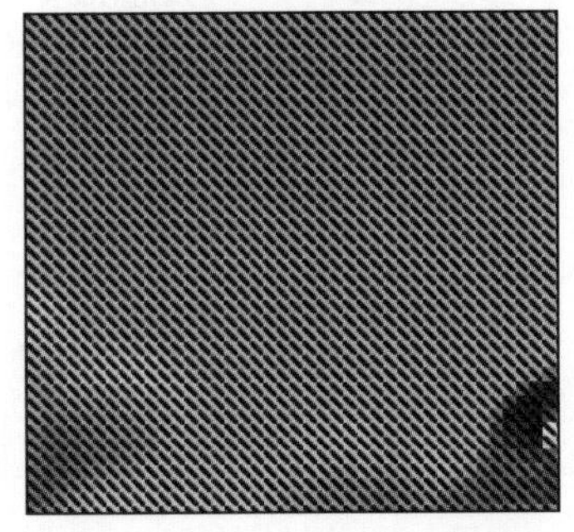

15 设置“图层1”图层的混合模式为“叠加”，如下图所示。

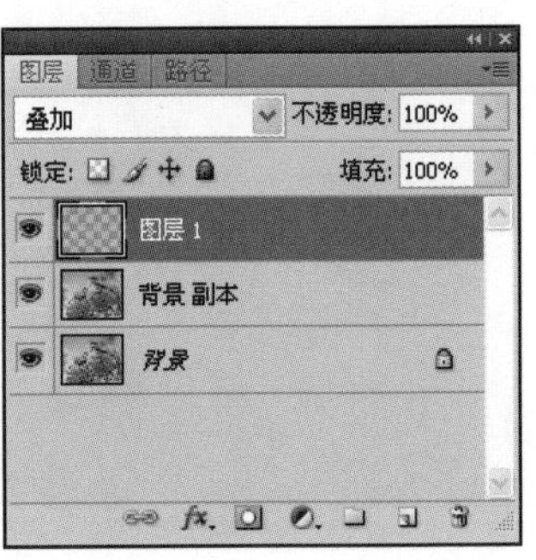

16 设置混合模式后的图像效果如下图所示。

17 新建"图层2"图层，选择另一个添加的图案，使用"油漆桶工具"在画面中单击，如下图所示。

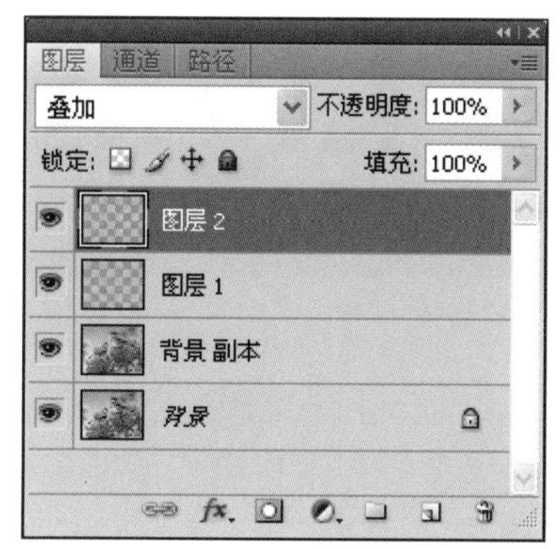

18 为"图层2"图层设置混合模式后，画面中的图像效果如下图所示。

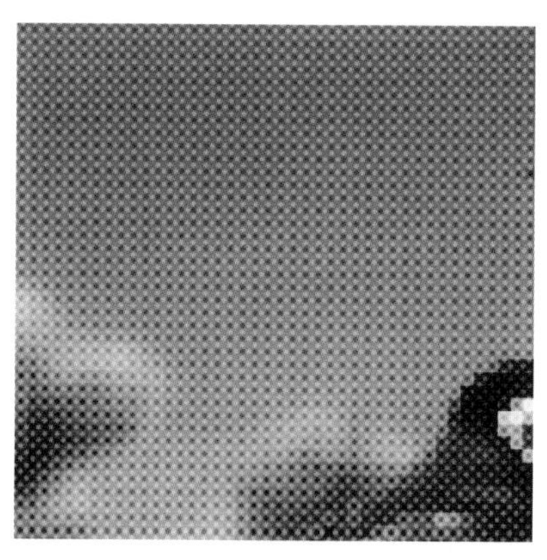

19 复制"背景 副本"图层，设置图层混合模式为"颜色减淡"，"不透明度"设置为50%，如下图所示。

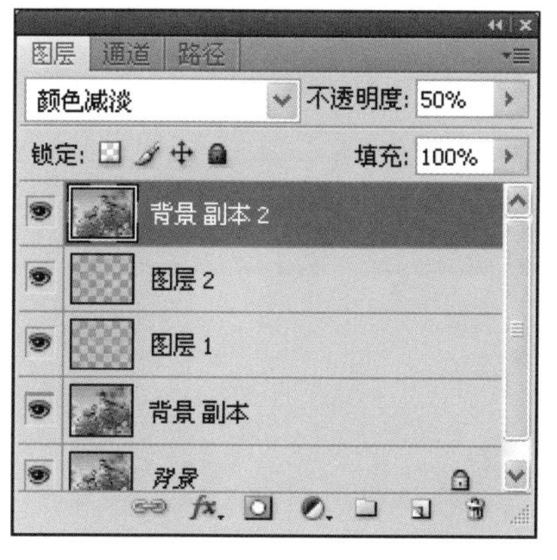

20 打开随书光盘\素材\12\26.jpg文件，如下图所示。

21 利用"多边形套索工具"将画框内部白色区域选取，按Ctrl+J快捷键将其复制到图层，得到"图层1"图层，如下图所示。

22 盖印十字绣图像，然后复制图像到边框图像中，参照下图所示调整好大小和位置。

23 按Alt+Ctrl+G快捷键，创建剪贴蒙版，如下图所示。

24 添加剪贴蒙版后，画面中的图像效果如下图所示。

附录

Adobe Lightroom

Adobe Lightroom是Adobe公司专为光影处理开发的软件，它的出现给绝大多数的摄影师们提供了一个快速处理数码照片的平台。相比Photoshop来说，Lightroom只是在某方面做了增强处理，让所有的操作变得直观、简便，所以它也是大多摄影爱好者们所能接受的一款处理照片的优秀软件。

从字面意义理解Lightroom被称作“亮室”，这与我们所认识的“暗室”恰好相反。使用Lightroom可以导入图像、对图像进行选择、加工、输出、打印、应用于Web页面上。它支持各种RAW图像格式，面向多媒体、数码摄影、图形设计等专业人士和高端用户，使用Lightroom所提供的多类型关键字，可以让摄影师花费更少的时间对图像进行分类、组织，从而有更多的时间处理图像。

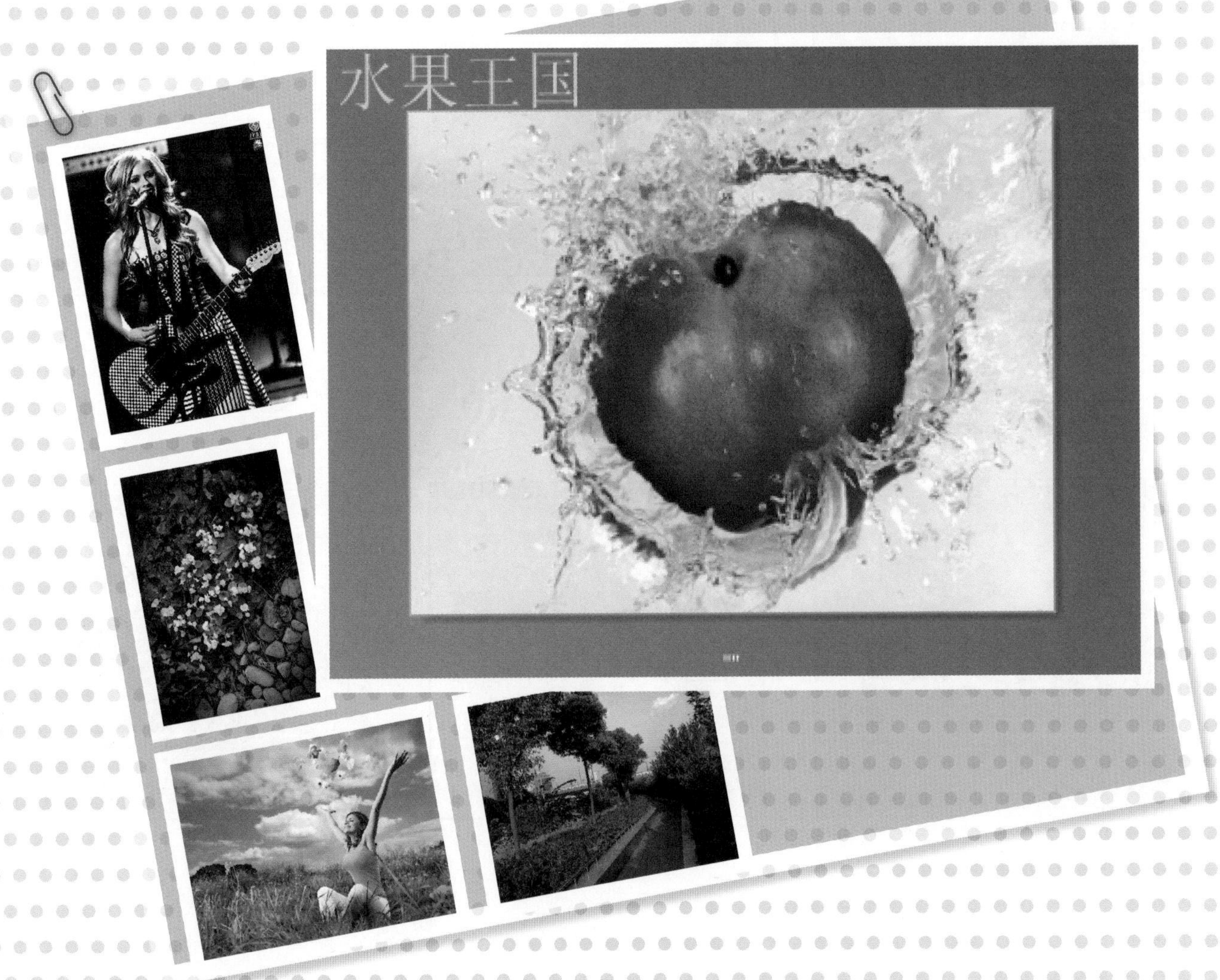

如何使用Lightroom，首先必须安装Lightroom应用程序，然后从安装目录中找到Lightroom.exe程序图标，双击图标即可打开如下图所示的Lightroom用户界面。

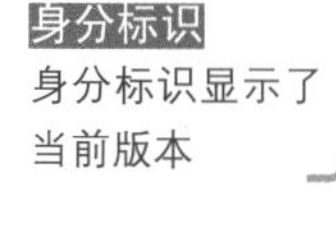

Key Points

关键技法

模块选取器可以通过快捷键方式进行切换，按住Alt+Ctrl+数字键（1～5）进行切换，比如，按Alt+Ctrl+2键可以选择“显影”模块。

要更改胶片显示窗格中的选定照片视图方式，可以单击工具栏中的按钮进行切换。

附录1 了解工作流程模块

在学习使用Lightroom处理照片之前必须先要掌握处理照片的工作流程。首先要在Lightroom中导入需要处理的图片，然后才能对其进行处理。

导入照片时，可以重命名照片；导入照片后，可使用“显影”模块中的一系列调整操作，还可以在照片中嵌入元数据和关键字。照片处理完毕之后，可以将处理的照片输出，输出的方式有3种，一是将处理后的照片另存为图像格式文件；二是将处理后的照片打印出来；三是将处理后的照片输出到动态的相册中。

附录2 用Collection组织和管理照片

Lightroom把管理照片的方式分为3类，分别是目录、文件夹、收藏夹。使用目录可对全部照片或者对被收藏的全部照片进行查看；文件夹方式则是以树形目录的形式映射物理位置上的照片；收藏夹可按照用户自己所要的方式进行分类。

1. 创建收藏分类

使用收藏夹方式对照片进行查看，可根据照片所属的类型进行分类，用户可以自定义分类的名称，也可以使用Lightroom中自带的关键字进行分类。

1 启动Lightroom应用程序，在“图库”模块下单击左侧栏的“目录”，如下图所示。

2 在展开的“目录”列表中，找到“快捷收藏夹”项，如下图所示。

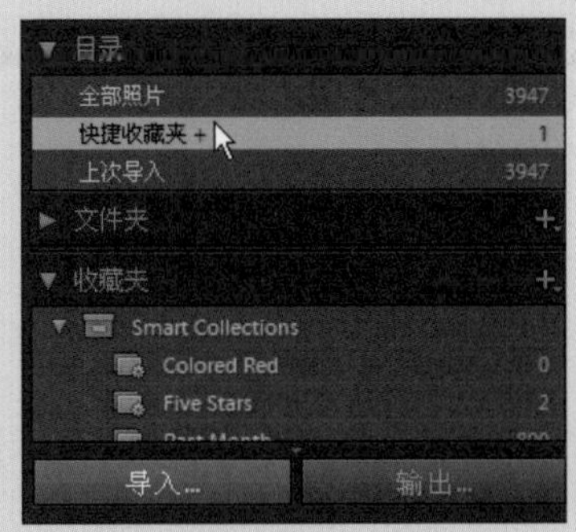

3 选中“快捷收藏夹”项，右击，在弹出的菜单中选择“保存快捷收藏夹”命令，如下图所示。

4 弹出如下图所示的“保存快捷收藏夹”对话框，在对话框的中输入“风景”，然后单击“保存”按钮，如下图所示。

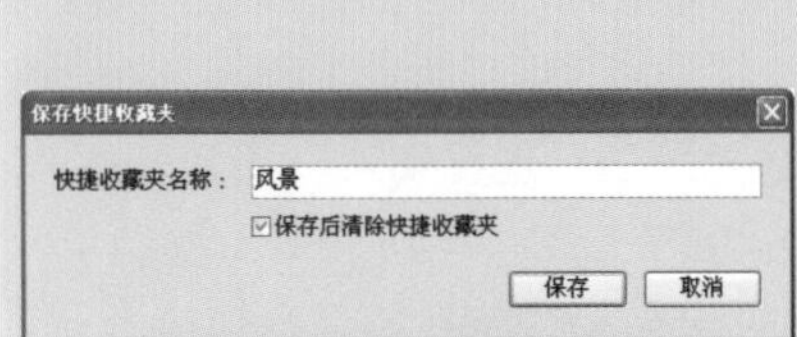

5 执行“保存快捷收藏夹”命令后，收缩“目录”列表名称，然后单击“收藏夹”列表，如下图所示。

6 此时会展开“收藏夹”列表，在弹出的列表中可以看到创建的“风景”收藏夹，如下图所示。

2. 添加收藏内容

在收藏夹中，Lightroom会自动根据之前的操作将导入、选取、标识、编辑过的照片进行自动分类。如果要手动将照片添加到创建的收藏夹中可通过两种方式，一是一次性选取要操作的照片，右击选择“添加到快捷收藏夹”命令，然后把添加到快捷收藏夹中的照片保存到固定收藏夹中；二是选择多张照片，拖曳照片至收藏夹中。方法一的操作如下所示。

1 启动Lightroom应用程序，随意打开一个文件夹，在“图像显示区”中选择一个图像，如下图所示。

2 按住Ctrl键的同时单击另一个图像缩略图，即可将另一个图像同时选中，如下图所示。

3 使用同样的方法选中多幅图像，如下图所示。

4 选中多幅图像后，右击即可弹出快捷菜单，在快捷菜单中选择“添加到快捷收藏夹”命令，如下图所示。

5 打开“目录”列表，选择“快捷收藏夹”选项，在选项右侧显示了收藏夹中的文件个数，如下图所示。

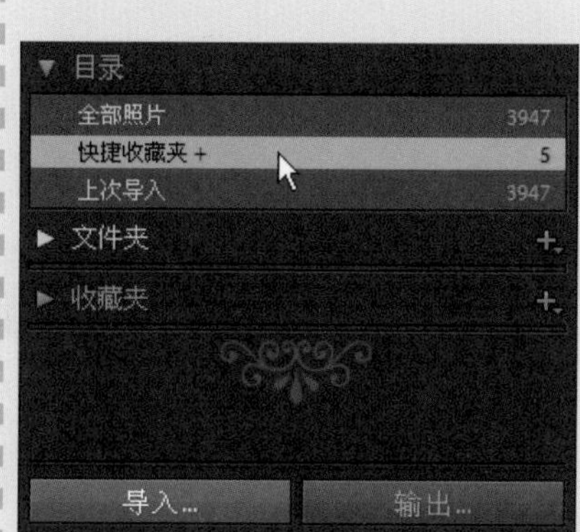

6 此选中“快捷收藏夹”选项后，在图像显示区中就显示了收藏夹中的图像，如下图所示。

方法二的操作如下所示。

1 启动Lightroom应用程序，在文件夹中找出几幅风景照片，单击进行选中，如下图所示。

2 选中多幅图像可以按住Ctrl或Shift键进行选择，如下图所示。

3 多次在图像显示区中单击，即可选中多幅图像，如下图所示。

4 打开收藏夹，拖曳选中的照片至“风景”收藏夹中，如下图所示。

5 释放鼠标后，在“风景”收藏夹的右侧出现的数字为收藏夹中的总文件个数，如下图所示。

6 此时在图像显示区中显示了“风景”收藏夹中的图像，如下图所示。

附录3 建立自定义外观效果

创建属于自己的应用程序外观，可以方便处理照片，提高工作效率。执行“窗口>版面”菜单命令，在弹出的下级菜单中可以显示或隐藏面板，可以同时显示或隐藏两侧的面板。执行“窗口>屏幕模式”菜单命令可以切换屏幕显示模式，具体操作如下所示。

1 执行“窗口>版面>显示/隐藏两侧面板”菜单命令，如下图所示。

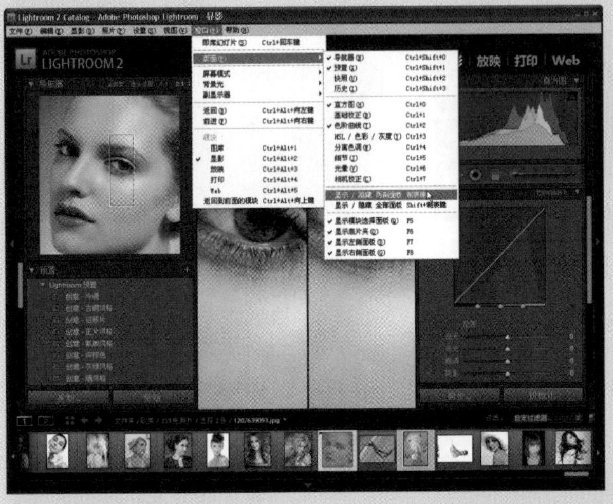

2 执行命令后，应用程序将隐藏两侧的面板，显示状态如下图所示。

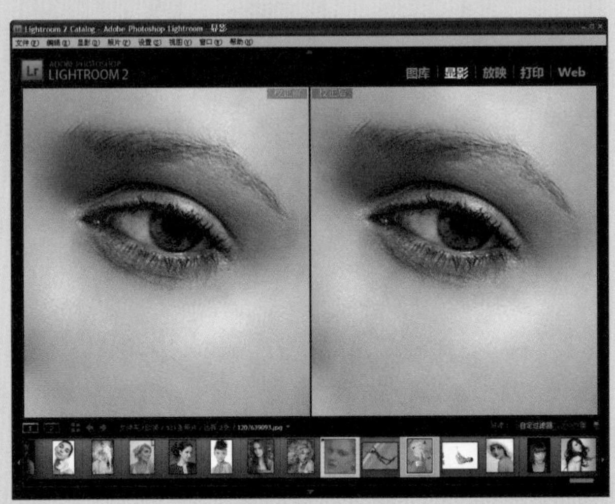

3 返回“普通”显示状态下，执行“窗口>屏幕模式>全屏模式”菜单命令，如下图所示。

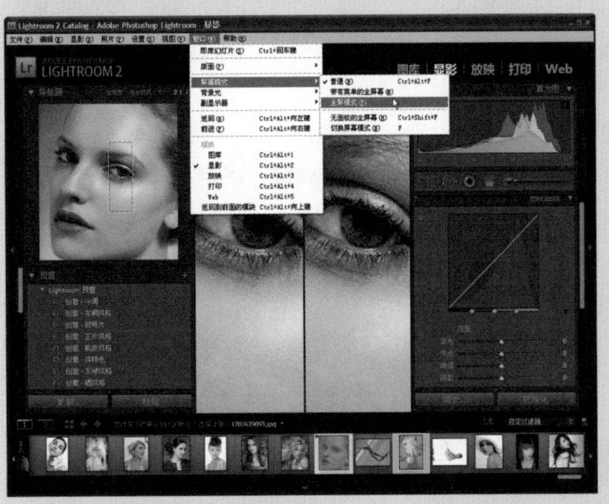

4 此时应用程序将以全屏模式显示，在屏幕上只显示了照片，如果要退出全屏模式可以按F快捷键，如下图所示。

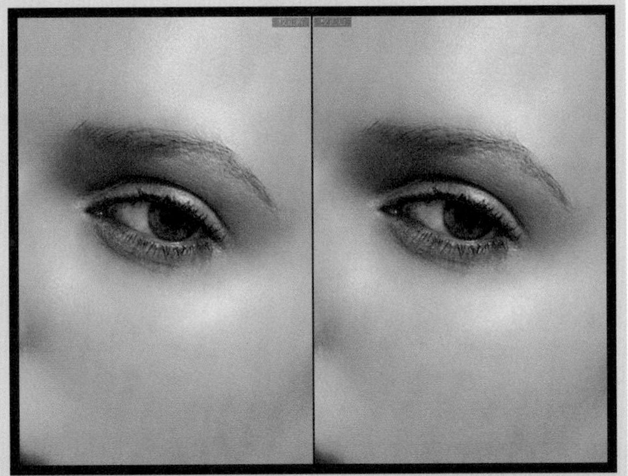

附录4 编辑时查看前/后对比效果

使用Lightroom编辑图像时可以像在Photoshop中一样，可以随时回溯到以前操作的某个步骤，查看前后的对比效果。单击“显影”模块按钮切换到“显影”模块下，在左侧的控制栏中找到“历史”面板，如下图所示。

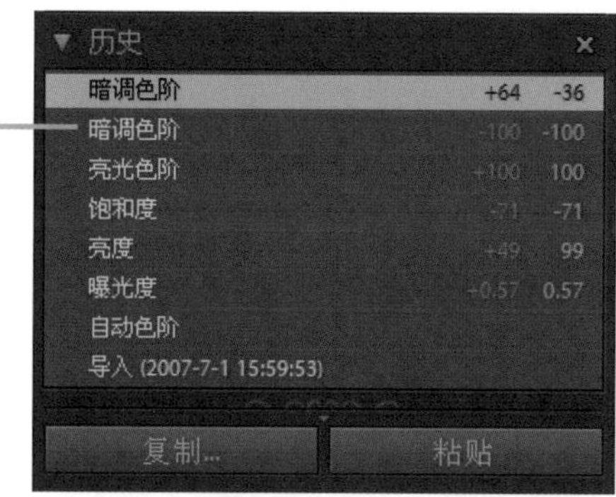

步骤
从打开图像开始，对图像执行的任何操作都将被记录在"历史"面板中，单击步骤可回溯到之前的效果

"清除历史记录"按钮
单击面板右上角的"清除全部历史记录"按钮，将删除"历史"面板列表中的所有步骤

1 在Lightroom中打开随书光盘\素材\附录\01.jpg文件，画面效果如下图所示。

2 单击"显影"模块按钮，切换至"显影"模块下，在"基本校正"下单击"色阶"中的"自动"按钮，如下图所示。

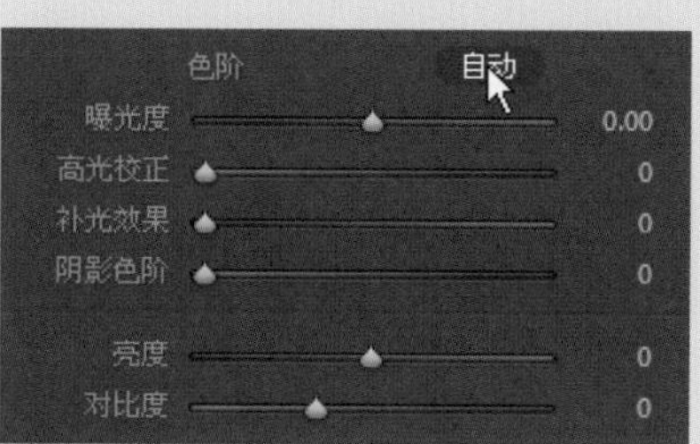

3 为图像应用上自动色阶后的效果如下图所示，图像整体变得更加亮丽。

4 在"显影"模块的左侧找到"历史"面板，在面板中显示了从打开图像开始的3个步骤，如下图所示。

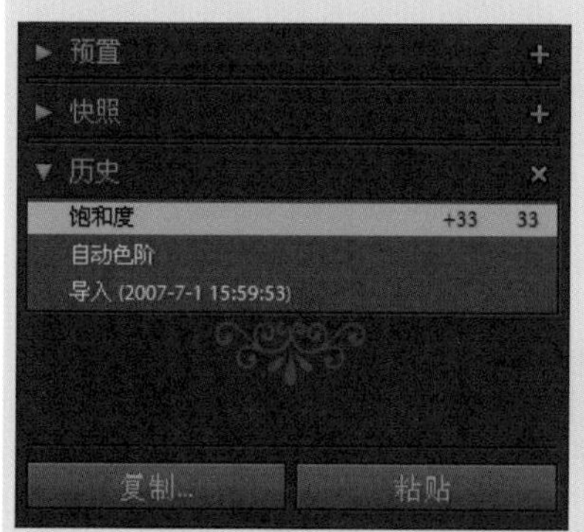

5 如果要返回之前的某一步操作，可以单击该步骤，图像即可返回至所选效果，如下图所示。

6 选择"导入"选项，图像立即会返回至导入时的效果，如下图所示。

附录5 在"图库"模块内快速校正照片

在"图库"模块里使用"快速显影"面板可以快速的校正照片。该面板位于模块的右上侧，展开面板可以对图像的"白平衡"和"调整色阶"进行快速的校正。若要把图像转化为某种风格，可以使用"预置"进行校正，在Lightroom中总共有18种预设风格。具体操作如下页所示。

1 在Lightroom中打开随书光盘\素材\附录\02.jpg文件，画面效果如下图所示。

2 切换至“图库”模块，单击模块右上侧的“快速显影”面板展开按钮▶，如下图所示。

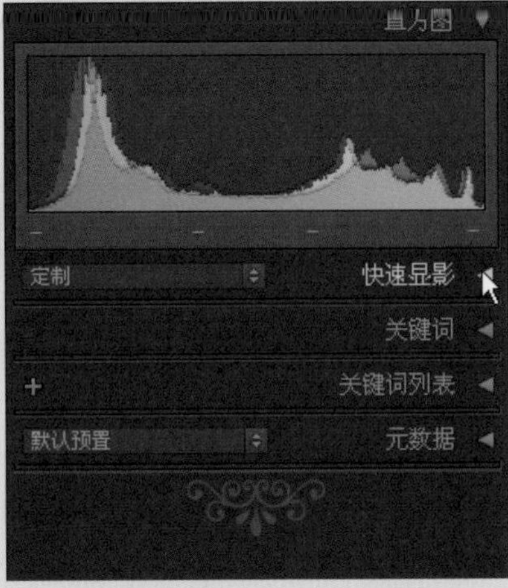

3 展开如下图所示的面板，单击“降低色温”按钮◀◀，如下图所示。

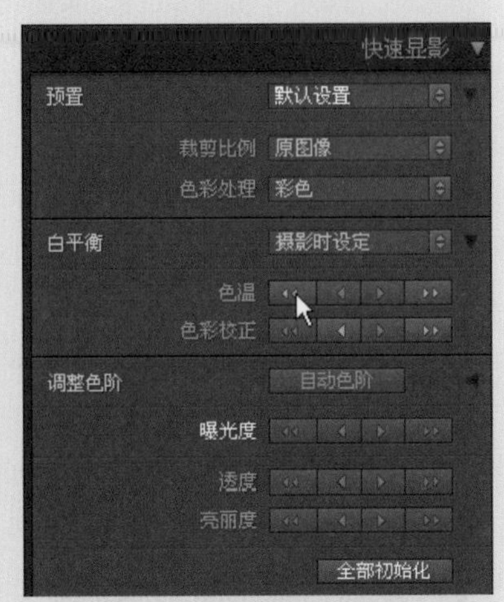

4 降低色温后，单击“降低色温”按钮◀，再稍加降低图像的色温，效果如下图所示。

5 如调整好色温后，单击调整色阶选项区中的“自动色阶”按钮，如下图所示。

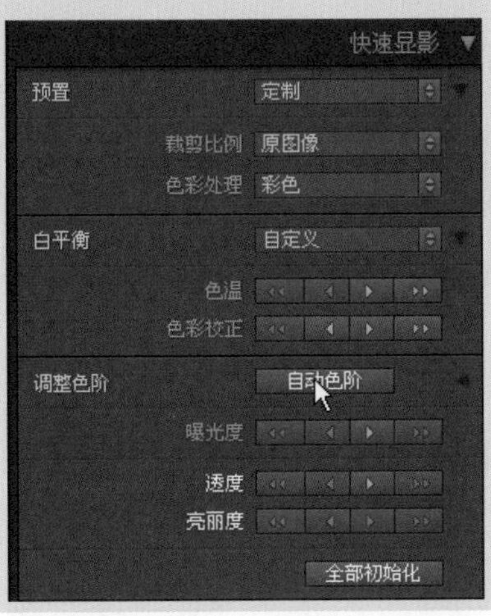

6 通过“自动色阶”命令可调整图像的整体色阶，然后再适当增加图像的曝光，效果如下图所示。

Key Points

关键技法

如果想要直接将图像转化成某种风格，可以使用Lightroom中的“预置”命令进行处理。如将图像转化为“旧照片”风格，具体操作方法如下。

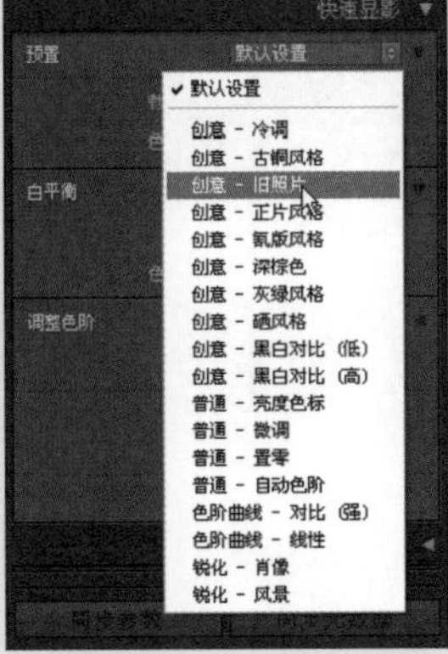

附录6 一次校正多幅照片

在Lightroom中可同时对多幅照片进行处理，为了便于选取多幅图像，可以将图像显示区切换成“网格视图”方式，然后按住Ctrl键的同时单击图像缩略图，即可选中图像。

1 在Lightroom中打开随书光盘\素材\附录\03.jpg、04.jpg文件，切换至“网格视图”方式，按住Ctrl键选中如下图所示的图像。

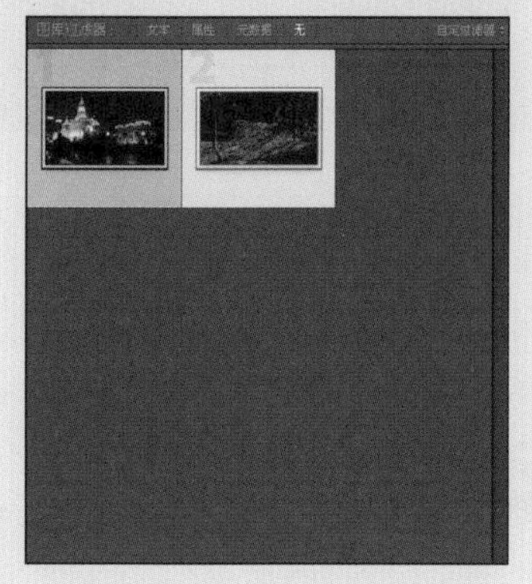

2 切换至“图库”模块，单击模块右上侧的“快速显影”面板展开按钮，在展开的面板中单击“自动色阶”按钮，如下图所示。

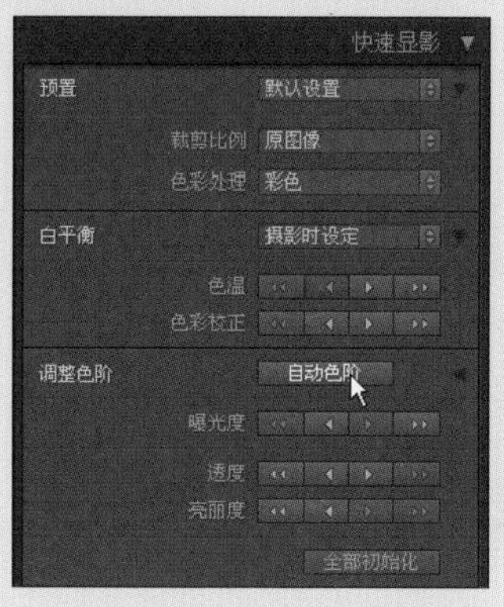

3 使用此方式可同时为选取的多幅图像应用上“自动色阶”命令，效果如下图所示。

附录7 保存满意的调整

当处理的图像过多，并且所使用的方法一致时，这繁琐的操作会浪费大量的时间，但如果使Lightroom中的“预置”命令则可以节约这些时间。单击“显影”模块，位于模块左侧的“预置”面板中有两种预置，即“Lightroom预置”和“用户预置”。

1. 创建预置

将调整好的图像所采用的所有调整步骤保存为一个预置，通过选择保存的预置可以为图像应用上相同的效果。单击“预置”面板右侧的“新建预置”按钮，即可打开“显影校正预置”对话框，在对话框中输入预置的名称，单击“确定”按钮即可，具体操作如下所示。

1 在Lightroom中打开随书光盘\素材\附录\05.jpg文件，如下图所示的图像。

2 在“显影”模块中设置白平衡“色温”为-49，“色彩校正”为-47，如下图所示。

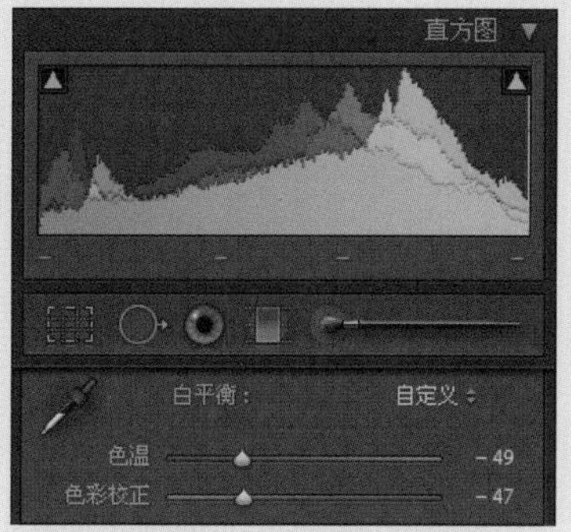

3 通过对白平衡的设置，图像效果如下图所示。

4 单击“预置”面板右上角的“新建预置”按钮+，如下图所示。

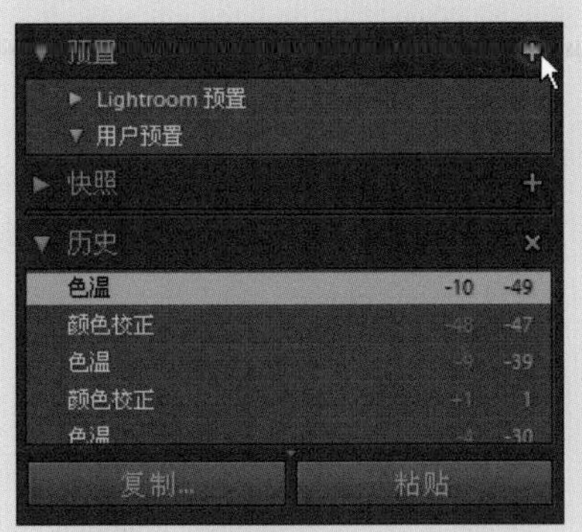

5 打开“显影校正预置”对话框，设置预置名称为“绿色影调”，如下图所示。

6 设置完成后，单击“确定”按钮，此时，在“预置”面板的“用户预置”下显示创建的“绿色影调”预置，如下图所示。

2. 应用预置

要将已经存在的预置效果应用在其他照片上，可以使用应用预置的方式。具体流程是先打开要应用预置的图像，在“预置”面板中单击已经存在的预置选项，即可为图像应用上同样效果，具体操作如下。

1 在Lightroom中打开随书光盘\素材\附录\06.jpg文件，如下图所示的图像。

2 打开“预置”面板，展开“用户预置”选项，然后在弹出的下级选项中单击“绿色影调”，如下图所示。

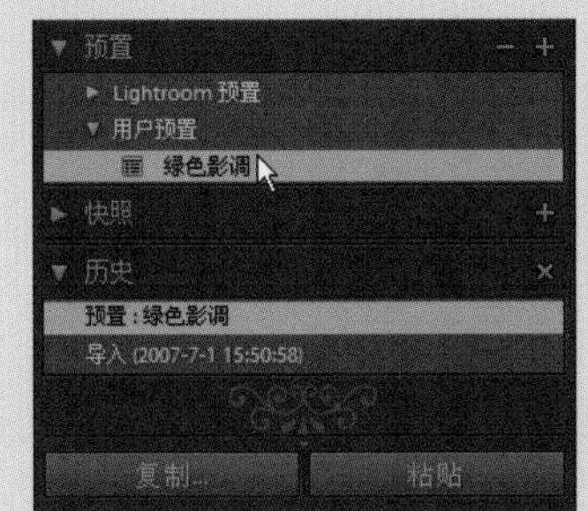

3 执行完操作后，图像立即被应用上了“绿色影调”预置，图像效果如下图所示。

附录8 提升（降低）不同的颜色

在Lightroom中调整图像的颜色不仅可以对指定通道下的颜色进行浓度调节，还可以更改通道的颜色，具体操作方法如下。

1 在Lightroom中打开随书光盘\素材\附录\07.jpg文件，如下图所示的图像。

2 在“显影”模块下展开“HSL/色阶/灰度”面板，然后切换至如下图所示的“饱和度”选项卡下。

3 拖曳“蓝色”滑动块，将其设置为-72，如下图所示。

4 降低蓝色调后的图像效果如下图所示，但图像中的其他色调并没有发生改变。

5 切换至“色相”选项卡，设置“蓝色”值为100，如下图所示。

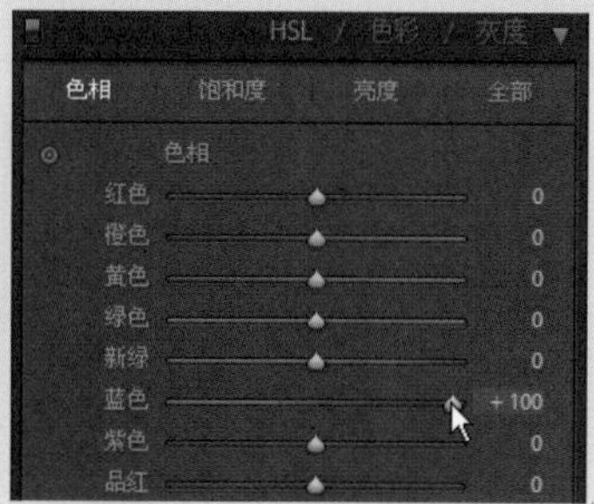

6 通过操作后，调整的图像效果如下图所示。

附录9 校正照片色差

使用Lightroom中“相机校正”功能可以对照片中的红、绿、蓝3种颜色进行精确的调节，除此之外还可对它的阴影颜色进行调节。

1 在Lightroom中打开随书光盘\素材\附录\08.jpg文件，如下图所示的图像。

2 单击“显影”标签切换至“显影”模块下，再单击“相机校正”面板，参照下图所示设置参数。

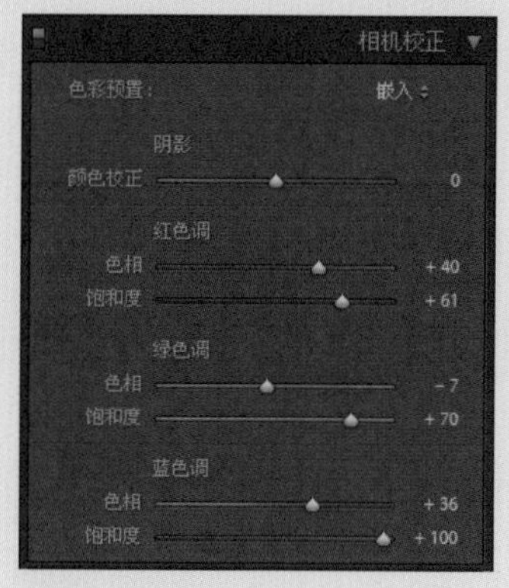

3 为原照片校正好各个颜色后，再切换至“色阶曲线”面板，参照下图设置曲线走向，调整后的图像效果如下图所示。

附录10 消除（添加）边缘晕影

当镜头不能在整个图像传感器上均匀地分布光线时，可能拍摄出的照片会产生色边和边缘晕影。使用Lightroom中“细节”面板下的“色差”和“光晕”面板选项进行调整，可以去除照片中边缘上的晕影。

1. 消除色边

消除照片中景物的颜色边，可直接使用“色差”进行调整，具体操作方法如下。

红色/深蓝
用于调节照片中边缘的颜色在红色、深蓝之间过渡

蓝色/黄色
用于调节照片中边缘的颜色在蓝色、黄色之间过渡

1 在Lightroom中打开随书光盘\素材\附录\09.jpg文件，如下图所示的图像。

2 放大图像的显示，在下图中可以看到图像中颜色对比强烈的位置上有颜色边，然后在“色差”中设置参数。

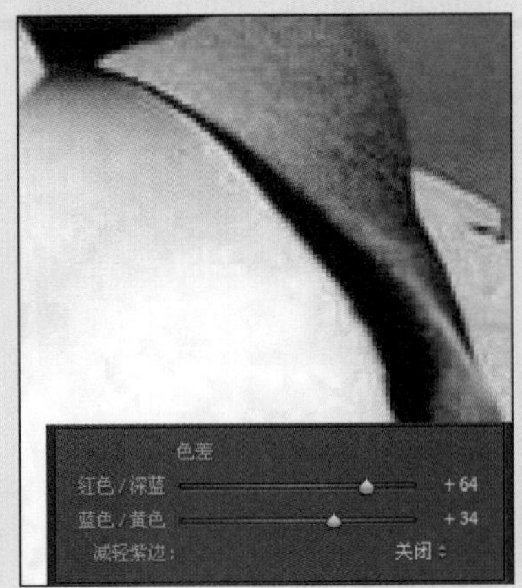

3 设置“色差”参数后，图像效果如下图所示，颜色边被消除了，反之可以加强颜色边显示。

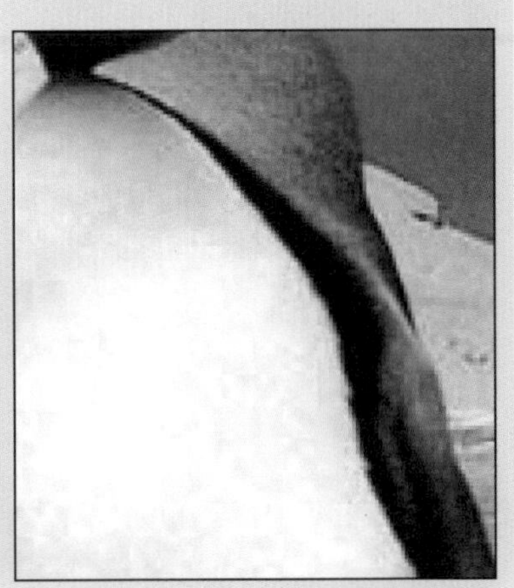

2. 消除晕影

在Lightroom中消除照片上的晕影，可以使用“光晕”面板下的控件对其进行调节；也可以使用“调整画笔工具”，通过调节调整画笔的各项属性对光晕进行控制，具体操作方法如下。

1 在Lightroom中打开随书光盘\素材\附录\10.jpg文件，如下图所示的图像。

2 放大图像的显示，可以看到图像边缘上的光晕效果，如下图所示。

3 为了更好地消除这类光晕效果，可以使用“调整画笔工具”，参照下图所示设置画笔的选项。

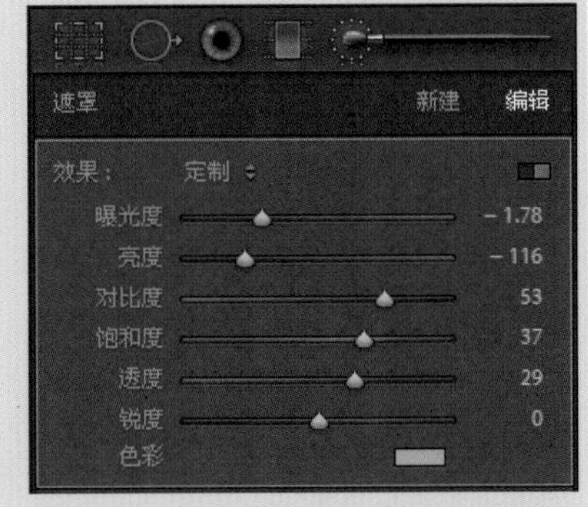

4 使用“调整画笔工具”在杯子边缘的光晕上进行涂抹，将光晕全部覆盖，如下图所示。

5 单击“色彩”图标，打开如下图所示的弹出式面板，在面板中设置颜色。

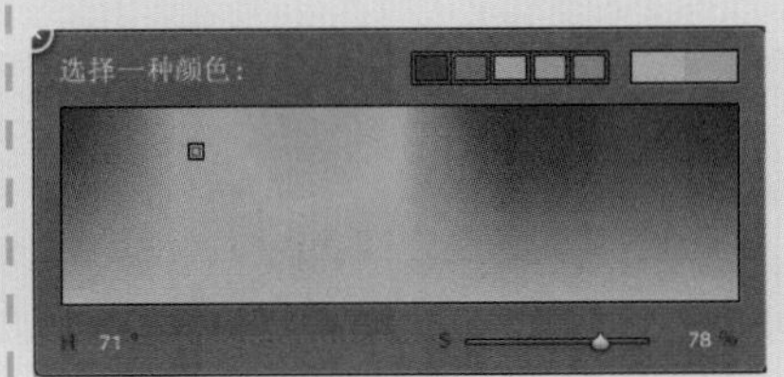

6 图像调整好后的效果如下图所示，杯子边缘的光晕全被消除了。

附录11 照片内的蒙尘定位技巧

蒙尘可以去除照片上的污点，是将有缺陷的部位去除，再在去除的部位上用完美的图像代替。在Lightroom中使用“污点校正工具”可在照片上的任意局部位置进行修复，从而制作出完美的照片。

1 在Lightroom中打开随书光盘\素材\附录\11.jpg文件，如下图所示的图像。

2 切换至“显影”模块下，单击“污点校正工具”按钮，然后在人物脸部拖曳创建一个污点校正源，按照下图所示进行调整。

3 设置好污点位置后，设置笔刷为“修复”类型，调整好后的图像效果如下图所示，人物脸部的斑点消失了。

附录12 更好的黑白转换方法

在Lightroom中制作黑白照片效果的方法与在Camera Raw中制作黑白照片的方法类似，都是先将彩色照片色调转换为灰度色调，然后分别调整灰度混合下的每个通道颜色，从而制作出更高品质的黑白照片。具体操作如下所示。

1 在Lightroom中打开随书光盘\素材\附录\12.jpg文件，如下图所示的图像。

2 单击“显影”模块下的“灰度”面板，即可将上步导入的照片变为黑白效果，如下图所示。

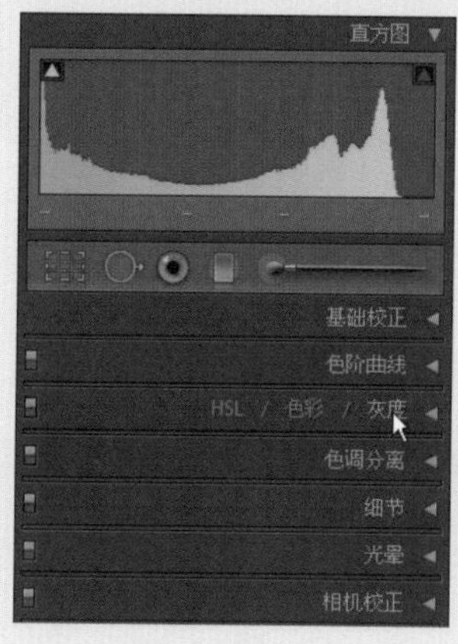

3 在展开的“灰度”面板中，参照下图所示设置参数。

HSL / 色彩 / 灰度

灰度混合

红色	+10
橙色	−19
黄色	−22
绿色	−27
新绿	−19
蓝色	+9
紫色	+15
品红	+4

自动调整

4 经过设置后，对转换为黑白图像后的色调进行调整，调整后的图像效果如下图所示。

5 单击“基础校正”面板，在面板中选取“白平衡工具”，使用此工具在图像最亮的位置上单击，如下图所示。

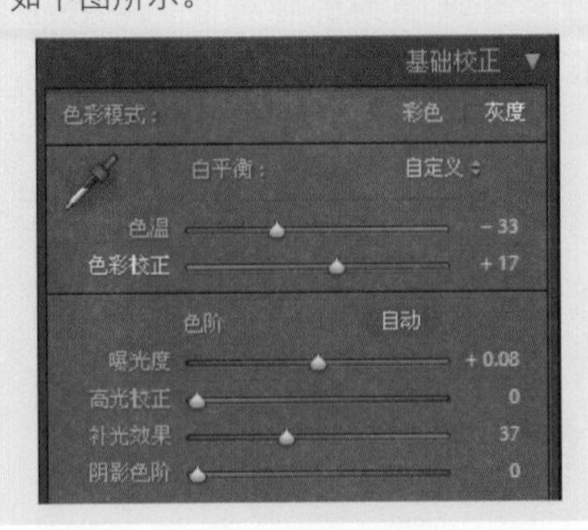

6 执行白平衡校正后，最终的黑白图像效果如下图所示。

Key Points

关键技法

使用Lightroom制作黑白照片有个简便的方法，就是在“图库”模块下直接设置“快速显影”预置。关于黑白的预置有两个，分别是：创意-黑白对比（低）和创意-黑白对比（高）。

附录13 制作幻灯片并进行放映

将导入的照片制作成幻灯片，以幻灯片方式对照片进行浏览，是Lightroom中的一个强大的功能。被导入的每一张照片可看作为一张幻灯片，同时可在每一张幻灯片上进行编辑，编辑好后可将幻灯片导出为单独的文件。

1. 模板设置

在Lightroom中不仅能制作出漂亮的幻灯片，还可以为幻灯片套用一个模板。Lightroom中模板有两类，一是应用程序自带的模板，还有就是用户自定义的模板。应用程序自带的模板有5种，单击即可为幻灯片应用模板。

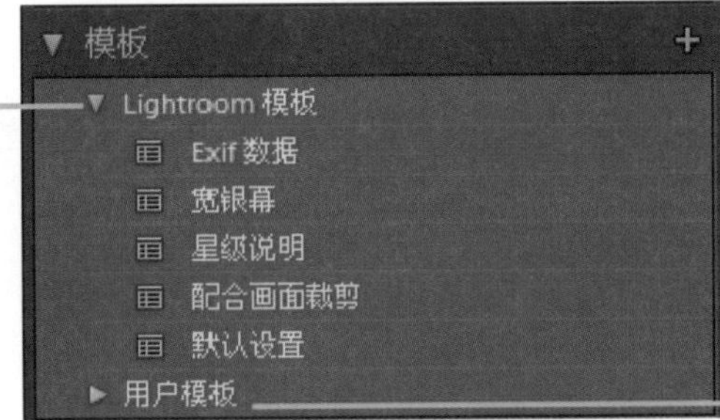

Lightroom模板
在该模板下包含了系统预设的各个模板信息，可以帮助用户快速进行操作

用户模板
存储用于自定义的幻灯片模板

1 在Lightroom中打开随书光盘\素材\附录\13.jpg～17.jpg文件，如下图所示。

2 应用“Exif数据”模板，此模板可使照片在黑色背景上居中，并显示星级、EXIF 信息和身份标识，如下图所示。

3 应用“宽银幕”模板，可以显示每张照片的完整边框，同时会根据屏幕长宽比添加黑条，如下图所示。

4 应用“星级说明”模板，可以让照片在灰色背景上居中，并显示星级和题注元数据，如下图所示。

5 应用“配合画面裁剪”模板，可全屏显示照片。系统可能会裁剪图像的某些部分，以符合屏幕的长宽比，如下图所示。

6 应用“默认设置”模板，使照片在黑色背景上居中，并显示星级、文件名和身份标识，如下图所示。

2. 背景设置

通过“背景”面板可以对幻灯片显示的背景进行设置，除了给幻灯片背景指定一个渐变颜色外还可以利用一张图片作为背景，具体操作方法如下。

1 对导入的图像设置模板为“星级说明”，效果如下图所示。

2 给背景设置渐变颜色，单击“渐变覆盖”后的图标设置R：4、G：9、B：20，如下图所示。

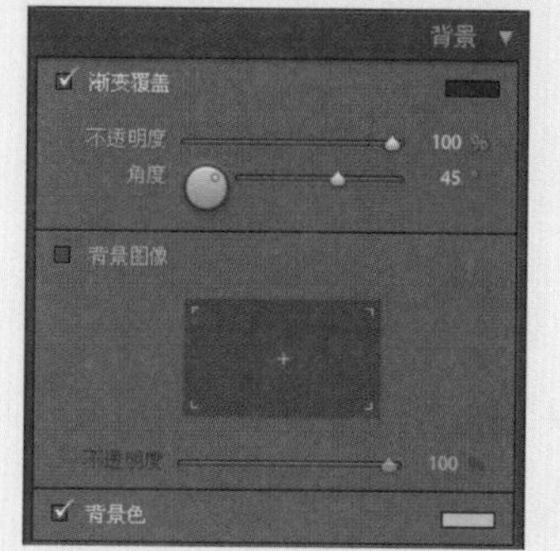

3 打开“背景”面板，为幻灯片设置渐变色后的效果如下图所示。

4 勾选“背景图像”复选框，将导入的17.jpg图像拖曳至背景图像预览框中，如下图所示，释放鼠标即可为背景添加图像。

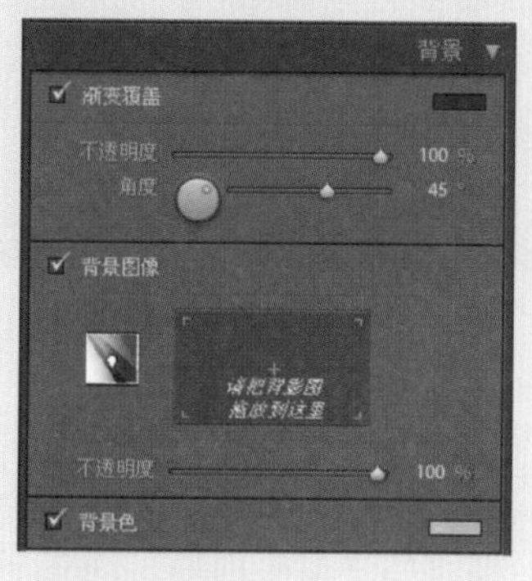

5 调整“背景图像”下的“不透晚度”为70%，如下图所示。

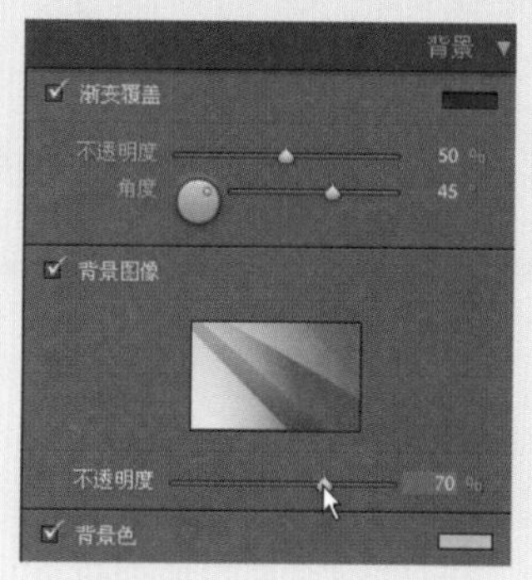

6 查看为幻灯片的背景图像进行设置后的画面效果如下图所示。

3. 标题

通过在“标题”面板中进行设置，可在幻灯片上添加上标题。标题的文字可以根据幻灯片内容而定，同时还可以给文字设置颜色。

1 展开“叠加”面板，在身份标识上单击，在弹出的菜单中选择“编辑”命令，如下图所示。

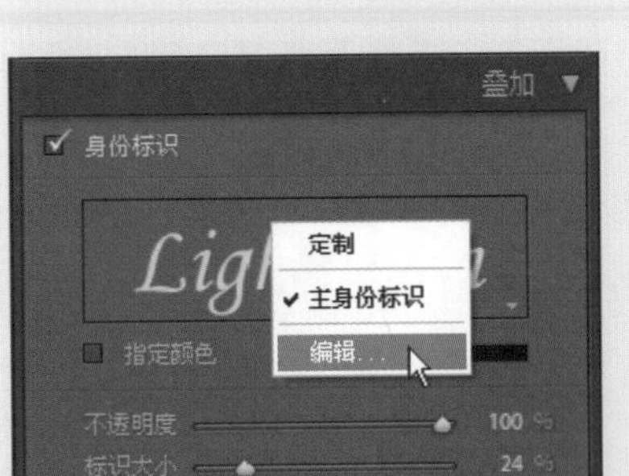

2 打开如下图所示的对话框，在文本框中输入“落日余晖”。

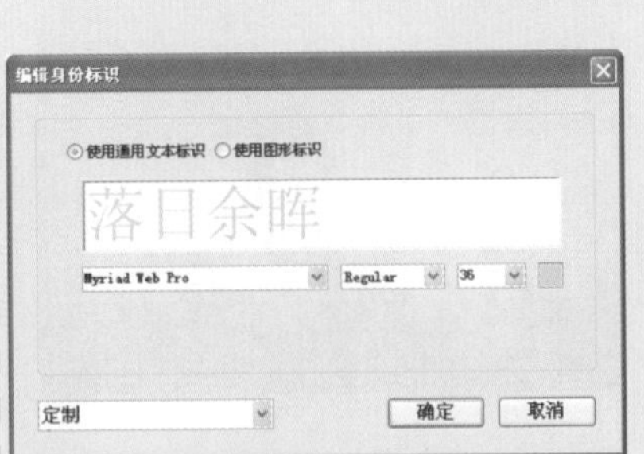

3 打开“标题”面板，勾选“指定颜色”复选框，然后单击颜色图标，设置颜色为R：92、G：74、B：70，如下图所示。

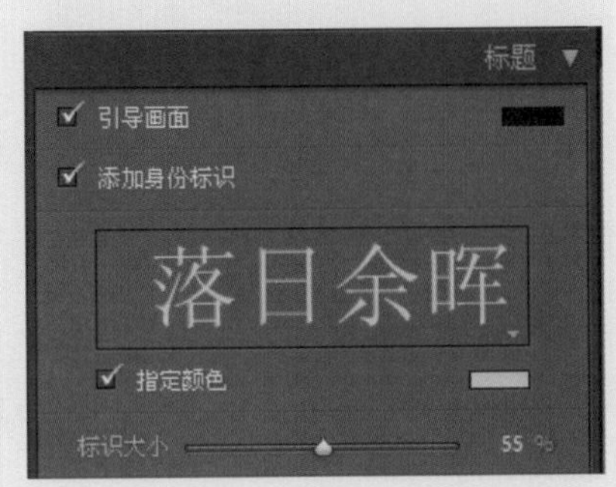

4 设置完颜色后，再设置“标识大小”为55%，预览标题效果如下图所示。

5 展开“叠加”面板，同样的设置身份标识为“落日余晖”，然后设置R：69，G：91，B：49，如下图所示。

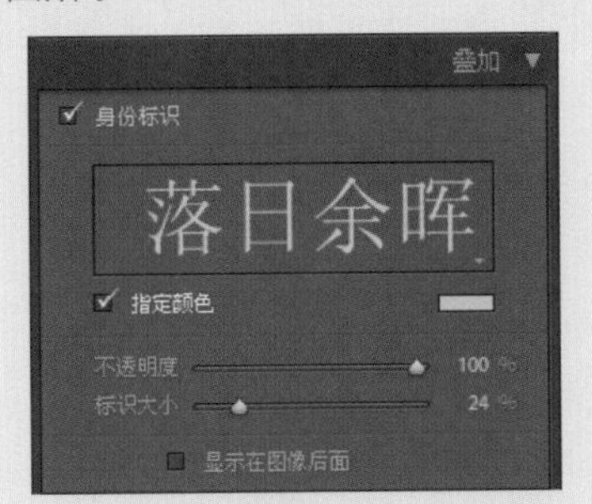

6 添加“身份标识”后的幻灯片播放效果如下图所示。

7 当播放完闭之后，会显示出结束画面，显示效果如下图所示。

8 在“标题”面板中，设置结束画面字幕为“谢谢观赏”，然后设置颜色为R：93，G：87，B：75，如下图所示。

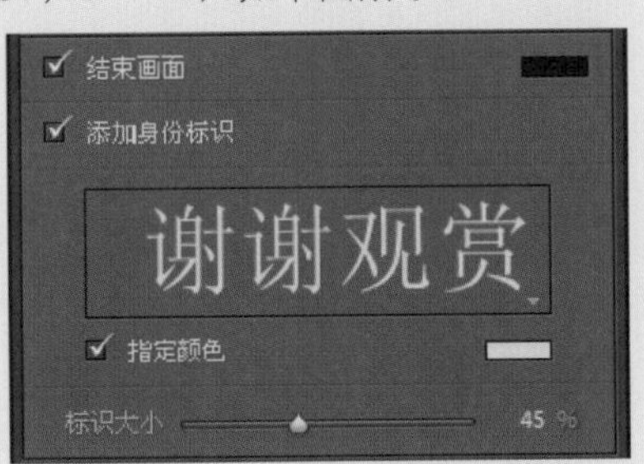

9 再次播放幻灯片，当播放到结束时显示的结束画面效果如下图所示。

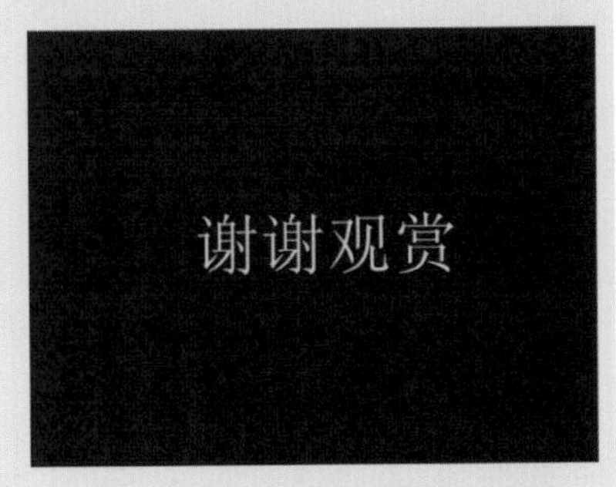

4. 播放音乐

通过前面的对工作流程的讲述，懂得在制作幻灯片的每个过程中所需要的操作和注意事项后，现在将讲述怎么为幻灯片添加上背景音乐。在Lightroom中添加音乐可以通过文件夹加入，具体操作如下。

1 展开“播放”面板，勾选“播放音乐”复选框，如下图所示，单击“点击这里选择音乐文件夹”链接。

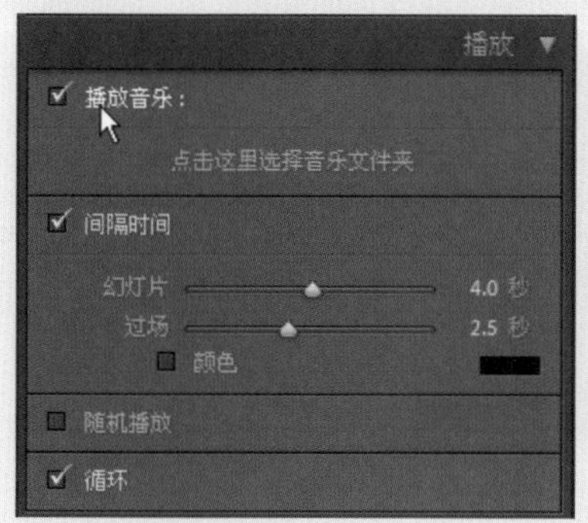

2 打开如下图所示的对话框，选中随书光盘下的附录文件夹，然后单击“确定”按钮。

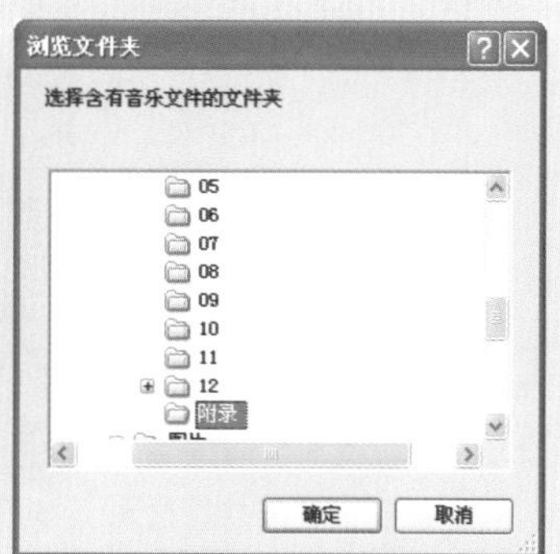

3 添加好音乐后，在“播放”面板中显示被添加的文件夹名称，勾选“循环”复选框，然后单击“播放”按钮，如下图所示。

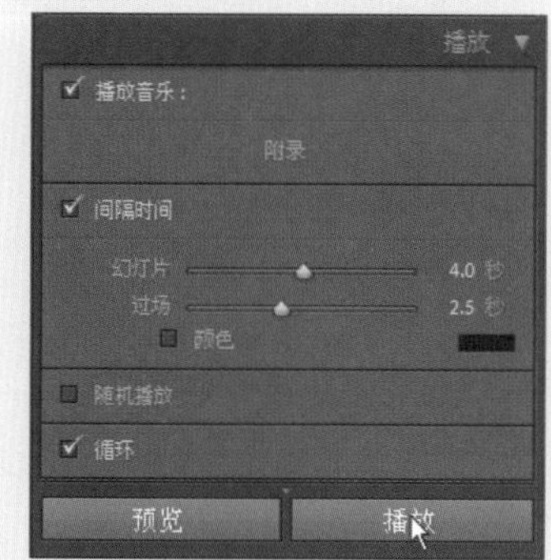

5. 输出

使用Lightroom可以将幻灯片存储为单独的文件，输出的类型有两种，分别是输出JPEG和输出PDF。前者用于将幻灯片输出为单个的JPEG格式图片，后者则将幻灯片输出为PDF文件。

1 单击“放映”模板中左下侧的“输出JPEG”按钮，如下图所示。

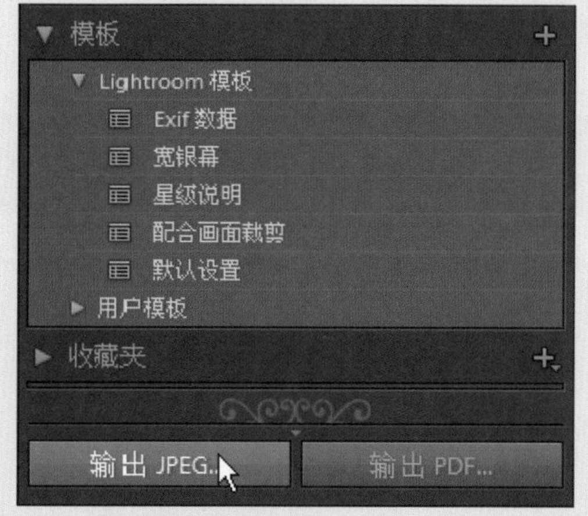

2 打开如下图所示的对话框，在对话框中输入名称“落日余晖”，如下图所示。

3 打开幻灯片输出的文件夹，每张幻灯片被输出为图片，以标题命名，如下图所示。

4 如要将幻灯片输出为PDF格式文件，则单击“输出PDF”按钮，如下图所示。

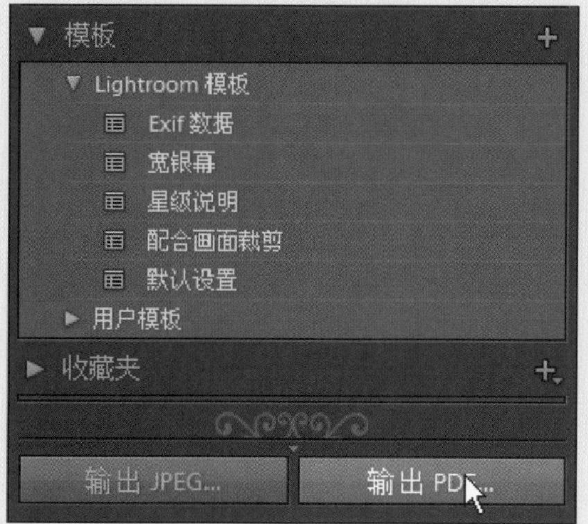

5 打开“用PDF格式输出幻灯片”对话框，设定名称为“落日余晖PDF”，然后单击“确定”按钮，如下图所示。

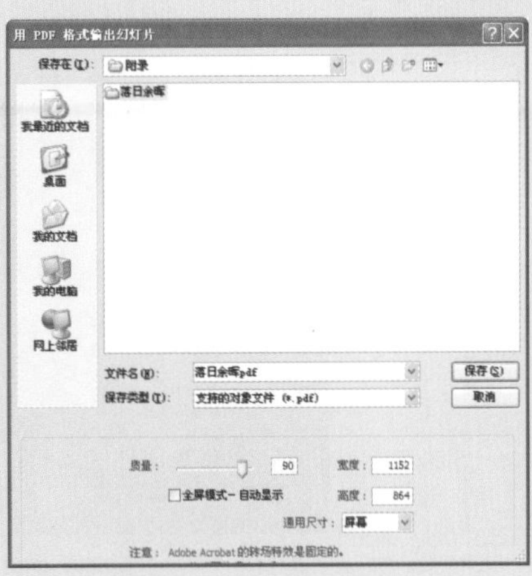

6 双击输出的落日余晖PDF文件，如下图所示。

Example 01 运用消除边缘晕影突出暗部细节

光盘文件

原始文件：随书光盘\素材\附录\18.jpg

最终文件：随书光盘\源文件\附录\实例1 运用消除边缘晕影突出暗部细节.jpg

通过前面对基础部分的学习，懂得了什么叫晕影以及产生晕影的情况。如果是照片边缘产生的晕影，可以使用“光晕”面板中的“象差校正”命令进行设置，使用“象差校正”命令可以在照片边缘添加扩散的光源，可将照片边缘变亮或变暗，本实例前后对比效果如下图所示。

01 在Lightroom中打开随书光盘\素材\附录\18.jpg文件，画面效果如下图所示。

02 单击“显影”模块，在该模块下展开“光晕”面板，将“数量”设置为100，如下图所示。

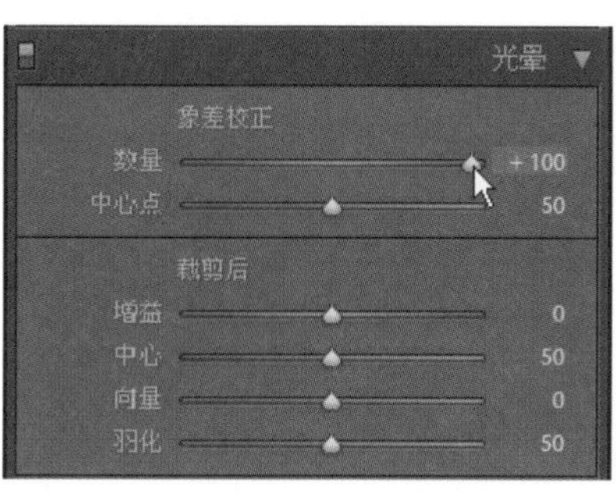

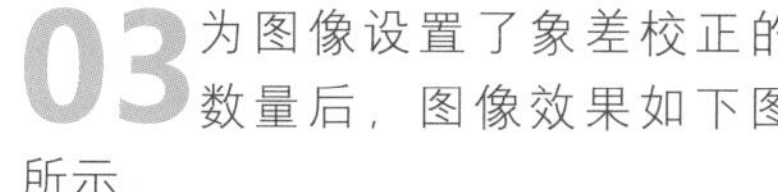

03 为图像设置了象差校正的数量后，图像效果如下图所示。

04 拖曳“中心点”滑块至最左端，设置值为0，如下图所示。

光晕
象差校正
数量 +100
中心点 0
裁剪后
增益 0
中心 50
向量 0
羽化 50

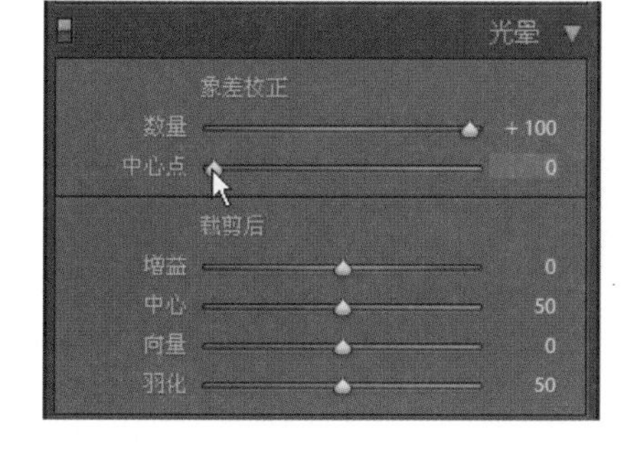

05 将“中心点”设置为0后，图像效果如下图所示。

06 单击“显影”模块下的“调整画笔工具”，并设置画笔的各项属性，如下图所示。

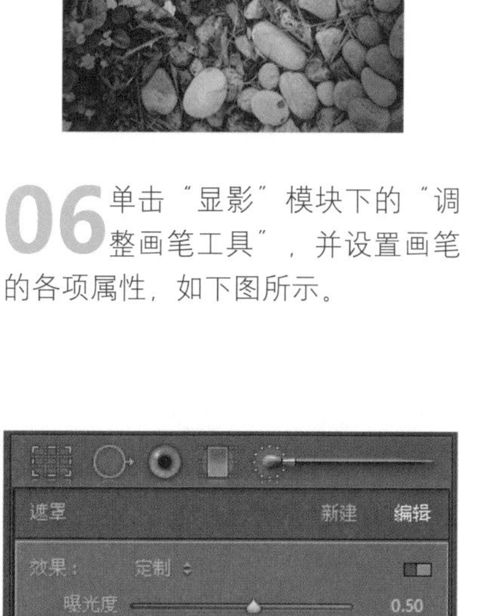

07 设置好后，使用画笔在图像边缘上进行涂抹，涂抹后的效果如下图所示。

08 将鼠标移至调整画笔源点上，图像上显示了被涂抹过的区域，如下图所示。

09 展开“显影”模块下的“直方图”面板，单击灰色调区域并向右拖曳，如下图所示。

直方图
补光效果 0

10 将灰色调向右拖曳后，可以提高图像的补光效果，提升图像的亮度，查看“直方图”面板如下图所示。

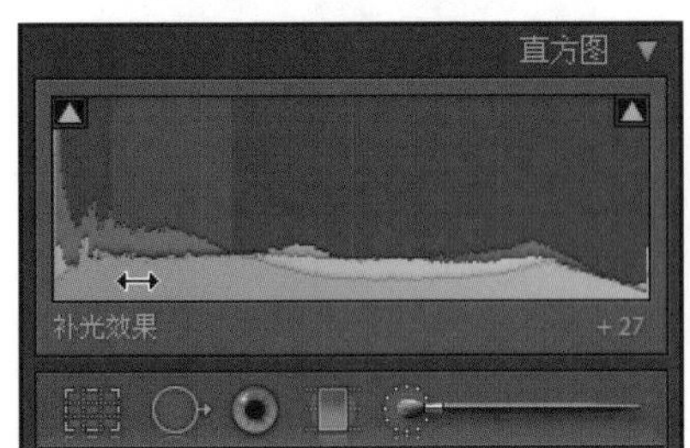

11 展开“基础校正”面板，“补光效果”被设置为20，再调整“阴影色阶”为14，如下图所示。

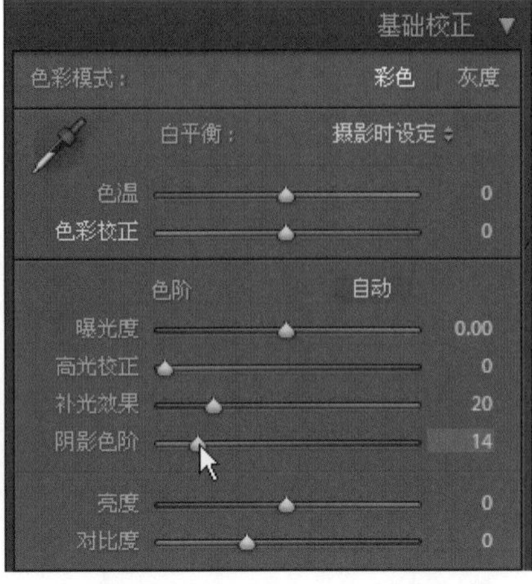

12 设置好“阴影色阶”后的图像效果如下图所示。

Example 02 运用镜头补偿调整照片的色差

光盘文件

原始文件：随书光盘\素材\附录\19.jpg

最终文件：随书光盘\源文件\附录\实例2 运用镜头补偿调整照片的色差.jpg

色差是透镜成像的一个严重缺陷，多数发生在多色光源的情况下，在单色光源下是不产生色差的。白光由红、橙、黄、绿、青、蓝、紫7种不同长度光源组成，所以在通过透镜时的折射率也不同，这导致了在成镜上形成了一个色斑。色差一般有位置色差和放大率色差两种，位置色差在任何位置都会带有色斑或晕环，使图像模糊不清；而放大率色差则使图像上带有彩色边缘。本实例的前后对比效果如下图所示。

01 在Lightroom中打开随书光盘\素材\附录\19.jpg文件，画面效果如下图所示。

02 展开HSL面板，参照下图所示设置“色相”中的各项参数。

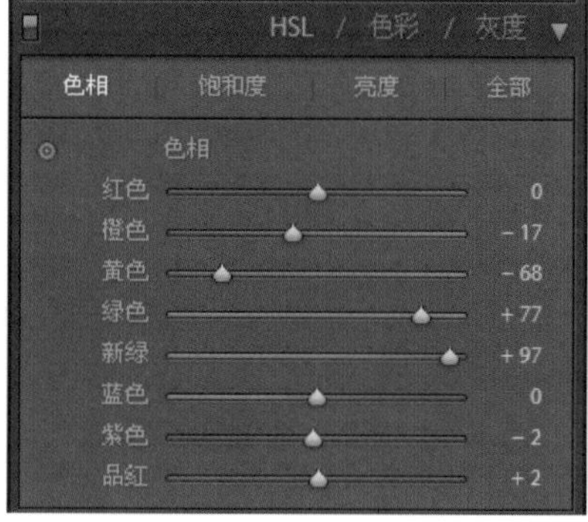

03 调整好“色相”参数后，图像效果如下图所示。

04 单击HSL面板下的“饱和度”选项卡，参照下图所示设置参数。

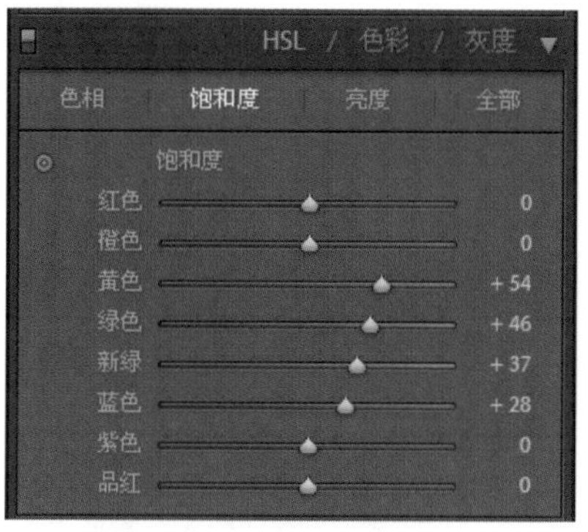

05 设置好“饱和度”参数后，图像效果如下图所示。

06 单击“亮度”选项卡，参照下图所示设置各项参数值。

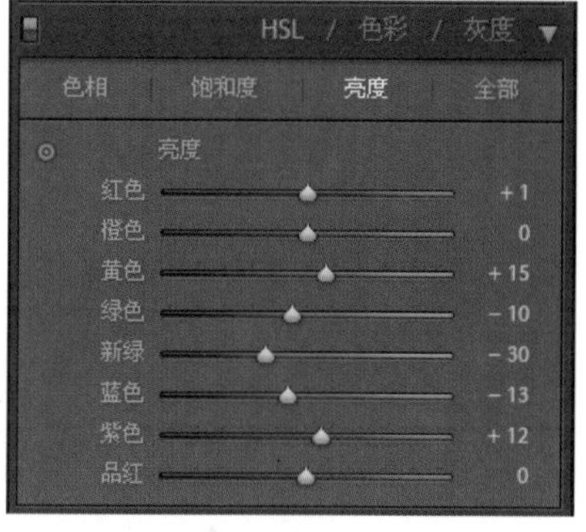

07 设置好“亮度”参数后，图像中的各通道中的颜色变得更鲜艳，如下图所示。

08 展开“色阶曲线”面板，参照下图所示调整曲线的走向。

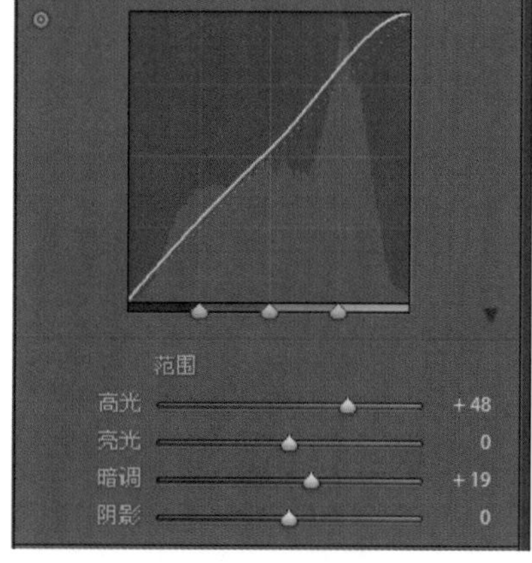

09 调整好曲线后，图像整体变得更明亮，如下图所示。

Example 03 运用镜头补偿调整照片的暗角

光盘文件

原始文件：随书光盘\素材\附录\20.jpg

最终文件：随书光盘\源文件\附录\实例3 运用镜头补偿调整照片的暗角.jpg

在阳光暗淡的情况下拍摄的照片，可能会导致照片局部模糊不清。照片上的暗角可以使用Lightroom中的“光晕”命令进行调整，对于较暗的部分可以使用“调整画笔工具”进行调整，通过设置画笔的曝光度、亮度等选项可以调节画笔涂抹过的区域的亮度、饱和度等。本实例的前后对比效果如下图所示。

01 在Lightroom中打开随书光盘\素材\附录\20.jpg文件，画面效果如下图所示。

02 放大图像显示，在右下角处可观察到图像颜色模糊而且过暗，如下图所示。

03 展开“光晕”面板，参照下图所示设置“数量”为+80，“中心点”为0。

光晕	
象差校正	
数量	+80
中心点	0
裁剪后	
增益	0
中心	50
向量	0
羽化	50

04 调整好“象差校正”值后，图像效果如下图所示。

05 单击“调整画笔工具”，并参照下图所示设置画笔的各项参数。

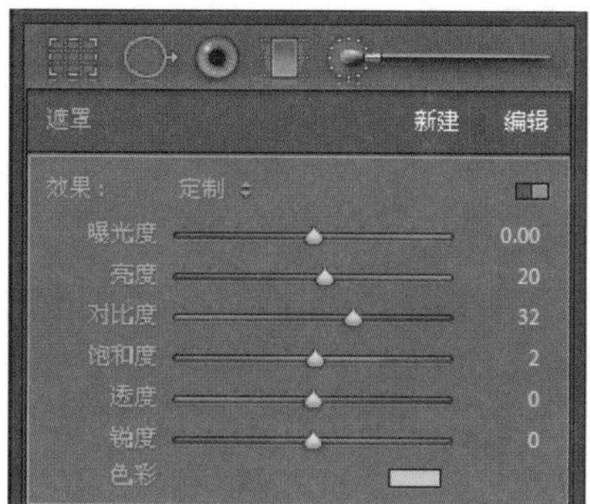

06 使用“调整画笔”在图像的底部进行涂抹，涂抹过的区域如下图所示。

07 取消显示蒙版效果后的图像如下图所示。

08 展开“色彩”面板，参照下图所示设置参数，以提高图像中的花朵红色。

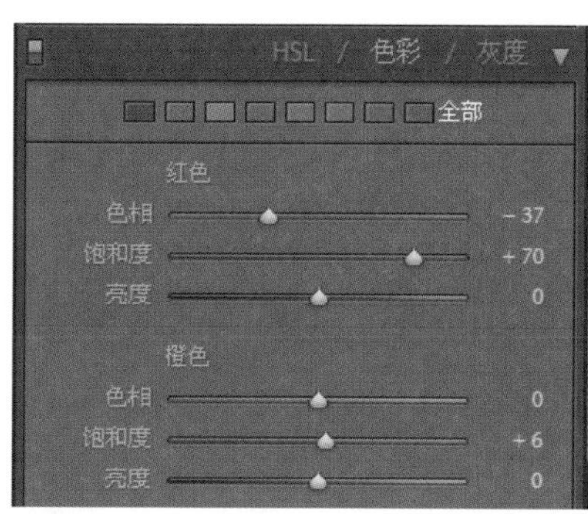

09 调整后的花朵图像如下图所示。

10 在“色彩”面板中继续设置其他颜色参数，如下图所示。

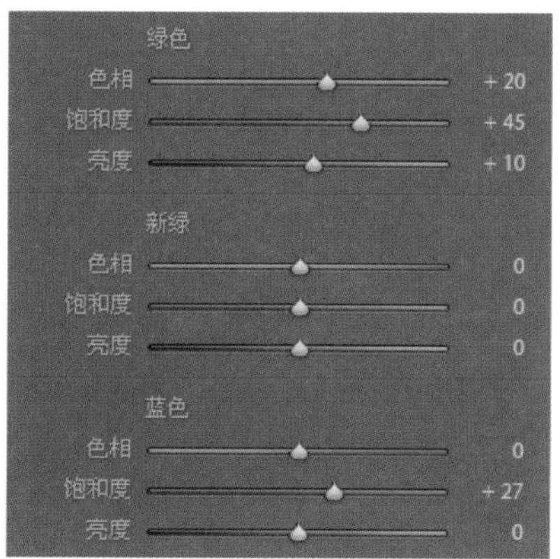

11 为图像设置好色彩参数后的图像效果如下图所示。

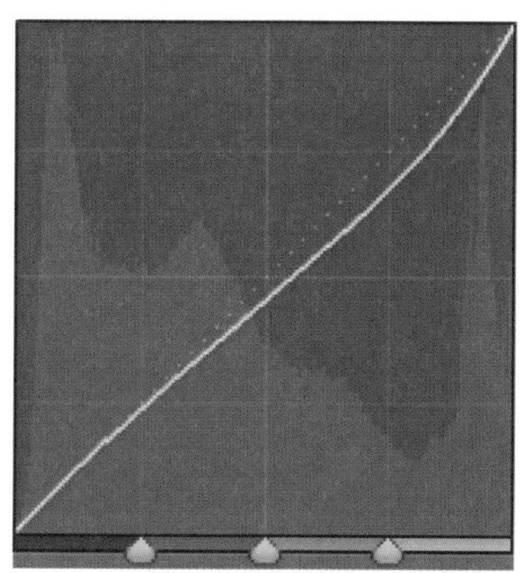

12 单击“提高色温”按钮，增加色温后的图像效果如下图所示。

Example 04 为照片创建带有音乐的幻灯片

光盘文件

原始文件：随书光盘\素材\附录\21.jpg～26.jpg

最终文件：随书光盘\源文件\附录\实例4 为照片创建带有音乐的幻灯片.jpg

当创建好漂亮的幻灯片后，可以对其进行播放，播放幻灯片是单一的画面切换，所以可以给幻灯片添加上背景音乐。展开“播放”面板，在面板中首先要勾选“播放音乐：”复选框，然后找到背景音乐存放的文件夹，设置好后单击“播放”按钮即可播放幻灯片，并在播放的同时响起了添加的背景音乐。本实例的前后对比效果如下图所示。

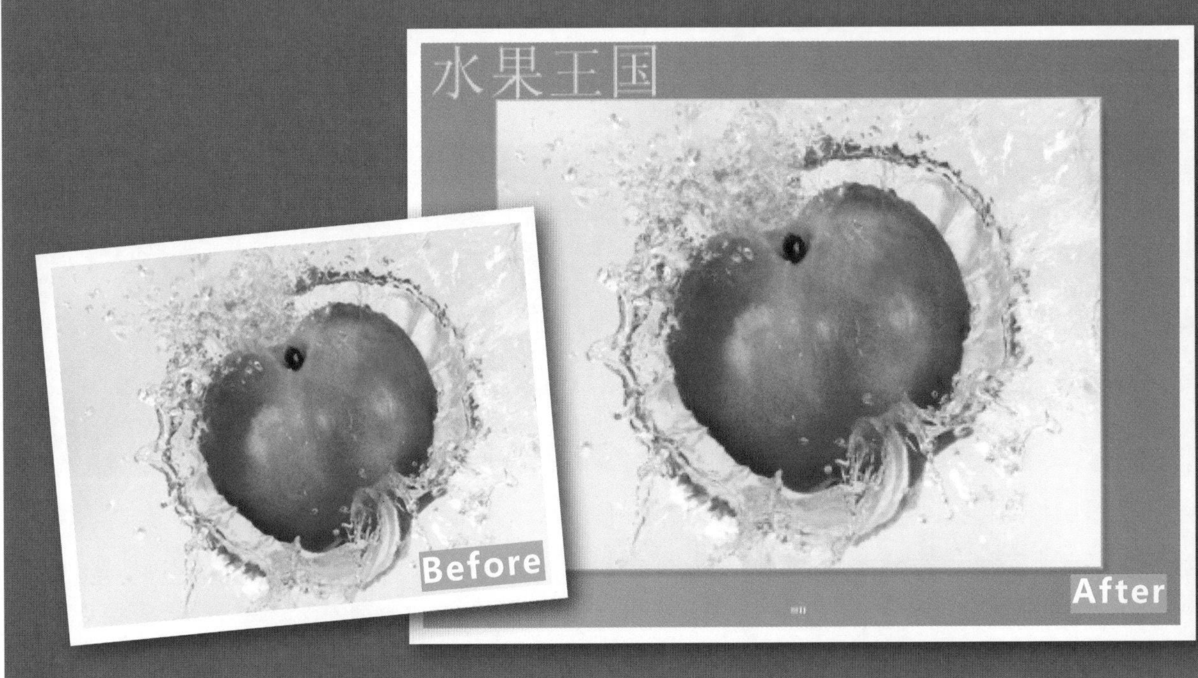

01 在Lightroom中打开随书光盘\素材\附录\21.jpg～26.jpg文件，画面效果如下图所示。

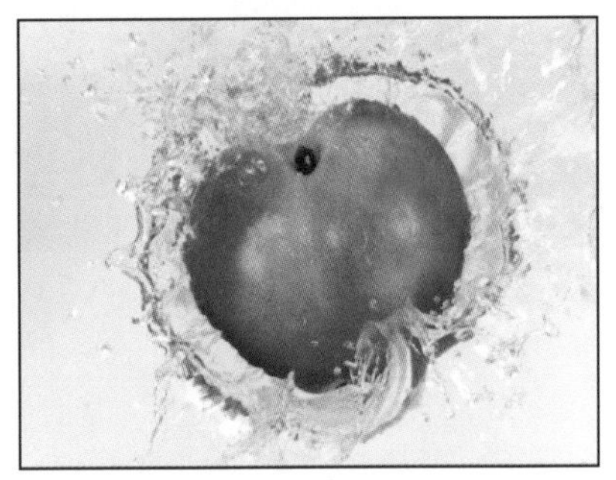

02 打开“放映”模块并展开“模板”面板，单击“星级说明”选项，效果如下图所示。

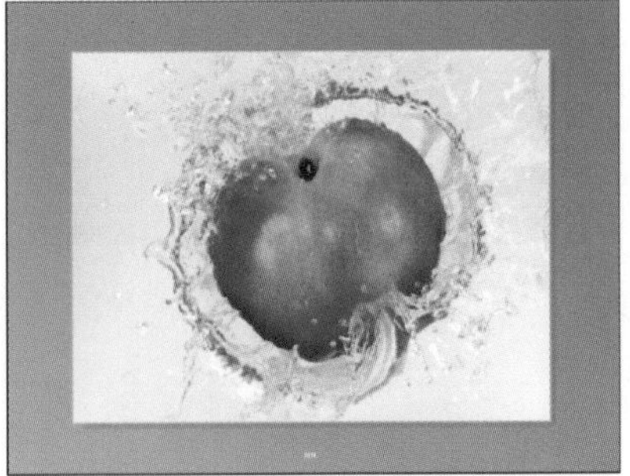

03 展开“叠加”面板，勾选“身份标识”复选框，单击标识字样，在弹出的菜单中选择“编辑”选项，如下图所示。

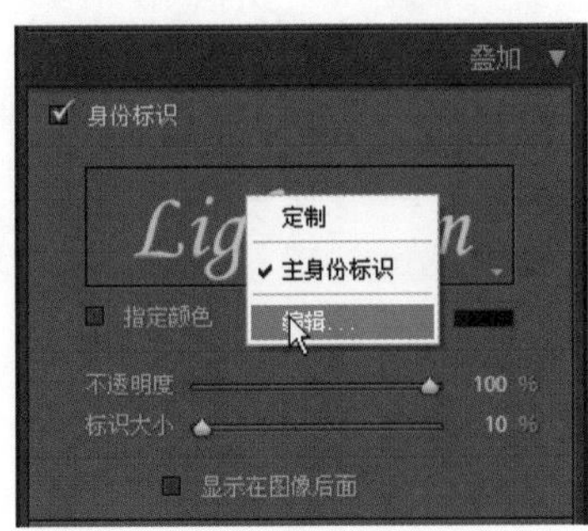

04 在弹出的对话框中输入"水果王国"，然后设置字体颜色为R:75、G:93、B:90，如下图所示。

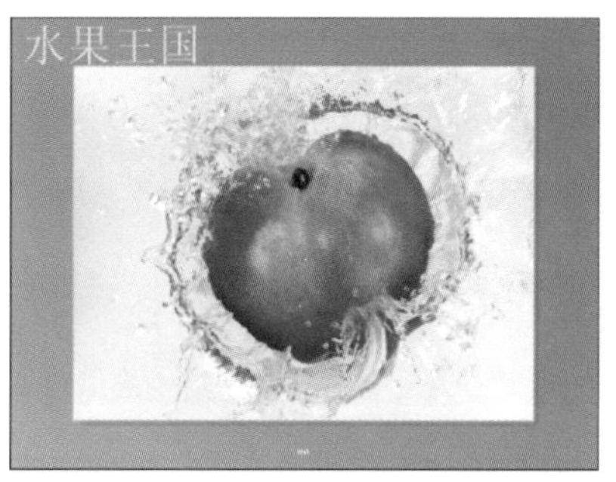

05 在"标题"面板中设置同样的字样，并设置"标识大小"为65，如下图所示。

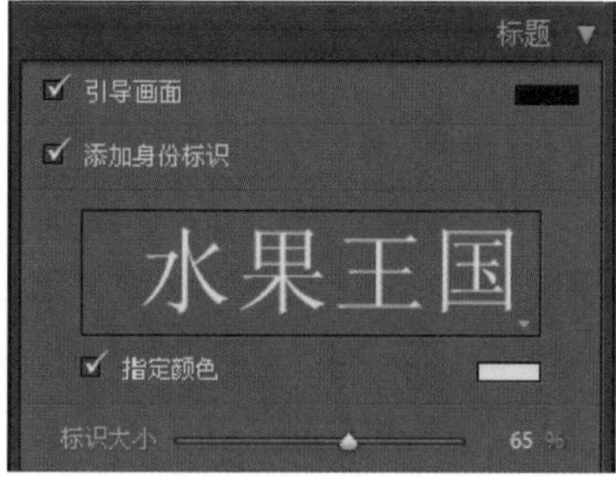

06 设置标题后的播放效果如下图所示。

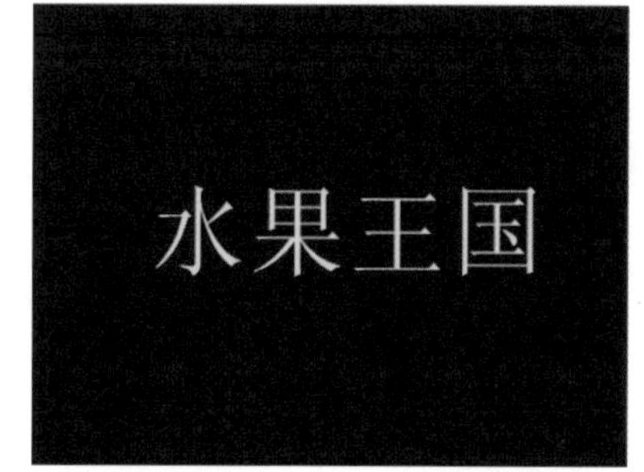

07 在"标题"面板中勾选"结束画面"复选框，输入结束标识为"谢谢观赏"，如下图所示。

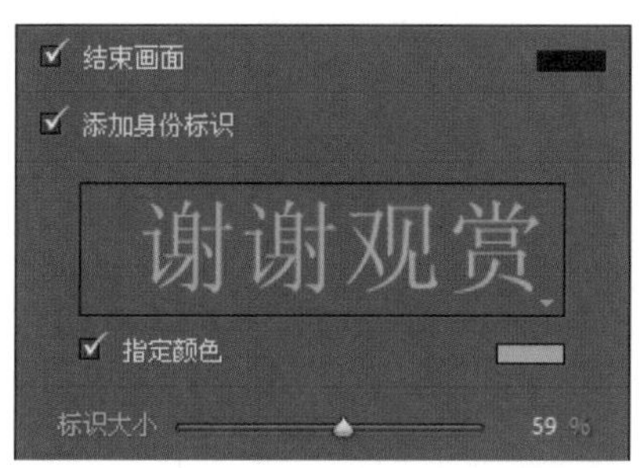

08 添加结束画面后的播放效果如下图所示。

09 展开"播放"面板，勾选"播放音乐"复选框，单击如下图所示的链接。

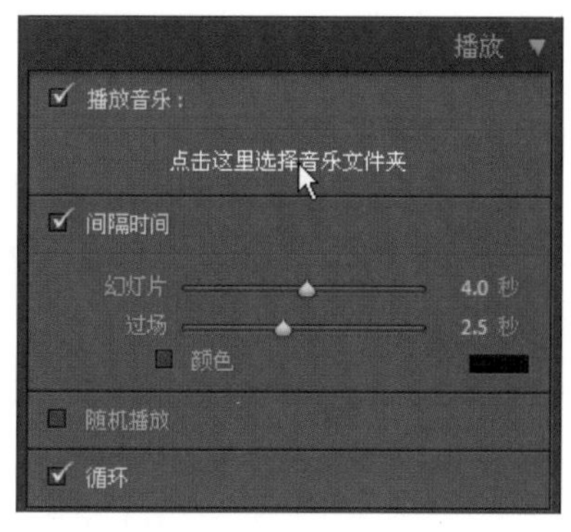

10 打开如下图所示的对话框，选中音乐所在的文件夹，单击"确定"按钮。

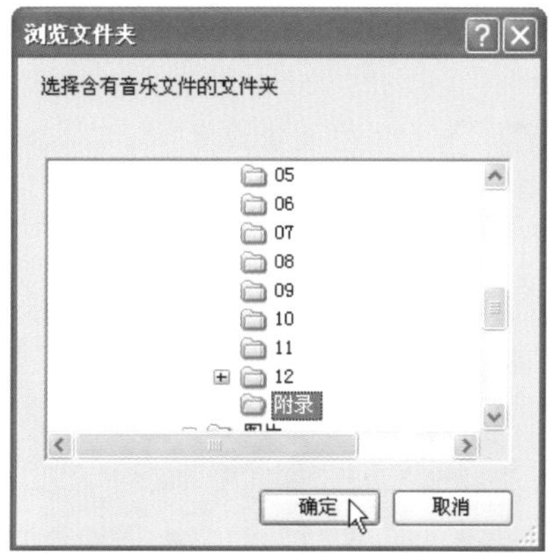

11 添加好背景音乐后，设置幻灯片、过场的间隔时间，如下图所示。

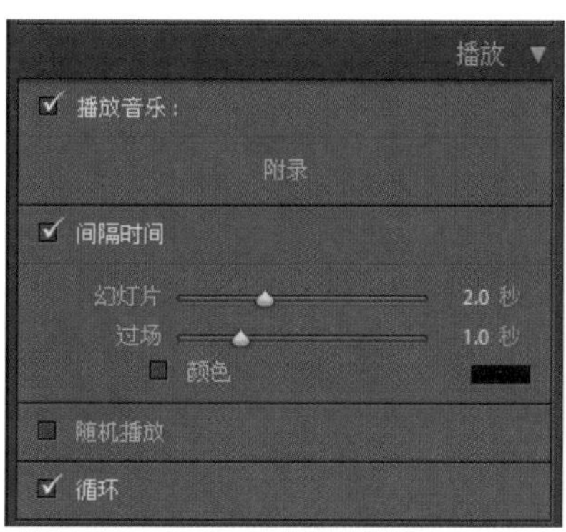

12 为幻灯片添加上音乐后，单击"播放"按钮即可，如下图所示。

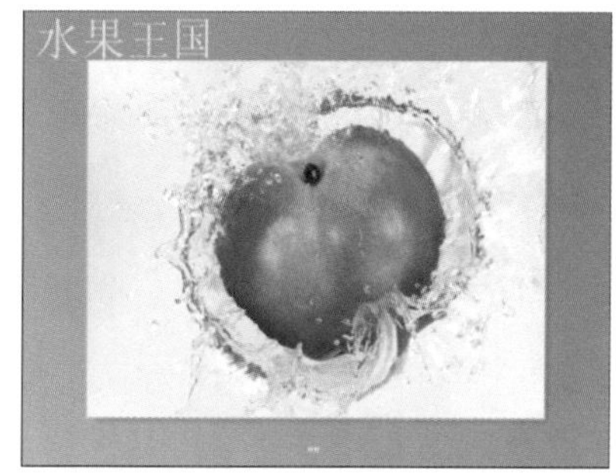

Example 05 向黑白照片添加色调分离特效

光盘文件

原始文件：随书光盘\素材\附录\27.jpg

最终文件：随书光盘\源文件\附录\实例5 向黑白照片添加色调分离特效.jpg

使用黑白照片制作各种特效是经常遇到的，本实例中就是运用了一张黑白照片制作旧照片效果。制作黑白照片可以运用前面所述的方法，黑白照片制作好之后，可以运用“色调分离”命令为黑白照片的高光和阴影色调进行调整。制作好的照片前后效果如下图所示。

01 在Lightroom中打开随书光盘\素材\附录\27.jpg文件，画面效果如下图所示。

02 展开“色调分离”面板，设置高光“色相”为57，“饱和度”为52，如下图所示。

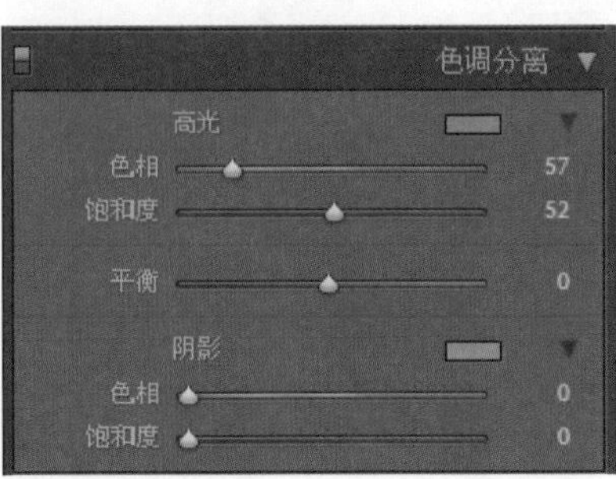

03 为黑白图像设置好“色调分离”参数后，图像效果如下图所示。

04 设置“平衡”为+16、阴影的“饱和度”为46，如下图所示。

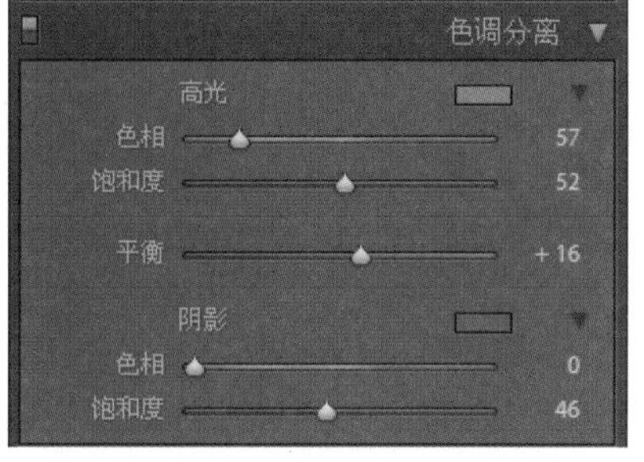

05 设置好的图像效果如下图所示。

06 展开“色阶曲线”面板，参照下图所示设置“高光”值为+99。

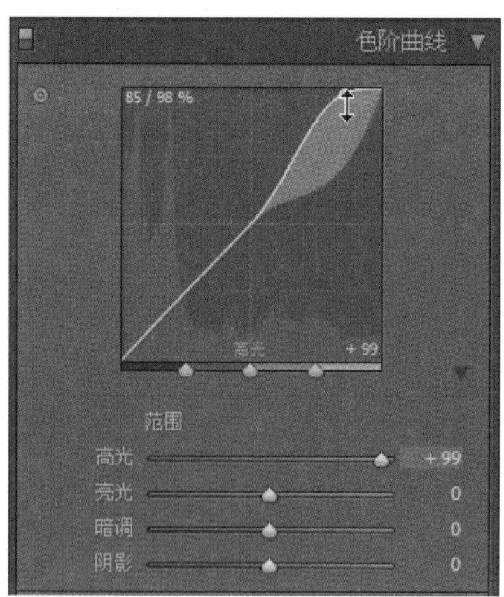

07 设置“高光”曲线后的图像效果如下图所示。

08 根据下图所示设置“阴影”值为–58。

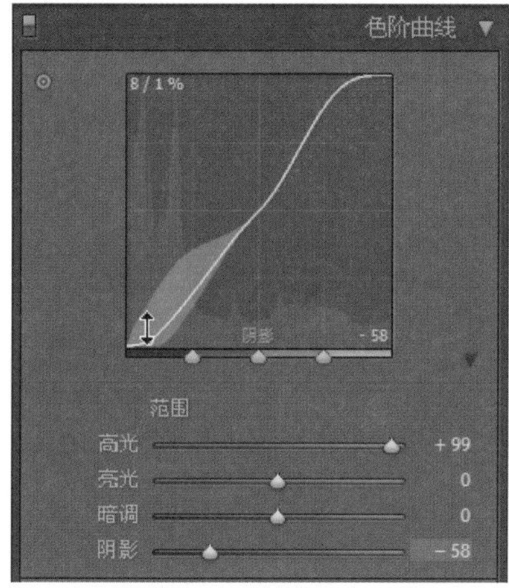

09 调整好阴影曲线后的图像效果如下图所示。

读书笔记

读者意见调查表

读者服务

亲爱的读者：

衷心感谢您购买和阅读了我们的图书。为了给您提供更好的服务，帮助我们改进和完善图书出版，请填写本读者意见调查表，十分感谢。

您可以通过以下方式之一反馈给我们。

① 邮　　寄：北京市朝阳区大屯路风林西奥中心 B 座 20 层　中国科学出版集团新世纪书局
办公室　收　（邮政编码：100061）

② 电子信箱：ncpress_market@vip.sina.com

我们将从中选出意见中肯的热心读者，赠与您另外一本相关图书。同时，我们将充分考虑您的建议，并尽可能给您满意的答复。谢谢！

读者资料

姓　名：＿＿＿＿　性　别：□男 □女　年　龄：＿＿＿＿

职　业：＿＿＿＿　文化程度：＿＿＿＿　电　话：＿＿＿＿

通信地址：＿＿＿＿　电子信箱：＿＿＿＿

意见调查

◎ 您是如何得知本书的：
□别人推荐　□书店　□出版社图书目录
□杂志、报纸等的介绍（请指明）　□其他（请指明）

◎ 影响您购买本书的因素重要性（请排序）：
(1) 封面封底　(2) 版式装帧　(3) 价格　(4) 前言及目录
(5) 出版社声誉　(6) 作者声誉　(7) 内容的权威性　(8) 内容针对性
(9) 实用性　(10) 书评广告　(11) 讲解的可操作性

对本书的总体评价

◎ 在您选购本书的时候哪一点打动了您，使您购买了这本书而非同类其他书？

◎ 阅读本书之后，您对本书的总体满意度：□5 分　□4 分　□3 分　□2 分　□1 分

◎ 本书令您最满意和最不满意的地方是：

关于本书的装帧形式

◎ 您对本书的封面设计及装帧设计的满意度：□5 分　□4 分　□3 分　□2 分　□1 分

◎ 您对本书正文版式的满意度：□5 分　□4 分　□3 分　□2 分　□1 分

◎ 您对本书的印刷工艺及装订质量的满意度：□5 分　□4 分　□3 分　□2 分　□1 分

◎ 您的建议：

关于本书的内容方面

◎ 您对本书整体结构的满意度：□5 分　□4 分　□3 分　□2 分　□1 分

◎ 您对本书的实例制作的技术水平或艺术水平的满意度：□5 分　□4 分　□3 分　□2 分　□1 分

◎ 您对本书的文字水平和讲解方式的满意度：□5 分　□4 分　□3 分　□2 分　□1 分

◎ 您的建议：

作者的阅读习惯调查

◎ 您喜欢阅读的图书类型：□实例类　□入门类　□提高类　□技巧类　□手册类

◎ 您现在最想买而买不到的是什么书？

特别说明

如果您是学校或者培训班教师，选用了本书作为教材，请在这里注明您对本书作为教材的评价，我们会尽力为您提供更多方便教学的材料，谢谢！